长江上游山区
河流水沙监测技术与实践

CHANGJIANG SHANGYOU SHANQU
HELIU SHUISHA JIANCE JISHU YU SHIJIAN

曹磊 赵东 李俊 ◎ 著

河海大学出版社
HOHAI UNIVERSITY PRESS
·南京·

图书在版编目(CIP)数据

长江上游山区河流水沙监测技术与实践 / 曹磊,赵东,李俊著. -- 南京：河海大学出版社,2022.11
ISBN 978-7-5630-7660-4

Ⅰ. ①长… Ⅱ. ①曹… ②赵… ③李… Ⅲ. ①长江－上游－山区河流－含沙水流－研究 Ⅳ. ①TV152

中国版本图书馆 CIP 数据核字(2022)第 205922 号

书　名	长江上游山区河流水沙监测技术与实践
书　号	ISBN 978-7-5630-7660-4
责任编辑	章玉霞
特约校对	袁　蓉
装帧设计	徐娟娟
出版发行	河海大学出版社
地　址	南京市西康路1号(邮编:210098)
电　话	(025)83737852(总编室)　(025)83722833(营销部)
经　销	江苏省新华发行集团有限公司
排　版	南京布克文化发展有限公司
印　刷	苏州市古得堡数码印刷有限公司
开　本	880 毫米×1230 毫米　1/16
印　张	23.75
字　数	782 千字
版　次	2022 年 11 月第 1 版
印　次	2022 年 11 月第 1 次印刷
定　价	129.00 元

前言

水文是水利工作的重要基础,水文事业是国民经济和社会发展的基础性公益事业,水文监测是服务经济社会发展和生态文明建设的重要基础性工作。

水是地球上一切生命的源泉,在人类发展的整个历史长河中,治水事业伴随着人类从蛮荒走向文明、中华民族自形成走向壮大的整个过程,至今都广泛流传着大禹治水的传说。长江上游水文监测有着悠久的历史,公元前251年,李冰在四川岷江都江堰工程上设立石人观测水位,开创了水文观测的先河。重庆涪陵的长江白鹤梁题刻,被誉为"世界第一古代水文站",距今已有1 200多年的历史,用刻石鱼的方式记录了唐代广德元年(公元763年)以来72个枯水年份的水位,留下了极其珍贵的水文资料。1891年重庆海关玄坛庙水位站设立,这是长江上游第一个近现代水文观测站。人们用勤劳和智慧,观测江河变化,积累宝贵的历史水文资料,追寻人与自然和谐共生的美好愿景。

长江上游水文曾创下多个全国第一,1956年嘉陵江北碚站建成全国第一个电动水文缆道,1983年建成全国第一个水文巡测勘测队——金沙江勘测队,1989年建设了全国第一个水文遥测系统——大宁河流域遥测系统。长江水利委员会水文局长江上游水文水资源勘测局(以下简称"长江上游水文局")先后参加行业标准《水文缆道测验规范》《水文巡测规范》等多部规范的修订及编写工作;积极投入四川汶川、四川芦山、青海玉树、云南鲁甸等地震及甘肃舟曲特大泥石流、金沙江白格堰塞湖等抢险救灾水文应急监测;参与编写《水文应急实用技术》《水文应急监测技术导则》;水文测报手段由少到多,站网发展由疏到密,测验项目由简到精,技术创新硕果累累,测报能力大幅提升,多年来为长江上游山区河流的防汛抗旱准确及时采集水文信息,为辖区内的防汛抗旱、水利工程建设、服务社会等方面提供科学依据和技术支持。

随着国家系列重大战略的实施和信息技术的飞速发展,水文监测面临新形势、新挑战和新机遇。传统的水文监测手段在信息化、现代化和时效性等方面存在一定的差距,难以满足防灾减灾救灾、保障国家水安全以及新阶段水利事业高质量发展等新的需求,亟待创新水文测验方式方法和水文监测管理。本书旨在紧跟时代发展步伐,积极落实水文现代化建设要求,以"一站一策"为主线,针对长江上游千差万别的江河环境和水文特性,考虑复杂多变的水文情势影响,通过具体问题具体分析,对长江上游山区河流多年水沙监测方法与实践进行探讨思考和系统总结,对全面提升水文监测能力具有较好的参考和借鉴。

本书由曹磊、赵东、李俊著。具体参加编著的人员依章节顺序分别为:第一章,杜涛;第二章,平妍容;第三章3.1节、3.2节徐洁、平妍容,3.3节曹磊、徐洁,3.4.1节徐洁,3.4.2节、3.4.3节、3.4.4节赵东、徐洪亮,3.5节赵东,3.6节赵东、曹磊;第四章4.1.1节、4.1.2节、4.1.3节李俊、冉啟香,4.1.4节钟杨明、王俊锋,4.1.5节王俊锋,4.2节、4.3节冉啟香;第五章5.1节、5.2节凌旋,5.3节王渺林;第六章,彭畅;第七章,杜涛。本书承蒙长江上游水文局吕平毓教高审阅,并提出了许多宝贵意见;此外,赵东、凌旋、徐洁等对本书进行了校审。本书在编写过程中,参考和引用了许多文献和成果,在此对这些文献和成果的作者表示衷心的感谢。

作者

2022年6月于重庆

目录

第一章 绪论 ... 1
1.1 水沙监测的机遇 ... 1
1.1.1 水沙监测体系的发展 ... 1
1.1.2 水沙监测需求增加 ... 13
1.1.3 水沙监测技术方法的革新 ... 17
1.1.4 "一站一策"的提出 ... 19
1.2 水沙监测面临新的挑战 ... 21
1.2.1 社会发展提出新目标 ... 22
1.2.2 防洪抗旱提出新要求 ... 22
1.2.3 水资源管理提出新需求 ... 22
1.2.4 生态环境保护提出新任务 ... 22
1.2.5 水工程建设与运行提出新要求 ... 22
1.2.6 为信息化社会提供技术支撑与保障 ... 23
1.3 研究目的 ... 23
1.4 研究内容 ... 23

第二章 长江上游山区河流概况 ... 25
2.1 河道概况 ... 25
2.1.1 长江干流 ... 25
2.1.2 岷江 ... 26
2.1.3 沱江 ... 28
2.1.4 嘉陵江 ... 29
2.1.5 乌江 ... 30
2.2 主要控制站 ... 32
2.2.1 长江干流 ... 32
2.2.2 主要支流 ... 33
2.3 水沙概况 ... 33
2.3.1 长江干流 ... 33
2.3.2 主要支流 ... 37

第三章 流量监测 ... 39
3.1 流量测验方法 ... 39
3.1.1 流量测验方法分类 ... 39
3.1.2 方法原理、种类、优缺点 ... 41
3.1.3 长江上游山区河流常用流量监测方法 ... 47
3.2 流量测验方案 ... 47
3.2.1 流速仪法测流方案 ... 47

3.2.2　浮标法测流方案 55
3.3　现场快速测流 61
　　3.3.1　走航式ADCP测流 61
　　3.3.2　电波流速仪测流 70
3.4　流量在线监测 79
　　3.4.1　水平式ADCP 80
　　3.4.2　超声波时差法 89
　　3.4.3　侧扫雷达 95
　　3.4.4　视频测流 100
3.5　超标准洪水流量监测 104
　　3.5.1　超标准洪水流量监测特点 104
　　3.5.2　超标准洪水流量监测方案的制定 104
　　3.5.3　监测实例 106
3.6　流量监测方案优化关键技术 117
　　3.6.1　流速仪测验方案选择 117
　　3.6.2　系数分析 133
　　3.6.3　单值化处理 137
　　3.6.4　坝下站流量监测 181

第四章　泥沙监测 186
4.1　悬移质泥沙测验 186
　　4.1.1　常规悬移质输沙率测验 186
　　4.1.2　边沙推求单沙的研究 215
　　4.1.3　临底悬沙的研究 221
　　4.1.4　现场泥沙测验技术探索 237
　　4.1.5　颗粒级配测验与分析 258
4.2　推移质泥沙测验 262
　　4.2.1　主要测验方法 262
　　4.2.2　测验现状 266
　　4.2.3　输沙率测验及计算 268
4.3　河床质泥沙测验 280
　　4.3.1　主要测验方法 280
　　4.3.2　测验现状 282
　　4.3.3　床沙测验及计算 283

第五章　特殊工况水文监测 285
5.1　堰塞湖应急监测 285
　　5.1.1　堰塞湖应急监测目的和内容 285
　　5.1.2　监测技术方案 285
　　5.1.3　难点与新技术的采用 287
　　5.1.4　应用实例 288
5.2　电站截流监测 292
　　5.2.1　截流水文监测的目的 292

5.2.2	监测技术方案	292
5.2.3	难点	294
5.2.4	应用实例	295
5.3	电站下游非恒定流监测	302
5.3.1	非恒定流监测的目的和意义	302
5.3.2	监测技术方案	303
5.3.3	难点及新技术的采用	308
5.3.4	实施与成果分析	309
5.3.5	各断面流量与流速关系	312

第六章　水沙监测组织与质量控制　　314

6.1	测验方式选择	314
6.1.1	测验方式分类	314
6.1.2	测验方式确定	315
6.2	巡测组织与实施	316
6.2.1	水文巡测意义	316
6.2.2	巡测技术方案	316
6.2.3	巡测组织管理	324
6.2.4	巡测资料整编	325
6.3	水沙测验产品过程控制	326
6.3.1	质量管理体系引用	326
6.3.2	需求确认	327
6.3.3	前期策划	328
6.3.4	测验准备	329
6.3.5	测验实施与过程控制	333
6.3.6	成果校审及交付	334
6.3.7	持续改进	334
6.4	水沙资料审查技术	335
6.4.1	单站水沙合理性检查	335
6.4.2	水沙综合合理性检查	338
6.4.3	成果表格表面合理性检查	346

第七章　展望　　364

7.1	流量监测研究展望	364
7.1.1	提高在线监测的精度	364
7.1.2	改善在线监测的稳定性	365
7.1.3	促进在线监测的应用	365
7.2	泥沙监测研究展望	365
7.2.1	解决径流泥沙监测误差大的问题	365
7.2.2	建立"互联网＋"框架下的径流泥沙自动监测网	365

参考文献　　366

第一章 绪论

1.1 水沙监测的机遇

1.1.1 水沙监测体系的发展

1.1.1.1 水沙监测的历史进程

1. 新中国成立以前

据记载,距今 4 000 多年前,大禹主持治水大任,通过水文调查,因势利导,采取疏导措施,取得治水成功;战国时期,先秦法家代表人物之一慎到曾在黄河龙口用"流浮竹"测量河水流速;公元前 251 年,秦国李冰在四川岷江都江堰工程上设立石人观测水位,开创了水文观测的先河;隋朝,水位改用木桩、石碑或在岸边石崖刻画成水则观测江河水位,并一直沿用到现代;汉朝张戎在西汉元始四年(公元 4 年)提出"河水重浊,号为一石水而六斗泥",说明当时曾对黄河含沙量做过测量;宋朝熙宁八年(1075 年),在重要的河流上已有记录每天水位的"水历",宋朝"吴江水则碑"把水位与附近农田受淹情况相联系;1078 年,开始出现以河流断面面积和水流速度来估算河流流量的概念;明清时期,水位观测已较普遍,并乘快马驰报水情。另外,江河沿岸还有许多重要的枯水石刻、石刻水则和古水尺,例如长江上游具有山区河道特点的重庆涪陵河段中的白鹤梁石鱼,记录了自 763 年以来 1 200 多年间川江 72 个枯水年的特枯水位,它堪称中国现存的延续时间最长的古代水位观测站;1110 年,引泾丰利渠渠首渠壁的石刻水则,被用来观测水位,以便推算引水流量;1837 年,在长江荆江河段郝穴设立的古水尺,被用以观测水位。

1840 年鸦片战争后,帝国主义势力入侵,中国沦为半殖民地半封建国家。从 1860 年起,清海关陆续在上海、汉口、天津、广州、重庆和福州等港口、码头设立水尺观测水位,为航运服务。1891 年重庆海关玄坛庙水位站设立,是长江上游的第一个近现代水文观测站。1911 年后,陆续成立国家及流域水文管理部门,负责全国的水文测验管理工作,开始掌握近代水文测验工作。1922 年设立的宜宾水位站,是长江上游到目前为止的第一个百年水文站。到 1937 年,全国有水文站 409 处、水位站 636 处。长江干流及重要支流陆续建设了水文监测站,如金沙江华弹站、屏山站、长江寸滩站、长寿站、岷江高场站,嘉陵江北碚站等长江上游重要站均建设于 1939 年。但在连年的战争中,全国水文工作大多难以连续开展,新中国成立时,仅接收水文站 148 处,连同其他测站,总计 353 处。在此期间,引进了一些西方水文技术,先后根据一些潮位资料,确定了吴淞、大沽等基准面,开始用近代水文仪器作水准和地形测量。水位、雨量观测开始用自记仪器;流量测验采用流速仪法和浮标法;泥沙测验采用取样过滤法。1941 年,中央水工试验所(现南京水利科学研究院)成功研制了旋杯式流速仪并建立了水工仪器制造实验工厂,开始生产现代水文仪器。

总之,我国水文测报开始较早,并逐步发展到一定规模。但大多数水文观测时断时续,观测记录和工程水文资料档案大多未能系统保存下来,技术经验也未能很好地总结流传。明清以来,由于西方诸国科技迅速发展,我国水文从早期的先进转变为相对落后的状况。鸦片战争后,逐渐开始进行水文观测、水情传递、水文资料整编和水文分析计算,但发展速度非常有限,并且极不稳定;随着帝国主义以掠夺为目的在我国进行水位、雨量观测,我国政府引进了一些西方水文技术,开始进行了一些近代水文工作。但西方国家因工业革命,科学技术突飞猛进,而我国外受列强欺凌,内为旧的社会制度束缚,国力日衰、战争频繁,经济建设发展非常缓慢,水文工作大多停顿,处于薄弱、动荡的状态之中。

2. 新中国成立后迅速发展时期

从1949年10月1日至1957年,是我国水文监测的迅速发展时期,8年多的时间里,取得了前所未有的成绩。1949年11月,水利部成立,并设置黄河、长江、淮河、华北等流域水利机构。随后各大行政区及各省、市相继设置水利机构,机构内都有主管水文监测工作的部门。水利部起初设测验司,1950年成立水文局。1951年水利部确定水文建设的基本方针是:探求水情变化规律,为水利建设创造必备的水文条件。1954年,各省(自治区、直辖市)水利机构内成立水文总站,地区一级设水文分站或中心站。1951年水文部门的水文站有796处,连同其他测站共2644处,超过了1949年前历史最高水平(1937年)。1955年进行第一次全国水文基本站网规划,至1957年水文站达2023处,连同其他测站共7259处,长江朱沱站、乌江武隆站就建设于此时期。1956年嘉陵江北碚站建成全国第一个电动水文缆道,水文测站测洪能力大为增强。

1955年,水利部颁发《水文测站暂行规范》,并在全国贯彻实施。在测验组织形式方面,则从新中国初期的巡测、驻测并存,走向全国一律驻测。在此期间,水文部门和勘测设计部门广泛开展了历史洪水调查工作,取得重要成果。水利部组建了南京水工仪器厂,研制生产水文仪器,并开展群众性的技术革新活动。群众创造的长缆操船水轮绞锚、浮标投放器、水文缆道等,都在水沙监测中发挥了很好的效果。

1949年10月,华东军政委员会水利部组织了江淮流域积存的水文资料整编工作。1950年11月后该工作由水利部长江水利委员会(以下简称"长江委")完成。随后,各单位组织进行其他流域、省(自治区、直辖市)的水文资料整编,20世纪50年代,将1949年前积存的水文资料全部刊印分发,共91册,资料整编技术也有很大提高。1949年后的观测资料陆续实现逐年整编刊布,从1955年开始做到当年资料于次年整编完成,现已逐步实现按月整编。

3. 曲折前进时期

1958—1978年,中国经历了"大跃进"、国民经济调整时期和"文化大革命"。与整个社会形势相联系,水文监测工作呈现出曲折前进的状况。1958年4月,由水利部、电力部两部合并的水利电力部召开全国水文工作跃进会议,制定了《全国水文工作跃进纲要(修正草案)》。1959年1月,全国水文工作会议提出"以全面服务为纲,以水利、电力和农业为重点,国家站网和群众站网并举,社社办水文、站站搞服务"的工作方针。在水利电力部的督促下,各省(自治区、直辖市)将水文管理权下放给地县,短时期内水文站网迅速增加,长江源头沱沱河站建于此时期。1960—1962年经济困难时期,许多测站被裁撤,技术骨干外流,水文测报质量下降,水文工作陷入困境。1962年5月,水利电力部召开水文工作座谈会,提出巩固调整站网、加强测站管理、提高测报质量的方针。1962年10月,中共中央、国务院同意将水文测站管理权收归省一级水利电力厅,扭转了水文监测工作下滑的局面。1963年12月,国务院同意将除上海、西藏以外的各省(自治区、直辖市)水文总站及其基层测站收归水利电力部直接领导,由省一级水利电力厅代管。1966年"文化大革命"开始后,水文事业遭到破坏。1968年,水利电力部水文局被撤销,一些省级水文机构也被合并或撤销。1969年4月,水利电力部军事管制委员会要求,将省一级水文总站及所属测站下放给省一级革命委员会。大多数省(自治区、直辖市)又将水文管理下放给地县,再度出现1959年下放所产生的问题。1972年,水利电力部召开水文工作座谈会后,水文工作情况开始有所好转。1978年,水利电力部成立水文水利管理司,省级水文机构也陆续恢复,但水文管理权仍大部分在地县。

"大跃进"时期,水文站网快速发展,1960年达到3611处,还在水库、灌区建立了大批群众站,但测站建设质量不高,能刊入水文年鉴的水文站只有3365处。1963年底基本水文站减为2664处,群众站大多垮掉。1963—1965年,水利电力部水文局组织对中小河流的站网进行过一次验证分析,"文化大革命"初期,水文站又被裁撤了一些,至1968年底有水文站2559处,1972年后有所恢复,1978年底水文站增至2922处。

1959年,水利电力部水文局将《水文测站暂行规范》修改为《水文测验规范》,其内容包括勘测设站、测验和资料的在站整理。当时《水文测验规范》计划安排12册,当年编写了基本规定、水位、流量、泥沙、冰凌、水温等6册,并于1960年颁布执行。

1962年后,各水文机构进行了测站基本设施整顿,1964—1965年,定位观测资料质量达到了历史最好水平。"文化大革命"期间,基本保持了测报和整编工作的持续进行,但规范被批判,出现无章可循、质量下降的现象。1972年起,水利电力部水利司组织修订新规范并出版《水文测验手册》,扭转了局面。20世纪70年代中期,水文缆道和水位雨量自记有明显进展。1976年,长江流域规划办公室水文处试用电子计算机整编刊印水文年鉴成功,之后陆续推广。

4. 改革开放新时期

1978年底,中国进入了改革开放的新时期,水文监测工作也进入了新的发展阶段。1979年2月,水利部、电力部两部分开,水利部恢复水文局。1982年,水利部、电力部两部再次合并。到1984年,除上海市外,全国各地水文管理权已经上收到省一级水利电力厅(局)。1984年底,水利电力部召开全国水利改革座谈会,提出水利工作方向是全面服务,转轨变型。1985年1月,水利电力部召开全国水文工作会议,确定水文改革的主要方向为全面服务,实行各类承包责任制,实现技术革新,讲究经济效益,推行站队结合,开展技术咨询和综合经营,这是我国第一次以站队结合的名义推出水文巡测的理念。1987年4月,国家计划委员会、财政部、水利电力部联合发出经国务院同意的关于加强水文工作的意见,提请地方在水利水电基建费中,每年划出一定数额投资给水文部门用于发展水文监测事业。各水文单位在搞好基本工作的同时,积极开展技术咨询、有偿服务、综合经营,以增加收入。1988年3月,全国水文工作座谈会提出水文工作的中心是贯彻水法,全面服务。随后,水利部再次单独成立,水文局改水文司,一些具体业务并入水文水利调度中心。1990年,水文机构负责人座谈会将水文工作模式归纳为"站网优化,分级管理,技术先进,精兵高效,站队结合,全面服务",再次对水文巡测工作进行了推动。1992年,大宁河无人监测站网设立,开始探索无人模式下的水文监测技术。

1988年基本水文站达3 450处,连同其他测站共有21 050处,之后有缓慢下降趋势。1990年有水文站3 265处,测站总数为20 106处。在此期间广泛开展站网分析研究,设置了江西德兴雨量站密度实验区等基地,并着手编制水文站网规划导则。1985年编制了水质监测站网规划,1988年提出了2000年水文站和雨量站建站规划,1989年编制了地下水观测井网规划。

1990年水位、雨量自记站在总站数中的比例分别达到了59%和62%,流量、泥沙测验的仪器设备、测验方法方面的研究取得了许多新成果。1985年,水利电力部颁布《水文勘测站队结合试行办法》,站队结合改革在全国铺开。至1990年,完成了119处基地建设,并扩大了收集资料的范围。长江委水文局在大宁河、四川省水文总站在渔子溪进行了无人值守水文站和用卫星传输水文数据的试点,取得了成功。从1982年起,对《水文测验规范》进行全面修订,并制订了一批水文仪器标准。在此期间,水文系统的电子计算机应用有了长足的发展,水利电力部水文局组织编制了资料整编的全国通用程序。从1985年起,在全国流域和省级水文单位统一配置VAX11系列小型机,至1990年,全国已全部使用计算机整编水文监测资料。1984年,水文水利调度中心研制使用电子计算机的水情数据接收、翻译、存储、检索系统取得成功,投入使用并向全国推广。在一些防汛重点地段,建立起水文自动测报系统,并实现了联机预报。从20世纪80年代起,筹建分布式全国水文数据库,至1990年开始在全国铺开。

2007年4月25日,国务院公布《中华人民共和国水文条例》(国务院令第496号)(以下简称《条例》),并于2007年6月1日起施行。《条例》的颁布施行,体现了党中央、国务院和水利部对水文工作的高度重视,填补了国家水文立法的空白,标志着我国水文事业进入有法可依、规范管理的新的发展阶段,是我国水文发展史上的重要里程碑。《条例》明确了水文事业的法律地位,将水文工作纳入法制化轨道,对促进水文工作更好地为经济社会发展服务,保障水文事业健康稳定发展具有十分重要的意义。全国水文系统在认真学习贯彻《条例》基础上,根植水利,面向全社会服务,努力提升服务功能,不断拓展服务领域,充分发挥了水文在政府决策、经济社会发展和社会公众服务中日益明显的基础性作用。

这一时期,随着水文建设投入的增加,水文测报先进仪器设备逐步得到了推广和应用,水文测验新技术、新理论、仪器研制、设备更新改造等方面取得了一些突破性的进展。成功研制并引进了水位、降水量观测长期自记计,使水位、降水量观测基本实现了自动观测、自动存储、自动报汛。流量测验使用水文缆道或水文测船测验智能控制系统,实现了流量的自动测验或半自动测验;用于泥沙监测的调压积时式采样器的性能也得到提高。声学多普勒流速剖面仪(Acoustic Doppler Current Profiler,ADCP)、全球卫星定位系统、全站仪、电波测流仪、激光粒度仪等一批水文测报先进仪器设备得到了推广和应用,改变了水文测报靠拼人力的落后状态,显著增强了水文应急机动测报能力,提高了水文信息采集的准确性、时效性和水文测报的自动化水平。

1.1.1.2 水沙监测站网概况

截至2020年,我国水文测站发展到12.1万处,其中,国家基本水文站3 154处,地表水水质站14 286处,地下水监测站26 550处,水文站网总体密度达到了中等发达国家水平,基本实现雨量、水位、墒情、蒸发等要素的监测自动化,同时也较大地提升了流量、泥沙等要素的监测自动化,增强了突发水事件应急响应和快速反应能力,提高了水文应急监测水平。

1. 站网分类

水文站按目的和作用可分为:基本站、专用站、辅助站(又可分为枢纽辅助站和一般辅助站)和实验站。

按河道性质可分为大河控制站、区域代表站、小河站等3个类别。控制面积在3 000 km²以上大河干流上的流量站,为大河控制站。控制面积为200~3 000 km² 天然河流上的流量站,为区域代表站。干旱区在500 km²以下、湿润区在200 km²以下的小河流上设立的流量站,称为小河站。

按照重要性划分为国家级重要水文站、省级重要水文站、一般水文站3类。国家级重要水文站包括:①向国家防汛抗旱总指挥部(以下简称"国家防总")报汛且集水面积在3 000 km²以上的水文测站。②集水面积在10 000 km²以上且年径流量在3亿m³以上,或者集水面积在5 000 km²以上且年径流量在5亿m³以上,或者年径流量在25亿m³以上的水文测站;集水面积大于1 000 km²的独流入海河流的控制站。③常年水面面积在500 km²以上且常年蓄水量在10亿m³以上的湖泊代表站。④库容在5亿m³以上,或者库容1亿m³以上且下游有大中型城市、重要铁路公路干线、大型骨干企业,或者库容不足1亿m³但国务院水行政主管部门直属水文机构认为对流域防灾减灾有重要影响的水库站;供水人口在50万人以上的水库站。⑤在国家确定的重要江河、湖泊上设置的水量调度控制站;集水面积大于1 000 km²的省际河流边界控制站,或者对省际水事纠纷调处工作有重要作用的水文测站。⑥国家重点综合型的水文实验站,位于重点产沙区的代表站。⑦向其他国家、有关国际组织通报汛情或者长期从事中华人民共和国与邻国交界的跨界河流水文资料交换活动的水文测站;集水面积在1 000 km²以上的出入境河流控制站;距国界(境)300 km范围内、对水资源管理和防灾减灾等有重要影响的水文测站。⑧国家重点地下水站、水质站、墒情站、生态站。省级重要水文站包括:大河控制站,向国家防总、流域、省、自治区、直辖市报汛部门报汛的区域代表站,国界河流、出入国境或省境河流上最靠近边界的基本水文站,对防汛、水资源勘测评价、水质监测等有较大影响的基本水文站。未选入国家级和省级重要水文站的其他基本水文站为一般水文站。

2. 测报方式

长江上游山区河流测站水文测验的信息采集方式有缆道、测船、水工建筑物、桥测、多普勒流速仪ADCP等,测验信息的记录方式主要有在线监测和人工观读,其中大部分还采用人工观读的方式,延续几十年的传统水沙测验记录方式仍然没有根本性的改变。近年来在主管部门的领导下,在线监测得到了一定的发展,在今后的工作中,实现水文站流量、泥沙在线监测自动化是水文监测努力的方向。目前,长江上游山区河流测站水沙监测信息传输方式主要为人工报送、卫星通信传输、公共信道、光纤或宽带传输。需要指出的是,现阶段部分测站所谓的流量信息传输的自动化,实际上是指将流量信息采用人工方式植入水位信息自动传输的信道,以实现流量信息的自动传输,并非真正意义上的传输自动化。

3. 工程对水文站网的影响

在河流上建设水利工程,会极大改变河流的水文状况,或导致季节性断流,或改变洪水状况,或增加局部河段淤积,或使河口泥沙减少而加剧侵蚀,或咸水上溯,使污染物滞留,水质也会因之而改变。随着水资源的开发利用,水利、水电、采砂、城建、交通、景观等涉水工程的大量兴建,改变了水文站的测验条件和上下游水沙情势,使得水文站网受水利工程的影响日益严重,极大地影响了区域水文资料的连续性、代表性,给这类地区水文测验、流域水文预报、水资源计算造成了一定的困难,影响了水文站网的稳定。

(1) 水利工程对水文站网的影响形式

水利工程建设对水文站的影响可分为直接影响和间接影响。直接影响是工程建设直接影响水文测验设施的正常运行;间接影响是工程建设改变了测站流域下垫面条件,改变了流域水沙情势,使测站所收集资料的一致性发生改变,改变了测站资料的连续性和应用价值。

各流域水利工程对水文站网的影响主要有三种表现形式:第一类是工程设在水文站控制断面的上游,改变了天然河流的水量变化规律,造成资料失真和水账算不清;第二类是工程修建在水文站控制断面的下游,使水文站测流断面置于回水区内,正常开展测验工作困难,所收集到的资料失去代表性;第三类是工程直接建设在水文站测验河段上,严重影响水文站的正常运行。

(2) 影响水文站网的水利工程分类

长江上游山区河流水文站网主要受蓄、引(输)、提工程以及发电和航运工程等涉水工程影响。各种工程中对水文站影响较大的水工建筑物及工程主要是水库、堰闸、水电站(发电、蓄能)、小型水坝(低坝、橡胶坝)、泵站、水渠(引、排)、蓄滞洪区和河道整治(河道治理、疏浚、平沙、挖沙)工程等。

水库工程。水库具有存储、调节径流的作用。水库的修建改变了河流水文特性的同时,也改变了水文测站测报环境。水文站位于水库大坝上游时,受工程回水、顶托影响,流速减小,过水断面加宽,泥沙沉降,实测的泥沙较天然情况下明显偏小;受水库高水位运行影响,水位流量关系发生较大变化。水文站位于水库大坝下游时,受上游水库蓄水影响及工程运行影响,测站设站目的发生变化,控制断面发生断流的情况增多,水位变化急剧,断面冲淤严重,流速增大,严重影响测验水沙条件,导致单次流量的精度难以保证,同时其流量过程也很难控制。

堰闸(含船闸)工程。堰闸(含船闸)等枢纽工程的修建将改变所在河段的行洪能力和水文特性,导致上下游水、沙情势发生变化,冲淤变化加剧,影响原有水文测站测验条件,破坏水文站所收集水文资料的连续性,具体表现为闸上水位壅高,流速变缓,流态不稳,受变动回水影响;闸下受到无规律的放水影响,基本断面水位有时一天之内发生数次涨落,水位变幅增大,人为形成水沙峰且十分频繁,水文控制断面水位流量关系变得散乱且无规律。

水电站(发电、蓄能)工程。水电站及配套工程建设淹没水文测验河段,破坏水文测站控制条件,尤其是水库水电站一般担负电力系统的调峰任务,一天仅在几个小时内大量用水,造成下游河道水位变化较大。具体表现为上游水位壅高,流速变缓,流态不稳;下游水位陡涨陡落,流速增大,断面冲刷加剧,水位流量关系变得散乱且无规律。

小型水坝(低坝、橡胶坝)工程。小型水坝的修建使上游水位抬高,断面面积增加,流速变缓,下游水位降低,而低水断面易出现水流窜沟、分岔,使水位流量关系曲线不稳定,水文站改变了原有的测验条件,影响流量测验的精度和资料的连续性。

泵站工程。泵站工程是取、供、排水等水利工程中的重要组成部分。但泵站的取水能力直接影响河流渠道的输水能力,泵站运行中无规律的取水、排水等,使水文站断面水位有时一天之内发生数次涨落,水位变幅较大,人为形成了水沙峰谷,对水文测验工作有非常大的影响。

水渠(引、排)工程。水文测验断面上下游修建的水渠(引、排)工程,引起控制断面的水位、流量等各项水文要素的变化及水文原有的测验条件及测站原有的水位流量关系,对流量测验的精度和资料的连续性均造成影响。

蓄滞洪区建设运行。蓄滞洪区的重要作用是拦蓄洪水减轻灾害。但蓄滞洪区的运用又改变了自然的行水体系,削减洪峰,改变了水位流量关系,直接影响了正常的水文测验。

河道整治(河道治理、疏浚、平沙、挖沙)工程。河道治理、江河疏浚等水利工程建设以及平沙、挖沙等人类活动,造成水文站测验断面遭受破坏、水位记录失真等现象,改变了水文站原有的测验条件,影响了水文资料的精度和水位流量关系的稳定。

(3) 水利工程对水沙测验的影响

对流量监测的影响。在兴建水文站时,测验断面的控制条件是首要考虑的因素之一。水文站往往布设在控制条件较好的地方,而水利工程的建设则严重破坏了原有的控制条件,使得天然情况下比较稳定的水位流量关系受到破坏。位于工程上游的测站受回水顶托影响,流速较天然情况下减小,无法开展正常的测验工作,只能撤销或搬迁距离大坝太近的测站;位于工程下游的测站受工程调度的影响,水位涨落频繁,水情变化极其复杂,给水文测验带来了极大困难,特别是给水文测验时机把握、方法选择和测验手段带来了新的问题,且部分水文站距离大坝位置不远,无法进行水文要素测验,而位于调节能力较强的水利水电工程下游的测站,实测洪水过程与天然洪水过程相差甚远,只能撤销或迁移;位于引水式电站脱水区(引水口和发电尾水之间的河段)的水文测验河段,水文站已失去存在的意义。水利工程对流量站的影响又分为大河控制站、区域代表站和小河站的影响等。

对泥沙监测的影响。水文站在长期的水文测验中,已取得了比较稳定的水位流量关系和单断沙关系,并严格按规范进行资料整编。涉水工程的建设及运行,在破坏水文站原有控制条件的同时,也破坏了水文站已有的水、流、沙关系。原有的水文测验方法不能满足现行规范对测验精度的要求,给水文资料整理及整编带来困难。位于水电(水库)工程上游的泥沙站(受顶托影响的情况),由于流速减小,泥沙沉降,泥沙含量减小,实测的泥沙较天然情况下明显偏小。而位于水电(水库)工程下游的泥沙站,由于泥沙被拦蓄在水库和水利工程的河道上游,大坝下泄的基本上是清水。水利工程对泥沙站资料的影响是明显的,一是改变泥沙自然输送过程,二是会在湖、库内形成一定量的淤积,导致下游水文站的泥沙观测项目作用不大。

1.1.1.3 国外水沙监测体系概况

1. 美国水沙监测

(1) 概况

美国地质调查局(USGS)负责美国基本水文站网的布设,水文测站水文要素的采集、数据的传输分发、存储和管理运行。自1889年USGS在新墨西哥州的Rio Grande River建立第一个水文站以来,目前有各类水文测站达153万个。其中,水文站10 240处,水位站2 048处,地下水监测站32 031处,水质监测站9 954处,水文站网密度接近500 km²/站。7 600余个水文站常年测流,约有10%的水文站开展泥沙测验工作。所有测站均采用统一技术标准开展水文监测,其水文资料通过官方网站发布。

USGS在全国50个州设立水资源办公室,并在旗下设立179个分支机构(相当于我国的勘测队),负责地表水、地下水、水质、泥沙等水文监测工作及水科学研究等业务工作。每个分支机构一般由3~10人组成,负责管理的测站数为30~100个,相当于1名外业水文工作者管理约10个水文站。美国水文测验方式以自动化仪器采集和巡测相结合为主,根据实际情况也采用委托观测的方式。在大洪水地区进行流量测验时,USGS会调用其他地区的外业人员支援发生洪水地区的工作,或在本地临时雇用人员协助工作。

美国水文测站均没有站房和断面标志,也很少见到水尺,大部分水文站的设施只有一个数据采集平台(Data Colection Platforms,DCPs)和1~3个水准标点,部分使用测量船收集水文资料的水文站测验断面附近有一个简易码头,只有极少量采用缆道测验。大量水文站使用水平式ADCP(H-ADCP)进行流量在线监测,或使用走航式ADCP施测流量。各水文站测验项目不同,在现场固定安装的测验仪器也不同。

数据采集平台是信息采集和传输的集成平台,置入外观呈0.2~0.3 m³的仪器箱内,主要包括自记水位计(水位计传感器)、太阳能和蓄电池供电系统、数据自动传输设备(电台或卫星发射设备)等,通常安装在桥梁的桥墩上或者其他固定建筑物上,用于收集水位资料。USGS的信道传输设备一般只有一套,无备用信道,但是一旦发生故障,能在24 h内修复。

因缆道测验需要固定的设施设备较多、建设投入大、保养维修困难等,加上流量测验的次数很少,美国很少用缆道开展水文测验工作,只有少部分水文站采用缆道进行水文测验,其缆道设计及建设比较简单。

在需要使用测量船测流、测沙的水文站的测验断面附近，修有一座方便测量船下水上岸的简易码头，测量船一般可以直接驶上巡测车后的拖车（可入水的拖车架）。

测验设备及仪器由分支机构统一调度和管理，设有一个存放巡测车、测量船及测量仪器设备的大仓库，附设仪器设备维修及测量附属设施加工车间，提高了仪器设备的使用效率。

(2) 测验设备

美国开展水文测验工作所配置的设备强调实用性，用于水文测验的巡测车、测量船功能强大，水位、雨量全部实行了自记、数据自动存储及传输，流量多采用 ADCP(ADP、ADV)测验。

① 巡测车

美国配备的巡测水文测验设备配置齐全，包括常用测量仪器、救生衣、涉水测验配套服装等，以及仪器安装所需工具、舟载 ADCP、手提 ADP 等，部分巡测站还配置机械臂以便桥测。

② 测量船

测量船的大小根据测站的水流特性配置，材质为不锈钢、玻璃钢、铝合金、橡胶等。船上无抛锚设备，配备的主要仪器设备有：非常方便安装和拆卸的 ADCP 支架、差分 GPS、激光测距仪、红外水温测量仪、用于取样的匀速运动的小型电动绞车、救生衣等。

③ 自记水位仪

美国采用的自记水位仪器主要有气泡式、压力式、浮子式、非接触式雷达水位计等，以压力式为主。5~15 min 采集一次水位，每小时通过卫星将采集的数据传输至各分支机构。用于检校水位自记仪测量误差的设备主要有悬垂式水尺和直立式水尺，此外还有用于洪痕测量的洪峰水尺。

④ 测流设备

美国基本上全面采用 ADCP（包括 ADP、ADV）进行测流，也有极少部分测站使用转子式流速仪（旋杯式居多）。由于水文站的测验工作统一调度，一台（套）ADCP 可能负责 10~20 个甚至更多测站的流量测验工作，其使用效率非常高。走航式 ADCP 在正式投产前要开展大量的比测试验工作，一般在不同的测站至少连续 5~8 年采用走航式 ADCP 与流速仪法并行测流，在确认走航式 ADCP 测流精度可靠后，才在所有测站全面推广应用。

水平式 ADCP 的率定通常使用走航式 ADCP，确定指标流速与断面平均流速的关系，据此推算出断面流量。在满足精度要求后便投产使用，正式投产使用后，也会定期开展比测。ADP、ADV 的测流原理和 ADCP 一样，多用在水深较浅（1.0 m 以下）、流速较小、水面较窄的水文测验断面，通常是手持 ADP、ADV 涉水测量。在转子式流速仪的使用上，则会根据测量水深的大小，分别选用标准型（Standard Meter，水深较大时使用）或者小型（Pygmy Meter，水深较小时使用）流速仪进行测量。

⑤ 测沙设备。悬沙采样器主要有积深式、手持积深式、选点式、横式、泵式。用于泥沙测量的铅鱼重量一般在 30~50 kg，最重的达到 150 kg，多用于规模较大的大河。部分测站也采用泵式采样器采取沙样。

美国床沙取样主要使用挖斗式采样器，外形与我国使用的挖斗式采样器相同，但尺寸相对较小，床沙采样器重量为 50~80 kg。

颗粒分析仪器设备主要为分析筛、粒径计、分样器、烘箱、电子天平等，也有部分采用激光粒度仪等。

(3) 测验方法

① 流量测验方式

流量测验的方式主要有桥测、船测、缆道测验、涉水测量及在线监测。

桥测是美国收集水文资料的主要方式之一。桥测设备有两种：一种是放置在桥上的专用桥测起重机，设计简单，有的为电动驱动升降，有的采用人力驱动升降。这类起重机也是一种很好的巡测设备，一般不固定安置在测站上，而是由巡测车运至各站测验。另一种是配有起重架的巡测车，这种巡测车装有升降灵活的电动驱动升降设备，以悬吊各种型号的铅鱼进行测深测速，不仅满足在单一测验断面收集水文资料的要求，同时也满足巡测的要求。

对于附近没有桥梁的水文站，在水位较高、流量较大时多采用测量船测验。当有测量任务时，一般由巡测车将测量船拖到测量断面附近的简易码头,测量船从简易码头入水行至测验断面,测完后又由巡测车拖到下一个水文站或者拖回到仓库。测量船沿水面宽的定位(起点距)通常采用 GPS 或者断面索(有距离标记)。

美国很少用缆道开展水文测验工作,但对极少数测站配置水文缆车进行测量。水文缆车里面装备有手动机绞,工作人员可通过手动机绞,将装有测量仪器的铅鱼放到指定位置进行测量。

对一些水深较浅、流速不大的测验断面,常采用涉水测量。

对于对资料时效性要求较高或受工程影响的河段,多采用水平式 ADCP、超声时差法等方法进行流量在线监测,并通过卫星等信道将实时监测信息传输至数据接收中心。

② 泥沙测验方式

美国约有 10% 的水文站开展泥沙测量,主要项目有悬移质含沙量、悬沙颗粒级配、床沙颗粒级配等,部分站还开展水质监测工作。泥沙测验方式与流量测验方式基本相同,主要方式有桥测、船测、缆道测验、涉水测量以及在线监测等。

悬移质输沙率的测量一般与流量测验配套进行,在全断面布设 3～5 条取样垂线,全断面水样混合。针对一些有特殊要求的客户,使用选点法取样。

美国对 LISST、OBS、ADCP 等测沙技术正在进一步的研究之中,很少投产使用。

颗粒分析方法主要采用筛析法和水析法相结合,对细沙一般不做更精确的分析,除非工程需要,分析下限粒径一般只到 0.063 mm。筛析法与国内方法一致,水析法其中一种是若干年前国内采用的比重沉降法,另外一种是粒径计法,但粒径计法与国内的又有些不同。将沙样倒入粒径计管后,在粒径计管的底部通过可以上下移动的显微镜不断观察泥沙沉降的厚度。与显微镜连接在一起的是一台类似于日记式的水位自记仪,有滚筒和记录纸,可以绘制泥沙的沉降厚度随沉降时间的变化过程线,事后通过相关软件换算,得出级配曲线。

③ 测次布置

美国通过对各站历年的水位流量关系图进行分析,弄清楚测站各个水位级和时段的水流特性。对水位流量关系多年稳定的水位级、时段,流量测次少测或不测。流量测次只布置在水位流量关系易发生变化的水位级或时段。美国比较注重中高水的测量,测次大部分分布在较大洪水期间。

美国一般的水文站,流量每年施测 8～12 次,最多的水文站也仅施测 20～30 次。输沙率和单沙都测验的站,输沙率与流量同步测验,年测次在 12～18 次。河床质泥沙和泥沙颗粒级配每年测验 1～2 次。

(4) 数据实时传输

美国实时水文数据的传输手段主要有卫星、短波、超短波、计算机网络通信、电话网等,连续进行测验的测站数据可实时传输到地质调查局的水文数据库和数据使用单位。

美国水文在线监测数据采用以卫星传输为主,其他方式为辅的传输数据方式。水文站利用各种采集仪器(如水位计、雨量计)测量记录的实时水文数据,首先自动传输给水文站配置的 DCPs,DCPs 将测站数据自动发送至位于太平洋或巴西上空属于国家海洋大气局的两颗地球同步环境卫星(GOES),地球同步环境卫星将接收到的水文数据再传送给 USGS 总部的数据接收分析处理系统(DAPS),然后实时地发送给民用卫星(DOMSAT),民用卫星再将水文数据通过各地面站的读出装置(LRGS)传送到内务部地质调查局的内部各用户,并同时传送给国家水信息系统(NWIS)。

水文站配备的自动采集和自动传输设备可连续采集和自动传输水位、流量等水文要素的变化。这些自动仪器配有太阳能电池组和蓄电池组,即使遇有大洪水和暴雨天气,在公用电话通信和动力供电设备遭到破坏的情况下,仍能保证水文要素的采集和传输正常进行。

2. 其他国家水沙监测

世界气象组织对部分国家水文站网的统计显示,各国水文站网分布并不平衡,欧洲国家为 2～8 站/(1 000 km^2),中东国家为 1～10 站/(1 000 km^2),非洲国家密度更低。

发达国家的水文站网发展比较稳定,密度较大,自动化程度高。日本有各类气象、水文、水质观测站

15 000多处,站网密度为100 km²/站;英国有1 200处水文站,站网密度为200 km²/站;德国现有4 365处水文(位)站,站网密度约为80 km²/站;意大利共有水文测站约4 000处,其中央直属水文(位)站网密度达300 km²/站。世界气象组织推荐的容许最稀站网密度为:在温热带和内陆区,平原为1 000~2 500 km²/站,山区为300~1 000 km²/站。发达国家的站网密度均远高于世界气象组织的推荐标准。

不同国家的地理环境、气候状况和经济条件不同,其水文管理机制也不尽相同。在管理机制上,发达国家大多采用从中央到地方的分级管理体制,水文资料信息基本实现共享。德国的水文业务实行分级管理,联邦、州及地方政府分别设有相应的水务机构,水文站网基本由联邦政府和州政府管辖。加拿大通过了一个持久性的法案制定协议文件,将不同类别的水文测站的归属权和经费资助职责等进行明确界定,由联邦政府、省政府和其他部门分别承担。意大利、日本的水文业务基本上由中央和流域机构进行分级管理。澳大利亚水文观测分属不同的部门,实行谁建设谁管理,国家气象局负责与防洪有关的大江、大河水文站水位、雨量等数据的采集,并发布关键站的水位预报;自然资源部负责水资源站网的数据采集与管理,主要是水量与水质,同时监测水位、雨量;大坝拥有者负责自身洪水监测系统;地方政府也根据自身防洪需要增设水位、雨量站网;还有大量的志愿者,自发地开展洪水观测,这些志愿者都由联邦政府提供统一的设备、网络。自2002年欧洲大洪水后,法国修订了《风险法》,将全法国大江大河的洪水监测与预报任务纳入政府管理职能中。在新体制下,法国逐步成立了22个区域洪水预报中心,其主要职能是负责区域内的洪水监测与预报工作,其他小流域的洪水监测与预报由当地负责。

发达国家水位、雨量等基本实现了自动采集。日本绝大多数测站都纳入自动测报系统,观测项目有降雨、水位、流量、水质、地下水,以及水库和堰闸水文要素等。法国每一个观测点采用水文仪器和雷达两种方法进行观测,通过对雷达与水文观测点两者实时监测数据之间的关系进行对比分析,得到比较可信的数据。

欧洲国家水文数据传输以公用电话网、计算机局域网和超短波电台为主。如法国各水文观测点的监测数据,通过无线电(高频或中频)每5 min上报一次,40 s内数据就可传输到控制中心。

英国、德国、法国、加拿大、瑞士、荷兰、日本等国家的绝大多数水文站采用巡测方式。一般在河岸边设有数平方米面积的自记仪器室、缆道房。多数自记(包括遥测),少数委托附近居民观测。发达国家流量巡测次数均不多,其中瑞士新设水文站平均每年测10次,老站平均每年测6次;英国的水文站每年至多测12次;日本水文站平水期平均测26次,高水期测13次。近年来,各发达国家大量投入在线监测站网,进一步提高了监测效率。

发达国家对水文基础资料管理十分重视。日本、加拿大设有专门的中央机构,负责水文水资源数据的采集、汇总、处理和发布等。德国、法国设有流域性及区域性的洪水预警预报中心,分别由相应的政府机构负责。意大利建立了覆盖全国的实时水文数据采集通信网,90%以上的流域机构所属站网与中央系统实时联网,进行数据共享。

1.1.1.4 现代水沙监测体系

1. 监测体系的组成

监测体系由监测管理体系、监测服务体系、监测技术体系及质量控制体系等组成。监测体系中水文要素测验工作的组织形式和工作模式就是水文监测管理体系,它是确保水文监测活动正常运行的关键。水文测验方式主要包括4种类型——驻测、巡测、水文调查、应急监测,其中主要的是驻测和巡测,以及两种方式相结合的方式。

驻测是指水文专业人员驻站进行的水文测报作业。根据实际需要,驻测可分为常年驻测、汛期驻测或某规定时期驻测。巡测是指水文专业人员以巡回流动的方式,定期或不定期地对一个地区或流域内各水文站点的流量等水文要素所进行的测验。水文调查是指为弥补基本水文站网定位观测不足或其他特定目的,采用勘测、观测、调查、试验等手段采集水文信息及其有关资料的工作。因此,水文调查是水文信息采集的重要组成部分,它受时间、地点的限制较小,可在事后补测,并能有效地收集、了解基本站集水面积上所要求的水文信息,有较大的灵活性。驻巡结合是指根据河流水情变化的规律,采取驻测与巡测相结合的方式,在一定的水情条件下采取驻测模式,在其他水情条件下则采取巡测模式。汛期驻测、枯季巡测便是其中的一种。

自1955年颁布的《水文测站暂行规范》确定我国水文测站采用驻守方式起,至20世纪80年代前后完成了一系列水文测验技术标准的制定或修订,标志着我国基于水文测站驻守管理方式的水文监测体系基本建成。该水文监测体系对确保我国防洪水文测报的准确性和及时性,水利水电工程建设所需水文资料的连续性等发挥了重要作用。

现阶段因我国流量、泥沙测验受现有技术水平的限制,大部分测站仍使用传统的测验方式,效率低下。若不对流量、泥沙项目的测验方法实施创新,将导致大量水文观测人员困守水文测站,众多需要水文信息的地方无力开展水文监测工作。同时,我国现有的基于水文测站驻守的管理体制,使得水文勘测工仅满足于常规测量、取沙等简单的重复劳动,制约了水文测验的技术进步。

近30年来,随着我国经济的快速发展,社会对水文监测信息的需求发生了重大变化。特别是近年来最严格水资源管理制度的实施、中小河流治理以及河流两岸民众对水文关注度的提高,现有的水文测站监测信息已远远不能满足要求。为满足社会需求,就必须大量增加水文测站,而现有的人员和技术手段满足不了大规模新增驻守水文站的实际,开展水文巡测工作迫在眉睫,必须在管理体制上另辟蹊径。

2. 国内外水文监测体系差异

我国水文监测管理体系和流量、泥沙项目的测验方法与发达国家相比,主要存在着以下几方面的差异。

(1) 水文监测管理体系

发达国家因社会保险体系较为完备,当洪水灾害来临时,可通过大量气象、水文信息来判断可能灾害的大小量级,因而对单个水文测站的时效性、准确性要求不是太高。发达国家的水文站网密度大,水文测员少,其流量、泥沙测验项目均为巡测方式,即1人或数人开展某一区域较多水文测站的巡测工作,以区域各类测站信息弥补单站信息的不足。我国由于雨热同季,洪灾严重,绝大多数水文测站最初的设站目的主要为防洪,外加我国沿江沿河人口密集,对水文测验的时效性及相应的预报精度要求较高,故绝大多数水文测站的流量、泥沙测验实行的是驻测方式,平均约10个职工(含各级水文管理人员)承担1个水文站的测验工作,与发达国家的水文测验管理体系差异明显。

(2) 水沙测验技术

流量测验技术方面,发达国家众多水文测站通过水平式声学多普勒流速仪、超声时差法实现了流量实时在线监测,对大江大河也均使用了流量快速测验技术,如采用走航式ADCP进行流量巡测等。受国力和技术所限,我国长江上游山区河流除个别水文测站实现实时在线测流或采用流量快速测验技术外,绝大多数水文测站仍使用常规流速仪按测线测点布设方式进行流量测验,测验工作量大且费时较多,这也是导致我国水文测站采用驻测方式且人员较多的原因。

泥沙测验技术上,发达国家水文测站泥沙测次要求较少,而我国由于江河泥沙特性,尤其是黄河、长江泥沙来量较大,同国外相比要求泥沙测次较多。从测沙设备来看,目前还采用传统设备,与国外相差较大,新的设备(光学测沙、声学测沙)均还在比测试验中。由于历史原因,我国绝大多数水文测站的泥沙测验仪器比较陈旧,在缆道站主要使用调压积时式采样器,在水文测船上则仍使用横式采样器,采样经沉淀、过滤、浓缩、烘干、称重、计算等工作流程完成后才能整理出泥沙成果。

(3) 单站水文测次数量方面

流量测次方面,发达国家极少有固定值守的水文测站,大多采用巡测断面模式。以美国为例,每个巡测断面每年的流量测次一般在8~12次,大洪水年份也不超过30次。在我国的大多数水文站,天然河道上的常年站流量测次一般在100次左右,大洪水年份流量测次会更多,达200次以上;在受水利工程建设影响的水文测站,其流量测次则在300次左右,有的甚至更多。

泥沙测次方面,因发达国家水土保持较好,含沙量较小,泥沙测次极少,大多数水文测验断面不进行泥沙测验,极少数水文站的泥沙测验主要集中在汛期,测次与流量基本相当。我国主要江河上均开展泥沙测验工作,特别是黄河、长江,其泥沙测验任务则更大,一般水文站的单样含沙量(以下简称"单沙")测次数量一般在 200 次左右,有的多达 300 次以上;断面平均含沙量(以下简称"断沙")的测次数量上,使用单断沙关系进行整编的站,一般在 30 次左右,使用断沙过程线整编的站在 100 次左右。

由此可见,我国水文站的流量、泥沙测次与美国相比明显偏多。

3. 我国监测体系存在的问题

经过多年的发展,全国的水文监测、水情报送能力都有较大幅度的提升,但水文监测体系方面仍存在有待进一步提高之处,问题主要表现在以下几个方面。

(1) 水文巡测能力不足

我国在 20 世纪 80 年代以来成立的水文勘测队,因受水文测验装备条件及技术水平的限制,尚采用常规仪器与传统的测验手段开展水文巡测,仅仅发挥了按站队结合的要求进行人员管理的作用。当巡测站的水位流量关系受洪水涨落影响时,按流量资料整编定线的规定,此种情况下安排水文巡测,则流量测次布置不能满足水位流量关系定线需要的时效性与连续性要求。因此,绝大多数水文勘测队未开展水文巡测工作,部分水文勘测队为满足防洪要求采用了汛期驻测、枯期巡测的方式。

同时,现有的水文缆道、测船等主要测验设施自动化程度不高,快速监测手段缺乏,先进的实时在线监测设备不足,也是没有实施水文巡测与开展水文应急监测的主要原因。

(2) 水位流量关系单值化理论不完善

我国河流的水位流量关系受洪水涨落过程、下游水位顶托、断面冲淤变化与水利工程调度等多种因素的综合影响,测站的水位流量关系复杂,多呈现为不规则的连时序绳套曲线。同时由于每个洪峰涨落过程的水位流量关系线均不一致,洪峰的涨、落水过程都需布设测次,以确定水位流量关系曲线的走势,导致了水文站的流量测验较多。水文站的流量测次过多,就使得水文测站不得不采取驻守方式。水文流量关系单值化技术是精简流量测次、开展巡测的基础。我国在这方面工作开展较晚,直接导致了水文监测体系的发展滞后。

(3) 现有的规范体系与新技术的使用不相适应

20 世纪 90 年代《水文巡测规范》颁布以后,业内未引起足够的重视,将巡测和驻测相对隔离开,致使现有水文监测工作未能有效地按照该规范执行,加之巡测规范和其他规范技术上有所冲突,致使水文巡测工作停滞不前。

随着水资源的综合开发利用,全国各类河流上均建成了大型或中型的水利枢纽工程,对促进经济社会的发展发挥了重要作用。然而,水利枢纽工程的建设,改变了天然河道水流的特性,给水文测验带来极大的困难。位于水库下游的水文站,受发电或泄洪的影响,水位的涨落过程变化急剧,加之测站水位流量关系呈现不规则的连时序绳套曲线,致使流量测次过多。位于库区水文站的流量测验同样由于水力因素变化复杂且无规律可循,彻底改变了天然河道水位流量关系的特性,如水利枢纽工程蓄水时,同水位下,水位涨而流量小;工程泄水时,水位落则流量大。为解决水文测站受水利工程建设对河流水位流量关系的影响,只能按水位流量关系整编定线的要求增加流量测次。

受人类活动影响,新形势下如何开展流量监测,新仪器的使用如何满足现有规范的要求,都会影响水文监测体系的发展步伐。

(4) 不同测验要求对水文测验方式进步的制约

目前,流量要素测验已逐渐向自动监测、实时在线监测方向发展,时效性及精度上均有大的提高。然而,我国河流泥沙含量大,且水利工程建设也需要泥沙资料,因此水文测站开展泥沙监测是必需的。我国泥沙测验规范规定,施测断沙时必须进行流量测验,因而增加了断沙测验的工作量。由于泥沙在断面上不同位置的变化是不相同的,且变化过程也不能有效掌握,使得控制泥沙变化过程的测次分布更加困难。况且悬移质泥沙从测验到提交资料需经过水样采集、沉淀、浓缩、烘干、称重与计算等工作流程,通常情况下所需时间至少 1 周,时效性较差,制约了整个水文监测体系的整体进步。由于流量测验已实现在线监测,泥沙测验基本还采用人工观测,造成两者监测的方式方法、监测频次等不同步,也制约了水文测验方式的整体进步。

4. 监测体系创新

(1) 创新原则

水文监测体系涉及的范围较广,既有水文站网巡测、驻测、调查等管理问题,又有雨量、水位、流量、泥沙、水质、水生态等各种要素的监测技术问题,还有对各要素采集数据的整理、整编、精度评定及发布共享等问题。以上问题相辅相成、互为制约。一种好的水文站网管理方式,如没有相应监测技术是不能实现的;同样,无论多么先进的监测技术,如不能满足测验精度、资料整编等要求就不能用于生产实践,也不能支撑水文监测体系的创新。

因此,要创新水文监测体系,其相应的各类监测、整编等技术问题就必须取得突破。新中国成立后,我国通过引进苏联水文管理模式,逐步建立起依靠水文站分点驻守的水文监测体系,为防洪、水利工程建设提供了大量信息,并收集了大量的基础资料。驻守方式所要求的监测技术成熟,依靠人工操作常规的流速、含沙量等仪器即可完成任务;但驻测方式又存在着受人力资源制约、站网密度较稀的问题。

以经济社会发展对水文测验的需求为突破口,在充分分析现有水文监测体系存在的问题和国际水文测验先进管理经验的基础上,为改变现有测验断面过少、效益低下等现状,为满足防洪和水资源管理高精度、高时效等特殊性国情要求,必须通过发展先进的水文监测方式方法,构建全新的水文监测管理体系。

创新从两个方向展开:横向通过与以美国为代表的发达国家的对比研究,认识现有体系存在的问题、发展方向和变革途径;纵向借助于对新中国成立以来水文监测管理体系发展情况的系统研究,梳理和分析体系发展的脉络,明确体系发展的历史遗存和现实基础,摸清体系历史演进的基本逻辑与发展方向。

通过与美国等发达国家在基础设施、仪器设备、测验布置、巡测管理、数据整理、信息发布、技术标准、质量管理、投资体制、行业性质以及文化建设等方面的深入比较,分析国内外水文测验体系的差异以及引起差异的根源,结合国内外国家体制与国情对水文测验体系的影响分析,探究国内外在技术选择、体制约束和文化影响上的深层动因,进而探寻我们水沙监测体系创新的发展方向与可能途径。特别要对国际先进的"需求分析理念和服务导向模式"进行深入理解与灵活应用,最终在水文监测管理体系中接轨国际先进技术与理念,即"与国际接轨"。

通过对经济社会发展对水文需求的变化分析,梳理中国水文监测管理体系的发展脉络,特别是对我国水情水事特点进行深入探索和重点研究,最终在水文监测体系中体现中国现实状况与特色,即"有中国特色"。

(2) 体系构建

① 水文监测体系的构成

监测体系由监测管理体系、监测服务体系、监测技术体系及质量控制体系等组成。水文监测管理体系是水文监测体系的核心,主要涉及各种水文要素监测的组织形式、工作方式等。水文监测服务体系主要针对不同的社会需求,评价水文监测管理体系优劣与否,并判断是否满足实际需求。因此,弄清经济社会发展与现有水文监测体系的矛盾,从而提出水文监测系列长度、测次控制、监测方式、误差精度等指标满足各类社会需求是水文监测体系创新的前提条件。水文监测技术体系是满足水文监测管理体系及监测服务体系要求的关键技术,主要包括流量、泥沙监测方式方法以及水文监测新仪器、新技术、新方法的应用,特别是在水位流量单值化方法、流量泥沙异步测验方法、水文要素快速和在线监测技术方面的创新。质量控制体系主要是构建适应水文监测管理体系、监测技术体系的质量控制标准和监测技术规范。

② 水文监测管理体系的构建

在对比中外水文监测特点的基础上,我国现代水文监测体系可以表征为"驻巡结合、巡测优先、测报自动、应急补充"的水文监测管理体系。它既有别于欧洲、美国等发达国家和地区的全面巡测模式,能提供更高精度和更实时的水文监测成果,又有别于苏联驻守模式,可更广泛地收集水文信息,满足社会各方面的需要。特别是针对我国自然灾害频繁、人口众多的特点,提出了水文应急监测作为水文监测管理体系的补充方式,并作为我国水文监测体系的补充。

针对水文站分点驻守水文监测管理体系的缺点,为扩大水文监测范围,在人力条件不发生大的变化的情况下,就必须开展巡测。美国等发达国家尽管已形成全面巡测的管理体制,但其水文监测的精度要求及社会对水文监测的需求与我国不尽相同,其对外公布的仅为单次测验成果,没有全国统一的资料整编,用户按照自己的要求整理数据,因此,可采用全面巡测模式大面积收集信息。

发达国家防洪多采用保险制度,对水文监测的项目、频次和精度要求与我国有较大不同,其重点关注的是暴雨量级,对可能出现的最高水位、最大流量关注不高,仅承担水位流量关系的校核作用,当监测上游暴雨可能导致超过防洪水位时,就开始转移洪泛区内的居民,其损失由保险公司承担。我国人口稠密、耕地有限,广泛采用堤坝方式防洪且基本未形成有效的洪水保险体系,对水位、流量监测精度或频次要求极高,采用全面巡测方式无法解决流量观测的频次等问题。

我国地处东亚季风区,欧亚大陆、太平洋和印度洋三大地质板块交会,广阔的地域内沟壑纵横、地形复杂、人口众多,导致我国是气象、地震、地质灾害最严重国家之一。我国有超过2/3的国土受洪涝灾害的威胁,占国土面积69%的山地、高原等受泥石流、滑坡、山体崩塌等地质灾害的影响。每次突发性灾害多发生于偏僻的山区或平时就交通不便、基础资料缺乏、水文监测设施薄弱的地区。为迅速掌握第一手资料,水文监测往往在灾害还在发生时进行,属于应急监测性质。仅2010年,全国水文部门就启动了80余次水文应急监测响应,如在应对甘肃舟曲特大滑坡泥石流、金沙江白格堰塞湖等自然灾害中,长江委水文局迅速组建抢险突击队,开展现场水文应急监测,提供灾区水雨情信息,圆满完成了应急测报任务,取得了巨大的经济和社会效益。鉴于近年来我国水文应急监测工作的日益频繁,长江委水文局于2011年8月成立了长江水文应急抢险总队,下属7个应急抢险支队,是国内首支专业的水文应急监测专门队伍,并制定了完善的运行管理办法、健全的组织机构,以及队伍标志、装备配备等。其后,国内许多水文部门相继成立了水文应急监测机构,为水文监测管理体系的建设探索出适合中国特色的新路子。

随着我国经济和社会的发展,水文监测服务对象逐渐增多,由新中国成立初期单纯地为防洪或为水利水电工程服务,增加了最严格的水资源管理、水环境水生态保护、饮水安全、城镇化建设、旅游等多方面服务对象。已有的驻守观测水文站网已远远不能满足社会发展对信息量的要求,需大规模扩大水文资料的收集范围,增设大量水文监测站网。然而,现有的人力和物力条件不可能采取大量建设驻守水文站的方式,只能采取优先开展巡测的模式,尽可能地满足社会对水文信息需求量大增的要求。

因此,"驻巡结合、巡测优先、测报自动、应急补充"的水文监测管理体系具有鲜明的中国特色。它既有别于欧洲和美国等发达国家和地区的全面巡测模式,能提供更高精度和更实时的水文监测成果,又有别于苏联驻守模式,可更广泛地收集水文信息,满足社会各方面的需要。特别是针对我国自然灾害频繁、人口众多的特点,创造性提出了水文应急监测作为水文监测系统的补充方式,完善了我国的水文监测体系。

1.1.2 水沙监测需求增加

随着经济社会发展对水文工作要求的不断增加与拓展,水文工作服务的重点已由最初的防汛抗旱与工程建设扩展至为水资源管理、防汛抗旱、工程建设、生态保护、农业水利建设、科学研究、工程规划设计等众多领域服务。其功能也由传统的积累基本资料、服务防汛测报等基本内容提升至以社会用户需求为导向,提供更为丰富的水文监测信息产品,全面服务社会。

1.1.2.1 防洪安全需求

我国自古以来就是一个洪水频发的国家,加上人口密度大,城市大都集中在易受洪涝灾害威胁的地区,因而洪水造成的损失大、影响范围广。随着社会经济的发展,防洪安全保障的需求也在不断提高,防洪问题正在日益成为影响中国可持续发展的一个重要而紧迫的问题。在新的防洪形势下,对水文监测的要求也越来越高。

(1) 水文监测的长期性

首先,地理位置特殊。我国位于欧亚大陆与太平洋的交界处,处于大陆冷空气和大洋暖湿空气的交汇带,季风气候特别明显。季风气候的变异性使我国成为全球季节性降水变化较大的地区,降雨相对集中,且时空分布不均,极易发生洪涝灾害。大部分地区雨季多年平均雨量可占当地全年降水总量的60%～80%。在北方一些地区,甚至全年的降水量集中在几次降雨。

其次,地形条件特殊。我国地形的总体趋势是西高东低,高差数千米,七大江河都是东西走向,一个流域涉及的纬度变化小,往往同步进入雨季,上中下游容易遭遇洪水,发生流域性大洪水,防洪压力很大。与四季降雨量均匀的欧洲国家相比,我国大江大河汛期流量大,防洪形势严峻,防汛测报要求高。

再次,水土流失严重。我国水土流失面积为367万 km^2,约占陆地面积的1/3,每年进入河流的泥沙约为35亿t,其中40%淤积在河流、湖泊、水库和洪泛区中。河道泥沙淤积不断抬高水位,逐渐削减已有工程的防洪能力。如黄河平均年输沙量为16亿t,其中4亿t淤积在下游河床中,使下游河床每年以10 cm的速度抬升,成为世界著名的"地上悬河"。再如长江流域,1949年长江中下游通江湖泊总面积为17 198 km^2,目前只剩下洞庭湖和鄱阳湖仍与长江相通,平水位时总面积为5 000多平方千米,如果用1954年的天然调蓄容积对1998年实际洪水量进行演算,洞庭湖、鄱阳湖及长江中游1998年的控制站洪水位可降低1 m左右,显然会影响到防洪安全。海河流域主要入海河道淤积严重,尾闾不畅,泄洪能力降低,目前流域主要入海河道的淤积总量约为1.5亿 m^3,设计泄洪入海能力由24 680 m^3/s降到16 000 m^3/s,下降了35%。受泥沙淤积影响,水文测验断面的水位流量关系不稳定,给水文监测工作带来了难度。

特定的地理位置及气候条件决定了我国防洪任务的艰巨性,且随着我国经济的快速发展,大量工程兴建,致使我国的防洪形势不断发生变化。作为防洪耳目的水文测报,必须长期不间断地开展水文监测工作。

(2) 水文监测的准确性

随着人口、社会财富日趋增加,水文监测的准确性需求越来越集中在受洪涝灾害威胁的地区。我国受洪水威胁的地区主要集中在七大江河中下游平原和东南沿海地区。这些地区既是暴雨洪水的易发地带,又是我国社会经济比较发达地区,全国约有40%的人口、35%的耕地和70%的工农业生产总值集中在此。这些地区的地面高程大多在江河水位以下,依赖堤防保护,历史上曾多次发生严重的洪涝灾害。

与水争地的矛盾越来越突出,近30年来,我国湖泊水面面积已缩小了30%。素有千湖之称的江汉湖群,目前的湖泊面积仅为新中国成立初期的50%。洞庭湖在1949—1983年,湖区面积减少了1 459 km^2,平均每年减少42.9 km^2,容量共减少115亿 m^3,平均每年减少3.4亿 m^3。另外圩区规模不断扩大、建设速度加快,圩区防洪除涝标准提高,把涝水都集中排到河道,导致河道水位越来越高,防洪风险越来越大。

蓄滞洪区是防洪工程的一个重要组成部分,由于种种原因,蓄滞洪区安全建设设施不足,分洪时区内大量人口需要临时转移,难度很大。再加上运用蓄滞洪区损失大及安置、恢复困难等原因,蓄滞洪区难以发挥应有的作用。一般情况下,蓄滞洪区不参与分洪,主要依靠具有防洪库容的水库承担防洪任务,因而需要精确、及时地预报每一场大洪水,为水库合理预留防洪库容、运行调度和下游防洪安全提供信息支撑。

欧洲、美国、澳大利亚等发达国家和地区地广人稀,洪水保险体系健全,往往只需要预报洪水量级,通知人员撤走即可。我国沿江河人口密集且大多靠堤防保护,必须依靠更为准确的洪水测报,很多时候防洪靠"严防死守",要求对每一场大洪水预报的准确性极高,这与发达国家在体制上有较大差异。

(3) 水文监测的时效性

防洪体系由防洪非工程措施与防洪工程措施组成,二者相结合是防洪工作的长期方针。防洪非工程措施包括洪泛区的管理,分、滞洪区的运用和管理,分、滞洪区的土地利用和生产结构调整,洪泛区内建筑物的各种防御洪水措施,政府对洪泛区的政策和法令,河道管理,洪水保险,洪水预报和警报系统,防御特大洪水方案,以及组织群众安全转移等方面,其作用在于尽量减少洪灾损失。洪水预报和警报是防洪非工程措施中的重要措施,洪水预报精度的高低直接关系到防洪安全,准确、及时的洪水预报为决策的制定提供可靠的技术支撑,在防洪非工程措施减少洪灾损失中占有举足轻重的地位。

随着生活水平的不断提高,国民对防洪减灾的关注度也不断提高。江河洪水往往突发性强、来势迅猛,需要快速、准确地收集、传递、分析和发布汛情、灾情,并据此正确地指挥决策。目前我国信息采集、传输、处理手段已发展得较为成熟,站点覆盖面也较广。以长江流域为例,长江水文自2005年7月1日在全国率先实现118个中央报汛站自动报汛后,其水位、降水项目的观测实现了自动采集、自动存储、自动传输,相应流量报汛通过水位流量关系绳套动态模拟方法,首次成功地解决了水位流量关系非单一情况下流量数据同化,实现了自动报汛。

加强防灾减灾的非工程措施,重点是建立一个高效、可靠的防汛指挥系统,实现现代化、信息化的水文测报是其首要任务。在美国,水文站网管理模式以自动化仪器采集和巡测相结合为主,单站流量施测次数比我国少,信息化管理程度高,许多经验值得我们借鉴。

目前,我国常规测线测点法测流方式的流量测量费时较长,对防洪测报影响较大。因此,积极探索水文监测方式方法创新,提高水文监测的巡测能力,加强水文信息采集自动化和信息传输网络化建设,开展快速测流和实时在线测流研究,是提高信息采集时效性的关键。

1.1.2.2 长江大保护需求

《中华人民共和国长江保护法》作为为了加强长江流域生态环境保护和修复,促进资源合理高效利用,保障生态安全,实现人与自然和谐共生、中华民族永续发展而制定的法律,于2020年12月26日第十三届全国人民代表大会常务委员会第二十四次会议通过,自2021年3月1日起施行。

其中明确规定,国家长江流域协调机制应当统筹协调国务院有关部门在已经建立的台站和监测项目基础上,健全长江流域生态环境、资源、水文、气象、航运、自然灾害等监测网络体系和监测信息共享机制。

同时规定,国务院水行政主管部门有关流域管理机构商长江流域省级人民政府依法制定跨省河流水量分配方案,报国务院或者国务院授权的部门批准后实施。制定长江流域跨省河流水量分配方案应当征求国务院有关部门的意见。长江流域省级人民政府水行政主管部门制定本行政区域的长江流域水量分配方案,报本级人民政府批准后实施。国务院水行政主管部门有关流域管理机构或者长江流域县级以上地方人民政府水行政主管部门依据批准的水量分配方案,编制年度水量分配方案和调度计划,明确相关河段和控制断面流量水量、水位管控要求。这就需要先进的水文监测技术手段作为技术支撑。

1.1.2.3 工程建设需求

水利工程建设对水文的要求,主要是指利用长系列的水文资料进行工程水文分析计算。工程水文分析计算的内容主要包括设计洪水、设计年径流和设计枯水。特别是设计洪水成果,它是确定水利工程建设规模的重要依据,对工程设计至关重要。

我国水利水电工程相关的水文设计规范、标准对水文资料系列提出了30年长度要求。新中国成立以来,我国已建成布局比较合理、监测项目比较齐全的各类水文站网,七大江河主要干支流上水文站观测资料均较长,大部分水文站的资料系列均达到30年以上,长江中下游干支流上主要测站有的长达60年以上。我国还具备丰富的历史洪水资料,已有多家水利单位在主要江河干支流河段进行过历史洪水调查考证,洪水系列的代表性较高。

通过数学模拟手段分析30年实测洪水资料系列加历史洪水后的代表性,若30年实测洪水资料加上历史洪水已具有较高的代表性,表明今后水文观测可适当地优化测次,或者考虑采用巡测、间测的方式。

设计洪水、设计枯水和设计年径流等工程水文计算内容是将长系列洪水资料、枯水资料和年径流资料进行频率分析计算。设计洪水、设计枯水和设计年径流不仅是水利工程建设水文计算的主要内容,还是水资源评价和管理以及其他行业(如交通、能源、厂矿、港口等涉水或取水行业)水文分析计算的主要内容,只是不同行业的设计频率要求不同。

此外,各类工程建设也需要水文部门提供悬移质泥沙、推移质泥沙、水位流量关系、气象要素、水面蒸发、水温和冰情等分析成果,对水文监测资料的系列长度与成果质量等方面提出了明确的需求。

1.1.2.4 最严格水资源管理需求

实行最严格的水资源管理制度,包括建立用水总量控制制度、用水效率控制制度、水功能区限制纳污制度、水资源管理责任和考核制度等,把严格水资源管理作为加快转变经济发展方式的战略举措。实行最严格水资源管理制度工作,进一步明确水资源管理"三条红线",即用水总量控制、用水效率控制、水功能区限制纳污的主要目标,提出具体管理措施,全面部署工作任务,落实有关责任。健全水资源监控体系,抓紧制定水资源监测、用水计量与统计等管理办法,健全相关技术标准体系。加强省界等重要控制断面、水功能区和地下水的水质水量监测能力建设。流域管理机构对省界水量的监测核定数据作为考核有关省(自治区、直辖市)用水总量的依据之一,对省界水质的监测核定数据作为考核有关省(自治区、直辖市)重点流域水污染防治专项规划实施情况的依据之一。加强取水、排水和入河湖排污口计量监控设施建设,加快建设国家水资源管理系统,逐步建立中央、流域和地方水资源监控管理平台,加快应急机动监测能力建设,全面提高监控、预警和管理能力,及时发布水资源公报等信息。

(1) 用水总量控制红线对水文监测的需求

实行用水总量控制,对水量进行分配,是在统筹考虑生活、生产、生态与环境用水的基础上,将水资源进行逐级分配,确定行政区域水量份额的过程。《国务院关于全国水资源综合规划(2010—2030年)的批复》(国函〔2010〕118号)提出,"到2020年,全国用水总量力争控制在6 700亿 m^3 以内……到2030年,全国用水总量力争控制在7 000亿 m^3 以内"。根据2020年中国水资源公报成果,全国2020年总用水量为5 812.9亿 m^3。水利部《水量分配暂行办法》第十条规定:水量分配方案主要内容中包括"跨行政区域河流、湖泊的边界断面流量、径流量、湖泊水位、水质,以及跨行政区域地下水水源地地下水水位和水质等控制指标"。

实行用水总量控制有利于各行政区、各流域统筹用水,更好地应对水质、水量和生态环境等问题。水文监测整编成果已运用于《全国水资源综合规划(2010—2030年)》《全国主要江河流域水量分配方案制订任务书》中,而且在今后的实施监督管理过程中,还需要水文实时监测资料和整编资料为依据。

(2) 用水效率控制红线对水文监测的需求

用水效率控制要求掌握各类用水户实际用水情况,与之对应的是建立取水户取水量监测体系。取用水户包括工业取水户、农业取水户、公共集中供水户(工业、服务业和生活用水)和水利水电工程用水户等,包括地表取水和地下取水等方式。

根据2020年中国水资源公报成果,全国2020年万元国内生产总值(当年价)和万元工业增加值(当年价)用水量分别为57.2 m^3 和32.9 m^3,农田灌溉水有效利用系数提高到0.565,各用水指标相比2015年显著降低。目前,全国仍有一定比例的工业和农业用水尚未计量监测,用水效率红线控制任重道远。

取用水户一般分为明渠集中取水和管道取水两种。明渠取水包括直接取水、引水和提水3类,一般选用断面流量监测;对管道取水一般采用电磁流量计和声学管道流量计监测。监测要求以自动监测、在线传输的方式,满足对重要取用水户的在线监控。为达到用水效率,各类工业、农业取用水户需开展大量的厂区、灌区水平衡测试工作。

(3) 水功能区限制纳污红线对水文监测的要求

水功能区限制纳污控制要掌握水功能区水质情况,与之对应的是建立水功能区监控体系。目前全国仍有诸多水功能区没有监测手段,部分省界断面没有开展水质监测,也不能支撑水功能区限制纳污红线的要求。

水功能区水质监测要求以巡测和在线监测相结合的方式,对列入全国重点饮用水源地、重要江河湖泊水功能区二级区的采用在线监测方式,其他水功能区原则上都应采用巡测方式,主要通过水环境实验室能力建设达到提高水功能区水质监测率的目的。

1.1.2.5 社会经济发展需求

(1) 社会服务需求

传统观念认为,水文监测主要运用于水利工程建设、水资源评价和防洪减灾等,属于水利类范畴。实际上,随着经济社会的发展,水文监测除服务于水利行业外,早已服务于社会的各行各业,为我国基础设施的建设和经济社会的发展等各方面都提供了有力的水文支撑。

水文监测不仅要为水利工程建设服务,还要为交通、能源、核电、厂矿、港口码头等与水有关的工程建设的规划、设计、施工运行提供技术支持;要为农村饮水、农村节水灌溉、农业产业结构调整、农民增产增收提供技术服务;要为旅游、服务业等国家第三产业的发展提供技术咨询;要为加强资源环境的开发与保护协调的研究方面提供服务。要从传统水文向现代水文转变,从"行业水文"向"社会水文"转变,扩大水文服务范围和领域。这就是目前全国水文业正致力推求的服务民生的"大水文观"的要求。

经济社会的发展,使得水文监测服务的对象更加广泛,对水文测验的要求更高。例如,化工、火电等工业取水要求保证率一般是在97%以上,核电工程取水保证率要求更高,为99%。而现有规范对枯水期测流次数要求不高。因此,枯水期水文要素测验应适当增加观测次数是今后水文测验的改进方向。

(2) 应急监测需求

除常规水情预报外,突发的地震、泥石流、溃坝、水污染事件等灾害的应急抢险,要求水情应急预测预报工作必须在极短时间内开展,对水文应急监测能力提出了新的要求。为了应对全球气候变化引发洪涝和干旱等极端气候现象的增加和突发性水污染事件,需要加强水文快速应急水平,为地方政府采取应急措施准确、及时地提供水文信息。

水文测验工作在应急抢险过程中扮演着非常重要的角色。水文测验是否及时,水文信息传递是否畅通,都将影响应急抢险的决策。水文应急监测是在人类应对突发性自然灾害和水污染事件中产生并不断得以完善和提高的,逐渐成为政府应对和处置此类事件的重要支撑。对水文应急测验有两点要求:①在应对突发性自然灾害和水污染事件时,准确、及时地提供现场监测的第一手资料,为各级政府决策部门尽快制定抢险减灾方案提供决策依据,以保证决策的科学性和时效性;②为工程排险施工单位提供信息服务,以保证施工方案的科学性和可行性。

水文应急监测的突出特点体现在"应急"二字上,因此水文监测是否具有协调常规水情测报任务的潜能力是快速反应的关键。协调常规水情测报任务,就是在确保常规水文工作的前提下,充分利用现有的水文测站的人力资源和测验设备,组成水文应急抢险突击队,随时应对突如其来的自然灾害,奔赴应急测验现场进行水文应急测验工作,满足水文应急监测的需要。

1.1.3 水沙监测技术方法的革新

1.1.3.1 流量监测技术方法研究进展

通过多年的水利工程开发,在大中小河流上建设的水电站、闸坝、引(调)水等各种水利水电工程,改变了河流的天然流态和水文特性,对水文站的测报工作影响明显。在实现水文现代化的新形势背景下,陈静利用罗江口水电站工程泄流特性,提出了采用电功率流量、冲砂闸泄流量、泄洪闸泄水量三者叠加计算实时流量的方法,并通过遥测设备自动获取水位等信息,取代原有缆道流量测验模式,极大地减少了人工测验次数和整编工作量,实现了流量在线监测。赵琳等对当前在线测流技术方案进行了详细的对比分析和适应性研究,主要包括流速仪缆道在线流量监测、固定点雷达在线流量监测、移动雷达在线流量监测、侧扫雷达在线流量监测、H-ADCP在线流量监测、声学时差法在线流量监测,并针对研究区域流域特点与流量监测系统现状,提出可行的在线监测方案,实现流量在线监测及时、准确、可靠的采集和传输。嵇海祥等根据研究区域河流特性及测验断面特性,采用非接触式多点雷达波传感器等设施设备,实现河流部分表面流速数据采集,采用SIMK模型计算出流量数据,并与走航式ADCP同步测验流量数据进行比测分析,探索了多点雷达波流量在线监测系统在研究区域水文测验的应用条件和应用范围。刘运珊和简正美在系统分析了传统流速仪测流、走航式ADCP测流、雷达波在线测流、侧扫式雷达波测流的不足基础上,开发了固定式雷达波在线测流系统,并探讨了其在人员无接触情况下实现对河道平时测验、高洪监测及危险水情等特殊环境下的流量全天候自动实时在线监测的可行性。刘运珊和程亮使用H-ADCP进行流量实时在线监测,率定了H-ADCP流速关系并进行流量及整编成果分析,研究了H-ADCP在线流量监测系统在受回水影响的监测站点的应用情况。丁韶辉等指出,天然河道流量监测技术在我国的研究应用还处于起步阶段,并不十分成熟,且每种方案都有其自身的局限性。其提出了一种基于能坡模型的流量自动监测技术,该方法对受洪水涨落和工程运用影响下的河道流量自动监测有良好的适应性，为天然河道流量自动监测提供一种可选择的方案，具有良好的应用推广价值。马富明指出，水文流量监测新技术设备运用已经进入了快速发展期，但目前装得多用得少，实际运用效果良好的不多。其根本原因是运用技术存在较大误区，普遍把测速设备等同于测流设备，安装前缺乏充分的比测分析。通过对流量测验基本原理的介绍，解析目前市场上运用较为广泛的仪器设备的使用情况，分析了存在的问题，有针对性地提出改进的方法和措施。朱颖洁通过侧扫雷达表面流速的准确性分析、断面平均流速与侧扫雷达表面流速率定分析来研究侧扫雷达在线流量监测系统在西江黄金水道梧州水文站河段的适用性。郑旭指出，非接触式雷达波测流具有易维护、功耗低、运行稳定、测量准确等特点，应用于复杂水文环境，可用于解决突降暴雨后的山区或是连续降雨后的河流发生高流速洪水的测流问题。李甲振等提出了一种无资料或少资料区河流流量监测与定量反演方法，将常见的河道过流断面概化为三角形断面和幂函数型断面两种形态，通过水力分析建立水面宽与流量函数关系的一般表达式，结合实时、高效、观测范围广和数据量大的遥测技术，提出了一种适用于无资料或少资料区的、水力学与遥感相耦合的径流反演方法，提出的方法主要适用于河道过流断面可近似为三角形或幂函数型的情形，且具有一定的精度。在现阶段水文数据匮乏的无资料或少资料区，该方法可作为一种有效的流量监测手段。长江上游山区河流具有河道比降大、流速快、洪水暴涨暴落、汇流时间短、破坏性强的特点，黄健等指出，电波流速仪测流与缆道流速仪测流、多普勒测流、时差法测流相比，具有不接触水体、不影响河道水流状态、不受河流漂浮物影响、测验历时短、方法简单、操作安全、易于管理等特点，可及时掌握洪水流量变化过程，为山区中小河流流量监测提供了一种非常好的途径。李世勤等提出了一种非接触测流方式，介绍了非接触雷达流量传感器主要特点，详述了基于非接触式测流原理的雷达流量传感器及其监测系统的实现方法，设计出基于非接触流量传感器的流量在线监测传输系统，并就其实践应用进行了分析。吴志勇等在分析现有水文站流量在线监测实现途径的基础上，综述了流量在线监测中流速面积法和水力学法的最新研究进展。依据通过局部流速计算断面流量原理的不同，将基于流速面积法的水文站流量在线监测方法分为指标流速法、流速分布模型法和表面流速法三类。并对比分析 H-ADCP 法、V-ADCP 法、二线能坡法、雷达法、粒子图像法、量水建筑物法及水工建筑物法的优缺点，指出在提高在线监测精度、改善稳定性和促进应用三方面应进行进一步深入的研究。赵正军研究了在水文站安装侧扫雷达同步进行雷达比测试验分析，通过对侧扫雷达表面流速的分析，建立侧扫雷达表面流速模型，以验证河流表面流速的准确性。研究表明，在天然流域内陆河流、江、湖等均适合应用侧扫雷达流量监测技术，该技术在高洪测验时设备不易被洪水损毁，值得推广应用。借助雷达获取水文站水域间的河流表面流速，有效开展比测分析工作，能够实现对各水位级流量的在线监测，通过雷达测量的数据具有较高的准确性，系统误差、随机不确定度、流量测验均达到规范要求，侧扫雷达推算的流量基本上与整编值保持一致，达到推流定线的要求。

1.1.3.2 泥沙监测技术方法研究进展

利用水文站网进行水沙动态监测，能够弥补水沙动态监测站点严重不足的缺陷，提高水土保持监测管理水平，为长江流域可持续发展战略宏观决策和方针政策的制定提供必需的基础信息。长江上游现有的水文站具有良好的水沙动态监测设施设备、人力资源及优秀的监测质量管理体系，依托水文站的现有资源进行水土保持水沙动态监测，不仅能以极小的投入获得极大的收益，而且能保证监测工作的高效优质运行。张孝军和香天元结合长江上游利用水文站网进行水沙动态监测方案设计的实际，阐述了利用水文站网进行长江上游流域山区河流水土保持水沙动态监测的必要性与可行性，介绍了选择监测站点的原则，对方案设计中的难点做了深入探讨，对加强水文系统水土保持监测工作进行了有益的探索。赵军和夏群超针对 TES-71 缆道式泥沙监测系统在长江上游山区河流的应用进行了研究，结果表明，TES-71 缆道式泥沙监测系统解决了传统泥沙测验需要大量人力、物力和时间的投入及测量周期长、操作过程烦琐的技术问题，实现了安全高效、测量时间短的泥沙监测手段，解放了生产力，实现了对泥沙含量的实时监测，掌握悬移质泥沙的实时动态变化。TES-71 缆道式泥沙监测设备是一种全新测量手段，如能得以推广使用，将是水文系统泥沙监测的突破性创新。杨志斌和梁树栋以 TES-91 泥沙监测仪为研究对象，通过铅鱼对测点作准确定位，便可实现 TES-91 泥沙监测仪和横式采样器在同一位置同步测验。利用采集的含沙量与仪器测量值,建立两者的相关关系,并引入泥沙颗粒级配资料,分析该泥沙监测仪的适用范围和使用条件,推求含沙量测验成果能否满足精度要求。结果表明,TES-91 泥沙监测仪在 0~0.70 kg/m³ 的量程范围内具有较好的稳定性,且精度满足要求,具有一定的应用推广价值。朱文祥等指出,目前国内外悬移质泥沙在线监测方法主要包括同位素放射法、声学法、振动式法与光学法等,这些方法在技术成熟度、使用安全、建设成本与应用领域方面存在一定的差异。国内应用较多的是光学法,近年来已有大量研究成果表明:在不同泥沙浓度、粒径、颜色及不同水体状况等水域,光学法仍有自身的适用性和局限性,应根据不同水域,对光学法测量数据和人工实测数据作比测率定分析后,才可将光学法测量数据用于悬移质泥沙浓度的计算。Bunt 等指出,悬浮颗粒物的粒径变化以及粗糙度等都会造成光学测沙仪的测量误差,因此需要因地制宜地考虑水动力条件和泥沙粒径的变化情况。Sutherland 等认为,悬移质泥沙颜色的深浅也会影响到标定的结果,因此,在特定的水体采用光学法测验悬移质泥沙过程中,必须对仪器测验值与实际测验值做线性关系分析,得到特定的标准关系曲线,方可进行悬沙的换算。郭庆涛等基于高要站 2015 年 5 月至 2016 年 5 月为期 1 年的在线泥沙监测系统采集的悬移质泥沙数据,结合人工实测含沙量结果和在线流量数据进行的统计分析,探讨红外光技术的悬移质泥沙在线监测系统在实际水域中应用的科学可行性。结果表明,基于红外光的在线悬移质泥沙测量技术是一种安全、高效和可靠的悬沙观测方法,在实际水域在线监测中具有较为广阔的应用前景。展小云等以获取水土流失过程数据为核心,基于经典的称重法原理,结合自动化控制技术、精密传感技术等现代科学技术,研制了一种适用于径流小区和流域控制站等多场景的全自动、全过程、高精度、实时监测的径流泥沙监测仪,并建立"互联网+"框架下的径流泥沙监测站点/数据管理云平台。相对于传统方法,此方法不受径流泥沙过程历时长短、泥沙颗粒粒径组成以及径流量、含沙量大小的限制。阮川平和韦广龙指出,使用水质监测仪进行悬移质单样含沙量监测是水文监测模式转变、实现含沙量监测自动化的重要技术手段,有利于推进水文科技进步。应用水质监测仪进行悬移质泥沙含沙量监测,能第一时间得到江河泥沙信息,减轻工作强度,含沙量监测安全高效,增加泥沙信息量,提升泥沙监测能力,实现水文事业又好又快发展。许勇等认为遥感手段具有分辨率高、范围大、连续性强、成本低等特点,在近岸悬浮泥沙监测中具有很大的应用潜力。同时,Hyperion 作为目前世界上唯一的民用高光谱传感器,与其他传感器相比又具有光谱分辨率高的优势。在此基础上,利用 Hyperion 影像进行表层泥沙浓度的反演。李倩等从降雨指标监测、地形变形监测以及水沙灾害监测三个方面来研究暴雨山洪水沙灾害智能监测技术最新进展,指出了当前灾害监测的不足,进一步探索了智能监测技术在灾害防控中的应用,最后提出了防治工作预警指标方法和构想:以自动监测系统、监测预警平台和水文模型为基础的实时动态预警指标分析方法,适合简易雨量站,考虑累积降雨量、前期影响雨量、雨强等因素的复合预警指标分析方法,及应用于气象预警的预警理论方法,进而建立平台预警、现地预警及气象预警三种模式,以提高我国山洪灾害监测预警信息发布的精准度,实现预警指标的科学化。李勇涛等利用红外线在含沙水流中的吸收和反射特性,采用普通的低成本红外发光二极管(峰值波长在 940 nm 左右)作为红外光源,以普通的红外接收二极管作为光电探测器,优化设计传感器的内部结构,研制出可测量高含沙量的红外泥沙传感器,并对传感器输出信号和泥沙含量进行标定,建立数学回归模型,利用回归模型验证传感器的测量范围和精度。研究结果表明,重新设计的泥沙传感器不仅经济性好,而且大大提高了含沙量的测量范围。

1.1.4 "一站一策"的提出

1.1.4.1 "一站一策"提出背景

随着国民经济和社会发展,水文监测工作已从主要为防汛抗旱、水利水电工程建设服务,转变为为防汛减灾、水资源开发利用、水资源管理保护、生态文明建设及河湖长制等工作提供全方位服务,为农业、工业、交通、环保、经济等社会各方面需求提供多层次服务。随着国家不断加大对水文测报工作的投入力度,水文事业步入快速发展时期,站网布局和功能得到不断完善,基础设施设备得到较大改善,测报技术手段显著提升,信息的准确性和时效性显著提高。

长江上游山区河流自然环境千差万别、水文测站特性迥异、河流水文情势瞬息万变,由此决定了长江上游山区河流水文监测工作无固定通用方案和设备。为进一步做好水文测报工作,提升新形势、新任务下水文测站的自动化监测水平,丰富水文站监测方式,依托现有设施设备及技术装备水平,加强和规范水文监测技术应用管理,稳步推进水文现代化建设;为全面贯彻党的十九大精神,坚持执行"节水优先、空间均衡、系统治理、两手发力"的十六字治水思路,坚决贯彻"水利工程补短板、水利行业强监管"的总基调,2019年长江委水文局完成了全部基本水文站"一站一策"逐站方案,提出了20余项基于巡测的分局管理创新方案,提出了80余站共300余种在线监测备选方案,制定了10多个综合示范站和30多个专题示范站建设方案。

1.1.4.2 "一站一策"工作任务及目的

随着长江大保护、最严格水资源管理制度的实施,社会对水文监测技术服务的需求也发生了深刻的变化。国内外测验技术、监测手段、信息处理方式均快速发展,长江上游山区河流水文站水沙监测的发展水平、技术能力已经不能完全满足日益增加的社会需求。必须结合山区河流特性及各水文站的实际情况,以需求为导向,逐站开展测站功能定位,明确自身的具体目标,加强测站特性分析及水文基础研究分析,对标水文现代化目标,加强水文新仪器、新方法的应用研究,提高流量、泥沙等水文要素自动监测比例,实现"测验流程信息化、测验成果可视化、测验手段现代化"的目标,全面提升水文要素的实时性、动态性。加强顶层设计,做好测站各类信息的综合展示,统筹规划"一站一策"实施工作,通过3~5年完成对各水文站水文测报能力和管理水平的全面提升,实现"站容站貌美观化、管理制度规范化、设施设备标准化、检查维护常态化、测站管理信息化"的测站管理目标。

1.1.4.3 "一站一策"主要工作方案

1. 技术路线

以水文测站为单元,以需求为导向,逐站分析测站功能定位和特性,明确测站功能、水文水力特性,根据现有条件及需求,确定试点实施、近期、远期计划,从能力提升、测站管理、站容站貌、综合展示等方面加强设计。

2. 主要工作任务

(1) 需求分析

逐站逐项目开展测站及测验项目需求分析,分析设站目的、资料用途和服务对象,进一步明确测站功能定位。根据设站目的、资料用途和服务对象逐一分析测站及测验项目,对于测站功能需要进一步加强履行的测站,根据流量、输沙测站类别和"测验流程信息化、测验成果可视化、测验手段现代化"的总体要求,明确各站精度控制要求和测站能力提升具体目标;对于部分设站需求发生改变的测站,根据新的需求,调整测验项目和能力建设目标;对于个别设站目的已经完成,已无需求的测站,根据实际情况,履行相关手续进行停、间测甚至撤销。

对下属测站逐站进行需求分析,逐站制定信息传输、水文应用、网络安全防护策略。将下属测站大致分为三类——示范站:根据实际情况和工作需求选择几个测站进行重点打造,优先建成网络基础建设;驻测站:有人值守的水文(水位)站,可建设网络基础建设;巡测站:无人值守的水文(水位)站,仅建立必要的网络设施,具备完成水文在线遥测与监控任务的条件。

(2) 基础信息收集及特性分析

逐站收集测站基础资料并进行相关水文水力特性分析,开展监测方式方法梳理,进一步做好现有测验方法的优化调整;充分利用现有骨干站点积累的大量翔实可靠的观测数据,根据各站点测验情况开展相关分析,为后期的监测设备选型、装备应用做好技术储备。

断面资料收集与分析。收集10年以上本断面大断面资料,测站迁移断面未达5年的,应结合原断面情况进行分析。变化较大的应收集水道断面资料,主要分析断面主要冲淤变化部位、主要冲淤变化时段、影响因素及变化量。

流量泥沙测验线点资料收集与分析。收集流量泥沙多线多点法资料(含 ADCP 测验资料)。分析测站流速、泥沙分布规律,分析水面一点法与多线多点法、代表垂线与多线多点法关系。分析测站单断沙关系的稳定性、变化规律。

特征资料收集与分析。分析收集本断面历史观测数据(此资料系列应尽可能长,如测站迁移断面未达 5 年的,应结合原断面情况进行分析),主要包括:最大流量、最小流量、最大断面平均流速、最小断面平均流量、最大点流速、最大含沙量、最大平均水深、最小平均水深、最大水深、最大涨落率、各保证率水位、各级水位(流量、含沙量)出现比率。

历史分析收集与整理。收集历史上各站单值化分析、仪器比测分析资料(重点是流量、泥沙仪器)并进行归类整理。

3. 测站测验方案优化

对各测站各水文要素的测验方案进行优化、调整。以"水位流量关系单一线化、单断沙关系综合化"为总的原则开展工作。

4. 水文现代化监测技术研究与应用

加强水文新仪器、新方法研究与应用,加强自动化监测技术本地化创新,提高水文要素自动监测比例(流量、泥沙),提高水文要素实时性、动态化水平,提高测站信息化、可视化、现代化水平,构造智能测站雏形。

水文现代化监测设备选型调研。采用"请进来、走出去"的方式,广泛收集调研测流、测沙先进技术,探索物联网、人工智能、自动控制等技术在水文测站的应用。一方面请相关专家、科研人员、生产厂家进来举行讲座、开展培训、进行交流合作;另一方面选派技术人员到先进单位开展现场调研、学习。加强监测设备选型调研、技术储备。结合测站特性和自身特点,广泛开展水文新仪器、新方法研究与引进应用。对于已经使用或安装的仪器,加强在应用比测、设备安装维护、数据检查处理等方面的研究,加强水文新仪器、新方法研究的本地化和落地化;对于暂未使用或安装的仪器,加强与相关院所合作,积极走出去,现场取经,探索应用的可能性。进一步调研国内外其他兄弟单位和行业的动态,采用更加开放的心态,加强新仪器、新技术储备,在条件成熟的基础上加以应用。

对已安装水平 ADCP 的测站设备维护、信号检查、数据传输、数据去噪、成果比测、关系率定等方面进行分析研究,力争尽快投产应用,在完成前期站点比测投产的基础上推广应用;根据河道特性及水流特性,引进轨道式雷达测流、侧扫雷达测流、超高频雷达测流等技术,开展比测试验,分析研究其应用的可行性;加强手持式电波流速仪测流技术研究与培训,分析研究监测中迫切需要解决的问题和实施难点,分析其在高洪应急、巡测中的应用研究;分析研究无人机携带电波流速仪测流技术的适用性和可靠性;加强粒子图像测流技术的调研,在个别测站引进安装设备进行比测试验,分析研究其在河道相对较窄测站应用的可能性;引进超声波无线时差法测流设备开展比测实验,分析研究其应用可行性;加强泥沙适时监测技术的调研,去已经开展了相关研究的单位学习,增加技术储备,结合测站实际探索其应用可能性;进一步优化已经运行的自动缆道技术,研究开发基于互联网(条件成熟则使用 5G 网络)的远程缆道测控系统,实现开展远程流量、泥沙测验,探索"有人看管、远程值守"的测站模式。

1.2 水沙监测面临新的挑战

水文是水利的尖兵,是防汛抗旱的耳目。随着经济社会和水利事业的不断发展,水文工作的任务和要求也不断变化并增加。20 世纪 60 年代以前,水文工作的主要任务是围绕防汛抗旱、水利规划设计开展水文测报预报与水文水利计算。20 世纪 70 年代以后,随着我国经济社会的快速发展,水资源短缺日趋严重,水环境恶化愈加突出,水文工作的任务逐步转变为在服务防汛减灾工作的同时,也在向为水资源合理开发利用、环境保护、水工程科学调度运用服务,以及为工业、农业、交通、国防等基本建设服务方面延伸。进入 21 世纪以来,经济社会的飞速发展伴随着对水资源的掠夺式开发,导致了我国干旱缺水、洪涝灾害、水污染和水土流失四大水问题日益突出。按照新的治国方略和新的治水思路,水文的服务领域进一步拓展,水文监测工作的作用也随之发生了较大转变。水是生命之源、生产之要、生态之基,关系到国家安全,具有很强的战略性,这是对水资源和水利认识的又一次重大飞跃。解决中国水问题,要求水文工作为防汛抗旱提供必要的信息支持,为水资源统一管理提供科学依据,为生态环境和经济建设提供全面服务。社会各行业对水文监测需求的进一步增加,也体现出当前我国水文监测工作面临着新的挑战。

1.2.1 社会发展提出新目标

水文是经济建设和社会发展的重要基础。在国家现代化建设和人类社会进步的过程中,工农业生产布局与产业结构调整、交通和城市的建设与发展、生态环境建设都将会越来越快,城市化率提高,基础设施增强,人们对水量、水质和供水保障程度以及人居住环境改善等方面的要求越来越高,这些都对水文在为国民经济服务方面提出了新目标。这就要求水文部门全面、及时、准确地为经济建设的发展和人民生活提供有关水的更为全面的信息服务。

1.2.2 防洪抗旱提出新要求

洪涝与干旱灾害频发是我国经济社会发展面临的三大水利问题之一。洪水是中华民族的心腹之患,一旦发生洪灾,其损害将是巨大的。水文作为防汛抗旱的耳目和参谋,其工作任务将越来越重,水文信息在防汛工作中的作用将更加重大,这就要求水文部门必须更快、更准确地提供相关的水文信息。同时,我国是一个水资源短缺的国家,水资源的时空分布很不均匀,地区性、局部性和时间性缺水相当严重。随着人口的增加、土地开发利用和经济建设的发展,资源型缺水的地区和时间将会增加,受干旱威胁的人口和工农业将越来越多。实施最严格的水资源管理制度,建设节水型社会,是水利工作的重大革命性转变,是建设节约型社会的战略措施,是实现经济社会可持续发展的必然要求。如何为建设节水型社会提供信息支撑和技术保障是水文面临的新课题。这就要求水文要进一步做好监测和分析评价工作,为制定水资源管理的"三条红线"提供依据;要强化对农业、工业和生活用水进行公正、及时、准确的计量监测,进行水平衡测试等工作,为节约用水提供更全面的信息。

1.2.3 水资源管理提出新需求

随着国民经济的发展、工业化和城镇化进程的加快及人民生活水平的提高,资源型缺水越来越严重,水质型缺水也将更加突出。党中央提出实行最严格的水资源管理制度,把严格水资源管理作为加快转变经济发展方式的战略举措,明确要求"加强水量水质监测能力建设,为强化监督考核提供技术支撑"。国务院进一步明确水资源管理"三条红线"的主要目标,提出要"健全水资源监控体系,抓紧制定水资源监测、用水计量与统计等管理办法,健全相关技术标准体系,加强省界等重要控制断面、水功能区和地下水的水质水量监测能力建设";要求水文部门发挥水文站网的优势,发挥水量、水质同步监测的优势,全面监测、分析、评价水资源的质、量分布及变化情势,为实现最严格的水资源管理提供科学依据。

1.2.4 生态环境保护提出新任务

生态环境是人类生存和发展的基本条件,是经济社会发展的基础。生态保护和修复是维持河流健康生命、实现人与自然和谐相处的必然要求。目前,河道淤积、超量用水、河道断流以及植被减少、水土流失、滑坡、泥石流、干旱、洪涝等日益恶化的生态环境给经济和社会带来极大危害,严重影响了可持续发展,加剧了贫困、经济社会发展的压力和自然灾害的发生。因此,加强生态环境的监测,为生态脆弱区、湿地等生态领域保护和修复提供决策信息,同时进一步提高水资源、泥沙监测信息的时效性和准确率,为水土保持、生态修复和河道治理等提供科学依据,这些都对水文监测、评价和预测预报提出了新的更高的要求。

1.2.5 水工程建设与运行提出新要求

任何水工程的建设与管理都离不开水文资料。水文工作是通过对水文循环中各个水的动态要素进行长期、持续的观测、调查和资料整编、积累、存储，寻求水循环规律，为水工程的规划、设计、建设和安全运行提供基本依据。随着水工程的不断增多，需要水文提供的水文信息也将越来越多，而且对其及时性和准确性的要求也越来越高。水工程使水资源得到了有效的利用与开发，但同时也造成了高强度的人类活动，直接影响了水文要素的量、质和时空分布，改变了天然的水文过程。如何使水利水电工程在规划、设计和建设阶段中减少投资，在管理运行中实现效益最大化，以及如何探索受人类活动急剧影响的水文规律，保障水文信息的准确率和时效性，这些都对水文监测提出了新的要求。

1.2.6 为信息化社会提供技术支撑与保障

我国部分地区水资源开发不能满足要求，特别是西部地区，由于人迹罕至，经济发展相对落后，交通通信不便，城市化程度低，水文资料存在空白区，现有水文站网稀少亟待建设补充，只能采用遥测或无人值守的自动测报设备监测采集水文信息。目前，水文服务最多、最直接的主要集中在防洪、水工程建设、最严格的水资源管理等领域，其他社会需求的增加主要体现在收集资料范围增大、时效性加快、信息更加透明等方面。随着电子、网络等信息技术的广泛应用，各级政府和公众对水文信息的需求已发生了深刻的变化，信息服务要求更便捷、形式日趋多元化、时效要求更高。信息化是当今世界经济和社会发展的大趋势，也是我国产业优化升级和实现工业化、现代化的关键环节，随着现代科技的进步与发展，先进的科学技术和仪器设备在水文领域不断得到应用。传统的水文监测方法，结合自动化和信息化的升级改造，为全面提高水文工作的科技含量提供了技术支撑与保障。

1.3 研究目的

近年来，水文建设投入持续增加，水文测报先进仪器、设备逐步得到推广应用，水文测验新技术、新理论、仪器研制、设备更新改造等方面取得了一些突破性进展。流量测验使用水文缆道或水文测船测验智能控制系统，实现了流量的自动测验或半自动测验，调压积时式采样器的性能也得到提高；声学多普勒流速仪、全球卫星定位系统、全站仪、电波测流仪、激光粒度仪等一批水文测报先进仪器设备得到了推广和应用，改变了水文测报依靠拼人力的落后状态，显著增强了水文应急机动测报能力，提高了水文信息采集的准确性、时效性和水文测报的自动化水平。

随着我国经济社会的快速发展，水资源短缺日趋严重，水文工作的任务和要求也不断变化和增加。解决我们水问题，要求水文监测工作为防汛抗旱提供必要的信息支撑，为水资源统一管理提供科学依据，为生态环境和经济建设提供全面服务。近年来，随着最严格水资源管理制度的实施、山洪灾害及中小河流的治理及公众对水文关注度的提高，增加了大量的水文测站，而现有的人员、传统的技术手段和水文监测体系难以较好地完成如此重要而繁重的任务，当前的水文监测体系面临着新的挑战。

本书以长江上游山区河流为重点研究区域，从当前社会对水沙监测的需求出发，针对当前水沙监测面临的新挑战，系统梳理现代水沙监测体系，结合具体应用实例，对现阶段我国水沙监测新技术、新方法进行全面系统总结，对新形势下水沙监测技术进行展望。

1.4 研究内容

本书主要研究内容如下：

第一章——绪论。系统介绍了当前我国水沙监测面临的机遇与新的挑战，在此基础上提出本书的研究目的。

第二章——长江上游山区河流概况。以长江上游山区河流为重点研究区域，详细介绍研究区域河道概况、主要水系分布及控制站、水文泥沙特性、水电开发情况等。

第三章——流量监测。从流量测验方法、流量测验方案、现场快速测流、流量在线监测、超标准洪水流量监测、流量监测方案优化关键技术等方面,系统介绍研究区域流量监测技术。

第四章——泥沙监测。从悬移质泥沙测验、推移质泥沙测验、河床质泥沙测验等方面,系统介绍研究区域泥沙监测技术。

第五章——特殊工况水文监测。以堰塞湖应急监测、电站截流监测、电站下游非恒定流监测为例,分别从目的、监测技术方案、难点与新技术应用、实施与成果精度等方面,系统介绍特殊工况下水文监测技术。

第六章——水沙监测组织与质量控制。从测验方式选择、巡测组织与实施、水沙测验产品过程控制、水沙资料审查技术等方面,系统介绍水沙监测组织方案与成果质量控制。

第七章——展望。针对当前水沙监测现状,结合水沙监测新技术、新方法的推广应用,对未来水沙监测工作提出相应展望。

第二章 长江上游山区河流概况

2.1 河道概况

长江发源于青藏高原唐古拉山主峰各拉丹冬西南侧。干流自西向东横断中国中部,流经青海、西藏、四川、云南、重庆、湖北、湖南、江西、安徽、江苏、上海等 11 个省(自治区、直辖市),于上海市注入东海。数百条支流辐辏南北,延伸至甘肃、陕西、贵州、河南、广西、广东、福建、浙江等 8 个省(自治区)的部分地区。长江水系由 7 000 余条大小支流组成。流域面积大于 1 000 km² 的支流有 483 条,其中大于 1 万 km² 的有 49 条,大于 8 万 km² 的支流有雅砻江、岷江、嘉陵江、乌江、沅江、湘江、汉江及赣江 8 条。

长江上游是指长江源头至湖北宜昌江段,河道长 4 504 km,流域面积 100 万 km²。该河段落差大,峡谷深,水流湍急,主要支流有雅砻江、岷江、沱江、嘉陵江及乌江等。

2.1.1 长江干流

长江干流上游河道一般又划分为江源、通天河、金沙江和川江四个江段。

(1) 江源

江源地区指楚玛尔河与通天河汇合处以上的地区,位于青海省南部。北倚昆仑山脉,南界唐古拉山脉,西接可可西里、乌兰乌拉、祖尔肯乌拉诸山,总面积约 10 万 km²。从沱沱河源头至楚玛尔河口,河道全长 624 km。江源地区的水系呈扇形分布,有河流 40 余条。其中较大者有沱沱河、当曲、楚玛尔河、布曲和尕尔曲等 5 条。

(2) 通天河

通天河为当曲河口至玉树巴塘河口段。该河段位于青海省玉树藏族自治州境内。河道全长 828 km,略成弓形,楚玛尔河口以上流向为东—东北,以下则转向东南流。两岸支流呈树枝状分布,右岸支流的水量一般大于左岸支流。

(3) 金沙江

自玉树巴塘河口至四川省宜宾市岷江口称金沙江。流经青海、西藏、四川、云南四省(自治区),全长约 2 300 km,区间集水面积 36.2 万 km²,落差 3 300 m。一般的金沙江在云南省玉龙纳西族自治县石鼓镇以上称上段,石鼓镇至四川省攀枝花市雅砻江口为中段,雅砻江口至岷江口为下段。亦有从水系上将金沙江水系分为两段,雅砻江口以上(含江源及通天河)为金沙江上段水系,雅砻江口至岷江口为金沙江下段水系。

上段河长 984 km,落差 1 720 m。河流总的流向南微偏东。左岸为雀儿山、沙鲁里山和中甸雪山,右岸为达马拉山、宁静山、芒康山和云岭诸山。山岭高程 4 000~5 000 m。其中邓柯至奔子栏之间长 600 km 河段,岭谷高差达 1 500~2 000 m,谷底宽度 100~200 m,最窄处仅 50~100 m,谷坡一般在 45°左右,有的达 60°~70°。石鼓以上 400 余 km 的河道中有险滩 150 处,平均 2~7 km 一处。石鼓一带河谷较为开阔,为少数民族聚居之地,石鼓镇人口过万。

中段河长约 563 km,落差 712.6 m。干流过石鼓后,江面渐窄,流向由东南急转向东北,形成一个 U 形大弯道,被称为"万里长江第一弯"。过硕多岗河河口不远进入有名的虎跳峡,上、下峡口相距 16 km,落差达

210 m,最窄处江面宽仅 30 m,江中还有一巨石兀立。相传曾有猛虎由此跃过金沙江,因而得名虎跳峡。峡谷右岸为玉龙雪山,左岸为哈巴雪山,高程均达 5 000 m 以上。水面高程不到 1 800 m,岭谷高差达 3 000 多米。出峡后北流至三江口,左纳水洛河后,陡然折向南流,至金江街。从石鼓到金江街河道长 260 多千米,两地直线距离仅 32 km,落差 550 m。过金江街后折向东流至攀枝花市。这一河段除局部地方河谷稍宽外,大部分仍是 V 形河谷。两岸山高渐渐降低至 2 000~3 000 m,岭谷高差 1 000 m 左右,谷底宽 150~250 m,河面宽 80~100 m。有三处宽谷河段,总长约 165 km,谷宽 500~1 000 m,两岸分布着阶地与河漫滩,还有河心滩,支流河口有冲积扇和洪积扇。

下段河长 786 km,平均比降 0.93‰。雅砻江汇入后,金沙江流量倍增。雅砻江口以下,金沙江折向南流,至云南元谋右纳龙川江后折向东偏北流。先后纳城河、普渡河,过小江口折北流,过西溪河转向东北流,纳牛栏江、美姑河,至新市镇折向东流至宜宾市。新市镇以上和以下河道与河谷自然形态有明显的不同。新市镇以上仍以 V 形的峡谷河段为主,两岸山高逐渐降低至 1 000~1 500 m,岭谷高差逐渐减少,河宽 150 m 左右,两岸有狭长的阶地,谷坡在 45°以上。只是在龙街、蒙姑、巧家一带为开敞的 U 形河谷,谷底宽一般 200~500 m,最窄处 100~200 m,河面宽 100~200 m。两岸的河滩和阶地上村落稠密,庄稼繁茂,梯田层层。新市镇以下两岸呈低山丘陵地貌,山峰高程多在 500 m 以下,谷底宽 300~500 m,河面宽 150~200 m。沿岸分布着较宽阔的阶地,高出江面 30 m 左右。河床中多砾石和险滩,从中江街至新市镇,有大型险滩 80 来个。著名的老君滩,滩长 4 200 m,落差 41 m,最大流速近 10 m/s,滩尾在普渡河河口以上约 1.6 km 处。从新市镇到宜宾 106 km 一段可终年通航 80~300 t 船舶,新市镇以上至云南永善县 70 余千米一段可季节性通航 80 t 的船舶。

金沙江坡陡流急,水量丰沛且稳定,落差大且集中,拥有丰富的水能资源,其蕴藏量达 1.124 亿 kW,约占全国的 16.7%,可开发水能资源达 9 000 万 kW,其水能资源的富集程度堪称世界之最。至 2021 年,金沙江上段现已建成苏洼龙水电站,于 2021 年 1 月末开始蓄水;金沙江中段自上而下依次建成梨园水电站、阿海水电站、金安桥水电站、龙开口水电站、鲁地拉水电站及观音岩水电站六级水电站,于 2010 至 2014 年间陆续投入使用;金沙江下游河段从上至下依次为乌东德、白鹤滩、溪洛渡、向家坝四座水电站,其中向家坝水电站及溪洛渡水电站分别于 2012 年、2013 年下闸蓄水,乌东德水电站于 2020 年下闸蓄水,白鹤滩水电站于 2021 年下闸蓄水。

(4) 川江

自四川宜宾市岷江口至湖北宜昌市,俗称川江,因其大部分流经原四川省境内而得名,全长 1 040 km,区间集水面积约 53 万 km²。重庆市改为直辖市后,川江的 583 km 一段在重庆市境内。川江从岷江口起向东流,在泸州市左纳沱江,至合江右纳赤水河后折向东北流。在重庆市市区,有嘉陵江汇入,至涪陵右纳乌江后复折向东流直至宜昌。川江的支流主要集中在北岸,流域面积大于 1 万 km² 的一、二级支流有大渡河、岷江、沱江、涪江、嘉陵江和渠江等;南岸只有赤水河和乌江。川江水系共有流域面积大于 1 000 km² 的一级支流 24 条,其中大部分在重庆市境内。

从自然特征看,川江可分为两段。重庆市江津以上为上段,以下为下段。上段流经四川盆地的南缘,两岸为红色砂岩构成的平缓丘陵,河槽多呈 U 形。少数河段呈复式断面,低水位时水面宽 350~450 m,平均水深 4~7 m,洪水时水面宽 500~700 m,有漫滩的地方超过 800 m,平均水深 15~20 m,比降约为 0.27‰。石质河床,上覆卵石,岸边多卵石浅滩,中枯水时河中多浅滩急流。河道中常有江心洲,两岸多冲积平坝,坝面高程在 200 m 以上,分布着农田村舍。

江津以下,进入川东平行岭谷区。区内有 20 多座东北—西南走向的条状背斜山地与向斜宽谷相间分布。河流穿过背斜时形成峡谷,如猫儿峡、铜锣峡、黄草峡等,峡中江面宽 250~300 m,两岸山坡陡峭,穿过向斜地带时形成宽谷,江面展宽,最宽处达 1 500 m;两岸山岭退后,山坡平缓,阶地上分布着城镇村庄。从重庆奉节白帝城起,进入著名的长江三峡。三峡水利枢纽建成后,自重庆市市区以下,长江进入三峡水库库区。

2.1.2 岷江

岷江流域地处四川省中部,北起岷山山脉,西北与黄河流域相接,东与沱江水系和嘉陵江流域相邻。岷江流域面积 135 881 km²,干流长 711 km,支流众多,河网密布,多分布在右岸,构成不对称狭长羽状水系。

岷江流域上游地貌以高山及深切河谷为主,山岭高程在 4 000 m 以上,岷山主峰雪宝顶位于松潘东北,峰顶高程 5 588 m,为岷江和涪江水系的分水岭。中下游地带属成都平原和四川盆地中部丘陵区。成都平原介于龙门山与龙泉山之间,是以岷江冲洪积扇为主体的山前倾斜扇形平原,地势自西北倾向东南。平原四周丘陵形态多因岩性而异:厚岩砂岩出露处,丘陵多呈连续或时断时续的陇岗状;如砂岩产状水平,则多方山丘陵;薄层砂岩或泥页岩出露处,则丘陵多孤立分散。下游地带多中低丘陵。

岷江干流和青衣江流域多年平均年降水量为 1 258 mm,具有明显的季节性和地域性:流域西部和北部高山峡谷地区,气候干旱,降水较少;东部平原丘陵区气候湿润,降水量较丰;上游松潘至汶川段降水量为 400~700 mm;汶川至都江堰市迎风面为多雨区,降水量可达 800~1 500 mm;中下游地区降水量为 1 000~1 200 mm;西部高山高原区雨量偏少,降水量在 850 mm 以下。

岷江都江堰鱼嘴以上为上游段,河长 341 km,流域面积 23 037 km²,多年平均流量 483 m³/s,总落差 906 m。此段河道穿行于岷山山区中,两岸山顶高程多在 3 000 m 左右,谷宽仅 300~400 m,谷坡常在 60°以上。河流湍急,河道比降平均为 7.8‰,难以通航,20 世纪 50 年代至 70 年代为漂木河道。

岷江发源于四川省阿坝藏族羌族自治州松潘县岷山山系,西源出自郎架岭,东源出自弓杠岭,以西源为正源。西源称霍隆沟,至广元市元坝区川主寺镇左纳东源漳腊河。两源在川主寺镇汇合,以下即称岷江。岷江上游干流以西,山岭浑圆,顶部平阔,沟谷宽敞,曲流、沼泽、草甸较多,但地表高差常在 500 m 以上,属山原地貌。干流以东,地貌显著不同,峰峦重叠,峰脊峥嵘,峡谷、嶂谷甚为显著。

都江堰鱼嘴至大渡河入汇处为中游段,河长 215 km。中游鱼嘴至府河口段又称金马河,金马河段区间面积 7 600 km²。金马河以下岷江过眉山市彭山区,入乐山市平羌峡区后河道变窄,宽约 120 m,旧称犁头、飞鹅、平羌三峡,总长约 8 km,呈 S 形,于板桥溪出峡。以下河宽又增大,干流南过乐山市城区东,大渡河于右岸来汇。中游段即止于此。

岷江下游段为乐山市大渡河入汇处至宜宾岷江入长江口处,河长 155 km,区间流域面积 11 294 km²。下游段河床增宽为 300~500 m,河道分汊较多。

岷江流域水量丰沛,水能资源十分丰富,其干流水能理论蕴藏量 816 万 kW,水系水能理论蕴藏量 1 477 万 kW。流域内已建成一批大中型水利水电工程,其中岷江干流上有太平驿、映秀湾、紫坪铺等大中型水利工程;大渡河干流上修建了瀑布沟、大岗山、龚嘴、铜街子等大型电站;青衣江上建有铜头、雨城、槽渔滩等中型电站。

紫坪铺水电站位于四川省成都市西北的岷江上游,地处都江堰市麻溪乡,距都江堰市约 9 km,是一个以灌溉、城市供水为主,结合发电、防洪、旅游等的大型综合利用水利枢纽工程,具有不完全年调节能力。2006 年 12 月工程竣工运行。坝址以上流域面积 22 662 km²,占岷江上游面积的 98%,占岷江总流域面积的 17%,多年平均径流量约占岷江上游总水量的 97%,并控制上游泥沙量的 98%。水库正常蓄水位 877 m,防洪限制水位 850 m,死水位 817 m,水库总容量 11.12 亿 m³,调节库容 7.74 亿 m³,预留防洪库容 4.247 亿 m³,死库容 2.24 亿 m³。电站装机容量 76 万 kW,保证出力 16.8 万 kW,年发电量 34.176 亿 kW·h。

瀑布沟水电站位于四川省雅安市汉源县境内的大渡河干流上,是大渡河流域水电梯级开发的下游控制性水库工程及关键项目之一。水库正常蓄水位 850 m,总库容 53.9 亿 m³,其中调洪库容 10.56 亿 m³,调节库容 38.82 亿 m³,具有不完全季调节能力。工程于 2004 年开工建设,2009 年 10 月 31 日,大坝填筑完成,11 月 1 日正式进入蓄水阶段。该电站装设 6 台混流式机组,单机容量 60 万 kW,多年平均发电量 147.9 亿 kW·h。

大岗山水电站位于大渡河中游上段的四川省雅安市石棉县境内,整体工程于 2009 年 4 月 20 日开工,2014 年 8 月 20 日工程全部完工,水电站装机总容量 260 万 kW。工程枢纽建筑物为混凝土双曲拱坝,最大坝高 210 m,水库正常蓄水位为 1 130 m,死水位 1 120 m,汛期排沙运行水位 1 123 m,总库容 7.42 亿 m³,调节库容 1.17 亿 m³,具有日调节能力。

龚嘴水电站位于四川省乐山市沙湾区与峨边彝族自治县交界处的大渡河干流上,工程坝址以上控制流域面积 7.613 万 km²,占大渡河流域面积的 98.3%,电站装机容量 70 万 kW,保证出力 17.9 万 kW,多年平均发电量34.18亿kW·h。工程于1966年开始建设,1978年建成投产。2002至2012年陆续完成7台机组增容技术改造,总容量增至77万kW。水电站大坝为混凝土重力坝,最大坝高85.6 m,一期工程水库正常蓄水位528 m,死水位518 m,总库容3.39亿 m³,为日调节水库。

铜街子水电站位于大渡河下游河段上,距乐山市约80 km,坝址以上流域面积7.642万 km²,占大渡河流域面积的98.7%。电站总装机容量60万kW,保证出力13万kW,多年平均发电量32.1亿kW·h。工程于1985年开工,1992年蓄水,1998年全部竣工。2012至2016年间进行了增容改造,改造后总装机容量增加到70万kW。水库正常蓄水位474 m。汛期限制水位469 m,死水位469 m,调节库容0.3亿 m³,属径流式水电站。

岷江干流已建水电站多位于岷江上游段,中下游梯级航电枢纽正在如火如荼建设之中。岷江眉山段规划有尖子山、汤坝、张坎、虎渡溪和汉阳5个梯级,其中:汉阳航电枢纽是岷江中游第一个取得项目核准并开工建设的电航工程,于2015年全面建成;汤坝航电枢纽于2017年12月开工建设,2021年4月枢纽主体已基本完成;尖子山航电枢纽于2019年10月8日开工建设;虎渡溪航电枢纽于2020年10月主体工程开工。乐山市区规划有板桥枢纽。岷江下游乐山至宜宾河段规划有老木孔、东风岩、犍为及龙溪口4级航电枢纽,其中:犍为水电站已于2015年开工,计划2022年内全面完工;龙溪口航电枢纽工程于2019年开工;老木孔于2021年开工。

2.1.3 沱江

沱江流域北靠九顶山,西与岷江流域交叉,东临嘉陵江流域,南抵长江。流域面积27 844 km²,干流长634 km。由于有都江堰水系引岷江水源汇入,故流域呈非封闭型。流域呈长条形,支流呈树枝状分布,流域涉及四川省德阳、成都、眉山、资阳、内江、自贡、泸州等市及重庆市部分地区。

沱江流域自西北向东南倾斜,河源分水岭九顶山峰顶高程4 984 m。全河自北向南穿过中低山、平原、丘陵3种地貌区。

沱江流域属亚热带湿润季风气候区,气候温和,四季分明,全域多年平均年降水量1 012.7 mm。上游年降水量1 200～1 700 mm,成都平原区年降水量850～1 100 mm。6—9月降水量占全年的63.5%～74.3%。沱江流域属鹿头山暴雨区。暴雨多出现在6—9月,以7月、8月强度为大。

沱江上游段为发源地绵远河源至金堂县城。沱江东源绵远河发源于绵竹市西北九顶山老鹰梁子大盐井沟。东流左纳大黑湾沟后转东南流,又称牛角洞河;至大梁子右纳平水河;以下始称绵远河。河流在山区行进,两岸皆高山峻岭,森林间断出现。南过清平,右纳黄水河、楠木沟;于汉旺镇流出山区,地形骤然开阔,河道显著增宽,出山口处旧称绵堰口。

绵远河出山口后入成都平原区,河道宽广,产生多处汊道洲滩,并有河曲。向东南流入德阳市境,两岸平野呈绿,间有竹林花树、农家小楼。河流经广富乡红岩寺,与西来的人民渠交叉后,大部分水源被截引,以下河道逐渐淤浅,仅见河床。至略坪镇转南过黄许镇,穿过德阳城区,遂成高楼大厦之间的一般河道。河流又南过八角井镇,进入广汉市境。再南流至芭茅林,左纳寿丰河;至连山镇龙泉寺,左纳新丰河;再南至三江镇易家河坝,右纳大支流湔江,于是水量大增。河流继又南入金堂县境,改称北河。东南至清江镇三座坟,左纳爪龙溪;又至踏水桥,左纳石板河;东南过金堂县城赵镇,右纳都江堰水系之青白江,以下始称沱江。上游段即止于此。

上游段河长134 km,平均坡降10.7‰,其中平原河段2.9‰。绵竹市汉旺场至彭州关口一线以上为山区,山高坡陡,沟谷深狭,河谷多成V形;关口至龙泉山一线为平原水网区,地势平坦,水系纵横,河床由卵石砾石构成;龙泉山脉以下则为四川盆地丘陵区,区内冈垄相连,溪沟发育,河道迂曲,滩沱相间。

金堂至内江城区为岷江中游段,河长295 km,平均比降0.49‰。干流自金堂县城向东南流,右纳榿木河,左纳九道沟,即进入平面呈S形的金堂峡。峡谷中两岸岩壁直立,气象幽森,河床中多巨大孤石。河流过悦宋、长江、云顶而出峡,峡长12 km。河流再向东流,右纳水磨沟,左纳清溪河、梅家沟;转南过淮口镇。以下河流左纳鲤鱼溪、杨李沟,再过白果镇至代家坝,转西右纳万家河,此下有W形河曲。继而南行至五凤镇,右纳五凤溪;入简阳市境,行进于四川盆地腹心地带,两岸多红色丘陵,河道在此有一河曲;又左纳杨溪河、壮溪;南至养马镇七里坝,右纳养马河;再曲折南过养马、平富,至石盘井,左纳三星河、石钟河。又南至简阳城区,右纳大支流绛溪河。

河流又至东溪场,左纳东溪;于马槽湾叶家坪,右纳康家河;于新市镇十里坝,右纳芦槁沟,转东于赖家坝泥河口,左纳江南河;又至平泉镇,左纳平泉河;又左纳老丁沟。南至模范,此处有绳套形河曲。下面一段为简阳、资阳界河,再南过七里至临江镇,入资阳市境。右纳施家沟、景家沟、大韩家沟,左纳大支流阳化河。曲折南过资阳城区,右纳九曲河。

河流又南至侯家坪,左纳黄泥河,又于南津镇左纳清水溪。以下有南津驿河床式电站,装机容量1.05万kW。又南流至访弘,右纳孔子溪、王二溪(望儿溪),有王二溪电站利用沱江绳套状河曲裁弯发电,装机容量9 600 kW。又南至河东乡,左纳新添河(振书河)。右纳大支流球溪河,以下河道曲折,渐转东流于铜钟乡左纳铜钟河,至阳鸣入资中县境。此处有登瀛岩水文站,控制流域面积14 484 km²,多年平均流量301 m³/s。

河流过站南至甘露镇左纳甘要河,又于归德镇,右纳麻柳河。转东南入月亮峡,河谷狭窄曲深,两岸为砖红色岩坡,间有小型岩石,景观独特。以下河流左纳龙洞河(金带河),于文江渡又左纳文江河,有五里店河床式电站在此,装机容量12万kW。河流又东南至高庙子,右纳牛寨溪;至资中城区北,右纳大阳河。

河流东南行至唐明渡,右纳石燕河。又过苏家湾,于濛溪口左纳大支流濛溪河,又南至银山镇。河流于铜锣坝右纳大新河,左纳庙溪,南入内江市境。又于富溪场左纳亭溪,至史家镇,右纳石溪,又右纳漆园溪,乃曲折东南流至内江市城区,沱江中游段即止于此。

岷江下游段自内江至泸州市河口,河长205 km,平均坡降0.33‰,河宽110~300 m。干流过内江城区后,出折南流,左纳大支流大清流河,南至桦木镇,左纳送水溪;以下向西有W形河曲,于黄棚坳石盘滩,左纳桦南河,再于白马镇龙颈子,右纳黄石河,西过白马镇。又南过龙门镇,入富顺县境。曲折南至牛佛镇沱湾,右纳大桥河;于关刀村左纳桂花井河;又左纳钱家溪、鳌溪后,南过富顺县城区。富顺城被江流环绕,构成釜形,又称釜川。

河流南偏西行,至邓井关釜溪口,右纳大支流釜溪河。此处可见传统制盐的木质井架,筑立如林。河流过站东南至黄葛乡,再至小河口,左纳石板河,右纳起凤溪;东至配琶场,左纳五里河、铜锣冲;又南穿过青山岭,形成石灰峡,呈现峡谷景观。石灰峡连同上游的金堂峡、月亮峡,号称"沱江小三峡"。

河流出峡后,于安溪镇右纳安溪河,又东于赵化镇前普安寨右纳银蛇溪。过赵化后,左纳大城河,右纳长兴河,东至怀德镇,左纳潮河,以下有S形河曲。于长滩乡长顺坝,右纳三岔河,即入泸县境。于海潮寺左纳海潮河,东南过通滩,于米溪右纳况场河,此处有流滩坝河床式电站,装机容量1.8万kW。曲折向东,于胡市镇左纳大支流濑溪河。河流东过龙连溪,左纳龙见溪;又东南流至泸州市城区,汇入长江。

河流总落差2 832 m,干流水能理论蕴藏量77.92万kW,水系水能理论蕴藏量130.26万kW。沱江干流从上游到下游依次有九龙滩、白果、养马河、石桥、猫猫寺、南津驿、土二溪、五里店、天宫堂、石盘滩、黄泥滩、黄葛浩及流滩坝等多级水电站,电站型式以河床式电站为主。

2.1.4 嘉陵江

嘉陵江是长江水系中流域面积最大的支流,北侧及东北侧以秦岭、大巴山与黄河、汉江为界,东侧及东南侧以华蓥山与长江相隔,西北侧经龙门山脉与岷江接壤,西侧及西南侧与沱江流域毗邻。流域面积15.98万km²,干流全长1 120 km,落差2 300 m,河道平均比降2.05‰;水系呈树枝状,主干明显,支流发育;有流域面积超过1 000 km²的一级支流11条,其中西汉水、白龙江、渠江、涪江的流域面积都在10 000 km²以上。

嘉陵江自源头向西流,至凤县东河桥折向西南,经甘肃省两当县、徽县进入陕西略阳县,在两河口与源自甘肃天水秦州区长坂坡梁子的西汉水汇合,经阳平关,流入四川广元,至广元昭化镇与白龙江相汇,经苍溪,在阆中、南部先后有东河、西河汇入,再经蓬安、南充、武胜,在重庆合川有渠江、涪江汇入,继而向东南经北碚、渝北及重庆城区,于朝天门注入长江。

流域地势北高南低,地形由中山过渡到低山丘陵。西北部为龙门山区,山岭海拔 2 000～3 000 m,河谷深切;北部为米仓山、大巴山区,山岭海拔 1 500～2 000 m,相对高差 700～1 200 m,常有岩崩、滑坡、泥石流发生。流域中部为盆地丘陵区,高程 350～500 m,地面相对高差 20～200 m,河流迂回其间,形成众多深切河曲。东半部为平行岭谷区,以华蓥山为主峰。

流域多年平均年降水量为 935 mm。降水年内分配不均,12 月到翌年 2 月降水量仅占全年的 3.3%,6—9 月降水量占全年的 66% 左右。嘉陵江流域位于川西、大巴山两大暴雨区之间,是长江流域暴雨多发区之一。多年平均年暴雨日数,在龙门山、大巴山区可达 5～6 天,在四川盆地一般为 2～3 天,而流域上游暴雨较少,多年平均年暴雨日数不足 1 天。1981 年 7 月,全流域除甘肃境内外,几乎全为暴雨所笼罩。暴雨中心广元上寺总雨量 489.5 mm,最大 24 h 降雨量达 345.8 mm。

嘉陵江水力资源具有巨大潜力,水能蕴藏量共 1 525 万 kW,现已开发小水电站 91 处。流域内水力资源以支流白龙江为最丰富,白龙江干流现有碧口水电站、宝珠寺水电站、紫兰坝水电站以及昭化水电站四个梯级电站。嘉陵江干流广元白龙江入汇口以上河段有巨亭水电站。白龙江入汇口以下至合川渠江、涪江入汇处,自上而下依次有上石盘枢纽、亭子口枢纽、苍溪枢纽、沙溪枢纽、金银台枢纽、红岩子枢纽、新政枢纽、金溪场枢纽、马回枢纽、凤仪航电枢纽、小龙门枢纽、青居枢纽、东西关枢纽和桐子壕等多级航电枢纽工程,以及在建的利泽航运枢纽。渠江、涪江入汇后,嘉陵江干流河段有草街航电枢纽。

渠江中下游河段建设有南洋滩、凉滩、四九滩及富流滩等多级水电站。其中富流滩水电站位于四川省广安地区岳池县境内,距合川城区 88 km,是渠江由下至上的第一级,工程于 1998 年 11 月开始动工,2002 年 6 月建成投入试运行。电站装机容量 3.9 万 kW,电站正常蓄水位为 213.8 m,年平均发电量 19 966 万 kW·h。

涪江干流现已建有三江水利枢纽工程,永安、文丰、明台、螺丝池、打鼓滩、金华、过军渡、三星、三块石、潼南、富金坝、安居、渭沱等水电站。其中:永安电站位于涪江中游观音河段,控制流域面积 13 627 km²,占涪江流域面积的 37.9%,于 1987 年建成发电;安居水电站位于涪江下游安居镇河段,控制流域面积 29 620 km²,占涪江流域面积的 82.3%,水库总库容 19 100 万 m³,正常高水位 216 m,相应库容 3 550 万 m³,工程于 1987 年 1 月动工,1992 年 4 月竣工;渭沱水电站位于安居水电站下游 16.6 km,是涪江流域总体规划中最末一级,1988 年 11 月,电站主体工程正式开工,1992 年 12 月完工。

2.1.5 乌江

乌江流域南部以苗岭与珠江流域分水,西部以乌蒙山与牛栏江、横江相隔,西北部以大娄山与赤水河、綦江相间,东北部接长江并与清江相邻,东部则以武陵山与洞庭湖水系沅江为界。流域平面形态呈狭长弧形,由西南向东北转为北向。流域面积 87 920 km²,地跨贵州省、重庆市、湖北省、云南省四省(直辖市)10 个地级行政区 62 个县(市、区)。

乌江上游有南北两源,北源六冲河,以南源三岔河为主源。乌江源头位于贵州省西部乌蒙山东麓威宁彝族回族苗族自治县盐仓镇,东南流经普定县折向东北,横贯黔中到黔东北至沿河土家族自治县后折向西北,经重庆市东南部于涪陵区汇入长江。乌江干流全长 1 037 km,天然落差 2 123.5 m,平均坡降 2.05‰。河源至化屋基为上游,化屋基至思南为中游,思南至涪陵为下游。河道狭窄,河谷深切,多深山峡谷、滩多流急。受喀斯特地质地貌影响,干支流均有断头河、伏流等。一级支流 58 条,其中流域面积大于 300 km² 的有 42 条,大于 1 000 km² 的有 16 条,3 000 km² 以上的有六冲河、猫跳河等 8 条。

乌江位于中国西部高原山地的第二大梯级向东部丘陵平原第一大梯级过渡地带、云贵高原东侧由西向东变化明显的梯级状大斜坡。西部源头威宁、赫章一带高程 2 400～2 600 m,向东到流域中部黔中丘原高程逐渐降低到 1 200～1 400 m,流域下游为高程 500～800 m 的低山丘陵。流域内地形起伏较大,地貌类型以高原和山地为主,占总面积的 87%,丘陵占 10%,盆地和河谷阶地等占 3%。

乌江流域多年平均年降水量 1 150 mm,上游西北部威宁、赫章、毕节一带年降水量不足 1 000 mm,南部安顺、平坝、普定、织金一带年降水量在 1 200 mm 以上,中游地区除河谷地带以外,年降水量在 1 000 mm 左右,其他地区年降水量1 000~1 200 mm,下游各地为1 000~1 300 mm。乌江有明显的雨季和旱季之分,与鄂西南、湘西北两区相邻,是长江上游地区诸多河流中雨季出现较早的一条河流。5—9月降水量占全年的70%,其中8月受华中高压控制,空气干热而出现伏旱。

从3月中旬至10月中旬,除西部地区威宁、赫章一带多年平均暴雨日数一年不足1天外,其他地区均为2~3天,六枝、普定、思南等地区可达4天。5—9月暴雨日数、暴雨量均占全年的90%左右,6月上旬至7月中旬出现面积广、强度大的暴雨居多。暴雨以下游黔东北梵净山附近和黔北大娄山东南为大,上游安顺、织金一带次之。1996年7月贵阳西站水文站24 h暴雨量451.8 mm为实测最大值,1989年8月正安县谢坝场水文站441.0 mm为次大值。最大三日暴雨量谢坝场水文站为543.7 mm。

乌江流域洪水由暴雨形成,年最大洪峰出现在5月下旬至10月下旬,以6月、7月出现次数最多,且量级大,8月常出现伏旱,洪水次数少。由于暴雨急骤,地势陡峻,汇流迅速,洪水涨落快捷,一次洪水历时一般在10天左右。

乌江是长江以南最大的支流,水能资源丰富,乌江干流梯级开发规划建设10个大中型水电站,其中9个在贵州境内。乌江北源六冲河上有洪家渡水电站,是乌江梯级水电站中唯一具有多年调节性能的龙头电站,工程距贵阳市155 km。水库正常蓄水位1 140 m,控制流域面积9 900 km^2,总库容49.25亿 m^3,调节库容33.61亿 m^3,电站装机54万 kW,多年平均发电量15.94亿 kW·h。工程于2000年11月开工,2004年12月竣工。

乌江南源三岔河上有普定、引子渡两级水电站。普定水电站于1995年建成发电,装有3台25 MW水轮发电机组。水库正常蓄水位1 145 m,相应库容3.595亿 m^3,总库容4.014亿 m^3,调节库容3.482亿 m^3,设计多年平均发电量3.16亿 kW·h。引子渡水电站位于贵州省安顺市平坝区与毕节市织金县交界处,距离上游普定水电站51 km,2004年6月竣工。水库总库容5.31亿 m^3,正常蓄水位1 086 m,相应库容4.55亿 m^3,调节库容3.22亿 m^3。电站装机容量36万 kW,年发电量9.78亿 kW·h。

南北源汇合后,乌江干流目前已建设有东风、索风营、乌江渡、构皮滩、思林、沙沱、彭水及银盘8级梯级电站。

东风水电站距贵阳市88 km,是乌江水电基地流域干流梯级开发第四级,坝址控制流域面积18 161 km^2,占乌江流域面积的20.7%。工程于1987年12月开工,1995年12月建成投产。原装机容量为51万 kW,多年平均发电量24.2亿 kW·h,2004年初至2005年5月,电厂实施了增容工程,机组装机容量增至57万 kW。水库正常蓄水位970 m,相应库容8.64亿 m^3,总库容10.25亿 m^3,具有不完全年调节性能。

索风营水电站位于贵州省中部黔西县、修文县交界的乌江中游六广河段,为乌江干流规划梯级电站的第五级。上游35.5 km接东风水电站,下游距乌江渡水电站74.9 km,距贵阳市直线距离54 km。坝址以上控制流域面积21 862 km^2,占乌江流域面积的24.9%。工程于2002年7月26日正式开工,同年12月18日截流。水库正常蓄水位837 m,死水位822 m,装机容量600 MW,保证出力166.9 MW,多年平均发电量20.11亿 kW·h。水库总库容2.012亿 m^3,调节库容0.674亿 m^3,为日调节水库。工程以发电为主,兼有养殖、旅游等效益。

乌江渡水电站是乌江梯级开发的第六级,位于乌江中游贵州省遵义市乌江镇,是乌江干流上第一座大型水电站,是我国在岩溶典型发育区修建的一座大型水电站。控制流域面积27 790 km^2,占乌江流域面积的31.6%。工程1970年开工,1983年竣工。水库正常蓄水位760 m,总库容23亿 m^3,现有装机容量63万 kW,多年平均发电量33.4亿 kW·h。

构皮滩水电站位于贵州省余庆县境内,上游距乌江渡水电站137 km,下游距乌江河口455 km,控制流域面积43 250 km^2,占乌江流域面积的49.2%。电站于2003年开工,2008年下闸蓄水。水库正常蓄水位630 m,总库容64.51亿 m^3,调节库容29.02亿 m^3。电站装机容量300万 kW,年发电量96.67亿 kW·h,是贵州省和乌江干流最大的水电电源点。

思林水电站位于贵州省思南县境内,是乌江水电基地的第八级电站,上游为构皮滩水电站,下游是沙沱水电站。碾压混凝土重力坝最大坝高117 m,坝顶全长326.5 m,坝顶高程452 m,水库正常蓄水位440 m,相应库容 12.05 亿 m³,调节库容 3.17 亿 m³,属日周调节水库。电站装机容量 105 万 kW,多年平均发电量 40.64 亿 kW·h。2009 年 12 月实现全部机组发电。

沙沱水电站位于贵州省东北部沿河县境内,系乌江干流规划开发的第 9 个梯级电站,上游 120.8 km 为思林水电站,下游 7 km 为沿河县城,工程于 2007 年开工建设,2013 年正式投入运行。沙沱坝址控制流域面积 54 508 km²,占乌江流域面积的 62.0%。电站正常蓄水位 365 m,汛期限制水位 357 m(6—8 月),死水位 353.5 m。沙沱水库总库容 9.10 亿 m³,调节库容 2.87 亿 m³,电站装机容量 112 万 kW,与构皮滩水电站联合运行保证出力 35.66 万 kW,多年平均发电量 45.89 亿 kW·h。

彭水水电站位于重庆市彭水苗族土家族自治县境内,是乌江干流水电开发的第 10 个梯级电站,距彭水县 11 km。2005 年 9 月电站主体工程全面开工,首台机组于 2007 年 10 月投产,2009 年电站全部建成投产。电站坝址以上流域面积 69 000 km²,占乌江流域总面积的 78.5%。水库正常蓄水位 293 m,死水位 278 m,调节库容 5.18 亿 m³,为季调节水库。水电站装机容量 175 万 kW,年均发电量达 63 亿 kW·h,是乌江上最大的电站之一。

银盘水电站位于乌江下游河段,坝址位于重庆市武隆区境内,是乌江干流水电开发的第 11 个梯级电站,坝址控制流域面积 74 910 km²,占乌江流域总面积的 85.2%,于 2011 年竣工。工程上游接彭水水电站,下游为白马梯级电站。水库正常蓄水位 215 m,总库容 3.2 亿 m³,电站总装机容量 60 万 kW,年发电量 26.9 亿 kW·h。

乌江干流银盘水电站以下,有在建的白马航电枢纽工程。白马航电枢纽工程是乌江干流开发规划的最下一个梯级,枢纽正常蓄水位 184 m,总库容 3.74 亿 m³。电站装机容量 48 万 kW,多年平均发电量 17.12 亿 kW·h。2021 年 3 月 16 日,重庆白马航电枢纽工程一期正式动工,计划 2031 年建成。

2.2 主要控制站

2.2.1 长江干流

长江自青藏高原的唐古拉山脉而下,在江源的沱沱河上设有沱沱河水文站,该站位于青海省格尔木市唐古拉山镇,流域集水面积 15 924 km²,建于 1958 年,为汛期观测站,是长江干流最上游的水文站。在通天河上建有直门达水文站,该站位于青海省称多县歇武镇直门达村,流域集水面积 137 704 km²,建于 1956 年,是长江干流最上游的全年观测水文站。在四川省甘孜藏族自治州德格县龚垭乡康公村处设有岗拖水文站,岗拖水文站设立于 1956 年 6 月,流域集水面积 149 072 km²。过岗拖站后,金沙江向南而行,至四川省巴塘县河段设有巴塘水文站,该站设立于 1952 年,位于四川省巴塘县竹巴笼乡水磨沟村,流域集水面积 179 612 km²。继续向南行,至云南省德钦县奔子栏镇河段设有奔子栏水文站,该站设立于 1959 年 11 月,位于奔子栏镇下社村,流域集水面积 203 320 km²。后河流向东南而行,至云南省玉龙县石鼓河段设有石鼓水文站,该站设立于 1939 年,位于石鼓镇大同村,流域集水面积 214 184 km²。

过石鼓后,河流折向东北方向,至云南省丽江市宁蒗彝族自治县拉柏乡后转向南下,至阿海水电站下游 1.2 km 处设立有阿海水文站,该站设立于 2009 年,位于云南省宁蒗县翠玉乡库支村,流域集水面积 235 400 km²。金安桥水电站下游 2.5 km 处设有金安桥水文站,该站设立于 2004 年,位于云南省永胜县大安乡光美村,流域集水面积 239 853 km²。龙开口水电站下游 4 km 处设有中江水文站,该站是 2011 年由金江街水文站上迁而来,位于云南省大理白族自治州鹤庆县中江街,流域集水面积 241 452 km²。

过中江站后,河流由南行转向东行,过鲁地拉水电站、观音岩水电站后达到四川省攀枝花市,1965 年于该河段设有攀枝花水文站,位于四川省攀枝花市区东大渡口街道,流域集水面积 259 177 km²。攀枝花站下游 15 km 有雅砻江汇入,入汇口下游 3 km 处设有三堆子水文站,该站设立于 1957 年,位于四川省攀枝花市盐边县桐子林镇三堆子村,流域集水面积 388 571 km²。过三堆子站后河流再转向南行,纳龙川江后折向东北,至云南省禄劝彝族苗族自治县乌东德镇设有乌东德水文站,该站位于乌东德水电站下游 5 km,设立于 2003 年,流域集水面积 406 142 km²。过乌东德后,河流继续向东北行,纳普渡河、小江等支流后转向北行,至四川省彝族自治州宁南县华弹镇,设有华弹水文站,该站设立于1939年,流域集水面积450 696 km²,因受白鹤滩水电站蓄水影响,2015年7月改为水位站。为替代原华弹水文站功能,2014年4月于下游云南省巧家县大寨乡哆车村处新设白鹤滩水文站,是普渡河、小江、以礼河、黑水河等支流汇入后金沙江干流河段重要控制站,位于白鹤滩水电站下游4.5 km,控制集水面积430 308 km²。河流继续向东北行,至宜宾市屏山县设有屏山水文站,该站设立于1939年,控制流域面积45.85万 km²,观测至2011年,2012年因向家坝水电站蓄水,改为水位站。2008年5月于向家坝水电站下游2 km处的宜宾市安边镇莲花池村设立向家坝水文站,控制集水面积45.88万 km²,作为向家坝电站建成后的金沙江控制站。

金沙江于宜宾与岷江汇合后,过泸州左纳沱江,过合江右纳赤水河,后进入重庆境内,于重庆市江津区朱沱镇设有朱沱水文站。朱沱水文站建于1954年4月,集水面积694 725 km²。至重庆主城朝天门有嘉陵江汇入,汇合口下游7.5 km处有寸滩水文站,寸滩水文站设立于1939年2月,位于重庆市江北区寸滩三家滩,是长江上游重要的基本水文站,集水面积866 559 km²。至重庆市涪陵区有乌江汇入,汇合口下游12 km处有清溪场水文站,该站设立于1939年3月,位于重庆市涪陵区清溪镇四合村,流域集水面积965 857 km²。长江经过乌江汇合口后折向东北,至重庆市万州区设有万县水文站,万县水文站设立于1951年,位于万州区牌楼街道牌楼水厂,流域集水面积974 881 km²。

2.2.2 主要支流

岷江下游高场河段设有高场水文站。高场水文站始建于1939年,位于四川省宜宾市高场镇七井村,控制流域集水面积135 378 km²,占岷江总流域面积的99.6%,系岷江控制站。

沱江2001年设立富顺水文站。富顺水文站为国家基本水文站,为替代原李家湾站功能而设立的水文站,站点位于四川省自贡市富顺县城滨江路,上游4.5 km处有黄泥滩水电站,下游22.2 km处有黄葛灏水电站。富顺水文站控制流域集水面积19 613 km²,占沱江总流域面积的70.4%,系沱江控制站。

嘉陵江在渠江、涪江汇入前干流上有武胜水文站,为嘉陵江干流中游控制站。武胜水文站设立于1940年5月,位于四川省广安市武胜县中心镇水文村,流域集水面积79 714 km²。涪江下游设有小河坝水文站作为其基本控制站,小河坝水文站设立于1951年4月,位于重庆市潼南区梓潼镇,距嘉陵江汇合口约90 km,流域集水面积28 901 km²。渠江下游设有罗渡溪水文站作为基本控制站,该站设立于1953年,位于四川省广安市岳池县罗渡镇楼房湾村,距嘉陵江汇合口约85 km,流域集水面积38 064 km²。渠江、涪江入汇后,在嘉陵江干流下游设有北碚水文站作为其控制站。北碚水文站设立于1939年1月,位于重庆市北碚区龙凤桥街道白庙子村,距河口朝天门约53 km,流域集水面积156 736 km²。

乌江干流沙沱水电站以下设有沿河、龚滩、彭水及武隆水文站。沿河水文站设立于1983年1月1日,位于贵州省铜仁市沿河土家族自治县和平镇月亮岩村,流域集水面积55 237 km²,是彭水水利枢纽工程入库控制站。龚滩水文站设立于1939年,位于重庆市酉阳土家族苗族自治县龚滩镇小银村,流域集水面积68 952 km²。彭水水文站设立于1939年1月,位于重庆市彭水县汉葭镇太守路,流域集水面积70 000 km²。武隆水文站设立于1951年6月,位于重庆市武隆区建设中路80号,流域集水面积83 035 km²,在下游约60 km处的涪陵汇入长江,系乌江下游控制站。

2.3 水沙概况

2.3.1 长江干流

2.3.1.1 金沙江上段

石鼓以上为金沙江上段,石鼓镇设有石鼓水文站。该站资料显示,多年平均流量1 360 m³/s,多年来年径流量无趋势性变化,年内径流有明显洪、枯季变化,汛期5至10月径流量占全年的79%左右。

金沙江上段巴塘以上河流泥沙主要来自高山寒冻风化物和谷坡的崩塌、滑坡作用产物,巴塘至石鼓河段泥沙主要来自高山中的陡坡部分。石鼓站多年平均年输沙量 2 800 万 t,多年来无明显趋势变化,汛期输沙约占全年的 98%。

2.3.1.2 金沙江中段

金沙江中段为石鼓至攀枝花段,攀枝花市设有攀枝花水文站。据该站多年统计资料,多年平均流量 1 800 m³/s,多年来年径流量无趋势性变化,年内径流有明显洪、枯季变化,汛期 5—10 月径流量占全年的 79% 左右。

多年平均年输沙量 4 300 万 t,年内汛期输沙占全年的 98.0%,近年来输沙量有较明显变化,其中 2010 年前,年均输沙量为 5 130 万 t,随着上游水电站逐步投入使用,2011—2014 年输沙量逐渐减少,年均输沙量为 1 130 万 t,2014 年后年均输沙量已减少至 314 万 t,较 2010 年前年均输沙量减少 93.9%。随着输沙量的逐步减少,汛期输沙量在全年的占比也略下降,2010 年前汛期输沙占比为 98.2%,2014 年后下降至 96.7%。详见表 2.3-1。

表 2.3-1 攀枝花站输沙量多年变化对比表

年份	年均流量(m³/s)	年径流量(亿 m³)	年输沙量(万 t)	输沙量变化率(%)
1966—2010 年	1 800	566	5 130	—
2011—2014 年	1 720	543	1 130	−78.0%
2015—2020 年	1 860	586	314	−93.9%
多年平均	1 800	567	4 300	—

注:变化率为较 1966—2010 年均值的相对变化。

2.3.1.3 金沙江下段

雅砻江入汇后,金沙江流量倍增,雅砻江口以下设有三堆子水文站。据其近年来观测数据,年均流量 3 610 m³/s,多年来年径流量无趋势性变化,年内径流有明显洪、枯季变化,汛期 5—10 月径流量约占全年的 75%。

多年平均年输沙量 2 700 万 t,受上游梯级电站陆续投入使用影响,输沙量近年来逐渐减少,其中 2008—2010 年年均输沙量 5 720 万 t,2010—2014 年年均输沙量 2 710 万 t,2015—2020 年年均输沙量 1 190 万 t。汛期输沙约占全年的 92%,随着输沙量的逐步减少,汛期输沙量在全年的占比也略下降,2008—2010 年汛期输沙占比为 95%,2014 年后下降至 89%。详见表 2.3-2。

表 2.3-2 三堆子站输沙量多年变化对比表

年份	年均流量(m³/s)	年径流量(亿 m³)	年输沙量(万 t)	输沙量变化率(%)
2008—2010 年	3 780	1 194	5 720	—
2011—2014 年	3 340	1 053	2 710	−52.6%
2015—2020 年	3 710	1 171	1 190	−79.2%
多年平均	3 610	1 140	2 700	—

注:变化率为较 2008—2010 年均值的相对变化。

金沙江纳龙川江、勐果河、普隆河、鲹鱼河等支流后,于云南省禄劝县乌东德镇设有乌东德水文站。乌东德水文站位于乌东德水电站下游约 6 km 处,据其近年观测资料,年均流量 3 780 m³/s,多年来年径流量无趋势性变化,年内径流有明显洪、枯季变化,汛期 5—10 月径流量约占全年的 76%。

2015—2019 年年均输沙量 3 180 万 t,汛期输沙约占全年的 93%。2020 年乌东德水电站蓄水后,该站年输沙量减少至 411 万 t,汛期输沙占比下降为 86%。详见表 2.3-3。

表 2.3-3　乌东德站输沙量多年变化对比表

年份	年均流量(m³/s)	年径流量(亿 m³)	年输沙量(万 t)	输沙量变化率(%)
2015—2019 年	3 710	1 172	3 180	—
2020 年	4 100	1 297	411	−87.1%
多年平均	3 780	1 193	2 720	—

注：变化率为较 2015—2019 年均值的相对变化。

华弹站位于白鹤滩坝址上游附近,2014 年于白鹤滩坝址下游新建白鹤滩站。根据华弹站多年观测数据,该段多年平均流量 3 970 m³/s,多年来年径流量无趋势性变化,年内径流有明显洪、枯季变化,汛期径流量约占全年的 75%。

多年平均年输沙量 16 500 万 t,年内输沙以汛期为主,约占全年的 96%。其中 1998 年前,年均输沙量为 18 000 万 t,1998 年雅砻江桐子林水电站投入使用后,汇入金沙江泥沙明显减少,1999—2010 年该段输沙量减少至 14 600 万 t,2011—2014 年受金沙江梯级水电站陆续投入使用影响,该段输沙量再次逐渐减少,年均输沙量仅为 7 100 万 t。随着输沙量的逐步减少,汛期输沙量在全年的占比也略下降,1998 年前汛期输沙占比为 96.5%,2011—2014 年下降至 94.4%。

2014 年后据白鹤滩站实测资料,年平均流量 4 100 m³/s,年均径流量为 1 292 亿 m³,汛期径流量约占全年的 69%；年均输沙量为 7 490 万 t,汛期输沙量占全年的 90%。详见表 2.3-4。

表 2.3-4　华弹站、白鹤滩站输沙量多年变化对比表

年份	站点	年均流量(m³/s)	年径流量(亿 m³)	年输沙量(万 t)	输沙量变化率(%)
1998 年前	华弹站	3 920	1 236	18 000	—
1999—2010 年	华弹站	4 300	1 359	14 600	−18.9%
2011—2014 年	华弹站	3 570	1 126	7 100	−60.6%
多年平均	华弹站	3 970	1 254	16 500	—
2015—2020 年	白鹤滩站	4 100	1 292	7 490	—

注：变化率为较 1998 年前均值的相对变化。

金沙江过金阳、雷波、永善、绥江等地后,于宜宾市屏山镇设有屏山站,2012 年因向家坝电站蓄水,改为水位站,采用下游约 30 km 处向家坝站观测水沙资料。

根据屏山站多年观测数据,该段多年平均流量 4 550 m³/s,多年来年径流量无趋势性变化,年内径流有明显洪、枯季变化,汛期径流量约占全年的 79%。

多年平均年输沙量 25 000 万 t,年内输沙以汛期为主,约占全年的 97.2%。其中 1998 年前,年均输沙量为 25 500 万 t,1999—2011 年该段输沙量减少至 19 300 万 t。随着输沙量的逐步减少,汛期输沙量在全年的占比也略下降,1998 年前汛期输沙占比为 97.6%,1999—2011 年下降至 95.7%。

2012 年以来据向家坝站实测资料,年平均流量 4 450 m³/s,年均径流量为 1 406 亿 m³,汛期径流量约占全年的 73%；2012 年向家坝水电站蓄水后,向家坝站输沙量骤减,2013—2020 年年均输沙量仅为 152 万 t,汛期输沙量占全年的 88%。详见表 2.3-5。

表 2.3-5　屏山站、向家坝站输沙量多年变化对比表

年份	站点	年均流量(m³/s)	年径流量(亿 m³)	年输沙量(万 t)	输沙量变化率(%)
1998 年前	屏山站	4 520	1 415	25 500	—
1999—2011 年	屏山站	4 680	1 483	19 300	−24.3%
多年平均		4 550	1 428	25 000	—

续表

年份	站点	年均流量(m³/s)	年径流量(亿 m³)	年输沙量(万 t)	输沙量变化率(%)
2012 年	向家坝站	4 450	1 406	15 100	—
2013—2020 年				152	—

注：变化率为较 1998 年前均值的相对变化。

2.3.1.4 川江上段

金沙江于宜宾与岷江汇合后，过泸州左纳沱江，过合江右纳赤水河，后进入重庆境内，于重庆市江津区朱沱镇设有朱沱水文站。根据朱沱站多年观测数据，该段多年平均流量 8 460 m³/s，多年来年径流量无趋势性变化，年内径流有明显洪、枯季变化，汛期径流量约占全年的 78%。

多年平均年输沙量 25 100 万 t，年内输沙以汛期为主，约占全年的 98%。其中 1998 年前，年均输沙量为 31 300 万 t，1999—2010 年该段输沙量减少至 20 900 万 t，2011—2014 年金沙江梯级电站陆续投入使用，年均输沙量再次减少至 8 910 万 t，2015—2020 年年均输沙量仅 4 960 万 t。随着输沙量的逐步减少，汛期输沙量在全年的占比也略下降，1998 年前汛期输沙占比为 98.2%，2015—2020 年下降至 97.6%。详见表 2.3-6。

表 2.3-6 朱沱站输沙量多年变化对比表

年份	年均流量(m³/s)	年径流量(亿 m³)	年输沙量(万 t)	输沙量变化率(%)
1998 年前	8 480	2 676	31 300	—
1999—2010 年	8 370	2 642	20 900	−33.2%
2011—2014 年	7 750	2 447	8 910	−71.5%
2015—2020 年	8 910	2 811	4 960	−84.2%
多年平均	8 460	2 668	25 100	—

注：变化率为较 1998 年前均值的相对变化。

2.3.1.5 川江下段

嘉陵江于重庆市朝天门汇入长江，汇合口下游 7.5 km 处有寸滩水文站。据该站观测资料，嘉陵江汇入后，长江多年平均流量 11 000 m³/s，多年来年径流量无趋势性变化，年内径流有明显洪、枯季变化，汛期径流量约占全年的 79.8%。

多年平均年输沙量 35 400 万 t，年内输沙以汛期为主，约占全年的 97.8%。其中 1998 年前年均输沙量为 44 300 万 t，1999—2010 年该段输沙量减少至 22 600 万 t，2011—2014 年金沙江梯级电站陆续投入使用，年均输沙量为 11 900 万 t，2015—2020 年年均输沙量仅 8 220 万 t。详见表 2.3-7。

表 2.3-7 寸滩站输沙量多年变化对比表

年份	年均流量(m³/s)	年径流量(亿 m³)	年输沙量(万 t)	输沙量变化率(%)
1998 年前	11 000	3 464	44 300	—
1999—2010 年	10 600	3 342	22 600	−49.0%
2011—2014 年	10 400	3 286	11 900	−73.1%
2015—2020 年	11 200	3 540	8 220	−81.4%
多年平均	11 000	3 513	35 400	—

注：变化率为较 1998 年前均值的相对变化。

乌江汇合口下游 12 km 处有清溪场水文站。据该站观测资料，乌江汇入后，长江多年平均流量 12 400 m³/s，多年来年径流量无趋势性变化，年内径流有明显洪、枯季变化，汛期径流量约占全年的 77.1%。

多年平均年输沙量 27 100 万 t,年内输沙以汛期为主,约占全年的 98.2%。其中 1998 年前年均输沙量为 42 600 万 t,1999—2010 年该段输沙量减少至 22 500 万 t,2011—2014 年金沙江梯级电站陆续投入使用,年均输沙量为 11 400 万 t,2015—2020 年年均输沙量仅 7 790 万 t。详见表 2.3-8。

表 2.3-8　清溪场站输沙量多年变化对比表

年份	年均流量(m³/s)	年径流量(亿 m³)	年输沙量(万 t)	输沙量变化率(%)
1998 年前	12 400	3 919	42 600	—
1999—2010 年	12 400	3 908	22 500	−47.2%
2011—2014 年	11 700	3 688	11 400	−73.2%
2015—2020 年	12 600	3 961	7 790	−81.7%
多年平均	12 400	3 898	27 100	—

注:变化率为较 1998 年前均值的相对变化。

长江经过乌江汇合口后折向东北,至重庆市万州区设有万县水文站。据该站观测数据,万县站多年平均流量 12 900 m³/s,多年来年径流量无趋势性变化,年内径流有明显洪、枯季变化,汛期径流量约占全年的 78.7%。

多年平均年输沙量 34 600 万 t,年内输沙以汛期为主,约占全年的 96.9%。其中 1998 年前年均输沙量为 47 900 万 t,1999—2010 年该段输沙量减少至 19 300 万 t,2011—2014 年金沙江梯级电站陆续投入使用,年均输沙量为 6 330 万 t,2015—2020 年年均输沙量仅 4 790 万 t。详见表 2.3-9。

表 2.3-9　万县站输沙量多年变化对比表

年份	年均流量(m³/s)	年径流量(亿 m³)	年输沙量(万 t)	输沙量变化率(%)
1998 年前	13 200	4 173	47 900	—
1999—2010 年	12 500	3 935	19 300	−59.7%
2011—2014 年	11 600	3 669	6 330	−86.8%
2015—2020 年	12 400	3 909	4 790	−90.0%
多年平均	12 900	4 080	34 600	—

注:变化率为较 1998 年前均值的相对变化。

2.3.2　主要支流

2.3.2.1　岷江

岷江下游高场河段设有高场水文站。据该站多年资料,岷江多年平均流量 2 720 m³/s,多年来年径流量无趋势性变化,年内径流有明显洪、枯季变化,汛期 5—10 月径流量约占全年的 79%。

岷江为弱产沙河流,上游段植被良好,含沙量较小;中、下游段虽植被较差,但地面坡度平缓,河流含沙量仍相对较小。多年平均年输沙量 4 240 万 t,年内输沙以汛期为主,约占全年的 98.9%。其中 1955—1970 年年均输沙量 5 910 万 t,1971 年大渡河下游龚嘴水电站开始蓄水,坝下游河道输沙量明显减少,1971—2006 年高场站年均输沙量为 4 240 万 t。2006 年 12 月紫坪铺工程竣工,下游河道输沙量进一步减少,2007—2020 年高场站年均输沙量为 2 340 万 t。

2.3.2.2　沱江

沱江富顺河段设有富顺水文站。据该站 2001 年以来观测资料来看,沱江多年平均流量 367 m³/s,多年来年径流量无趋势性变化,年内径流有明显洪、枯季变化,汛期5—10月径流量约占全年的80%。

沱江平均年输沙量为597万t,各年间输沙量差异较大。年内输沙集中在汛期,约占全年的99.9%。

2.3.2.3 嘉陵江

嘉陵江干流武胜河段设有武胜水文站。根据武胜站观测资料,渠江、涪江汇入前嘉陵江多年平均流量896 m³/s,多年来年径流量无趋势性变化,年内径流有明显洪、枯季变化,汛期5—10月径流量约占全年的80.0%。多年平均年输沙量4 310万t,年内输沙以汛期为主,约占全年的98.9%。1977年前年均输沙量为7 150万t;1977年碧口水电站建成,1978—1996年武胜站年均输沙量为5 440万t;1996年白龙江支流上宝珠寺水电站开始蓄水,干流上东西关航电枢纽建成,进入21世纪后,嘉陵江上多级航电枢纽陆续建设,在不同程度上减少了下游河段输沙量,1997—2020年武胜站输沙量年均输沙量减少至1 050万t。

根据小河坝站观测资料,涪江多年平均流量453 m³/s,多年来年径流量无趋势性变化,年内径流有明显洪、枯季变化,汛期5—10月径流量约占全年的83.2%。涪江多年平均年输沙量1 440万t,年内输沙以汛期为主,约占全年的99.6%。1987年前年均输沙量为1 960万t,1987年永安电站建成,之后小河坝站年均输沙量仅917万t。

根据罗渡溪站观测资料,渠江多年平均流量686 m³/s,多年来年径流量无趋势性变化,年内径流有明显洪、枯季变化,汛期5—10月径流量约占全年的85.3%。渠江多年平均年输沙量1 890万t,年内输沙以汛期为主,约占全年的98.4%。2002年前年均输沙量为2 218万t,2002年富流滩电站建成,之后罗渡溪站年均输沙量减少至1 051万t。

渠江、涪江汇入后,据北碚站观测资料,嘉陵江多年平均流量2 080 m³/s,多年来年径流量无趋势性变化,年内径流有明显洪、枯季变化,汛期5—10月径流量约占全年的82.9%。多年平均年输沙量10 200万t,年内输沙以汛期为主,约占全年的98.6%。1977年前年均输沙量为16 000万t,1977年碧口水电站建成,1978—1992年年均输沙量为12 300万t。1992年涪江安居、渭沱水电站建成投产,至1996年支流白龙江上宝珠寺水电站开始蓄水、干流东西关航电枢纽建成,且21世纪水电发展进程加快,干支流多级水利枢纽建成投产,使河道输沙量明显减少,1993—2020年北碚年均输沙量为3 170万t。

2.3.2.4 乌江

乌江干流贵州省铜仁市沿河土家族自治县河段设有沿河水文站,位于沙沱水电站下游约9 km处。根据其1984年以来观测资料,该段多年平均流量854 m³/s,多年来年径流量无趋势性变化,年内径流有明显洪、枯季变化,汛期5—10月径流量约占全年的72.8%。

沿河站多年平均年输沙量487万t,年内输沙以汛期为主,约占全年的95.4%。2007年前年均输沙量为695万t,汛期输沙量占全年的95.8%,2007年沙沱水电站建成,之后沿河站年均输沙量仅104万t,汛期输沙量占比降低至89.5%。

过沿河水文站后,有阿蓬江、渚江及芙蓉江等支流汇入乌江,至重庆市武隆区设有武隆水文站,上距银盘水电站约20 km。据武隆站资料,多年平均流量1 549 m³/s,较沿河站增加81%。多年来年径流量无趋势性变化,年内径流有明显洪、枯季变化,汛期5—10月径流量约占全年的75.4%。

武隆站多年平均年输沙量2 122万t,年内输沙以汛期为主,约占全年的94.9%。1983年前武隆站年均输沙量3 229万t,汛期输沙量占全年的95.3%。1983年乌江渡水电站建成后,输沙量有明显减少,1983—2007年年均输沙量为1 684万t,汛期输沙量占全年的94.2%。2007年上游沙沱水电站开工建设,同年彭水水电站开始蓄水,此后年均输沙量仅291万t,汛期输沙量占全年的92.2%。

第三章 流量监测

流量是单位时间内通过河渠或管道某一过水断面的水体体积，单位以 m³/s 计，是瞬时值。在实际应用中，根据河流水情的变化特点，用适当测流方法进行流量测验获得实测数据，经过分析、计算和整理得到重要的水文资料，我们把整个过程称为流量监测。流量反映了水资源状况与江河湖库等水体的水量变化，是重要的水文要素，用于防汛抗旱，流域规划，工程设计、管理及运用，水资源的开发、利用、配置及管理，水质监测，航运，水源保护等，为国民经济各个部门服务。

3.1 流量测验方法

流量测验在水文测验中占有重要的地位，按照测验时间内河道流量大小，可分为超标洪水流量测验、洪水流量测验、平水流量测验、枯水流量测验等；按照冰情出现情况，分为畅流期流量测验、流冰期流量测验、封冻期流量测验等。

3.1.1 流量测验方法分类

国内外目前采用的流量测验方法和手段丰富，按照测流工作原理可分为以下几类。

(1) 流速面积法

这是最基本的测流方法，包括流速仪法、航空法、积宽法、浮标法等。

(2) 水力学法

它是通过测量量水建筑物和水工建筑物的有关水力因素，事先率定出流量系数，利用水力学中的出流公式计算流量，包括水工建筑物、堰槽、比降面积法等。

(3) 物理法

物理法是利用声、光、电等物理学原理测定流量，包括超声波法、电磁法、光学法等。

(4) 化学法

利用化学溶剂进行流量施测的方法，又称溶液法、稀释法、混合法等。

(5) 直接法

直接法有容积法和重量法。

3.1.1.1 流速面积法

流速面积法在实际应用中最为广泛，包括经典的流速仪法以及逐渐发展后的表面流速面积法、剖面流速面积法、断面平均流速面积法等。这些发展变化的方法都是通过不同的手段获取流速，来推断全断面流量。

1. 流速仪面积法

按照断面上的垂线和测点分布，用流速仪测量断面上的测点流速，通过推算得到有限个部分流量累加。

(1) 按流速仪类型分

从流量测验历史记载来看，使用最多的是机械型流速仪，例如，我国 20 世纪 50—60 年代制造使用的旋杯式和旋桨式流速仪,就因其防水防沙性能良好的特点被广泛使用。流速仪的发展方向是非转子的电测技术、光学技术、超声波技术和遥测技术等,其中,电测型有电磁式流速仪,超声型有时差法和多普勒法流速仪等。有些资料上从测流仪器技术出发,又将上述声、光、电技术归类为物理法,本书从测流工作原理上,将这三类归结为流速面积法。目前国内水利系统测流主要使用机械型转子式流速仪,转子按结构分为旋桨和旋杯两种,相应的,转子式流速仪分为旋桨式流速仪和旋杯式流速仪。

(2) 按测定方法分

按照流速仪法测定平均流速的方法,分为积点法和积分法,后者又根据流速仪运动形式的不同分为积深法和积宽法。根据积宽使用设备不同,又分为动车、动船和缆道积宽法。

2. 表面流速面积法

测量表面流速的流速面积法有浮标法、电波流速仪法、光学流速仪法、航空摄影法等。这些方法都是通过测量水面流速来推算流量,流量系数通过比测分析获得。

浮标按照材料不同可分为人工浮标和天然漂浮物,根据从上游投放方式的不同,又分为均匀浮标法、中泓浮标法。在实际应用中,按照浮标形式不同,人工制作的浮标还有球形浮标、盘形浮标、双重浮标、浮杆、浮链等,其中双重浮标可以同时测断面表面流速和 $0.6h$ 水深处的流速,双重浮标、浮杆等形式不止于表面流速测量。

电波流速仪法仪器包括微波、雷达波(属于微波波段)等各种波段的仪器。电波流速仪法测流一般可分定点式、移动式和手持式。按照部署方式、位置不同,定点式包括桥测式、悬臂式,将设备固定安装在桥梁、岸边支架等;移动式主要为缆道搭载式,一种是自带动力的遥控自动测速雷达流速仪,安装在简易缆道上进行全断面多垂线水面流速测验,另一种是无动力装置的自动测速雷达流速仪,安装在水文缆道行车架上,采用缆道牵引的方式进行多垂线水面流速测验;目前手持式电(雷达)波流速仪种类较多,名称也多,如电波流速仪、手持雷达枪、微波流速仪等,电波流速仪应用较多。根据部署仪器多少,电波流速仪法测流可分为单点式或多点式,多点式一般借用桥梁布置多探头。

光学流速仪法仪器类型主要是利用频闪效应和激光多普勒效应。

3. 剖面流速面积法

测量剖面流速的流速面积法又有声学时差法、声学多普勒流速剖面仪(ADCP)法等,后者根据测量方式又分为走航式和固定式,固定式又根据安装位置、安装形式不同分为水平式 ADCP(H-ADCP)和垂直式 ADCP(V-ADCP)两类。其中,V-ADCP 垂直地安装在水面或河底,分为漂浮 V-ADCP 测流和坐底 V-ADCP 测流。

4. 断面平均流速面积法

直接测量整个断面平均流速的流速面积法,主要指电磁法。

5. 其他流速面积法

采用深水浮标、浮杆等方法测得垂线流速,根据断面资料计算流量。

3.1.1.2 水力学法

通过测量量水建筑物和水工建筑物的有关水力因素,并事先率定出流量系数,利用水力学中的出流公式计算流量。

(1) 量水建筑物测流法

量水建筑物及量水设施一般包括量水堰、量水槽、量水池、量水孔口、量水管嘴以及分流式量水计等。

(2) 水工建筑物测流法

在河、渠、湖、库上修建各种形式的水工建筑物,如堰、闸、洞(涵)、水电站、泵站等。

(3) 比降面积法

比降面积法是指通过实测或调查测验河段的水面比降、河段糙率和断面湿周、面积等水力要素,用水力学公式来推算流量。

3.1.1.3 化学法

化学法又称为溶液法、稀释法、示踪法等。根据质量守恒的原理,选择适合于当前水流的示踪剂(化学指示剂),已知浓度,在测流河段上游注入水中,根据示踪剂稀释程度与水流流量成反比,测得下游充分扩散混合后的示踪剂浓度来计算流量。

根据注入化学指示剂的方式,分为一次性注入法和连续注入法。根据示踪剂的不同,化学法又分为化学示踪剂稀释法、放射性示踪剂稀释法、荧光染料示踪剂法等。

3.1.1.4 直接法

直接法指直接测量流过某断面水体容积或重量的方法,分为容积法和重量法。

3.1.2 方法原理、种类、优缺点

3.1.2.1 流速面积法

流速面积法是一种最基本的方法,通过测定流速和过水断面面积两个部分以此推算流量,即 $Q = AV$。在过水断面上,流速 $v = f(b,h)$,其中 v 是断面某一点的流速,b 是该点到水边的水平距离,h 是该点到水面的垂直距离,因此,通过全断面的流量 Q 为:

$$Q = \int_0^A v(h,b) \mathrm{d}A = \int_0^B \int_0^{h_b} v(h,b) \mathrm{d}h \mathrm{d}b \tag{3.1-1}$$

式中:A 为过水断面面积(m^2);$\mathrm{d}A$ 为 A 内的单元面积(m^2);$\mathrm{d}b$ 为单元宽(m);$\mathrm{d}h$ 为单元高(m);$v(h,b)$ 为垂直于 $\mathrm{d}A$ 的流速(m/s);B 为水面宽(m);h 为水深(m);h_b 为水边到水面宽为 b 处的水深(m)。

实际工作中把上述积分变为有限差分来推求流量。设想取面积微小的流束,认为该面积范围内流束的流速分布基本无差异,如果放在河道过水断面上,可划分为若干微单元,测出各单元流束的流量后累加得到全断面上的流量。这种方式在实际测流中采取精简分析的手段,使得用有限个部分流量累加来逼近真值,误差满足规范的要求即可,且为某个时段的平均值而非瞬时值。

1. 转子式流速仪法

转子式流速仪是水文测验中历史悠久、使用广泛的仪器,根据水流对流速仪转子的动量传递进行工作。当水流流过流速仪转子时,水流的直线运动能量对转子产生转矩,转矩克服转子的惯性力、动摩阻和流体阻力,使得流速仪转动起来。水流越快,旋桨转动越快。因此,在一定水流速度范围内,流速仪转子的转速和水流流速呈现出较为稳定的近似线性关系。

利用传统水槽开展流速仪试验,以不同流速相对其静水运动的试验,得到转子转速 n、水流流速 v 的试验数据,建立 $v = a + bn$。式中,a,b 为常数,转速 n 的单位为转/s,v 的单位为 m/s。

(1) 旋桨式流速仪

旋桨式流速仪主要由旋转部件、身架部件和尾翼部件三部分组成。旋桨内装有讯号触点和轴承转轴等。我国 LS25-1 型旋桨流速仪的转轴系统中有曲折的迷宫结构,内部充满轻机油,有较好的防水防沙性能,能在高流速和多沙河流中使用,是我国使用较普遍、以旋桨作为感应元件的流速仪,性能稳定,对各种水流条件适应性较强。

(2) 旋杯式流速仪

旋杯式流速仪主体包括旋转部件、传讯机构和尾翼部件三部分。当水流冲击到仪器的感应元件旋杯时,左右两边的杯子凹凸形状差异导致的压力差,形成转动力矩,促使旋杯旋转,传讯机构将其转换为电脉冲信号。我国普遍使用的 LS78 型旋杯式流速仪因其旋转支系统、传讯机构和悬挂机构特点,转速低,定向灵敏,使用方便,更加适合于测量低流速的河流、渠道、水库、湖泊等。缺点是旋杯式流速仪没有方向性,将其放入水中,若存在斜流、倒流、横流等情况,均可以使得旋杯转动,即流向不垂直于断面时会使得测得的流

量偏大，尤其是在靠近两岸的垂线上，若存在上述情况，旋杯式流速仪测得结果会有较大的不确定性。

2. 积点法

积点法又称选点法，从测定方法上看，根据断面特点、流速精度要求、水深等因素综合确定并布置垂线，通过悬杆悬吊流速仪、缆道牵引铅鱼带流速仪或者船测带流速仪等方式，将流速仪停留在预定的垂线，放至不同水深的测点上测定流速。目前我国普遍用该方法作为检验其他方法测验精度的基本方法。

3. 积分法

(1) 积宽法

利用桥测车、测船或者缆道等渡河设施设备，输送流速仪沿横断面垂直于水流方向匀速渡河。利用自动化缆道，积宽法测流也可以实现在线自动监测。从原理上说，积宽法应该是从一岸边水深为0处积宽到对岸水深为0处。但由于河道两岸系斜坡，流速仪入水需要一定水深，因此两岸存在测流盲区，利用积宽起点和终点的相应点流速加权求出全断面的积宽平均流速。

$$\overline{V}_{0积} = \frac{\alpha V_{0左} B_{左} + V_{0积} B_{积} + \alpha V_{0右} B_{右}}{B_{左} + B_{积} + B_{右}} \tag{3.1-2}$$

全断面流量 Q 为：

$$Q = K_{积} Q_0 = K_{积} F \overline{V}_{0积} \tag{3.1-3}$$

试验表明，积宽的宽度占到断面河宽的95%以上，两岸盲区对全断面积宽流速成果影响较小。

积宽法缩短了历时，避免了水位变化的影响，适用于大江大河的流量测验，特别适用于不稳定流的河口河段、洪水泛滥期测流等。总的说来，积宽法在流量测验中使用很少。

(2) 积深法

积宽是流速仪的横向运动形式，积深则是纵向运动形式。流速仪沿测速垂线匀速提放，记录运行过程中流速仪总转速和测速历时，由流速仪率定公式计算得到的流速即为垂线平均流速，其流量测算方法和流速仪法相同。《河流流量测验规范》(GB 50179—2015)没有对积深法测速作出规定，该法实际应用不多。总体来说，积深法是简捷快速的方法。

积深法测得的流速是流速和流速仪升降率的合成流速，即存在流速仪垂直运行误差，需要将此合成流速改正还原为流速。积深法测速时流速仪均匀升降的速率越大，测得流速的改正值也越大，因此该方法对流速仪均匀升降的速率有一定要求。按照国际标准ISO748要求，流速仪在垂线上均匀升降的速率不得大于0.04 m/s，由于旋杯在静水中垂直升降也会转动，宜采用旋桨式流速仪。旋桨式流速仪用悬杆或者悬索吊挂，施测时流速仪距离河底有一定距离，存在不完全积深误差，因此该方法不适合太小的水深，一般建议水深应大于1 m(采用悬杆悬吊流速仪)，或应大于2 m(采用悬索悬吊流速仪)。

4. 浮标法

断面浮标法测流需要布设上、中、下三个断面，一般情况下，中断面与基本水尺断面重合。

浮标法测流时，实测的流速为垂线上某一点的流速。对于均匀投放若干个浮标，测出的流速为水流的某一层的流速。设某垂线的垂线平均流速 v_m (m/s)与浮标测得流速 v_f (m/s)之比例为 K，即

$$K = v_m / v_f \tag{3.1-4}$$

全断面流量 Q (m³/s)为：

$$Q = \int_0^B \int_0^H v \mathrm{d}h \mathrm{d}b \tag{3.1-5}$$

$$Q = \int_0^B v_m h \mathrm{d}b = \int_0^B K v_f h \mathrm{d}b \tag{3.1-6}$$

若各垂线的流速分布形态相似，垂线平均流速与浮标测得流速比例 K 近似为常数，则上式可写成：

$$Q = K_f \int_0^B v_f h \mathrm{d}b = K_f Q_f \tag{3.1-7}$$

式中：K_f 为浮标系数；Q_f 为浮标虚流量(m³/s)。

在实际操作中,当流速仪测流有困难时,如暴涨暴落、漂浮物多时,使用浮标法测流是切实可行的相对粗略的测流方法,也可作为应急测验的方法。

浮标法分类较多,从浮标形式和种类上看,包括水面浮标法(均匀浮标法和中泓浮标法)、深水浮标法、浮杆法和小浮标法等,也可以与流速仪法进行联合测流。

从施测浮标的观测方法上看,可分为断面浮标法、极坐标浮标法。与断面浮标法相比,极坐标浮标法不需要设置上、下浮标断面,每次单独观测浮标运行行程,可有效减少高洪时期水文测验人员工作量。

浮标随水流漂移,其速度与水流速度之间有较密切的关系,因此可以利用浮标虚流速与水道断面面积来推算流量,乘以浮标系数可得到断面流量。浮标系数主要通过收集资料率定得到。国内规范中用流速仪法测得的断面流量作为标准,将其与浮标测得的虚流量的比值称为浮标系数。根据浮标的形式,采用水面浮标测流的系数叫水面浮标系数,采用中泓浮标法测流的系数叫中泓浮标系数。

5. 电波流速仪法

利用电波流速仪测得水面流速,再用实测或借用断面资料计算流量。

《河流流量测验规范》(GB 50179—2015)中说明,超出常规手段的高洪流量测验,无固定测流设施的水量调查,可采用电波流速仪法。

雷达波(电波)表面测流系统流量测验通过多普勒原理测量,雷达向水面发射信号,水面反射的信号通过光谱分析计算出水面流速。

雷达测速仪测得表面流速后,可采用数值法、代表流速法等进行流量计算。前者主要是通过分析流速系数,得到表面流速与垂线平均流速的关系,按照部分加和的方式计算全断面流量,适用于移动式雷达波流速仪测验;后者主要是选取代表流速,与断面平均流速(ADCP或其他方式测得)建立关系后,通过测得的代表流速推导出断面平均流速,通过测量的大断面得出断面面积,计算得到流量,一般用于定点雷达波流速仪测验或侧扫雷达测验等方式。

测量过程中电波流速仪类设备不直接接触水流,不受含沙量、漂浮物的影响,具有操作安全、测量时间短、速度快的特点,适合现场快速测流或者搭配传输设备等进行在线监测。但是此类设备的使用需要进行大量率定和比测工作。

一般雷达波测流仪器的流速测量范围为 0.2~18 m/s。雷达波表面测流系统一般用于中高水流量(表面流速宜大于 0.3 m/s)测验,且河道断面不宜过宽。

6. 光学流速仪

光学流速仪是测量表面流速的设备,有两种类型,分别利用频闪效应和激光多普勒效应。属于非接触式仪器设备,有其一定优势,例如,在高速水流或者河流中粗砂等无法采用接触式测流时。目前在我国河流流量监测中应用不多。

频闪效应原理的测速仪器组成有低倍望远镜、转镜组、变速马达和转速计等,测量某一测点流速时,通过望远镜俯视水面,增加转镜角速度使其达到同步。流速计算取决于镜轮的角速度和仪器光学轴到水面的垂直距离。

激光多普勒测速仪器是利用水中质点对激光的散射,形成低强度信号,通过光学系统检测得到多普勒信号,推算水面流速。

7. 超声波测速法

超声波测流是利用超声波在水中传播的方向性、穿透性等特性,来测定水层平均流速,并结合利用断面资料来推求流量的方法。

超声波法测流的优点是能够测得全断面的瞬时流速、流量及其连续变化过程,并可直接以数字或过程线的形式显示;方法简单,内外业工作量小;不需要过河设备,操作安全,劳动强度大大改善;不破坏天然水流状态,不妨碍通航;测速历时短,不仅给抢测洪峰提供了有利条件,还适用于受回水顶托、冰凌、潮汐和水工建筑物影响的河段的测流;测速范围大,有测低速和高速的能力;便于遥测遥控,为迅速提供江河水情、及时作出洪水预报、指挥防洪抢险创造了有利条件。所以,超声波法测流是江河测流自动化最有前途的方法之一。但超声波法测流对站址的选择和技术要求都比较严格。在水位变化急剧、含沙量大、水中漂浮物和气泡很多的情况下，会存在较大的误差。

(1) 声学时差法

含沙量较小、悬浮物较少、测验河段顺直，且无水草生长和气泡的河段，可采用时差法。

声学时差法采用超声波进行流量测验，声学流量计设备换能器需要安装在河道两岸上下游之间两个合适的固定位置，计算两个固定点之间声波顺水和逆水传播所需时间并测出水流速度。声学时差法设备分为有线和无线传输两种，无线连接主要用于河宽较大或两岸间不具备架设线缆条件的河段。有线超声波时差法由换能器、岸上测流控制器、信号电缆、电源组成。

把换能器布设在河岸两边某水深处，呈斜线方向，A 点发出一个声脉冲到达 B 点所经历的时段为 t_1，反之，由 B 点发 A 点收的历时为 t_2。由于流速的存在，逆水方向声速减低，顺水则增高，流速与时间差有线性函数关系。用微秒级的测时电路，经过处理计算，即可直接显示 AB 线段上的平均流速。

(2) 声学多普勒流速剖面仪法

声学多普勒流速剖面仪(ADCP)是利用超声波回波的多普勒频移直接测出断面流速分布的流速仪。测验河段在非高含沙量或清水区域时，可采用声学多普勒法。

声学多普勒流速剖面仪换能器发射某一固定频率的声波，然后等待接收被水中颗粒物散射回来的声波。假设水中颗粒物运动速度与水体相同，当颗粒物运动方向同于换能器运动的方向时，换能器收到的回波频率比发射波频率高；当颗粒物运动方向与换能器背离时，换能器收到的回波频率比发射波的频率低。发射波频率与回波频率之差称为多普勒频移，可由下式计算：

$$F_d = 2F\frac{v}{c} \tag{3.1-8}$$

式中：F 为发射波频率；v 为颗粒物沿声束方向的移动速度(沿声束方向的水流速度)；c 为声波在水中的传播速度。

固定式声学多普勒流速剖面仪测流是将仪器探头固定在过水断面的某一位置处，施测水体中一定范围内的流速，并将部分流速与断面平均流速建立相关关系，进而实现流量在线监测。H-ADCP 水平地安装在河岸、渠道或其他建筑物的侧壁上，测量水平方向的层流速分布，V-ADCP 垂直地安装在水面或河底，测量某垂线的流速分布。仪器安装在测船、浮标或平台上，从水面往河底发射声波，称为漂浮 V-ADCP 测流。仪器安装在河底的基座上，从河底往水面发射声波，称为坐底 V-ADCP 测流。

走航式声学多普勒流速剖面仪测流则是把仪器固定在测船上，从测验断面一岸开到对岸测得全断面的流速分布。这里 ADCP 测得的是相对于地球坐标的流速矢量和船速矢量的合成，需要通过一定方式解算出流速大小和方向，虽然测速过程复杂，但是整个测速过程自动化，通过配接的计算机软件进行计算。

8. 电磁式流速仪法

电磁式流速仪原理是把水流作为导体，在一定的磁场中切割磁力线，即产生电动势，其电压与流速成正比。仪器没有转子，外形光滑，体积小，功耗低，体腔中有励磁线圈，在表面与磁力线垂直的方向上镶有一对电极与水体相通。当水流在其表面流动时，电极上产生微量电压信号，用导线传送到计数器上，经放大和模数转换等电路处理，即可直接显示流速。

测验河段水草丛生、漂浮物较多的，可采用电磁法。

电磁法测流不破坏水流结构，测流精度高，从遥测的角度上来看优势明显，可自动测得流量过程，最低流速可测到 0.001 m/s，且能测得顺流、逆流等，不受水草、漂浮物、河床冲淤等现象影响。但是因施工工程量大和造价高而使用受限。目前在欧美等国家应用较多，国内很少使用。

3.1.2.2 水力学法

(1) 量水建筑物测流法

量水建筑物是指用以量测渠道水流流量的设施。一般用于小河道的水文测验、水力模型试验，及灌区渠道测流。量水建筑物包括各种量水堰和量水槽，适用于水面不宽、水量不大、比降较大、含沙量较小的河段。

量水堰槽一般是由行近渠槽、量水建筑物和下游段三部分组成，通过量水建筑物主体段过水断面的收缩，使得上、下游形成一定的落差水头，即可用公式、表格或关系曲线，得到较为稳定的水位与流量关系。率定的流量系数又和控制断面的形状、大小及行近水槽的水力特性有关，一般通过模型实验或者现场实验，分析得出。

量水堰是用以量测水流流量的溢流堰。有各种形式的薄壁堰，如三角形堰、矩形堰、梯形堰、宽顶堰以及三角剖面堰、平坦V形堰等。

量水槽是指在明槽中设置一缩窄段（喉道）的量水设施，形式各异，如矩形喉道槽、梯形喉道槽、U形喉道槽、巴歇尔槽、无喉道槽等。

量水孔口，其孔口形状常为矩形或圆形，通过测定孔口上游水头（自由出流）或上、下游水头差（淹没出流）以确定流量。

量水管嘴及量水薄片孔口则是利用流速改变所引起的水头差来确定流量。

分流式量水计是指利用文丘里管做过水主管，并在其喉道处连接装有水表的支管，通过水表读数以求得流量的量水设施。

量水建筑物测流简便易行，但是需要进行土建，有一定施工成本。若采用超声波水位计测量水位换算流量的方式，测量精度有所折扣。

(2) 水工建筑物测流法

测验河段内有各种坝、闸、泵站等水工建筑物，且流量与有关水力因素之间存在稳定的函数关系的，可采用水工建筑物法。

水工建筑物测流方法，是利用河、渠、湖、库上已有的堰闸、涵洞、抽水站、水电站等各种水工建筑物，通过实测水头（水头差）、闸门开启高度等水力因素，经模型实验或者现场实验等率定分析或利用经验公式确定流量系数或效率系数，用水力学公式计算流量的一种测流方法。《水工建筑物测流规范》(SL 20—92)中对该方法各个步骤操作以及流量系数的确定、流量推算等有明确的技术要求。总的说来，该方法简便易行，可减少因量水设施产生的水头损失，获得资料连续完整，在边界条件不变的情况下，水工建筑物的水位流量关系一般是不变的，但是由于流量系数确定的经验性，测量精度不太高。

(3) 比降面积法

比降面积法是指通过实测或调查测验河段的水面比降、糙率和断面面积等水力要素，用水力学公式来推算流量。

一般用于高洪水位时期流速仪法和浮标法测流有困难时，抢测高洪，或洪水调查中估算洪峰流量。当水位涨落非常急剧，流速仪法或浮标法无法测到高水位流量过程的转折点；或水位变化太快，引起过水面积、流量变化太大，不能保证测得流量的精度。对于常年需要流量监测的一般河道站，通过试验分析，满足规定的要求，也可以与流速仪法互相间插使用。

比降面积法特点是经济简便，测得瞬时流量，用比降面积法推流，要求河段基本顺直、断面稳定、近岸边水流通畅，无明显回流区和阻水建筑物，河段内糙率有较好的规律。在《比降—面积法测流规范》(SD 174—1985)中，对适用范围有较详细的描述：在河床、岸壁比较稳定，水位流量关系为单一线或单纯受洪水涨落影响成绳套曲线，常年需要流量测验的站，经过5年以上且有30次以上各种洪水特性的资料分析，精度满足要求，则可与流速仪法间插使用或用流速仪法在各级水位上校测后使用。

比降面积法需要布设比降上、中、下三个断面，其中中断面尽可能与流速仪测流断面重合。断面形状沿程变化不明显。规范中对断面间距、测量次数、水位观测等进行了较为细致的要求。流量计算应根据河段实际出现的水流运动状态，采用恒定非均匀流或非恒定流公式来计算。

3.1.2.3 化学法

对于水量较小、断面不稳定、水流紊动较强的河段,可采用稀释法(又称示踪剂法、化学法)。

化学法优点是不需要测定断面、流速,因而野外工作量小,用时短。测验精度可能受到河流溶解质的影响。从水环境的角度来看,优先选择零污染的示踪剂。该方法适用于山区乱石壅塞、水流湍急的河道,或水电站管道流量测验等,不适合大江大河的流量测验。

(1) 一次性注入法

在短历时内一次将浓度 C_1、体积 V_1 的指示剂注入上游断面,当指示剂溶液到达取样断面后,测量指示剂浓度随时间的连续变化过程,以此推算流量。投入上游的指示剂质量 $M_1 = C_1 V_1$。不同时间在取样断面测得的指示剂浓度为 C_2,指示剂在取样断面出现到消失的总时间为 T,通过取样断面指示剂的全部质量 M 为:

$$M = Q \int_0^T (C_2 - C_0) \mathrm{d}t \tag{3.1-9}$$

由质量守恒定律,$M_1 = M$,推出 Q 为:

$$Q = \frac{C_1 V_1}{\int_0^T (C_2 - C_0) \mathrm{d}t} = \frac{C_1 V_1}{(\overline{C_2} - C_0) T} \tag{3.1-10}$$

式中:$\overline{C_2}$ 为指示剂在取样断面出现到消失过程中的平均浓度。

一次性注入法要求河段内水流有很高的紊流程度,才能让指示剂与水流充分混合,河床狭窄、弯道、峡谷等河段更适合该法。长江上游山区中省界河流测流可考虑该法。

(2) 连续注入法

已知测得取样断面天然状态下河流水样中指示剂浓度为 C_0。将浓度 C_1 的指示剂,以流量 q 在一定时段内等速注入上游断面,一定时间后,指示剂浓度在下游取样断面达到稳定,稳定时段 T_P 测得取样断面浓度 C_2。单位时间内,流入测验河段的指示剂数量为 P_1,流出测验河段的指示剂数量为 P_2,有:

$$\begin{cases} P_1 = qC_1 + QC_0 \\ P_2 = (q+Q)C_2 \end{cases} \tag{3.1-11}$$

根据质量守恒定律,$P_1 = P_2$,因此可得:

$$Q = \frac{C_1 - C_2}{C_2 - C_0} q \tag{3.1-12}$$

需要注意的是,连续注入法需要在整个过程中保持相等的注入浓度(图 3.1-1)。

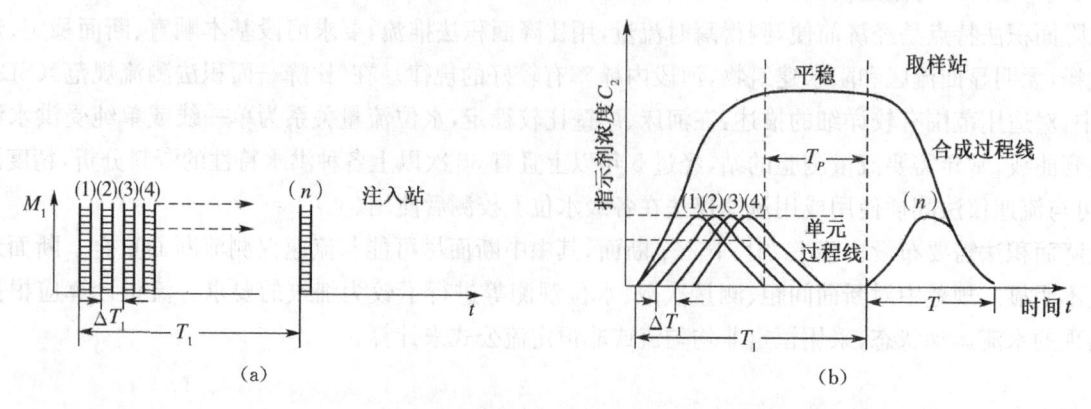

图 3.1-1 连续注入法注入站和取样站指示剂浓度随时间变化过程示意图

3.1.2.4 直接法

因水流而引起水位及河段蓄水量的变化,且测验河段的进出口可以控制的,可采用容积法。

直接测量过水断面水体容积或重量的方法,原理简单,精度较高,但是对大江大河流量测验来说不可操作,只适用于流量很小的山涧小沟、渠的测量。

3.1.3 长江上游山区河流常用流量监测方法

水文监测工作受地理条件、自然环境、测站特性等各种因素影响,没有共用的方案和设备。任意一个测站监测方案的制订以及设备配置、安装和比测实验研究,都需要联系实际、因地制宜,实施"一站一策",具体情况具体分析。

测验方式的选择上,测站应根据测验环境和自身特性去选用合适的流量测验方法,因地制宜,并且要满足规范要求的精度。

长江上游山区大江大河如金沙江、长江等,河道较宽,有采用吊船测验、机船测验等。长江上游山区水面较窄、流速较大的河流,尤其是中小河流,适用于水文缆道牵引流速测流的方法。悬索缆道在各站使用较多,便于实现自动化和半自动化。近年来,很多测站都开发了自动缆道测流系统,在非通航河流可以实现自动测流和远程控制,在提高工作效率、减少人力的同时,使得流量的测验和计算更加规范化。

在长江上游山区河流测站,浮标法应用较广,通常作为大洪水期测验或者常规流速仪、走航式 ADCP 等测法无法使用时的一种备用手段。

长江支流如嘉陵江、乌江等,因梯级水电站建设,部分河段在蓄水期水面较平静,且河宽不大时,可采用遥控船搭载 ADCP 进行走航式测验。上游山区因梯级水电站建设,很多水文站从原来的天然河道测验站点变为库区站、坝下站,其流量监测方法的选择往往因站制宜且有所创新:库区站当流速很小导致流速仪法测流精度受影响时,尝试采用 ADCP 测流;坝下站通过合理布置测次率定出库流量和断面流量关系,修正关系后进行推流。

长江上游山区抢测大洪水时,测站往往准备了多种监测手段,根据不同测验时机、测验环境条件等,选择合适的测验方式或多种方式组合,包括但不仅限于中泓/极坐标浮标法、流速仪简测法、走航式 ADCP 测流、雷达波测流、手持式电波流速仪法等。

从工作开展和管理模式上看,长江上游山区偏远地区的部分测站,防汛任务不大且测验项目单一,一般仅为水位和流量,且水位流量关系稳定的情况下,流量测验方式可采用巡测或间测的方式,全年流量测验次数不多。

随着各类新技术、新仪器在长江上游山区水文测验多点开花式应用的开展,针对长江上游山区流量监测加大了电波(雷达波)流速仪、超声波时差法等监测方式的投入。将电波流速仪应用到流量测验,是 ADCP 先进仪器设备的主要补充,可提升山区河流高沙时的监测能力,从部分测站比测结果来看,具有良好的应用价值和前景。其中,SVR 电波流速仪因其优势明显,在上游山区应用已有十来年,省界断面、中小河流等应用案例较多,尤其是在海拔高、气候恶劣、自然条件极差、河流水流条件复杂的地区,通过比测后,作为水文巡测的常规流量测验仪器。

3.2 流量测验方案

3.2.1 流速仪法测流方案

《河流流量测验规范》(GB 50179—2015)中规定,满足下列条件的,可采用流速仪法:

(1) 断面内大多数测点的流速不超过流速仪的测速范围;

(2) 垂线水深不应小于用一点法测速的必要水深;

(3) 在一次测流的起讫时间内,水位涨落差不应大于平均水深的10%,水深较小和涨落急剧的河流不应大于平均水深的20%;

(4) 流经测流断面的漂浮物不应影响流速仪的正常运转。

此外,规范对采用流速仪法进行流量测验进行了详细的要求和指导。水文站可根据测验河段条件和技术水平,选择适合本站特性的测验方法。

3.2.1.1 工作流程

一个相对完整的流速仪法测流方案,从工作流程上看,主要包括以下几个部分:

(1) 测流前的准备工作,包括确定测深垂线、测速垂线、测速历时,以及检查仪器设备等;

(2) 水道断面宽深测量;

(3) 施测测点流速(积点法)或垂线平均流速(积深法),若有要求,应同时测量流向;

(4) 观测基本水尺水位,若有辅助水尺或要求观测比降,应同时观测;

(5) 观测天气等附属项目以及测验断面附近水流情况;

(6) 计算实测流量,检查和分析流量测验数据和成果。

3.2.1.2 测深垂线、测速垂线

(1) 测深垂线

断面测深垂线的布设宜分布均匀,能控制断面形状变化,控制河床变化的转折点,且主槽部分比滩地密集。根据实际应用的总结,我国曾通过大断面测量时水下部分测深垂线数目与水面宽关系,确认窄深河道和宽浅河道分别的最少测深垂线数目。水道断面测深垂线与测速垂线一致,对河床不稳定的测站,可在测速垂线以外适当增加测深垂线。

一般情况下,断面测深垂线位置应经分析后予以固定。但当冲淤较大、河床断面显著变形时,及时调整、补充测深垂线,以减少断面测量误差。

(2) 测速垂线

根据流量测量要求的精度及断面形状来布设测速垂线,要求能控制断面地形和流速沿河宽分布的主要转折点。应大致均匀,且主槽较河滩密集。在测流断面内,大于总流量1%的独股分流、串沟应布设测速垂线。测速垂线的位置应尽可能固定,以便于测流成果的比较,了解断面冲淤变化和流速变化等。

当断面形状或流速横向分布随水位级不同而有较明显的变化规律时,可分高、中、低水位级分别布设测速垂线。

在一次流量测验中,水情较平稳时,测速垂线越多,流量越精确,但是所花费的时间就越多,本次测验测得的流量瞬时性就越差。这是一个矛盾所在。因此,在保证满足一定测验精度要求或测流历时最短的情况下,需要研究断面测速垂线数目、测点数目和历时等之间的最佳组合方案,这个过程就是测流方案的优化。我国相关标准在测流精简分析实验的基础上,采用非线性规划寻优方法和正交试验设计优选方法对测流方案进行优选来确定测流方案。本书3.6节对测流精简分析进行了详细的描述。

3.2.1.3 测速历时

测点测速历时较短,流速脉动引起的误差(Ⅰ型误差)较大;测速历时越长,实测的时均流速越接近真值,但一次测流中水位涨落太大,所测的流量会失去代表性,且耗时耗力。因此研究测速历时的长短,既要控制流速脉动对测速精度的影响,又不能历时过长。

长江上游山区测站进行过试验分析,江西、四川、广东等多个省份水文部门及长江委也进行过试验,得出关于流速脉动产生的相对误差与测速历时的关系,即随着测速历时减少,流速脉动产生的误差增大,且历时越短,误差的递增率越大;在不同水深处相同测速历时下,得到的误差各省份结果大致相同。

《河流流量测验规范》(GB 50179—2015)中,对因测点有限测速历时不足导致的Ⅰ型误差(流速脉动误

差)允许值有具体的规定。并且,测点测速历时的确定还要符合规定:

(1) 有条件进行精简分析的水文站,测点测速历时宜通过精简分析确定;没有条件的站和新布设的测流断面,不应短于 100 s。

(2) 采用较少垂线、测点,较短测速历时能达到精度要求,可缩短为 60 s。

(3) 河流暴涨暴落或水草、漂浮物、流冰严重,采用 60 s 的测速历时有困难时,可缩短为 30 s。

在长江上游山区实际应用中对于测速历时的要求多根据精简分析确定,或按照上述规定,包括但不仅限于:

(1) 抢测洪峰或流冰严重时,测速历时可缩短为 30 s 以上。

(2) 在不同的流量级施测 3 次多线五点法,测速历时不低于 60 s。

(3) 每年在不同的流量级施测 2 次多线五点法,测速历时不低于 60 s。

(4) 每年在 590.00 m 以上与常规测验间隔施测 3 次多线三点法,测速历时不低于 60 s。

(5) 每年与 ADCP 同步施测 2～3 次流速仪法,流速仪测法测速历时应不少于 60 s。

3.2.1.4　断面测量

1. 大断面测量

包括水下断面测量和岸上断面测量。其测量范围,岸上断面应测至历年最高洪水位的 0.5～1.0 m;漫滩较远的河流,可测至最高洪水边界;有堤防的河流应测至堤防背面河侧的地面上。

河床稳定的测站,且实测点偏离水位面积关系曲线在±3‰范围内,应在每年汛前或汛后施测一次大断面;河床不稳定的测站,应在每年汛前和汛后各施测一次大断面,并在当次大洪水后及时施测其过水断面部分。

关于大断面测量,在长江上游山区测站实际应用中,多采用以下要求,且符合《河流流量测验规范》(GB 50179—2015):测流断面,每年汛前、汛后各一次(断面稳定的,每年测一次);测深垂线应为常规测验方法垂线的二倍左右,应均匀分布并能控制河床变化的转折点;遇特大洪水河床发生明显变化应及时加测一次。

2. 水道断面测量布置

流量计算采用的断面成果分为实测断面和借用断面,对于河床稳定的测站,多采用借用相邻水道断面测量成果进行。

规范对水道断面测量的一般要求是,对河床稳定的测站,每年汛前、汛后应全面测深一次,汛期每次较大洪水后加测。在长江上游山区测站实际应用中,水道断面测量布置多采用以下方式:

(1) 枯水期每 2 个月、汛期每 1 个月全面测深 1 次,遇到较大洪水时适当增加测次。

(2) 每 1 个月至少施测 1 次,并应尽量在洪峰前或后布置,当河床冲淤变化较大时应增加垂线数目和断面测次。

(3) 部分站河道冲淤变化较大,按照枯季每月施测 1 次、汛期每月施测 2 次进行。

(4) 部分中小河流水文站在进行测量过程中实时同步测验水深,实际操作可行性较高,且耗时不长。

3. 断面测宽方法

断面测宽主要是确定断面上各个垂线的起点距,均以高水时的断面桩(一般为左岸桩)作为起算零点。规范对两岸断面桩之间的总距离测量误差等均有要求。

测得起点距的方法很多,有直接测距法、建筑物标志法、地面标志法、仪器交会法、计数器测距法。

(1) 直接测距法。用全站仪、激光测距仪、卫星定位系统等测距仪器直接测得各垂线起点距。

(2) 建筑物标志法。在渡河建筑物上设立标志,宜采用等间距的尺度标志。规范对最小间距的要求跟河宽大小有关系;并提出在每 5 m 整倍数处,应采用不同颜色的标志加以区别,若测深、测速垂线固定,可只在固定垂线处设置标志。第一个标志应正对断面起点桩,其读数为零,不能正对断面起点桩时,可调整至距断面起点桩整米数距离处,其读数为该处的起点距。

每年应在符合现场使用的条件下,采用经纬仪测角交会法检验 1～2 次起点距。当缆索伸缩或垂度改变时,原有标志应重新设置,或校正其起点距。

跨度和垂度不固定(升降式)的过河缆索,不宜在缆索上设置标志。

(3) 地面标志法。可采用辐射线法、方向线法、相似三角形交会法、河中浮筒式标志法、河滩上固定标志法(固定标志顶端应高出历年最高洪水位)等。

(4) 计数器测距法。使用计数器测距应对计数器进行率定,并与经纬仪测角交会法测得起点距比测检验,《河流流量测验规范》(GB 50179—2015)中对比测点数、误差等进行了要求;每次测量后要进行回零,误差超限需要改正。每年对计数器进行一次比测检验,当主索垂度调整,更换铅鱼、循环索、起重索、传感轮及信号装置时,应及时进行比测率定。

(5) 仪器交会法。有经纬仪测角的水平交会法和极坐标法、平板仪交会法和六分仪交会法等。每年应对测量标志进行检查,标志受损时应及时校正或重设。

4. 断面测深方法

从技术上来看,除了直接用工具测量,如测深杆、测深锤、缆道下放铅鱼测深外,其余主要利用声波传导进行测量,如单波束回声测深、多波束回声测深、机载激光测深等。根据从测量设施设备的不同分类,长江上游山区河流主要采用以下几种方式:测深杆测深法、测深锤测深法、缆道下放铅鱼测深法、超声波测深仪测深法。

随着新仪器新技术在水文测验中的应用,超声波测深仪在长江上游山区水文站的应用越来越多。仪器在正式使用时,需要和铅鱼测深或测站原有测深方式进行现场比测,比测点数不宜少于30个,并宜均匀分布于各级水位不同水深的垂线处,投产需要达到要求,包括比测的相对随机不确定度不超过2%,相对系统误差控制在±1%范围内。

超声波测深仪在使用前应进行现场校准,校准点不宜少于3个,并分布于不同水深处。在使用过程中,应进行定期比测,每年不宜少于2~3次。

当测深换能器离水面有一段距离时,应对测读或记录的水深作换能器入水深度的改正。当发射换能器与接收换能器之间有较大水平距离,使得超声波传播的距离与垂直距离之差超过垂直距离的2%时,应作斜距改正。

施测前应在流水处水深不小于1 m的深度上观测水温,并根据水温作声速校正。

当采用无数据处理功能的数字显示测深仪时,每次测深应连续读取5次以上读数,取其平均值。

3.2.1.5 测点流速测量

目前长江上游山区河流采用的流速仪均为转子式流速仪,采用转数、历时带入流速仪公式计算得到测点流速。

单个测点流速测量需要注意两点,一是流速仪测点定位即下放位置需满足规范要求,二是测速历时应满足规范中"流速仪单次流量测验允许误差"的要求。

采用选点法施测垂线平均流速时,流速测点分布的规定包括:一条垂线上相邻两测点的最小间距不宜小于流速仪旋桨或旋杯的直径;施测水面流速时,仪器的旋转部分不得露出水面;施测河底流速时,应将流速仪下放至0.9相对水深以下,并应使仪器旋转部分的边缘离开河底2~5 cm;施测冰底或冰花底时,应使仪器旋转部分的边缘离开冰底或冰花底5 cm。

测速垂线上的测点流速数目应符合上述规定以外,测点流速的位置分布见表3.2-1。相对水深指的是仪器入水深度与垂线水深的比值。

表3.2-1 垂线上测点流速位置分布

测点数	相对水深位置	
	畅流期	冰期
一点	0.6 或 0.5、0.0、0.2	0.5
二点	0.2、0.8	0.2、0.8

续表

测点数	相对水深位置	
	畅流期	冰期
三点	0.2、0.6、0.8	0.15、0.5、0.85
五点	0.0、0.2、0.6、0.8、1.0	—
六点	0.0、0.2、0.4、0.6、0.8、1.0	—
十一点	0.0、0.1、0.2、0.3、0.4、0.5、0.6、0.7、0.8、0.9、1.0	—

3.2.1.6 流向测量与计算

(1) 流向测量

流向是反映水流特征的重要因素,其一是水流的流动方向,其二是水流流动方向与测验断面之间夹角与90°之差,又叫流向偏角。分析与实践表明当流向偏角为10°时,导致的测速误差超过1.5%。当断面平均流向偏角超过10°时,应进行流向偏角测量,并对流量进行流向改正。或者测流断面不垂直于断面平均流向,并超出一定范围对所测流量进行的改正称为流向改正。

流向偏角测量,除潮流站外的其他测站可采用流向仪或系线浮标等,并应符合流量规范的相关要求。

缆道站或施测流向偏角有困难的测站,当通过资料分析,影响总流量不超过1%时,可不施测流向偏角,但每年应施测1~2次水流平面图进行检验。

在实际测验中,流向测验一般为逢5的倍数的年份在高、中、低水位级各施测1次,如遇水流发生明显变化时,应及时施测。

(2) 流向计算

根据每条垂线上测得各点流速、流向,分别绘出垂线的分布曲线 $v=f(d)$ 及 $\alpha=f(d)$,如图3.2-1所示。按水深分成几个等深的部分,在分布曲线上查出部分流速和流向方位角,则垂线平均流向按下式计算:

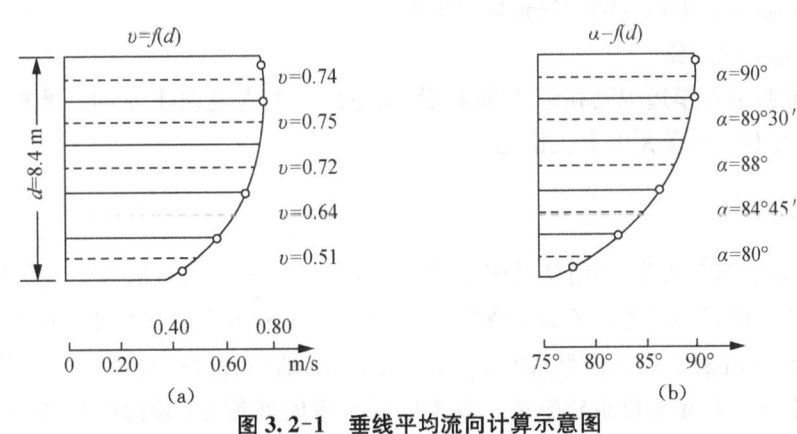

$$\tan \alpha = \frac{\sum v_i \sin \alpha_i}{\sum v_i \cos \alpha_i} \tag{3.2-1}$$

图 3.2-1 垂线平均流向计算示意图

在横断面上测定若干条垂线的流速、流向,然后用矢量叠加的方法求出断面平均流向。

由所测流速和部分面积(以两垂线间的中点为分界,得部分宽 b 及平均水深 d,两者乘积为部分面积)计算部分流量 $q_1,q_2,\cdots$,其方位由实测流向决定。断面平均流向可用矢量合成法推求,即以部分流量大小按比例作矢量的长度,流向方位角作为矢量的方向,逐个叠加,求矢量和。如图 3.2-2 所示。

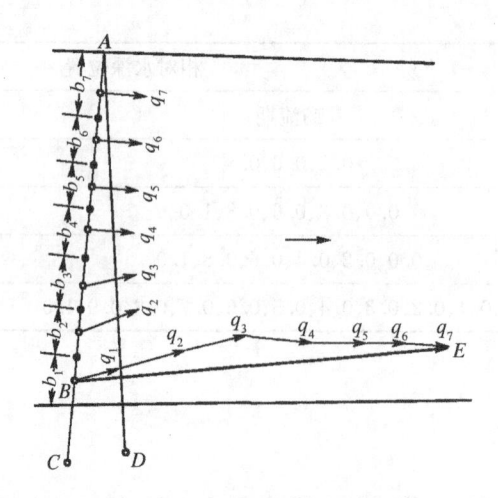

图 3.2-2 断面流向计算示意图

3.2.1.7 观测基本水尺水位及其他

（1）观测基本水尺水位

每次测流时，应观测或摘录基本水尺水位。当测流断面内另设辅助水尺时，应同时观测或摘录水位，并应符合相关规定：

当测流过程中水位变化平稳时，在测流开始和终了各观测或摘录水位一次；当测流过程中水位变化较大可能引起水道断面面积变化较大时，平均水深大于 1 m、断面面积变化超过 5%，或平均水深小于 1 m、断面面积变化超过 10% 的测站，应按能控制水位过程且满足相应水位计算的要求，增加观测或摘录水位的次数；当测流过程可能跨过水位过程线的峰顶或谷底时，应增加观测或摘录次数。

（2）观测比降

设有比降水尺的测站，应根据设站目的观测比降水尺水位；当测流过程中水位变化平稳时，可只在测流开始时观测一次水位；当测流过程中水位变化较大时，应在测流开始和终了各观测一次。

（3）观测风向风力

在每次测流的同时，应在岸边观测和记录风向风速（力）。

（4）观测其他特殊水流现象

在每次测流的同时，应在岸边观测和记录测验河段附近发生的支流顶托、回水、漫滩、河岸决口、冰坝壅水等影响测验精度和水位流量关系的有关情况。

3.2.1.8 流量计算及检查

实测流量计算的方法有分析法、图解法及流速等值线法等。图解法和流速等值线法只适用于多线多点法的测流资料；分析法适用于各种方法的测流资料，应用最广。一般情况下流量计算均采用分析法。

流量计算的分析法，就是以流量模型（图 3.2-3）概念为基础的有限差计算法。计算内容包括水道断面、垂线平均流速、部分平均流速和部分流量。算得的成果有断面流量、断面平均流速、断面面积和相应水位等。

1. 测点流速计算

采用转速和历时，按照流速仪公式进行计算。但是当实测流向偏角大于 10° 时，应作偏角改正，公式如下：

$$v_N = v\cos\theta \tag{3.2-2}$$

式中：v_N 为垂直于断面的测点流速（m/s）；v 为实测的测点流速（m/s）；θ 为流向与断面垂直线的夹角。

(a)垂直分块　　　　　　　　　　(b)水平分块

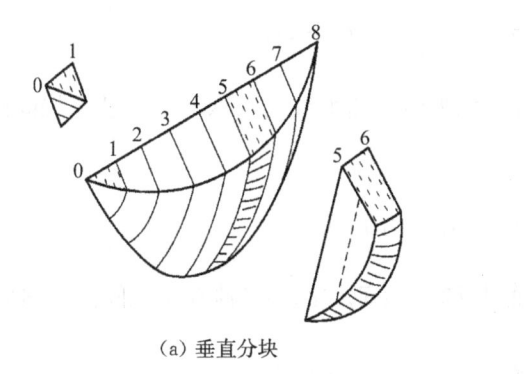

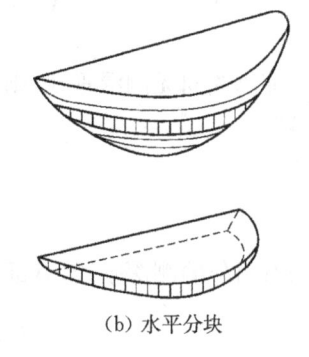

图 3.2-3　流量模型

2. 垂线平均流速计算

垂线平均流速就是流速垂线上从水面到河底流速的平均值。公式如下：

$$v_m = \frac{\int_0^H v\,dy}{H} \tag{3.2-3}$$

以流量模型概念为基础的有限差分形式为：

$$v_m = \left(\sum_{i=1}^n v_i \Delta y_i\right)/H \tag{3.2-4}$$

假设两点流速之间呈直线变化，垂线流速曲线包围面积则为若干个梯形面积之和。推导出五点法公式：

$$v_m = \frac{1}{H}\left(\frac{v_{0.0}+v_{0.2}}{2}\frac{2H}{10} + \frac{v_{0.2}+v_{0.6}}{2}\frac{4H}{10} + \frac{v_{0.6}+v_{0.8}}{2}\frac{2H}{10} + \frac{v_{0.8}+v_{1.0}}{2}\frac{2H}{10}\right) \tag{3.2-5}$$

整理后可得：

$$v_m = \frac{1}{10}(v_{0.0} + 3v_{0.2} + 3v_{0.6} + 2v_{0.8} + v_{1.0}) \tag{3.2-6}$$

同理可提出不同测点法的垂线平均流速计算公式，均为经验和半经验公式。

一点法：$v_m = v_{0.6}$。一点法也可以与 $v_{0.0}$、$v_{0.2}$、$v_{0.5}$ 建立关系，需采用多点法实测资料分析确定各自的流速系数。

两点法：$v_m = \frac{1}{2}(v_{0.0} + v_{0.8})$。

三点法：$v_m = \frac{1}{3}(v_{0.2} + v_{0.6} + v_{0.8})$ 或 $v_m = \frac{1}{4}(v_{0.2} + 2v_{0.6} + v_{0.8})$。

六点法：$v_m = \frac{1}{10}(v_{0.0} + 2v_{0.2} + 2v_{0.4} + 2v_{0.6} + 2v_{0.8} + v_{1.0})$。

十一点法：$v_m = \frac{1}{10}(0.5v_{0.0} + v_{0.1} + v_{0.2} + v_{0.3} + v_{0.4} + v_{0.5} + v_{0.6} + v_{0.7} + v_{0.8} + v_{0.9} + 0.5v_{1.0})$。

值得注意的是，长江上游山区部分测站存在回流情况，此时回流流速为负值，可采用图解法量算垂线平均流速，若个别垂线存在回流，可直接采用分析法计算垂线平均流速。

3. 部分面积计算

按组成部分的划分方式，分为平均分割法和中间分割法。长江上游山区测站部分面积计算，按照规范要求采用平均分割法。以测速垂线分界将过水断面划分为若干个"部分"，相邻垂线之间的间距为部分宽 b_i，乘以相邻垂线水深 d_i 的平均值得到部分面积 A_i。

如图 3.2-4 所示，靠近岸边的测深垂线间面积用三角形公式计算。

$$A_1 = \frac{1}{2} b_1 d_1 + \frac{1}{2} b_2 (d_1 + d_2) \tag{3.2-7}$$

若相邻的两测速垂线间无测深垂线,则部分面积为两测速垂线的水深和两测速垂线间距(部分宽)的乘积,用梯形公式计算。

$$A_i = \frac{1}{2} (d_j + d_{j+1}) b_j \tag{3.2-8}$$

若测速垂线间有另外的测深垂线,其部分面积应把测速垂线间的各测深垂线间面积累加起来。

$$A_2 = \frac{1}{2} b_3 (d_2 + d_3) + \frac{1}{2} b_4 (d_3 + d_4) \tag{3.2-9}$$

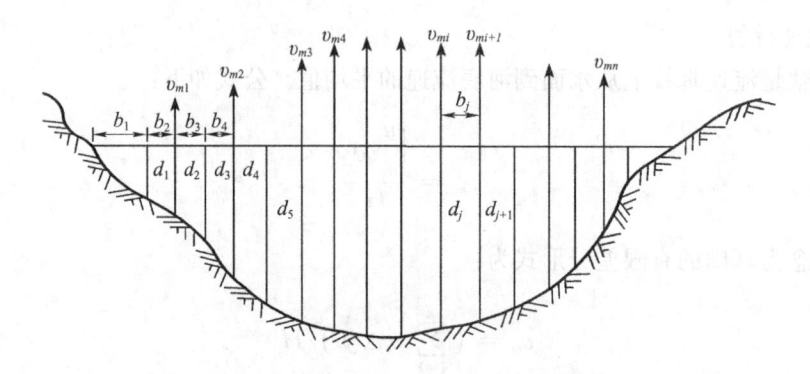

图 3.2-4　部分面积平均分割法计算示意图

4. 部分流速计算

相邻的两测速垂线间平均流速 $\overline{V}_{j+1}$ 计算,取两垂线平均流速 V_m 的平均值。

$$\overline{V}_{j+1} = \frac{1}{2} (V_{mj} + V_{mj+1}) \tag{3.2-10}$$

靠近岸边的测速垂线间平均流速计算为自岸边第一条垂线平均流速乘以岸边流速系数 α 计算。

$$\overline{V}_1 = \alpha V_{m1} \tag{3.2-11}$$

《河流流量测验规范》(GB 50179—2015)对岸边流速系数 α 取值有相应的规定,可根据岸边情况选用(经验值),也可根据试验资料确定。综合分析斜坡岸边流速系数 $\alpha = 0.67 \sim 0.75$,通常取 0.70。一般情况下,流速分布为抛物线,根据岸边光滑度和坡度的陡缓情况,$\alpha = 0.7 \sim 0.9$。

5. 部分流量、断面流量计算

第 j 部分流量 q_j (m^3/s):

$$q_j = \overline{V}_j A_j \tag{3.2-12}$$

断面流量 Q (m^3/s) 为断面上各部分流量 q_j 的代数和:

$$Q = \sum_{j=1}^{n} q_j \tag{3.2-13}$$

6. 断面面积及其他计算

断面面积 A (m^2) 为各部分面积 A_j 之和:

$$A = \sum_{j=1}^{n} A_j \tag{3.2-14}$$

断面平均流速 $\overline{V}$ (m/s):

$$\overline{V} = Q/A \tag{3.2-15}$$

断面平均水深 $\overline{H}$ (m)：

$$\overline{H} = A/B \tag{3.2-16}$$

7. 相应水位计算

在一次实测流量过程中，与该次实测流量值相等的某一瞬时流量所对应的水位，按不同的水位涨落情况和单宽流量的变化情况选取不同的计算方法(图 3.2-5)。

(1) 算术平均法。在测流过程中，当水位变化引起水道断面面积的变化为 5%～10%(平均水深大于 1 m)或 10%～20%(平均水深小于 1 m)时，一般取测流开始和终了两次水位的算术平均值；当测流过程跨越峰谷时，则应取多次实测(或摘录)水位的算术平均值作为相应水位 Z_m，即

$$Z_m = \frac{\sum_{i=1}^{n} Z_i}{n} \tag{3.2-17}$$

(2) $b'_m v_{mi}$ 加权法，即

$$Z_m = \frac{\sum_{i=1}^{n} b'_m v_{mi} Z_i}{\sum_{i=1}^{n} b'_m v_{mi}} \tag{3.2-18}$$

式中：b'_m 为测速垂线所代表的水面宽度(m)；v_{mi} 为第 i 条垂线的平均流速(m/s)。

(3) 部分流量 q_i (m³/s)加权法，即

$$Z_m = \frac{\sum q_i \overline{Z_i}}{\sum q_i} = \frac{\sum q_i \overline{Z_i}}{Q} \tag{3.2-19}$$

式中：$\overline{Z_i}$ 为该部分流量的两条测速垂线在测速时的水位平均值(m)。

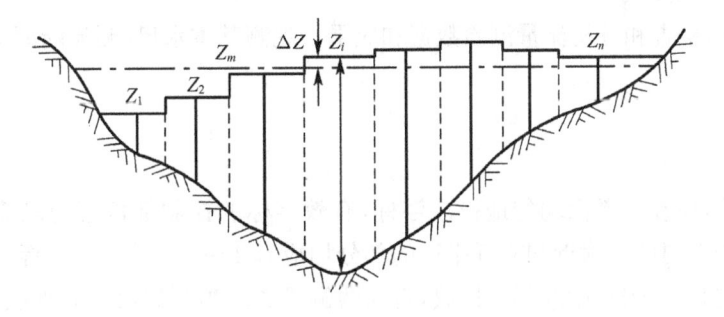

图 3.2-5 相应水位计算示意图

8. 流速仪法单次流量测验允许误差

单次流量测验的精度指标应根据资料用途或服务对象的要求来确定，采用流速仪法进行流量测验，应符合规范对于单次流量测验允许误差的规定。按照测站精度和不同水位级规定了系统误差，并从基本资料收集、水文分析计算、防汛和水资源管理四个大的方面规定了置信水平为 95% 的总随机不确定度。

3.2.2 浮标法测流方案

一般满足下列条件的，可采用浮标法：

(1) 流速仪测速困难或超出流速仪测速范围和条件的高流速、低流速和小水深等情况的流量测验；
(2) 垂线水深小于流速仪法中一点法测速的必要水深；

(3) 水位涨落急剧,使用流速仪测流的水位涨落差超过规范相关规定;

(4) 水面漂浮物太多,影响流速仪的正常旋转;

(5) 出现分洪、溃口洪水。

此外,规范对采用浮标法进行流量测验进行了详细的要求和指导。水文站可根据测验河段条件和技术水平,选择适合本站特性的测验方法。

根据浮标法测验方式分类,不同浮标法适用情况为:

(1) 均匀浮标法测流:在一次测流的起讫时间内,水位涨落差小于平均水深的10%(水深较小和涨落急剧的河流小于平均水深的20%)。

(2) 中泓浮标法测流:当洪水涨落急剧,洪峰历时短暂,不能用均匀浮标法测流时。

(3) 深水浮标法和浮杆法测流:适用于低流速的流量测验。测流河段应设在无水草生长、乱石突出,且河底较平整、纵向底坡较均匀的顺直河段。

(4) 小浮标法测流:适用于流速超出流速仪低速使用范围时的流量测验。当小水深仅发生在测流断面内部分区域时,可采用小浮标法和流速仪法联合测流。

(5) 浮标法和流速仪法联合测流:当测流断面内一部分断面不能用流速仪测速,另一部分断面能用流速仪测速时。

另外,从施测浮标位置的方法上看,极坐标测定浮标法作为长江上游山区部分水文站浮标法测流特色手段,具有一定优势。

3.2.2.1 工作流程

一个相对完整的流速仪法测流方案,从工作流程上看,主要包括以下几个部分:测定浮标流速、确定测流断面面积和选定浮标系数。

(1) 投放浮标,测定浮标流经上下断面的历时,确定浮标流速。

(2) 测定浮标在中断面上的位置。

(3) 观测每个浮标运行期间的其他项目,如风向、风力或其他异常。

(4) 施测浮标中断面的过水面积。

(5) 计算实测流量,检查和分析流量测验数据和成果。观测基本水尺、测流断面水尺水位。

3.2.2.2 断面浮标法

(1) 投放浮标

用均匀浮标法测流,应在全断面均匀地投放浮标,有效浮标的控制部位宜与测流方案中所确定的部位一致。在各个已确定的控制部位附近和靠近岸边的部分均应有1~2个浮标。浮标应自一岸顺次投放至另一岸。当水情变化急剧时,可先在中泓部分投放,再向两侧投放。当测流段内有独股水流时,应在每股水流投放有效浮标3~5个。

用中泓浮标法测流,应在中泓部位投放3~5个浮标。浮标位置邻近,运行正常,最长和最短运行历时之差不超过最短历时10%的浮标应有2~3个。

(2) 浮标运行历时与浮标位置测定

计时人员应在收到浮标到达上、下断面线的讯号时,及时开启和关闭秒表,正确读记浮标的运行历时,时间读数精确至0.1 s;当运行历时大于100 s时,可精确至1 s。

测定浮标位置是指测定浮标流经中断面时的起点距。

仪器交会人员应在收到浮标到达中断面线的讯号时,正确测定浮标的位置,记录浮标的序号和测量的角度,计算出相应的起点距。浮标位置的观测应采用经纬仪或平板仪测角交会法测定,并应在每次测流交会最后一个浮标以后,将仪器照准原后视点校核一次,当判定仪器位置未发生变动时,方可结束测量工作。

(3) 测定浮标流速

浮标测流一般需要设置上、中、下三个断面。从上浮标断面上游一定距离开始投放浮标。上断面工作人员监视浮标，当浮标通过上断面时，通知中断面人员开始计时。中断面工作人员监视浮标，当浮标通过中断面时，通知仪器组测定浮标通过中断面的位置。下断面工作人员监视浮标，当浮标通过下断面时，通知中断面人员结束计时。由此计算出浮标通过上下断面之间距离 L 需要的时间 T_i，如图 3.2-6 所示。因此，该个浮标 i 在中断面的测点速度 V_{fi} 为：

$$V_{fi} = L/T_i \tag{3.2-20}$$

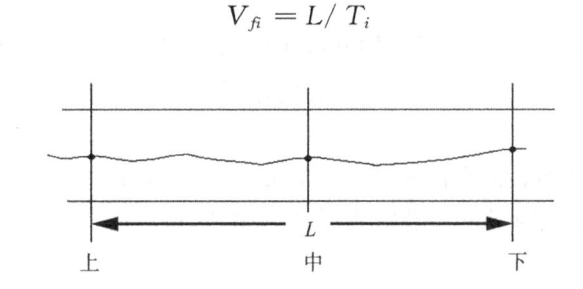

图 3.2-6 浮标路径与断面关系示意图

3.2.2.3 极坐标浮标法

1. 与断面浮标法异同

极坐标浮标法浮标系数、断面布置、运行历时、精度要求均与断面浮标法一致。与断面浮标法不同的是，极坐标浮标法不需要设置上下浮标断面，浮标运行行程是用观测值计算出来的，每次均不一样。

2. 浮标运行历时与浮标位置测定

浮标可以选定天然浮标或人工投放浮标。

仪器交会人员必须在浮标经过断面上下预定位置时及时发出讯号，观读浮标所处位置的立角和平角。计时人员应及时开启和关闭秒表，正确读记浮标的运行历时，时间读数精确至 0.1 s；当运行历时大于 100 s 时，可精确至 1.0 s。

极坐标基点是建设全站仪的仪器点，也是计算的原点。两岸地势较高时，可选择某一地势较高处设置地面式高程基点；两岸高程较低时，可利用房顶等固定建筑平台设立平台高程基点。极坐标点要求在最高洪水位观测断面上下每一浮标时，视线俯角大于或等于 4°。极坐标点宜设为固定高程点，并测出平面坐标和高程。

在长江上游山区测站进行流量监测时，极坐标基点一般布设在离浮标中断面不远的上下游较高房顶或山坡上。

3. 测定浮标流速

(1) 在河流上游区域初步选定浮标，仪器跟踪浮标；

(2) 浮标在上游进入预设观测位置时，测记浮标位置（观读或记录平角、立角），同时启动停止表，开始计时；

(3) 仪器跟踪浮标，如需要记录浮标中断面位置，在中断面则应观读平角；

(4) 浮标在下游进入预设观测位置时，测记浮标位置（观读或记录平角、立角），同时停止停止表，停止计时；

(5) 根据浮标上下位置立角与平角、仪器视线高及水位差，计算出浮标上下位置的坐标和浮标垂直断面的行程，行程除以历时，得到浮标流速。

(6) 反复测量，得到多个浮标流速。剔除误差超限的浮标，计算流量。

3.2.2.4 确定浮标断面面积

(1) 采用水面浮标法测流时，宜同时施测水道断面。

(2) 断面稳定的测站,可直接借用邻近测次的实测断面。
(3) 断面冲淤变化较大的测站,可抢测冲淤变化较大部分的几条垂线水深,结合已有的实测断面资料,分析确定。

长江上游山区测站一般在高洪测验洪水来临前实测浮标中断面,施测到可能最高洪水位以上。

3.2.2.5 观测基本水尺水位及其他

(1) 观测基本水尺水位

基本水尺、测流断面水尺水位可在测流开始和终了时各观测一次。当测流过程可能跨越峰顶或峰谷时,应在峰顶或峰谷加测水位一次,并应按均匀分布原则适当增加测次,控制洪水的变化过程。

(2) 观测比降

设有比降水尺的测站,应根据设站目的观测比降水尺水位;当测流过程中水位变化平稳时,可只在测流开始时观测一次水位,当测流过程中水位变化较大时,应在测流开始和终了各观测一次。

(3) 观测风向风力

风向、风力的观测应在每个浮标的运行期间进行。当风向、风力变化较小时,可测记其平均值;当变化较大时,应测记其变化范围。

(4) 观测其他特殊水流现象

对天气现象、漂浮物、风浪、流向、死水区域及测验河段,上、下游附近的漫滩、分流、商岸决口、冰坝蕴塞、支流、洪水情况均应进行观察和记录。

3.2.2.6 浮标流量计算及检查

1. 均匀浮标法实测流量的计算

(1) 计算每个有效浮标的流速 V_{fi}(虚流速)。

$$V_{fi} = L/T_i \tag{3.2-21}$$

(2) 计算浮标点位的起点距。

(3) 根据实测断面资料或借用断面资料绘断面图。在水面线的下方,以纵坐标为水深,横坐标为起点距,绘制横断面图。

(4) 绘制浮标流速横向分布曲线(图 3.2-7)。

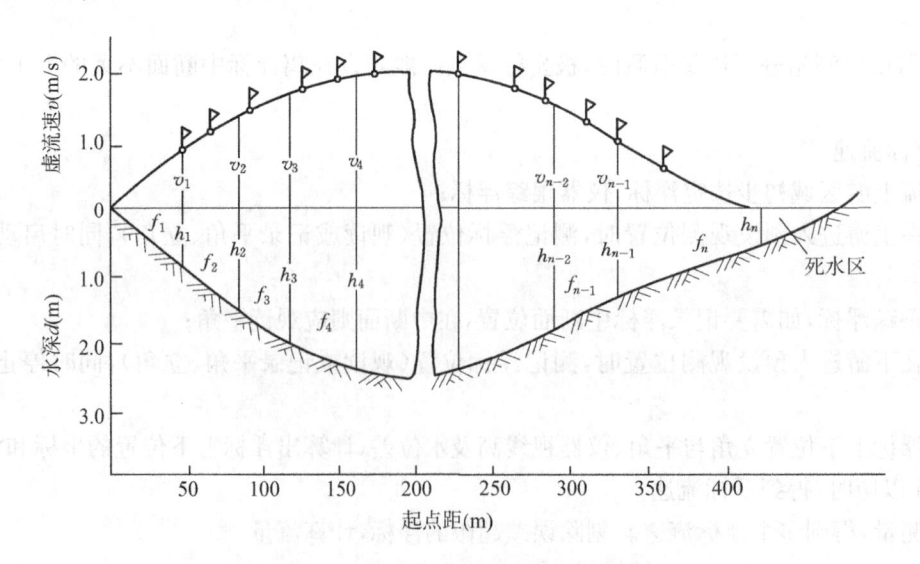

图 3.2-7 浮标测流图解分析法计算流量示意图

在水面线的上方,以纵坐标为浮标流速,横坐标为起点距,点绘每个浮标的点位。对个别突出点应查明原因,属于测验错误则予舍弃,并加注明。当测流期间风向、风力变化不大时,可通过点群重心勾绘一条浮标流速横向分布曲线。当测流期间风向、风力变化较大时,应适当照顾到各个浮标的点位勾绘分布曲线。勾绘分布曲线时,应以水边或死水边界作起点和终点。

(5) 根据各测深垂线位置,在浮标流速横向分布曲线上,查得各测深垂线相应的浮标虚流速。

(6) 以各测深垂线的水深、起点距和相应的虚流速来计算部分面积、部分平均流速和部分流量。算法同于流速仪法测流。

(7) 各部分流量之和为全断面虚流量 Q_f,乘以选定的浮标系数 K_f 即为断面流量 Q,即

$$Q = K_f Q_f \tag{3.2-22}$$

2. 中泓浮标法、漂浮物浮标法实测流量的计算

采用中泓浮标法应按下式计算实测流量:

$$Q = K_{mf} A_m V_{mf} \tag{3.2-23}$$

式中:V_{mf} 为中泓浮标流速的算术平均值。

采用漂浮物浮标法应按下式计算实测流量:

$$Q = K_{ff} A_m \overline{V}_{ff} \tag{3.2-24}$$

式中:K_{ff} 为漂浮物浮标系数;$\overline{V}_{ff}$ 为漂浮物浮标流速的算术平均值。

3. 浮标系数

浮标系数是决定浮标法测流精度的重要因素之一。影响浮标系数的因素很多,有风向、风力、浮标的型式及材料、浮标入水深度、流速分布情况、断面形状和河床糙率等。因此,必须综合考虑河流水力条件、天气状况及浮标类型等因素,选择确定浮标系数。

4. 均匀浮标法单次流量测验允许误差

对断面比较稳定和采用试验浮标系数的测站,均匀浮标法单次流量测验的允许误差应符合规范对于单次流量测验允许误差的规定。按照不同测站精度,规范规定了总不确定数和系统不确定度的误差指标。

3.2.2.7 极坐标浮标法的应用

本节以武胜水文站为例,说明极坐标浮标法的应用。

武胜水文站建于 1940 年 5 月,为嘉陵江中下游干流控制站。在满足安全条件下,武胜站结合实际情况采用不同流量测验方案。

第一方案:采用岸缆铅鱼悬挂流速仪,使用微机测流系统。

第二方案:极坐标浮标法。岸缆设备障碍或使用达不到安全条件如超标洪水超出缆道测流能力时,或因漂浮物过多、夜间涨水无法采用缆道测流等,结合现场水流特性可采用极坐标浮标法,如图 3.2-8 所示。

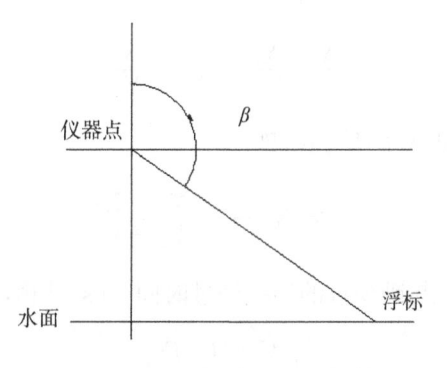

图 3.2-8 武胜站极坐标浮标法图示(立面)

如图 3.2-9 所示，极坐标浮标法仅需要浮标中断面，武胜站设在测流断面上，满足规范要求。仪器点设置于武极 1，起点距为 M，其中 M=0.0 m（该站位于基断点上），即武极 1 为坐标 O 点(0,0)。仪器后视点位于右岸武校 3，后视角 0°0′0″。

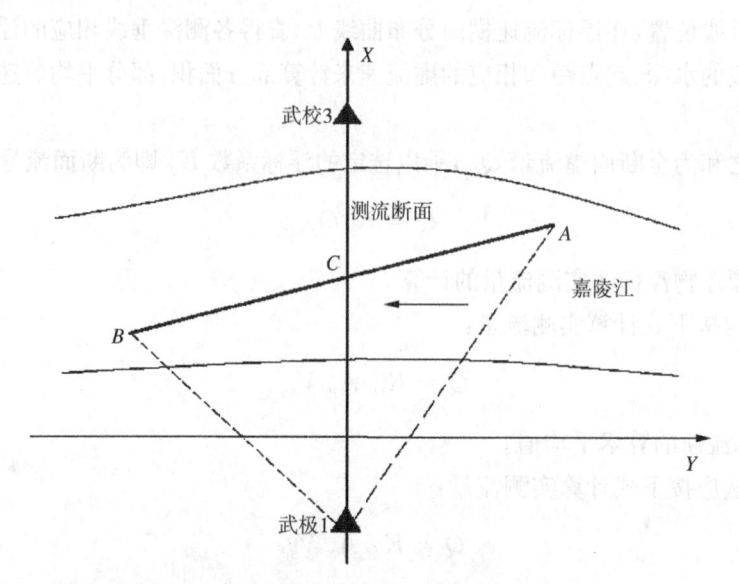

图 3.2-9 武胜站极坐标浮标法图示（平面）

从立面图可知，水面与仪器点高差 H(m)为：

$$H = G + h - Z \tag{3.2-25}$$

式中：G 为武极 1，高程为 259.728 m；h 为仪高；Z 为测时水位。

浮标从上游顺流而下，流至断面上下预定位置时（平面图 A、B 点），观读水平角和立角，分别为 $A(\alpha_1,\beta_1)$，$B(\alpha_2,\beta_2)$，坐标分别为 $A(X_1,Y_1)$，$B(X_2,Y_2)$。其中，$\alpha_1 < 90°$，$\alpha_2 > 270°$。

$$OA = H\tan(180-\beta_1) = (G+h-Z)\tan(180-\beta_1)$$
$$OB = H\tan(180-\beta_2) = (G+h-Z)\tan(180-\beta_2)$$

α_1,α_2 决定 X,Y 的下列公式，计算过程如下：

$$X_1 = OA\cos\alpha_1, \quad Y_1 = OA\sin\alpha_1$$
$$X_2 = OB\cos(360-\alpha_2), \quad Y_2 = -OB\sin(360-\alpha_2)$$

浮标经过的距离 L(m)为：

$$L = |Y_1| + |Y_2| \tag{3.2-26}$$

起点距 X(m)计算公式根据两点 A、B 求得：

$$\frac{X-X_1}{Y-Y_1} = \frac{X_2-X_1}{Y_2-Y_1} \tag{3.2-27}$$

如图 3.2-9 所示，将 $C(X,0)$ 代入上述公式，即

$$X = X_1 - Y_1\frac{X_2-X_1}{Y_2-Y_1} \tag{3.2-28}$$

浮标流速 V(m/s)根据测得 A 点到 B 点的浮标经过时间 T(s)计算，得到：

$$V = L/T \tag{3.2-29}$$

本站浮标系数根据分析确定，每年高水不同水位级采用缆道流速仪或走航式 ADCP 同步施测 5 次以

上,以分析确定不同水位级的浮标系数。

3.2.2.8 混合浮标法测流应用

混合浮标法,顾名思义,就是把断面浮标法与极坐标浮标法相结合,在一些特殊情况下,无法完整测得浮标从浮标上断面到下断面的路径时采用。

巴塘白格堰塞湖期间涨水面采用的是极坐标与断面法相结合的浮标法测流。主要原因是夜晚施测不发光的物体,需要灯光和仪器视线同时照射同一物体,两人之间很难配合。因此,采用仪器架设在断面线上,仪器人员发现上游浮标,观读上浮标立角、平角并同时开始计时,用强光电筒锁定浮标并伴随浮标移动光线,在浮标到达断面时停止计时的测验方法。

3.3 现场快速测流

3.3.1 走航式 ADCP 测流

用 ADCP 进行河流流量测验是近十几年才发展和应用的新的流量测验方法。目前,山区河流运用 ADCP 进行河流流量测验的测站在逐年增加,说明 ADCP 测流逐步成为一种常规的测流手段。

3.3.1.1 基本原理与适用条件

1. 基本原理

ADCP 是一种利用声学多普勒原理测量水流速度的仪器。走航式 ADCP 仪器是一个整体,主体是四个(或三个)换能器,换能器与 ADCP 轴线成一定夹角,每个换能器既可发射又可接收声波。换能器发射的声波能量尽可能集中于较窄的范围内,称为声束。水体中的散射体(如浮游生物、气泡等)随水体而流动,与水体融为一体,其速度即代表水流速度。当 ADCP 向水体中发射声波脉冲信号时,这些声波脉冲信号碰到散射体后产生反射,产生回波信号由 ADCP 进行接收和处理。通过测量射声波与散射回波频率之间存在的多普勒频移,就能解算出 ADCP 和散射体的相对速度。

具体来说,走航式 ADCP 每个换能器轴线即为一个声束坐标,每个换能器测量的流速是水流沿声束坐标方向的速度。任意三个换能器轴线组成一组相互独立的空间坐标系。另外,ADCP 自身定义有一直角坐标系 XYZ,利用声束坐标与 XYZ 坐标之间的转换关系,将声束坐标系测得的流速,转换成 XYZ 坐标系下的三维流速;再利用罗盘和倾斜计提供的方向和倾斜数据,将 XYZ 坐标下的流速,转换成地球坐标系下的流速。走航式 ADCP 测出的流速(称为"水跟踪")是水流相对于 ADCP 的速度。当 ADCP 安装在船上,测出的相对速度应扣除船速后才得到水流的绝对速度。

2. 适用范围

走航式 ADCP 适用于天然河流、湖泊、水库、人工河渠、受潮汐影响或水工程调节影响河段的水文测验、调查及其资料分析整理、整编等。在长江上游山区测验中,走航式 ADCP 广泛应用于大江大河、中小河流和水库,其流速测验范围广,在高洪测验和水库"静水"中都有应用,对水深的要求也不多,在深水水库和浅水中也都有应用。

3. 流量测验特点

从流量测验的原理上看,走航式 ADCP 测流与流速仪法测流相同,均为流速面积法。将测流断面分成若干个测流单元,分别施测面积和流速,得到平均流速和流量,各部分流量累加得到整个断面的流量。流量计算方法亦是如此。

然而与传统的流速仪法相比,走航式 ADCP 有如下不同:

(1) 流速仪法是静态方法,将流速仪下放到具体某个测点测验,走航式 ADCP 是动态方法,即 ADCP 是在测船运动过程中进行测验的。

(2) 走航式 ADCP 施测效率很高,可将各个测流单元分得很细,其垂线、测点数之多是流速仪法测流无法相比的。也就是说,在测验过程中,一台 ADCP 相当于若干台传统的流速仪同时施测。

(3) 流速仪测流方法要求测流断面垂直于流速,走航式 ADCP 则无此要求。测船航迹可以是斜线或曲线。

4. 走航式 ADCP 施测流量的方法

(1) 相对流速由"水跟踪"测出。

走航式 ADCP 测出的流速(称为"水跟踪")是水流相对于 ADCP 的速度。当 ADCP 安装在船上,测出的相对速度应扣除船速后才得到水流的绝对速度,即

$$真水流断面速度＝实测的水流断面速度－底跟踪速度$$

(2) 船速由"底跟踪"或 GPS 算出。

确定船速的方法有两种:一种方法称为"底跟踪",它是指 ADCP 通过接收和处理来自河底的回波信号,跟踪河底对船体的相对运动。"底跟踪"所测量的速度就是船速。另一种方法是利用全球定位仪(GPS)测量船速。即由航迹上任意两点的 GPS 坐标值得到两点间的位移,再除以时间步长得出船速。

(3) 水深由河底回波强度测出(类似于回声测深仪)。

(4) 测船航行轨迹由船速和计时数据算出,或由 GPS 测出。

必须指出的是,走航式 ADCP 在进行断面流量测验过程中存在盲区,如图 3.3-1 所示,在走航式 ADCP 实测区外围存在的四个边缘区域内,ADCP 不能提供有效测量数据。第一个区域靠近水面(表层),其厚度大约为 ADCP 换能器入水深度、ADCP 盲区以及单元尺寸一半之和。第二个区域靠近河底,称为"旁瓣区"(河底对声束的干扰区),其厚度取决于 ADCP 声束角(即换能器与 ADCP 轴线的夹角)。例如,对于声束角为 20°的 ADCP,此区厚度大约是水深厚度的 6%。第三和第四个区域为靠近两侧河岸的区域。因其水深较浅,测船不能靠近或者 ADCP 不能保证在垂线上至少有两个有效测量单元。以上四个区域通称为非实测区,其流速和流量需通过实测区数据外延来估算。

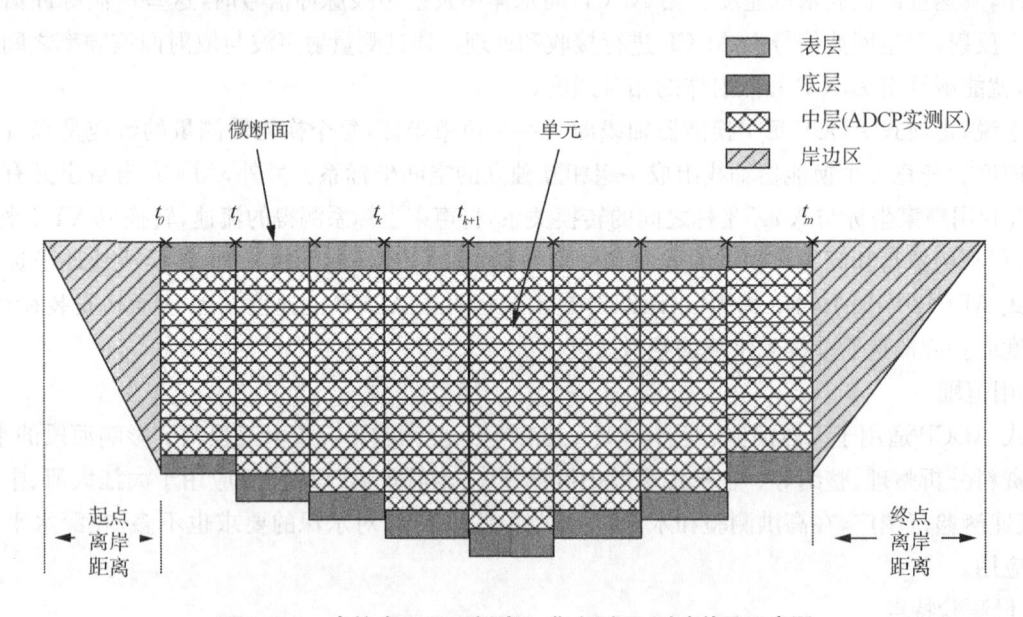

图 3.3-1 走航式 ADCP 实测区、非实测区、测验单元示意图

3.3.1.2 工作流程

1. 设备组成

走航式 ADCP 为集成式仪器,主体是四声束(三声束)换能器,还有电子部件、磁通门罗盘、倾斜计、温度传感器、底跟踪固件等,外接接口包括连接定位系统的接口和数据通信接口。走航式 ADCP 流量测验工作

还需要配搭专用软件的计算机设备、电源和通信电台等。现阶段出现的微型走航式 ADCP 可直接用蓝牙无线通信与岸上计算机设备进行连接。

2. 设备选型

选择声学多普勒流速仪时要考虑断面水深及泥沙含量等水文特性。当水体中泥沙含量导致施测不到深度时,可选择频率更低的走航式 ADCP,其穿透性更强。

走航式 ADCP 易受到外界环境中磁场干扰、仪器判断"动底"发生的影响。可根据用户的要求来配备外置 GNSS、罗经及测深仪等传感器设备。若无"动底"现象,当受外界环境影响内部磁罗经不正常时,需配备不受外界环境影响的外置罗经,如电罗经或卫星罗经。若存在"动底"现象,分两种情况:若只需要流量成果,不需要流速、流向数据,罗经正常时不需要配备外置传感器;否则需要配备高精度 GNSS。

3. 工作流程

(1) 准备工作

准备 ADCP 和测船,并根据测站水文特性,准备必要的外接设备如外部罗经、回声测深仪、GNSS 等。

声学多普勒流速仪安装使用前应进行预检,包括仪器是否有污损变形等,供电系统输出的交流电压、直流电压是否符合仪器标称要求;使用外部设备时应检查相应设备运转情况是否正常,应对使用的电缆和插接件进行清点,应备有足够的备件。

(2) 现场操作

① 安装声学多普勒流速仪并检查所有电缆电路的连接。

② 按需安装外接设备并检查连接。

③ 测前对声学多普勒流速仪进行自检并记录自检结果。对使用的罗经(外部罗经或内部罗经)进行校验。

④ 测流软件参数设置及初始化。每次测验前根据现场条件设置仪器参数,包括深度单元尺寸和深度单元数、脉冲采样数、工作模式、盲区、换能器入水深度、修正声速的盐度值等。启动 ADCP 软件,根据测量向导完成各项参数设置。

⑤ 使用声学多普勒流速仪测验记载表记录断面位置、测量日期、设备配置文件和测量软件版本等基本信息。

⑥ 开始测验,测船从断面下游驶入断面接近起点位置,横渡速度宜接近或略小于水流速度,沿断面保持正常速度直至终点,船在岸边起点、终点位置时分别收集 10 组左右的数据。

⑦ 每半测回测量均应记录航次、横渡方向、左右水边距离、原始数据文件名等信息。

⑧ 对岸边流量的估算选用岸边流速系数,可通过比测确定或根据断面形状按照规范确定。

⑨ 正常情况下,流量相对稳定时应进行两个测回断面流量测量,取均值作为实测流量值。

⑩ 数据回放检查。

(3) 数据检查与质量分析

对测流过程和原始数据进行检查,并对所测流量进行误差分析。

3.3.1.3 关键技术

1. 跟踪模式选择

(1) 跟踪模式技术要求

在 ADCP 测流系统中施测船速的方式有 BTM、GGA 和 VTG 模式,BTM 是 ADCP 系统本身固有的确定船速的方式,GGA 和 VTG 模式是利用 GNSS 的定位和测速数据来计算船速。

BTM 模式(底跟踪)由河底回波测量河底相对于 ADCP 的运动,通过河底回波多普勒频移来计算船速。如果河底无"动底"时,底跟踪测得的速度即为测船的速度。BTM 模式在 ADCP 测流系统中是精度最高的测量船速方式,因为它是一个连续不间断过程。有"动底"时,施测的船速不准,需要外接 GNSS。

GGA 模式通过 ADCP 施测数据块开始和结束时间的两点位置,计算两点间的直线距离与时间的比值作为施测船速。因此在实际测量中,选择 GGA 模式时,测船航迹应尽量采取直线方式。GNSS 每秒向外传送定位数据的次数(刷新率)的高低也影响定位精度,一般来说,刷新率越高,定位精度越高。另外,GNSS 自身的精度会直接影响流速、流向的准确性,精度高的 GNSS 准确性相对更高。

VTG 模式是一种地面速度信息,该格式存在于 ADCP 自带的 GPS 罗经。蒋建平等研究采取设备调整、安装等方面的改进措施,并通过大通水文站的试验分析,表明在不外接 GNSS 的情况下,施测"动底"情况下断面流量测验的精度满足要求。长江上游山区水文站由于信号不稳定或无法接收等,可选择架设基准台给 GPS 罗经发送差分信号,或采取传输距离更长的 GPRS 方式,但需要在 GPS 罗经上增加 GPRS 数据链模块。

长江上游山区河流汛前流速较大时,可能导致"动底"现象存在,即走航式 ADCP 测定的"底"是随河底床面上的泥沙运动的。受此影响,BTM 方式测得的船速相对于河底的速度严重失真,在流量较大时其现象更明显,主要表现为 BTM 施测的流量偏小。

因此在选择跟踪模式时,要进行"动底"检测,测船抛锚固定在一位置等待一段时间,可以在 BTM 模式下看到测船在往上游方向前进。

(2) 寸滩水文站动底检测与模式选择

寸滩水文站在进行动底检测时,选取了测流断面上 3~5 条固定垂线,将船通过吊船缆道并结合 GPS 定位固定在选定的垂线上,通过 ADCP 测得的"船速"即为底沙运动速度。

在不同水位级(流量级)进行了多次底沙运动速度测验,与测得流速进行比较,其平均相对误差小于 5%,相对标准差小于 3%。试验结果表明,寸滩站常年底沙运动较小,即使是流量达到 50 000 m^3/s,流速达到 3.5 m/s 以上,底沙运动造成的船速误差也只有平均不到 0.3 m/s,对流量测量不会造成大的误差,因此寸滩站流量测验在流量、流速较小时采用精度更高的 BTM 方式,同时外接 GPS 和罗经,测得 GGA 模式的流量资料可做比较使用。在后续多次 ADCP 流量比测中,将 GGA 和 BTM 两种模式的各项数据进行比较,包括流量、断面面积、平均流速、流向,相对误差都很小(小于 1%)。

2. 高含沙量对 ADCP 流量测验的影响

高含沙量的水体增强了对声波的吸收和反射。在离换能器较近区域,回波强度增大,而离换能器较远区域,回波强度衰减很快至本底噪声,从而使 ADCP 剖面深度(范围)减小。ADCP 技术指标规定的最大剖面深度是水体含沙量较低情况下的深度。但需要指出的是,在较大含沙量水体中相对流速测量仍然有效,精度不受影响。

高含沙量的影响程度与 ADCP 系统频率有很大关系。系统频率越高,声波穿透能力越差,对含沙量越敏感。系统频率越低,声波穿透能力越强。

在高流速、高含沙量的情况下,ADCP 不能正常收集数据,甚至不能采集到返回的数据。当 ADCP 的底跟踪失效时 ADCP 无法施测到河底,原因主要是水中含沙量较大,超声波能量因衰减无法探测到底。采用外接测深仪后,虽然可以测得水深,但 ADCP 施测的相应水层流速、流向还是无法测得。寸滩站汛期某测次坐标流速剖面图如图 3.3-2 所示。

当然,在断面上 ADCP 的底跟踪失效无法施测到底时,也可以选用频率较低的 ADCP 施测。

3. 深度单元尺寸的选择

受深度单元尺寸影响的参数有流速测量垂向分辨率、剖面深度、实测区范围和流速测量精度等。

单元尺寸越小,流速测量垂向分辨率越高(即垂线上数据点多),但流速测量精度越低,并且采用小尺寸单元会使剖面深度降低。因此,当水深较深时,应采用较大单元尺寸。对于水深较浅的河流,应尽量采用较小的单元,以增大实测范围。因为第一个数据点的位置与单元尺寸呈线性关系,单元越大,表层非实测区厚度越大。另外,底层非实测区至少也要去掉一个单元,单元尺寸越大,底层非实测区厚度越大。

4. 非实测区插补方案及适应性分析

ADCP 流量主要由边部盲区、底部盲区、顶部盲区、中间实测区组成,其中边部盲区、底部盲区、顶部盲区需进行插补。边部盲区涉及边部流速形状系数的选取;底部盲区、顶部盲区涉及流速分布幂函数指数的选取。

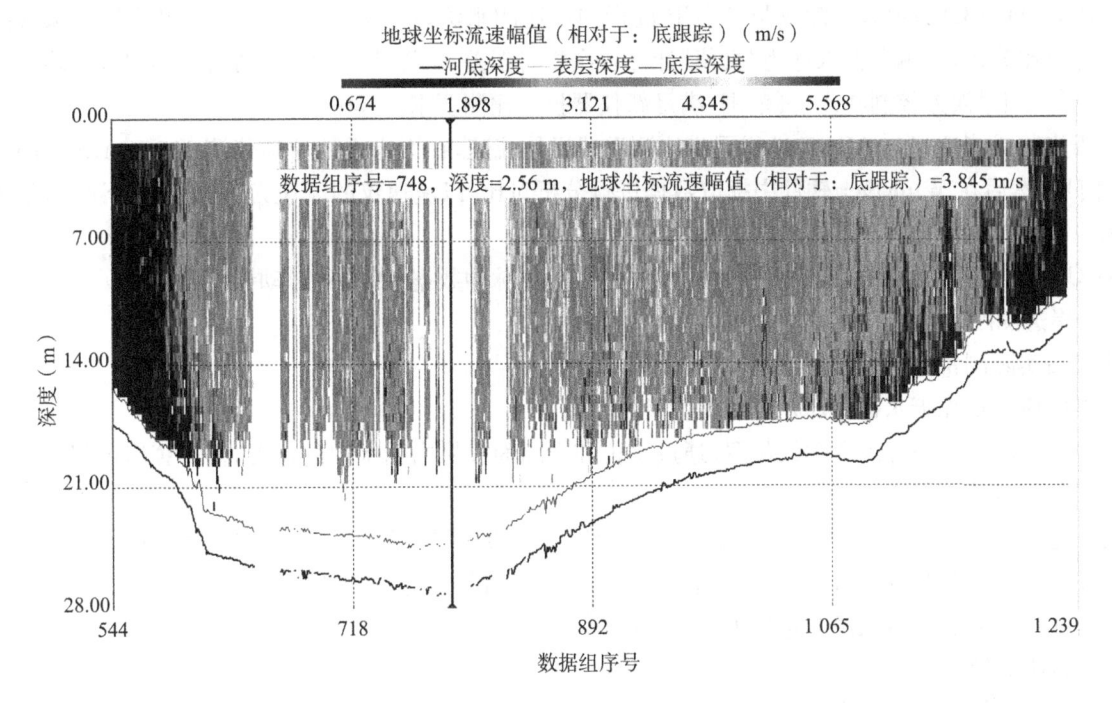

图 3.3-2 寸滩站某次走航式 ADCP 测验坐标流速剖面图

(1) 顶部、底部流量插补

在 WinRiver 软件中,顶部插补模型有常数法、幂指函数法、三点斜率,底部插补模型有常数法、幂指函数法、无平滑,软件默认的顶部及底部插补模型均为幂指函数法,公式为:

$$u_\eta = u_{\max} \eta^b, \quad \eta = h/H \tag{3.3-1}$$

式中:u_η 为某相对水深处 η 的测点流速;$u_{\max}$ 为垂线上最大测点流速(一般为垂线水面点流速代替),水深由河底起算;h 为测点离河底距离;H 为水深;b 为幂函数指数。

变形后可计算 b 值:

$$b = \frac{\lg u_\eta - \lg u_{\max}}{\lg \eta} \tag{3.3-2}$$

此次选取了寸滩站较有代表性的 2009 年 3 次(高、中、低)流量精测法中 3 条垂线(起点距分别为 0、106、277 m)的流速资料计算了 b 值,起点距为 0 m 的垂线 3 次计算 b 值的结果为 0.127 6、0.144 9、0.179 8;起点距为 106 m 的垂线 3 次计算 b 值的结果为 0.134 4、0.147 3、0.152;起点距为 277 m 的垂线 3 次计算 b 值的结果为 0.139 9、0.155 7、0.215。b 值较稳定,因此 ADCP 测流可选用幂函数指数法并取默认值 $b=0.166 7$。

断面剖面内的顶部流量及底部流量均采用幂指函数插补,幂指数在各水位级顶、底层均采用 0.166 7。

(2) 边部流量插补方案的分析和边部系数的选择

边部流量的计算公式为:

$$Q_{\text{shore}} = a V_m L D_m \tag{3.3-3}$$

式中:Q_{shore} 为边部流量;V_m 为 ADCP 实测的第一或最后条的剖面(垂线)流速;L 为估算第一或最后的剖面距水边的距离;D_m 为 ADCP 实测的第一或最后的剖面(垂线)深度;a 为边部流速形状系数(一般三角形取 0.35,矩形取 0.91)。因此,ADCP 的边部流量估算误差主要来源于 a、L、V_m。

a 只与岸边形状和水流条件有关,与流速仪法分析边部流速系数完全一样,故在未重新分析确定边部流速系数前可以直接借用现有的系数。寸滩站边部系数两岸都是 0.7,所以 a 取 0.35。将边部距离 L 和边部流速形状系数 a 与流速仪法保持一致后,ADCP 的边部流量的估算误差就主要来源于 V_m、D_M。

采用 SDH-13D 数值式测深仪与 ADCP 进行同步比测水深,从 WinRiver 软件中提取与测深仪同步的水深进行对比分析,以测深仪水深为"真值"计算各次相对误差,水深比测相对标准差 0.05%,平均相对误差 -0.585%。相对误差控制在±1‰范围,满足新仪器投产比测要求。

采用旋桨式流速仪与 ADCP 进行同步比测垂线平均流速,在固定垂线流速仪测 100 s、ADCP 同时测得 200 个信号,然后在 WinRiver 软件中提取数据进行分析对比,以流速仪的流速为"真值"计算误差,平均相对误差为 4.16%,相对标准差为 6.32%。

ADCP 测量在起始和结束剖面测量中要求采集 10 个脉冲数据,以消除脉动误差。

(3) 岸边测距的要求和计算方式

寸滩站实际测量中,岸边测距的要求和计算方式如下:

①测船应尽量靠近水边,以减小两岸边盲区范围。

②ADCP 施测至边部固定垂线位置,通过水位和大断面成果内插水边的位置,再计算出边部距离 L。

5. ADCP 流量测验误差

关于走航式 ADCP 流量测验误差的来源,两部流量测验规范中所列内容,有重复的,有内容一致表述不同的,有不同的,但都是仪器自身误差、测验操作误差、水流环境引起的误差等方面。

走航式流量测验误差来源应包括下列各项内容:

(1) 船速测量误差;

(2) 仪器安装偏角产生的误差;

(3) 流速脉动引起的流速测量误差;

(4) 水位、水深、水边距离测量误差;

(5) 采用流速分布经验公式进行盲区流速插补产生的误差;

(6) 仪器入水深度测量误差;

(7) 水位涨落率大时相对的测流历时较长所引起的流量误差;

(8) 仪器检定误差。

声学多普勒法的误差来源应包括下列几个方面:

(1) 由声学多普勒噪声引起的流速测验误差;

(2) 水深测验误差;

(3) ADCP 测验起点和终点至岸边距离测验误差;

(4) 测船速度误差(底跟踪误差或 GPS 误差);

(5) 测船速度与流速的比值误差;

(6) 非实测区(表层、底层及岸边)面积与 ADCP 实测区面积的比值误差;

(7) 河流断面面积误差;

(8) 水流环境(包括脉动或紊流、水面波浪、剪切流、河底推移质和极慢流速等)引起的误差;

(9) 人为因素造成的误差等。

从测站实际应用中的经验来看,对仪器做好维护保养,测验前进行检查、按照测站特性设置好参数,按照规范正确进行测验的前提下,造成较大误差的问题根源在于人为操作。走航式 ADCP 流量测验对测量操作人员的要求比较高,需通过测试和培训上岗,需制定详细的 ADCP 测量质量保证及控制体系,消除人为操作失误,如对船员开船横渡断面船速、航线等都有较高的要求。

误差控制应采用下列措施:

(1) 受"动底"影响的测验河段,可采用差分 GPS 取代底跟踪测量船速;

(2) 无法避开水草的测流断面,宜采用定点多垂线法;

(3) 换能器应安装牢固,入水深度准确测量,避免输入错误;

(4) 岸边距离宜采用激光测距仪或卷尺准确测量,不宜采用目估方法;

(5) 正确选择岸边形状系数或岸边流量系数;

(6)正确选择表层和底层盲区流速外延模型,可采用幂函数定律,不宜改变幂指数或采用其他流速外延模型,注意双向流影响;

(7)根据换能器频率进行盲区设定,盲区值不应设定太小,测流软件中应输入正确的偏角校正值;

(8)选择适当的工作模式;

(9)根据换能器频率、最大水深或最大单元数(MN),设定单元长度(MS);

(10)测验总历时不应小于12 min,且至少进行2个测次(一个测回)。

6. 数据检查与质量评价

(1)按软件回放模式对每组原始数据进行审查,保证数据的完整性、正确性以及参数设置的合理性。

① 配置文件的复查。检查其对测流时的水流条件的适应性,首先是硬件部分,其次是直接命令部分,最后是校验部分。特别是如果后处理时可变的参数有错,应进行更改。

② 数据回放。对测流整个过程进行检查和数据处理统计。

③ 采集样本的检查。通过流速等值线图检查丢失的样本及水跟踪和底跟踪失效的情况。如果情况比较严重,该次流量应作废。

④ 底沙运动的检查。特殊水情和沙情底沙运动明显时用GPS跟踪代替底跟踪。

⑤ 非测验层的检查。包括顶、底估算流量和边部估算流量,估算参数(岸边流速形状系数、幂指数、水边距离、起始岸)的设置是否正确。

⑥ 低流速时船速检查。测船横渡测流断面的操作对成果的精度有比较大的影响,要求船速均匀且尽量小于平均流速。

⑦ 顶、底部流量估算的指数法及指数的适应性。选择部分垂线附近的数据平均,从流量剖面图上观察指数拟合线和实测线的吻合效果。

⑧ 航迹检查。航迹要求顺直,无大的转折和回旋。

(2)计算实测区域占整个断面的百分率(代表测验的完整性),记录诸如湍流、涡流、逆流和仪器与铁磁物体的靠近程度等可能影响测量结果的现场因素,以此来评价流量测量的质量。

(3)按照《声学多普勒流量测验规范》(SL 337—2006)要求,计算所测流量的算术平均值、每半测回流量值与平均值的偏差。如果最大偏差大于5%,应根据水情变化情况和测验过程进行分析,并按下列不同原因进行处理:

① 属仪器安装/参数设置不当等原因,且不能进行有效校正的应重新测验;

② 属水情涨落变化快的,可用一个测回的实测流量计算平均值;

③ 水情平稳且原因不能准确分析的,可增加一个测回,计算实测流量值最接近的连续2个测回的平均值;

④ 采用上述方法进行处理,如果最大偏差仍然大于5%,应采用其他仪器或方法重新测验。

(4)长江委水文测验补充技术规定中,要求"流量测验宜施测两个测回,任一半测回BTM或GGA模式下测量值与平均值的相对误差不应大于5%,否则补测同向的一个测次流量。当第一测回任一次BTM或GGA模式下测量值与平均值的相对误差小于2%时,可不施测第二测回,流量取施测第一测回的平均值。"

3.3.1.4 应用实例

本节重点介绍走航式ADCP测流在寸滩水文站的应用情况。

1. 测站概况

寸滩水文站由前扬子江水利委员会设立于1939年2月,位于重庆市寸滩三家滩,是国家重要水文站,又是长江三峡水利枢纽的重要入库控制站和长江上游重要水情控制站。

测验河段位于长江与嘉陵江汇合口下游7.5 km处,河段较顺直,断面基本稳定。寸滩站测站及断面控制情况较好,水位在166.00 m以下时水位流量关系多年稳定,以上时按照来水涨落情况出现绳套。

2. 基本测流方案

寸滩站流量测验从 1939 年建站开始,常规流量测验方案为船测法,采用流速仪施测,施测垂线 14 条(低水时按水深情况减少垂线),每线测 3 点,平均测验时间为 1~2 h,全年施测 70 次左右。

3. 测流方案优化

三峡水库蓄水后,寸滩站的水文特性发生了改变,特别是枯水季坝前水位保持在较高水位。寸滩站处于库区,原方案中的常规流量测验方式全年施测 70 次左右无法满足过程控制,且单次测验耗时太长。重庆寸滩港集装箱码头位于寸滩站上游 1 km 附近,过往船只频繁,将影响测船作业。加密测次、缩短单次测验历时为迫切需求。寸滩站常规流量测验优化为走航式 ADCP 测流,沿测流断面上下游 5 m 内走航测量。采用 ADCP 测流不扰动流场,且可连续实测,寸滩站单次测流历时从原方案 14 线三点法(低水时按水深情况减少垂线)测验 1~2 h 缩短为半小时一次。全年施测次数达到了 150~160 次,为原方案测流次数的 2 倍多,且满足过程控制。

流量测次分布满足在天然河道时期,水位变化平缓,按单一线各级水位均匀分布测次,变化急剧时按照绳套定线要求布置测次。蓄水期和消落期,大致按时间及水位级布置测次。具体要求为三峡坝前水位在 159 m 以下时,主要按上游来水布置测次,每月流量测次不少于 2 次,两相邻测次的时距不得大于 30 天;三峡坝前水位在 159 m 以上时,受坝前回水顶托影响,测次综合考虑上游来水与坝前水位变化布置,两相邻测次的时距不得大于 7 天。

经过 2020 年 8 月长江特大洪水的过程测量,寸滩站走航式 ADCP 测得 70 000 m^3/s 级别的大洪水,超出比测流量 58 000 m^3/s 级别。寸滩站抢测洪峰时也可采用流速仪 10~14 线一点法(简测法),甚至 7 线一点法。在 2020 年汛期特大洪水时期,ADCP 无法施测时采用 7 线一点法测得 70 000 m^3/s 以上量级洪水。

为了校测 ADCP 流量精度,寸滩站每年与 ADCP 同步施测 2~3 次流速仪法,安排在低、中、高不同水位级上,走航式 ADCP 与流速仪比测误差在 ±5% 以内。

综合考虑,优化寸滩站测流方案:

(1) 采用走航式 ADCP 作为常规流量测验方案,在沿断面上下游 5 m 范围内测 4 个测回取平均值,流量测验范围可从 3 800 m^3/s 到 70 000 m^3/s 级别。

(2) 采用吊船缆道,ADCP 测流。当河底未出现走沙情况时,采用 BTM 模式进行测验;否则采用 GGA 或 VTG 模式。不能设定具体流量数值作为两种模式适用范围的阈值,测验时外接 GPS 和 GPS 罗经等设备,随时观察底沙运动情况,用流速仪法和浮标法测速备份。测深采用 HY-1601 型回声仪,测船定位采用中海达 GPS 卫星定位系统。

(3) 当河面存在大量漂浮物、水流紊乱、泡漩较多,造成 ADCP 在迎水面采集数据不全或困难时,采用走航式 ADCP 在断面上测 2 个背水面测回数据取平均值。

(4) 当含沙量大、水流紊乱、泡漩较多,造成 ADCP 采集数据不全或困难时,采用流速仪简测法进行。

(5) 当寸滩站水文测船因故障不能出测,可用河道勘测中心测船测流或投放浮标法作为测洪备用方案。

4. 比测试验分析

(1) 比测内容

主要包括测点流速及垂线平均流速比测、流量比测。

① 选取流速仪法的测流垂线,在实测流速仪的测点流速的同时,连续采集 40 个以上的 ADCP 的采样数据,提取 ADCP 的测点流速、垂线平均流速与流速仪测验成果对比。

② 在常规测流前后各施测 ADCP 流量(往、返)1 次,取其平均值与常规测流结果比较。测次分布于高、中、低水位级。

(2) 比测分析

寸滩水文站测流断面河床为卵石夹沙组成,历年河床冲淤变化较小,常年底沙运动也较小,故全部采用了走航式 ADCP(BTM)的成果。

采用旋桨式流速仪与 ADCP 进行同步比测,在固定垂线流速仪测 100 s、ADCP 同时测得 200 个信号,然后在 WinRiver 软件中提取数据进行分析对比,以流速仪的流速为"真值"计算误差。单次相对误差 0~29.7%,系统误差 4.16%,相对标准差 6.32%。

单次 ADCP 流量与流速仪流量相对误差 0~4.9%,系统误差 2.04%,相对标准差 1.61%。

误差满足规范要求的"声学多普勒流速仪施测两个测回流量,其算术平均值作为声学多普勒流速仪测得的一次流量,将该流量与流速仪常测法测得流量相比较,结果偏差在±5%范围内时,仪器可继续使用,若超过上述偏差,应分析查明原因"。

5. 单次测验过程控制

(1) 测验前准备

包括整个系统的软件和硬件的准备,有数据采集、处理软件、测验软件、计算机、ADCP、电源以及其他辅助设备,并确保其都能正常运行。

(2) 仪器设备检查

① 将 ADCP 与其他辅助设备连接并通电,唤醒 ADCP。

② 仪器检查。安装完成后,将整个系统的软件和硬件连通并接通电源,运行 BBTALK 软件进行内部诊断和标定检验,并显示其内部设置。

③ 通信配置。分别添加所需的外接设备如 GPS、罗经、测深仪并设置其通信参数,保证所有设备都能正常通信和传输数据。

④ 仪器的安装确保安全稳固,换能器入水深至少大于 0.5 m,外接罗经尽量避免外部磁场的干扰,一般要求距铁质物体至少 1 m,船台 GPS 的定位天线、外接测深仪探头与 ADCP 探头保持在一条垂线上。

⑤ 罗经校正。当一次罗经校正完成后,下次测量如果罗经位置未变并且周围磁环境未发生大的变化,可以不再进行罗经校正。

(3) 参数设置

测量配置文件中的参数,一般根据测量时水情水流条件进行相应的设置,默认设置一般情况下的各项参数,特殊水情根据需要设定。

底跟踪和 GPS 跟踪的选择:寸滩站一般水情采用底跟踪模式,特殊水情和沙情采用 GPS 跟踪。

(4) 实施测量

① 测船应尽量靠近水边,以减小两岸边盲区范围。

② ADCP 施测至边部固定垂线位置,通过水位和大断面成果内插水边的位置,再计算出边部距离 L。

③ 在起点位置应调整好航向,听到出发信号后,方可开始。

④ 在起、终点位置停留时间不少于 10 组(次)脉冲信号。

⑤ 航迹应与测流断面线尽量重合。

⑥ 船速不要太快。匀速行驶,且船速略小于流速。

⑦ 避免顺、逆向交错航行和船首的摆动。

(5) 测验记录

在声学多普勒流速剖面仪测验记载表上记录测流基本信息和过程数据。

(6) 测验结果回放与质量评价

详见 3.3.1.2 节"数据检查与质量评价"。

6. 测验数据后处理

为满足寸滩水文站实际生产应用需要,将走航式 ADCP 实测流量按照多条输沙垂线进行分割,采用垂线混合法计算输沙率,生成满足水文整编要求的成果表。为此,笔者编制了寸滩水文站 ADCP 后处理程序,主要功能如下:

(1) ADCP 测流信号点的坐标转换,可按照寸滩水文站所在区域,利用四参数法将 ADCP 测流信号点原大地坐标转换为平面坐标。

(2) WinRiver Ⅱ 软件原始数据的提取,包括坐标、流速、垂线流量等。

(3) 各半测回部分流量的分割。

(4) 边界流量的处理。

根据开始和结束点到测线的流量与岸边估算流量的代数和,计算第一条和最后一条测线的部分流量,寸滩站左岸与起点距－73 m、起点距 0 m 的输沙垂线之间部分流量计算按照水位级,根据多次实测成果进行分割。

(5) 部分流量与输沙计算中的参数设置,以及输沙率计算。

(6) 各水文要素精度取舍问题。

(7) 成果表输出。

按照长江委水文局 2016 年发布实施的质量管理体系作业文件《声学多普勒流速仪数据处理技术指南》要求,为保证断面流量和输沙率计算时的一致性,不会出现进位差,有断面输沙率项目的测站,每次流量以各单次测量的输沙垂线相对应部分流量平均值,作输沙率计算过程流量,修约后的部分流量之和不作为正式流量成果,成果表仍以断面流量(各半测回 ADCP 实测流量算术平均后再进行精度取舍)为准。

3.3.2 电波流速仪测流

电波也叫电磁波,物理学意义上的电磁波,其频率跨度非常广,从很低的交流电频率到极高的高能射线。雷达波则是微波波段等电磁波。因此,电波流速仪、雷达波流速仪、微波流速仪都是同一类,只是市面上仪器采用的具体频段不同,叫法也不尽相同。

根据 3.1 节的分类,电波流速仪法测流种类很多,但总体来看,目前采用的电波流速仪主要有以下几种形式,即本章节主要介绍的雷达波点流速单固定点表面测流、雷达波点流速多固定点表面测流、雷达波点流速移动式表面测流、SVR 电波流速仪(即测速雷达枪)等,比测后均能很好适应现场快速测流。其中,雷达波点流速移动式表面测流还包括一种双轨全自动雷达波在线测流系统,在现阶段较为热门,也在此章一并进行介绍。作为快速测流方式,电波流速法不管任何应用形式,除手持式以外,其余均可根据测验工作实际接入网络传输设备,实现自动化、在线测流,本章将一并介绍目前热门的几种应用形式。雷达波测流另外一种形式为面流速表面测流(高频雷达实时在线),一般称为侧扫雷达波测流,主要为在线监测形式,详见 3.4 章节。

3.3.2.1 基本原理与适用条件

1. 基本原理

微波多普勒雷达技术为利用多普勒原理进行水面流速测量提供了一种远程测量方法。当雷达信号在河流水面产生散射时,雷达所接收到的水面反射波(回波)的载波频率就会发生偏移 f_d(多普勒频率)。当水流向着雷达天线运动时,其反射波的多普勒频移为正值;当水流背离雷达天线运动时,其反射波的多普勒频移为负值。实际应用中,雷达发射的一部分微波被水面波浪迎面反射回来,产生的多普勒频移信息被雷达接收机所接收,通过计算反射信号和发射信号的频率差,就可计算出水面流速。

$$f_d = |f_0 - f_1| \tag{3.3-4}$$

式中:f_0 为发射频率;f_1 为接收到的回波频率。

多普勒频率的方程式为:

$$f_d = 2 f_0 \frac{v}{c} \cos\theta \tag{3.3-5}$$

式中:v 为水面流速;c 为电波传播速度,即 3×10^8 m/s;θ 为发射波和水流方向的夹角。

应用电波流速仪测速时,波源与观察者不动,水体相对运动引起反射波的频率改变,改变量的大小与水体流动的相对速度有关。水面流速 v 用数学公式表示为:

$$v = \frac{c f_d}{2 f_0 \cos\theta} \tag{3.3-6}$$

2. 适用条件

电波流速仪法测流主要采用微波对河流、泥浆、污水等表面流速进行测量，可应用于水文监测、防洪防涝、环保排污监测等领域。综合来看，雷达测速系统适用于表面流速与断面平均流速能够建立相关关系的测站，尤其适合长江上游山区河流中高水的流量测验与应急监测。其应用条件为：

（1）测验河段相对顺直，一般要求顺直河段是河宽的 3～5 倍；

（2）断面流态情况相对稳定，无回流或漩涡；

（3）表面流速不宜小于 0.2～0.5 m/s，且要求有一定的水波纹；

（4）仪器距水面距离不宜高于 35 m；

（5）波束与水面夹角宜在 45°和 60°之间；

（6）应注意风、雨对测验精度的影响。

雷达测速系统测流在流速较小、风速较大的情况下，测得流速与实际流速差异较大；不与水体接触，安装在河岸一侧或桥上，不受水中漂浮物和水流冲击影响，特别适用于山区洪水高流速的测量，比测成功投产后基本可以取代传统的浮标测流，尤其是夜间测流浮标看不清楚的情况下。

电波流速仪因其测速用时短，在抢测洪峰流量和水位涨落率较大时，优势较传统测流方法如流速仪、浮标法等明显。测速范围适用于 0.2～18 m/s。

电波流速仪优势在于，当结合仪器配套数据处理软件和在线测流系统等，可实现自动测流并实时传输流量结果，可自动剔除设置范围外的数据，消除波浪等不利因素影响，在一定程度上提高测验精度。

3.3.2.2 应用形式与工作模式

1. 雷达波点流速单固定点表面测流

雷达波点流速单固定点表面测流形式采用 X 波段（10 GHz）的微波测量波束覆盖区域内的水面点（小区域）流速。部署形式一般为桥测式、悬臂式。

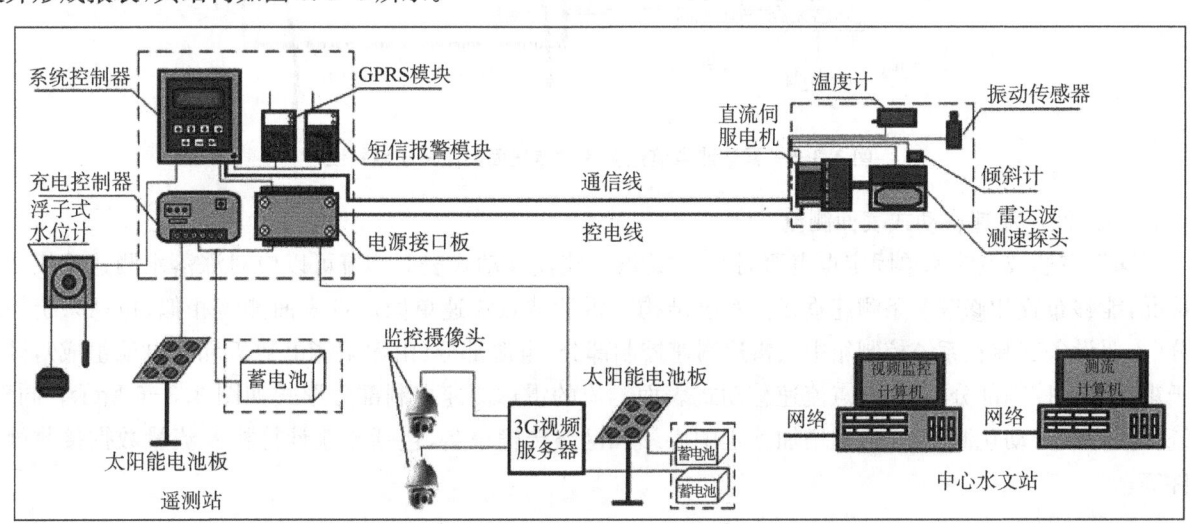

雷达波点流速单固定点表面测流系统主要包括系统控制部分（主要设备安装在系统控制箱中）、雷达测速控制部分、电源部分（由太阳能电池板和蓄电池组成），实施在线自动化测流系统，增加远程中心站和网络传输设备，包括测流计算机及流量数据接收处理软件等。

雷达波点流速单固定点表面在线测流系统是针对偏远地区不方便人工值守的情况下，设计开发的一套全自动、非接触测流方案，可全天候在无人值守的状态下由计算机系统完成对流量数据的采集测量、发送报文并形成报表，其结构如图 3.3-3 所示。

图 3.3-3　雷达波点流速单固定点表面测流系统结构图

2. 雷达波点流速多固定点表面测流

该测流系统适用于无人值守的水文站或监测断面,与公路雷达超速监测相似。把多个雷达波测速传感器探头用电缆连接,布设在测验河道断面不同的起点距位置,由 PLC、集成线路板及太阳能电池组成的数据信号处理器,通过无线传输,测验河道断面多条垂线水面流速。通过雷达或气泡式水位计等方式同步采集水位数据,通过水位、实测大断面成果定时计算断面流量,实现现场快速测流。

可通过 GPRS 无线网络传输到监控中心,实时监测、记录、传输和存储河道流量,实现在线监测的目标。该测流形式要求河床断面比较稳定。相比于单点或移动式测流方式,多点方式可实现多条垂线同步施测,节省测量时间,提高效率。

如图 3.3-4 和图 3.3-5 所示,雷达波点流速多固定点表面测流系统一般将多个雷达仪对准测流断面安装在桥上,探头向下倾斜 45°左右,朝向逆水流的方向。

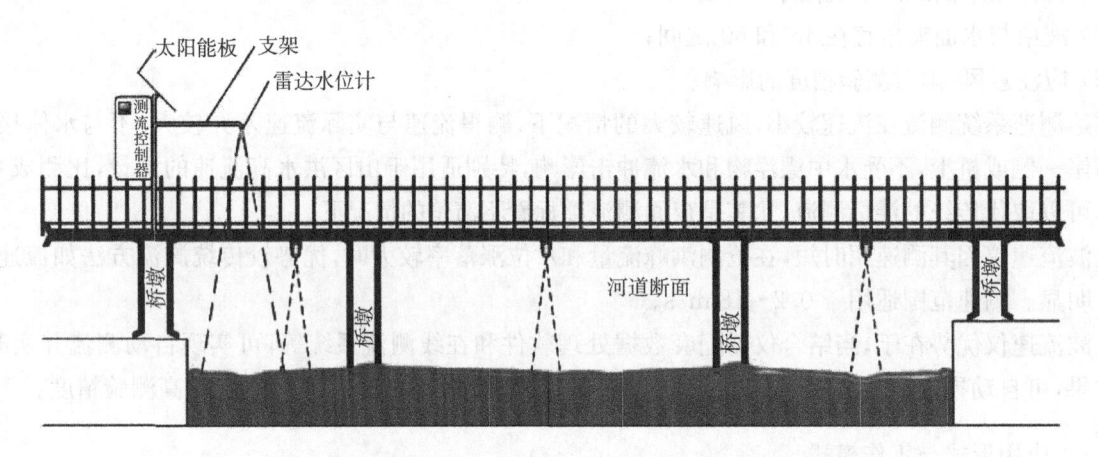

图 3.3-4 雷达波点流速多固定点表面测流布置现场示意图(借用桥梁)

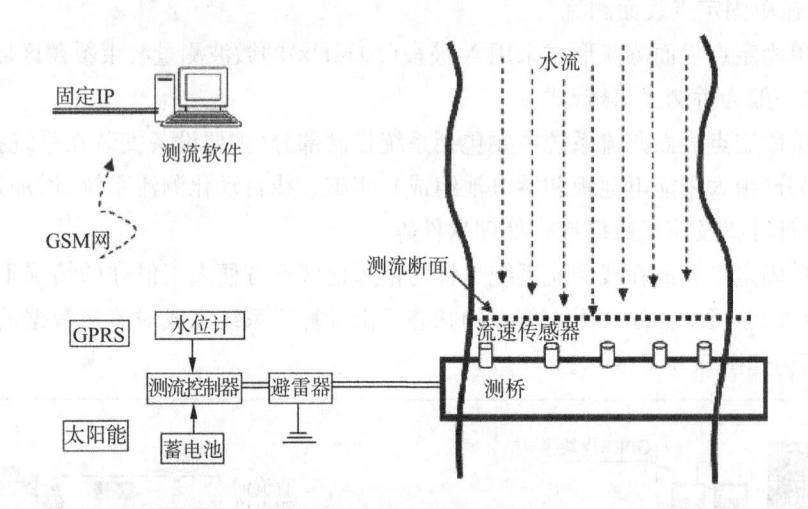

图 3.3-5 雷达波点流速多固定点表面测流系统结构图

3. 雷达波点流速移动式表面测流

不同于雷达波点流速单固定点表面测流,雷达波点流速移动式表面测流可以应对涨落水测速垂线变化的情况,能够布置和修改多条测速垂线。系统结构和雷达波点流速单固定点表面测流相似,包括系统控制部分(主要设备安装在系统控制箱中)、雷达测速控制部分、电源部分(由太阳能电池板和蓄电池组成),区别在于雷达测速控制部分,雷达波点流速移动式表面测流的雷达测速控制部分形式如图 3.3-6 所示。同理,系统实施在线自动化测流系统,需增加远程中心站和网络传输设备,包括测流计算机及流量数据接收处理软件等。

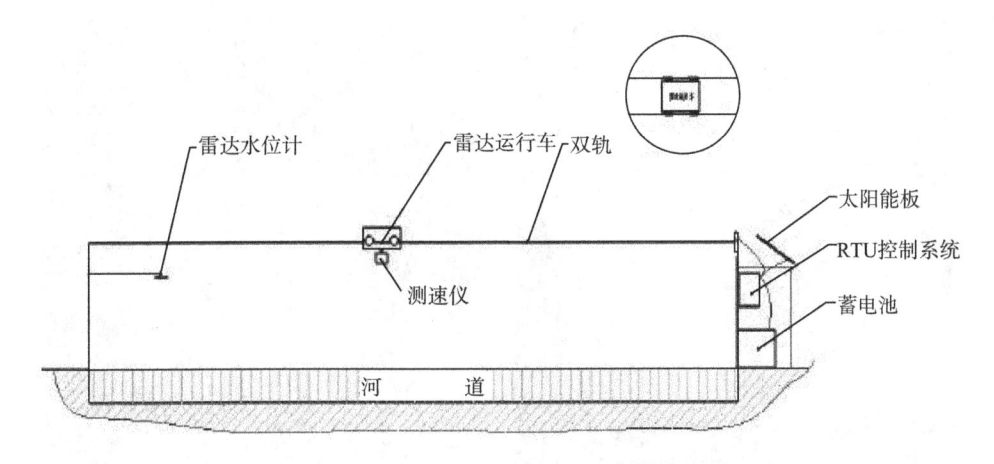

图 3.3-6　雷达波点流速移动式表面测流雷达测速控制部分布置图

4. 双轨全自动雷达波在线测流系统

（1）系统组成

由雷达波表面流速仪、雷达运行车、系统控制器、雷达测速控制器、流量计算终端、在线充电箱、蓄电池、无线电台、RTU 遥测终端机、水位计（浮子、气泡或雷达）和中心站软件等组成。

同雷达波点流速单固定点表面测流系统一样，双轨全自动雷达波在线测流系统也包括系统控制、雷达测速控制、蓄电池等电源、中心站的测流计算机及流量数据接收处理软件四大部分。

（2）工作原理

双轨全自动雷达波在线测流系统利用两根直径大于 8 mm 的钢丝绳做导轨，雷达运行车（以下简称"雷达车"）内置雷达波测速探头、双直流电机、雷达测速控制器、无线电台等设备，通过驱动轮悬挂在导轨绳上。

雷达测速控制器通过无线电台接收到运行指令，控制车内电机将雷达车开到测流断面指定位置，后将位置信息通过无线电台发送给 RTU 系统控制器（以下简称"RTU"）。雷达车自动进行指定位置水面流速测量，测量完成后通过无线电台将流速数据发送给 RTU。RTU 同时采集水位数据，计算出断面流量。完成所有指定垂线测流后，雷达车自行开回控制箱内充电。如图 3.3-7、图 3.3-8 所示。

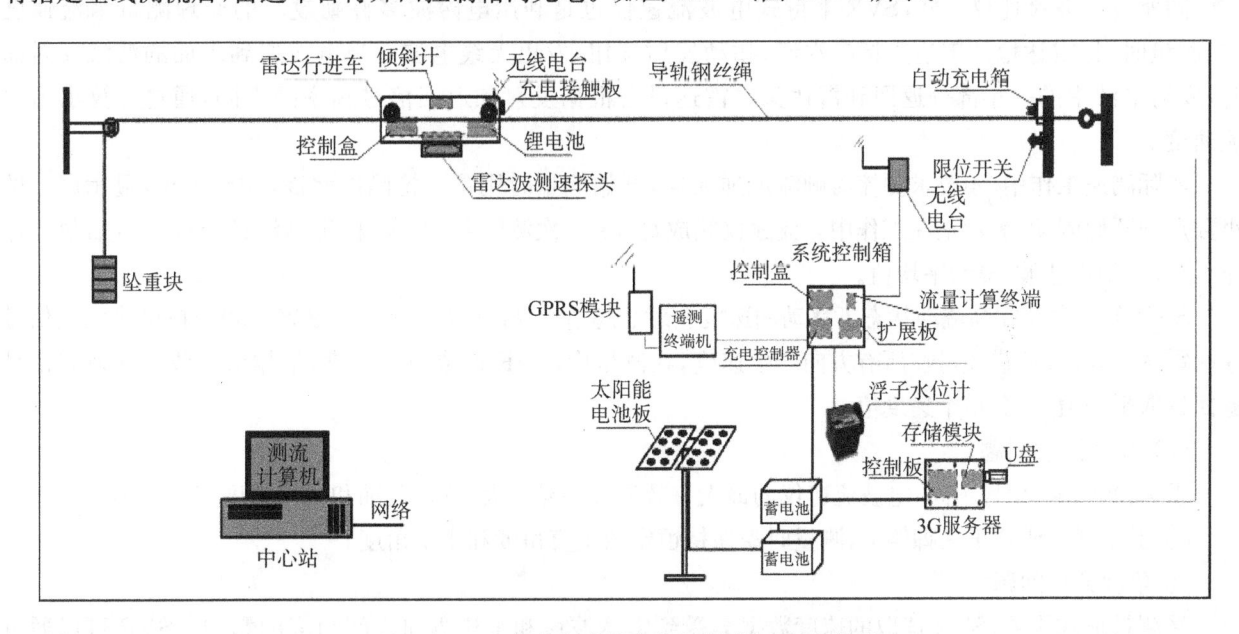

图 3.3-7　双轨全自动雷达波在线测流系统结构图

图 3.3-8　双轨全自动雷达波在线测流系统现场安装实例

可通过 GPRS 无线数据传输模块或者北斗数据传输终端发送到远程服务器上,实现断面无人值守自动测验。用户通过网页或 App 形式访问服务器,查看最终数据并导出成果报表。初始参数需设置断面数据、测流点位、测流时间、需自动加测的水位变幅和时间间隔。

5. SVR 电波流速仪(测速雷达枪)

(1) 设备组成

SVR 手持式电波流速仪由雷达枪、220 V 充电器、手提仪器箱等组成。手持控制器内部包含聚合物锂电池,可通过配套的适配电源进行充电。

(2) 工作模式

同所有电波流速仪一样,SVR 手持式电波流速仪也是利用电磁波多普勒效应的原理测量水流速度的,测量时,将雷达枪的雷达头指向水流,扣动发射按钮,发出无线电波。当电波遇到水面的波浪反射面时,发射电波中的一小部分返回到雷达头。雷达设备根据发射和返回信号频率的不同,通过计算求出水流速度。

实际测速工作中,不要求测流时顺流或逆流向,开始测量时用雷达枪瞄准水面,扣动扳机,显示屏上的小数点则开始闪动,表示正在工作中。流速仪完成每 5 s 一次测流共 12 次,稳定测流且经过 60 s 后仪器停止工作,关闭雷达波,显示平均值。

SVR 测量微粒在高流动状态下移动的速度。对于超过 0.3 m/s 的速度,漂浮碎片和微粒可将大量信号返回雷达枪,波纹和横流可在所有方向产生速度,在测量中,SVR 读取所有速度,根据天线收到的所有信号返回量取平均值,得到单个速度值。

(3) 几个注意问题

① 根据厂家、型号不同,电波流速仪的最大有效测程差异较大,测速范围和测速精度有所差别。

② 手持测量或置于三脚架上,测量时需保持恒定的垂直角度和水平角度。

③ 角度补偿问题。

受测量形式影响,SVR 读取的速度数据会受到雷达波束和水流方向之间角度的影响。SVR 可以通过在竖直方向使用自动内部倾斜感应器补偿,最多补偿 60°。

水平方向上,雷达枪对准目标,水平角度超过 10°,会因余弦误差导致雷达显示错误数据,因此需要在雷达枪测流前进行水平角度补偿设置。

(4) 应用优势

手持式电波流速仪测速具有测量速度快、自动化程度高、性能可靠、工作稳定的特点,测速时不受水面、水内漂浮物及水质影响,而且流速越快,漂浮物越多,波浪越大,反射信号就越强,流速改正系数越稳定。因此手持式电波流速仪很适合高洪时以桥测和巡测方式进行水面流速测量,在有桥梁等过河建筑物的条件下,完全可以取代浮标法应用于中高水流速测验,应用于国家基本水文站的流量测验,是 ADCP 的有效补充。

6. 雷达波在线测流系统工作模式

(1) 常规定时施测模式

其工作过程如下:首先,系统控制器定时采集当前水位,如果当前水位处于常规定时施测模式(比如每日 8:00),并且系统不处于测流状态,在规定测流时间到达后,系统控制器给电机上电,将雷达波测速探头(以下简称"探头")旋转到第 1 条垂线位置,再给探头上电并发送工作指令。当探头完成第 1 条垂线水面流速测验后,系统控制器将探头旋转到第 2 条垂线上方,发送工作指令并开始水面流速测验。如此直到完成所有垂线水面流速测验。为降低系统运行功耗,在完成本次流速测验后,探头停留在最后一根垂线测验点位置处,系统控制器断电。下一次流速测验开始后,系统控制器给探头上电,将从最后一根垂线开始水面流速测验,反向直到第一根垂线的水面流速测验完成。

在完成水面流速测验后,系统控制器将每条实测的垂线起点距、水面流速值、当前实测水位、蓄电池供电电压等数据打包后发送到中心站。中心站的测流计算机对接收到的水位和各垂线水面流速数据进行分析处理,并根据建立好的水位面积关系、垂线水面流速与垂线平均流速的关系,实时计算流量并存储于数据库中。用户可从数据库中查询水位、流速、流量数据,生成各类图表,或进行资料整编。

系统控制器内置数据存储芯片,可将每次测验完成的水位和流速数据存储在芯片中,支持通过串口或 USB 口下载读取存储的水位和流速数据。根据内存大小,系统可固态存储不同时间段的水位、流量数据。系统控制器内部设置每次流量测验的延时时间,如果开始流量测验后,超过设定的延时时间,还没有收到流速数据,系统控制器记录雷达波测速探头当前旋转位置,并给值班人员发送"雷达波流速测验异常"短信报警信息。

(2) 水位涨落超过中水设定值施测模式

系统控制器定时采集水位数据(如 5 min 采集一次水位),当计算发现本次采集的水位值超过用户设定的中水水位值后,当前时间满足设定的中水施测时间间隔并且系统当前不处于测流工作状态,系统控制器给直流伺服电机上电,开始流量的测验。测验过程同"常规定时施测模式"。当水位值低于设定的中水水位值后,测流系统退出中水设定值施测模式,恢复为"常规定时施测模式"。

(3) 水位上涨超过高水设定值的施测模式

系统控制器定时采集水位数据(如 5 min 采集一次水位),当计算发现本次采集的水位值上涨超过用户设定的高水水位值后,自动进入加密采集状态,根据设定的加密测次(例如间隔 1 h)进行流量测验。当水位值低于设定的值后,自动退出加密采集状态,根据当前水位值判断是否恢复为"中水设定值施测模式"或"常规定时施测模式"。加密采集的流量测验过程同"常规定时施测模式"。

(4) 临时手动加测模式

当前处于非测流状态时,用户按下"手动加测"按钮,立即采集当前水位,并给直流伺服电机上电,启动雷达波探头开始流量测验,流量测验过程同"常规定时施测模式"。

(5) 强风停测模式

在支架横臂末端安装振动传感器,系统控制器定时监测横杆的振幅和频率。当野外风速较大,支架横杆的振幅和频率超过设定值后,系统控制器停止水面流速的测验;当风速较小时,监控到振幅和频率小于设定值后,恢复雷达波测速探头工作。

(6) 低水位停测模式

当水位低于设定的停测水位值时,系统控制器停止雷达测流系统运行。当水位上涨超过停测水位值后,系统自动恢复为"常规定时施测模式"。

(7) 低温停测模式

当工作环境温度低于设定的停测温度(如0℃)时,系统控制器停止雷达测流系统运行。当工作环境温度超过停测温度值后,系统自动恢复为"常规定时施测模式"。

3.3.2.3 关键技术

1. 影响测流因素与误差来源

(1) 风的影响

雷达波流速仪测量水面流速时,若水面受风的影响,送风水面流速会偏大,逆风水面流速会偏小。风速会影响水面流速,导致传感器测到的流速随风速变化:流速大,风影响水面流速的因素相对要小;流速小,风影响水面流速的因素相对要大。对于高速水流,风的影响程度甚微;对于低速水流,一般为低于 0.3 m/s,风的影响很大,测量结果很可能无法反映实际速度。

(2) 测流角度的影响

在测流角度上,中到暴雨的情况对测流是有影响的。虽然多普勒雷达波测速传感器设计了自动转换降雨模式功能,但影响也会存在。

传感器根据输入的俯仰角和水平角换算为水流方向的流速,角度值不准确会带来系统误差。

(3) 测流历时的影响

由于流速越大每秒测得流速数据越多,流速越小每秒测得流速数据越少,所以流速大时,测速时间可短些,流速小时,测速时间应长些。

(4) 仪器高度的影响

雷达波测速仪在进行中小河流流量测试的过程中,由于受到电池功率和发射功率的影响,测试距离越近,回波的信号就越强,而测试距离越远,测试信号就越弱。

(5) 探头晃动

测量过程中探头晃动使测点(面)变化,加大流速数据的离散。此时需延长测流历时以提高精度。

(6) 无线电频率干扰

手持式电波流速仪(雷达枪)可能存在无意中将无线电能量当作多普勒速度的情况,即存在无线电频率干扰。

(7) 人为造成的偏差

手持式电波流速仪可以固定在支架上进行使用,手持时尽量保持稳定,避免产生扫描速度。俯角和水平方位角的变化也会影响仪器测量的精度。

2. 技术解决方案

(1) 为避免风速对测试结果产生影响,可引入浮标测试法,对风力、风向进行测试。

(2) 虽然在测试过程中使用了多普勒雷达测速传感器和自动转换降雨模式,但是在具体的测流过程中,还需要将测试俯角调成最小的60°。对于流速比较低的河面,应增加雷达波和水面的接触面,将测试俯角调成30°。

(3) 在高流速时可以适当缩短测试时间,而低流速时,需要增加测试的时间。常规下,流速大于 1 m/s 时,测速时间可在 20～30 s;流速在 0.5～1.0 m/s 时,测速时间可在 30～60 s;流速小于 0.5 m/s,测速时间可在 60～90 s。

(4) 在正常的测试过程中,流速仪的高度不应超过 30 m。在进行低流速测试时,仪器高度越低越好。

(5) 为避免探头晃动干扰,在实际工作中采用雷达波点流速移动式表面测流方式时,更建议采用双轨道移动式测流,更加稳定。

(6) 雷达枪工作时,避免靠近无线电发射器区域,如警用无线电、机场雷达、微波发射塔、CB 无线电发射器以及 AM/FM 发射塔的无线电能量。

(7) 用三脚架固定仪器测量，可减小手持抖动的影响。

3. 雷达波测流系统在长江上游山区应用中总结的问题与注意事项

(1) 流量系数比测率定

利用实测资料建立雷达虚流量和流速仪法（ADCP）实测流量关系时，二者围绕线性关系来回地有规律波动，雷达流量系数可能随水位级变化而不同，应采用分水位级率定出雷达虚流量换算系数，其水位级应包括所要使用的完整水位级。因此系数率定工作是一个长期完善的过程，需要不断比测不断完善。

启用率定公式后，应在每年中、高水分别与流速仪作比测验证，若雷达流量与线上流量比值发生系统偏差，应进一步检验使用的率定关系是否改变。

(2) 加强测验和影响分析

由于山区河流陡涨陡落的特性，尤其在高水涨落变化更快，流速仪法测流和雷达波测流的相应水位、测流时间难以做到完全同步。若测站历年水位流量关系较好，可采用雷达虚流量与对应时间的流速仪法整编推流成果建立关系，并对关系进行验证。同水位所测流量与水位涨落率有密切关系，因此水位涨落快时，采用雷达系统测流需加强现场定线分析并按照绳套加密布点施测。

从长江上游山区河流部分站采用雷达波测流系统（多为移动式）所测流量系列资料看，中低水误差相对较大，中高水误差相对较小。这与雷达波测流自身特点有关，因此中低水应进一步加强分析，在流速 $0.5 \text{ m}^3/\text{s}$ 以上找到影响测验精度的不利因素，力求能在更大的范围内使用雷达波测流资料。雷达波流速传感器标称最低流速 0.1 m/s，但作为雷达波测流应用，建议适应最低流速要大于 0.5 m/s，低流速时风速影响明显。

(3) 完善系统配套设备设施

实际工作中，建议完善雷达波测流系统配备，如：搭配轻便超声测深仪来实测断面；搭配视频影像实时监测，以便出现异常时可利用影像监测判断、了解现场情况。

(4) 检查和维护注意事项

除了定期检查维护以外，雷达波测流系统使用前应检查电池电压及其工况、双缆线是否平行均衡，尽量避免测时大的顺、逆风和大雨、强雷电等强对流天气出测，以免影响雷达波测流精度。电波流速仪蓄电池需要科学合理地保养。大量应用实例表明，电波流速仪的探测器、数据测量系统等都比较可靠，94%以上的故障发生在电池上，在实际流量测验中，要至少预留出1~2块备用电池。

(5) 参数设置注意事项

远程手动控制测流前应通过网页形式访问服务器，进入系统界面了解设置参数正确性及水位、电压参数的状态。

多普勒频率的方程式中，θ 为发射波与水流方向的夹角，由方位角与俯角构成。电波流速仪发射波呈椭圆状发散在水面，电波流速仪测量的水面流速是椭圆形区域的面平均流速，在实际工作中需控制椭圆形区域大小，过大过小都影响测速精度，因此要选择适宜的测程和电磁波发射角度等。

(6) 流量检查注意事项

雷达波测流系统高水测速时出现测速为零现象，可能与系统设置的流速上限有关，需要与设备方沟通，提高系统流速设限值。

在使用中应加强雷达波测流成果监控，测后及时检查成果，发现水面流速横向分布反常需及时验证，必要时重测；将雷达波测流系统测得流量通过雷达波流量系数换算为断面流量应与测站综合线流量比较，进行单次测流成果分析，若误差大于限差应复测，涨落水急剧除外，应分析涨落水特性与本次测流点子偏离程度相符性。

4. 总结目前系统运行和维护中常见的问题

(1) 探头不垂直于断面、角度不适当、固定探头不牢导致探头打不到流速。

(2) 遭到雷击会导致 RTU 失联、探头模块或水位计模块坏掉、控制器板被击坏等一系列的问题。

(3) 电池电压不足、太阳能板供电不足、SIM 卡欠费、当地的基站信号故障等问题会导致 RTU 失联。

(4) 升压或降压模块故障导致升压偏高或无电压,直接导致读取探头错误或读取某探头错误。

(5) 通信芯片坏掉,导致读取探头失败。

3.3.2.4 应用实例

1. 雷达波点流速移动式表面测流系统在横江站应用

(1) 测站概况

横江水文站建于1940年,位于四川省宜宾市横江镇和平村,集水面积14 781 km²,为横江流域河口控制站,距金沙江汇合口距离约13 km;上游4 km有张窝水电站,受电站蓄放水影响,河段涨落较快,一般可达1 m/h,极端情况下10 min可上涨1.3 m(2016年)。

横江为金沙江下段一级支流,河段洪水陡涨陡落;横江流域地形复杂,暴雨洪水频繁,泥石流及岸边垮岩事件时有发生;中低水时,水位流量关系为单一线,高水受下游水狮滩弯道影响,出现绳套,大水年份或有反曲特性。

横江水文测验河段位于皮锣滩与水狮滩之间,顺直长约400 m,中高水时,河宽94～160 m,测验河道低水为急滩控制,高水为下游弯道与河槽控制,河床为卵石夹沙组成,左深右浅,呈U形,左岸中高水为石堤,河床较稳定。

(2) 基本测流方案

横江水文站常规测流方案为缆道牵引流速仪施测,在起点距分别为40.0、60.0、80.0、100、120、140、160 m处按5～7线二点法、测速历时100 s或60 s施测测点流速。涨落快时,常测法由于测验历时相对水位涨落太长,采用7线水面一点法测验。流量在超保证水位的特殊情况下使用3线水面一点法,$Q_{断}=0.864Q_{筒}$。

在不能使用流速仪法测流时,可用中泓浮标法、极坐标浮标法或者天然浮标法测流。

(3) 测流方案优化

由于横江为山溪性河流,河水陡涨陡落,涨水时满河都是树木、杂草等漂浮物,极易损坏流速仪,导致测流失败。满河的漂浮物使浮标不易分辨,浮标测流难以实现。

为提升横江站测验能力,重点解决中高水流量施测,鉴于水面一点法在本站有很好的应用历史,优先选用非接触式的流量测验手段,横江站建立雷达波点流速移动式表面测流系统施测表面流速,自动完成测流断面各设定垂线水面流速的监测。推荐使用线性公式$Q=0.826\,4Q_{雷}-21.7$作为横江站雷达波流量与断面流量的换算关系,在横江站水位288.00 m以上(雷达波虚流量在1 000 m³/s以上)雷达波测流系统投产使用。

每年中、高水分别与流速仪作比测验证,当雷达波虚流量与流速仪法测得流量点绘上图,若发生系统偏差,应进一步检验使用的率定关系是否改变。

(4) 比测试验与流量分析

横江站雷达波点流速移动式表面测流系统(以下简称"雷达波测流系统")测流断面位于基本水尺断面上游2 m处,测速小车平行于测流断面运行。

采用与流速仪常测法测流相同的测速垂线、相同的时间段同步比测。

雷达波测流系统设定时段及涨落率自动测流方式,系统参数借用的断面数据数据与流速仪法测流断面数据保持相同,在2019年8月14日至2020年9月7日期间,收集雷达波测流与流速仪法测流同步比测数据38次。大多数测次水位及时间基本吻合。高水或者水位涨落较快时相应水位、测流时间难以做到完全同步,这两种测流法相应水位差最大差0.04 m,最大时间差35 min。

由于横江站历年水位、流量具有较好的关系,实际工作中可采用雷达波测流系统实测流量与对应时间流速仪法测流整编成果进行分析,以建立雷达波测流系统测验虚流量与流速仪法测验断面流量的关系。分别建立线性关系和二次多项式关系,分析本站雷达波虚流量与流速仪法断面流量关系,系统误差均小于1%,随机不确定度小于6%,测点误差除个别在5%～10%,基本都在5%以内,满足《水文资料整编规范》中二类精度站水位流量关系定线精度要求(系统误差不超过±2%,随机不确定度不超过12%)。由此,建立

$Q=0.8264Q_{雷}-21.7$ 作为横江站雷达波虚流量与断面流量的换算关系。将雷达波虚流量换算后的断面流量点进行整编定线,与流速仪法推流成果进行比较,二者所定水位流量关系线线型基本一致,且雷达波所测测次远多于流速仪法,在水位涨落较快时测出了水位涨落附加比降对断面水位流量关系的影响,其水位流量关系呈逆时针绳套,这更加符合流量变化过程。以 2020 年最大洪水过程为例,雷达波测流和流速仪法测流两种方法比较,整体相差不大,雷达波测流所定关系线,同水位下涨水流量更大,退水更小,更加符合横江站水位流量变化过程。

2. 手持式电波流速仪在小河坝站应用

小河坝水文站水位流量关系在低水时呈单一线,中高水出现绳套,并且受断面下游 3 km 潼南水电站蓄放水影响。原基本测流方案采用缆道牵引流速仪法,高洪及特殊水情时采用浮标法测量。2020 年前投产了水平式 ADCP,2021 年虽然恢复了缆道,但是缆道牵引流速仪法不作为常规测流方式。

2020 年 6 月小河坝水文站因为强降雨再次出现护坡滑坡问题,考虑安全因素撤销小河坝站之后的缆道流量测验,撤收缆道绳,以保证小河坝站房安全问题。小河坝站改用已报批的水平式 ADCP 作为常规测验,走航式 ADCP 作为验证。2020 年 8 月 11 日起,涪江洪水持续上涨,流量、泥沙不断增大,走航式 ADCP 在河流达到一定含沙量时,无法施测。为了测得小河坝站高洪流量资料,小河坝站在含沙量允许且安全条件下,白天同步开展了走航式 ADCP、中泓浮标法、电波流速仪法施测。高洪时无法安全船测或泥沙较大时,白天同步开展了中泓浮标法、电波流速仪法施测。夜间为能施测连续洪水涨落过程,开展电波流速仪法施测。

3.4 流量在线监测

流量在线监测实质上是通过有限流速的在线监测来推求流量,在线监测能否实现的关键在于是否能找到具有代表性的流速。

流量在线监测的可行性是指通过对本测站特性分析和认识,选择本站使用的在线监测方案,对本站原有测流方案进行优化。一般从断面冲淤特性、水位流量关系特性、断面流速分析等方面分析测站特性,探讨该站能否采用某一种或多种流量在线监测方式。水文监测工作受地理条件、自然环境、测站特性等各种因素影响,没有共用的方案和设备。任意一个测站监测方案的制订、设备配置安装和比测实验研究,都需要联系实际、因地制宜,具体情况具体分析。

在长江上游山区水文测站生产实际中,流量在线监测方法作为新技术应用正在以多点开花的形式蔓延开来。部分站点根据自身特性进行了一种或多种方法的尝试,部分站点已投产,部分站点仍在比测中。这些方法包括但不限于水平式 ADCP 测流、超声波时差法测流、单点或侧扫雷达波测流、视频测流等。

从设备测流方式上看,侧扫雷达、单点雷达测速仪、视频测流等属于表面流速测验设备,适用于表面流速代表性较好的测站断面;水平式 ADCP、超声波时差法等设备适用于水平层流速代表性较好的测站断面;垂直式 ADCP 等设备适合于垂线流速代表性较好的测站断面。部分测站断面可考虑上述设备组合方案进行在线监测。

近年来,ADCP 先后在我国水运工程领域逐步得到推广应用,其测验速度快、精度高,具有常规流速仪不可比拟的优越性。水平式 ADCP 应用比测开始时间早,目前已有部分站点投产使用,但仍需每年与其他测流方式进行验证。因水平式 ADCP 自身测验限制,在投产范围之外,还需搭配其他测验方式如流速仪法、浮标法等。

超声波时差法测流在国外已应用数十年,应用技术及产品已经较为成熟,应用成功案例比较多,且部分超声波时差法测流系统已经稳定运行上十年。中国国内早些年有一些研发生产超声波时差法测流的单位或个人,但产品大多处于试验阶段,未真正得到投产应用。而近十年通过从国外引进相关设备和技术,国内逐步开始开展超声波时差法测流。超声波时差法测流在测验精度、系统适用范围、系统稳定性上优于水平式 ADCP 和雷达波测流系统,在流量在线监测方面具有较好的推广应用前景。从长江上游武隆站的比测数据来看，该系统的测验精度较高，能够满足整编规范对推流定线的精度要求。

国内现有的雷达测流因其技术特点，往往仅局限在中小河流或山区性河流的应用研究，且监测成果用以水情测报为主，在省级水文站（多为中小河流站）应用较多，长江上游山区多个省份都投入大量设备，部分站点已通过比测阶段投入使用。目前侧扫雷达测流系统尚无在长江上游山区国家基本站水文资料收集、处理、整编中较为成功的示范应用，目前国内的应用大多还停留在比测试验研究上，尚未有在国家水文站正式投产的案例。横江水文站建成HS-L984D双轨全自动雷达波在线测流系统，巫溪站、宁厂站安装了移动式和四探头雷达测流系统等，尚处于比测试验阶段，未正式投产使用。

时空图像法是一种高空间分辨率的一维时均运动矢量估计方法，目前也处于试验阶段。

3.4.1 水平式ADCP

3.4.1.1 基本原理

1. 基本原理

水平式ADCP测流的基本原理，同样是利用超声波回波的多普勒频移测出断面某一水平层流速分布。假定水体中颗粒物与水体流速相同，通过声学多普勒平移基本公式可计算出水流速度。水平式ADCP通常侧向安装在河流岸壁或桥墩上，从岸边一侧向对岸水平发射有一定夹角的两条波束，实时测量该水平层的流速分布。

水平式ADCP测验仪器及所在水层水平线上各个单元的流速示意见图3.4-1。

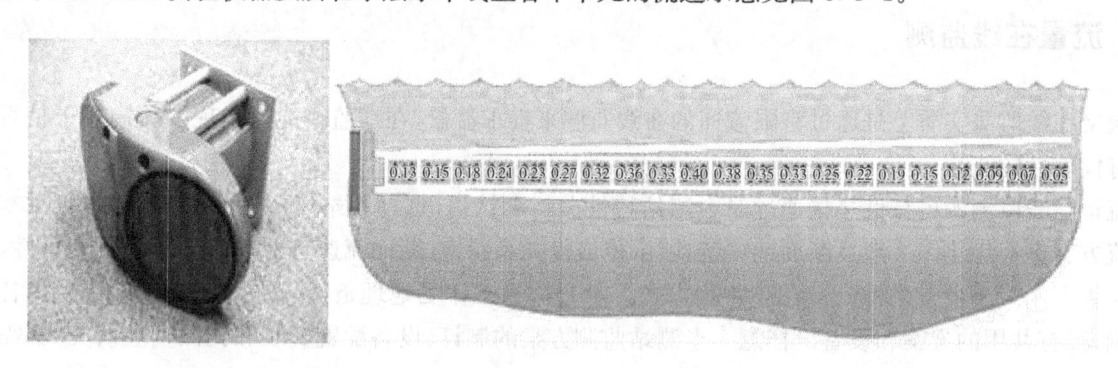

图3.4-1 水平式ADCP测验仪器及所在水层上各个单元的流速示意图

水平式ADCP具有高精度、高空间和时间分辨率，可以使用较小的单元、在较短的采样时间步长内获得精确的流速数据。对于很难测验的低流速和非恒定流也能获得高质量测验数据。

2. 流量计算

水平式ADCP进行流量计算时，可采用两种独立的、完全不同的流量算法，即指标流速法和数值法。目前上游山区河流流量监测实际应用中，一般采用指标流速法，而数值法通常要求水平式ADCP剖面范围覆盖整个过水断面，以流速剖面为幂函数分布形式，外延表层和底层流速，最后对整个过水断面流速分布进行积分算出断面流量，目前国内没有实际应用的案例，国外在灌渠站有应用先例。

（1）指标流速法原理

指标流速法的基本原理是建立断面平均流速与指标流速（即某一实测流速）之间的相关关系（即率定曲线或回归方程）。指标流速实际上是河流断面上某处的局部流速，断面平均流速则可以认为是河流断面上的总体流速。因此，指标流速法的本质是由局部流速来推算总体流速。

该方法的关键是选择合适的指标流速，选择水平层某点流速（某个代表单元）或者水平层某一水平线段内多个单元的平均流速。水平式ADCP一般选取某一水层处某一水平线段内的线平均流速作为指标流速，并不要求整个河宽范围内的水平线平均流速。如图3.4-2所示。

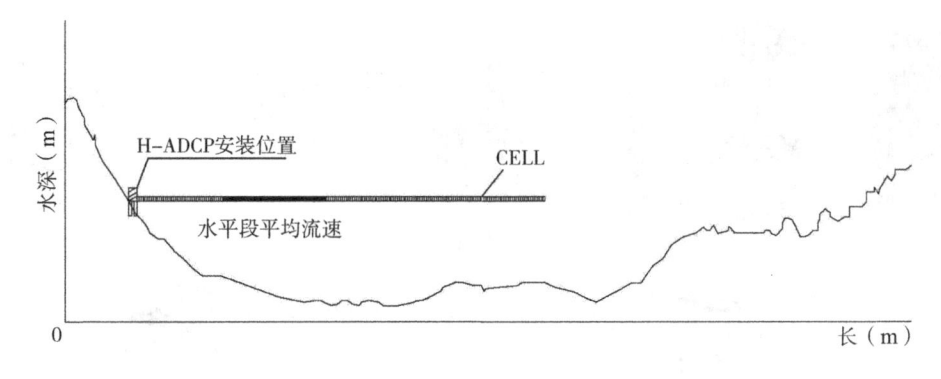

图 3.4-2　水平式 ADCP 代表流速选择示意图

根据上述相关关系,由指标流速推算断面平均流速,再根据流量计算的基本公式 $Q=AV$,计算断面流量。

(2) 指标流速的率定

指标流速的率定需要两个步骤。

第一步是流量和指标流速采样样本。

在采用水平式 ADCP 进行指标流速采样时,要求选取当前测定水平层内不同流速单元范围进行计算,并且用流速仪法或走航式 ADCP 等方式同步测得流量和断面面积,计算得到断面平均流速数据。

样本需包含不同水位、流量级的数据,由此得到相应的断面平均流速与指标流速相应的样本数。

第二步是回归分析过程。

要求选择合适的回归方程,用上述样本数进行回归分析,确定回归系数。

回归分析过程可以借助软件,也可通过其他几种方程来分析。通常要求采用不同方式进行回归分析,对回归分析结果进行综合评价后,确定最佳回归方程及指标流速单元范围。

常用的回归方程包括一元线性、一元二次/三次、幂函数、复合线性、二元线性回归方程等。

3.4.1.2　工作方式与适用条件

1. 在线测流系统

水平式 ADCP 在线测流系统包括四大部分:数据采集处理部分、外接设备、电源部分、网络与传输部分,见图 3.4-3。从工作方式上看,包括测站测流系统、分中心接收系统、中心站接收系统三部分,见图 3.4-4。

数据采集处理部分主要包括水平式 ADCP,通过有线/无线方式连接到缆道操作房 RTU,实现自动采集存储,外接超声波水位计或压力式水位计,实现同步采集水位数据,有条件的测站还可以外接视频实时监控。

数据存储与提取方式:

(1) 测站数据采集系统单独设置存储 U 盘(内存大小需保证存储至少一年数据,避免已有数据被新收集数据覆盖),现场采集存储原始 PD0 数据;

(2) 中心服务器、分中心服务器同步远程接收并存储原始 PD0 数据;

(3) 分中心在线监测软件根据接收的原始 PD0 数据进行分析、计算,完成参数设置后,可提取不同时段的单元流速数据、指标流速段数据、水位、流量等,形成报表。

2. 适用条件

水平式 ADCP 法在线监测适用于测验河段长期稳定,流态平稳,水深较大,水位变幅相对于断面平均水深较小,主流范围大、位置稳定,代表层的声束基本不受船只遮挡影响,断面流速分布总体稳定,并且可以建立代表流速与断面平均流速关系的测流断面。

(1) 顺直均匀的自然河段,且有足够的长度,测验河段具备良好的稳定条件。

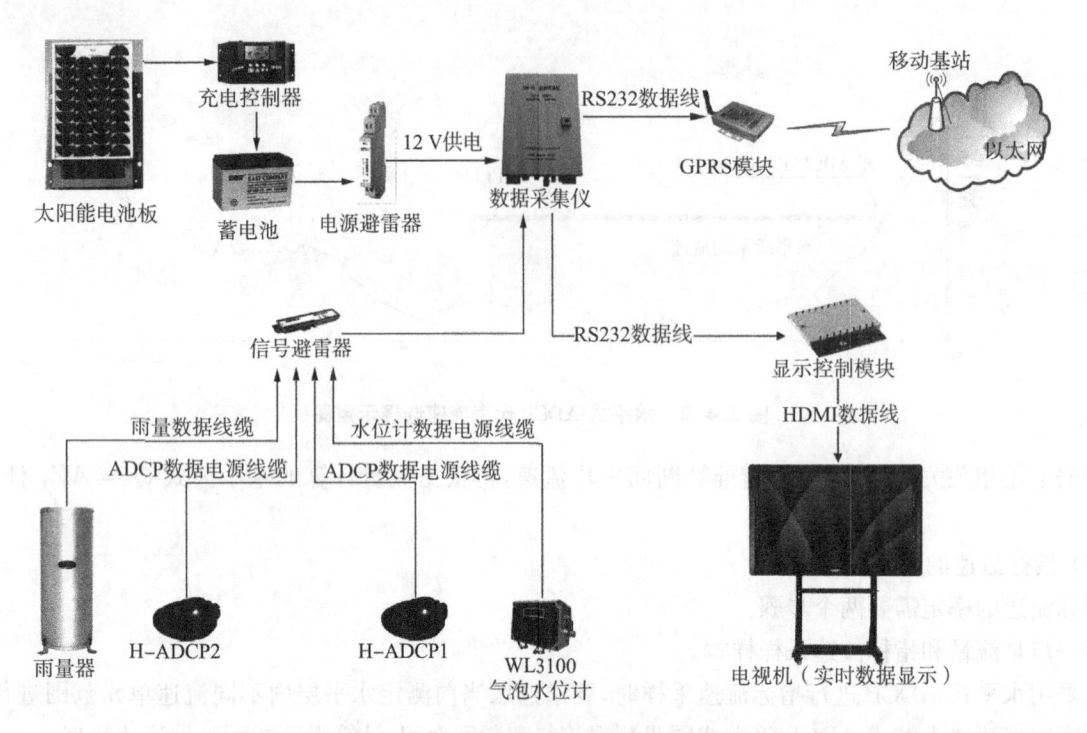

图 3.4-3 水平式 ADCP 在线测流系统

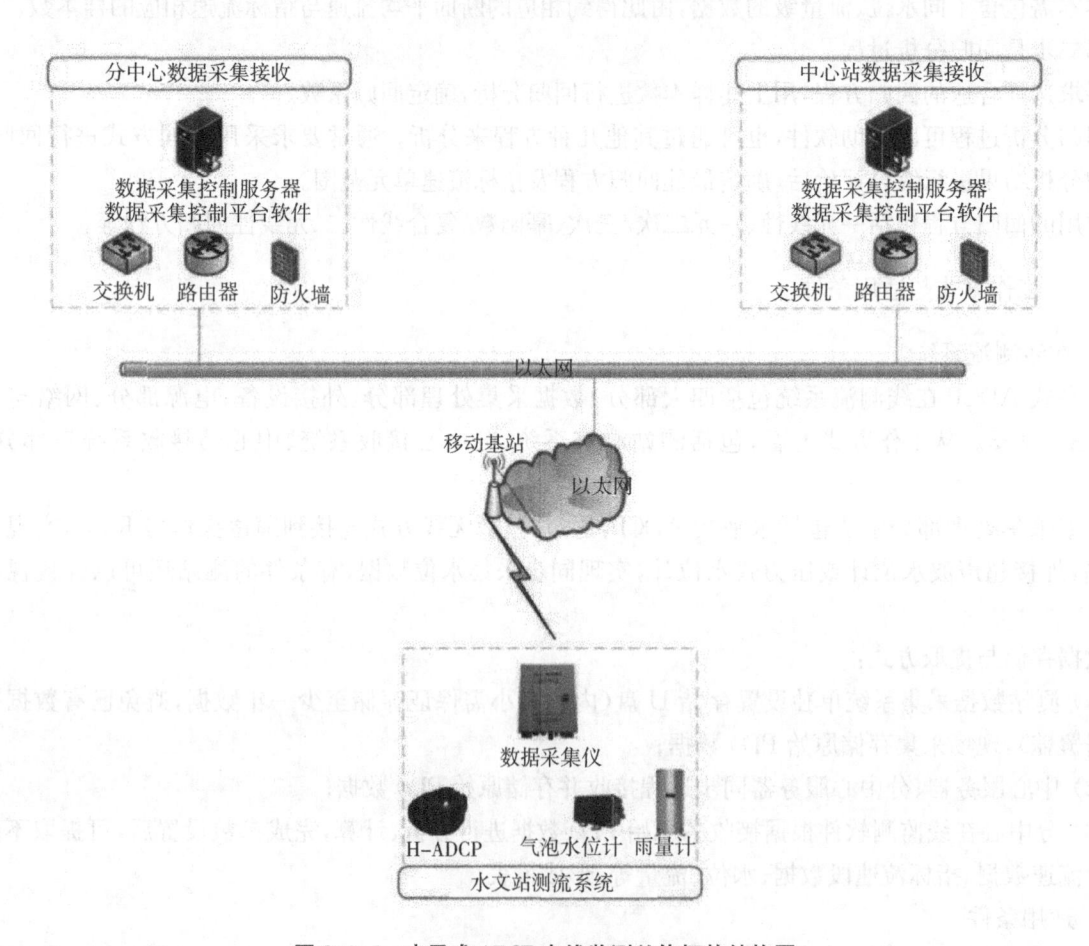

图 3.4-4 水平式 ADCP 在线监测总体拓扑结构图

（2）所测代表流速的垂线或流层，位于主流范围内。
（3）代表流速与断面平均流速具有单一关系。

(4) 代表流速与断面平均流速非单一关系,但高、中、低水各自具有单一关系。

(5) 采用水平式 ADCP 进行流量测验,在预期的代表流速法测流方案下,水位变幅不超过主泓水道平均水深的 25%。

3. 现场安装方式

水平式 ADCP 的安装需满足以下原则:

(1) 安装高度要在历年最高至最低水位变幅内,所测的水平层的流速尽量具有良好的代表性。

(2) 安装位置应高于河底的淤积层,避免主机遭受掩埋或杂物遮挡。

(3) 安装应使两个声学传感器保持水平,保证测流波束水平发射并尽量垂直流速方向。仪器倾斜传感器测量的纵、横摇角度确保在 1°以内。

(4) 有效保证水平式 ADCP 不受航行船只的碰撞等影响,保证仪器安全。

水平式 ADCP 的安装形式受测站本身河段特性与断面形态影响,一般包括倾斜式滑道、栈桥方式、河岸固定式等。如图 3.4-5 所示。

图 3.4-5　水平式 ADCP 的安装形式(左:滑道,中:栈桥,右:固定)

目前,水平式 ADCP 的安装方法和设置参数大多参考国外的经验,需在国内更多应用中总结出适合于国内水情的技术要求。

3.4.1.3 关键技术

1. 影响测流因素与误差来源

《声学多普勒流量测验规范》(SL 377—2006)中,横向流量测验误差来源应包括下列各项内容:

(1) 水位测量误差;

(2) 流速脉动引起的流速测量误差;

(3) 实测流速与断面平均流速的关系误差;

(4) 借用断面面积与断面实际面积之间的误差;

(5) 横向流速实测区间的代表性误差;

(6) 仪器检定误差。

2. 在上游山区应用中总结的问题与注意事项

(1) 过往船只影响

部分测站位于通航河道的县城所在河段,过往船只较多,低水时流速较小,过往船只所产生的波浪流速,会直接影响到水平式 ADCP 流速监测,导致低水期流速偏大,影响流量。若站点来水受上下游电站影响,除汛期洪水过程外,其他时段水位变幅小、流速小,受过往船只影响的时段较长。

若测站受过往船只影响频繁,可通过实测资料分析,界定船只影响流速(一般为低水)范围,在该水位范围内,人工观测江面船只过往情况,在船舶通行时,采用原测站常规测流手段如流速仪测流法作为水平式

ADCP监测的补充与验证,对异常值进行分析处理。若测站受过往船只影响时段较少,在水平式ADCP监测稳定期间,可分析个别受船只影响时段,剔除异常数据后进行流量资料整理。

该站应按照整编定线要求,布置低水期水平式ADCP流量监测方案。

(2) 水深和最大实测流速值

水平式ADCP为横向流量测验,无法测得水深和最大实测流速值。可借用断面插补水深,但是最大测点流速在资料上无法反映。

(3) 水位无法与现有自记同步

测站现采用的水位自记设备与水平式ADCP在线监测无法同步,无法反映水平式ADCP在线系统流速测验时间内的实时水位。为了保持一致性,测站现采用的水位自记设备与水平式ADCP在线系统搭载的自记仪器在时间同步的设定上,需同步比测水位。或者直接通过接口将现有自记水位设备接入水平式ADCP在线测流系统。保证水位数据的稳定性,实现水平式ADCP的全要素自动流量监测。

(4) 采样间隔时间

山区性河流的水流变化复杂,具有陡涨陡落的特性,为减小流速脉动影响,各站点根据实际情况拉长采样间隔,以不超过1 h为原则。从原来设定的5 min,增加至15～30 min,平均时段设为5～10 min。

(5) 水平式ADCP数据存储与远程传输

水平式ADCP数据采集发送的稳定性有待增强,依然存在数据无故丢失、数据无法发送等情况。RTU与北斗卫星系统同步校准时间,将水平式ADCP采集的数据通过GPRS网络,同时传输数据到中心站和分中心站,需设置互不干扰,保证一方存在问题时,另一方能正常接收。

(6) 安装方式和位置影响

ADCP探头发射信号可能受河流整体浮游植被影响,导致需要清理的频率增加。受水平式ADCP安装方式影响,由于探头埋设高度及声波柱状发射原理,低水时,水平式ADCP发射声波打出水面,流速失真。因此实际可测量范围缩小。

(7) 沙量影响

从长江上游山区多个水文站实际测验结果来看,ChannelMaster型300K水平式ADCP在含沙量达到3～6 kg/m³以上时"测验失效"。一方面,内部声学水位计测验范围满足不了山区性河道水位变幅的要求且易受干扰;另一方面,尽管仪器量程达到了200 m,但实测资料中指标流速有效射程仅达到20～60 m,即回波稳定的区段。因此,高含沙量不仅影响回波强度有效射程,也影响有效范围内流速测定值的稳定性,存在频繁突跳的情况,导致可供选取的有效指标流速段较少,指标流速率定或校核的关系变差。

现有的条件下,可根据测站来水来沙特性、上游电站蓄放水时机、洪水预报等手段,结合现场目测以及水平式ADCP在线监测系统实时水位、流量变化情况(因时间有滞后,以现场目测为主),初步判断河段含沙量大小。若含沙量接近本站"失效"范围,及时提取水平式ADCP测验数据回放判断该段时间流量结果可靠性。若流量不可靠,则恢复流速仪法等测站原测流方式。

(8) 规范适应性问题

《声学多普勒流量测验规范》(SL 377—2006)的可操作性还不够强,如在设备的选型、安装校正、参数设置、现场施测、参数率定等方面的指导性作用有待加强。

3. 技术实施与日常维护细则

在线实时监测系统(以下简称"系统")可实时查看水平式ADCP测流数据,通过权限设置,进入系统的PC端或手机App,进行数据查看和分析,或通过登录中心站/分中心服务器、测站存储U盘获得原始PD0数据进行查看,利用回放软件进行数据分析。

为保障成果可靠性,各部门配合完成日常数据采集、检查和维护工作。在此其间发现任何故障,不得隐瞒,应分析原因,及时解决问题并上报负责人或上级部门,具体内容如下:

(1) 每日至少查看一次水平式ADCP数据,并做好监视记录(表3.4-1);若出现数据突跳,需加密监视,直至出现正常后两次以上;若发生数据中断、流量明显偏离或失真,短时间内无法及时恢复水平式

ADCP 测流时，立即采用其他流量测验方式（按任务书测流方案），并根据实际情况，尽快修复水平式 ADCP 数据。

表 3.4-1 水平式 ADCP 每日监视检查登记表（示例）

日期	检查时间	测验数据状况	指标流速棒状况	监测系统水位(m)	监测系统流量(m³/s)	相邻数据比较分析	检查人	备注
01	08:00	正常	合理	200.86	320	合理	张××	经分析、准用
01	20:00	异常	突跳	200.83	28.5	异常	张××	加密监视
01	21:00	正常	合理	200.81	315	合理	张××	经分析、准用
02	08:00	正常	合理	200.82	322	合理	李××	经分析、准用
03	09:00	缺失	无	200.83		缺失	李××	设备故障、上报

（2）每周至少进行一至两次原始数据合理性分析检查、整编，记录文件采集开始、结束时间，并做好检查记录（表 3.4-2），若数据存在异常，应分析原因，及时采取重新分析率定或恢复原测流方案等措施。高含沙量情况下，加强水平式 ADCP 数据监测，若水平式 ADCP 测验失效，及时采用其他流量测验方式（按任务书测流方案）。

① 检查回波是否稳定，是否满足理论曲线趋势；检查最后一个单元格是不是噪音水平的 2~3 倍；

② 记录水位与自记水位计原始记录是否匹配；

③ 指标流速是否存在突跳，V_x 是否合理，V_y 理论上接近 0；

④ 横摇、纵摇参数是否出现异常，与初始值变化控制在 ±0.5°；

⑤ 采用断面是否借用合理，断面计算结果是否合理（断面测量频次按任务书要求）。

（3）每季度至少到站开展一次仪器与配置检查，并做好检查记录（表 3.4-3）。若出现异常，及时采取措施，上报负责人或联系仪器供应商解决。其中，滑轨式水平式 ADCP 应每季度至少检查一次滑车道，确保滑车道牢固、运行正常，检查仪器表面并清洗仪器一次；固定式水平式 ADCP，在低水有条件时，每季度至少检查并清洗仪器一次。

① 运行 BBTALK 自查，出现异常需加密检查仪器频次。

② 水平式 ADCP 仪器检查，主要包括波束检查、时钟检查、温度检查等，排除旁瓣干扰、换能器故障、障碍物影响等，保持时钟走秒准确，保证温度传感器工作正常。

③ 数据传输、电源等设备的检查，保障设备传输在可行范围内无延迟、无损失，保障电源电压正常，供电状况稳定。

④ 将水平式 ADCP 放回时，需保障仪器位置还原，不出现明显偏离，复核纵摇、横摇、探头安装高程等参数，纵摇、横摇与初始值变化控制在 ±0.5°，探头应回放到位，以确保数据的系统性，并做好相应记录。

（4）测站按月整编，导出原始数据，回放检查并进行备份。

（5）测站每年需整理存储 U 盘数据，做好备份并清空。在此期间，若中心站/分中心服务器远程接收异常，及时提取测站存储 U 盘数据，作为补充备份。应控制提取 U 盘存储数据的时间，并避开整点时间段，确保核查数据能连续性报汛传输。

4. 特殊情况处理

（1）仪器故障

水平式 ADCP 代表流速区间的流速棒在分析单元段内有紊乱发生，或仪器出现故障且无法取出进行检查，判断短时间内无法及时恢复水平式 ADCP 测流时，应及时恢复其他流量测验方式（按任务书测流方案），保障数据连续性。

表 3.4-2 水平式 ADCP 数据文件检查记录表

检查时间(月日时分)	ADCP(横向)记录		采集间隔(分钟)	回波稳定程度	指标流速状况	横摇角度		纵摇角度		断面		流量验证				检查人	备注
	起(时间)	止(时间)				初始(°)	检查(°)	初始(°)	检查(°)	借用测次	测次	实测流量(m³/s)	ADCP(横向)流量(m³/s)	相对误差(%)		

说明:BBTALK 检查包括波束检查、时钟检查、温度检查等,排除旁瓣干扰、换能器故障、障碍物影响等,保持时钟与北京时间一致,填写良好或说明未检查,检查异常项目。备注说明常规检查、故障检查或其他特殊情况登记。

表 3.4-3 水平式 ADCP 设备检查记录表

检查时间(月日时分)	BBTALK检查情况	数据传输设备状况	电源检查情况	消耗(或提)放设备状况	ADCP设备状况		ADCP位置还原		横摇角度		纵摇角度		恢复时同及回复后数据采集状况	检查人	备注
					外观状况	是否清洗	还原前高程(牵引绳长度)(m)	还原后高程(牵引绳长度)(m)	初始(°)	还原(°)	初始(°)	还原(°)			

(2) 网络传输问题

中心站/分中心服务器同步接收原始数据,互为备份、补充,若一方出现服务器故障、网络传输中断、数据接收延迟等问题,需及时联系另一方做好数据备份工作,并通知中心站/分中心网络管理部门进行维护。

(3) 因过往船只、较大浮标等因素,影响了水平式ADCP指标流速,经分析是突变现象,可采取降噪或平滑处理,去除突变值。

(4) 当河道变化导致水流特性发生变化、关系曲线无法通过检验等,导致水平式ADCP失去代表性时,应及时采用其他流量测验方案,重新率定关系式,并报上级部门批准。

(5) 安装位置及参数配置发生变化时,经检查后非突跳值,应及时比测率定关系,验证水平式ADCP的代表性后才能再次运用。

5. 质量保障措施

(1) 水位、流量、含沙量超出水平式ADCP的批复投产范围时,应进一步比测率定关系,延长流量级、沙量级范围,若关系变化,向上一级管理部门报批后,可采用新率定的关系,继续采用水平式ADCP测验成果进行资料整编。

(2) 当河道变化导致水流特性发生变化、关系曲线无法通过检验等,导致水平式ADCP失去代表性时,应及时恢复原流量测验方案,分析原因、修正关系并报上级批准;确认水平式ADCP的代表性后,才能再次运用,以确保流量资料的准确性与完整性。

(3) 当回放时发现原始数据异常,经检查后发现并非某一突跳值,应恢复其他流量测验方式,确保推求的水位流量关系保持衔接。

(4) 按照当年任务书要求,合理安排水道断面测量频次,及时更新断面。

(5) 代表流速率定关系应每年高、中、低不同流量级率定10次及以上,以验证关系稳定性。

(6) 不同测验方法之间流量数据应做好衔接。

3.4.1.4 应用实例

本节重点介绍水平式ADCP测流在小河坝水文站的应用。

1. 测站概况

小河坝(三)水文站为嘉陵江重要支流涪江下游的出口控制站,小河坝站测验河段较顺直,顺直长约1 km。断面下游约3 km有潼南水电站,对中低水位流量关系有显著控制作用。左岸为陡壁,右岸较平坦,深槽偏左。常年水位下,河宽一般在140～180 m。图3.4-6为该站2013年大断面图及水平式ADCP安装位置示意图。断面左岸河床为乱石,中泓为卵石夹沙,右岸为沙土,断面较稳定。

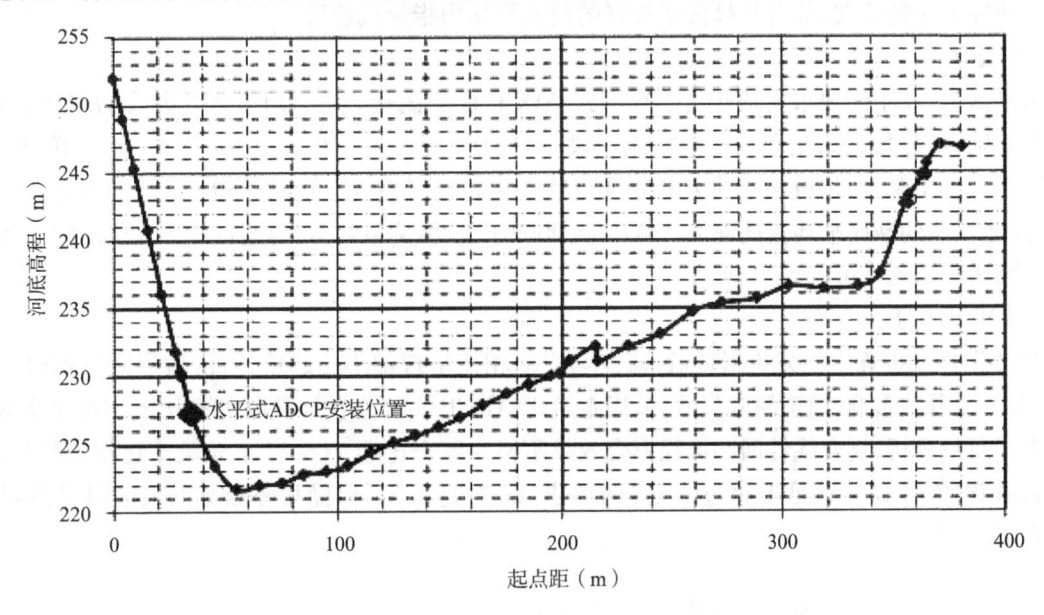

图3.4-6 小河坝站2013年大断面图及水平式ADCP安装位置示意图

2. 基本测流方案

水位流量关系在低水时呈单一线，中、高水绳套，原有基本测流方案采用缆道牵引流速仪法，高洪及特殊水情时采用浮标法测量。

在测次布置方面，中、低水受下游电站蓄水顶托影响时，为完整控制水流变化过程，加密了测验测次；中、高水位按绳套布点。每年多线多点法3次。

3. 测流方案优化

流量测验断面同基本水尺断面。主要测流方式为水平式ADCP、走航式ADCP、缆道牵引转子式流速仪。

（1）按水平式ADCP每10 min采集流量数据一次，特殊情况根据需要调整采集时间。在水位级237.66 m以下，含沙量1.25 kg/m³以下范围内采用14~24单元段作为代表流速，与实测断面平均流速的关系进行流量计算。

（2）当水平式ADCP超出上述范围或出现故障无法继续使用时，应及时恢复走航式ADCP或缆道流速仪测验。测次布置原则：枯季及水流变化缓慢时应1~3天布置1个测次，年最大洪峰附近、蓄水期、消落期及流量变幅较大时应加密测次，以测出变化过程为原则。

（3）每年在高、中、低流量级，与走航式ADCP或缆道流速仪法（缆道流速仪法在受顶托影响不大的时期采用）共比测10次及以上，以验证流速关系。若发现关系有变须适当增加测次验证，修订关系并报批。

（4）ADCP测验方法：沿测流断面走航测量。

采用走航式ADCP测流，一般情况应测2个测回，每半个测回与2个测回平均流量之差一般不得超过±5%，不能满足时应补测同航向的半个测回。

水情变化急剧，测验条件困难（或夜测）时可采用1个测回的测验值，且每半个测回与1个测回平均流量之差超过±5%时，需补测同航向的半个测回。特殊情况时可采用半测回值。

（5）当走航式ADCP施测困难，水文缆道能正常工作时，采用流速仪法。常规测验采用7~10线二点法；特殊情况下，可测（相对位置0.2）一点法。

（6）在不能使用流速仪法测时，宜采用中泓浮标法测流。

4. 比测试验与流量分析

（1）比测内容

在比测时段内，采用小河坝站经整编后的水位流量关系和大断面资料来推求相应断面平均流速，水平式ADCP选择回波信号稳定、流速棒紊动较小且低水时受过往船只影响较小的范围内多个测段流速，二者建立相关关系，按照一元线性、复合线性、一元二次、幂函数等多种指标流速回归方程进行分析计算，经过不同方案不同指标流速的比较，综合选择关系较好的流速段作为指标流速段。

（2）比测分析

比测结果认为，在小河坝水文站开展的水平式ADCP比测试验方法、操作、安装及参数设置正确，收集到了丰富的基础资料，数据采集稳定。指标流速段（1~24单元、2~9单元、3~9单元、4~9单元、6~9单元、8~9单元、9~24单元）相对该站的大断面及流速变化特性具有充分的代表性，而且上述各段的回波信号良好，与流速仪法的断面平均流速建立一元二次回归方程，相关系数R^2均超过98%，在该站采用水平式ADCP指标流速法测流是可行的。

（3）后续比测验证

2019年小河坝站断面上游发生滑坡后，流速与之前相比呈现偏小的趋势，对滑坡后的数据进行重新分析，率定关系。受滑坡影响，缆道测验失效，采用走航式ADCP实测流量计算断面平均流速与水平式ADCP代表流速进行回归分析，复合线性回归方程拟合效果不错。综合比选14~24单元段流速作为指标流速，其复合线性系统误差0.47%满足不超过±1%的要求，标准差5.31%，随机不确定度10.64%满足不超过±12%的要求。

通过精度误差分析,结合该站的大断面、水平式 ADCP 的水平流速分布、回波信号质量,综合得到滑坡后的最优代表流速率定方案为 14~24 单元段复合线性回归方程,采用公式为:

$$V_{断} = \begin{cases} 0.7036\, V_{sl(14-24)} + 0.0299, & V_{sl(14-24)} \leqslant 1.04 \text{ m/s} \\ 0.7643\, V_{sl(14-24)} - 0.0388, & V_{sl(14-24)} > 1.04 \text{ m/s} \end{cases} \tag{3.4-1}$$

(4) 特殊情况分析

受涪江上游泥石流影响,2013 年小河坝测得最大单样含沙量达 24.8 kg/m³,为建站 50 年以来最大含沙量。根据来水来沙资料分析,当洪水涨落达到 5.02 m 或以上,含沙量起涨变幅达到 4.40 kg/m³ 或以上,需要密切监视水平式 ADCP 测量结果,其测量范围开始受到限制,并且量程逐渐减少。在退水退沙过程中,水平式 ADCP 开始逐渐恢复其量程,达到正常值。这次来水影响了比测过程中部分时段,时段内各测次流速棒紊乱,数据过程离散,需要舍弃,其资料也作为本站高水高沙条件下水平式 ADCP"测验失效"研究的条件。

3.4.2 超声波时差法

3.4.2.1 基本原理

1. 基本原理

人对声音的感知频率范围大概为 20 Hz~20 kHz,频率超过 20 kHz 的为超声波。正如我们知道的,声波必须要靠介质才能传播,声波在常温的纯净水中传播速度为 1.4~1.5 km/s,声速取决于介质的密度和弹性。声波在水中的传播过程存在传播损失、扩散损失和衰减损失。超声波流量计是以流体为介质,通过检测流体流动对超声波的作用来测量流量的设备,根据测量基本原理可分为时差法、相位差法、频率法、波束偏移法、多普勒法等,其中国内应用较多的为时差法和多普勒法,但时差法测流原理比声学多普勒测速要简单得多。

早在 1955 年就有人提出采用超声波时差法进行流量测验,1964 年由日本成功研制出超声波测速装置,现今该项技术已得到广泛应用。时差法测流系统是采用超声波进行流量测验,利用在河渠两岸上下游之间的声脉冲在水介质中沿声道传播的时间差来达到测流目的。就其本质而言,其核心原理在于统计脉冲在介质中传播的时间差。声波在静水中的传播速度一般为一个恒定值,顺着水流传播时,实际传播速度为声速加上水流速度沿声道方向的分量,逆着水流传播时,实际传播速度为声速减去水流速度沿声道方向的分量。于是,在河渠上下游两岸固定点之间,声波顺水和逆水传播存在时间差,测出该时间差就能得到水流速度。

超声波时差法测流分为单层测流和多层测流方法,其通过单层平均流速或多层平均流速与断面平均流速建立关系,求出断面平均流速,再通过断面平均流速与该水位下断面面积的乘积求得断面流量。

超声波时差法流量计是利用声波传播的特性,基于流速面积法原理制造出的测流仪器。其布置如图 3.4-7 所示,在河流两岸水下某深度 A、B 处安装一对换能器,其直线距离为 L。工作时,换能器 A 向换能器 B 顺水发射声脉冲,测出顺水穿过声程的传播时间 t_1,换能器 B 向换能器 A 逆水发射声脉冲,测出逆水穿过声程的传播时间 t_2。

$$t_1 = L/(c + v\cos\theta) \tag{3.4-2}$$

$$t_2 = L/(c - v\cos\theta) \tag{3.4-3}$$

综合上述两式,则换能器对应水层流速为:

$$v = \frac{L}{2\cos\theta}\left(\frac{1}{t_1} - \frac{1}{t_2}\right) \tag{3.4-4}$$

式中：v 为河流某水层平均流速(m/s)；L 为换能器 A 和 B 之间的距离(m)；c 为特定水温下，超声波在该水环境下的传播速度；θ 为声波传输路径与水流方向的夹角，一般为 30°～60°。

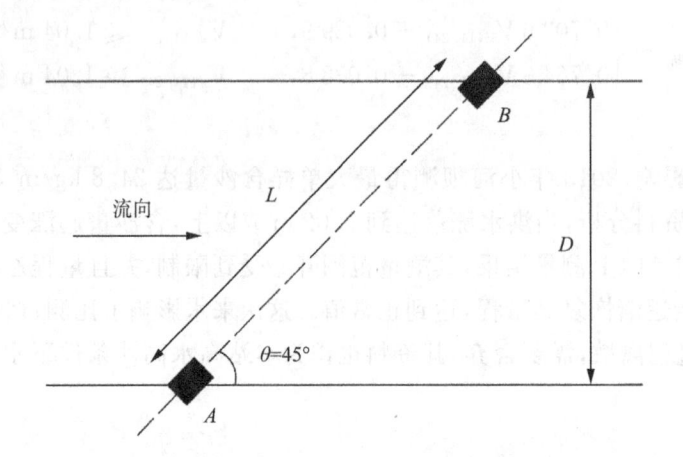

图 3.4-7　超声波时差法流量计安装测流示意图

2. 流量计算

（1）单层测流法

在监测河段两岸安装一对换能器，使声波传输时通过整个断面，实际传输速度受声程所在水层的水流速度影响，因此设备获取的声波传播时间差是受该水层平均流速影响的结果，得到的平均流速仅代表该水层的状态。由该水层的平均流速与实测断面平均流速建立数学模型，可通过数学模型由换能器所在水层的平均流速推求断面平均流速。在不那么复杂的情况下，可以用换能器所在水层的平均流速 V 乘过水断面面积 A，再乘上断面流量系数 K 得到断面流量 Q。

（2）多层测流法

当测验断面水位变幅大、测验断面受回水影响、断面形状不规则、垂线流速分布与理论分布差异较大或流量测验精度要求较高时，可将水深划分成不同的水层，每层水深处安装一对换能器，测得各层的平均流速，可提高流量测验成果质量。

图 3.4-8 为 4 对换能器安装的情况，在测得断面上各水层平均流速后，乘以对应的河宽，得到单深流量，以纵坐标为水深，横坐标为单深流量，绘制垂直流量分布图，用求积仪量出垂直流量分布曲线图的面积，即为全断面的流量。流量也可用下式计算：

$$Q = \frac{1}{2}\alpha V_1 B_0 \Delta H_1 + \sum_{i=1}^{n} \frac{V_i B_i}{2}(\Delta H_i + \Delta H_{i+1}) + \frac{1}{2} V_n B_n \Delta H_{n+1} \tag{3.4-5}$$

式中：α 为河底流速系数，可由试验确定，无试验资料时可取 0.8；B_0、B_i 分别为河底和第 i 个换能器对应的宽度(m)；V_i 为第 i 个换能器测得的平均流速(m/s)；ΔH_i 为第 i 个换能器至第 $i-1$ 个换能器(或河底)的水层深度(m)；ΔH_{n+1} 为第 n 个换能器(最上一个)至水面的水层深度(m)；n 为换能器个数。

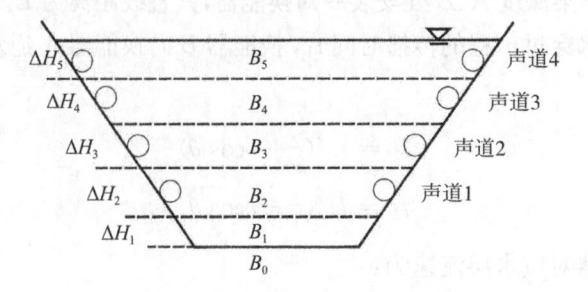

图 3.4-8　多层测流示意图

3.4.2.2 工作方式与适用条件

(1) 仪器结构

声学时差法流量计主要由一组(或几组)声学换能器、岸上测流控制器、信号电缆、电源组成。

声学换能器接收测流控制器的指令发射声脉冲,并将接收到的声脉冲信号传送到测流控制器。声学换能器内可装水位传感器,也可从外部接入水位数据至测流控制器。测流控制器安装在岸上,用信号电缆连接有关声学换能器,控制整个系统的工作,可以定时或按需要发出信号,使换能器发射声脉冲进行测流。它收集声脉冲在水中的传播时间、水位数据,计算传播时间差和水层平均流速,再计算过水断面面积和断面平均流速,从而得出流量。

信号电缆用于测流控制器和声学换能器之间的电源、信号连接。测流控制器在主岸上,有一些声学换能器在对岸,要用信号电缆跨河与测流控制器相连接。跨河架设电缆往往是很困难的,也使仪器工作受影响。但使用响应工作方式和反射工作方式时,可以不架设过河电缆。有些仪器利用无线电波传输两岸间的信号,也不需要加设过河电缆。

按测流中声波横跨测流断面时声波声道和信号传输方式的不同,可以分为单声道、交叉声道、响应、多层声道工作方式,还有简单的反射工作方式等。有的仪器可能只具有单一工作方式(功能),有的可以具有多种工作方式,按实际需要配置相应硬、软件后按不同工作方式进行工作。

(2) 技术指标

国内某种超声波时差法产品技术性能参数如下。

声学频率:200 kHz;

声道长度:10～500 m;

声波指向性角:7°;

测流置信度:98%;

分辨率:1 cm/s;

声波与水流方向夹角:30°～60°;

工作水深:30 m;

工作温度:−5～50℃;

信号输出接口:RS485;

两岸数据传输模式:卫星、ZigBee 或者电缆线;

工作电压:DC24 V,AC220 V;

工作功耗:10 W。

(3) 工作方式

按河流情况、测流要求不同,超声波时差法流量计有单声道、多层声道、交叉声道、响应、反射和双声程等多种工作方式。图 3.4-9 为超声波时差法流量计的各种工作方式示意图。图中 A 为换能器;B 为测流控制器;C 为副控制器;D 为反射体。

单声道工作方式只在河两岸安装 A_1A_2 一组换能器,用一个声道测量断面平均流速,是最基本的构成形式。工作时,A_1A_2 两个换能器用跨河电缆连接在一起,并均兼有发送、接收声脉冲的功能。测得 A_1 发射 A_2 接收和 A_2 发射 A_1 接收的声脉冲传输时间,就可以计算出传输时间差,测得平均流速。单声道工作方式只能测得垂直于过水断面的流速分量,只适用于河流流速和断面基本垂直的河段。

交叉声道工作方式是在河两岸设置两个交叉的声道,安装两组共 4 个换能器,用 2 个声道测出平均流速和主流流向。工作时,两组换能器可以分别测出 A_1A_2 声道和 A_3A_4 声道上的流速分量。此两声道间夹角是已知的,由两个流速分量可以算出平均流速和平均流向。由于声道上声脉冲的传输受整个断面上的流速流向影响,所以测量后计算得到的流速流向是断面上的平均流速和平均流向。此平均流向受流速的主要方向影响较大。交叉声道工作方式适用于流速不完全平行于河岸和流向不稳定或流向因素较重要的测流断面。

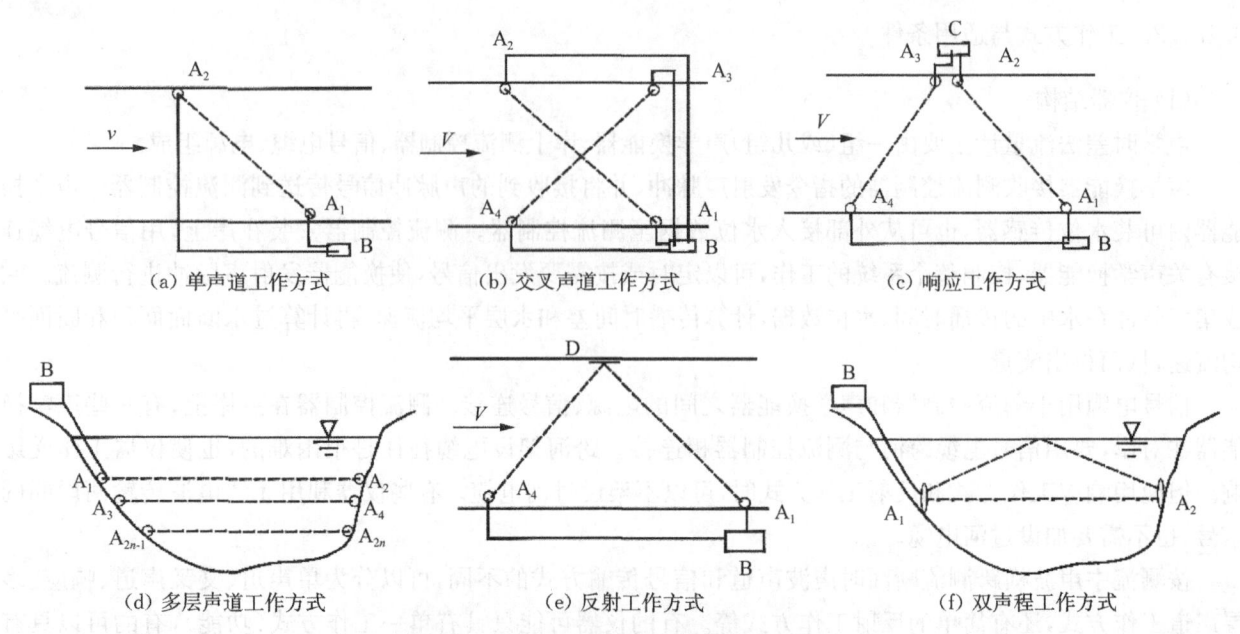

(a) 单声道工作方式　　(b) 交叉声道工作方式　　(c) 响应工作方式

(d) 多层声道工作方式　　(e) 反射工作方式　　(f) 双声程工作方式

图 3.4-9　超声波时差法流量计的工作方式

响应工作方式不需要架设跨河信号电缆,特别适用于通航河流和较大河流。主岸架设 $A_1 A_4$ 两个换能器和测流控制器,在对岸同一地点架设 $A_2 A_3$ 两个换能器,但需要一个副控制器和单独的电源。测流时,测流控制器控制 A_1 向 A_2 发送声脉冲,A_2 接收到后,将信号送到副控制器,在副控制器的控制下,A_3 立即向 A_4 发射声脉冲,A_4 接收到后,将信号通过主岸信号电缆送到测流控制器,测流控制器计算出这一方向的声波传播时间。然后,测流控制器控制 A_4 向 A_3 发射声脉冲,A_3 接收到后,在副控制器的控制下,A_2 立即向 A_1 发射声脉冲,A_1 接收到后,测流控制器计算出这一反方向声波传播时间。计算上述两次声波传播时差,就可得到断面平均流速。这种工作方式的声道 2 次跨越断面,平均流速计算方法和上述不同。该工作方式的主要特点是,所有信号传输都只在同侧河岸进行,所以不需架设跨河电缆,但对岸有仪器设备,还需要提供电源。

多层声道工作方式适用于水深较大的断面。声学时差法流量计的一个声道只能测得一个水层的平均流速。如果水深较大或流态较复杂,用一个水层流速推求断面平均流速的不确定性较大时,可采用多层声道工作方式。这种工作方式需要在不同水深布设 2 层(或更多)测速声道,测得多个水层平均流速,以此推求较准确的断面平均流速,或用来计算部分水层流量。每层的布设方式可以是前三种工作方式的任一形式,每一层声道一般可以代表 4 m 厚的水层。天然河流中较少布设三层以上声道的。多层声道工作方式用于水位变化较大、水深较深、流态复杂、流量精度要求高的断面。

反射工作方式的布置类似于响应工作方式,但在对岸只有一个简单的声波反射体,没有复杂的仪器,不用电源,更不需要用过河电缆与主岸相连。反射体将 $A_1(A_4)$ 发射的信号反射回主岸的 $A_4(A_1)$,反射信号被主岸的换能器接收,由此测得相应的时差。反射回主岸的声波信号肯定很弱,所以只能用于小河和渠道。这种方法较简单,价格也不高,但对使用环境有更多的限制。

双声程工作方式实际上是某一种仪器的特殊测速功能。它的配置和单声道工作方式基本一致,但它能测到 2 个声程各自的平均流速。一个声程是 2 个换能器之间的连接直线声程,和单声道工作方式一样,另一个声程是经水面反射的折线声程。这种工作方式可以测得更多的流速信息分布,也有利于将仪器安装在最低水位以下时,水位变化升高后的流速流量测量。水位变化较大的中小河流可以考虑应用此方式。它能测到断面上部水体的流速,又比多层声道工作方式节约,并且较易安装。不过,测得的反射声程上的平均流速的代表性不如多层声道工作方式。

(4) 适用条件

声学时差法的换能器工作时接收的是另一换能器直接发射的超声波,相比水平式 ADCP 信号更强,数据也更稳定,应用水层可宽达数千米;由于测得的是整个水层的平均流速,具有较好的代表性。最大的缺点是需要在两岸安装设备,仪器的防护和供电较为困难。超声波时差法流量计可用于人工渠道、天然河流以及管道中,应用在渠道、管道上最为常见,精度也较高。天然河流上超声波时差法流量计对复杂的水流条件适应性比较强,因此,流态紊乱以及有顺逆流的感潮河段都可以用此方法。

3.4.2.3 关键技术

1. 数据处理

时差法测流设备能在较短时间内实现连续流速测量,在单次声脉冲发射时,声程上可能出现阻尼声信号的因素,致使测速异常值出现。对于多次重复观测的数值,水文中常用的异常值剔除方法有拉伊达准则（3δ 准则）、格拉布斯(Grubbs)准则和狄克逊(Dix-on)准则等。针对时差法记录数据量较多的情况,拉依达准则方法具有操作简单、使用方便等特点,尤其适合观测次数较多时使用。经异常值剔除的数据可根据需要处理为时段平均流速,再结合水位和断面数据计算出时差法流量。

2. 误差分析

虽然时差法测速时间很短,声波在水中的传播速度短时间内不会有很大差别,但是声程较长,沿程悬浮粒子、气泡、水温和含盐量对测流精度会有一定影响。

(1) 悬浮粒子

经水发送声信号时,信号会丧失一些能量。因此,声信号的高度会不断降低,最终信号被阻尼。这种阻尼意味着所收信号的强度弱于最初所发信号的强度。虽然声信号经水传播时高度会降低,但是频率等其他参数保持不变。一般来说,使用较低频率时,流量计系统的可靠性会有所提高,但成本较高。

(2) 气泡

流态异常不稳定或水中动植物活动产生的气泡都会导致声信号被阻尼。气泡的物理作用类似于悬浮粒子,包括磨损(信号能量转化为热)和分散问题。但是与水中悬浮粒子相反的是,气泡容易被压缩,因此会进一步影响声速。

(3) 温度和含盐量

当相邻水层温度和含盐量差异较大时,温度梯度或浓度梯度会使得声信号从正常的传播路径偏移,进而导致传感器无法接收到声信号。夏季一般容易出现负水温梯度,当温度小于 4℃ 时,容易出现正水温梯度。由于重力作用,含盐量梯度一般为负的。一般来说,负温度梯度会使声信号进入原声道下层,正温度梯度则相反；负含盐量梯度会使声信号进入原声道上层。

3. 注意事项

声学换能器安装位置是否科学合理,决定了系统测验精度的高低和日常维护的便利性,主要应考虑以下几个方面。

(1) 在拟定河段上下游一定范围内,水流应该保证较为顺直,且具有稳定的流态；不要在水草较多的河道安装时差法流量计,声程上的水草会阻挡声束传播,因光合作用水草冒出的气泡也会阻挡声束传播。

(2) 两岸换能器应相互对准,中心轴偏离误差不能大于 3°～5°,水流平均流向和超声波传播方向的夹角应尽量控制在 45°左右；且同一组换能器应安装在同一高程处,以便后期计算流量。

(3) 安装探头的河岸要求比较陡直稳定,不易淤积；流速也不能过于紊乱,以免影响超声波的发射、传输和接收。

(4) 综合考虑仪器安装位置。离岸远,则水深大,造价高,碍航,施工困难；离岸近,应考虑其合理性、相关性及局部地形影响。

(5) 根据系统工作方式,测验河段历年最高、最低和平均水位,以及通航水位等分析确定探头、设备安装高程。

(6) 在航运河段,要注意保护声学换能器不受船舶冲撞损坏,必要时可搭建一个稳定、安全可靠的测验平台。

3.4.2.4 应用实例

1. 测站概况

沿河水文站建于1983年,为乌江干流站,位于贵州省沿河县和平镇月亮岩村,集水面积55 237 km²,距河口距离244 km。沿河站是控制乌江水情变化的二类精度流量站、二类精度泥沙站,属国家基本水文站。测验河段特征:测验河段顺直长约3 km,最大水面宽超200 m。沿河站河段河床总体比较稳定,水文站右岸部分地基不稳,有轻微下陷的情况,左岸为漫滩,河床为砂岩,比较稳定。

2. 基本测流方案

沿河水文站流量测验采用缆道悬索悬吊方式,主要测流仪器为转子式流速仪。流量测次主要按水位级布置,相邻测点间距不大于0.5 m,年最大洪峰过程应增加测次,测出洪水变化过程。测次安排一般在电站出流稳定时期,相邻测次间隔不超过15天。根据水位与流量的变化情况布置测次,以水位流量关系整编定线、准确推算逐日流量和各种径流特征值为原则。

3. 测流方案优化

由于上下游电站调节影响,加剧了沿河站水位陡涨陡落变化过程,沿河站水位流量关系发生较大变化,测量时机不宜把控,整编定线工作十分困难。针对测验作业时间长、工作强度大、流量得不到实时监测等问题,沿河站2019年设立了超声波时差法流量监测系统。

沿河站时差法测流系统配备2对换能器,换能器之间的声道与测流断面呈45°夹角。换能器探头安装在专用的固定滑轨上,通过电缆连到机箱内。采用二层声道设计应用,二声道采用固定高程。为实现高效运行维护和维修,两岸斜坡上换能器布点位置建造了混凝土斜道和步梯,铺设安装不锈钢运行双轨道(二声道换能器独立运行)和牵引装置,实现换能器可移动或定位应用。左右两岸同一对换能器均安装在相同高程处。换能器安装位置按《河流流量测验规范》(GB 50179—93)的要求进行选择。为防止雷击及其他强干扰源对换能器探头产生影响,电缆采用保护管和铠装屏蔽线进行保护,达到不易被破坏的要求。

时差法设备运行期间,采用流速仪和走航式ADCP进行比测实验,2020年和2021年沿河水文站总计获取有效比测数据49次,水位变幅为287.27~292.71 m,流量变幅为44~2 380 m³/s,涵盖了中、低水情景且分布较均匀,流速变幅为0.035~1.74 m/s。

在分析时差法流速和实测断面平均流速相关关系时,发现流速较小时两者关系线为线性,流速较大时两者关系线为曲线。因此,在建立时差法流速和断面平均流速关系时采用分段拟合模型。最终拟合结果为:流速大于0.26 m/s时,采用$V_{拟合}=-0.130\ 7V_{时差法}^2+1.216\ 3V_{时差法}-0.033$关系式拟合;流速小于等于0.26 m/s时,采用$V_{拟合}=1.032\ 2V_{时差法}$关系式拟合。上述时差法测流系统分段拟合模型拟合值的系统误差为0.5%,相对误差标准差为5.5%,随机不确定度为11.0%,满足《水文资料整编规范》中二类精度站水位流量关系定线精度要求(系统误差不超过±2%,随机不确定度不超过12%)。另外,验证数据在该模型下也通过了t(学生式)检验。图3.4-10为时差法流量过程与上游9 km²处沙坨水电站出库流量过程对比。在6月27日当地出现了一场日降水量为50.5 mm的降水过程,电站下游至水文站区间来水造成了时差法流量偏大,其余时段时差法推求的流量与电站出流过程一致性好、准确度高。在水量平衡分析中,沿河水文站时差法推求的水量与上游沙坨水电站出库水量相对误差约为1%,这部分误差主要为水文站和水电站集水面积差造成的。

声学时差法为长江上游山区河流和受水利工程影响的测站提供了一种现代化检测手段,解决了传统仪器测验时机较难把握、测验工作强度大等问题,最重要的是能够满足水文资料的测验精度。同时,新仪器的投产应用也有很多值得关注的问题。例如,要有充分的应急情况处置能力,当时差法使用出现故障时,非常考验现场工作人员的排查检修能力。新仪器投产后应当注意,设备运行不正常时,数据为零,或与转子流速仪测流方法得到的数据误差较大,不在合理范围内,不能建立有效的相关关系时,可以采用缆道流速仪法测流或走航式ADCP测流等其他方法,补充资料的完整性。

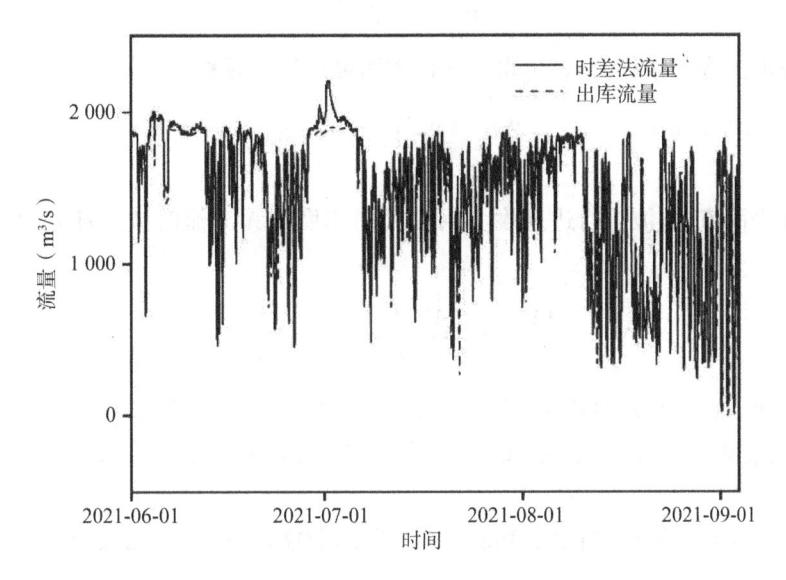

图 3.4-10　沿河水文站时差法流量过程与电站出库流量过程

沿河站时差法在应用过程中测得流速误差来源主要有以下几方面：

（1）左岸有接近 60 m 的漫滩，漫滩上分布的乱石造成水流流态不稳定。声波穿过该水层时容易受其影响，最终影响时差法测流精度。

（2）沿河站时差法采用的是固定探头，随着断面水位的变化，测得的瞬时流速的相对水深也在不停发生变化，计算断面平均流速时未考虑相对水深影响，可能造成流速出现偏离。

（3）当水位接近或低于探头安装高程时，浪花或气泡会对声信号的传播产生阻尼，可能导致采集数据异常，流速偏差较大或无法采集瞬时流速。

3.4.3　侧扫雷达

3.4.3.1　基本原理

1. 基本原理

侧扫雷达对水面点流速的监测，是借助非接触式雷达技术进行连续性监测，以实现对河流表面流场的监测，再将流速数据发送到云端的数据平台，数据平台则通过断面资料、水位和流速数据合成流量数据。侧扫雷达系统主要由天线系统和雷达系统两部分组成，采用天线共址、收发分开的模式，并兼容调频连续与脉冲多普勒体制。雷达利用接收回波与发射波的时间差来测定距离，利用电波传播的多普勒效应来测量目标的运动速度，并利用目标回波在各天线通道上幅度或相位的差异来判别其方向。侧扫雷达测流仪是利用多普勒效应进行测速的，在原理上其实是一部脉冲多普勒雷达，但与其他多普勒雷达相比，它充分地利用了水流表面的布拉格（Bragg）散射特性。

Bragg 散射理论，简单来讲就是当雷达电磁波与其波长一半的水波作用时，同一波列不同位置的后向回波在相位上差异值为 2π 的整数倍，因而产生增强性 Bragg 后向散射。当水波同时具有相速度和水平移动速度时，将产生多普勒频移。在一定时间范围内，实际波浪可以近似地认为是由无数随机的正弦波动叠加而成的。当雷达发射的电磁波与这些正弦波中，波长正好等于雷达工作波长的一半，朝向和背离雷达波束方向的二列正弦波作用时，二者发生增强型后向散射。

朝向和背离雷达波动的波浪会分别产生一个正的和负的多普勒频移。多普勒频移的大小由波动相速度决定，而在重力的作用下一定波长的波浪的相速度是一定的。在水深大于波浪波长的一半时，波浪相速度为：

$$v_p = \sqrt{gl/2\pi} \qquad (3.4\text{-}6)$$

由一阶 Bragg 峰的多普勒频移公式,可得由波浪相速度产生的频移为:

$$f_B = \frac{2v_p}{\lambda} = \sqrt{\frac{g}{\lambda\pi}} \approx 0.102\sqrt{f_r} \qquad (3.4\text{-}7)$$

当水体表面存在表面流时,波浪行进速度为河流径向速度和无河流时波浪相速度之和,则雷达回波的频移为:

$$\Delta f = \frac{2V_s}{\lambda} = \frac{2(V_{cr}+V_p)}{\lambda} = \frac{2V_{cr}}{\lambda} + f_B \qquad (3.4\text{-}8)$$

式中:v_p 为波浪相速度;g 为重力加速度;l 为波浪长度;f_B 为布拉格散射频率;λ 为电磁波发射信号的波长;f_r 为电磁波载波频率;Δf 为雷达波回波频移;V_s 为波浪行进速度;V_{cr} 为无河流时的波浪相速度。

通过判断一阶 Bragg 峰位置偏离标准 Bragg 峰的程度,就能计算出波浪的径向流速。

2. 流量计算

侧扫雷达测得的流速为河流表面流速,现有的流量反演计算方法主要有流速面积法、类浮标法、指标流速法和水动力学模型法。

(1) 流速面积法

该方法认为垂线流速分布为指数型,并通过指数模型关系,将侧扫雷达测流生成的各垂线表面流速转化为垂线平均流速。结合自记水位计和实测大断面数据,计算部分面积和部分平均流速,得到部分流量 q_i,断面流量为 $Q = \sum_{i=1}^{n} q_i$。

(2) 类浮标法

类浮标法与浮标法测流计算方法相同,将雷达测得表面流速当作浮标测得的流速。因此,断面流量 Q 为断面虚流量 Q_f 乘上浮标系数 K_f。该方法需要实测资料率定浮标系数 K_f。

(3) 指标流速法

将流速仪测流的断面平均流速与雷达测流各位置表面流速进行比较分析,找出与流速仪测流的断面平均流速相关关系最好的若干条雷达表面流速的垂线位置,将其测得的雷达表面流速加权作为指标流速,建立与流速仪测流断面平均流速的相关关系。指标流速乘以断面面积即可得到断面流量。

(4) 水动力学模型法

采用数值模拟方法对河流进行流体动力学模拟的方法,取得不同边界和初始条件下的河流研究范围内任一断面或者不同点的流速。再将侧扫雷达技术平台获得的表面流场流速数据同化到三维水动力学模型中。结合水位和大断面地形即可实时计算断面流量,从而提高断面流量监测能力和计算精度。

3.4.3.2 工作方式和适用条件

1. 仪器结构

国内目前有多家雷达表面流速仪生产厂家,雷达测速的原理方法均大致相同,只是在流量反演方法上有一定的区别。一个完整的侧扫雷达测流系统一般由侧扫雷达测流仪、水文基础数据通用平台、射频线缆、综合机箱(包含电磁波收发组件、中频信号处理机、工业控制计算机和稳压直流电源)、通信设备、太阳能电源等组成。侧扫雷达测流仪包括发射和接收天线,由电磁波收发组件实现发射机和接收机的功能,中频信号处理机和工业控制计算机实现信号处理和数据转发等功能,数据存储在云数据服务器上,数据显示由访问云数据服务器的计算机或手机实现。

不同精度和测量范围的设备天线数目上会有一定差别,一般为 1 个发射天线和 3 个接收天线。收发天线阵由上下两行天线组成,上面是 3 个接收天线,下面是 1 个发射天线。3 个接收天线左中右排列,左右两个天线与中间天线的夹角为30°,每根天线通过馈线电缆与综合机箱相连。图3.4-11为侧扫雷达安装简易图。为保证侧扫雷达的适应性,安装地点距水面水平距离应大于5 m。除此以外,侧扫雷达还存在一定盲区,探测最远点与雷达测流仪波束的夹角α不能小于1.5°,探测最近点与雷达测流仪波束的夹角β不能大于45°。侧扫雷达安装应根据安装高度和水面宽等选择理想位置,以免最近处或最远处的河流出现在雷达测量仪波束照射盲区内。

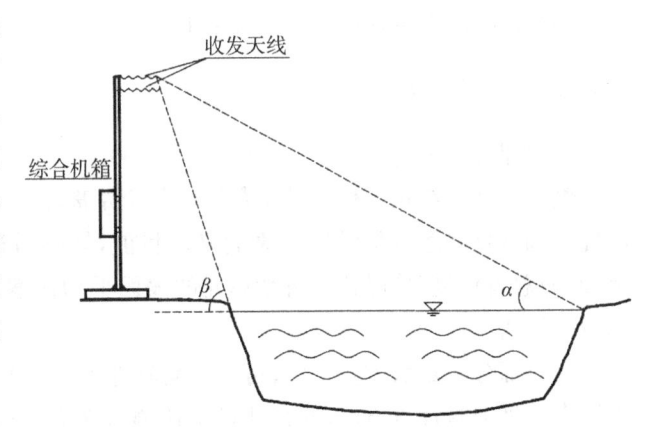

侧扫雷达设备的主要特点有:

(1) 适用范围广,测量面积大,环境适应性好,不受天气影响,可全天候连续工作,还可以车载使用。

(2) 可直接、连续获得河流表面流场。

图3.4-11 侧扫雷达简易图

(3) 安装简单,全自动操作,雷达结构简单,采用侧扫方式工作,对安装地点要求降到最低。现场安装简单方便。设备无需人员监管,全自动工作。

(4) 用Bragg散射效应,回波质量高,探测性能优于多普勒效应的电波流速仪。

2. 技术指标

目前,国内侧扫雷达运用比较广的有RISMAR-U雷达测流系统和Ridar-200型侧扫雷达等。主要技术指标如下:

雷达波段:UHF波段;

供电电压:AC220 V或DC24 V;

平均功率:90 W;

覆盖面积:400 m×400 m;

测量河面宽度:30~800 m;

方位角分辨率:1°;

测速范围:0.02~20.0 m/s;

测速误差:≤0.01 m/s。

3. 工作方式

根据一阶Bragg峰位置偏离标准Bragg峰的程度,可以计算出波浪的径向流速。单站式UHF雷达可以获得表面径向流速,适用于河道等宽的顺直河道。双站式雷达可以获取两组交叉路径的表面径向流速,通过矢量投影与合成的方法就可以得到矢量流。双站径向流合成矢量流的原理如图3.4-12所示。

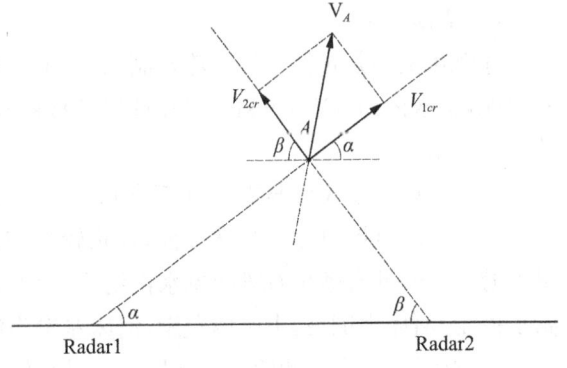

4. 适用条件

侧扫雷达可以固定安装在岸上进行水面流速自动测量,安装位置应选在较高且视野开阔无障碍物遮挡的地方。侧扫雷达测速系统适用于能够根据河流断面及水流特性建立流量计算模型的测站,尤其适合高洪流量测验、浅滩过水流量测验与应急监测等。适用范围如下:

图3.4-12 双雷达站获取矢量流示意图

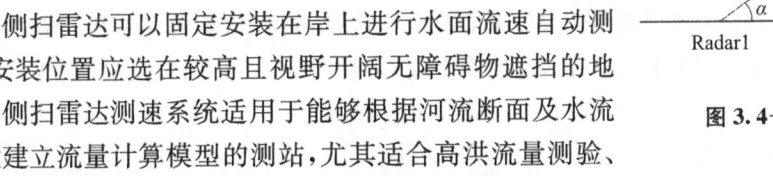

(1) 测验河段相对顺直,一般要求顺直河段是河宽的3~5倍;

(2) 断面流态情况相对稳定,无回流或漩涡;

(3) 河宽为30~1 000 m;

(4) 表面流速不宜小于 0.1 m/s，且要求有一定的水波纹。

3.4.3.3 关键技术

1. 数据处理

侧扫雷达系统可提供的基础数据有每个距离段的表面流速和置信度，它们分别由每个距离段的回波频谱提取和依据频谱的信噪比计算而来。目前，侧扫雷达测流系统传送的测速数据有测流断面算数平均流速、测速总置信度（信噪比）、每个单元的表面平均流速、每段流速的置信度、分段长度、电源电压、环境温度和数据传送无线网络信号强度等。

针对部分测量数据异常值，可在配套软件中采用中值滤波等异常值剔除方法处理。数据处理的难点在于探索一种流量计算方法，使得侧扫雷达测得表面流速转化为可靠的断面流量。3.4.3.1 节介绍了几种主流的侧扫雷达流量计算方法。

2. 误差分析

（1）雷达测流系统测速单元起点距与断面起点距对应误差。随水位变化，雷达测距相同的水面点的起点距有差异，起点距误差进而影响流量计算误差。

（2）雷达测流系统的流量实时数据在采集过程中受到水位突变、停靠船只、断面附近桥梁及桥上运行车辆等各种噪声的干扰污染，导致单元表面流速跳变、流量数据存在偏差。

（3）雷达测流系统的测量区域是以仪器安装点为圆心，由天线发射张角构成的扇形区域，某点的流速为 10 m×10 m 扇形方格网或 10 m×10 m 矩形方格网（双站）面上测量得到的平均值，适合流速横向变化较均匀的断面。

3. 注意事项

侧扫雷达可以安装在河岸边、建筑物上、汽车上等。安装及应用中应注意以下问题：

（1）雷达安装点到河面区间应开阔、无遮挡；

（2）安装点应考虑电磁环境的干扰防护，应与高压线、电站、电台、工业干扰源保持安全距离；

（3）安装点应选择在平直的河道上，尽量远离水坝、水库或降低水坝、水库影响；

（4）应尽量避免受到紊流影响，减少受过往船只和停泊船只影响；

（5）使用期间应避免同频信号干扰影响，避免在侧扫雷达附近使用同频设备。

3.4.3.4 应用实例

（1）测站概况

寸滩水文站是长江上游干流控制站，为国家基本水文站，建于 1939 年 2 月，位于重庆市江北区寸滩街道三家滩，集水面积 866 559 km²，距河口 2 495 km，控制着岷江、沱江、嘉陵江及赤水河各主要支流汇入长江后的基本水情。

测验河段位于长江与嘉陵江汇合口下游约 7.5 km 处，河段较顺直，长约 2.3 km，断面最大水面宽约 823 m。左岸较陡，基本为自然坡面，地物较少；右岸为卵石滩，171 m 以上有竖直高约 11 m 的堡坎。断面左岸上游 550 m 处有砂帽石梁起挑水作用，下游 1.5 km 急弯处有猪脑滩为低水控制，再下游 8 km 有铜锣峡起高水控制，河床为倒坡，中泓偏左岸，河床左岸为沙土岩石，中部及右岸为卵石组成，断面基本稳定。河岸无较大植物生长，对水文测验基本无影响。洪水期波浪较大、漂浮物较多，易造成 ADCP 部分测流数据缺失以及仪器损坏。

（2）基本测流方案

寸滩站下游约 600 km 有三峡电站，水位流量关系受三峡水库调蓄影响。三峡坝前水位达到 159 m 时，水位流量关系受三峡回水顶托影响，关系较紊乱；其他时期，水位流量关系多数较单一，洪水涨落率较大时，受洪水涨落影响有绳套曲线。

由于受三峡工程影响，寸滩站流量测次根据坝前水位制定。三峡坝前水位在 159 m 以下时，主要按上游来水布置测次,每月流量测次不少于 2 次,两相邻测次的时距不得大于 30 天;三峡坝前水位在 159 m 以上时,受坝前回水顶托影响,测次综合考虑上游来水与坝前水位变化布置,两相邻测次的时距不得大于 7 天。常规测验方法为走航式 ADCP,每年用流速仪法与 ADCP 法同步施测 2~3 次。流速仪法测流时,测速垂线宜分布均匀,且能控制流速变化的转折点。当 ADCP 和流速仪均不能正常测流时,可以采用中泓浮标法、极坐标浮标法或天然浮标法测流。

(3) 测流方案优化

为推动全国水文站网的发展和进一步提高我国水文测验技术水平,寸滩水文站安装了侧扫雷达测流系统(Ridar-800 型)。Ridar-800 型侧扫雷达探测范围更广,发射功率更大,适合水面宽大于 800 m 的河流。测流设备共计有 2 个发射天线和 6 个接收天线。根据水文站及周边实际情况,仪器安装位置选定在长江上游水文水资源勘测局机关大楼临河侧的露天平台边缘,安装效果见图 3.4-13。天线安装角度使扇面中心线垂直于平台边缘,天线发射扇形面圆心角为 120°。Ridar-800 型在线测流系统计算流量采用的断面方位角 172°01′55″,寸滩水文站测验断面方位角 170°24′49″。两断面基本平行,侧扫雷达断面线位于寸滩站测验断面下游,左岸间距 89.9 m,右岸间距 78.3 m,平均间距约 84 m。

图 3.4-13 寸滩站侧扫雷达安装

侧扫雷达通过发射雷达波,作用在水体表面,利用布拉格效应收集到照射区域内所有物体运动速度,通过滤波、能量分析、方向判断等手段剔除区域内水体以外的其他流速数据,再以不同半径划定区块,计算区块内的平均流速,代表该区块对应的断面位置(起点距)上水体表面流速。为提高测流系统的可靠性,采用天线共址、收发分开的结构形式。信号部分采用直接射频采样、数字正交相参混频、FIR 数字滤波和抽取、DDS 频率合成、多普勒处理、高精度定向算法等技术措施,数据结果可以采用以太网通信技术或其他通信方式完成传输。

寸滩站侧扫雷达系统自安装以来,运行较稳定,设备每十分钟收集一次表面流速数据。由于受三峡工程蓄水影响,每年 10 月至次年 4 月蓄水顶托使得寸滩站断面流速小,水流平稳波浪小,侧扫雷达测速精度不高。在 5 月至 9 月的测流数据中,我们随机挑选了 30~40 次雷达断面流速与断面平均流速建立相关关系。经分析,侧扫雷达测得断面最大垂线流速与断面平均流速相关关系最好,系统误差为 −0.01%,随机不确定度为 2.78%。考虑到参与分析计算、确定相关关系的系列样本仅为部分流量测次,故又采用未参与分析的测次进行关系验证。经验证,拟合数据系统误差为 1.47%,随机不确定度为 9.44%,满足《水文资料整编规范》中一类精度站水位流量关系定线精度要求。

值得注意的是,软件系统在流量计算过程中,可能未考虑雷达发射位置的俯角,直接将雷达发射位置到水面的斜距与实测大断面起点距对应。应该将雷达斜距做水平投影并加上雷达在断面上的起点距,最终将雷达斜距转换成与实际大断面起点距相对应的距离。进行表面流速比测时,该问题更应受到高度重视,务必使流速仪测速垂线起点距与雷达测速单元起点距对应,否则容易出现流速分布不合理、比测误差较大等问题。

3.4.4 视频测流

3.4.4.1 基本原理

(1) 基本原理

描述液体运动的有拉格朗日法和欧拉法。拉格朗日法是以研究单个流体质点运动过程作为基础,综合所有质点的运动,构成整个流体的运动;欧拉法是以流体质点流经流场中各空间点的运动,即以流场作为描述对象研究流动的方法,也称为流场法。目前,市面上主流的视频测速方法是基于拉格朗日框架和欧拉框架。视频测速法主要是以视频的方式跟踪天然河流中诸如涟漪、波纹、漂浮物等水面示踪物的运动特征,结合图像处理和分析技术,以及流场后处理方法,进而获取水流表面流速的方法。其假设条件是河流表面的颗粒或水面特征遵循与流体相同的运动模式。

(2) 流量计算

视频测流系统测得的是表面流速,其流量计算方法与前述侧扫雷达测流系统基本相同。

3.4.4.2 工作方式和适用条件

(1) 仪器结构

视频测流设备主要包括硬件系统和软件系统。硬件系统包含网络摄像机、补光设备、网络传输系统、水尺和系统电源。软件系统指配套上述硬件系统的相关软件,可实现视频下载、水位和表面流速分析计算、流量结果输出等功能。图 3.4-14 为某视频测流产品系统构成示意图。

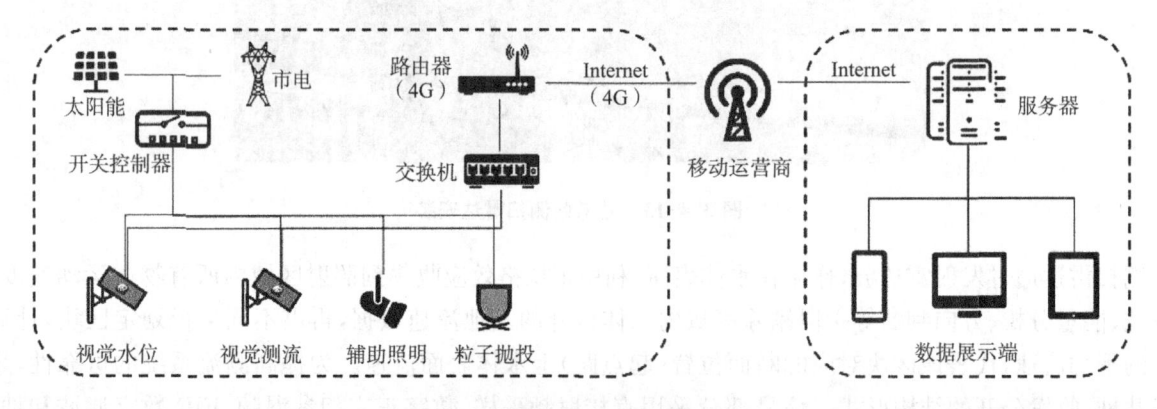

图 3.4-14 视频测流系统构成示意图

视觉测流采集终端一般采用三维万向节安装于监控支架上,通过万向节调整安装角度,以确保拍摄范围准确。采集终端供电一般采用市电或太阳能供电,根据现场安装条件进行选择。采集终端数据传输一般采用宽带或 4G,根据现场安装条件进行选择。多台采集终端通过交换机连接至路由器,路由器的选择一般为普通路由器或 4G 路由器,根据现场安装条件进行选择。视觉流量监控平台是整个测量系统的中控系统,它负责对终端系统的控制、视频图像信息的存储、处理、分析和流场计算等功能。

(2) 技术指标

视频测速系统可架设于桥上或者岸边,具备安装简便、系统稳定等特点,无需人员值守,在一些极端情况下也能进行稳定可靠的测量。国内视频测流设备主要技术指标如下:

分辨率及帧率:1 920×1 080,25 fps;

测速范围:0.1~20 m/s,量程与安装高度有关;

流速误差：±0.1 m/s；

流量误差：小于5%；

测量间隔：可根据实际情况设置，最高支持每秒钟采集12次；

供电方式：AC220 V或太阳能供电；

工作温度：−40℃至60℃；

工作湿度：小于90%；

防护等级：IP65及以上。

（3）工作方式

根据运动矢量估计方法的不同，视频测流方法主要分为大尺度粒子图像测速法(LSPIV)和时空图像测速法(STIV)两类。无论是哪种测速方式，其主要测流步骤基本一致，分别是确定水面示踪物、图像采集、图像预处理、图像分析和流场后处理。

20世纪90年代，Fujita等人提出了大尺度粒子图像测速法(LSPIV)，该方法源于实验室流体力学研究中的粒子图像测速技术(PIV)。在天然河流中，LSPIV把天然漂浮物、泡沫及涟漪等表面流动特征作为水流示踪物，以自然光为主要光源，以数码相机或视频摄像机为图像采集设备，通过匹配分析区域内跟随表面水流运动的示踪物图像获得二维流速场。

21世纪初，Fujita等人又进一步提出了时空图像测速法(STIV)，该方法基于质量守恒定律。水流在短时间内满足连续性假设，使得它们在三维时空域中的位置必然满足某种相关性。这种相关性在一维图像空间和序列时间组成的时空图像中表现为具有显著方向性的纹理特征，反映了目标在指定空间方向上时均运动矢量的大小。相比于大尺度粒子图像测速法，时空图像测速法空间分辨率高、计算效率高，可实现实时高效流量监测。

（4）适用条件

视频测流技术的硬件核心是高性能的视频采集设备。由于算法原理的独特优势，在表面纹理特征点合适的条件下，能够测量低至0.1 m/s的流速。视使用场景的不同，视频测流技术在足够安装高度的情况下，能够测量高至30 m/s的流速；在通常安装高度的适用场景下，适用流速范围一般为0.1～10.0 m/s。

视频测流技术对河道宽度有一定的要求。如果河流上方具有横跨河流的安装条件（一般是指桥梁、索道、管道等），那么视频测流技术对河宽没有限制性要求。如果河流上方不具有横跨河流的安装条件，那么视频测流技术能够覆盖的河宽一般不超过300 m，视现场安装环境而定。在特殊水情下，视频测流设备还可以搭载无人机使用，实现应急监测。

视频测流技术适用于有市电供应或者可以安装风光互补发电系统的场景下。系统内置电源控制模块，定时启动视频测流设备进行数据采集，能够有效地降低电能消耗。

视频测流技术适用于公网、物联网、局域网环境。不同网络环境下，数据传输链路大同小异。

3.4.4.3 关键技术

1. 数据处理

对于摄像机拍摄的原始图像资料，软件首先会进行图像正射校正，消除镜头失真和滤波，或者去除阴影、眩光以增强粒子的示踪性，这一步将直接直观影响图像分析结果。完成预处理后的资料就可以进行图像分析，主要包含基于粒子的图像测速法，基于概率的图像测速法，基于变分的图像测速法及基于机器学习的图像测速法。目前主流的，也是应用最多的是基于粒子的图像测速法。其核心思想是根据粒子的稀疏和分布情况，结合相关性操作或特征跟踪方法实现速度场的计算。最后，对数据图像进行滤波处理，消除和修正不合理的、错误的流场速度矢量。

2. 误差分析

视频测流技术对水流环境、天气条件及数据处理技术要求较高。

（1）水面波浪破碎、水面过于平静和缺少天然漂浮物等情境下，测速效果受影响较大；

(2) 在遇到暴雨、水雾、大气散射和水面倒影等复杂水面成像条件时,水面目标的可见性降低,直接影响流速测量精度;

(3) 图像处理技术对速度矢量的提取本身存在误差,需通过更多复杂测流环境下的观测数据,优化算法,提升软硬件的适应性。

3.4.4.4 应用实例

(1) 测站概况

宁桥水文站于1988年设立,位于重庆市巫溪县宁桥乡青坪村,集水面积685 km²,为控制西溪河水情的三类流量测验精度的巡测水文站。属国家基本水文站,现有水位、流量等测验项目。

宁桥水文站测验河段顺直长约100 m,上、下游有急弯,两岸为石砌公路。下游滩口起中低水控制作用,再下游的宁桥起高水控制作用。河槽为宽浅型,河床中部由卵石夹沙组成。经过多年大断面资料分析,宁桥站测流断面稳定,无较大变化。历年水位流量关系为单一曲线。

(2) 基本测流方案

由于宁桥站水位流量关系稳定,该站实行巡测方案,每年流量测次不少于3次,汛前、汛中、汛后均应有测点,用于检测综合线,定线方法采用近三年流量点子定线,高水部分可借用历年高水实测点参与定线。常规测流方案为在起点距分别为9.0、14.0、19.0、24.0、29.0、34.0、39.0、44.0、49.0 m按3~9线二点法,测速历时100 s或60 s施测测点流速。涨落快时,在优先采用二点法的情况下,可采用一点法(相对位置0.2)。

(3) 测流方案优化

宁桥水文站是国家基本站,其设站目的之一就是研究水文站无人值守技术,助力全国水文站网的发展和进一步提高我国的水文技术水平。由于是山溪性河流,河水陡涨陡落,测量时间紧张,涨水时满河都是树木、杂草等漂浮物,极易损坏流速仪,导致测流失败。满河的漂浮物使浮标不易分辨,浮标测流难以实现。

一般将视觉测流设备安装于水文流量监测断面的左岸和右岸,通过立杆的方式将设备安装于高处,倾斜拍摄垂线上的各个测点。还有凌空分布式安装方式,适用于河流上空有横跨河流的安装条件,例如桥梁、索道等,一般将视觉测流设备安装于桥梁上游一侧,避免桥墩对流速产生影响。由于河流上空没有横跨河道的安装条件,宁桥站视觉测流系统采用侧边集中式安装方式。安装效果见图3.4-15、图3.4-16。

图3.4-15 宁桥水文站空中俯视图

图 3.4-16　宁桥水文站视频测流设备安装情况

宁桥站视觉测流系统安装后，经过调试（包括测试接入匹配自记水位、调试探头角度、率定参数、搭建数据平台等），可正常采集数据后，正式进行适用性运行。采集终端安装于宁桥站房内，数据服务器搭建在万州水情分中心，现场测量数据通过网络传至水情中心服务器。测流软件支持管理人员随时操作测流设备进行表面流速和流量的测量，也可以设置为等时间间隔自动测量模式。软件还支持历史数据查看、部分数据修改、导入导出数据、视频查看和视角调整功能。图 3.4-17 为视频测流软件界面展示。

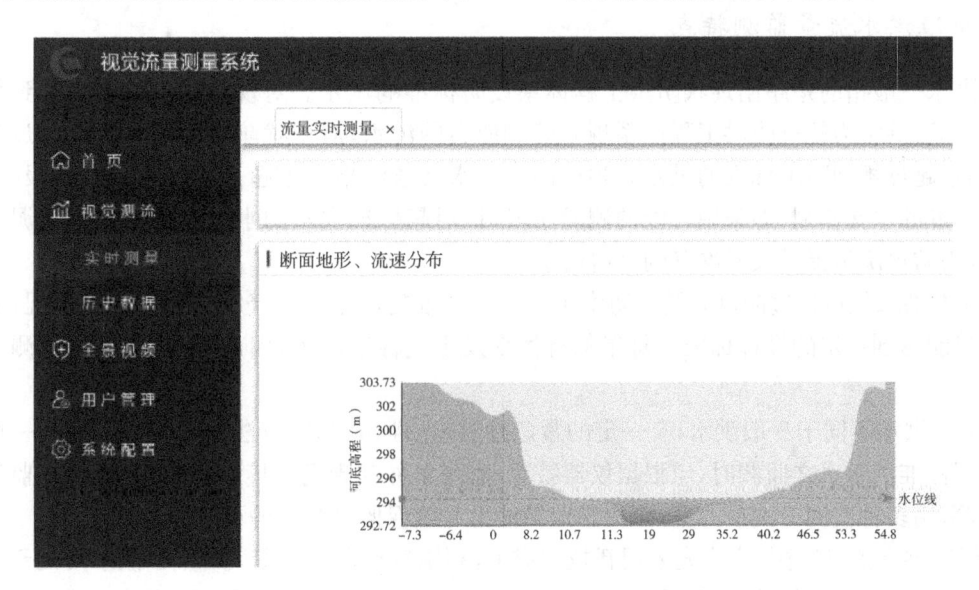

图 3.4-17　宁桥站视频测流软件界面展示

宁桥站采用预设整点定时的测量方式，在 2020 年 5 月 15 日至 2021 年 6 月 15 日期间，收集到有效视觉测流流量 4 909 次，水位变化范围 294.00～298.88 m；宁桥站流速仪实测流量 7 次，检验综合水位流量关系基本稳定。由于宁桥站多年水位流量关系为单一线，加上巡测站实测流量测次少，所以用资料整编定线流量来判断视频测流系统精度。

根据历史资料分析，宁桥站 295.00 m 以下为低水水位，295.00～298.00 m 为中水水位，298.00 m 以上为高水水位。低水位下视频测流效果并不好，同水位下流量波动较大，稳定性不够。中高水时虽然流量数据稳定，但与综合线流量误差较大，系统误差为 1%，随机不确定度均为 22.8%，测点误差大于 20% 的占总测点的 6.7%，误差大于 10% 的占总测点的 36.7%。根据以上数据可知，视频测流设备测流结果准确度相对较好,精密度较差,不能建立良好的相关关系,测流定线精度无法满足资料整编规范要求。

视频测流手段在国内起步较晚,大多数设备尚处于实验、比测阶段,相关技术还不够成熟。从宁桥站视频测流设备运行情况来看,有如下几方面的问题值得注意:

(1)测量数据有一些不合理的地方,如水位高时流量反而小。对于水位流量关系呈单一线的测站而言,这种现象并不符合基本的水文规律。这可能是影响视觉表面测速的不利因素造成的,应进一步从视觉识别技术方面过滤掉不利影响。

(2)设备选址。探头照射角度正对滩口处,虽然从视觉原理上只要在探头视线范围即可测流,但滩口处水流相对较乱,效果不佳。

(3)现状测验设置为逐时测流,低水测次较多,高水时测次相对较少,且容易漏掉洪峰流量。建议优化测验方案,除定时段测流外,增加以水位涨落率控制测次。

(4)采集终端供电系统为外接市电,传输系统依赖网络,同时水位为外接本站水位自记系统,数据正常采集和传输受到停电断网的影响。

总的来说,视频测流系统能够自动完成流量测验并计算流量,是实现流量在线监测的一种有效方式。

3.5 超标准洪水流量监测

受全球气候变暖的影响,局地强降水发生的频率和强度增加,极端性更强。为有效应对洪水灾害领域"黑天鹅"和"灰犀牛"事件,水文测站必须树立底线思维,立足防大汛,防御超标准洪水,确保水文测站发生超标洪水时仍能测得到报得出,有力支撑防洪减灾工作。防御超标准洪水时,关注的焦点是水位、降水、流量等项目,而相对水位、降水项目,流量测验的难度则大得多,因此,有必要专门针对超标准洪水流量监测进行研究。

3.5.1 超标准洪水流量监测特点

超标准洪水一般指的是超出现状防洪工程体系设防标准的洪水。对现状防洪能力未达到规划防洪标准的河流,超标准洪水为超过防洪工程体系现状防御能力的洪水;对现状防洪能力达到或超过规划防洪标准的河流,则指超过规划防洪标准的洪水。超标准洪水水文监测指发生超过水文站现有测报能力、测洪标准或者防洪标准的水文监测,即采用可能的测验手段,针对超标准洪水的水位、流速(流量)、泥沙等水文要素进行监测,为防汛决策提供及时准确的水情信息。

(1)超标准洪水是指超过防洪系统或防洪工程设计标准的洪水。从经济合理和现实情况出发,防洪设施的保证率只能达到一定的设计标准。每年都有概率发生超标准洪水,因此,超标准洪水监测手段应常备不懈。

(2)超标准洪水不同于一般洪水,有一定的紧急性、应急性,其测验方法和精度要求应与一般洪水有所区别。进行超标准洪水水文监测时,应根据仪器特点、监测条件和现场环境等因素,充分考虑监测方法和仪器适用性,宜采用多种监测方法或方案,以提升监测能力并确保监测成果的可靠性。

(3)超标准洪水流量监测,应优先采用新技术成果,利用自动在线监测设备。当洪水尚处于测站测洪能力范围内时,可在确保安全的情况下,采用常规流量测验方案。如采用流速仪法,可以采用少线、少点、少历时的简测法方案,但简测法方案宜事先分析并准备不同组合的方案。当洪水超出测站测洪能力范围时,应有底线思维,因地制宜,采用非接触式方法,如传统的浮标法、手持雷达波流速仪等方案,确保能够测到洪水。当采用非常规测验方法进行超标准洪水流量监测时,使用前宜选择有代表性的水情与常规测验方法进行比测,并做好测验精度分析。

3.5.2 超标准洪水流量监测方案的制定

3.5.2.1 编制原则

制定超标准洪水流量监测方案,是在分析总结本江段历史大洪水特点和规律的基础上,研究和修订现状测验条件下的水文应急流量监测预案。制定超标准洪水流量监测方案应遵循以下几个原则：

（1）因站制宜，问题导向。方案必须结合测站自身特性，分析河流特点、现有设施设备、人员状况，以问题为导向，制定方案。

（2）务实管用，操作可行。方案应多备无患，内容全面，充分考虑最不利情况，实用可行。

（3）以人为本，安全第一。方案应根据以人为中心的发展理念，在保障人员安全的情况下开展测验工作。

3.5.2.2　编制大纲

超标准洪水水文监测预案内容宜包括测站基本情况、洪水特点、组织及职责、监测方案、仪器设备、资料分析计算与成果评价、保障措施、安全措施、后期处置、附则及附录等。以下为超标准洪水水文监测预案参考大纲。

1. 概况

（1）流域概况

简述水文测站所处流域的地理位置、经纬度跨度、地形地貌、气候、暴雨洪水特性，流域形状、河长、坡度、面积、主要支流及重要水利工程等。

（2）测站概况

① 基本情况

简述水文测站站址、测站编码、经纬度、沿革、所在河流水系、集水面积、至河口距离、测验项目、测站功能、采用基面、隶属关系、人员配置等。

② 测验河段及断面情况

简述测验河段长度、河道弯曲、流向变化，断面布设、河床组成、河道冲淤、上下游附近主要涉水工程等。

③ 测站特性

简述洪水来源、峰型、流速、漂浮物，水位流量关系变化规律及主要影响因素，水文特征值等。

④ 测报能力现状

简述水位、流量测验和供电、报汛等主要设施设备测报能力现状。

⑤ 交通状况

简述交通方式、交通工具和路线。

2. 测报方案

（1）确定洪水量级

在综合分析水文测站测报能力和测验河段附近堤防防洪标准等防汛需求的基础上，确定本站超标准洪水测报预案洪水量级划分情况。

（2）测验方案

明确流量测验方案的适用条件、技术要求、方式方法、测次要求和人员分工。

（3）人员设备转移方案

明确人员和设备转移时机、路线和方式。

3. 保障措施

超标准洪水水文监测保障措施应包括后勤生活保障、工作保障、交通保障、通信保障、技术保障、应急支援保障、安全保障及培训演练保障等。

（1）组织保障

明确组织机构、岗位职责、人员分工和人员调配以及应急支援等内容。

（2）技术保障

明确成果质量保障的措施和方法。

（3）物资保障

明确物资储备管理、装备配置、供电设备、通信和交通保障等。

(4) 安全保障

明确安全生产责任人、安全岗位职责、安全设备配置和安全隐患排查的要求。

(5) 培训和演练

明确培训和演练的人员、方式和内容。

4. 水文调查

明确暴雨洪水调查和还原分析的内容、技术要求、完成时限及成果质量要求等。

5. 图表

图表包括附图1(流域水系图)、附图2(测站位置图)、附图3(测验河段地形图)、附图4[实测大断面(含辅助断面)图]、附图5(水位流量关系图)、附表1(主要水文测报设施设备现状表)、附表2[实测大断面(含辅助断面)成果表]、附表3(水位流量关系流率表)。其中，附图1包括水文测站所在流域水系、站网分布和重要水利工程情况；附图2包括测站所在地附近河流、湖泊、重要涉水工程以及转移断面可利用的工程设施的位置等；附图5中水位流量关系线延长至超标准洪水最大量级；附表1主要统计水文测站主要设施设备型号、数量。

3.5.3 监测实例

本节以2020年小河坝(三)水文站超标准洪水流量监测为例，说明超标准洪水流量监测方案的制定及监测实施。

3.5.3.1 基本情况

2020年受高空槽、西南涡、冷空气以及暖湿气流的共同影响，涪江上游出现了持续性强降雨过程，小河坝(三)站发生2006年迁站以来最大洪水，实测最高水位245.35 m，超保证水位5.35 m，最大洪峰流量22 100 m³/s。小河坝站房、缆道房位于涪江左岸，受大暴雨及站房边化工厂搬迁下水道被堵影响，站房、缆道房之间产生了较大滑坡，严重威胁站房、缆道房安全，导致缆道桩、绳及观测道路被冲毁，无法开展缆道测验。2020年小河坝(三)水文站全程按照《2020年小河坝(三)水文站超标准洪水流量监测方案》开展洪水测验工作。

3.5.3.2 监测预案

1. 概况

(1) 流域概况

① 自然地理

小河坝(三)站位于重庆市潼南区，属于重庆西北部，地处渝蓉地区直线经济走廊。潼南区位于盆地浅丘地区，地势平坦；地处川中红色地层区，地质属龙女寺半环状构造体系。境内有三个背斜和三个向斜相间分布，表现为近于东西向褶皱相间，岩层产状平缓，两翼对称，倾角为1°～3°，无大的构造断裂存在。

② 流域水系

涪江属嘉陵江右岸一级支流，界于东经103°47′～106°02′、北纬30°05′～32°58′之间，发源于岷江东麓三舍驿的红星岩，自西北向南流经平武、江油、绵阳、三台、射洪、遂宁、潼南至合川汇入嘉陵江。涪江干流全长670 km，其中涪江干流重庆河段总长136 km，平均比降4.0‰，流域面积364 00 km²，占嘉陵江流域面积的22.5%。

涪江流域形状呈西北一东南向的狭长条形，流域地势西北高、东南低。从岷江的分水岭雪宝顶海拔5 588 m起至合川汇口处海拔约200 m左右，相对高差超过5 000 m。地貌大致可分为两部分，即山区和丘陵平坝区。涪江干流在江油武都以上为山区，属涪江上游，干流穿行于崇山峻岭之间，河谷狭窄，河道弯曲，山高坡陡，谷深水急，多险滩，落差较大，河道比降在6‰以上，河床组成以卵石为主，河谷呈"V"形。涪江在江油至遂宁段属中游，遂宁以下为下游。涪江中、下游地区除少数平坝外主要为丘陵区及浅丘区，海拔为300～700 m，相对高差为100～200 m，河道宽度一般为500～600 m，河道坡降向下游逐渐减小，一般为

0.6‰~1.4‰。两岸多为不对称的宽浅式河床,沿程滩潭相间,支沟众多,台地发育,农耕发达,植被较差,水土流失比较严重。涪江流域的径流主要来源于降水,有少量的融雪及地下水补给,径流在年内的变化与降水基本相应。

③ 水文气候特征

潼南区属亚热带湿润季风气候区,受东南和西南季风的交替影响,具有冬温夏热、热量丰富、降水充沛、季节变化大、多云雾、少日照等特点。流域内,上游与中下游气候有明显的差异。上游由于地势较高,气温较低,温差较大;中下游为丘陵平坝区,气温高,温差小。受地形影响,降雨量在面上分布不均匀,上游高山区降雨丰沛,中下游丘陵平坝区降雨量明显偏小。涪江上游洪水由暴雨形成,雨季(6—9月)降雨主要集中在7—8月。一般7月上旬至7月下旬,流域上游为著名的鹿头山暴雨区,暴雨中心多发生在睢水关、北川、平武一带的龙门山高山峡谷区,雨量集中,强度大;而中下游地区因地势平缓,无明显的暴雨中心,暴雨强度也较上游山区明显减小。

降雨量季节分配不均匀,主要集中在夏季,年均降雨量为990 mm。涪江洪水基本上由暴雨形成,年最大洪水多发生在7—8月,9月份以后由于冷峰南移,有时呈准静止峰,流域可出现秋季洪水。涪江洪水具有涨落迅速、变幅大等特点。在电站蓄水情况下,枯水期较长,水位变化较小;汛期多峰,常出现水位暴涨暴落现象。

(2) 测站概况

① 基本情况

小河坝(三)水文站位于重庆市潼南区桂林街道莲花社区,测站编码为60715900,属于涪江的主要控制站,该站设立于1951年,后两次迁站,控制流域面积28 901 km²。

测验项目有水位、流量、悬移质输沙率、悬移质颗粒分析、降水量、水质分析等。小河坝(三)站为一类精度流量站、二类精度泥沙站。人员编制4人(现有3人),担负着向国家防总及地方各级防汛部门水情报汛的重任。

② 测验河段及断面情况

测验河段较顺直,顺直长度约为1 km。河槽左岸为陡壁,右岸较平坦,深槽偏左。中水主槽宽约227 m,高水主槽宽约263 m。河床左岸为乱石,中泓为卵石夹沙,右岸为沙土河床略有冲淤变化,断面较稳定。断面上游355 m有一公路桥,中泓无桥墩,对水流影响不大;断面右岸为滨江公园,下游约2.5 km处有潼南水电站,电站回水顶托对断面水位流量关系有较大影响。

③ 测站特性

小河坝(三)站降水年内分配不均,来水来沙年际变化大,主要集中在汛期,特点是洪水暴涨暴落、历时短。2013年以前小河坝(三)站水位流量关系基本为稳定的单一线;之后潼南水电站开始修建,中低水时受潼南水电站影响,水位流量关系紊乱,洪水期间水位流量关系受潼南水电站影响不大,基本恢复成天然状态,洪水过程为逆时针绳套曲线,流速大,漂浮物中泓较多,全年来沙量主要集中在洪水期。洪水主要来源于降水或上游来水,水沙峰基本相应。目前,测站水位流量关系的确定主要采用临时曲线法和连时序法,年实测流量根据水位与流量的变化情况布置测次,以能满足顾客需求和水位流量关系整编定线、准确推算逐日流量和各种径流特征值为原则,按水位级及洪峰涨落过程均匀布置测次。小河坝(三)站水文特征值见表3.5-1。

表3.5-1 小河坝(三)水文站水文特征值表

项目	最高或最大	发生日期			最低或最小	发生日期		
		年	月	日		年	月	日
水位(m)	245.35	2020	8	17	228.38	2008	6	8
流量(m³/s)	28500	1981	7	15	22.5	2019	7	9
径流量(亿 m³)	250.9	2020	—	—	79.93	2006	—	—
含沙量(kg/m³)	24.8	2013	7	11	—	—	—	—

④ 测报能力现状

小河坝（三）站目前水位能观读到 251.96 m。缆道测洪能力为 28 500 m³/s。水位在 238.19 m 以上时，右岸滨江路开始出现漫滩；特别是洪水位达到 246.99 m 以上时，水已经漫过滨江路堤顶，出现大面积漫滩。

漫滩部分缆道无法施测时，采用电波流速仪法在涪江大桥上施测，提前施测电波流速仪断面，按照漫滩部分的测速垂线施测。主要设施高程详见表 3.5-2。

表 3.5-2 小河坝（三）水文站主要设施高程统计表

名称	高程(m)	名称	高程(m)
水文站房一楼地面高程	268.169	涪江大桥高程	268.351
基本水尺 P1 尺顶高程	251.962	左岸测流断面铅鱼台	260.986
右岸排架支点	272.510	右岸滨江路堤顶	246.990
站房房顶高程	277.369	左岸机绞房高程	268.269
发电机房高程	261.486		

注：高程基面采用本站冻结高程。

供电能力：一般采用市电，停电后采用柴油发电机发电。

报汛能力：自记水位主信道采用短信，辅信道采用北斗卫星传至上级单位。实测流量、人工观测水位通过移动电话、网络传至上级单位。当移动基站出现问题，手机信号中断或者互联网出现问题时使用配备的卫星电话报汛。特殊情况提前联系当地政府提供支持。

⑤ 交通状况

当小河坝（三）站出现超标准洪水时，合川分局可根据雨水和交通等情况，选择最有效、最安全的路线及时对该站进行支援。具体支援路线及需要时间如下：

路线一：采用巡测车、租车等通行方式的交通路线。

分局 S416（铜梁方向）⇒ 十塘高速入口 ⇒ 三环高速 G93（渝遂高速）遂宁方向 ⇒ 潼南出口 ⇒ 站房。全程通行时间大约为 1.4 h。

路线二：采用客运班车通行方式的交通路线。

a. 分局 ⇒ 铜合路 ⇒ 铜梁区（转车）⇒ G318 潼南 ⇒ 站房。全程通行时间不固定，需转车，一般需要约 2.5 h。

b. 分局 ⇒ 铜溪镇 ⇒ 安居 ⇒ G318 潼南 ⇒ 站房。此行客运班车每天往返只有一班，一般需要约 2.0 h。

路线三：采用火车通行方式的交通路线。

分局 ⇒ 合川火车站 ⇒ 潼南火车站 ⇒ 站房。分局至合川火车站时间约 0.3 h，火车通行时间为 0.4 h，潼南火车站至站房时间约为 0.3 h，全天火车列次较多，洪水对火车运行无大的影响，一般需要历时 1 h。

2. 测报方案

（1）确定洪水量级

根据小河坝（三）站缆道测洪能力和下游防汛工作需要，结合实际，确定 248.79 m（测洪能力）至 252.97 m（防洪标准）和 252.97 m 以上两个洪水量级，分别制定超标准洪水测报方案。

而当水位达到 238.19 m 以上时，右岸滨江路开始出现漫滩；特别是洪水位达到 246.99 m 以上时，水已经漫过滨江路堤顶，出现大面积漫滩。

（2）测验方案

① 水位在 248.79 m 至 252.97 m 之间

小河坝（三）站水位在 248.79～252.97 m 时的测验方案见表 3.5-3。

表 3.5-3　小河坝(三)水文站水位在 248.79～252.97 m 时的测验方案

项目			方案
水位	248.79～252.97 m	段次	1. 尽量采用自记水位计,根据水位涨落变化情况按不低于四段制进行人工比测,峰顶附近加密人工观测。 2. 自记水位计不能使用时恢复人工观测,水位涨落急剧时,应每 1h 观测一次,根据需要加密观测
		方式方法	1. 水位优先采用自记记录,人工同步观测比测,超出投产范围部分特别是洪峰附近加密观测,测次数要满足比测分析并能控制洪水变化转折点。 2. 当预报水位超出 251.96 m 时,需提前在观测道路、铅鱼房或操作房设立好临时水尺; 3. 人工观测要求:观测人员前往现场观测;当观测道路毁损时,在小极 1 或者一楼路面或右岸新设水准点上用全站仪有棱镜观测或将基站架在站房院坝空旷硬质地,先检校小极 1 高程,获得高差,再到断面附近水边安全处用 GNSS 测量水位
		措施与人员分工	郭××(协调指挥)、聂××(水位观测)、吴××(水位报送)
流量测验	248.79～252.97 m	测次	以满足水位流量关系整编定线、准确推算逐日流量和各种径流特征值为原则。当水流情况发生明显变化,应根据实际情况适时增加测次,控制流量变化过程
		方案Ⅰ 方式方法	缆道流速仪法,因缆道右支点起点距为 371 m,所以缆道只能测到起点距在 365 m 内的流量,水位在 247.20 m 以上时,缆道房的断面流量分为主洪流量和漫滩流量两部分。缆道流速仪法施测主槽流量 $Q_主$,漫滩目测无流速时不测,断面流量只有主洪流量;目测漫滩部分有流速后,用电波流速仪按照电波流速测速垂线在涪江大桥上施测漫滩流量 $Q_漫$,缆道部分使用本断面,电波流速仪使用电波流速仪断面分别计算流量。总流量 $Q=Q_主+Q_漫$。 缆道流速仪法测主洪优先采用常测法,在起点距分别为 35.0、55.0、75.0、95.0、125、145、185、220、260、355(340)m 处按 7～10 线两点法(340、355 m 可只测 0.6)施测。流量在 4 500 m³/s 以上(不受电站顶托影响时的相应水位级要达到 235.50 m 以上,不含洪水退水时流量),可测相对位置 0.2 的一点法,系数值 0.92,但宜优先采用两点法。高水情特殊时测流历时可缩短至 60 s 或 30 s(上游局〔2012〕149 号文)。 高洪时简测法:适当采用简测法在起点距分别为 35.0、75.0、125、165、200、260、320 m 处 5～7 线一点法(相对位置 0.2),水情特殊时测流历时可缩短至 60 s 或 30 s。$Q_简=0.929Q_{0.2}-141.8$(流量在 2 000 m³/s 以上使用)
		方案Ⅰ 措施与人员分工	主槽流量郭××、吴××负责;漫滩流量聂××和其他机动人员负责;吴××负责流量成果计算和报汛
		方案Ⅱ 方式方法	极坐标法,天然浮标共选取 10 个左右,主槽的浮标主要集中测量;水位在 240.00 m 以下时,中泓在起点距为 40～150 m 选取;水位在 240.00 m 以上时,中泓在起点距为 50～150 m 选取。中泓浮标选取与平均流速在 10% 以内的有效浮标,中泓浮标系数 0.74(上游局〔2020〕5 号文)。漫滩部分适量选取多个起点距在 220 m 以上位置的浮标,计算漫滩流速和主槽流速的关系,分别计算主槽和漫滩的流量,总流量 $Q=Q_主+Q_漫$
		方案Ⅱ 措施与人员分工	聂××(全站仪测量),郭××(浮标记录),吴××(成果整理、流量报汛)
		方案Ⅲ 方式方法	电波流速仪法,桥测电波流速仪(基上 380 m 潼南涪江大桥辅助断面)
		方案Ⅲ 措施与人员分工	聂××(在潼南涪江大桥的固定点采用手持式电波流速仪测流并记录资料),吴××(成果整理、流量报汛)。角度应设置为 0°对好照准位置。测流时,单点稳定的测流时长不应小于 60 s。电波流速仪法在使用前,必须同缆道流速仪法、走航式 ADCP 等同步比测不少于 10 次,率定系数后再使用。使用面积加权法进行流量计算。 根据 2020 年小河坝(三)站电波流速仪大断面情况,划定小河坝(三)电波流速仪断面测深、测速垂线。 起点距(m):60.0、80.0、95.0、120、160、200、240、280、300、320、330、400、430、450、460、540、600、655、730

续表

项目			方案
报汛方案	实时报送	内容	水位、流量、降水量预报成果、堤防溃决或其他险情等
		时效	自记水位、降水量采用雨水情自动测报系统自动拍报； 流量成果 30 min 内人工报出； 预报成果经会商后及时报出
		程序和方法	优先采用雨水情自动测报系统； 自动测报系统故障时，采用固定电话、移动电话或卫星电话进行人工报汛
		措施与人员分工	协调指挥：郭××；报汛：聂××、吴××
	预警预报服务	对象	面向长江上游水文水资源勘测局（以下简称"上游局"）服务
		预报方案	本站洪水预报方法主要有降雨洪峰水位法、降雨径流法 2 套方案
		要求	1. 严格执行《报汛任务书》，依据实测点修正高水报汛曲线，并参考历年高水水位流量关系线，在规定时间内经水情会商后报出； 2. 根据汛情做滚动预报
		措施与人员分工	分局水情分中心人员
注：本站其他报汛任务根据服务对象要求专门制定			
转移方案	人员、物资转移		当洪水位即将达到 252.97 m 时，由郭××发出缆道停测指令，采用缆道测验流量、单沙测验的人员立即停止测验，将缆道铅鱼提至安全处，巡测人员关闭总电源，打开柴油机房、操作房的门窗以利洪水通过，减小洪水对站房等的影响

② 水位在 252.97 m 以上

小河坝（三）站水位在 252.97 m 以上时的测验方案见表 3.5-4。

表 3.5-4　小河坝（三）水文站水位在 252.97 m 以上时的测验方案

项目			方案
水位	252.97 m 以上	段次	1. 尽量采用自记水位计，根据水位涨落变化情况，按不低于四段制进行人工比测，峰顶附近加密人工观测； 2. 自记水位计不能使用时恢复人工观测，水位涨落急剧时，应每 1h 观测一次，根据需要加密观测
		方式方法	1. 水位优先采用自记记录，人工同步观测比测，超出投产范围部分特别是洪峰附近加密观测，测次数要满足比测分析； 2. 需提前在观测道路、铅鱼房或操作房设立好临时水尺； 3. 人工观测要求：观测人员前往现场观测；当观测道路损毁时，在小极 1 或者一楼路面或右岸新设水准点上用全站仪有棱镜观测或将基站架设在站房院坝空旷硬质地，先检校小极 1 高程，获得高差，再到断面附近水边安全处用 GNSS 测量水位
		措施与人员分工	郭××（协调指挥）、聂××（水位观测）、吴××（水位报送）

续表

项目			方案
流量测验	252.97 m 以上	测次	以满足水位流量关系整编定线、准确推算逐日流量和各种径流特征值为原则。当水流情况发生明显变化,应根据实际情况适时增加测次,控制流量变化过程
		方案Ⅰ 方式方法	极坐标法,仪器架在小极1,天然浮标共选取10个左右,主槽的浮标主要集中测量;水位在240.00 m以下时,中泓在起点距为40～150 m选取;水位在240.00 m以上时,中泓在起点距为50～150 m选取。中泓浮标选取与平均流速在10%以内的有效浮标,中泓浮标系数0.74(上游局〔2020〕5号文)。漫滩部分适量选取多个起点距在220 m以上位置的浮标,使用前需率定漫滩流速和主槽流速的关系,分别计算主槽和漫滩的流量,总流量 $Q=Q_主+Q_漫$。极坐标和电波流速仪法尽可能保持同时施测
		方案Ⅰ 措施与人员分工	聂××(全站仪测量),郭××(浮标记录),吴××(成果整理、流量报汛)
		方案Ⅱ 方式方法	电波流速仪法,桥测电波流速仪(基上380 m潼南涪江大桥辅助断面)
		方案Ⅱ 措施与人员分工	聂××(在潼南涪江大桥的固定点采用手持式电波流速仪测流并记录资料),吴××(成果整理、流量报汛)。角度应设置为0°对好照准位置。测流时,单点稳定的测流时长不应小于60 s。电波流速仪法在使用前,必须同缆道流速仪法、走航式ADCP等同步比测不少于10次,率定系数后再使用。使用面积加权法进行流量计算。根据2020年小河坝(三)站电波流速仪大断面情况,划定小河坝(三)站电波流速仪断面测速垂线。起点距(m):60.0、80.0、95.0、120、160、200、240、280、300、320、330、400、430、450、460、540、600、655、730
报汛方案	实时报送	内容	水位、流量、降水量预报成果、堤防溃决或其他险情等
		时效	1. 自记水位、降水量采用雨水情自动测报系统自动拍报; 2. 流量成果30 min内人工报出; 3. 预报成果经会商后及时报出
		程序和方法	1. 优先采用雨水情自动测报系统; 2. 自动测报系统故障时,采用固定电话、移动电话或卫星电话进行人工报汛
		措施与人员分工	协调指挥:郭××;报汛:聂××、吴××
	预警预报服务	对象	面向长江上游水文局服务
		预报方案	本站洪水预报方法主要有降雨洪峰水位法、降雨径流法2套方案
		要求	1. 严格执行《报汛任务书》,依据实测点修正高水报汛曲线,并参考历年高水水位流量关系线,在规定时间内经水情会商后报出; 2. 根据汛情做滚动预报
		措施与人员分工	分局水情分中心人员
	注:本站其他报汛任务根据服务对象要求专门制定		

3. 保障措施

(1) 组织保障

成立小河坝(三)文站超标准洪水测报应急小组,具体人员分工详见表3.5-5。在预报水位超警戒(238.00 m)以上时由合川分局派2人支援。若预报水位超过五十年一遇(248.79 m),向上游局请求支援。

表 3.5-5　小河坝(三)水文站超标准洪水测报小组人员分工表

序号	姓名	职务	工作事项	
1	郭××	站长	协调指挥	全面负责超标准洪水测报工作
2	聂××	成员	应急测报	测验、设施设备维护、安全生产及资料审查
3	吴××	成员	应急测报	测验、报汛、水文宣传及资料整理工作

(2) 技术保障

汛前收集本站各项考证资料和辅助大断面等相关资料，待超标准洪水过后及时补充调查。测报过程严格按照"四随"工作要求，加强合理性分析检查，确保测验质量。

汛期建立 24 h 值班制度，保证汛期通信、报汛[网络、水情业务系统、电话(包括卫星电话)]设施设备畅通无阻。

报汛人员熟悉水情上报方法，定期检查测报的通信设施、传输系统、水情业务系统各平台及计算机运行是否正常，水情值班人员每日注意长期天气预报、上下游水情预报信息，向各测报部门提供预警。

(3) 物资保障

包括物资管理、及时清点、补充、养护。

根据预报情况，当可能发生超标准洪水时，测站人员需提前将防汛物资、生活必需品、应急电源等调拨存放至本站站房内，提前 3 天备好足够的生活必需品(面包、方便面、矿泉水等)。

常规情况下采用市电，发生电力中断时采用备用发电机组发电。常态储备好 50 L 柴油用于发电机，做到汛期每月检查试运行不少于一次，确保发电机运行正常。

(4) 安全保障

定期进行安全的巡视排查工作，操作时应根据站上的安全制度执行，由专人或受过培训的人员进行操作。在河道水文测验时，职工应穿救生衣、防滑鞋等防护措施，严禁穿拖鞋进行观测或操作。道路选择大路或熟悉的道路进行观测，严禁违规操作。

当发生超标准洪水时，必须在确保安全的前提下实施水文测报，同时要做好设施设备、资料和人员转移工作，确保安全生产。

安全用具配备情况详见表 3.5-6。

表 3.5-6　小河坝(三)水文站安全用具配置表

序号	安全用具	数量
1	救生衣	5 件
2	灭火器	7 个
3	安全帽	2 个
4	安全绳	2 根
5	斧头	1 把

(5) 培训演练

制定业务学习计划表，每年汛前应组织超标准洪水的演练，明确人员分工和岗位职责，保证超标准洪水到来时，人人明确职责提高应急能力，保证预案的顺利实施。

4. 后期处置

(1) 水毁修复

当设施设备出现水毁时，应及时上报合川分局，待上级部门批准后制订计划，及时修复。

(2) 水文调查

洪水过后,立即开展暴雨洪水调查,调查工作由郭××负责,全站职工参与,必要时请求合川分局支援。工作内容如下:

① 洪水调查内容

a. 查明洪痕,测出洪痕高程;

b. 查明洪水起涨时间、峰现时间、落平时间及其总历时;

c. 查明河道情况及断面冲淤变化程度;

d. 查明河段河床组成及糙率选取;

e. 考查洪水的相对大小及其在历时洪水中所处的序位;

f. 查明洪水相应的成因,查明流域自然地理情况及水利水保措施;

g. 进行调查河段内纵、横断面及简易地形测量;

h. 对调查成果进行合理性检查,作出评价;

i. 编写调查报告。

② 洪水调查的技术要求

在调查中采用的方式方法应依据中华人民共和国国家标准中《水文测量规范》《水位观测标准》《河流流量测验规范》等要求进行。

3.5.3.3 监测实施

1. 洪水过程

受涪江上游持续性强降雨过程,小河坝(三)站2020年8月发生2006年迁站以来最大洪水。8月11日12时开始受下游约2.5 km潼南水电站腾库容影响,小河坝(三)站水位与流量出现相反走势,水位从237.38 m持续消落,流量从893 m³/s开始逐渐增大;8月12日1时40分,小河坝(三)站水位消落到最低234.12 m,流量增大到5 580 m³/s,而后水位反转,与流量变化开始基本同步。整个洪水过程为8月11日至8月20日复式洪水过程,实测最高水位245.35 m,超保证水位5.35 m。2020年洪水过程见图3.5-1。

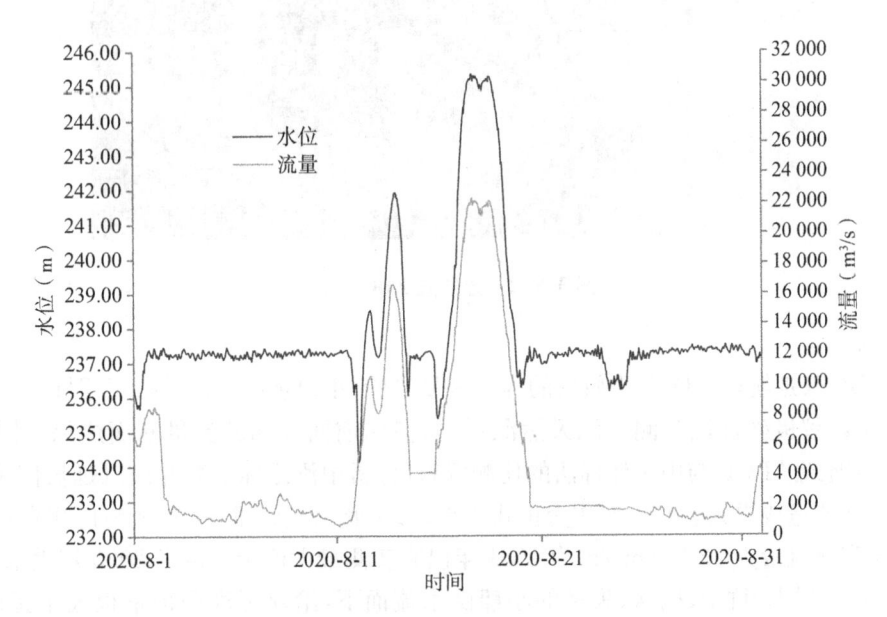

图 3.5-1　小河坝(三)站2020年洪水过程图

2. 洪水监测

根据洪水预报,小河坝启动了洪水应急响应,按照《2020年小河坝(三)水文站超标准洪水流量监测方案》,结合因滑坡影响缆道无法正常运行的现状,多手段开展了高洪流量监测,完整地收集到2020年大洪水的流量过程。

(1) H-ADCP 监测

根据《长江委水文局关于同意北碚、小河坝水文站H-ADCP投产的批复》(水文监测〔2019〕392号),小河坝(三)水文站在水位235.86~237.66 m,流量132~5 460 m³/s、含沙量1.25 kg/m³ 及以下范围内,已投产运用H-ADCP。2020年洪水前期将H-ADCP作为常规测验方法,走航式ADCP作为验证方法。8月11日起,洪水开始上涨,8月12日凌晨流量超过5 500 m³/s,超出H-ADCP投产范围,但H-ADCP工作仍正常,开展走航式ADCP与H-ADCP流量率定比测;随着水位持续上涨,流量、泥沙增大,H-ADCP信号出现异常,直到洪水过后的8月25日才恢复正常。

(2) 走航式ADCP监测

由于因滑坡影响缆道无法正常运行,在H-ADCP正常工作期间,小河坝(三)站按照H-ADCP投产要求驾乘40马力①的冲锋舟或无人船施测部分流量测次进行验证。收到洪水预报后,立即开展了走航式ADCP与其他测验方法的比测工作,随着流量、泥沙进一步增大,在流量10 000 m³/s以上,悬移质含沙量3 kg/m³后,走航式ADCP流量监测失效。走航式ADCP先后收集了17次流量测验数据,为其他测验方案提供了宝贵的比测依据(图3.5-2)。

图 3.5-2 走航式ADCP监测

(3) 浮标测流

为应对H-ADCP、走航式ADCP失效后的高水流量测验,小河坝(三)站进行了浮标法测验(图3.5-3)。具体做法为采用全站仪极坐标法观测中泓天然漂浮物,借用前面施测的流量断面成果,计算浮标虚流量。根据前期开展的走航式ADCP与中泓浮标法的比测资料,分析中泓浮标系数并加以延长使用。本次洪水先后收集到30次浮标流量成果,其中21次作为正式成果,参加整编定线推流,其余为比测资料。通过浮标法得到2020年最大实测流量为22 100 m³/s,为1981年以来实测最大流量。由于2020年洪水量级大,最大流速接近7 m/s,上游的树木、竹子、棚房、失控的小船随水流而下,给浮标观测带来很大干扰;再加上小河坝(三)站地处城市,夜晚若隐若现的城市灯光极大地干扰了对夜光浮标的观测,在晚上用浮标法测验,整体观测误差较大。

---

① 1马力≈735 W。

图 3.5-3　浮标法测验

（4）手持式电波流速仪测流

在 2020 年高洪流量测验中采用了手持式电波流速仪法测流（图 3.5-4）。具体做法是在断面上游公路桥上按照测速垂线布置方法，布置 8~10 条固定仪器架设点，在每点将手持式电波流速仪安装在固定脚架上，使测速时电波流速仪保持平角为零（顺水流向上且垂直断面）、立角为 45°，每点连续施测 2 个 180 s，取其平均作为垂线流速，借用提前测的电波流速仪测流断面成果计算得到电波流速仪测流虚流量。利用白天同步开展中泓浮标法与电波流速仪的比测，最后分析得到电波流速仪流速系数。电波流速仪测流虚流量经过电波流速仪流速系数改正，最终获得实测流量。本次洪水先后收集到 37 次电波流速仪流量成果，其中 3 次作为正式成果，参加整编定线推流，其余为比测资料。

图 3.5-4　手持式电波流速仪测验

3. 结论

2020 年小河坝（三）站按照《2020 年小河坝（三）水文站超标准洪水流量监测方案》，结合因滑坡影响缆道无法正常运行的现状，采用 H-ADCP、走航式 ADCP、中泓浮标法、电波流速仪法等多手段开展了高洪流量监测，完整地收集到 2020 年大洪水的流量变化过程，具体情况见表 3.5-7。

表 3.5-7 小河坝(三)站 2020 年 8 月洪水流量成果表

施测时间		断面位置	测验方法	基本水尺水位(m)	流量(m³/s)	流速(m/s)	
日期	起止					平均	最大
8月12日	9:45 10:01	基	ADCP 走航式	237.57	9 100	3.49	4.91
8月12日	11:12 11:22	基	ADCP 走航式	237.96	9 660	3.56	5.04
8月12日	15:26 15:50	基	ADCP 走航式	238.48	10 300	3.54	5.14
8月12日	18:10 18:25	基	中泓浮标 8/0.74	238.16	9 690	3.51	4.92
8月12日	18:45 18:55	基	中泓浮标 7/0.74	237.99	9 380	3.45	4.81
8月13日	9:05 9:15	基	中泓浮标 3/0.74	238.87	11 100	3.74	5.18
8月13日	9:35 9:50	基	中泓浮标 3/0.74	239.16	12 300	3.99	5.61
8月13日	11:20 11:30	基	中泓浮标 6/0.74	239.76	13 300	4.07	5.78
8月13日	14:18 14:32	基	中泓浮标 6/0.74	240.65	14 900	4.17	6.20
8月13日	16:17 16:32	基	中泓浮标 8/0.74	241.16	16 300	4.36	6.41
8月13日	16:45 16:58	基	中泓浮标 8/0.74	241.3	16 500	4.35	6.42
8月13日	18:25 18:42	基	中泓浮标 5/0.74	241.58	16 600	4.28	6.24
8月14日	6:47 6:56	基	ADCP 走航式	239.22	10 200	3.24	4.71
8月14日	8:27 8:42	基	ADCP 走航式	237.84	9 070	3.18	4.69
8月14日	10:02 10:18	基	ADCP 走航式	237.26	7 990	3.17	4.60
8月14日	11:36 11:41	基	ADCP 走航式	236.24	6 860	2.82	4.07
8月14日	13:47 13:56	基	ADCP 走航式	236.66	4 030	1.68	2.52
8月14日	14:23 14:32	基	ADCP 走航式	237.05	4 070	1.57	2.37
8月14日	14:54 15:04	基	ADCP 走航式	237.2	4 120	1.57	2.37
8月14日	18:41 18:50	基	ADCP 走航式	237.2	4 210	1.57	2.37
8月16日	7:46 7:52	基下 80 m	ADCP 走航式	236.74	8 710	3.23	4.61
8月16日	12:18 12:32	基下 80 m	ADCP 走航式	237.86	10 300	3.40	5.10
8月16日	16:17 16:31	基	ADCP 走航式	238.68	11 300	3.51	5.39
8月16日	19:10 19:25	基	中泓浮标 6/0.74	239.8	13 800	4.21	5.86
8月17日	6:25 6:40	基	中泓浮标 5/0.74	244.29	19 000	3.94	6.03
8月17日	10:10 10:30	基	中泓浮标 6/0.74	244.94	21 100	4.18	6.41
8月17日	15:00 15:20	基	中泓浮标 7/0.74	245.28	22 100	4.28	6.53
8月17日	17:20 17:35	基	中泓浮标 4/0.74	245.2	21 800	4.24	6.43
8月18日	8:10 8:25	基	中泓浮标 7/0.74	245.13	21 700	4.25	6.46
8月18日	17:40 18:00	基	中泓浮标 4/0.74	244.72	21 200	4.27	6.39
8月18日	21:10 21:40	基上 380 m	电波流速仪 10/1.00	244.13	18 900	4.07	5.10
8月19日	2:45 3:15	基上 380 m	电波流速仪 10/1.00	242.7	16 300	3.98	5.10
8月19日	5:00 6:00	基上 380 m	电波流速仪 8/1.00	241.49	14 000	3.80	4.80
8月19日	6:35 6:45	基	中泓浮标 9/0.74	240.88	14 400	3.96	5.85

续表

施测时间			断面位置	测验方法	基本水尺水位(m)	流量(m³/s)	流速(m/s)	
日期	起 时:分	止 时:分					平均	最大
8月19日	11:05	11:20	基	中泓浮标 8/0.74	239.02	11 700	3.86	5.53
8月19日	15:05	15:20	基	中泓浮标 10/0.74	238.28	10 500	3.76	5.45
8月19日	19:10	19:35	基	中泓浮标 8/0.74	236.79	7 490	3.12	4.54
8月20日	9:55	10:15	基	中泓浮标 5/0.74	237.26	3 230	1.28	1.74
8月21日	19:07	19:23	基	ADCP走航式	237.22	1 890	0.72	1.18
8月22日	17:02	17:12	基	ADCP走航式	237.34	1 940	0.70	1.19

3.6 流量监测方案优化关键技术

3.6.1 流速仪测验方案选择

流速仪测验方案选择应根据资料用途或服务对象的要求、测站精度类别、水位级等选择流速仪单次流量测验允许误差，分析确定对应的测验方案。一般来说，水文站在选择测验方案时，应优先选择测验精度高的方案。流速仪法的误差主要包括下列几个方面：

(1) 起点距定位误差；
(2) 水深测量误差；
(3) 流速测点定位误差；
(4) 流向偏角导致的误差；
(5) 流速仪轴线与流线不平行导致的误差；
(6) 入水物体干扰水流导致的误差；
(7) 计时误差；
(8) 流速仪率定本身的误差；
(9) 测验方案不完善导致的误差；
(10) 测验过程操作不当导致的误差；
(11) 测验条件超出仪器使用范围导致的误差。

而属于流量测验方案带来的误差主要表现在测点测速历时不足导致的流速脉动误差，垂线上测点数目不足导致的垂线平均流速计算误差，断面上测速垂线数目不足导致的误差。因此当需要较高精度时，应选择多线、多点、长历时的测验方法。

测验方案受测验环境、测验历时、水位涨落等多因素影响，不可能无限度地为追求测验方案精度，而采用无限度的多线、多点、长历时的测验方法。因此，需要开展流量测验方案精度分析，选择在具有一定代表性、试验或比测条件适宜的水文站开展流速仪流量测验误差试验或比测，分析确定断面垂线数目、垂线测点数目和测点测速历时。

对未开展比测试验的测站，流速仪法测流方案可根据服务对象及精度要求，选择同一地区，测站特性和测验方法相近的水文站成果作为精度评定依据，按照流量规范给出的表格选择确定。

水文测验中广泛应用精简分析来选择日常测验方案。精简分析是流量测验中的一个重要环节。它的目的是保证流量测验成果精度的前提下，减少测验工作量，提高测验质量。精简分析是指选择有代表性的地区、时段、测次，以尽可能精确的方法（如多站、多次、多线、多点、多历时等）测量，以其结果为近似真值，按一定规则,在精密资料中抽取若干测量值,形成精简方案。精简误差是指精简后的结果与近似真值之间的相对误差。

我国流量测验方案精简分析,是伴随着水文测验的规范化而发展的。现在主要有两种精简分析方法:一种是采用传统的多线多点法、常测法、简测法分析。流量测验方案主要依据本站的精简分析中的精测法资料,将流量测验分为多线多点法(精测法)、常测法和简测法,并规定了相应的测速垂线、测点数目与测速历时的取用范围。要求新设的水文站,只要条件允许,在最初的1~2年收集30次以上均匀分布于各级水位的精测法资料,而后通过精简分析将精测法的资料用于转化为常测法、简测法的分析工作。这里称其为传统精简分析方法。另一种是以单次流量测验分量允许误差为最大控制指标,分项进行精度评定,特别是开展分别关联断面垂线数目、垂线测点数目、测速历时等的流量Ⅰ、Ⅱ、Ⅲ误差分析,根据误差分析,确定测流测验方案,称为误差分析方法。

3.6.1.1 传统精简分析方法

20世纪80年代中期以前,中国的水文测验工作主要学习和借鉴苏联的方法、程序和规范体系。新建水文站取得具有一定误差试验意义的精测法资料,流量测验方案主要依据本站的精测法资料,采取抽样方法分析常测法、简测法。对误差采用"累积频率的误差"进行评定。例如,以精测法资料分析常测法,有以下误差限界的描述:"累积频率达75%以上的误差不超过±3%,累积频率达95%以上的误差不超过±5%,系统性误差不超过±1%。"

我国水文工作始于20世纪80年代开始的国际交流,特别是参与国际标准化组织活动,引入至今采用的流量测验误差评价体系。在水文测验误差分析与确定方面,不再采用累积频率的误差概率,对随机误差采用置信水平随机不确定度表达等国际标准规定的方法。

传统的精简分析方法引入国际标准规定的流量测验误差评价体系,就可以实现用多线多点法分析常测法、简测法,并且可以对原有方案进行精度评估,最大限度保持测验方案及资料的统一性。以多线多点法测得的成果为相对真值,采取抽样方法确定少线少点方案,分析其相对真值的系统误差,置信水平为95%的总随机不确定度,是否满足不同资料用途的单次流量测验允许误差,满足则此方案可选用。流速仪法单次流量测验允许误差详见表3.6-1。

表3.6-1 流速仪法单次流量测验允许误差

站类	水位级	允许误差(%)				系统误差
		置信水平为95%总随机不确定度				
		基本资料收集	水文分析计算	防汛	水资源管理	
一类精度水文站	高	5	6	5	5	−1.5~1
	中	6	7	6	6	−2.0~1
	低	9	9	8	7	−2.5~1
二类精度水文站	高	6	7	6	6	−2.0~1
	中	7	8	7	7	−2.5~1
	低	10	10	9	8	−3.0~1
三类精度水文站	高	8	9	8	7	−2.5~1
	中	9	10	9	8	−3.0~1
	低	12	12	11	10	−3.5~1

对于超标准洪水或水文应急抢险等其他资料用途的站,其精度指标应根据实际情况进行调整。

1. 多线多点法

流量多线多点法对应于精简分析中的精测法,是最典型的流速面积法测验的模式。其测量实施过程是按断面流速分布规律,在断面布置较多垂线测量深度,在测速垂线安排较多流速测点用流速仪按较长历时测量流量的精密方法,是作为近似真值或相对真值采用的。其目的是研究各级水位下测流断面的水力条件、流速分布等特点，为以后的精简测流工作提供依据。新设的测流断面，只要条件允许，在最初 1~2 年中，应用精测法测到尽可能高的水位，并测得 30 次以上均匀分布于各级水位的精测法流量资料，以便进行由精测法转化为常测法、简测法的分析工作。

精简分析成果经有关单位批准后，除在超出精简分析的水位变幅时应用外，在已改用常、简测法的水位变幅内，通常只做校核测量之用。一般要求每年在高、中、低水位各校测一次。

(1) 测速垂线的数目

精测法的测速垂线数目，主要根据河宽和水深确定。一般情况下的最少测速垂线数目可参考表 3.6-2 所列。

表 3.6-2　精测法最少测速垂线数目

水面宽(m)		<5.0	5.0	50	100	300	1 000	>1 000
最少测速垂线数	窄深河道	5	6	10	12	15	15	15
	宽浅河道	—	—	10	15	20	25	>25

注：当水面宽与平均水深之比值(B/H)小于 100 时为窄深河道，大于 100 时为宽浅河道。

在下列情况下，测速垂线数目宜适当增加：

① 宽深比特别大或漫滩严重的。

② 河床由大卵石、乱石组成或分流串沟较多的。

③ 为了特殊需要，流量资料精度要求较高的。

宽深比虽大于 100，但河床整齐，流速横向分布均匀的，测速垂线可适当减少，以至可比照窄深河道布设垂线。

(2) 测速垂线布设方法

布设测速垂线时还必须考虑河床地形起伏和流速横向分布的形状，一般应注意以下几个问题：

① 垂线分布要大致均匀，但主槽应较河滩为密。

② 主流和河滩水流相接之处必须设置垂线。

③ 河床内地形和水流不规则时，在地形起伏和流速分布的转折点处应布设垂线。这时可不必过多考虑垂线分布均匀的原则。

④ 布设靠岸边的垂线时，要尽量照顾到在各级水位下不致离水边太远或太近。

⑤ 在分流、串沟和水浸冰层下的独股水流上应适当布设垂线。单独设置基本水尺的分流，应作为独立断面来布设垂线，但垂线数目可酌量减少。

2. 常测法

常测法是在保证一定精度的前提下，经过精简分析，或直接用较少的垂线、测点测速的方法，是日常工作采用得最多的常规测法，也是对测站流量测验精度影响最大的测验方法。

在流量测验中，用精密方法（多线、多点、长历时）测得的流量与少线、少点、短历时测得的流量比较，前者作为近似真值或相对真值。有精测资料的时期或测站，以精测资料为基础，进行精测测速垂线和测点的分析，如果精简后算得流量与精测流量相比，其误差值符合流速仪法单次流量测验允许误差规定，即可用精简后较少的垂线、测点测速，并作为经常性的测流方法。

没有条件使用精测法测流的时期或测站，可采用垂线、测点分开进行精简的方法（即用若干多线少点资料作精简垂线分析，用若干单线多点资料作精简测点分析），只要线、点分别精简后的综合误差符合规定，也可在精简后的垂线、测点测速，并可视为经常性的测流方法。

如按上述规定进行仍有困难时，允许不经过精简分析，直接用较少的垂线、测点，作为经常性的测流方法。但应尽可能用各种途径检验这种测流方法的精度。

有条件进行精简分析的时期或测站，其常测法测速垂线的数目及布设位置，应通过精简分析确定。但一般应不少于 5 条，水面宽小于 5 m 的，可酌情减少。

没有条件进行精简分析的时期或测站,其常测法测速垂线布设,一般情况下测速垂线数目见表3.6-3所列。

布设测速垂线时一般需注意以下几个问题:

(1) 主槽要较河滩为密,在地形和流速的急剧转折点处都布有垂线的前提下,垂线分布应尽量均匀。

(2) 为避免个别垂线的测速偶然误差对总流量影响过大,断面内任意两条相邻测速垂线的间距,最好不超过总水面宽的20%。

(3) 在布置靠岸边垂线时,要尽量照顾到各级水位,不致离水边太远或太近。在分流、串沟、独股水流上应适当布置垂线。

(4) 在水情变化急剧而又因没有进行简测法的分析,不能使用简测法时,测速垂线数可比照表3.6-3再酌量减少,但水面宽大于5 m时应不少于5条,且应使其测流精度大体上不低于浮标法的精度。

表3.6-3 未经精简分析的常测法测速垂线数目

水面宽(m)		<5.0	5.0	50	100	300	1 000	>1 000
最少测速垂线数	窄深河道	3~5	5	6	7	8	8	8
	宽浅河道	—	—	8	9	11	13	>13

3. 少线少点法

少线少点法,又称简测法,只在出现特殊水情,需要最大限度地缩短测流历时或需要大量增加测流次数时使用。如:洪水期河流暴涨暴落或漂浮物多时;受变动回水影响而回水变化频繁时。简测法是为适应特殊水情,在保证一定精度前提下,经过精简分析用尽可能少的垂线、测点测速。

(1) 有精测资料的时期或测站,如选用尽可能少的垂线、测点算出的流速平均值(即单位流速),与精测法断面平均流速作相关分析,满足精度规定时,这些垂线、测点可作简测法使用。

(2) 没有精测资料的时期或测站,可用常测法资料进行分析,如精度符合流速仪法单次流量测验允许误差规定时,亦可作为简测法使用。

简测法的测速垂线数目及其布设位置,应通过精简分析确定。为了提高简测法测流成果的精度,布设垂线时通常需要注意以下几个问题:

(1) 宜根据各种水情变化情况分析几套简测法方案(如较多垂线的和较少垂线的,不同垂线组合),以便视测验条件而选用。

(2) 主流摆动剧烈或河床不稳定的时期或测站,垂线不宜过少。

(3) 垂线较少时,应尽量避免布设在流速脉动特别大的位置。

(4) 无论河床稳定性和水流条件如何,垂线最好优先设在主流部分。

3.6.1.2 误差分析方法

自20世纪80年代以来,我国一些省(自治区、直辖市)和流域机构陆续开展了流量误差分析,积累了大量资料,得出了一些重要结果。在长江上游地区也有攀枝花、武隆、高场、朱沱、北碚等多个有代表性的测站持续开展了相关试验工作,其成果为我国制定相关技术规范和标准提供了依据。

1. 流量Ⅰ型误差

流量Ⅰ型误差是流速仪法测流由有限测速历时导致的流速脉动误差,是随机误差。流量Ⅰ型误差主要取决于测速历时,历时越长误差越小。为了提高流速测量精度,要求每个流速测点有足够的测速历时,以便减小流速脉动影响,测得有足够代表性的测点时均流速。但是,如果测速历时过长,将加大测验总历时,使实测流量与相应水位之间产生较大相应性误差。特别是长江上游山区河流,水位变化较快,单次测流历时要求不能过长。因此,通过试验选取满足一定精度的测速历时是十分重要的。

流速脉动误差基本规律为:

(1) 流速脉动误差随测速历时的减小而增大。对于流速脉动误差的变化率来说,历时越短,变化率越大;历时越长,变化率越小。

(2) 流速脉动误差与测点位置及河岸形状有关。距河底越近,脉动误差越大。对于同一条垂线,靠近河底处脉动误差最大,半深处次之,水面处较小。

(3) 靠近岸边处,脉动误差大,反之则小。

(4) 若用绝对误差表示,一般流速较大,脉动流速也较大,流速脉动误差也较大。用相对误差表示,流速脉动相对误差随流速的增大而减小。

水流脉动强度大,脉动流速大,流速脉动误差就大。流速脉动试验分析的基本方法是,以测点上长历时时均流速为近似真值,计算与短历时时均流速的相对误差,然后对误差进行统计处理,求出流速脉动误差标准差。这种分析方法属于精简分析范畴。流速脉动误差是短历时时均流速对长历时时均流速的抽样误差。

Ⅰ型误差试验一般在测流断面选取包括最深点在内的具有水深代表性的3条不同垂线进行。在高、中、低不同水位级分别作长历时连续测速,每隔10 s或较短时段观测1个等时段流速,测得的时均流速个数不小于100个。

测点有限测速历时不足导致的Ⅰ型误差应符合表3.6-4规定。

表3.6-4　Ⅰ型允许误差

方法	随机不确定度(%)								
	高水			中水			低水		
	历时								
	100s	60s	30s	100s	60s	30s	100s	60s	30s
一点法	7	8	9	8	9	12	10	12	16
二点法	5	6	7	6	7	9	7.5	9	11
三点法	4	5	6	4.5	5.5	8	6	7	10

2. 流量Ⅱ型误差

流量Ⅱ型误差是流速仪测流由测速垂线测点数目不足导致的垂线平均流速计算规则误差,是由随机误差与已定系统误差组成。Ⅱ型误差是由于垂线平均流速的计算规则造成的误差,是垂线平均流速分布的抽样造成的误差。

常用的简化垂线平均流速公式如下:

(1) 一点法:
$$V = V_{0.6} \tag{3.6-1}$$

(2) 二点法:
$$V = (V_{0.2} + V_{0.8})/2 \tag{3.6-2}$$

(3) 三点法:
$$V = (V_{0.2} + V_{0.6} + V_{0.8})/3 \tag{3.6-3}$$

(4) 五点法:
$$V = (V_{0.0} + 3V_{0.2} + 3V_{0.6} + 2V_{0.8} + V_{1.0})/10 \tag{3.6-4}$$

(5) 十一点法:
$$V = (0.5V_{0.0} + V_{0.1} + V_{0.2} + V_{0.3} + V_{0.4} + V_{0.5} + V_{0.6} + V_{0.7} + V_{0.8} + V_{0.9} + 0.5V_{1.0})/10 \tag{3.6-5}$$

式中:$V_{0.0}$、$V_{0.1}$、$V_{0.2}$、$V_{0.3}$、$V_{0.4}$、$V_{0.5}$、$V_{0.6}$、$V_{0.7}$、$V_{0.8}$、$V_{0.9}$、$V_{1.0}$为对应相对水深流速。

天然河道上的流速分布是多样化的,一般可近似看作指数分布和对数分布。以各站代表性试验垂线概化出来的断面垂线流速分布,采用下列指数公式配线,即

$$V_\eta = V_{max} \eta^{\frac{1}{n}} \tag{3.6-6}$$

式中：η 为测点相对水深，$\eta=Y/H$，其中 H 为垂线水深，Y 为垂线上测点从河底起算的距离；V_η 为测点相对水深处的测点流速；V_{max} 为垂线最大流速；$\frac{1}{n}$ 为流速分布形式参数。

流速分布形式参数值决定了流速分布的形式，而流速分布的形式是造成Ⅱ型误差的主要原因。当流速分布形式参数值变小时，流速分布变得陡峭，即流速梯度变小，切应力小，流速紊动强度弱，水流脉动小，测点流速较稳定，测点流速的抽样随机误差也就减小；另外，流速分布陡峭，由仪器定位误差造成的测点流速误差也小。总的趋势是流速分布形式参数值小，Ⅱ型随机误差（随机不确定度）也小。反之，当流速分布形式参数值变大时，流速分布趋于平缓，即流速梯度变大，脉动影响大，测点抽样误差也大，仪器定位误差造成的抽样误差也大，Ⅱ型随机误差也大。

Ⅱ型误差试验一般应选择在测流断面中泓处水深不同的5条以上垂线分高、中、低水位级分别进行，单条垂线上测点数为11点，每条重复施测流速10次，测点历时60～100 s。

测速垂线测点数目不足导致的Ⅱ型误差应符合表3.6-5的规定。

表3.6-5　Ⅱ型允许误差

站类	方法	高水 随机不确定度(%)	高水 系统误差(%)	中水 随机不确定度(%)	中水 系统误差(%)	低水 随机不确定度(%)	低水 系统误差(%)
一类精度水文站	一点法	4.2	0.9～-1.0	4.5	1.0～-1.0	4.8	1.0～-1.0
	二点法	3.2	0.7～-1.0	3.5	0.9～-1.0	3.6	1.0～-1.0
	三点法	2.4	0.5～-0.5	2.8	0.7～-0.7	3.0	0.8～-1.0
二、三类精度水文站	一点法	5.9	0.9～-1.0	6.1	1.0～-1.0	6.2	1.0～-1.0
	二点法	4.7	0.7～-1.0	4.8	1.0～-1.0	4.9	1.0～-1.0
	三点法	4.0	0.5～-0.5	4.3	0.9～-0.8	4.4	1.0～-1.0

3. 流量Ⅲ型误差

流量Ⅲ型误差是流速仪测流由断面测速垂线数目不足导致的误差，由随机误差与已定系统误差组成。流量误差中Ⅲ型误差是最主要的，Ⅲ型误差中系统误差又是最主要的，减少这种误差的主要途径是增加测速垂线数。

大量的试验研究证明，随着垂线数的增加，流量Ⅲ型误差逐渐减小，一般5～15线误差比较大，约15线以后误差的递减趋于缓慢。

Ⅲ型误差试验一般应选择在高、中、低水位级中均匀布置测次，试验次数不少于20次，试验应选择在流量平稳时期进行。由于每次试验历时较长，而长江上游山区河流均为窄深河流，宽深比很小，很难找到长时间的流量平稳时期，因此在开展Ⅲ型误差试验时，可根据实际情况适当减少布设的垂线数目，垂线采用0.6一点法进行。

测速垂线测点数目不足导致的Ⅲ型误差应符合表3.6-6的规定。

表3.6-6　Ⅲ型允许误差

站类	垂线数	高水 随机不确定度(%)	高水 系统误差(%)	中水 随机不确定度(%)	中水 系统误差(%)	低水 随机不确定度(%)	低水 系统误差(%)
一类精度水文站	5	5.2	-2.1	6.1	-2.4	8.8	-3.5
	10	3.3	-1.3	4.3	-1.7	5.6	-2.2
	15	2.5	-1.0	3.5	-1.4	4.3	-1.7

续表

站类	垂线数	高水 随机不确定度(%)	高水 系统误差(%)	中水 随机不确定度(%)	中水 系统误差(%)	低水 随机不确定度(%)	低水 系统误差(%)
二类精度水文站	5	6.0	−2.4	7.0	−2.8	9.0	−3.6
	10	3.8	−1.5	4.9	−2.0	5.7	−2.3
	15	2.9	−1.2	4.0	−1.6	4.4	−1.8
三类精度水文站	5	7.0	−2.8	8.5	−3.4	10.3	−4.1
	10	4.4	−1.8	5.6	−2.2	6.5	−2.6
	15	3.4	−1.4	4.4	−1.8	5.0	−2.0

4. 误差试验实例

2006—2009 年长江委组织部分站开展了流量测验误差试验研究，下面以乌江武隆水文站为例，介绍流量误差试验与分析的开展及相关成果。

(1) 测站概况

武隆水文站设于 1951 年 6 月，地处重庆市武隆区凤山街道红豆社区，为乌江下游干流站，位于乌江下游下段，距离河口 69 km。该站位于乌江与芙蓉江汇合口下游约 17 km 处，属于长江委上游水文水资源勘测局，为国家重点基本水文站，一类精度流量站，一类精度泥沙站，是乌江流域控制站。武隆站控制集水面积 83 035 km^2，测验河段顺直长约 1 000 m，最大水面宽约 170 m，基本水尺上游约 800 m 有土脑子滩，低水流急落差大，滩下河槽呈深潭，下延至测验河段内，河床呈倒坡状；基本水尺下游 180 m 左岸有卵石碛坝，低水使河面束窄向右拐弯，形成武隆滩长约 200 m 起低水控制；当水位 175 m 时碛坝淹没，长滩随之消失，其下紧接猪市坝起中水控制，再下游约 2 km 进入武隆峡起中高水控制。下游约 800 m 有长头河从左岸汇入，当山洪暴发又遇乌江低水时，有短暂顶托影响。断面为单一式河槽，河床两岸为石灰岩层，主槽为卵石夹沙，洪水期略有冲淤变化，左岸基本水尺上下游新建有防洪堤。三峡蓄水到 165 m 以上对该站水位流量关系有顶托影响。断面上游 17 km 有芙蓉江从左岸汇入，上游 20 km 有银盘水电站。

(2) Ⅰ型误差试验

① 试验方案

武隆站在 2006—2008 年开展了流量误差比测试验工作，在武隆水文站中泓选择了水流条件较好的三条垂线，在每条垂线上用三点法进行长历时连续测流，每隔 10 s 左右记录总信号数和总历时，每次测得不同历时的时均流速 100 个。3 年在高、中、低水位共施测 6 次试验，共收集了 54 个测点 5 400 个测点流速，试验情况如表 3.6-7 所示。

表 3.6-7 武隆水文站Ⅰ型误差试验情况表

序号	施测时间	起点距(m)	水位(m)	水深(m)	测点相对位置	测点个数(个)	测点间隔(s)
1	2006-09-12	90	170.81	7.8	0.2	100	10
		130	170.83	5.4	0.6	100	10
		150	170.72	5.6	0.8	100	10
2	2007-06-07	90	172.29	9.0	0.2	100	10
		130	172.30	6.6	0.6	100	10
		150	172.31	7.0	0.8	100	10

续表

序号	施测时间	起点距(m)	水位(m)	水深(m)	测点相对位置	测点个数(个)	测点间隔(s)
3	2008-07-25	90	180.64	16.0	0.2	100	10
		130	180.64	14.0	0.6	100	10
		150	180.64	14.0	0.8	100	10
4	2008-07-30	90	173.98	9.6	0.2	100	10
		130	173.87	7.0	0.6	100	10
		150	173.72	7.5	0.8	100	10
5	2008-08-17	90	181.38	17.0	0.2	100	10
		130	181.60	14.7	0.6	100	10
		150	181.79	15.6	0.8	100	10
6	2008-08-21	90	175.25	10.8	0.2	100	10
		130	175.16	8.3	0.6	100	10
		150	175.19	9.0	0.8	100	10

② 试验成果

a. 原始成果

选择2008年7月25日试验资料为例,见表3.6-8。

表3.6-8 武隆水文站Ⅰ型误差测验记载表

施测时间:2008年07月25日08时34分至25日11时37分

天气:阴　　铅鱼重:420 kg　　停表牌号:上海星钻 01040043

流速仪牌号及公式:LS25-3A990405,$V=0.2554n+0.0047$　　比测后使用次数:15

水位:180.64 m　　起点距:150 m　　垂线水深:14.2 m　　相对位置:0.2

序号	总信号数(个)	总历时(s)	流速(m/s)	序号	总信号数(个)	总历时(s)	流速(m/s)
1	6	10	3.07	16	94	160	3.01
2	12	20.2	3.04	17	100	170	3.01
3	18	30.3	3.04	18	106	181	3.00
4	24	40	3.07	19	112	192	2.98
5	30	50.1	3.06	20	117	201	2.98
6	36	60.3	3.05	21	122	211	2.96
7	42	70.5	3.05	22	127	220	2.95
8	48	80.7	3.04	23	133	230	2.96
9	54	91	3.04	24	138	240	2.94
10	60	101	3.04	25	144	251	2.94
11	66	111	3.04	26	149	260	2.93
12	71	120	3.03	27	155	271	2.93
13	77	131	3.01	28	161	280	2.94
14	83	141	3.01	29	167	292	2.93
15	88	150	3.00	30	173	300	2.95

续表

序号	总信号数(个)	总历时(s)	流速(m/s)	序号	总信号数(个)	总历时(s)	流速(m/s)
31	179	310	2.95	66	379	661	2.93
32	185	321	2.95	67	384	670	2.93
33	190	330	2.95	68	390	681	2.93
34	196	341	2.94	69	396	691	2.93
35	202	352	2.94	70	402	701	2.93
36	207	361	2.93	71	408	711	2.94
37	212	370	2.93	72	413	720	2.93
38	218	380	2.94	73	419	731	2.93
39	224	391	2.93	74	425	741	2.93
40	229	400	2.93	75	431	751	2.94
41	235	411	2.93	76	436	760	2.94
42	240	420	2.92	77	442	770	2.94
43	246	431	2.92	78	448	780	2.94
44	251	440	2.92	79	454	790	2.94
45	257	451	2.92	80	460	801	2.94
46	263	461	2.92	81	465	811	2.93
47	269	471	2.92	82	471	821	2.94
48	275	482	2.92	83	477	831	2.94
49	280	491	2.92	84	483	841	2.94
50	285	500	2.92	85	489	851	2.94
51	291	510	2.92	86	495	861	2.94
52	297	521	2.92	87	500	870	2.94
53	302	531	2.91	88	506	880	2.94
54	308	541	2.91	89	512	890	2.94
55	313	550	2.91	90	518	900	2.94
56	319	560	2.91	91	524	911	2.94
57	325	570	2.92	92	529	920	2.94
58	331	580	2.92	93	536	931	2.95
59	337	590	2.92	94	542	941	2.95
60	343	600	2.92	95	547	950	2.95
61	349	611	2.92	96	553	960	2.95
62	355	620	2.93	97	558	971	2.94
63	361	630	2.93	98	564	980	2.94
64	367	640	2.93	99	570	990	2.95
65	373	650	2.94	100	575	1 000	2.94

b. 误差分析

将不同历时的测点流速与近似真值的长历时(1 000 s)时间流速比较,其误差见表3.6-9。

表 3.6-9　武隆水文站测点历时时均流速误差统计表

时间	起点距(m)	水位(m)	相对位置	误差(%) 10 s	30 s	60 s	100 s
2006-09-12	90	170.81	0.2	9.09	7.79	7.79	5.84
			0.6	18.62	11.72	5.52	0.69
			0.8	2.63	0.88	−0.88	0.00
	130	170.83	0.2	8.14	1.74	1.16	2.91
			0.6	3.40	10.88	6.12	2.04
			0.8	25.81	15.32	8.06	5.65
	150	170.72	0.2	12.57	−1.80	4.79	1.20
			0.6	−11.19	−3.50	−6.29	−3.50
			0.8	10.16	4.69	2.34	2.34
2007-06-07	90	172.29	0.2	5.31	2.90	0.97	−3.38
			0.6	−1.09	−1.63	1.63	−1.63
			0.8	−10.97	−7.74	4.52	2.58
	130	172.30	0.2	−6.22	2.39	−1.91	0.96
			0.6	8.11	5.95	0.00	0.54
			0.8	11.73	3.91	5.59	3.35
	150	172.31	0.2	4.64	4.64	0.00	−1.55
			0.6	0.00	8.94	3.35	3.91
			0.8	−2.37	−2.96	4.73	3.55
2008-07-25	90	180.64	0.2	−1.08	0.72	−1.81	−2.17
			0.6	6.08	0.38	−1.14	1.14
			0.8	12.50	3.23	1.61	−2.82
	130	180.64	0.2	2.33	2.33	2.33	1.33
			0.6	4.78	−1.02	0.34	0.34
			0.8	0.00	−2.15	−3.94	−1.79
	150	180.64	0.2	4.42	3.40	3.74	3.40
			0.6	1.41	1.41	2.47	2.12
			0.8	−1.59	−5.16	−6.75	−6.75
2008-07-30	90	173.98	0.2	−6.99	0.87	−3.06	−0.44
			0.6	−1.45	−9.66	−6.76	−7.25
			0.8	−20.57	−12.57	−2.86	2.29
	130	173.87	0.2	2.82	2.82	1.21	2.02
			0.6	1.31	0.87	−1.31	0.44
			0.8	−2.11	−4.74	−5.79	−2.11
	150	173.72	0.2	9.44	−0.86	−3.00	0.86
			0.6	−2.39	−2.39	−2.39	0.00
			0.8	−1.16	−9.88	−2.33	−1.16

续表

时间	起点距(m)	水位(m)	相对位置	误差(%) 10 s	30 s	60 s	100 s
2008-08-17	90	181.38	0.2	8.13	4.59	0.71	−1.77
			0.6	12.50	8.82	5.88	2.94
			0.8	−1.69	−2.12	−4.24	−2.54
	130	181.60	0.2	3.73	0.34	−0.68	1.02
			0.6	4.79	4.79	−2.40	−0.34
			0.8	1.09	1.82	5.09	4.73
	150	181.79	0.2	−9.57	−3.55	−2.13	0.35
			0.6	10.87	1.45	−2.90	−1.09
			0.8	4.08	7.35	5.71	5.31
2008-08-21	90	175.25	0.2	−2.07	0.83	0.83	2.07
			0.6	−1.89	−1.89	−3.77	0.47
			0.8	−5.50	−2.50	2.00	0.00
	130	175.16	0.2	6.39	4.14	4.14	1.50
			0.6	2.78	2.78	2.78	−3.17
			0.8	14.10	10.57	4.85	3.96
	150	175.19	0.2	0.39	0.39	−1.16	1.55
			0.6	7.47	0.41	2.49	1.24
			0.8	2.97	−0.50	2.97	−0.99
系统误差(%)				2.86	1.29	0.71	0.56
随机不确定度(%)				15.6	10.8	7.6	5.5

以低水情况为例,统计武隆水文站流量Ⅰ型误差情况,见表3.6-10,可以看出武隆水文站无论用哪种垂线测点方法测点时均流速,随着历时的增加,随机不确定度出现明显减小。测点历时60 s、100 s其误差较小,可以作为常规方法使用;测点历时30 s其误差也在规范允许范围内,可以在涨落较快时选用;测点历时10 s,其误差整体依然可控,在特殊困难情况也可限制性使用。

表3.6-10 武隆水文站流量Ⅰ型误差测验误差统计表(低水)

垂线号	起点距(m)	测点/垂线	标准差(%) 10 s	30 s	60 s	100 s
1	90	0.2	9.89	7.17	5.58	4.75
		0.6	8.43	6.14	4.40	3.89
		0.8	11.59	8.14	6.50	6.06
		垂线(三点法)	5.80	4.15	3.21	2.88
		垂线(二点法)	7.62	5.42	4.28	3.85
		垂线(0.2一点法)	9.89	7.17	5.58	4.75
		垂线(0.6一点法)	8.43	6.14	4.40	3.89

续表

垂线号	起点距(m)	测点/垂线	标准差(%) 10 s	30 s	60 s	100 s
2	130	0.2	6.06	3.88	3.13	2.95
		0.6	8.66	6.46	5.46	3.70
		0.8	12.31	7.93	4.64	3.45
		垂线(三点法)	5.41	3.65	2.61	1.95
		垂线(二点法)	6.86	4.41	2.80	2.27
		垂线(0.2一点法)	6.06	3.88	3.13	2.95
		垂线(0.6一点法)	8.66	6.46	5.46	3.70
3	150	0.2	9.26	5.27	3.83	2.83
		0.6	8.15	5.62	4.53	4.19
		0.8	9.83	5.93	5.01	3.51
		垂线(三点法)	5.26	3.24	2.59	2.05
		垂线(二点法)	6.75	3.97	3.15	2.25
		垂线(0.2一点法)	9.26	5.27	3.83	2.83
		垂线(0.6一点法)	8.15	5.62	4.53	4.19
		断面(三点法)	3.17	2.14	1.63	1.35
		断面(二点法)	4.09	2.68	2.00	1.67
		断面(0.2一点法)	4.95	3.24	2.49	2.09
		断面(0.6一点法)	4.86	3.51	2.78	2.27

(3) Ⅱ型误差试验

① 试验情况

在水流相对平稳的时段,选择部分垂线,每条垂线用十一点法进行大于60 s的测点流速测量,每点重复施测10次,共获取660个测点流速的试验资料,试验情况如表3.6-11所示。

表3.6-11 武隆水文站流量Ⅱ型误差试验情况表

试验序号	时间	水位(m)	起点距(m)	垂线水深(m)	测点方法	重复次数(次)
1	2007-06-06	171.99	70.0	6.7	十一点法	10
		171.85	90.0	8.5	十一点法	10
		171.84	110	7.1	十一点法	10
		171.80	130	6.1	十一点法	10
		171.76	150	6.4	十一点法	10
2	2007-07-27	187.07	70.0	21.2	十一点法	10
		186.87	90.0	22.9	十一点法	10
		186.69	110	21.3	十一点法	10
		186.51	130	20.5	十一点法	10
		186.39	150	20.4	十一点法	10

续表

试验序号	时间	水位(m)	起点距(m)	垂线水深(m)	测点方法	重复次数(次)
3	2008-05-23	171.51	70.0	5.5	十一点法	10
		171.51	90.0	7.3	十一点法	10
		171.03	110	5.4	十一点法	10
		170.87	130	4.4	十一点法	10
		170.74	150	4.1	十一点法	10
4	2008-08-06	177.39	70.0	11.0	十一点法	10
		178.40	90.0	14.0	十一点法	10
		178.46	110	12.7	十一点法	10
		177.90	130	11.0	十一点法	10
		177.21	150	11.0	十一点法	10
5	2008-08-19	178.74	70.0	12.3	十一点法	10
		178.72	90.0	14.3	十一点法	10
		178.56	110	12.8	十一点法	10
		178.29	130	11.4	十一点法	10
		177.94	150	11.7	十一点法	10
6	2008-08-23	173.82	70.0	7.6	十一点法	10
		173.95	90.0	9.3	十一点法	10
		174.15	110	8.0	十一点法	10
		174.31	130	7.5	十一点法	10
		174.38	150	7.8	十一点法	10

② 试验成果

a. 原始资料选择2007年6月6日起点距90.0m垂线的试验资料为例,见表3.6-12。

表3.6-12 武隆水文站Ⅱ型误差测验记载表

施测时间:2007年06月06日07时47分至06日19时57分　起点距:90.0m　水位:171.85m　垂线水深:8.5m

流速仪牌号及公式:LS25-3A990365,$V=0.2560n+0.0071$　比测后使用次数:8

序号	相对位置	水面	0.1	0.2	0.3	0.4	0.5	0.6	0.7	0.8	0.9	河底	垂线平均流速(m/s)
	水深(m)	0.20	0.85	1.70	2.55	3.40	4.25	5.1	5.9	6.8	7.6	8.3	
1	信号数	21	25	24	25	24	21	22	21	18	16	16	
	历时(s)	62.2	62.3	60.9	62.2	61.6	60.5	62.0	60.3	62.6	62.6	60.1	
	流速(m/s)	1.74	2.06	2.02	2.06	2.00	1.78	1.82	1.79	1.48	1.32	1.37	1.79
2	信号数	21	25	22	23	24	22	23	19	18	17	17	
	历时(s)	61.7	62.4	60.4	61.2	60.9	60.7	60.0	62.8	60.9	61.4	60.5	
	流速(m/s)	1.75	2.06	1.87	1.93	2.02	1.86	1.97	1.56	1.52	1.42	1.45	1.78
3	信号数	22	24	23	24	22	23	21	19	18	16	17	
	历时(s)	60.6	61.7	61.2	61.9	61.9	61.1	61.4	60.6	61.0	61.5	61.9	
	流速(m/s)	1.87	2.00	1.93	1.99	1.83	1.93	1.76	1.61	1.52	1.34	1.41	1.76

续表

序号	相对位置	水面	0.1	0.2	0.3	0.4	0.5	0.6	0.7	0.8	0.9	河底	垂线平均流速(m/s)
4	水深(m)	0.20	0.85	1.70	2.55	3.40	4.25	5.1	5.9	6.8	7.6	8.3	
	信号数	22	25	25	24	22	24	22	20	17	16	17	
	历时(s)	61.8	61.8	62.3	62.0	63.0	62.1	62.1	61.0	60.7	60.2	61.1	
	流速(m/s)	1.83	2.08	2.06	1.99	1.80	1.99	1.82	1.69	1.44	1.37	1.43	1.79
5	信号数	22	24	25	23	20	23	21	20	18	16	18	
	历时(s)	60.9	61.5	61.9	60.1	61.0	61.1	62.3	61.5	63.4	60.2	63.1	
	流速(m/s)	1.86	2.01	2.07	1.97	1.69	1.93	1.73	1.67	1.46	1.37	1.47	1.76
6	信号数	22	24	25	24	22	23	20	20	17	17	18	
	历时(s)	61.1	60.3	61.0	61.8	60.6	62.4	60.6	61.2	60.3	61.9	63.5	
	流速(m/s)	1.85	2.04	2.11	2.00	1.87	1.89	1.70	1.68	1.45	1.41	1.46	1.78
7	信号数	21	24	24	22	24	22	20	20	18	18	18	
	历时(s)	61.2	60.8	60.7	60.0	60.0	62.1	62.9	62.9	62.1	63.2	60.4	
	流速(m/s)	1.76	2.03	2.03	1.88	2.06	1.82	1.64	1.61	1.49	1.47	1.53	1.77
8	信号数	21	25	25	23	22	22	21	19	18	18	17	
	历时(s)	61.5	61.6	60.5	60.8	60.6	60.3	62.0	60.2	60.9	61.6	62.0	
	流速(m/s)	1.76	2.09	2.12	1.94	1.87	1.88	1.74	1.62	1.52	1.50	1.41	1.79
9	信号数	22	24	24	24	23	23	20	20	18	18	17	
	历时(s)	61.6	60.1	60.1	61.1	60.3	60.5	60.5	60.5	61.3	62.9	62.4	
	流速(m/s)	1.84	2.05	2.05	2.02	1.96	1.95	1.70	1.70	1.51	1.47	1.40	1.80
10	信号数	22	25	25	24	23	22	20	20	18	17	18	
	历时(s)	62.4	62.3	61.4	62.1	60.8	60.0	60.8	61.1	62.0	60.6	61.1	
	流速(m/s)	1.81	2.06	2.09	1.99	1.91	1.88	1.69	1.68	1.49	1.44	1.52	1.79

b. 误差分析

将垂线上不同有限测点数计算出来的垂线平均流速与近似真值的十一点法垂线平均流速比较,其误差见表3.6-13。根据表中统计可以看出武隆水文站五点法、三点法、二点法无论系统误差还是随机不确定度均较小,三点法、二点法无论水位级系统误差还是随机不确定度均满足规范流量一类精度水文站的误差要求,可以作为常规方法使用。一点法均存在一定的系统误差,即使相对位置0.6一点法也应注意系数改正。从误差试验看,武隆水文站一点法随机不确定度均较大,除一点法(0.2)中低水能够满足规范要求,其余一点法均不能满足规范要求,因此,武隆水文站应限制在流量测验中使用一点法。

表3.6-13 武隆水文站有限测点垂线平均流速误差统计表

水位级	测点	水位(m)	各起点距处相对误差(%)					系统误差(%)	随机不确定度(%)
			70.0 m	90.0 m	110 m	130 m	150 m		
高	一点法(水面)	178.74	10.61	6.69	6.81	4.28	7.21	5.4	5.9
		187.07	2.36	7.52	5.11	2.85	0.77		
	一点法(0.2)	178.74	13.62	9.64	9.55	7.85	10.06	7.9	6.7
		187.07	8.42	8.24	6.88	2.45	2.23		

续表

水位级	测点	水位(m)	各起点距处相对误差(%)					系统误差(%)	随机不确定度(%)
			70.0 m	90.0 m	110 m	130 m	150 m		
高	一点法(0.6)	178.74	0.57	−1.05	2.52	6.12	4.26	3.4	5.9
		187.07	2.29	−0.06	5.48	6.83	6.87		
	二点法	178.74	0.09	0.85	−0.75	−1.23	−2.65	−0.2	2.3
		187.07	−0.17	0.82	0.27	−0.55	1.21		
	三点法	178.74	0.25	0.22	0.34	1.22	−0.34	0.9	2.1
		187.07	0.65	0.53	2.01	1.91	3.09		
	五点法	178.74	0.37	−0.68	−0.93	0.40	−0.92	−0.2	1.2
		187.07	−0.91	0.11	0.31	0.05	0.51		
中	一点法(水面)	173.82	12.45	7.48	9.79	7.15	8.67	8.6	5.8
		177.39	11.54	11.00	9.22	2.89	5.83		
	一点法(0.2)	173.82	11.18	9.48	10.33	9.58	9.31	10.1	4.3
		177.39	13.58	12.10	10.44	5.33	9.85		
	一点法(0.6)	173.82	−6.21	−1.24	1.66	4.25	0.67	1.0	6.2
		177.39	0.10	4.44	2.51	2.14	1.96		
	二点法	173.82	2.02	−0.18	−1.27	−2.66	−2.30	−0.5	3.5
		177.39	−2.50	0.57	−1.17	1.71	0.86		
	三点法	173.82	−0.72	−0.54	−0.29	−0.36	−1.31	0.0	2.5
		177.39	−1.63	1.86	0.06	1.85	1.22		
	五点法	173.82	0.25	−0.67	−0.40	−0.78	−1.12	−0.4	1.4
		177.39	−1.20	0.94	−1.04	0.25	−0.18		
低	一点法(水面)	171.51	12.20	17.55	11.48	9.92	9.22	9.9	8.0
		171.99	8.37	1.53	8.85	8.54	11.59		
	一点法(0.2)	171.51	18.72	15.22	14.47	11.01	14.69	14.8	4.5
		171.99	13.25	14.32	18.29	13.60	14.65		
	一点法(0.6)	171.51	−2.90	−2.74	−0.48	5.01	−5.59	−1.7	6.6
		171.99	−5.01	1.29	0.10	1.14	−4.90		
	二点法	171.51	−1.13	−1.88	−1.58	−2.08	−0.45	−0.6	2.7
		171.99	2.21	−1.04	−0.04	−1.19	1.05		
	三点法	171.51	−1.72	−2.16	−1.22	0.28	−2.16	−0.9	1.8
		171.99	−0.20	−1.13	0.01	−0.41	−0.94		
	五点法	171.51	−0.38	0.55	−0.20	1.07	−0.59	−0.1	1.4
		171.99	−0.54	−1.10	0.78	−0.21	−0.53		

(4) Ⅲ型误差试验

① 试验情况

在2006—2008年,选择在不同水位级,在断面上根据水面宽选择14~19条垂线,每条垂线采用0.6一点法,每点测速60 s。试验情况如表3.6-14所示。

表 3.6-14 武隆水文站流量Ⅲ型误差试验情况表

序号	时间	水位(m)	垂线数(个)	测点位置	测点历时(s)
1	2007-06-05	172.00	15	0.6	60
2	2007-06-10	179.24	19	0.6	60
3	2007-06-13	176.63	17	0.6	60
4	2007-07-13	185.42	19	0.6	60
5	2007-07-26	187.83	19	0.6	60
6	2007-07-28	185.88	19	0.6	60
7	2007-07-31	190.16	19	0.6	60
8	2008-05-22	171.31	14	0.6	60
9	2008-05-24	171.02	14	0.6	60
10	2008-05-25	171.77	14	0.6	60
11	2008-06-12	173.27	15	0.6	60
12	2008-07-23	178.14	17	0.6	60
13	2008-08-18	180.42	18	0.6	60
14	2008-08-21	175.32	17	0.6	60
15	2008-09-04	182.85	18	0.6	60
16	2008-09-05	180.19	18	0.6	60
17	2008-09-13	176.05	17	0.6	60
18	2008-10-25	170.65	14	0.6	60
19	2008-10-26	171.95	15	0.6	60
20	2008-10-27	172.68	16	0.6	60

② 误差分析

将断面上不同抽样垂线计算出来的断面流量与近似真值的多线流量比较，其误差见表 3.6-15。根据表中统计可以看出武隆水文站 10 线、7 线、5 线、3 线无论系统误差还是随机不确定度均较小，10 线、7 线、5 线无论系统误差还是随机不确定度均满足规范流量一类精度水文站的误差要求，可以作为常规方法使用。3 线系统误差与随机不确定度都不是很大，其整体误差可控，在特殊情况亦可使用。

表 3.6-15 武隆水文站流量Ⅲ型误差试验成果统计表

序号	时间	水位(m)	相对误差(%)			
			3 线	5 线	7 线	10 线
1	2007-06-05	172.00	−3.1	−0.8	−1.6	−1.6
2	2007-06-10	179.24	−0.2	−0.2	0.5	0.7
3	2007-06-13	176.63	−6.1	−4.2	−2.9	−1.6
4	2007-07-13	185.42	−3.2	−3.7	0.0	0.1
5	2007-07-26	187.83	−4.2	−4.2	−0.7	−0.4
6	2007-07-28	185.88	−1.9	−2.0	−1.3	0.0
7	2007-07-31	190.16	−5.0	−5.0	−3.8	−1.9
8	2008-05-22	171.31	−7.7	−6.3	0.0	1.9

续表

序号	时间	水位(m)	相对误差(%)			
			3线	5线	7线	10线
9	2008-05-24	171.02	-3.4	-4.0	-5.3	-2.2
10	2008-05-25	171.77	-4.3	0.0	0.0	0.9
11	2008-06-12	173.27	-2.2	-3.4	-2.2	-1.7
12	2008-07-23	178.14	-8.0	-4.9	-1.3	0.8
13	2008-08-18	180.42	-4.9	-3.4	-3.6	-2.2
14	2008-08-21	175.32	0.0	-0.4	0.4	1.6
15	2008-09-04	182.85	-4.9	-2.9	-0.7	-1.5
16	2008-09-05	180.19	-5.7	-4.9	-3.4	-2.3
17	2008-09-13	176.05	-3.9	-3.5	-2.8	-2.1
18	2008-10-25	170.65	-10.0	-5.8	-3.2	-1.9
19	2008-10-26	171.95	-7.4	-4.7	-2.0	-1.3
20	2008-10-27	172.68	-2.5	-0.6	0.6	0.6
系统误差(%)			-4.4	-3.2	-1.7	-0.7
随机不确定度(%)			2.6	1.9	1.7	1.4

3.6.2 系数分析

流量系数，狭义上是指建筑物测流的流量公式中，表达实际流量与理论流量相联系的系数。这里泛指断面虚流量（用局部流速或其他方法测的流速与断面面积乘积求得的未改正的流量）与断面流量的比值。

流速系数，狭义上指在堰槽测流中，用实测水头计算流量时，考虑行近流速影响的一个系数。垂线或断面上局部流速与需要表征的平均流速之间的比值，如垂线上某一测点流速与垂线平均流速的比值，叫测点流速系数。

在水文监测中，为了得到实际测量的流速（流量）与需要推算的断面流速（流量）的关系，就需要开展专门的对比观测，分析流速（流量）系数。对比观测是水文测验常用的观测方法，有时也称比测，是建立同一系统中相同要素的物理运动伴随数学表达的观测活动。常见的流速（流量）系数有流速仪流速（流量）系数、浮标流速系数、各种新仪器流速（流量）系数。

3.6.2.1 流速仪系数的确定

流速仪流速系数是分析流速仪垂线上某一测点流速与垂线平均流速的比值，在长江上游应用最多的为水面流速系数，其次为相对水深0.2流速系数，比较特殊的为相对水深0.6流速系数。流量系数是断面虚流量（用局部流速与断面面积乘积求得的未改正的流量）与断面流量的比值，不考虑断面的影响，其实质就是流速系数。在长江上游山区，流速分布受河道地形影响很大，断面上不同垂线位置或垂线上不同测点位置的流速关系脉动很大，直接分析流速系数很难；系数比测与分析时，采用虚流量与理论流量相比更为直接，采用断面流量综合分析，能在一定程度上消除脉动影响。因此，在山区河流流量系数应用也较为广泛。

根据水文测验规范要求，流速系数最好通过垂线上多点法测速资料的分析或专门的试验确定，没有资料时才可用经验系数。如水面流速系数一般由五点法测速资料或其他加测水面流速的资料分析确定。没有资料时，可参考选用规范建议值0.85。相对水深0.2的流速系数，可用本站二点法、三点法或多点法的资料分析确定。采用一点法施测时，按照流速分布理论，相对水深0.6的流速系数可以近似为1，直接采用相对水深0.6的流速作为垂线平均流速，但是部分山区站的垂线流速分布受河道、断面形状影响，与理论上的流速分布存在较大偏差,相对水深0.6的流速与垂线平均流速存在一定的系统偏差,这时就需要应用三点法或多点法的资料分析确定相对水深0.6的流速系数。

流速系数是测验河段内各种水力因素的综合反映,受到断面形状、河床组成、水面比降等直接影响。有些河段断面比较规则,河床稳定,流速分布形式较为稳定;反之,水面流速系数将随水力因素的变化而变化。有分析研究表明,不同的河流、不同水流情形的断面流速系数差别很大。云南境内的长江、珠江、红河、澜沧江、怒江等流域水文站水面流速系数范围分别为0.78~1.15、0.81~1.06、0.78~1.16、0.76~1.07、0.74~0.98。长江上游部分站也开展了相对位置0.2流速系数分析,其成果见表3.6-16。

表3.6-16 部分站相对位置0.2流速系数

水系	河名	站名	相对位置0.2流速系数	分析范围(m³/s)
嘉陵江	渠河	罗渡溪	0.94	13 000~24 500
	嘉陵江	武胜	0.93	8 300~17 800
			0.96	12 000~162 000
	嘉陵江	北碚	1.04	5 980~28 300
	涪江	小河坝(三)	0.92	4 500~9 600
金沙江	金沙江	岗拖	0.89	821~3 080
		奔子栏	0.87	1 320~2 500
			0.91	2 501~4 500
			0.95	4 501~5 920
		石鼓	0.89	3 800~6 440
		阿海	0.93	3 000~5 200
			0.98	5 200~7 360
		中江	0.89	477~7 700
		攀枝花	0.88	3 050~7 750
		三堆子	0.90	7 260~15 100
	横江	横江	0.90	1 010~4 290
长江干流上游	长江	寸滩	0.91	32 700~57 900
	西溪河	宁桥	0.94	104~670
	大宁河	巫溪	0.93	534~1 880
	后溪河	宁厂	0.93	164~556
岷江	岷江	高场	0.88	2 990~9 000
			0.91	9 001~22 500
沱江	沱江	富顺	0.86	2 940~4 200
			0.90	4 201~5 800
			0.94	5 801~8 670
乌江	乌江	彭水	0.91	<8 000
			0.91~1.00	8 001~12 000

流速系数是影响流量成果精度的重要因素,经验系数与实际系数之间往往存在一定的误差,这个误差会带来流量成果的较大偏差,因此,流速系数应尽量通过分析或专门的试验确定。

3.6.2.2 浮标系数的试验和确定

浮标系数是用浮标法测得的虚流量(水面或中泓平均流速)与断面流量(断面平均流速)的比值,是影响浮标法流量测验精度的重要因素。浮标系数是考虑浮标运行受风向、风力、浮标的材质与型式、浮标入水深度等多种因素影响的综合参数。确定浮标系数并揭示其变化规律,合理选定浮标系数并评定其误差,是浮标法流量测验的重要内容之一。浮标系数的确定主要有以下几种方法。

1. 比测试验法

比测试验法是获得浮标系数最主要的方法,其是用流速仪法或走航式 ADCP 和水面浮标法同时施测流量,按照作为流量真值的流速仪法或走航式 ADCP 流量除以浮标法测的虚流量,得到浮标系数。比测试验时,各有效浮标在断面上的控制部位应大致与流速仪法各测速垂线的布设位置相对应。这样求得的浮标系数是该有效浮标数目的全断面综合浮标系数。如果浮标在断面上不均匀,也可以分析计算中泓浮标系数。有条件的测站应进行多浮标、多测速垂线的比测试验,计算各种有效浮标数的虚流量和相应测速垂线数的流速仪法流量,推求浮标系数,从而求得不同有效浮标数的浮标系数。无论分析哪种浮标系数,均需要与实际应用相结合。

浮标系数比测试验应观测水位、风向、风力等。试验次数应不少于 20 次。在积累足够比测试验资料后,应探索不同有效浮标数的浮标系数与相关因素的关系,为浮标法流量测验提供可靠的浮标系数。如果浮标系数与相关因素关系明显,可建立浮标系数与相关因素的经验公式,以备查用。如果浮标系数与相关因素关系不明显,但其变化范围不大,在一定范围内可用其算术平均值作为本站的浮标系数。

2. 水位流量关系曲线法

在水位流量关系较稳定的测站,可以采用水位流量关系曲线法分析浮标系数。该法用以计算浮标系数的浮标虚流量采用实测值,以浮标法测流时的相应水位在水位流量关系曲线上的查读值作为断面流量。这种将浮标试验和流量测验分开进行的方法,可以减轻试验工作量,但仍需建立各种垂线数目的流速仪法的水位流量关系曲线,以备根据有效浮标数选用测速垂线数目与之相应的流速仪法流量点据,而该点可从对应的水位流量关系曲线上查读。

用该法积累的浮标系数资料同样可以与相关因素建立关系,因此,浮标系数标准差计算方法与比测试验法相同。

3. 水面流速系数法

浮标法多数情况是在常规流量测验方法不能开展时使用。浮标系数是一个多因素的综合参数,高水浮标系数与中、低水浮标系数存在一定的偏差。在高水时期,按照上述两种方法同步收集到足够的浮标比测资料是比较困难的。有专门针对均匀浮标系数与流速仪水面流速系数关系的分析表明,均匀浮标系数与流速仪水面流速系数存在较好的关系。测流河段顺直,上下断面规则,中、高水流线平稳顺直的测站,两者基本相等。测流河段有收缩、弯曲,浮标上、中、下断面形态不一致,流线不平稳顺直,收缩相交的站,均匀浮标系数略小于流速仪水面流速系数。主要原因是流速仪所测水面流速是测流断面的流速,浮标流速则是上下断面之间的平均流速。

4. 浮标系数的选用

根据规范规定,需要使用浮标测流的测站,在未取得浮标系数试验数据之前,可借用本地断面形状和水流条件相似、浮标类型相同的测站试验的浮标系数,或者根据测验河段的断面形状和水流条件,在下列范围选用浮标系数。

(1) 一般情况下,湿润地区的大中河流可取 0.85~0.9,小河可取 0.75~0.85;干旱地区的大中河流可取 0.80~0.8,小河可取 0.70~0.80。

(2) 特殊情况下,湿润地区可取 0.90~1.00,干旱地区可取 0.65~0.70。

(3) 对于垂线流速梯度较小或水深较大的河段,宜取较大值;垂线流速梯度较大或水深较小者,宜取较小值。

上述提供的浮标系数选用值根据大量试验资料综合分析确定,有一定的实用价值。对于未开展浮标系数试验分析的测站来说,这些选用值属于经验数据,为提高浮标流量成果精度,在有条件的情况下,应开展浮标系数分析和验证工作。

5. 巴塘(三)站高水浮标系数分析实例

2018年10月10日22:00,西藏江达县波罗乡白格村金沙江右岸发生山体滑坡,堵塞金沙江并形成堰塞湖,"10·10"白格堰塞湖从12日开始自然过流,在巴塘河段形成超百年一遇洪水。11月3日17:00左右,在"10·10"堰塞体基础上,金沙江右岸再次发生大规模山体滑坡,滑坡再次堵塞金沙江形成"11·03"白格堰塞湖。"11·03"白格堰塞湖于12日贯通人工泄流槽,最大流量达31 000 m³/s,在堰塞体至奔子栏约400 km江段形成超万年一遇洪水。"11·03"白格堰塞湖溃坝洪水,水位上涨迅猛,流速大、漂浮物多、冲刷力极强。洪水所到之处,公路、桥梁被冲毁,村庄被夷为平地,流量监测环境极其恶劣,只能采用非接触式流量测验方法。手持式电波流速仪等需要借助桥梁的测验手段,由于洪水破坏性极强,在巴塘河段桥梁均被冲毁,无法实现;采用无人机搭载测流设备,由于水位涨率、流量变化极快,时效性和测验可靠性有欠缺;对这种暴涨、暴落且携带大量漂浮物的洪水,采用漂浮物浮标法或中泓漂浮物浮标法是比较有效的测验手段。11月13日23:05巴塘(三)站水位上涨,23:06即开始了中泓浮标测流,共测流19次,上涨最快的23:06—23:35时间段连续不间断测流6次,完整地获得整个水位流量变化过程。

由于巴塘(三)站没有中泓浮标流速系数,需要开展中泓浮标流速系数的分析,以确定中泓浮标流速系数。收集巴塘(三)站1992—2004年中高水多线多点法流速仪原始测验资料,分析中泓5线(起点距150～190 m)水面平均流速与断面平均流速关系,相关关系基本稳定在0.704附近(图3.6-1)。考虑到测流河段测量当日无风无雨,最后直接采用中泓水面流速系数作为中泓浮标流速系数。

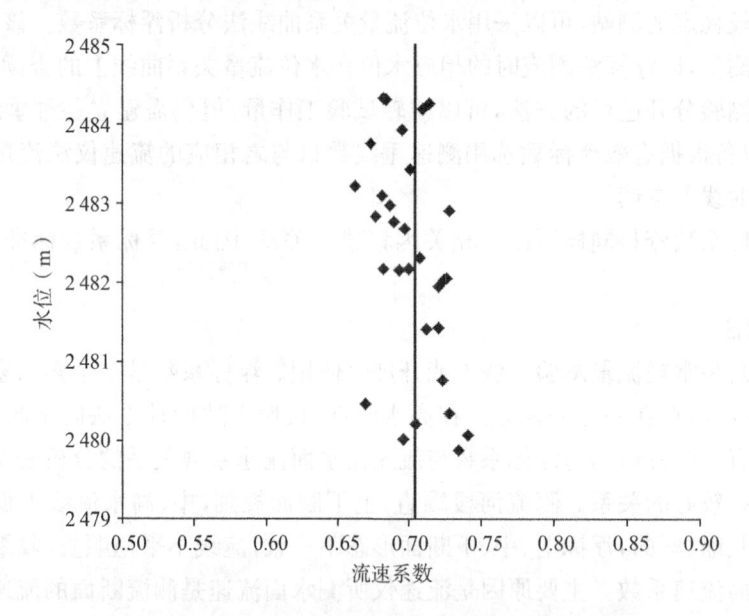

图3.6-1 巴塘(三)站断面中泓水面流速系数分析图

巴塘(三)水文站采用的浮标法较成功地测得"11·03"白格堰塞湖溃坝洪水流量变化过程。在流速仪无法施测的情况下,浮标法测流成果最后成为巴塘白格堰塞湖洪水最可靠的成果,上下游水量对照合理,并最终成为正式刊印成果。

3.6.2.3 在线仪器系数分析

随着社会对水文测验要求的变化,对河流流量监测的时效性和变化过程的监控要求越来越高。长江上游地处山区,大量水利工程的兴建,导致水文测站测验河段测验条件发生明显变化,尤其是水库等蓄水工程的调节对坝上下游水文站的影响尤为显著,流量在线监测越来越多地得到应用。

现在主要的流量在线监测设备有水平 ADCP、电波流速仪、雷达波测流系统、超声波时差法、视觉测流等,电波流速仪、雷达波测流系统、视觉测流实测的均是水面流速,需要进行实测水面流速推算断面流速的计算。杨志红等人的研究表明,雷达波测的水面流速值与流速仪测的水面流速值接近,比值接近1,可以用流速仪测的水面流速系数直接代替雷达波流速。但是根据电波流速仪、雷达波测流系统、视觉测流的原理,这些仪器所测水面流速并不是绝对的流速仪断面线流速,因此,有条件也可以进行专门的流速(流量)系数比测工作。水平 ADCP 测得的是河流断面上某一水层处局部范围内的平均流速,需要建立代表流速与断面平均流速的相关关系,由代表流速推求断面平均流速。超声波时差法测的是一个或多个水层的全剖面平均流速,需要建立时差法测得断面层流速与相应的断面平均流速之间的关系。现有的主要流量在线监测设备均是实测的某一局部流速(流量),均需要建立实测的某一局部流速(流量)与断面平均流速(流量)的关系,其实质也就是分析流速(流量)系数。具体的在线仪器流速(流量)系数分析技术,在前面相关章节已经有介绍,在此,不再赘述。

3.6.3 单值化处理

河流水位与流量关系受洪水涨落、变动回水、断面冲淤变化、水利水电工程等诸多复杂因素的影响,并非为确定的函数关系,表现在水位流量关系曲线形状上呈现出单一绳套或不规则、大小不一、位置不定的复式绳套。自20世纪50年代以来,为了满足水文资料整编的实际要求,对非单一水位流量关系曲线定线推流提出了很多方法,其中包括连时序法、连实测流量过程线法以及考虑水力因素进行校正计算的等落差法、定落差法、落差开方根法、校正因素法、特征河长法、改正水位法等。

近年来受水利工程影响,长江上游较多水文站水位流量关系较复杂,更加迫切需要通过分析水位流量关系影响因素,进行水位流量关系单值化处理或探索水工建筑物推流。

3.6.3.1 落差指数法

随着长江上游山区河流水电站的不断修建,原有的天然河道情况被改变,越来越多的水文测站受下游电站蓄放水影响,水位流量关系呈现为受变动回水影响的水位流量关系。处理受变动回水影响水位流量关系的单值化定线推流方法有落差指数法、等落差法、定落差法等。在长江上游山区河流中,落差指数法应用得最多。

1. 落差指数法的理论分析

落差法是处理受变动回水影响水位流量关系的一种方法。回水影响是指测站下游河道受阻,水流不畅,以致水位抬高,比降减小。与不受回水影响的天然情况相比,受回水影响的时期同水位下的流速、流量变小。受回水影响越明显,流速、流量变小越显著。通常产生回水影响的原因有:干支流洪水相互顶托;下游电站蓄水、闸门关闭;海潮顶托;下游工程占据河道;等等。在长江上游山区,河流回水主要是下游电站蓄水造成的。受下游电站蓄放水影响的回水与受桥墩、滚水坝等阻水建筑物产生的回水不同,受下游电站蓄放水影响的回水随着电站蓄放水情况变化而变化,因此称为变动回水;受桥墩、滚水坝等阻水建筑物产生的回水,是固有回水,其回水是测站控制的一部分,水位流量关系也是固有的。受变动回水影响的测站,其水位流量关系、水位流速关系分布散乱,排除断面变化,其同水位下流量、流速点子均比天然状况小,主要是同水位下受回水顶托影响比降变小。

根据曼宁公式:
$$Q = \frac{1}{n}AR^{\frac{2}{3}}\sqrt{S_e} \text{ 或 } Q = f(Z, S_e) \tag{3.6-7}$$

式中:n 为糙率;A 为过水断面面积;R 为水力半径;S_e 为能面比降;Z 为水位;Q 为断面流量。

一般情况下,在同一水位,n、A、R 基本保持不变,且可忽略流速水头沿程的变化。可用水面比降 S 代替能面比降 S_e。同水位下流量之比为:

$$Q_1/Q_2 = (1/n)(AR^{2/3}S_1^{1/2})/(1/n)(AR^{2/3}S_2^{1/2}) = (S_1/S_2)^{1/2} \tag{3.6-8}$$

如将水面比降 S 改写成河段水位差与河段距离相除,则上式变为:

$$Q = \frac{1}{n} A R^{2/3} \sqrt{\frac{Z}{L}} = \left(\frac{1}{n} A R^{\frac{2}{3}} L^{-\frac{1}{2}}\right) Z^{\frac{1}{2}} = q Z^{\frac{1}{2}} \tag{3.6-9}$$

部分研究认为,河流的比降指数采用 1/2 是非常近似的,在不同河段,其可能实际并非 1/2 或固定值,再引入回水对断面的影响程度,则推导出落差指数法的基本公式:

$$q = K \frac{Q_m}{Z_m^\beta} \tag{3.6-10}$$

式中:Q_m 为实测流量;β 为落差指数值;Z_m 为水位落差;K 为落差改正系数;q 为单值化流量,或者校正流量因数。

2. 单值化定线

(1) 辅助水尺的选取

落差辅助水尺的选择是落差法的关键技术之一,确定落差水尺位置是否适应,关系到落差的代表性,影响其精度,直接关系到单值化方案是否可行。

辅助水尺选取的原则有:辅助站尽量利用现有水文站网;下游辅助站要考虑测验断面受长河段控制因素;要求校正流量与测验断面水位有较好的单相关关系;辅助站受外部环境影响小(如测验河段无大的支流汇入和分出)、资料系列长和测验精度好;等等。

(2) 优选落差指数值 β 和落差改正系数 K

β 值的变化范围一般为 0.2~0.8。在此区间内,可采用试错法或优选法,以定出的 Z-q 关系曲线,通过适线检验、符号检验、反曲检查且不确定度最小时的 β 为最优 β 值。落差改正系数 K 反映了回水对断面的影响程度,可以通过大量数据进行试错优选获得。

(3) 绘制水位-校正流量因素关系曲线

应用水位流量关系单值化方案分别计算实测流量对应的校正流量因素,绘制水位-校正流量因素关系曲线,其定线精度应满足规范要求。如果关系曲线不满足规范要求,则应重新调整参数,重新计算、定线。

3. 推流

推流过程是定线过程的逆运算,先根据某一时刻基本水尺水位,在水位-校正流量因素关系曲线上查得校正因素 q,利用落差参证站的水位与基本水尺水位计算落差 Z_m,最后根据优选落差指数值 β 和落差改正系数就可以计算出所求流量。

4. 落差指数法的应用实例

下面就以金安桥水文站的实例,来讲述落差指数法的应用和整编时的电算加工。

(1) 金安桥水文站的基本情况

金安桥水文站位于云南省永胜县大安乡光美村,设于 2004 年 1 月,集水面积 239 853 km²,测验河段顺直,水流平稳。断面上游约 500 m 处有金沙江大桥。上游 750 m 左岸有五郎河汇入,2 500 m 处有金安桥水电站。断面下游约 500 m 河道向右弯曲,下游约 38 km 是龙开口水电站。受龙开口水电站蓄放水影响,金安桥水文站水位流量关系紊乱。

(2) 问题的引出

金安桥水文站下游约 38 km 是龙开口水电站。龙开口水电站位于云南省大理州鹤庆县龙开口镇境内,是金沙江中游河段水电规划"一库八级"开发的第六级电站。上接金安桥水电站,下邻鲁地拉水电站。工程是以发电为主,兼顾灌溉、供水及防洪的一等大(1)型水电水利工程。枢纽由碾压混凝土重力坝、泄洪冲沙建筑物、右岸坝后式厂房、左右两岸灌溉取水口等建筑物组成。最大坝高 116 m,坝顶高程 1 303 m,坝顶长 768 m。水库正常蓄水位 1 298 m,总库容 5.07 亿 m³,调节库容 1.13 亿 m³,具有日调节性能。电站装机容量 1 800 MW,安装 5 台 360 MW 的混流式水轮发电机组,年发电量 73.96 亿 kW·h,发电效益显著。

龙开口水电站 2012 年下闸蓄水,水库正常蓄水位 1 298 m,回水长度 41.4 km。受龙开口水电站蓄放水影响,金安桥水文站常年处于变动回水期,其水位流量关系紊乱,详见图 3.6-2。

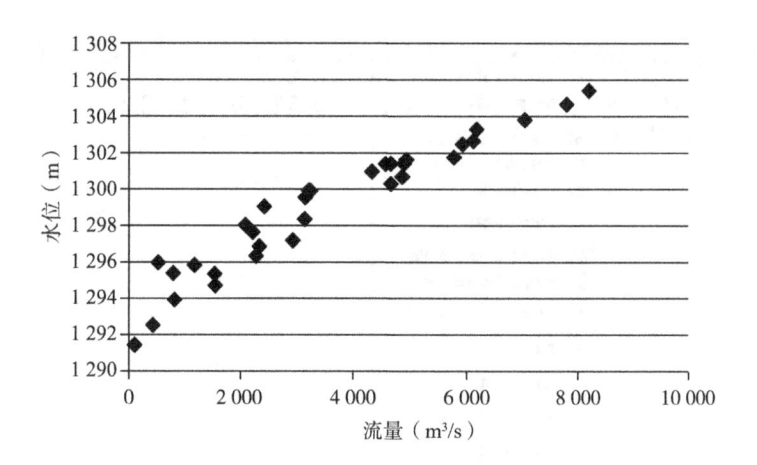

图 3.6-2　2020年金安桥水文站水位流量关系图

因此,金安桥水文站开展了用落差法进行水位流量单值化分析研究,最终采用了落差指数法定线推流。

(3) 单值化定线

① 参证站的选择

由于金安桥水文站到龙开口水电站河段只有一个水位站——龙开口坝上站,且龙开口坝上站水位能够代表龙开口库区水位的变化,基本能够反映下游电站对金安桥水文站的回水顶托情况,因此选用龙开口坝上水位站作为金安桥水文站落差参证站。

② 单值化公式的构建

a. 落差值的调整

金安桥水文站与龙开口坝上站水位之差,在部分时段出现了明显的负落差,最大负落差值达−0.30 m。考虑到两站水准未联测,可能存在水位的水准系列差,因此,经验性采用金安桥水文站与龙开口坝上站水位之差加上0.50 m作为两站落差值。

b. 落差指数值和落差改正系数的确定

经过大量数据的试错和优选,落差指数和落差改正系数均不是常数。落差指数是随着落差的增大而增大,数值在0.76和1.3之间变化,这个结果与落差指数一般应在0.2和0.8之间的理论分析之间存在明显差异。这有两方面可能:一是为了消除金安桥水文站与龙开口坝上站水位之间落差负值,人为加上0.5 m进行调整,对两站的落差计算有一定影响,计算的落差与真实落差有一定差距;二是落差参证站龙开口坝上站距离电站太近,电站开关闸对龙开口坝上站水位会有直接扰动。落差改正系数是随着落差的增大而减小,数值在0.9~0.25变化,符合落差越小回水对上游顶托越大的理论分析。

c. 关系曲线绘制

根据落差指数法公式,可以计算出每个实测流量点经过落差校正后的无量纲数值流量校正因素 q,点绘 G-q 曲线,使其满足规范定线要求。

③ 电算加工

a. 程序的进入

运行程序,在程序主界面选择"整编",在下拉菜单中选择"原始整编数据录入",进入电算数据加工与录入界面,如图3.6-3所示。

在左侧"数据项目"菜单中选择"单值处理数据"栏目,进入单值化处理电算加工。

b. 公式的构建

首先进入"公式录入及公式使用条件",在单值处理公式中根据具体单值化方案,输入自编公式以及公式中各要素的解释。金安桥站输入落差指数法推算流量公式 $QC=Q/(S-M+0.50)^{K/C}$,以及各要素代表的参数意义:S 为金安桥站水位,M 为龙开口坝上站水位,Q 为实测流量,A 为施测号数,见图3.6-4。

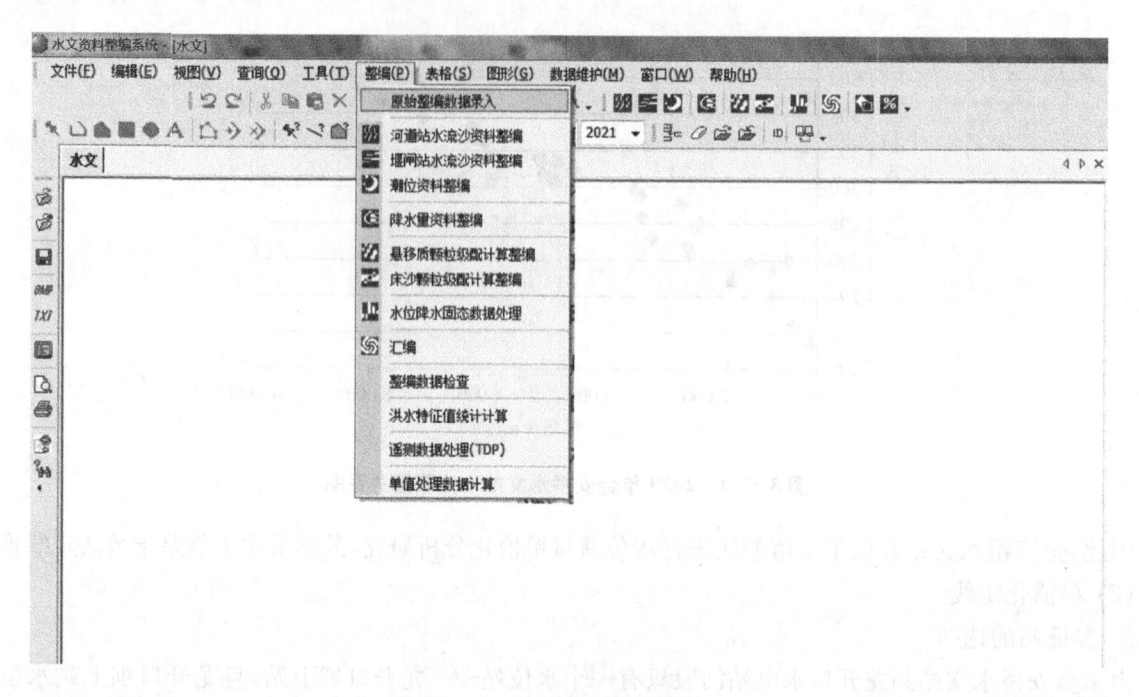

图 3.6-3　落差指数法电算进入

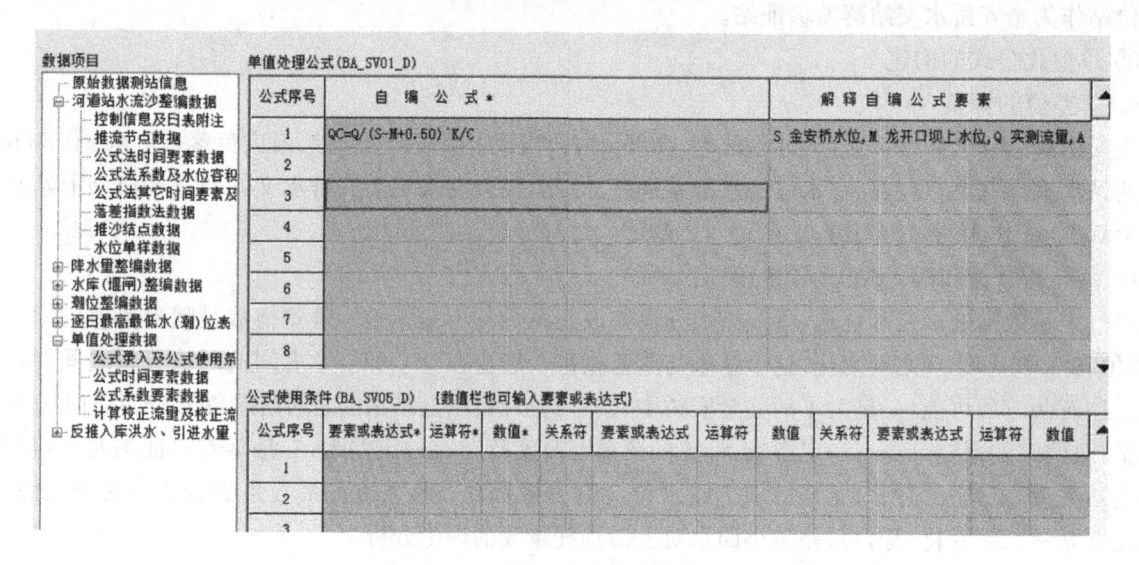

图 3.6-4　落差指数法自编公式录入

c. 各要素数据的录入及计算

完成公式构建后,选择"公式时间要素数据",依照实测点子时间顺序依次录入前面自编公式中相关的 4 个参数。接着选择"公式系数要素数据",录入除前面相关的 5 个参数之外的其他参数 C、K,见图 3.6-5、图 3.6-6、图 3.6-7。

金安桥站落差指数法依次录入了相关公式要素 C、K,分别代表落差指数和落差改正值的查算关系,式中相关因素表达式中的 $S-M+0.50$,表明在这个相关关系中自变量是落差 $S-M+0.50$,C、K 是自变量 $S-M+0.50$ 的因变量。计算中根据不同的落差计算进行相应参数的查值。

d. 定线及确定关系线节点

菜单中进入整编界面,在下拉菜单中选择"单值处理数据计算"自动完成相关校正流量计算,见图 3.6-8。

图 3.6-5　落差指数法公式时间要素数据录入

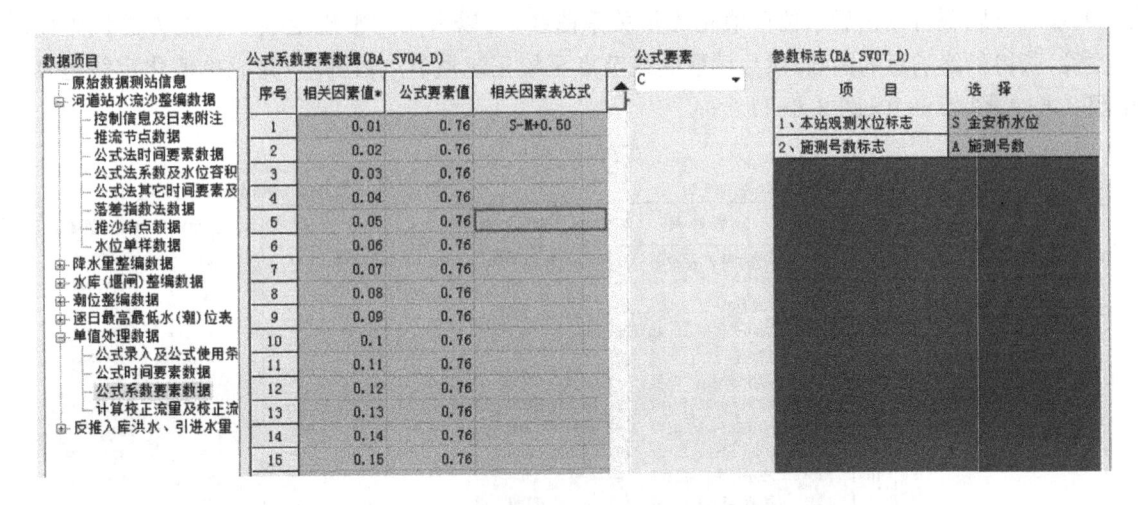

图 3.6-6　落差指数法公式系数要素数据录入(1)

图 3.6-7　落差指数法公式系数要素数据录入(2)

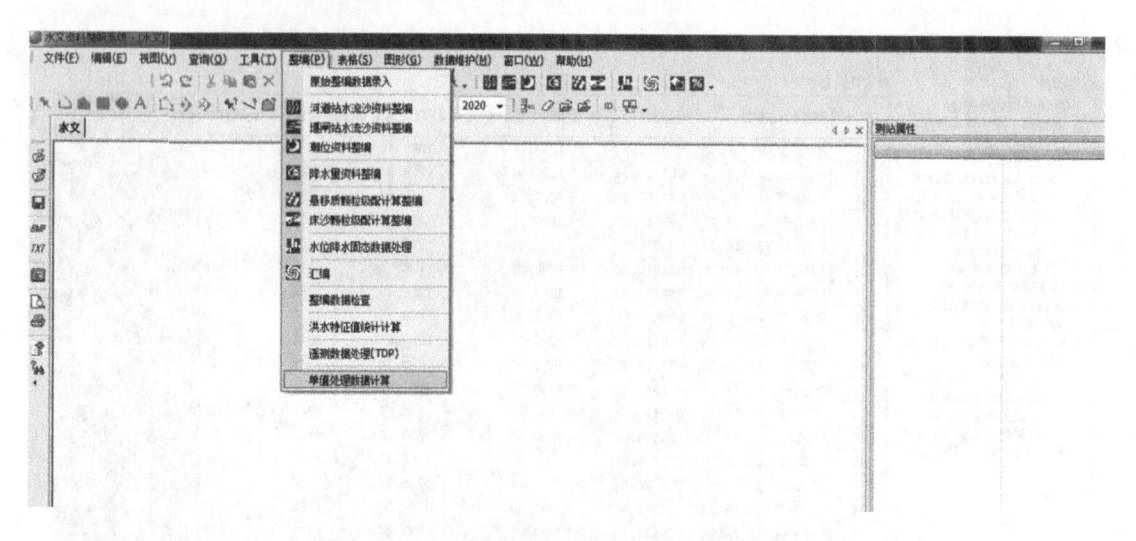

图3.6-8 落差指数法单值处理数据计算进入

在完成单值处理数据计算后,回到单值化推流录入界面,选择"计算校正流量及校正流量节点数据",可以看见左面"计算的校正流量数据"里已经存在计算结果了。在主界面选择图形进入关系曲线定线界面,选择"校正关系",可以获得校正后水位单值化流量关系曲线,可以采用与常规定线一样的方法调整曲线并进行相应检验,获得最终满意的曲线,然后读取曲线节点至校正流量节点数据中,完成单值化定线电算录入工作。见图3.6-9、图3.6-10、图3.6-11。

图3.6-9 落差指数法校正流量相关数据录入

金安桥站采用定落差法所定关系线三项检验及系统误差、不确定度均满足规范要求,可以进行下一步推流工作。

(4) 推流

① 推流计算

根据金安桥站水位与落差参证站龙开口坝上站的水位计算实测落差 ΔZ_m,再用水位在 G-q 曲线推得校正流量因素 q,分别查算相应的落差指数和落差改正值,可以用落差指数公式计算出所求流量 Q_m。

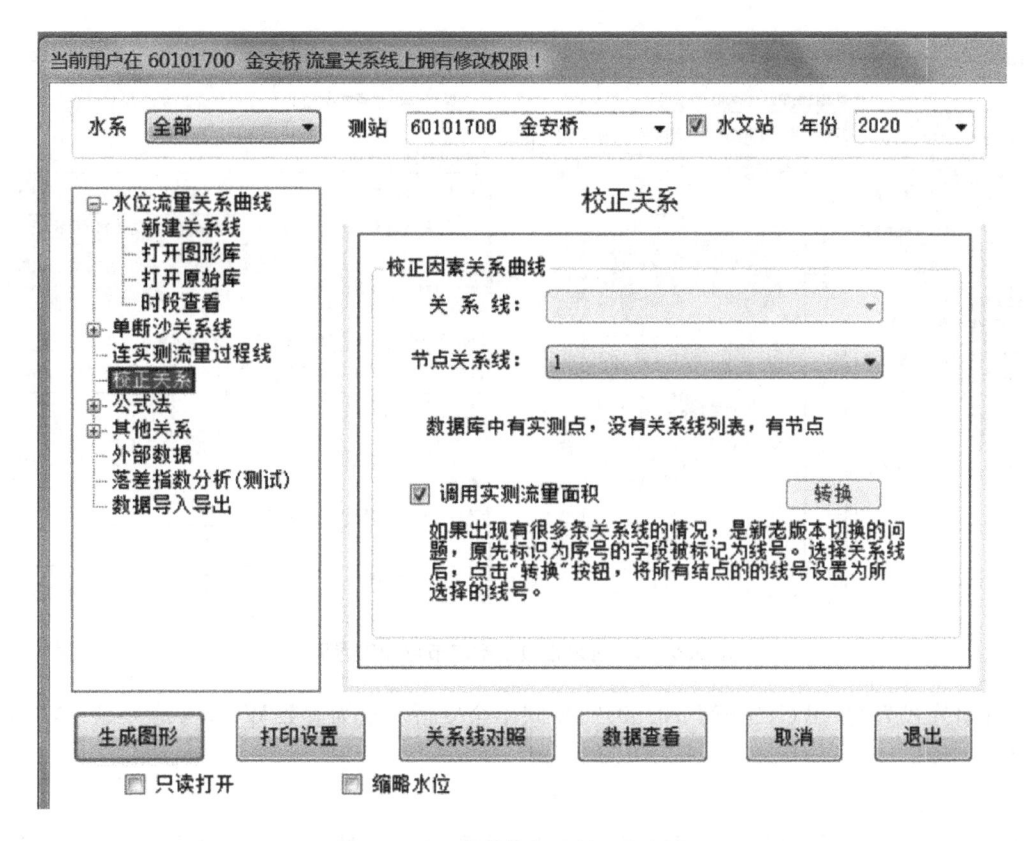

图 3.6-10　落差指数法校正关系进入

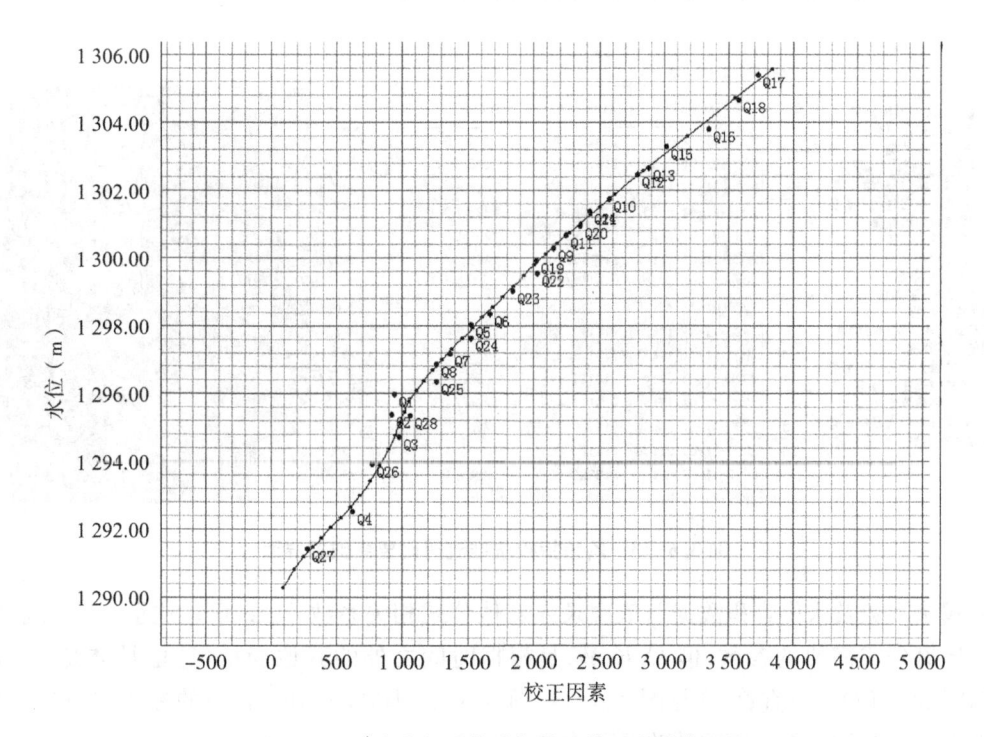

图 3.6-11　金安桥站落差指数法校正流量关系图

② 推流的电算

a. 推流方法选择及自编公式

同常规整编方法一样,在程序主界面依次进入"原始数据测站信息"—"河道站水流沙整编数据"—"推流节点数据"界面。可以分时段录入整编方法,推流方法选择公式法14。见图 3.6-12。

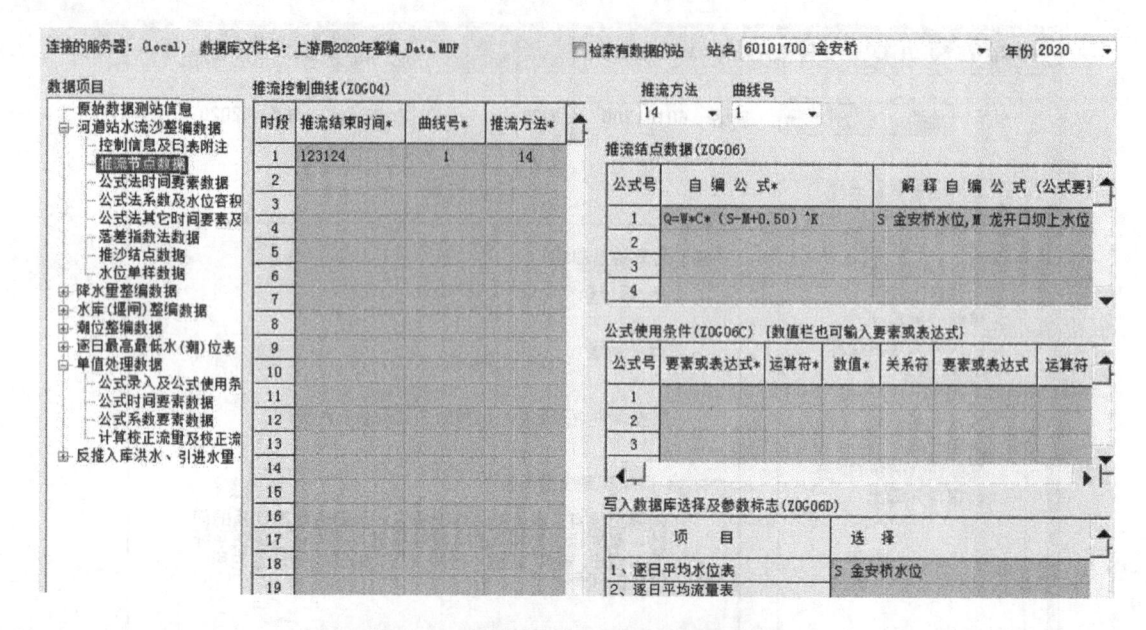

图 3.6-12 落差指数法推流节点加工界面

这里的自编公式为 $Q=WC(S-M+0.50)^K$，反映出金安桥流量为参数 W、C 与落差 $S-M+0.50$ 的 K 指数的乘积。

b. 推流各要素确定

选择"公式法时间要素数据"，依据时间录入或导入参数金安桥站与龙开口坝上站水位，这里的时间系列最好与水位整编数据一致，以免整编计算时进行查值，产生误差。见图 3.6-13。

图 3.6-13 落差指数法推流时间要素数据界面

选择"公式法系数及水位容积数据"，依次录入其他公式相关系数 C、K、W。这里录入的系数与前面参数相比，都是推流公式需要的参数，但 C、K、W 是根据时间之外的其他变量（这里具体是 C、K 按照落差 $S-M+0.5$，W 是水位）进行查算，详见图 3.6-14、图 3.6-15、图 3.6-16。这里的参数应该与定线时的相应参数一致，否则定线与推流就成不同的关系了。

(5) 精度分析

对金安桥 2020 年实测流量进行分析，采用落差指数法进行定线，其系统误差为 -0.2%，不确定度为 9.6%，满足规范要求。但由于参证站位置相对较远，部分时段坝前水位受电站蓄放影响太大，落差部分时间代表性不够；由于处于库区，有时比降过小，水位的观测误差会带来落差误差，个别时段推算的流量偶然误差偏大，但整体径流量误差可控。

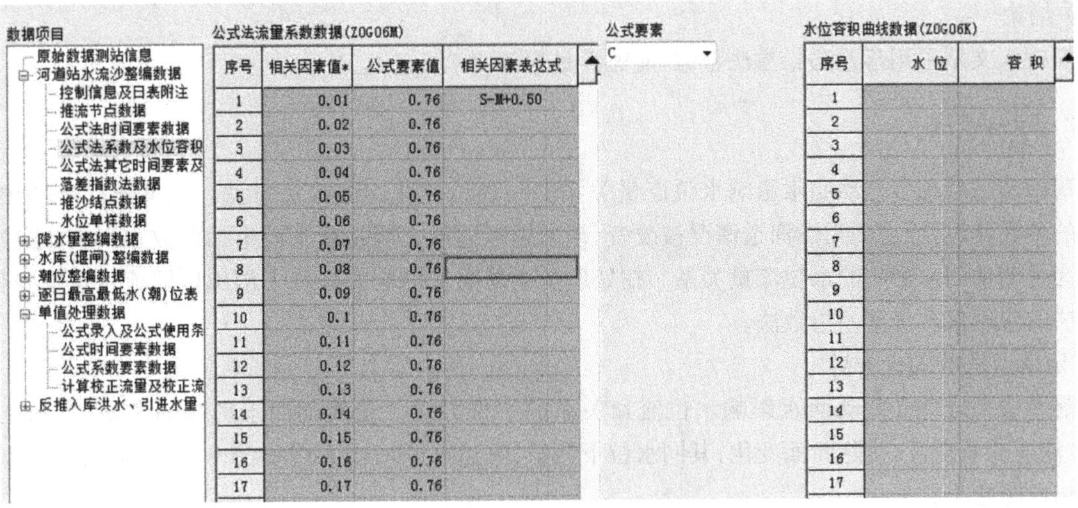

序号	相关因素值*	公式要素值	相关因素表达式
1	0.01	0.76	S-M+0.50
2	0.02	0.76	
3	0.03	0.76	
4	0.04	0.76	
5	0.05	0.76	
6	0.06	0.76	
7	0.07	0.76	
8	0.08	0.76	
9	0.09	0.76	
10	0.1	0.76	
11	0.11	0.76	
12	0.12	0.76	
13	0.13	0.76	
14	0.14	0.76	
15	0.15	0.76	
16	0.16	0.76	
17	0.17	0.76	

序号	水位	容积
1		
2		
3		
4		
5		
6		
7		
8		
9		
10		
11		
12		
13		
14		
15		
16		
17		

图 3.6-14 落差指数法推流落差指数录入

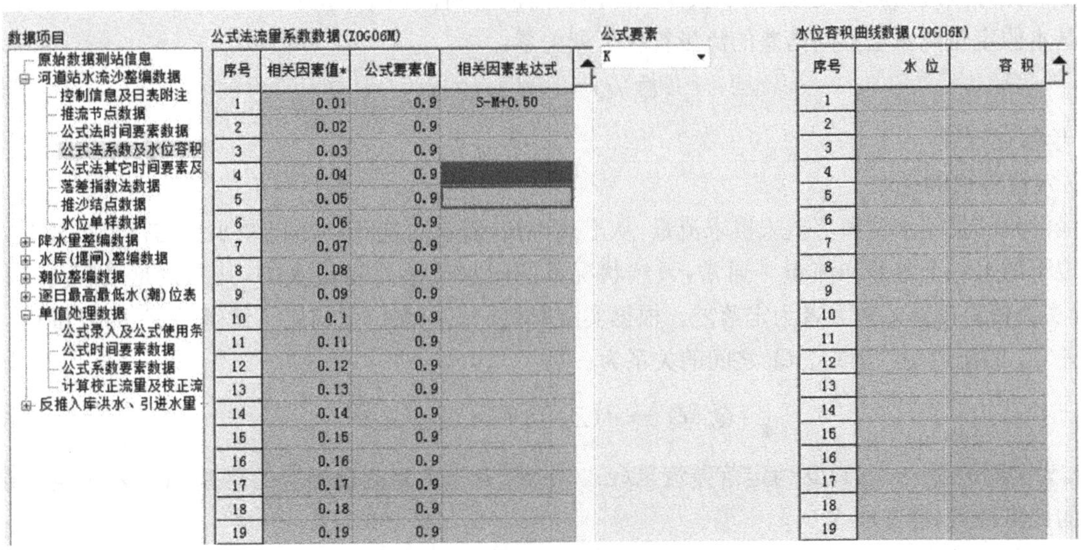

序号	相关因素值*	公式要素值	相关因素表达式
1	0.01	0.9	S-M+0.50
2	0.02	0.9	
3	0.03	0.9	
4	0.04	0.9	
5	0.05	0.9	
6	0.06	0.9	
7	0.07	0.9	
8	0.08	0.9	
9	0.09	0.9	
10	0.1	0.9	
11	0.11	0.9	
12	0.12	0.9	
13	0.13	0.9	
14	0.14	0.9	
15	0.15	0.9	
16	0.16	0.9	
17	0.17	0.9	
18	0.18	0.9	
19	0.19	0.9	

序号	水位	容积
1		
2		
3		
4		
5		
6		
7		
8		
9		
10		
11		
12		
13		
14		
15		
16		
17		
18		
19		

图 3.6-15 落差指数法推流落差改正系数录入

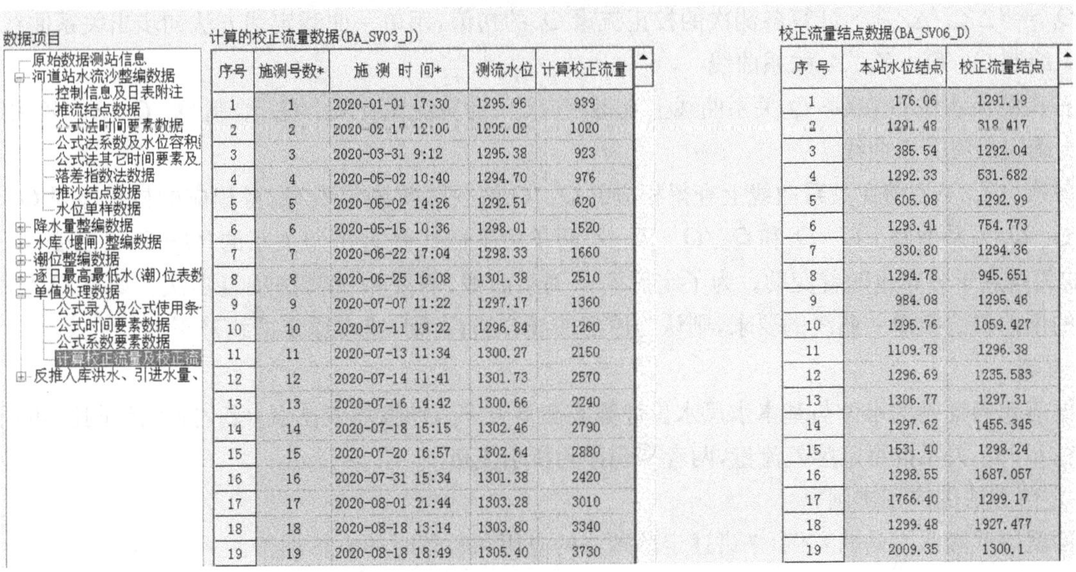

序号	施测号数*	施 测 时 间*	测流水位	计算校正流量
1	1	2020-01-01 17:30	1295.96	939
2	2	2020-02-17 12:00	1295.02	1020
3	3	2020-03-31 9:12	1295.38	923
4	4	2020-05-02 10:40	1294.70	976
5	5	2020-05-02 14:26	1292.51	620
6	6	2020-05-15 10:36	1298.01	1520
7	7	2020-06-22 17:04	1298.33	1660
8	8	2020-06-25 16:08	1301.38	2510
9	9	2020-07-07 11:22	1297.17	1360
10	10	2020-07-11 19:22	1296.84	1260
11	11	2020-07-13 11:34	1300.27	2150
12	12	2020-07-14 11:41	1301.73	2570
13	13	2020-07-16 14:42	1300.66	2240
14	14	2020-07-18 15:15	1302.46	2790
15	15	2020-07-20 16:57	1302.64	2880
16	16	2020-07-31 15:34	1301.38	2420
17	17	2020-08-01 21:44	1303.28	3010
18	18	2020-08-18 13:14	1303.80	3340
19	19	2020-08-18 18:49	1305.40	3730

序 号	本站水位结点	校正流量结点
1	176.06	1291.19
2	1291.48	318.417
3	385.54	1292.04
4	1292.33	531.682
5	605.08	1292.99
6	1293.41	754.773
7	830.80	1294.36
8	1294.78	945.651
9	984.08	1295.46
10	1295.76	1059.427
11	1109.78	1296.38
12	1296.69	1235.583
13	1306.77	1297.31
14	1297.62	1455.345
15	1531.40	1298.24
16	1298.55	1687.057
17	1766.40	1299.17
18	1299.48	1927.477
19	2009.35	1300.1

图 3.6-16 落差指数法推流校正流量录入

(6) 结论

金安桥水文站采用落差法指数法整编，能够满足规范要求。

3.6.3.2 定落差法

定落差法是处理受变动回水影响水位流量关系的一种单值化定线推流方法。随着长江上游山区河流水电站的不断修建，原有的天然河道情况被改变，越来越多的水文测站受下游电站蓄放水影响，水位流量关系呈现为受变动回水影响的水位流量关系。在处理受变动回水影响的长江上游山区河流水位流量关系中，定落差法的应用仅次于落差指数法。

1. 定落差法的理论分析

定落差法是处理受变动回水影响水位流量关系的一种方法。受变动回水影响的测站，其水位流量关系、水位流速关系散乱，排除断面变化，其同水位下流量、流速点子均比天然状况小，主要是同水位下受回水顶托影响比降变小。

定落差法处理受变动回水影响的水位流量关系时，要求断面比较均匀稳定，河底比较平坦，在不受回水影响时水面比降接近河底坡度，适合于长江上游山区河流中断面稳定、水深较大、天然比降较大的测站。定落差法基本假定是同水位不同落差的流量符合下列关系：

$$Q_1/Q_2 = f(Z_1/Z_2) \tag{3.6-11}$$

2. 单值化定线

(1) 定落差值的选取

定线的目的是用水位和落差来推求流量，从上式可知，若求对应于一个已知水位与落差的流量，必须知道同水位下的另一个落差和流量。通常，天然状况下的同水位落差是最大的，其流量是最容易获得的，因此，选择实测资料中落差较大者为定落差。根据实测资料定出同水位下相应于定落差 Z_c 的流量 Q_c，相应于实测落差 Z_m 的流量 Q_m，则 Q_m、Q_c 之间的关系为：

$$Q_m/Q_c = f(Z_m/Z_c) = (Z_m/Z_c)^\beta \tag{3.6-12}$$

式中：Q_m 为实测流量(m^3/s)；Q_c 为定落差流量(m^3/s)；Z_m 为与实测流量相应的落差(m)；Z_c 为定落差(m)；β 为河流的比降指数，通常取 0.5。

(2) 初步绘制水位与定落差流量关系

落差反映的是比降的变化，河流的比降指数近似是 1/2，所以选取实测落差中的较大者为落差值。按公式 $Q_m/Q_c = (\Delta Z_m/\Delta Z_c)^{0.5}$ 计算各测次的校正流量 Q_c 的初值，用单一曲线定线方法初步出关系曲线。

(3) 绘制 Q_m/Q_c-Z_m/Z_c 关系曲线

以各次测流水位 G 在 G-Q_c 关系曲线上查得相应 Q_c，计算流量比 Q_m/Q_c；绘制 Q_m/Q_c-Z_m/Z_c 曲线。

(4) 确定最终关系曲线

以各次 $\Delta Z_m/\Delta Z_c$ 值在关系曲线上查得相应的 Q_m/Q_c 值去除实测流量 Q_m 得相应的校正流量 Q_c，随后重新绘制 G-Q_c 关系曲线。G-Q_c 和 Q_m/Q_c-Z_m/Z_c 两条关系曲线是有密切关系的，G-Q_c 关系变动，Q_m/Q_c-Z_m/Z_c 的关系点子分布也随着变动。为了定好两条关系曲线，需要用试错法反复多次。如果 Q_c 与 Z-Q_c 关系曲线的偏差符合定单一曲线的要求，则认为原定曲线合格；否则，应对原定曲线修正。

3. 推流

根据落差参证站的水位与基本水尺水位计算实测落差 Z_m，计算落差比 Z_m/Z_c，推得流量比；再用基本水尺水位在 G-Q_c 关系推得定落差流量，两者乘积即为所求流量。

4. 定落差法的应用实例

下面就以武隆水文站的实例，来讲述定落差法的应用和整编时的电算加工。

(1) 武隆水文站的基本情况

武隆水文站设于 1951 年 6 月，集水面积 83 035 km²，测验河段比较顺直，下游 150 m 处左岸有卵石滩，再往下游有猪屎滩,中低水起控制作用,高水部分受下游约 2 km 的武隆峡控制。

据武隆水文站 1951—2010 年 60 年实测资料统计,多年平均径流量 500 亿 m³。三峡 175 m 蓄水影响期(1—2 月及 10—12 月的 5 个月)多年平均径流量 80 亿 m³,略占年径流量的 25%。

天然情况下,武隆站有较为稳定的水位流量关系,一般情况为稳定的单一曲线,较大洪水时受涨落影响有涨落绳套,流量测验较好控制,整编定线任意性小。近年,武隆站受水利工程影响,水位流量关系紊乱。影响武隆水文站的水利工程主要是下游三峡水库、上游乌江银盘水电站和芙蓉江江口电站。

(2)问题的引出

三峡水库坝址在湖北宜昌三斗坪镇,距武隆水文站约 550 km,坝址控制流域面积 100 万 km²,年平均径流量 4510 亿 m³,总库容 393 亿 m³,防洪库容 221.5 亿 m³,兴利调节库容 165 亿 m³。设计标准为千年一遇,并以万年一遇加 10% 校核。工程采用"一级开发,一次建成,分期蓄水,连续移民"的建设方案。正常蓄水位 175 m,防洪限制水位 145 m,枯季消落低水位 155 m。

2003 年 6 月,三峡水库蓄水至 135 m,2006 年 10 月前基本按 135～139 m 运行;2006 年 10 月蓄水至 156 m;2008 年 11 月蓄水至 172 m。2010 年完成最终蓄水并按 175 m(11—4 月)～145 m(汛期)～155 m(枯季消落水位)方案运行,见图 3.6-17。

根据该方案,每年 5 月末—6 月初,水库水位降至防洪限制水位 145 m,整个汛期 6—9 月,水库一般维持此低水位运行。仅当入库流量超出下游河道安全泄量时,库水位抬高,洪峰过后,库水位仍降至 145 m。10 月份,水库蓄水,库水位逐步升高至 175 m 运行,至次年 4 月底,水库尽量维持高水位发电。当入库流量小于电站保证出力对流量的要求时,动用调蓄库容,库水位下降,至 4 月末以前库水位不低于 155 m。

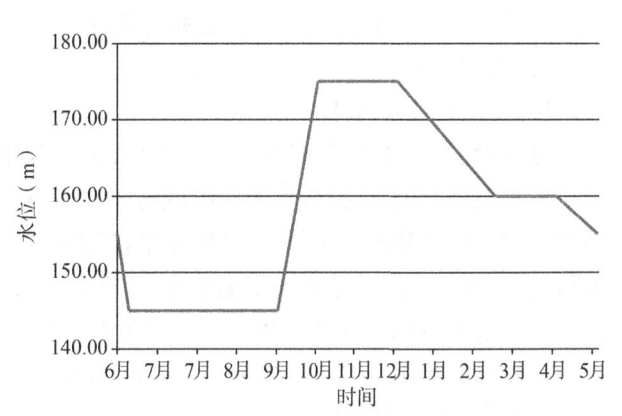

图 3.6-17 三峡水库水位年内变化过程图

当坝前水位约 168 m 以上时,武隆水文站水位流量受变动回水影响,流量偏小,见图 3.6-18;当三峡

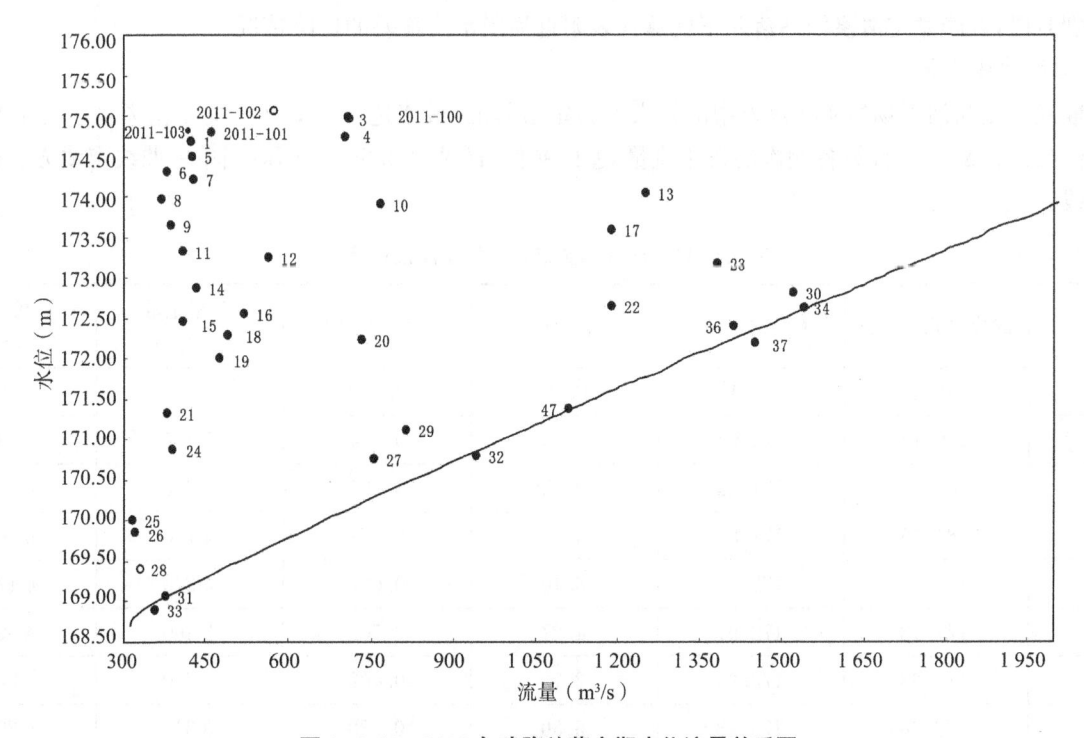

图 3.6-18 2012 年武隆站蓄水期水位流量关系图

175 m蓄水时,武隆水文站水位较天然河道抬升约5~7 m。武隆水文站受变动回水影响的时间一般为1月、2月、10月、11月、12月5个月时间。近年,在受三峡变动回水的影响时期,武隆水文站无论是使用连时序法、临时曲线法还是连实测流量过程线法,都已经难以将连续的水位资料,通过水位流量关系推算、转换为连续的流量资料,流量报汛和资料整编十分困难。因此,武隆水文站开展了三峡蓄水影响时期用落差法进行水位流量单值化分析研究,最终采用了定落差法定线推流。

(3) 单值化定线

① 参证站的选择

参证站的水位是计算落差的依据,参证站的位置是否恰当,直接关系到落差的代表性,直接关系到单值化方案的成败。受变动回水影响为主的参证站一般选择在测流断面下游。对参证站的选取主要综合三个方面进行考虑。

a. 落差的代表性

落差法要求上下两站的落差能够代表测站测验河段比降。单纯考虑这个因素,参证站应该是越近越好,这样落差代表性最好。

b. 落差的观读误差

参证站越近,落差代表性越好。但是参证站如果过于近了,上下两站的落差值就会很小,水位误差(含水准误差与观读误差)对落差的影响就会非常大,甚至造成严重失真,比如部分江段上下两站出现的水位负落差现象。如武隆站2012年第8次流量,落差仅仅0.12 m,由于落差较小引起流量推算相对误差较大。落差值越大,水位误差对落差的影响越小,这样就要求参证站应该与测流断面有一定的距离,保证有一定的落差值。一般水位综合误差在2~5 cm,水位观读的最大偶然误差在3 cm以内,一般观读误差在1 cm,因此要求参证站与测流断面最小落差不宜小于30 cm。

c. 参证站资料精度

作为落差参证站,其水位精度及观测频次应该有一定保证,应该与推流站保持一致。

武隆水文站乌江下游约10 km有羊角站、15 km有白马站、25 km有石坝站、63 km有大东门,下游约70 km长江干流有清溪场水文站,均采用自记水位,水位成果及频次均有保障。综合考虑三个方面的因素,最后确定采用清溪场站作为武隆站定落差法的参证站。但由于清溪场站离武隆站较远,在三峡蓄水变化急剧的个别时段,武隆站与清溪场站落差不能够代表附近河段水面落差的比降情况。

② 关系曲线绘制

选取武隆站与清溪场站实测落差中的较大者为定落差值,最终选择16.92 m为定落差值。然后按公式 $Q_m/Q_c = (\Delta Z_m/\Delta Z_c)^{0.5}$ 计算各测次的校正流量 Q_c 的初值,详见表3.6-17,而后用单一曲线定线方法初步出关系曲线。

表3.6-17 武隆站定落差法校正流量计算表

测次	武隆站水位(m)	清溪场站水位(m)	落差(m)	$(Z_m/Z_c)^{0.5}$	实测流量(m³/s)	计算校正流量 Q_c(m³/s)
86	182.28	169.11	13.17	0.882	5 460	6 190
87	186.12	170.07	16.05	0.974	7 730	7 936
88	188.06	171.48	16.58	0.990	8 670	8 758
89	181.55	171.86	9.69	0.757	4 740	6 262
90	180.66	172.56	8.10	0.692	4 270	6 171
91	177.18	172.91	4.27	0.502	2 460	4 900
92	174.98	172.25	2.73	0.402	1 700	4 229
93	178.98	173.48	5.50	0.570	3 310	5 807

续表

测次	武隆水位(m)	清溪场水位(m)	落差(m)	$(Z_m/Z_c)^{0.5}$	实测流量 (m³/s)	计算校正流量 Q_c(m³/s)
94	177.42	174.64	2.78	0.405	2 180	5 382
95	175.36	174.63	0.73	0.208	928	4 462
96	175.34	174.37	0.97	0.239	1 060	4 435
97	174.12	173.92	0.20	0.109	428	3 927
98	174.38	173.87	0.51	0.174	630	3 621
99	174.36	173.74	0.62	0.191	737	3 859

以各次测流水位 G 在 G-Q_c 关系曲线上查得相应 Q_c，计算流量比 Q_m/Q_c；绘制 Q_m/Q_c-Z_m/Z_c 关系曲线，详见表3.6-18。

表3.6-18　武隆站定落差法计算表

测次	武隆站水位(m)	落差比	实测流量 (m³/s)	曲线上读得的流量 Q_c^2(m³/s)	计算流量比 (Q_m/Q_c^2)	曲线上读得的流量比 (Q_m/Q_c)	校正后的定落差流量 Q_c^3(m³/s)
86	182.28	0.778	5 460	6 489	0.841	0.852	6 408
87	186.12	0.949	7 730	7 761	0.996	0.968	7 986
88	188.06	0.980	8 670	8 828	0.982	1.003	8 644
89	181.55	0.573	4 740	6 271	0.756	0.756	6 270
90	180.66	0.479	4 270	6 088	0.701	0.696	6 135
91	177.18	0.252	2 460	5 075	0.465	0.498	4 940
92	174.98	0.161	1 700	4 343	0.391	0.405	4 198
93	178.98	0.325	3 310	5 649	0.586	0.568	5 827
94	177.42	0.164	2 180	5 281	0.432	0.408	5 343
95	175.36	0.043	928	4 469	0.208	0.209	4 440
96	175.34	0.057	1 060	4 378	0.242	0.245	4 327
97	174.12	0.012	428	3 781	0.113	0.103	4 155
98	174.38	0.030	630	3 969	0.159	0.170	3 706
99	174.36	0.037	737	4 103	0.180	0.189	3 899

以各实测流量的 $\Delta Z_m/\Delta Z_c$ 值在初定的关系曲线上查得相应的 Q_m/Q_c 值去除实测流量 Q_m 得相应的校正流量 Q_c，随后重新绘制 G-Q_c 关系曲线。用试错法反复多次，最终获得满足定线要求的曲线。

③ 电算加工

a. 程序的进入

运行程序，在程序主界面选择"整编"，在下拉菜单中选择"原始整编数据录入"，进入电算数据加工与录入界面，见图3.6-19。

在左侧"数据项目"菜单中选择"单值处理数据"栏目，进入单值化处理电算加工。

b. 公式的构建

首先进入"公式录入及公式使用条件"，在单值处理公式中根据具体单值化方案，输入自编公式以及公式中各要素的解释。武隆站输入定落差法推算流量公式，$Q_c=Q/((S-M)/16.92)^{0.5}$ 以及各要素代表的参数意义：S 为武隆站水位，M 为清溪场站水位，Q 为实测流量，B 为流量比，Z 为落差比，A 为施测号数。详见图3.6-20。

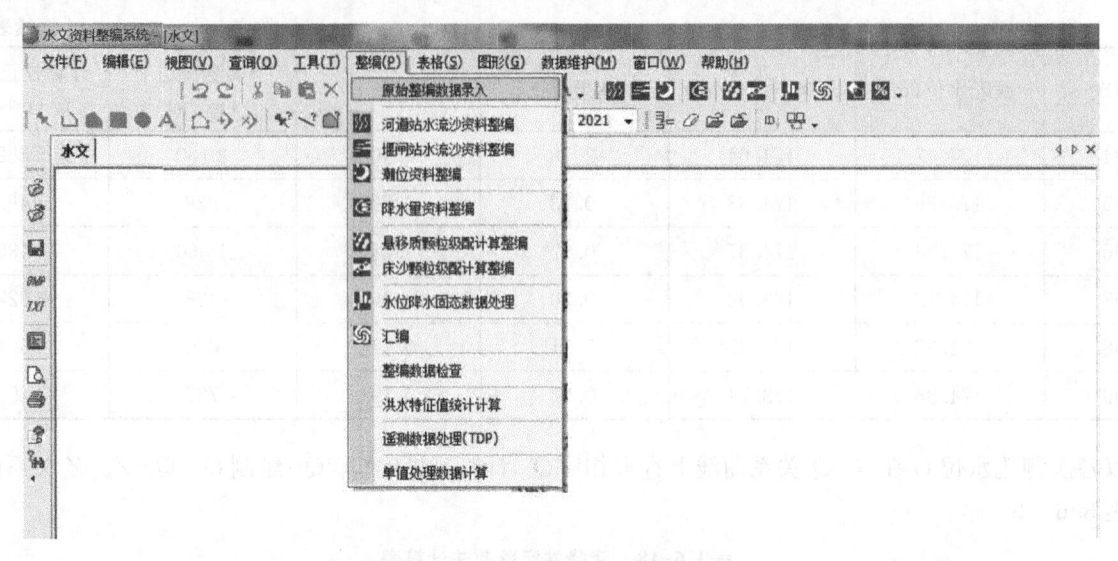

图 3.6-19　定落差法电算数据程序进入

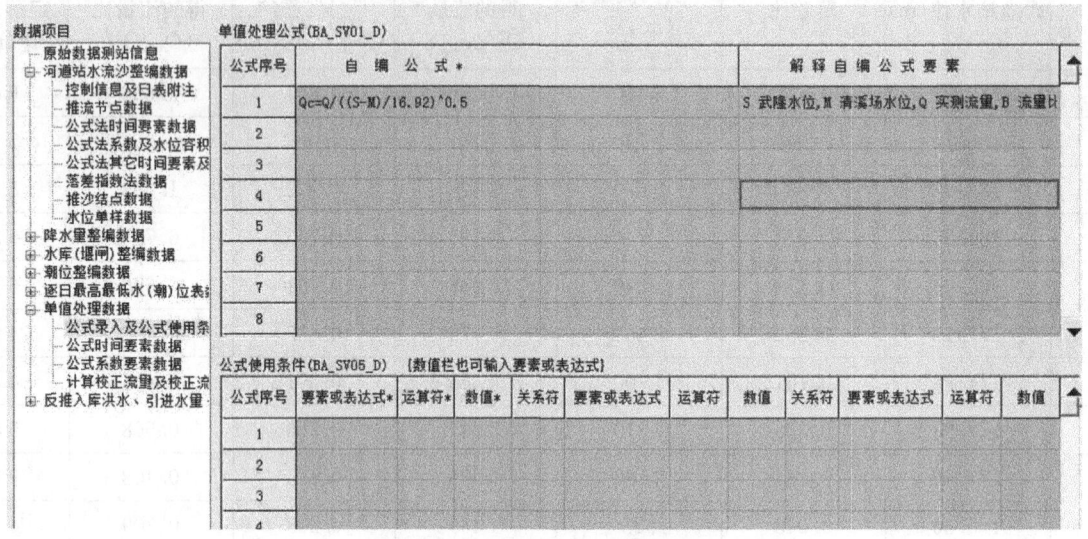

图 3.6-20　定落差法自编公式录入

c. 各要素数据的录入及计算

完成公式构建后,选择"公式时间要素数据",依照实测点子时间顺序依次录入前面自编公式中相关的 6 个参数,详见图 3.6-21。

图 3.6-21　定落差法公式时间要素数据录入

接着选择"公式系数要素数据",录入除前面相关的 6 个参数之外的其他参数。武隆站定落差法参数为流量比 B,式中相关因素表达式中的 $(S-M)/16.92$ 为落差比,表明在这个相关关系中自变量为落差比,B 是自变量落差比的因变量。计算中根据不同的落差比进行相应参数的查值,详见图 3.6-22。

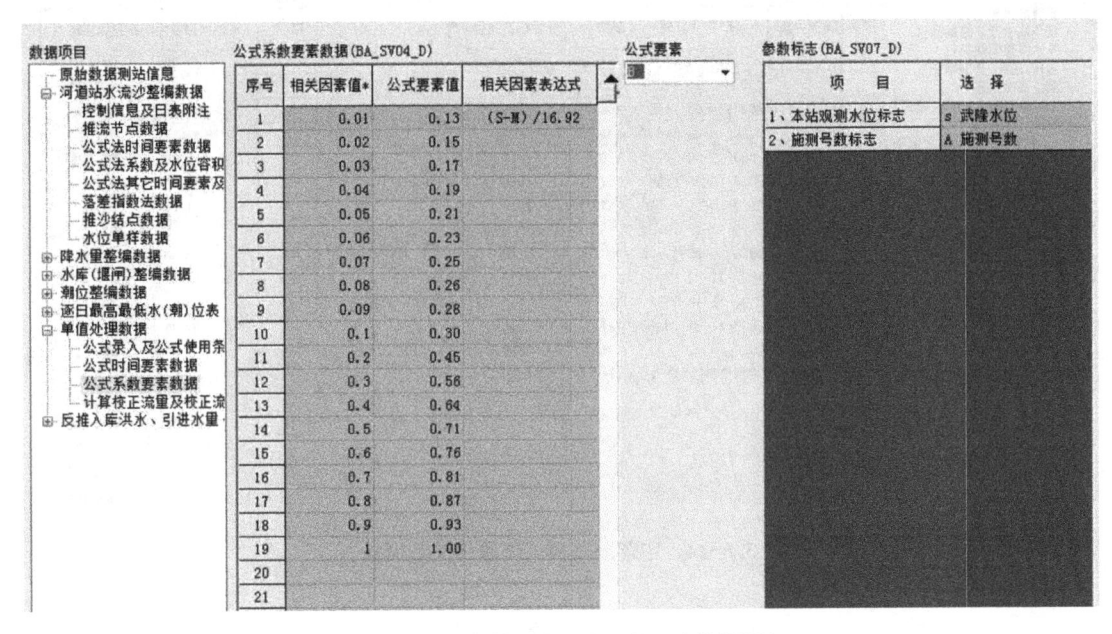

图 3.6-22　定落差法公式系数要素数据录入

d. 定线及确定关系线节点

在主菜单中进入整编界面,在下拉菜单中选择"单值处理数据计算"自动完成相关校正流量计算,见图 3.6-23。

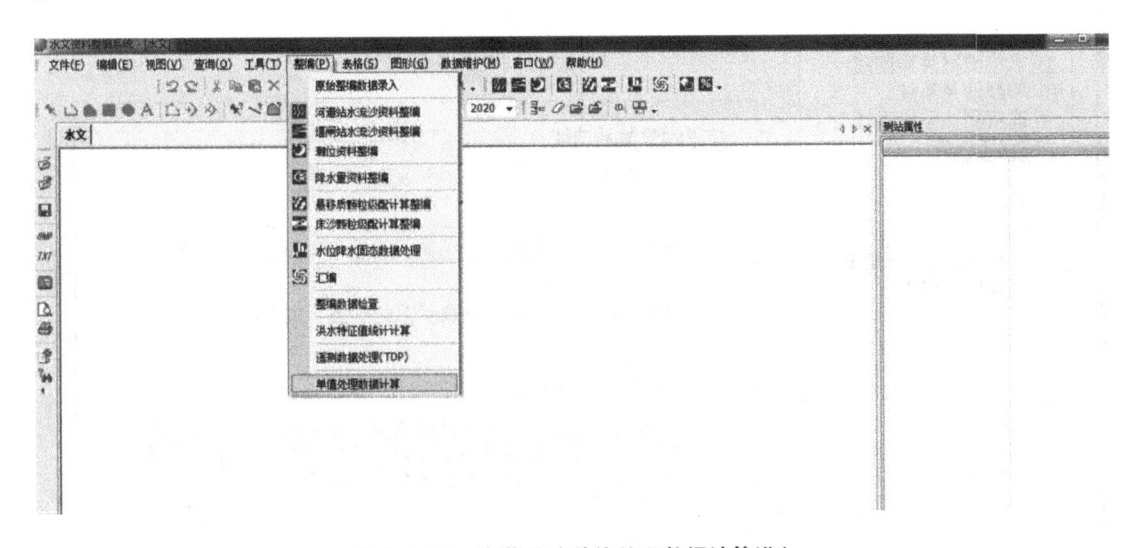

图 3.6-23　定落差法单值处理数据计算进入

在完成单值处理数据计算后,回到单值化推流录入界面,选择"计算校正流量及校正流量节点数据",可以看见左面"计算的校正流量数据"里已经存在计算结果了。在主界面选择图形进入关系曲线定线界面,选择"校正关系",可以获得校正后水位单值化流量关系曲线,可以采用与常规定线一样的方法调整曲线并进行相应检验,获得最终满意的曲线,然后读取曲线节点至校正流量节点数据中,完成单值化定线电算录入工作。详见图 3.6-24、图 3.6-25、图 3.6-26。

图 3.6-24　定落差法校正流量相关数据录入

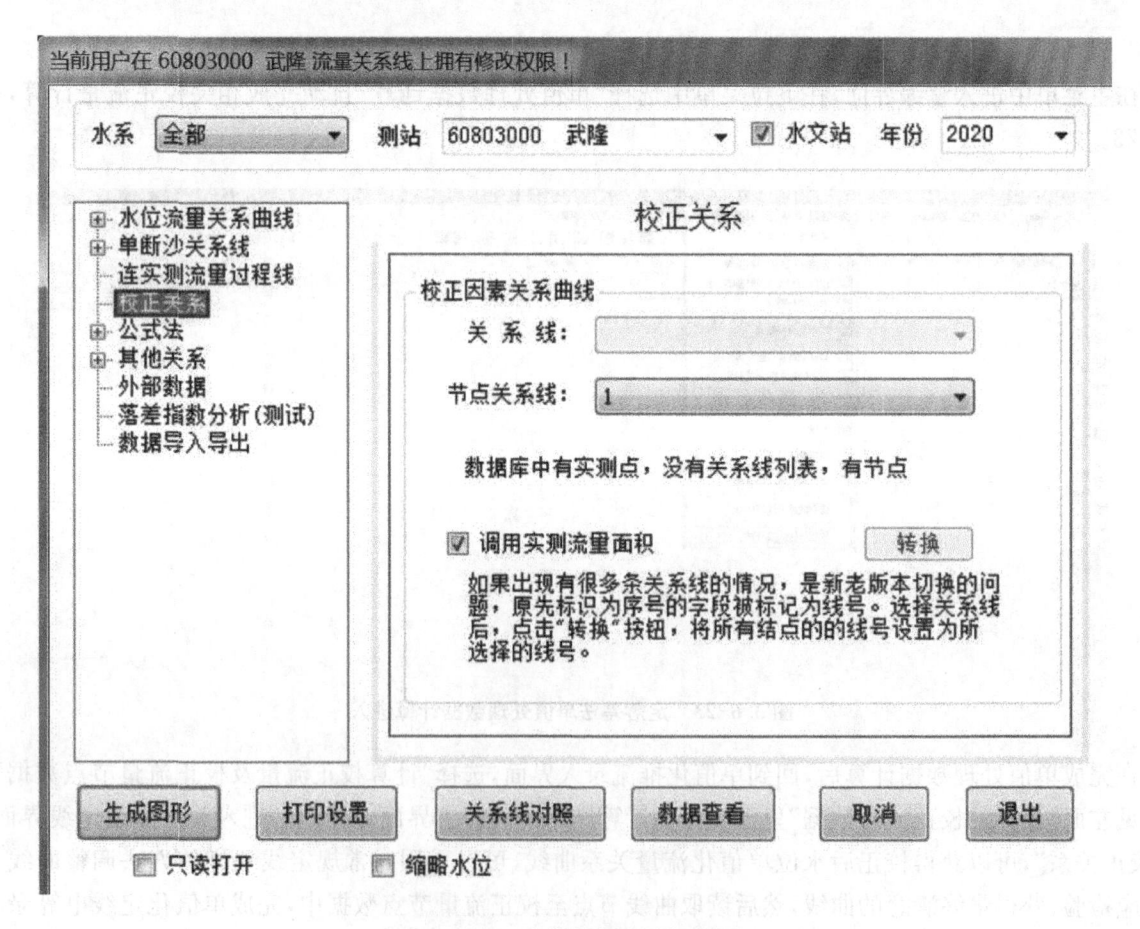

图 3.6-25　定落差法校正关系进入

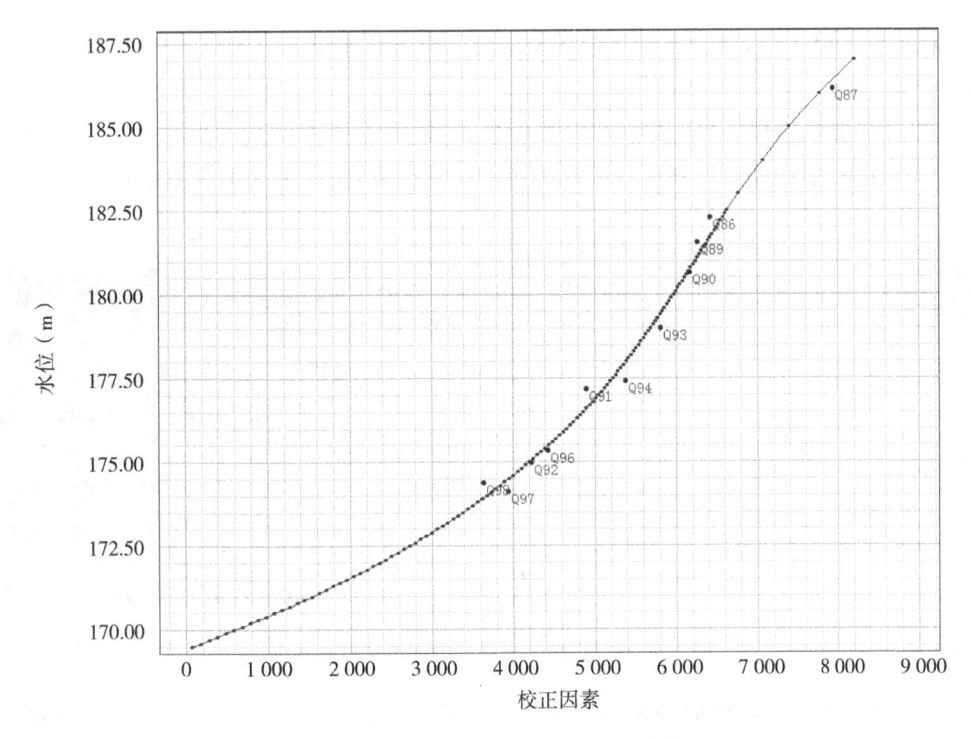

图 3.6-26　武隆站定落差法水位校正流量关系图

武隆站采用定落差法所定关系线三项检验及系统误差、不确定度均满足规范要求,可以进行下一步推流工作。

（4）推流

① 推流计算

根据武隆站水位与落差参证站清溪场站的水位计算实测落差 ΔZ_m，再计算落差比 $\Delta Z_m/\Delta Z_c$，在 Q_m/Q_c-$\Delta Z_m/\Delta Z_c$ 曲线推得流量比 Q_m/Q_c；再用水位在 G-Q_c 曲线推得定落差流量 Q_c。两者乘积即为所求流量 Q_m。

② 推流的电算

a. 推流方法选择及自编公式

同常规整编方法一样,在程序主界面依次进入"原始数据测站信息"—"河道站水流沙整编数据"—"推流节点数据"界面。可以分时段录入整编方法,武隆站选择汛后受三峡顶托阶段采用定落差法推流,选择时段为"100315.55—123124",推流方法选择公式法 14,详见 3.6-27。

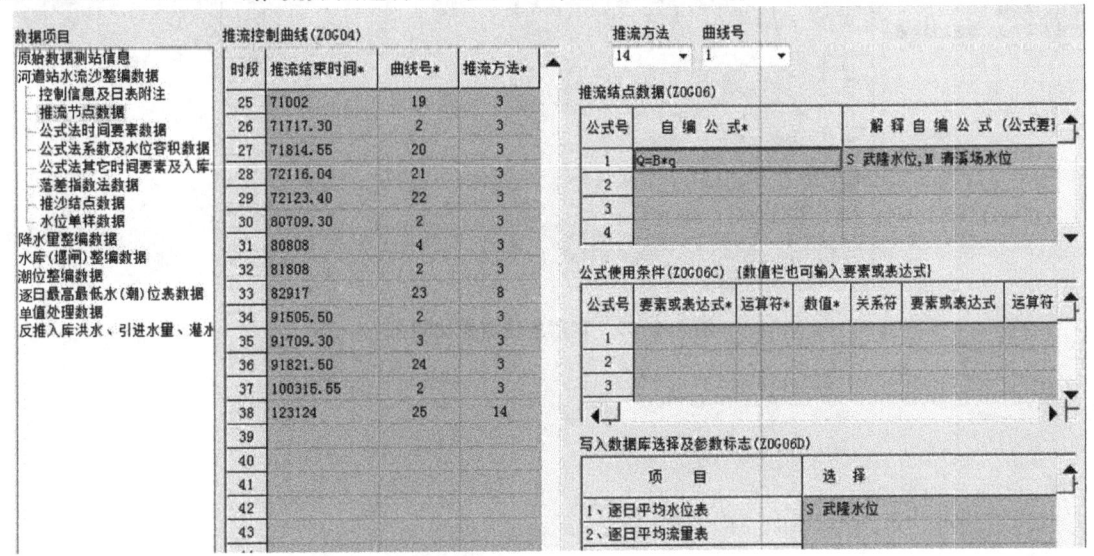

图 3.6-27　定落差法推流节点加工录入

这里的自编公式为 $Q=Bq$，代表流量等于线上定落差流量和流量比的乘积。

b. 推流各要素确定

选择"公式法时间要素数据"录入或导入相关参数，应根据需要推流的时间顺序——录入。图 3.6-28 仅为举例录入 3 个时间，则计算时只对这 3 个时间进行流量推算，其余采用时间直线内插。

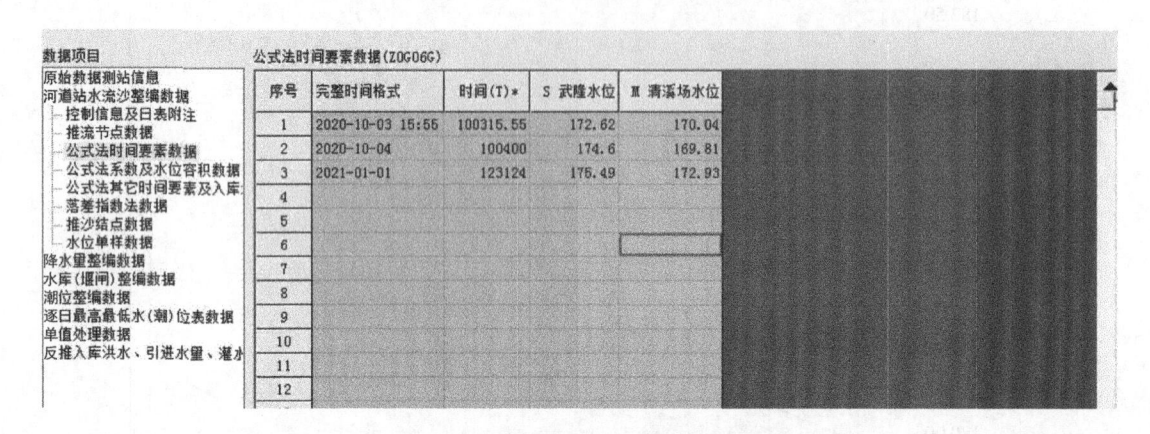

图 3.6-28　定落差法推流时间要素数据录入

选择公式法系数及库容曲线数据录入公式其他相关系数，这里录入流量比 B 及校正流量 q。B 录入的是 $Q_m/Q_c - \Delta Z_m/\Delta Z_c$ 关系，q 录入的是 $G-Q_c$ 关系。这里的关系应该与定线时的相关关系一致，否则定线与推流就成不同的关系了，详见图 3.6-29、图 3.6-30。

加工完成后可以跟其他方法一样进行资料整编。

（5）精度分析

为了解定落差法整编成果流量过程的合理性、比较定落差法和临时曲线法整编成果流量过程，点绘 2020 年蓄水期定落差法推算流量和临时曲线法推算流量过程线图，见图 3.6-31 至图 3.6-33。

图 3.6-29　定落差法流量比录入

图 3.6-30　定落差法校正流量录入

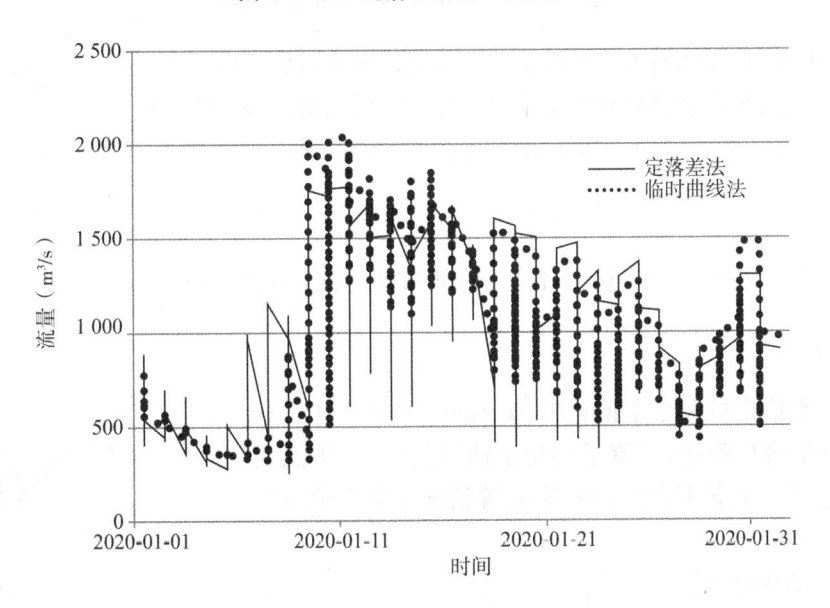

图 3.6-31　2020 年 1 月流量过程线图

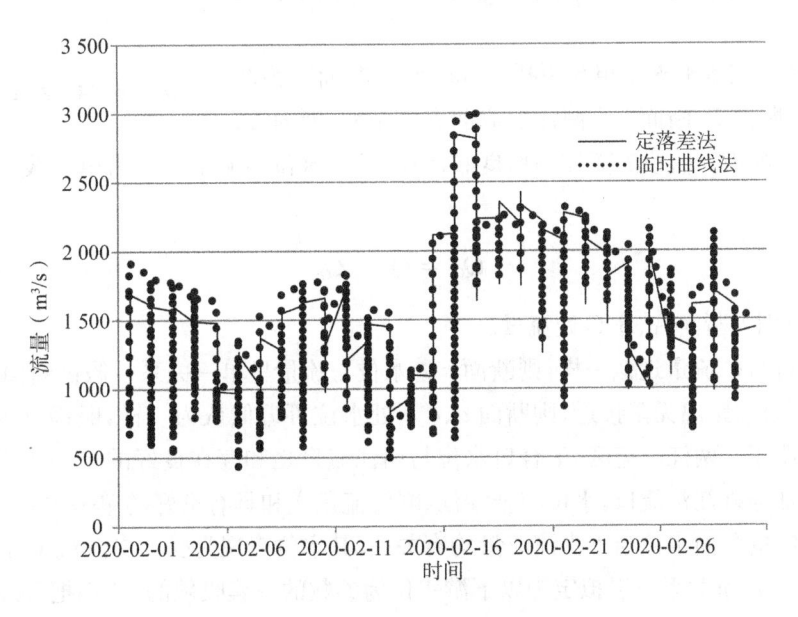

图 3.6-32　2020 年 2 月流量过程线图

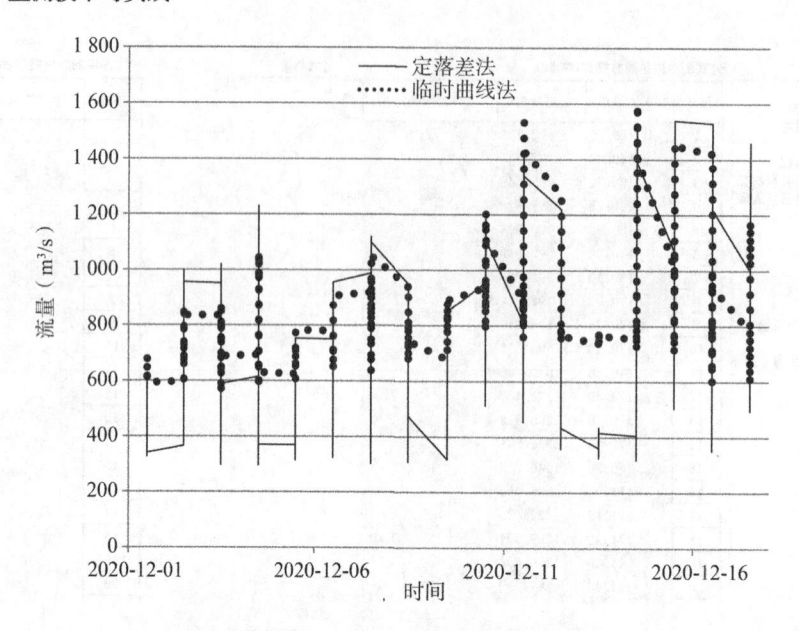

图 3.6-33　2020 年 12 月流量过程线图

① 定落差法和临时曲线法整编成果流量过程均能反映上游较大的来水过程，流量过程基本相应合理。

② 定落差法整编成果流量过程对上游来水变化较临时曲线法整编成果反映更为灵敏，特别是上游来水变化相对较小的情况下。主要是由于本站水位流量过于复杂、水位陡涨陡落，测流布点难度大，流量测次不足，定线任意性大。

（6）结论

蓄水期采用定落差法整编，能够达到规范的定线精度，较临时曲线法精度高。

3.6.3.3　综合流量法

综合流量法是水位流量关系单值化方法中的一种新方法。其主要是针对干支流汇合口附近，支流下游受干流顶托影响、干流受较大支流顶托影响、干支流流量相互顶托影响等情况下的水位流量关系单值化处理。

1. 综合流量法的理论分析

干支流汇合区断面水位与某一江流量均非单一关系，其水位受两江流量共同影响。

图 3.6-34 为两江汇流干支流相互顶托区，断面 A、断面 a 为两江汇流前干流断面，断面 B、断面 b 为两江汇流前支流断面，断面 C、断面 c 为两江汇流后断面。假设断面控制均良好，断面 C 处水位与流量关系为单一线。断面 C 处流量为干支流流量之和，即

$$Q_C = Q_A + Q_B \tag{3.6-13}$$

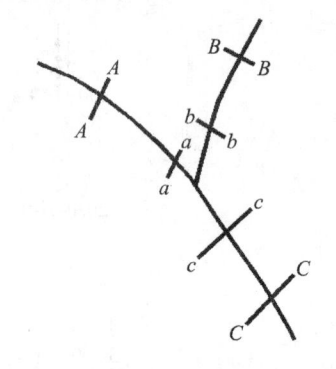

图 3.6-34　两江汇流区断面示意图

式中：Q_A、Q_B、Q_C 分别为断面 A、B、C 处流量。

由于断面 c 与断面 C 流量近似一样，则断面 c 处水位与流量呈单一关系。假设断面 a、断面 b、断面 c 处于汇合口区域，与汇合点距离无限接近，则断面 a、b、c 处水位可近似认为一样，断面 a、b、c 处水位与流量均为单一关系。这证明了在两江汇流区，汇合口水位与两江流量之和存在良好的单一关系这一结论。胡小庆等研究证明在金沙江与岷江汇流口，水位与金沙江、岷江流量之和具有良好的单一关系。

受变动回水影响的断面水位与干支流流量均有关系，其水位表现为受干支流流量综合影响。

断面 A 处水位与流量关系可以拟定为以下游水位为参数的一簇收敛的呈"扫把"形的曲线，有：

$$Z_A = f(Q_A, Z_a) \tag{3.6-14}$$

式中：Z_A 为断面 A 处水位，$Z_a = f(Q_A + Q_B)$，则 $Z_A = f(Q_A, Q_B)$。

假定某一受变动回水影响的断面水位与某一流量有较好的稳定关系，由于这个流量与干支流流量均有关系，将这一流量定义为综合流量。在两江汇合口的综合流量即为两江流量之和。

$$Q_\text{综} = f(Q_A, Q_B) \tag{3.6-15}$$

$$Z_A = f(Q_A, Q_B) = f(Q_\text{综}) \tag{3.6-16}$$

通过对干支流汇流区水位与流量关系的研究，得出以下两个基本结论：

(1) 当断面 A 距离汇合口有一定距离时，支流洪水流量必须达到一定的大小，断面 A 处水位才受回水顶托影响。这个顶托临界流量与断面 A 到汇合口的距离、断面情况、河道特性有关，可近似为一常量。

(2) 断面 A 处于变动回水区域时，支流流量对断面 A 水位的影响，随着断面 A 到汇合口的距离的增大而减小；干流流量对断面 A 水位的影响与断面 A 到汇合口的距离无关。

当 $Q_B \leqslant Q_\text{临}$ 时，水位不受回水顶托影响，则

$$Q_\text{综} = Q_A \tag{3.6-17}$$

当 $Q_B > Q_\text{临}$ 时，水位受回水顶托影响，则

$$Q_\text{综} = Q_A + k(Q_B - Q_\text{临}) \tag{3.6-18}$$

通用公式：

$$Q_\text{综} = Q + k(Q_\text{支} - Q_\text{临}) \tag{3.6-19}$$

k 是反映回水顶托大小的系数，其与干支流汇流比及断面到汇合口距离有关，取值为 $0 \sim 1$，将其定义为顶托系数。

2. 水位流量关系的单值化定线

综合流量法的单值化定线就是推求与断面水位呈单一关系的综合流量的过程。其关键就是顶托临界流量和顶托系数的确定。

顶托临界流量是反映下游支流对干流断面顶托的起始流量，与断面到汇合口的距离、断面情况、河道特性有关，可近似为一常量。实际工作中可以选择几场干流流量较小、支流来水较大的工况，分析干流水位流量关系线开始偏小时对应的支流汇合口流量值，取几场洪水的最小值为初始的顶托临界流量。

顶托系数是反映回水顶托大小的常数，其与干支流汇流比及断面到汇合口距离有关。理论上断面如果在汇合口处，其顶托系数为 1；当断面距离汇合口较远，不受支流洪水影响，则顶托系数为 0。这个系数可以是常数，也可能随支流洪水的变化而呈现一定变化，但取值必定为 $0 \sim 1$。在实际工作中，可以选择两场上游来水相当的洪水，一场有明显的下游支流洪水顶托，一场下游支流不涨水。

水位受回水顶托影响时，

$$Q_\text{综} = Q_\text{顶托} + k(Q_\text{支} - Q_\text{临}) \tag{3.6-20}$$

水位不受回水顶托影响时，

$$Q_\text{综} = Q_\text{不顶托} \tag{3.6-21}$$

$$k = \frac{Q_\text{不顶托} - Q_\text{顶托}}{Q_\text{支} - Q_\text{临}} \tag{3.6-22}$$

根据多场洪水反复调整顶托临界流量和顶托系数，直到点子紧密分布在水位综合流量关系曲线两侧，且没有明显的顶托、非顶托系列偏离，所定曲线可以通过曲线的三项检验，定线合理。

3. 整编推流

整编推流的过程就是单值化定线的逆运算，由公式(3.6-19)可得到

$$Q_m = Q_{综} - k(Q_{支} - Q_{临}) \tag{3.6-23}$$

根据某一时刻断面水位，通过水位综合流量关系图查得综合流量 $Q_{综}$，再根据这一时刻汇合口处支流流量 $Q_{支}$ 及顶托临界流量 $Q_{临}$、顶托系数 k，则可以计算出对应时刻断面流量。

4. 综合流量法的应用实例

下面就以向家坝水文站的实例来讲述综合流量法的应用和整编时的电算加工。

(1) 向家坝水文站基本情况

向家坝水文站位于向家坝水电站坝址下游 2 km，为金沙江控制站，一类流量测验精度站。向家坝站下游 1 km 右岸有横江汇入，距汇合口上游 12 km 处设有横江水文站（横江控制站）；向家坝站下游 28 km 左岸有岷江汇入（宜宾合江门），距汇合口上游 30 km 处设有高场水文站（岷江控制站），岷江与金沙江在宜宾合江门汇入长江（图 3.6-35）。

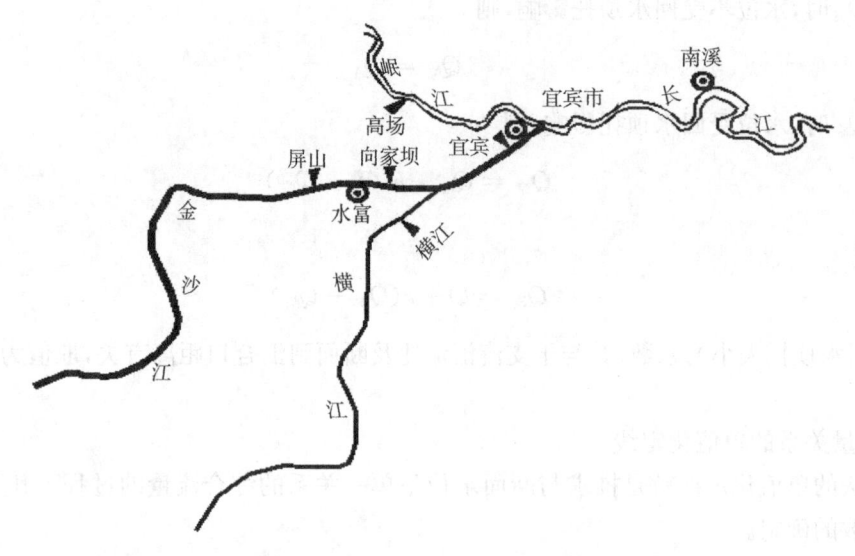

图 3.6-35　向家坝水文站上下游支流汇入及测站分布示意图

向家坝水文站现有水文观测项目：水位、流量、悬移质输沙率、悬移质颗分、水温、蒸发、水质分析。

向家坝水文站于 2008 年 5 月建成投产，于 2012 年 6 月替代屏山站成为金沙江控制站，其水文成果进入全国年鉴。

(2) 问题的引出

向家坝水文站位于金沙江干流与横江、岷江汇口上游附近，干支流流量相互顶托，其水位流量关系相对复杂。向家坝水文站不受横江、岷江顶托影响时，水位流量关系较单一；受岷江、横江中高水顶托时有不同程度偏小现象。受岷江、横江顶托影响，特别是横江汇口距离向家坝水文断面距离较近，且受横江上游电站蓄放水影响，水位涨落频繁，向家坝断面水位流量关系较为紊乱，见图 3.6-36。向家坝站从 2013 年起开始用综合流量法对水位流量关系单值化的探索。

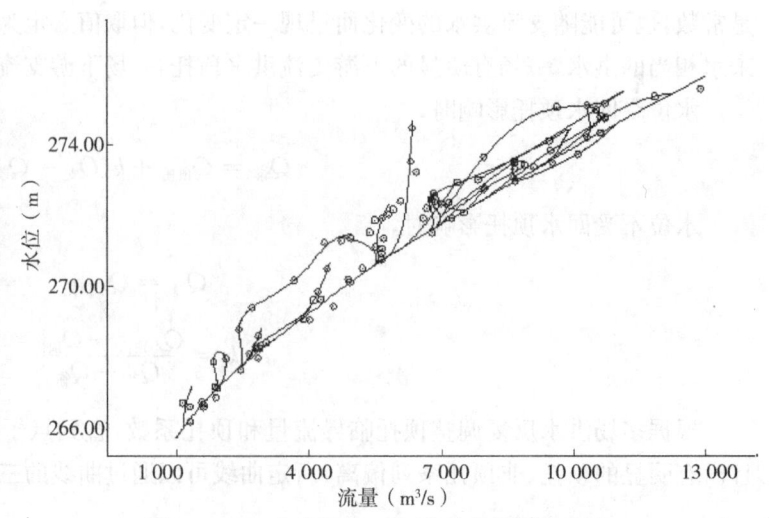

图 3.6-36　向家坝站 2013 年水位流量关系线

(3) 单值化定线

① 顶托临界流量的确定

为了解向家坝水文站受下游横江、岷江顶托影响程度及水位流量关系规律，从建站以来收集的系列资料中寻找多场金沙江干流来水偏小，单纯横江来水或单纯岷江来水较大的顶托过程分析，找到单纯横江来水顶托与单纯岷江来水顶托的最小流量点。经分析，横江与岷江对向家坝站的顶托临界流量分别为 300 m³/s 与 7 000 m³/s。

② 顶托系数的确定

因横江站与高场站流量分别代表了横江与岷江流量，可以建立横江站、高场站与向家坝站流量传递关系。从历史洪水资料分析，横江站洪峰传递至汇合口时间为 1.5 h，高场站洪峰传递至汇合口为 3 h。用向家坝站水位对应时间反推 1.5 h 前横江站的流量和 3 h 前高场站的流量来建立关系。

通过向家坝站水位可适时获得相应流量。通过资料演算，横江与岷江对向家坝站的顶托系数分别为 1 与 0.15。

③ 推流模型的建立

根据上面的分析可以建立以下四种推流模型。

a. 横江与岷江对向家坝站无顶托影响时，$Q_{高-3} < 7\,000$ m³/s，$Q_{横-1.5} < 300$ m³/s。

$$Q_{综} = Q_{向} \tag{3.6-24}$$

b. 仅横江对向家坝站有顶托影响时，$Q_{高-3} < 7\,000$ m³/s，$Q_{横-1.5} \geqslant 300$ m³/s。

$$Q_{综} = Q_{向} + (Q_{横-1.5} - 300) \tag{3.6-25}$$

c. 仅岷江对向家坝站有顶托影响时，$Q_{高-3} \geqslant 7\,000$ m³/s，$Q_{横-1.5} < 300$ m³/s。

$$Q_{综} = Q_{向} + 0.15(Q_{高-3} - 7\,000) \tag{3.6-26}$$

d. 横江与岷江对向家坝站同时有顶托影响时，$Q_{高-3} \geqslant 7\,000$ m³/s，$Q_{横-1.5} \geqslant 300$ m³/s。

$$Q_{综} = Q_{向} + 0.15(Q_{高-3} - 7\,000) + (Q_{横-1.5} - 300) \tag{3.6-27}$$

式中：$Q_{综}$ 为综合流量法推算的综合流量；$Q_{向}$ 为向家坝流量；$Q_{高-3}$、$Q_{横-1.5}$ 分别为高场水文站、横江水文站前推 3 h、1.5 h 对应流量。

④ 关系线的确定

从图 3.6-37 可以看出，向家坝站水位与实测流量点据由于受下游回水顶托，关系点较散乱。经过上述方法处理后向家坝站综合流量点据明显比实测流量点据收敛，呈一密集带状，使全年单一关系推流成为可能，详见图 3.6-38。

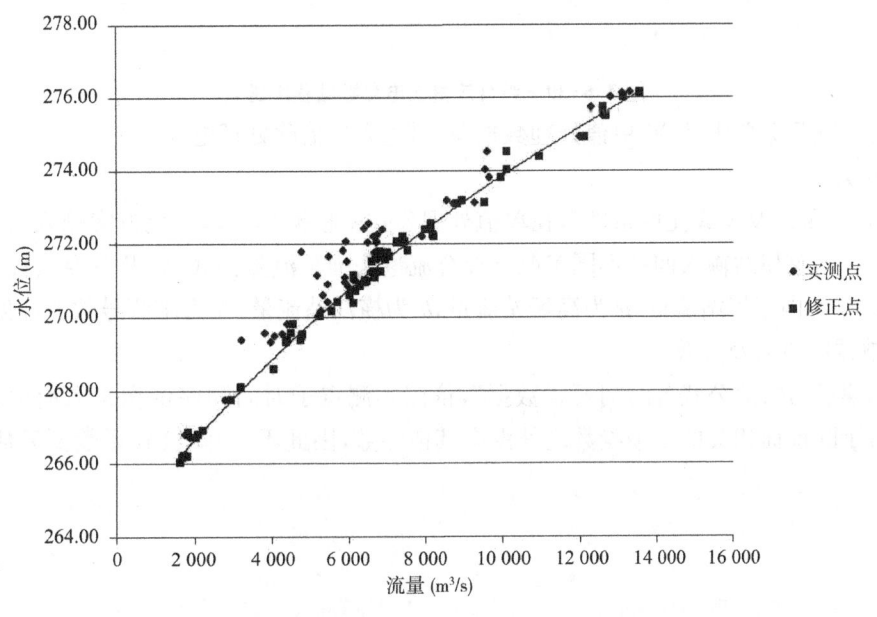

图 3.6-37　向家坝站 2015 年水位与实测流量、综合流量关系对比图

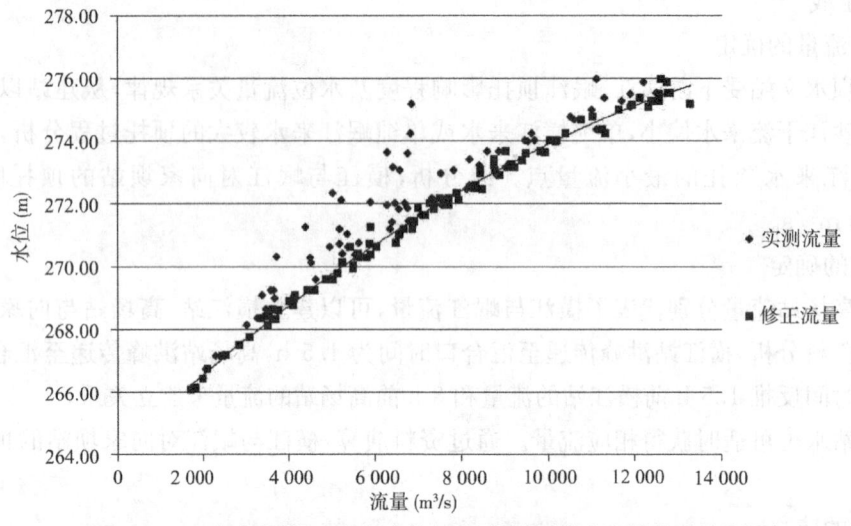

图 3.6-38　向家坝站 2016 年水位与实测流量、综合流量关系对比图

⑤ 电算加工

a. 程序的进入

运行程序，在程序主界面选择"整编"，在下拉菜单中选择"原始整编数据录入"，进入电算数据加工与录入界面，见图 3.6-39。

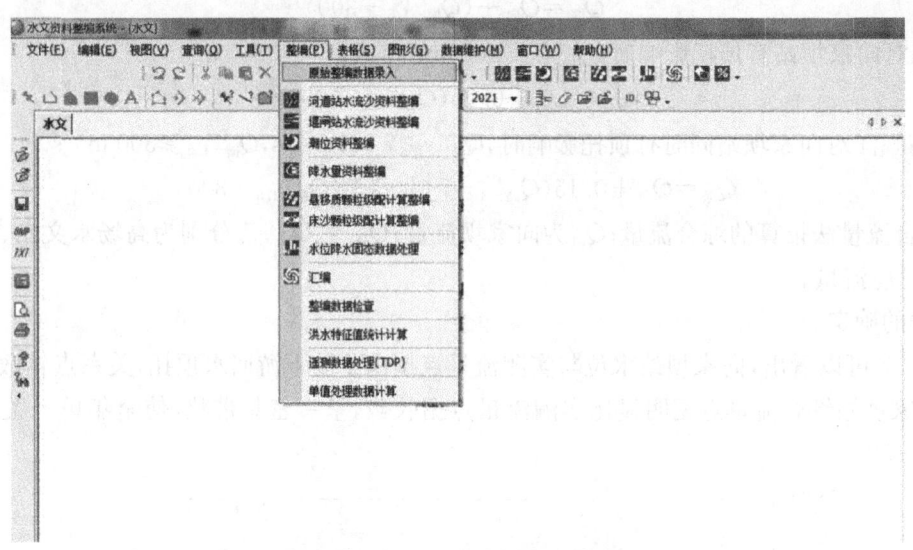

图 3.6-39　综合流量法电算数据程序进入

在左侧"数据"项目菜单中选择"单值处理数据"栏目进入单值化处理电算加工。

b. 公式的构建

首先进入"公式录入及公式使用条件"，在单值处理公式中根据具体单值化方案输入自编公式以及公式中各要素的解释。向家坝站输入四种不同工况下综合流量法推算流量公式，以及各要素代表的参数意义：S 为向家坝站水位，q 为向家坝站流量，g 为高场站流量，h 为横江站流量，A 为施测号数。详见图 3.6-40。

c. 各要素数据的录入及计算

完成公式构建后，选择"公式各时间要素数据"，依照实测点子时间顺序依次录入前面自编公式中相关的 5 个参数。由于除前面相关的 5 个参数之外没有其他参数，因此不用在"公式系数要素数据"中录入。详见图 3.6-41。

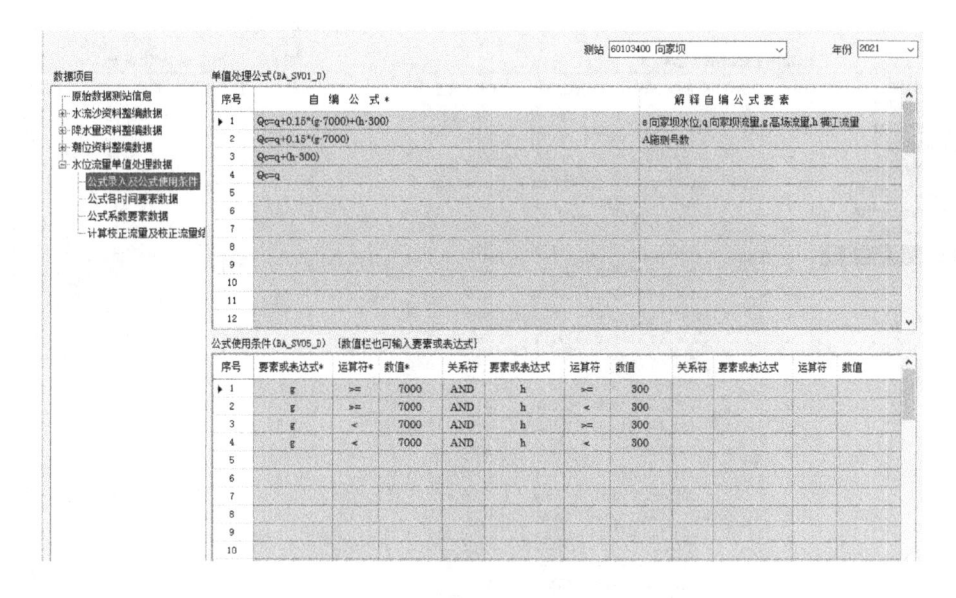

图 3.6-40 综合流量法自编公式录入

图 3.6-41 综合流量法公式各时间要素数据录入

d. 定线及确定关系线节点

选择"计算校正流量及校正流量节点数据"录入根据实测点及前面校正公式计算出的校正流量,详见图 3.6-42。

在主界面选择图形进入关系曲线定线界面,选择"校正关系",可以获得校正后水位单值化流量关系曲线。可以采用与常规定线一样的方法,调整曲线再进行相应检验,获得最终满意的曲线,然后读取曲线节点至校正流量节点数据中,完成单值化定线电算录入工作。详见图 3.6-43、图 3.6-44。

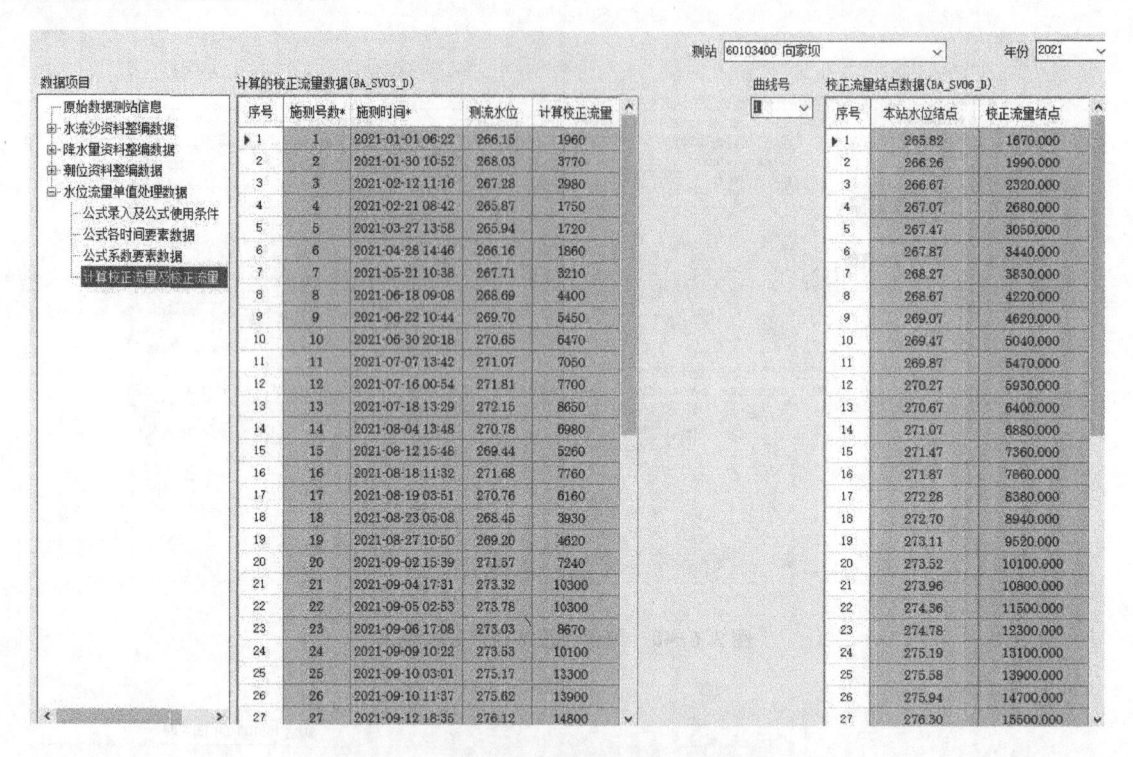

图 3.6-42　综合流量法校正流量相关数据录入

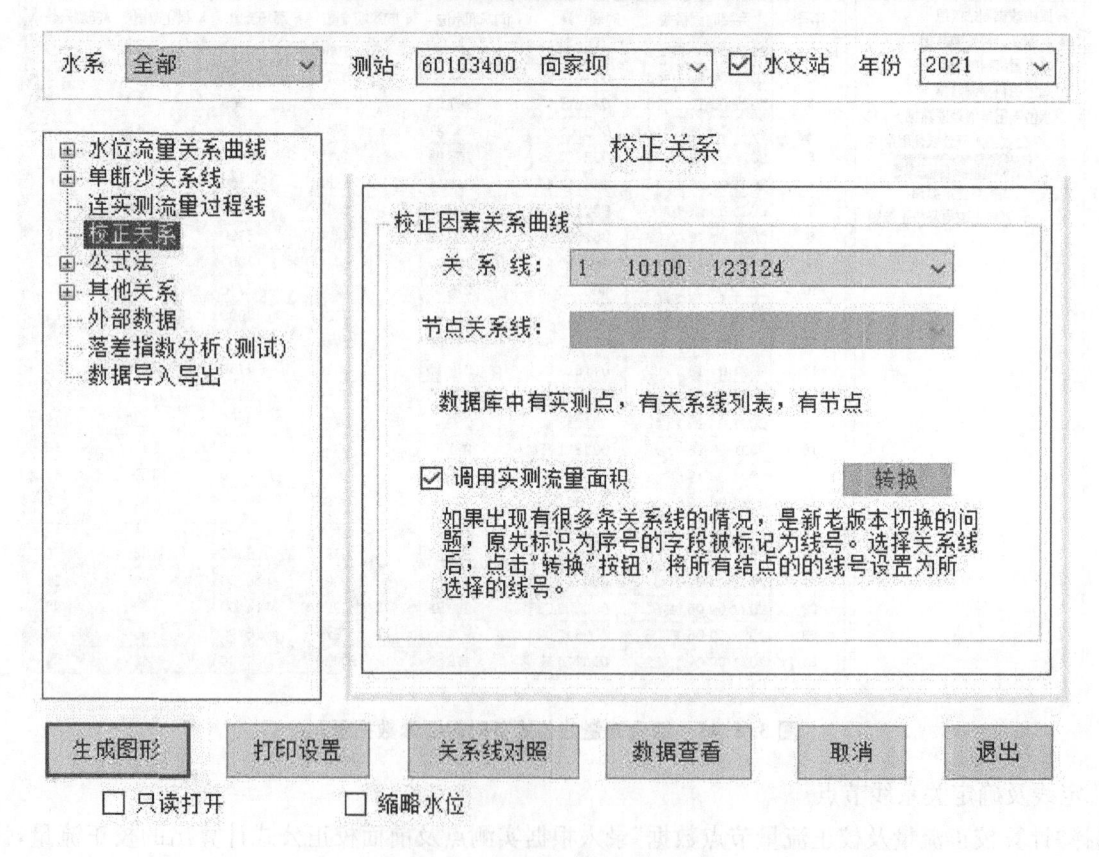

图 3.6-43　综合流量法校正关系进入

(4) 推流

① 推流计算

根据向家坝站水位与综合流量关系线,用向家坝实时水位可以在关系线上推得向家坝综合流量值,根据综合流量公式、横江站相应流量、高场站相应流量可以得到向家坝的实时流量。

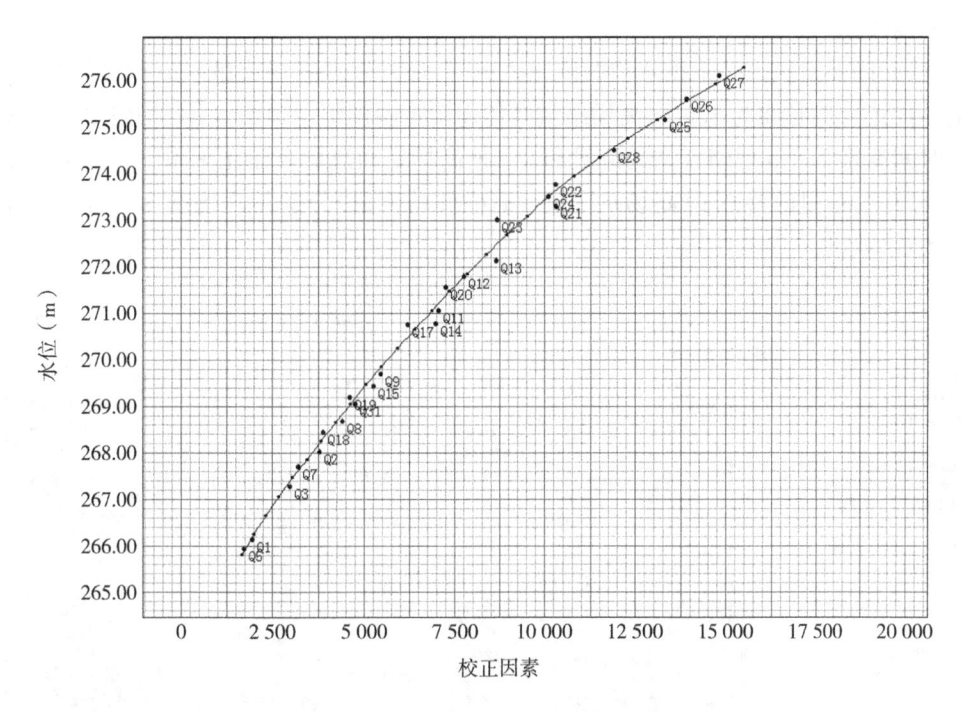

图 3.6-44　综合流量法水位综合流量关系图

② 推流的电算

a. 推流方法选择及自编公式

同常规整编方法一样,在程序主界面依次进入"原始数据录入"—"河道站水流沙整编数据"—"推流节点数据"界面。推流方法选择公式法 14,推流节点数据选择录入自编的推流公式和公式各要素(参数)意义。这里的自编公式为推流公式,与定线阶段录入的定线公式是逆运算。这里录入的 W 与录入公式中的 Q_c 均代表同水位下的综合流量,只是自编公式随机选用的字母不同,无论选用字母是否相同还是选择哪一个字母,只要意义表达清楚,不影响成果即可。详见图 3.6-45。

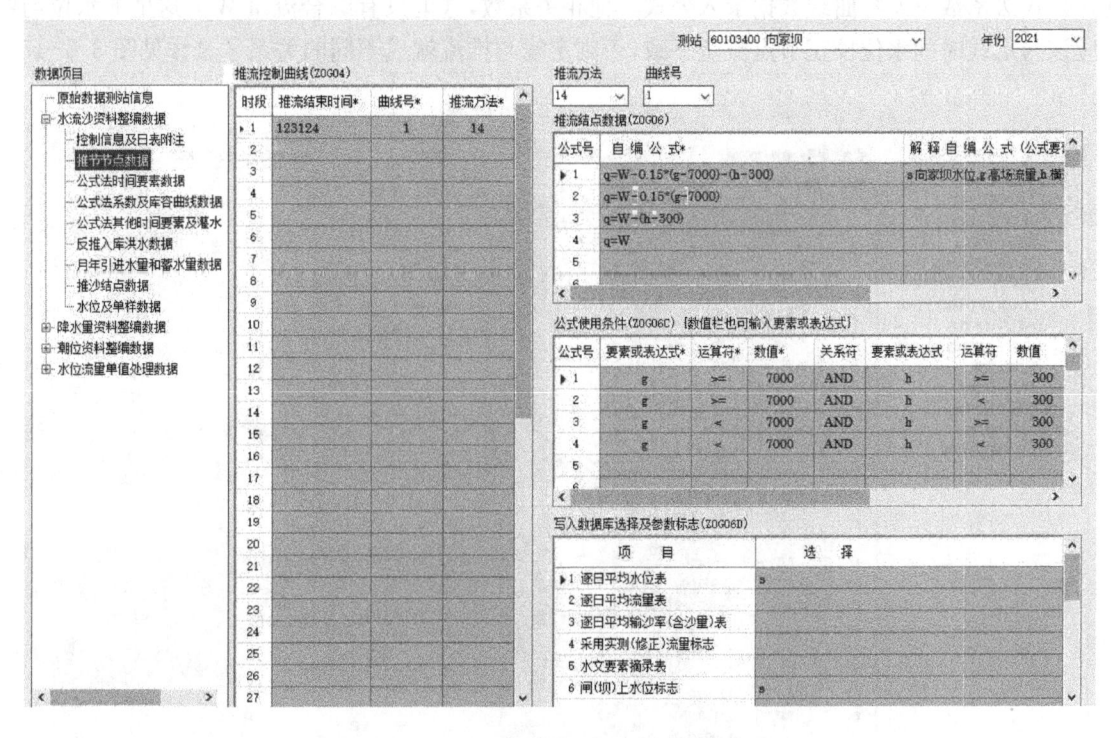

图 3.6-45　综合流量法推流节点加工录入

b. 推流各要素确定

选择“公式法时间要素数据”,依据水位时间录入或导入参数 g(高场流量)、h(横江流量)。由于横江站洪峰传递至金沙江汇合口时间为 1.5 h,高场站洪峰传递至金沙江汇合口为 3 h。构建单值化关系时用向家坝站水位对应时间反推 1.5 h 前横江站的流量和 3 h 前高场站的流量来建立关系。在推算流量时也同样需要考虑洪水传播时间,这里的参数 g(高场站流量)、h(横江站流量)分别是高场站 3 h 前流量、横江站 1.5 h 前流量。详见图 3.6-46。

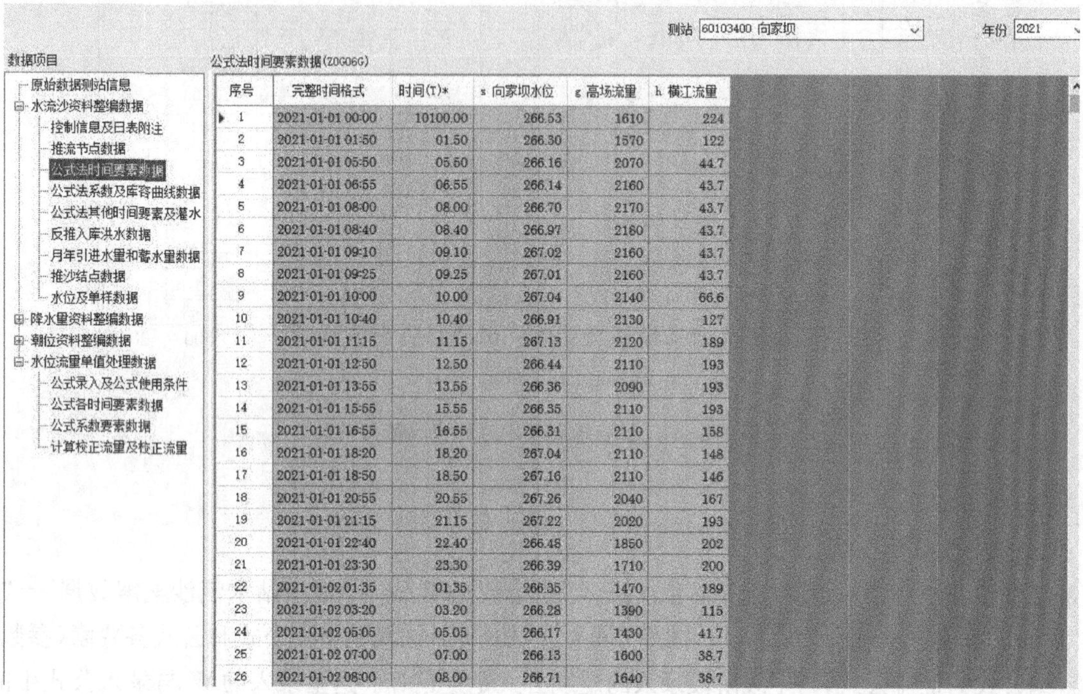

序号	完整时间格式	时间(T)*	s 向家坝水位	g 高场流量	h 横江流量
1	2021-01-01 00:00	10100.00	266.53	1610	224
2	2021-01-01 01:50	01.50	266.30	1570	122
3	2021-01-01 05:50	05.50	266.16	2070	44.7
4	2021-01-01 06:55	06.55	266.14	2160	43.7
5	2021-01-01 08:00	08.00	266.70	2170	43.7
6	2021-01-01 08:40	08.40	266.97	2180	43.7
7	2021-01-01 09:10	09.10	267.02	2160	43.7
8	2021-01-01 09:25	09.25	267.01	2160	43.7
9	2021-01-01 10:00	10.00	267.04	2140	66.6
10	2021-01-01 10:40	10.40	266.91	2130	127
11	2021-01-01 11:15	11.15	267.13	2120	189
12	2021-01-01 12:50	12.50	266.44	2110	193
13	2021-01-01 13:55	13.55	266.36	2090	193
14	2021-01-01 15:55	15.55	266.35	2110	193
15	2021-01-01 16:55	16.55	266.31	2110	158
16	2021-01-01 18:20	18.20	267.04	2110	148
17	2021-01-01 18:50	18.50	267.16	2110	146
18	2021-01-01 20:55	20.55	267.26	2040	167
19	2021-01-01 21:15	21.15	267.22	2020	193
20	2021-01-01 22:40	22.40	266.48	1850	202
21	2021-01-01 23:30	23.30	266.39	1710	200
22	2021-01-02 01:35	01.35	266.35	1470	189
23	2021-01-02 03:20	03.20	266.28	1390	115
24	2021-01-02 05:05	05.05	266.17	1430	41.7
25	2021-01-02 07:00	07.00	266.13	1600	38.7
26	2021-01-02 08:00	08.00	266.71	1640	38.7

图 3.6-46　综合流量法推流时间要素数据录入

选择公式法系数及库容曲线数据录入公式其他相关系数,这里只有综合流量 W。这里的水位与综合流量关系应该与定线时的水位校正节点流量一致,否则定线与推流就成不同的关系了。详见图 3.6-47。

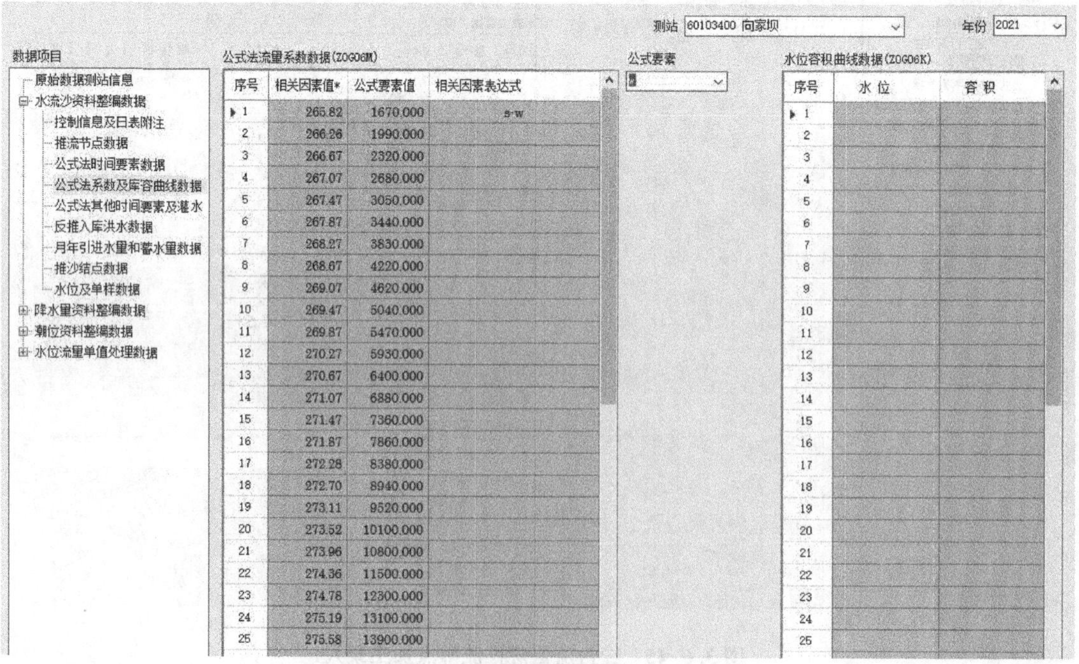

序号	相关因素值*	公式要素值	相关因素表达式
1	265.82	1670.000	s-w
2	266.26	1990.000	
3	266.67	2320.000	
4	267.07	2680.000	
5	267.47	3050.000	
6	267.87	3440.000	
7	268.27	3830.000	
8	268.67	4220.000	
9	269.07	4620.000	
10	269.47	5040.000	
11	269.87	5470.000	
12	270.27	5930.000	
13	270.67	6400.000	
14	271.07	6880.000	
15	271.47	7360.000	
16	271.87	7860.000	
17	272.28	8380.000	
18	272.70	8940.000	
19	273.11	9520.000	
20	273.52	10100.000	
21	273.96	10800.000	
22	274.36	11500.000	
23	274.78	12300.000	
24	275.19	13100.000	
25	275.58	13900.000	

图 3.6-47　综合流量法水位综合流量录入

加工完成后可以跟其他方法一样进行资料整编。

(5) 精度分析

① 定线误差分析

向家坝站 2016 年水位与单值化处理后的综合流量能够定为单一关系曲线,2016 年 10 月向家坝站共有实测流量点 92 个,水位变幅 10.09 m(265.98~276.07 m),实测流量变幅 10 810 m³/s(1 690~12 500 m³/s),综合流量变幅 11 110 m³/s(1 690~12 800 m³/s),综合流量点据系统误差 0.1%,不确定度 7.0%,满足规范对一类精度流量站流量整编定线要求。

② 典型洪水过程对比分析

2016 年横江发生多次超警戒水位,本次对比分析采用横江站 6 月 24 日和 8 月 5 日两次洪峰过程。因为这两次洪水过程中,横江站和向家坝站均有完整、可靠的实测过程资料。详见图 3.6-48、图 3.6-49。

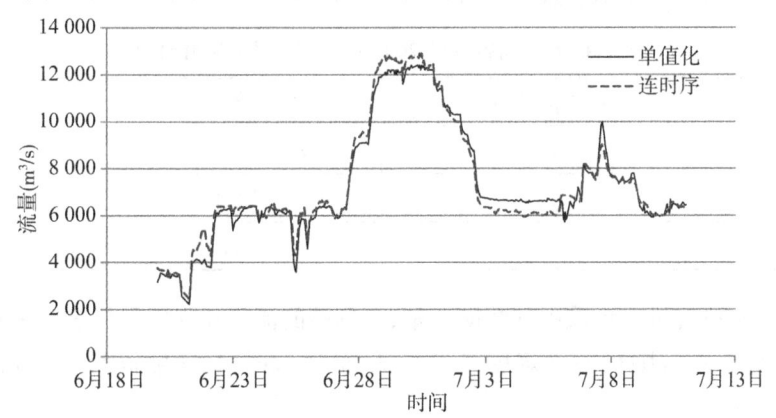

图 3.6-48　向家坝站 2016 年 6—7 月洪峰过程两种方法定线推流对比图

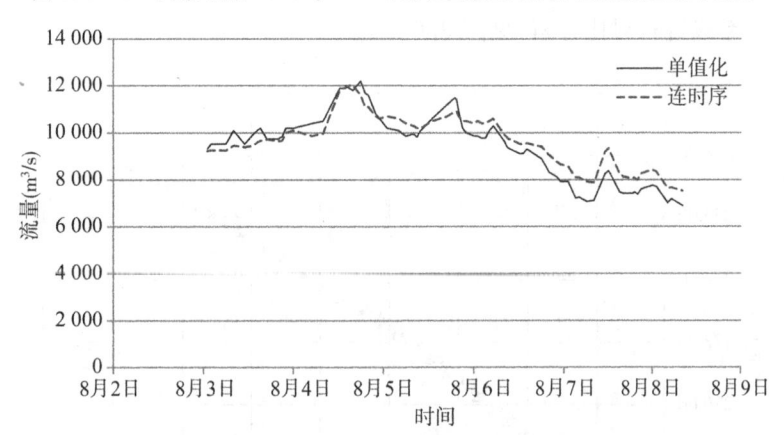

图 3.6-49　向家坝站 2016 年 8 月洪峰过程两种定线方法对比图

从两种定线方法对比图可以看出,推出的流量过程线比较一致,较好地反映了顶托影响下的流量变化过程。

③ 时段洪量对比分析

a. 2016 年 6 月 20 日至 7 月 10 日向家坝站有一次洪水过程,采用两种定线方法推算该洪水过程的洪量,见表 3.6-19。

表 3.6-19　向家坝站 2016 年 6 月 20 日至 7 月 10 日洪量对照表

定线方法	洪量	最大 1 h 洪量	最大 3 h 洪量	最大 1 天洪量	最大 3 天洪量	最大 7 天洪量
单值化	3 658 580	12 350	36 600	294 750	843 700	1 614 145
连时序	3 685 575	12 800	37 650	301 850	881 785	1 626 095
相对误差(%)	0.73	3.52	2.79	2.35	4.32	0.73

注:表内洪量单位为 m³。

b. 2016年8月3—8日向家坝站有一次洪水过程,采用两种定线方法推算该洪水过程的洪量,见表3.6-20。

表3.6-20　向家坝站2016年8月3—8日洪量对照表

定线方法	洪量	最大1h洪量	最大3h洪量	最大1天洪量	最大3天洪量
单值化	1 348 300	11 950	31 350	265 450	751 535
连时序	1 382 435	12 000	31 950	252 600	743 580
相对误差(%)	2.47	0.42	1.88	−5.09	−1.07

注:表内洪量单位为m^3。

c. 向家坝站2006年1—11月径流量对比见表3.6-21。

表3.6-21　向家坝站2006年1—11月径流量对比

定线方法	径流量(亿m^3)	最大流量(m^3/s)	最小流量(m^3/s)
单值化	1 253	12 600	1 720
连时序	1 271	12 900	1 700
相对误差(%)	−1.42	−2.33	1.18

向家坝站2016年水位流量关系采用下游横江站、高场站的流量建立关系推求。采用综合流量定线的三项检验指标:系统误差0.2%,随机不确定度7.6%,标准差3.8%。能够满足一类流量测验精度的定线要求。

根据向家坝站2014—2016年实测资料结合横江站、高场站整编资料进行单值化分析,点绘出单值化处理后近三年水位流量关系线进行对比分析,见图3.6-50。

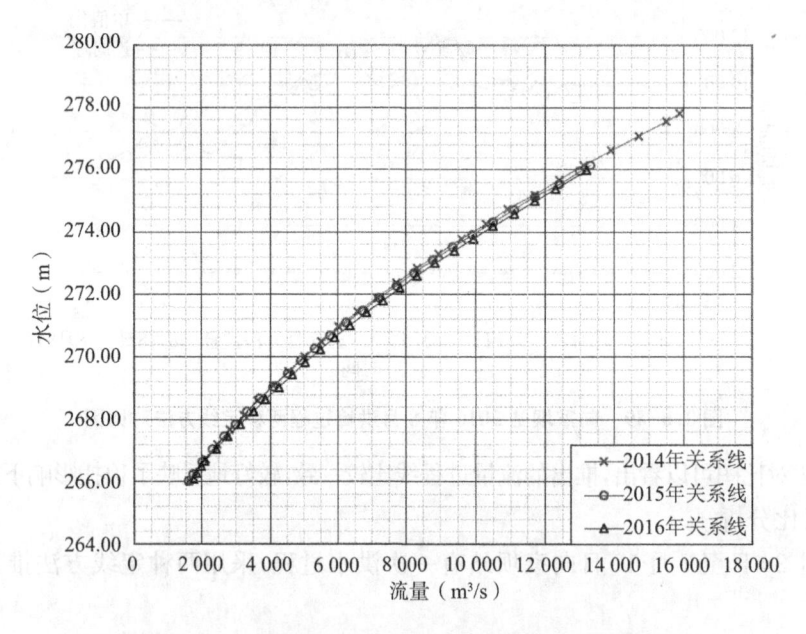

图3.6-50　向家坝站2014—2016年单值化水位流量关系图

三年单值化水位流量关系图中水位流量关系线在年季间小幅摆动,与历年水位流量关系线相似。2016年单值化法推算年径流量比连时序法定线推流年径流量偏小1.42%。

(6) 结语

① 水位与综合流量关系法对于解决受干支流回水影响断面水位流量关系的拟定,提供了一种新的方法。

② 根据向家坝站水位与综合流量关系线,用该站实时水位可推出向家坝综合流量值,根据综合流量公

式及横江站、高场站相应流量可得到向家坝相应流量,以此提供向家坝坝下相应流量情报,为下游防汛调度提供依据。

③ 采用水位与综合流量关系法,向家坝站可以在没有其他投入的情况下减少流量测次,增强过程控制,提高向家坝流量的时效性。

此单值化方案是建立在横江和岷江控制站流量关系上,相关站的测流精准度和场次洪水传递时间的确定直接影响单值化效果,应用时需要密切关注相关站点水位及流量测验情况。

3.6.3.4 校正因数法

校正因数法是处理受洪水涨落影响的水位流量关系的一种单值化方法。水位流量关系受洪水涨落影响的测站,在一次洪水涨落过程中,涨水的测点位于落水测点的右边,如实测资料较多,可通过涨落率接近零的点子,定出稳定的水位流量关系曲线。涨水的测点普遍在稳定的曲线右边(同水位情况下流量偏大),且涨率大的测点,偏离得更远,涨得缓的,离稳定的水位流量关系曲线近一些;与之对应的,落水的测点普遍在稳定的曲线左边(同水位情况下流量偏小),且退率大的测点,偏离得更远,退得缓的,离稳定的水位流量关系曲线近一些。受上游电站闸门启闭影响的水位流量关系与受水涨落影响的水位流量关系相似,电站放水时,洪水波在河道中向下游传播,由于上游先涨,下游后涨,故河段中比降,较同一水位稳定时的比降为大;落水时,上游先落,下游后落,河段中比降较同水位稳定时的比降为小。不同比降的变化,造成了同一水位流速的不同,从而造成流量的不同,形成涨落绳套。受上游电站闸门启闭而造成的涨落过程影响相比天然的洪水涨落来说更为急剧和频繁,造成实测流量点子非常凌乱。使用校正因数法改正流量点子,可以简化测验过程,解决流量测验困难和水位流量关系定线推流复杂的问题。

1. 校正因数法的理论分析

洪水波在河道中传播时,河段中比降较同水位下稳定流时的比降为大;落水时,比降较同水位稳定流时的比降为小。河段比降的不同变化是由洪水涨落带来的附加比降的变化引起的。

$$\Delta I = \frac{\Delta G}{U \Delta t} = \frac{1}{U} \times \frac{\Delta G}{\Delta t} \tag{3.6-28}$$

式中:ΔI 为附加比降;ΔG 为 Δt 时间内的水位增量(m);U 为洪水波的传播速度(m/h),约为断面平均流速的 1.3~1.7 倍;$\frac{\Delta G}{\Delta t}$ 为涨落率(m/h,涨水时为正,落水时为负)。

由曼宁公式 $Q = \frac{1}{n} F R^{2/3} I^{1/2}$,推求到受洪水涨落影响的流量公式:

$$\frac{Q}{Q_c} = \frac{\frac{1}{n} F R^{\frac{2}{3}} (I_c + \Delta I)^{1/2}}{\frac{1}{n} F R^{2/3} I_c^{1/2}} = \sqrt{1 + \frac{\Delta I}{I_c}} = \sqrt{1 + \frac{1}{U I_c} \times \frac{\Delta G}{\Delta t}} \tag{3.6-29}$$

式中:Q 为受洪水涨落影响时的流量(m^3/s);Q_c 为与 Q 同水位下稳定流时的流量(m^3/s);I_c 为稳定流时的比降;$\sqrt{1 + \frac{1}{U I_c} \times \frac{\Delta G}{\Delta t}}$ 为校正因数。

由于公式中 U、I_c 只与断面水位相关,因此可以通过实测资料找出 $H - \frac{1}{U I_c}$ 关系,这样在稳定流水位流量关系曲线上推得 Q_c,在 $H - \frac{1}{U I_c}$ 关系曲线上推得 $\frac{1}{U I_c}$,再根据各时期的涨落率,就可以计算出各时间的 Q。

2. 水位流量关系的单值化定线

(1) 初定稳定期的水位流量关系线

寻找实测流量中水位不变或涨落率较小的流量施测点子,通过这部分测点,初步确定一条试用的稳定期水位流量关系曲线。

(2) 建立 G-$\frac{1}{UI_c}$ 关系曲线

由实测流量计算 $\frac{1}{UI_c}$。由于实测资料较多,为避免由于较小的 $\frac{\Delta G}{\Delta t}$ 的扰动而带来 $\frac{1}{UI_c}$ 值的大幅摆动,在实测点较多的情况下应尽量采用 $\frac{\Delta G}{\Delta t}$ 较大的实测点作为分析资料。通过点群中心定出关系曲线。由于水位涨落较频繁,实测流量较易出现跨峰或跨谷情况,而涨落水不易分割,这部分资料的涨落率不能用原方法计算,因此无法使用校正因素法进行单值化处理。建议流量测验尽量避免跨峰或跨谷,如果出现跨峰或跨谷的流量点子,单值化定线时不予考虑。

(3) 点绘最终的稳定期水位流量关系线

由 $Q_c = \frac{Q}{\sqrt{1+\frac{1}{UI_c} \times \frac{\Delta G}{\Delta t}}}$,可根据每一实测流量的相应水位,推算出 Q_c。为了检验校正计算是否成功,应在原图上点绘 G-Q_c 进行校正。如果点子紧密分布在原定的稳定期水位流量关系曲线两侧,且没有明显的涨水落水系列偏离,所定曲线可以通过曲线的三项检验,则说明校正计算是成功的,可以采用原定的稳定期水位流量关系曲线。如涨水点子仍然系统偏大,退水点子系统偏小,说明对附加比降修正不够,应将 G-$\frac{1}{UI_c}$ 曲线适当修大;如涨水点子系统偏小,退水点子系统偏大,说明修正过度,应将 G-$\frac{1}{UI_c}$ 曲线适当修小;如果点子分布散乱,又没有出现明显的涨落系统偏离,则可以根据所有校正后点子重新调整稳定期水位流量关系曲线,反复前面的工作,直到点子紧密分布在稳定期水位流量关系曲线两侧,且没有明显的涨水落水系列偏离,所定曲线可以通过曲线的三项检验,定线合理。

(4) 流量的整编推流

假设相邻的三个时间 T_{t-1}、T_t、T_{t+1} 对应的水位为 G_{t-1}、G_t、G_{t+1},如果 $G_t > \max(G_{t-1},G_{t+1})$ 或 $G_t < \min(G_{t-1},G_{t+1})$,则 T_t 时的涨落率 $\frac{\Delta G}{\Delta t}=0$;否则,$\frac{\Delta G}{\Delta t} = \frac{G_{t+1}-G_{t-1}}{T_{t+1}-T_{t-1}}$,根据 T_t 时的 $\frac{\Delta G}{\Delta t}$,再由 T_t 时对应的 G_t 从 G-$\frac{1}{UI_c}$、G-Q_c 关系线中查算相应的参数,最终推算出对应的瞬时流量。注意水位的选取应该能代表测站真实的涨落过程。如果水位时间间隔过长,不能代表真实的水位涨落过程;如果时间过短,由于水位短时间的脉动及水位测量误差,也会造成计算出的涨落率失真。因此,水位时间间隔的选取应根据测站实际情况来定。

3. 校正因数法的应用实例

下面就以武胜水文站的实例来讲述校正因数法的应用和整编时的电算加工。

(1) 武胜水文站基本情况

武胜水文站位于四川省武胜县中心镇,集水面积为 79 714 km²,距渠江与嘉陵江汇合口 150 km,始建于 1940 年 5 月,是嘉陵江干流的流量、输沙双一类精度水文站。

武胜水文站测验河段位于大弯道顶端,左岸坡较陡,右岸为卵石、沙滩及台地,台地上长有芭茅,在起点距 460～490 m 处有一条沙沟。水位在 230.00 m 以上时,台地被淹,淹后河宽陡增至 600 m 以上。河床右岸为卵石沙坝,在起点距 90.0 m 处水下有一顺江石梁,高约 3.0 m,宽约 5.0 m。断面主槽稳定,滩地部分略有变化,断面左岸附近有局部回流,下游 2 000 m 有香炉滩。下游约 4 000 m 河道向左急弯起中、高水控制作用,河道左岸为岩石堆积层,右岸为砂土。

武胜水文站测流采用岸缆流速仪法、10 线二点法施测。该站多年水位流量关系较为稳定,洪水来源为暴雨,产生陡涨缓落的水位过程。水位流量关系主要受洪水涨落影响,当涨落较快时,水位流量关系为逆时针绳套。

(2) 问题的引出

2000 年 1 月在武胜水文站上游约 6.0 km 的桐子壕枢纽工程开工,该工程总装机 10.8 万 kW,2003 年 2

月28日首台机组正式投产发电。2002年底,电站开始蓄水。武胜水文站水位在213.00 m以下时,受电站蓄放水影响,水位涨落特别急剧。水位流量关系受电站蓄放水而产生的附加比降的影响,电站放水时,水位上涨,流速增大,流量也增大;电站蓄水时,则完全相反。即涨水点偏右,落水点偏左,峰、谷点居中,但由于水位变化太急剧,很难测得完整的水位流量变化过程。武胜站水位在213.00 m以上时,洪水翻坝,水位流量关系主要受天然洪水涨落影响,基本上与原有特性一致。2003年以来,每天水位涨落达到2 m多,最大涨落率达1.5 m/h,一天内流量从不到10 m³/s增大到接近1 000 m³/s,按连时序法布点,外业测次繁多且精度较差。2003年武胜水文站按连时序法布点,全年测流256次,仅1—7月就测流近202次,在上游来水基本不变的情况下有时一天测流达5次,但由于水位变化太快、太频繁,虽然耗费了大量的人力、物力和财力,但测验精度难以提高,流量过程难于控制,成果质量难以得到保障。为改变武胜站原有流量测验现状,开展了水位流量关系单值化研究,最终从2003年起开始采用校正因数法进行整编推流,并按照水位流量单值化要求布置流量测验方案。

2021年武胜站发生了自1981年以来最大洪水,最高水位226.29 m,最低水位208.16 m,水位变幅18.13 m,实测47次流量,实测最大流量19 200 m³/s,相应水位226.23 m。全年采用校正因数法布置流量测验并整编推流。

(3)单值化定线

①点绘$G-\frac{1}{UI_c}$关系曲线

通过涨落率较小的流量测点及涨落点,初定一条稳定期的水位流量关系线。采用$|\Delta G/\Delta t|\geqslant 0.20$ m/h的实测资料来分析$\frac{1}{UI_c}$值,从而点绘出$G-\frac{1}{UI_c}$关系点,并通过点群中心定出关系曲线,详见表3.6-22、图3.6-51。

表3.6-22 武胜站2021年校正因数法流量计算表

测次	相应水位 (m)	实测流量 (m³/s)	线上流量 (m³/s)	测流历时 (h)	水位变幅 (m)	涨落率 (m/h)	$\frac{1}{UI_c}$
2	209.46	331	359	0.83	−0.19	−0.23	0.655
3	208.92	279	217	0.92	0.65	0.71	0.924
7	211.38	1 260	1 160	0.83	0.35	0.42	0.426
9	213.63	3 320	2 980	0.82	0.61	0.74	0.324
10	215.71	5 660	5 030	1.00	0.60	0.60	0.444
11	217.85	7 870	7 420	1.07	0.43	0.40	0.311
12	217.09	5 940	6 520	1.08	−0.42	−0.39	0.437
13	214.85	3 700	4 150	1.00	−0.50	−0.50	0.410
15	217.16	7 650	6 610	1.07	0.96	0.90	0.378
16	218.51	8 560	8 210	1.10	0.35	0.32	0.274
18	220.14	9 610	10 300	3.30	−1.14	−0.35	0.375
19	216.05	4 760	5 380	0.88	−0.33	−0.38	0.579
21	216.23	6 220	5 570	0.93	0.46	0.49	0.499
22	218.62	8 620	8 350	1.05	0.38	0.36	0.182
23	219.92	10 400	10 000	1.13	0.47	0.42	0.196
24	217.29	5 540	6 760	1.03	−0.91	−0.88	0.372
25	212.66	1 970	2 130	0.93	−0.27	−0.29	0.498

续表

测次	相应水位(m)	实测流量(m³/s)	线上流量(m³/s)	测流历时(h)	水位变幅(m)	涨落率(m/h)	$\frac{1}{UI_c}$
28	216.60	5 700	5 970	0.93	−0.27	−0.29	0.305
29	215.33	5 230	4 630	1.03	0.65	0.63	0.437
32	218.20	8 340	7 840	1.05	0.31	0.30	0.446
33	221.19	12 000	11 700	1.33	0.37	0.28	0.187
34	218.47	7 700	8 170	1.18	−0.28	−0.24	0.471
36	213.11	2 790	2 510	0.98	0.46	0.47	0.502
40	224.55	17 000	16 600	1.20	0.34	0.28	0.172
42	225.23	17 300	17 700	1.37	−0.28	−0.20	0.219
43	223.85	15 200	15 500	1.13	−0.29	−0.26	0.149
44	220.66	9 260	11 000	1.07	−1.11	−1.04	0.281

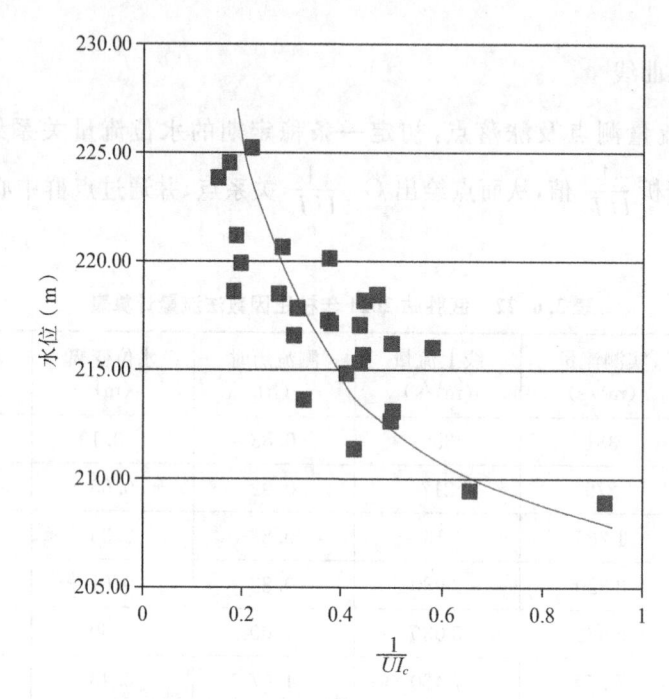

图 3.6-51　武胜站 2021 年 G-$\frac{1}{UI_c}$ 关系曲线

② 点绘最终的 G-Q_c

由 $Q_c = \dfrac{Q}{\sqrt{1 + \dfrac{1}{UI_c} \times \dfrac{\Delta G}{\Delta t}}}$，可根据每一实测流量的相应水位，推算出 Q_c。为了检验校正计算是否成功，在原图上点绘 G-Q_c 进行校正。直到点子紧密分布在稳定期水位流量关系曲线两侧，且没有明显的涨水落水系列偏离，所定曲线可以通过曲线的三项检验，定线合理。通过图 3.6-52 可以看出，校正后流量相比实测流量明显紧密分布在稳定流关系线附近，偏离值明显减小。

③ 电算加工

a. 程序的进入

运行程序，在程序主界面选择"整编"，在下拉菜单中选择"原始整编数据录入"，进入电算数据加工与录入界面，见图 3.6-53。

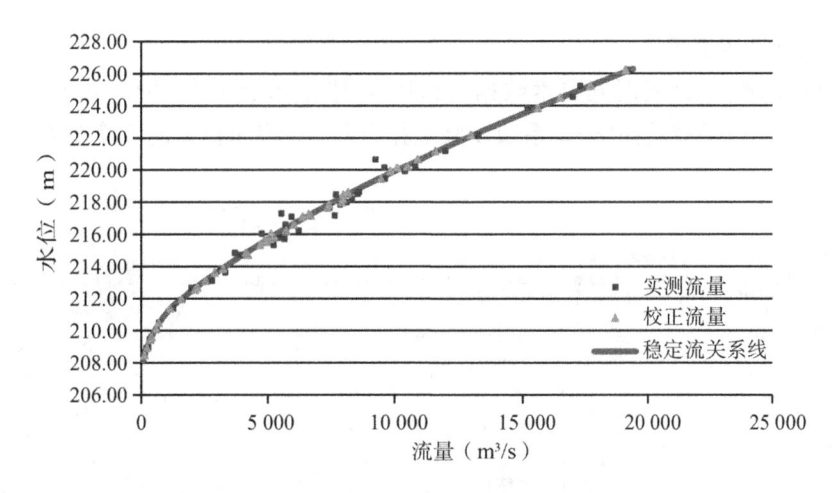

图3.6-52　武胜站2021年水位流量关系比较图

图3.6-53　校正因数法电算数据程序进入

在左侧"数据"项目菜单中选择"单值处理数据"栏目进入单值化处理电算加工。

b. 公式的构建

首先进入"公式录入及公式使用条件",在单值处理公式中根据具体单值化方案输入自编公式以及公式中各要素的解释。武胜站输入校正因数法推算流量公式 $Q_c=Q/(1+V/M \cdot U)^{0.5}$,以及各要素代表的参数意义:$Q$ 为实测流量,V 为水位变幅,M 为测流历时,A 为施测号数,Z 为相应水位。详见图3.6-54。

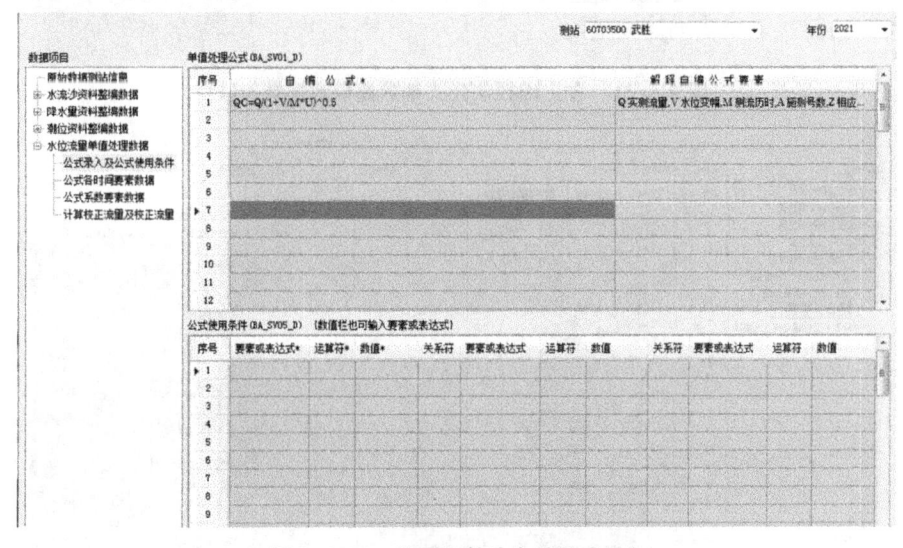

图3.6-54　校正因数法自编公式录入

c. 各要素数据的录入及计算

完成公式构建后,选择"公式各时间要素数据",依照实测点子时间顺序依次录入前面自编公式中相关的5个参数,见图3.6-55。接着选择"公式系数要素数据"录入除前面相关的5个参数之外的其他参数,见图3.6-56、图 3.6-57。

图 3.6-55　校正因数法时间要素录入

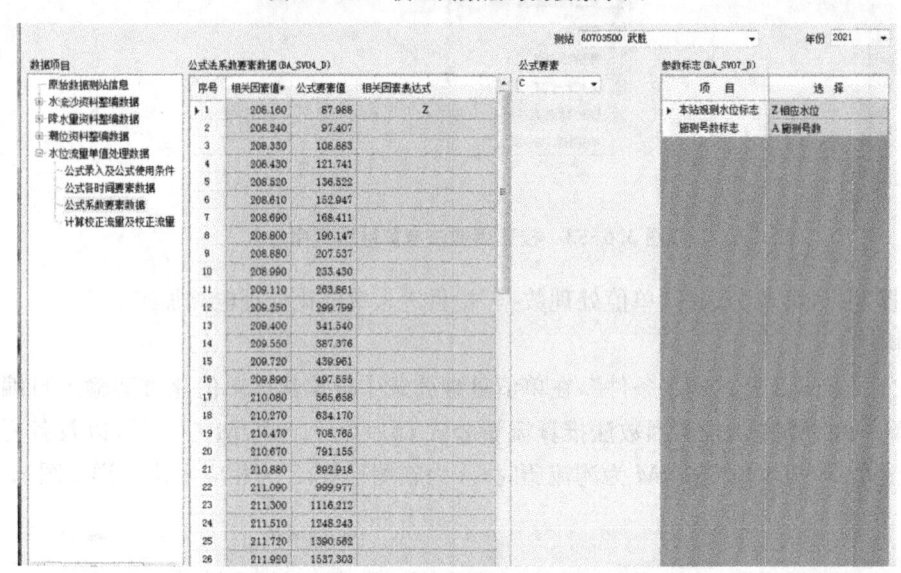

图 3.6-56　校正因数法公式系数要素数据录入(1)

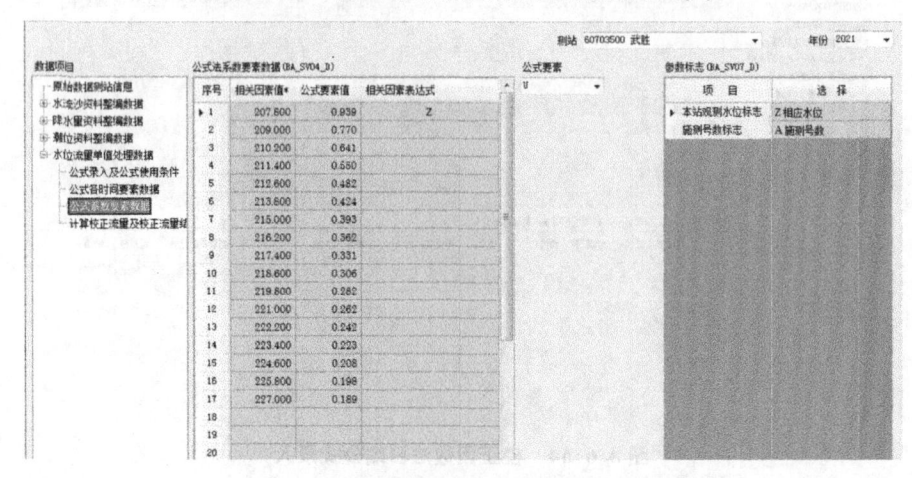

图 3.6-57　校正因数法公式系数要素数据录入(2)

武胜站校正因数法依次录入了相关公式要素 C、U，分别代表稳定流量水位流量关系及 $G-\frac{1}{UI_c}$ 关系，式中相关因素表达式中的 Z 及其后对 Z 的解释，表明在这个相关关系中自变量 Z 是相应水位，C、U 是自变量 Z 的因变量。计算中根据不同的水位进行相应参数的查值。

d. 定线及确定关系线节点

选择"计算校正流量及校正流量节点数据"录入根据实测点及前面校正公式计算出的校正流量，详见图 3.6-58。

图 3.6-58　校正因数法校正流量相关数据录入

在主界面选择图形进入关系曲线定线界面，选择"校正关系"，可以获得校正后水位单值化流量关系曲线，可以采用与常规定线一样的方法，调整曲线再进行相应检验，获得最终满意的曲线，然后读取曲线节点至校正流量节点数据中，完成单值化定线电算录入工作。详见图 3.6-59、图 3.6-60。

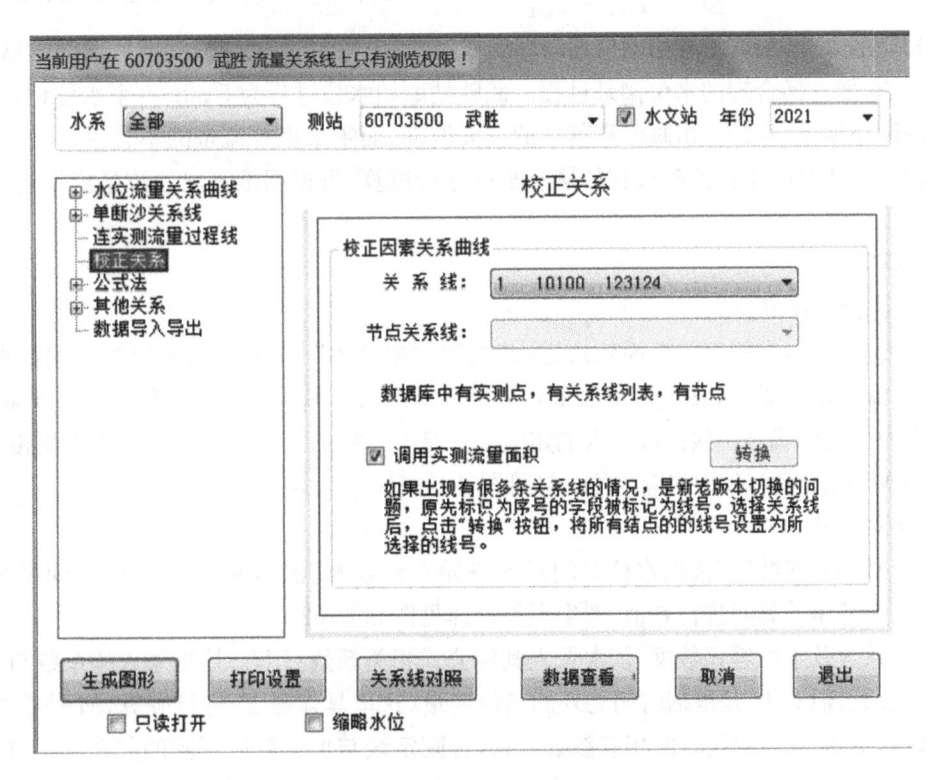

图 3.6-59　校正因数法校正关系进入

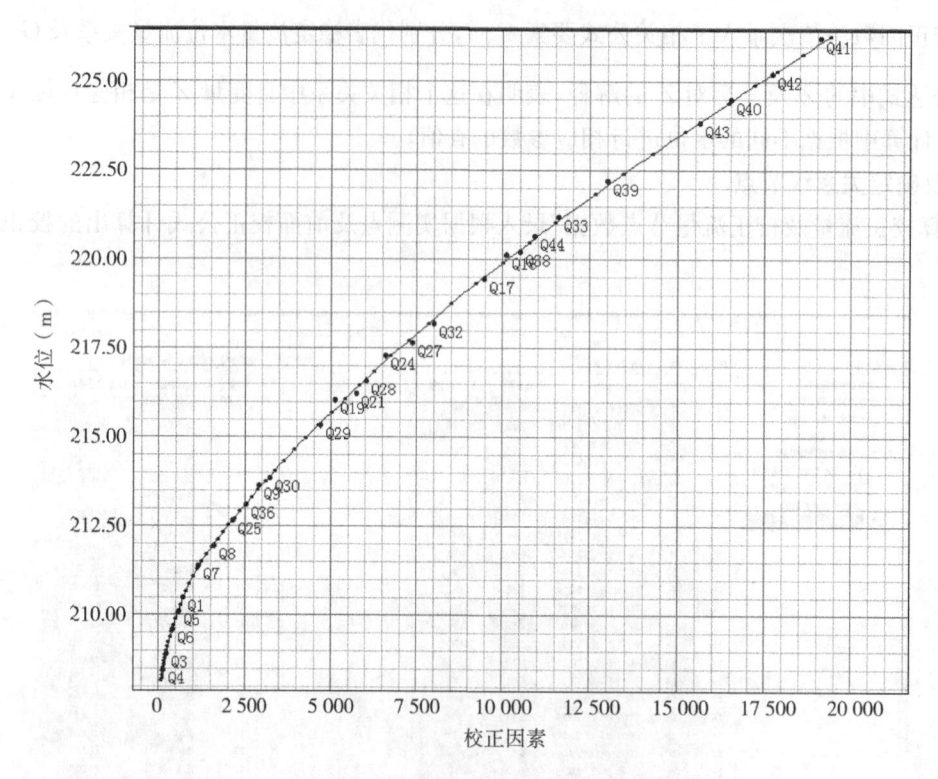

图 3.6-60　校正因数法水位校正流量关系图

（4）推流

① 选择合适的水位过程资料

校正因数法是假设相邻的三个时间 T_{t-1}、T_t、T_{t+1} 对应的水位为 G_{t-1}、G_t、G_{t+1}，如果 G_t 相比 G_{t-1}、G_{t+1} 水位值均大，则判别 G_t 处为峰；反之，如果 G_t 相比 G_{t-1}、G_{t+1} 水位值均小，则判别 G_t 处为谷。峰、谷处均认为涨落率为零。其余情况按照 $\dfrac{\Delta G}{\Delta t} = \dfrac{G_{t+1} - G_{t-1}}{T_{t+1} - T_{t-1}}$，根据 T_t 时的 $\dfrac{\Delta G}{\Delta t}$，再由 T_t 时对应的 G_t 从 $G - \dfrac{1}{U I_c}$、$G - Q_c$ 关系线中查算相应的参数，最终推算出对应的瞬时流量。由于不同的水位摘录，带来不同的涨落率，对最终推流成果会有影响，要选择合理的水位摘录过程。武胜站原始水位过程为 5 min 一个水位记录，这个水位过程太密。水位的微小波动，会计算出瞬时涨落率的较大波动，而带来推算流量的不合理异动。因此，武胜站首先选择能够代表一段时间水位涨落过程的摘录水位进行试算，再根据推算出的流量成果进行水位的合理增减。

② 推流的电算加工

a. 推流方法选择及自编公式

同常规整编方法一样，在程序主界面依次进入"原始数据录入"—"河道站水流沙整编数据"—"推流节点数据"界面。推流方法选择公式法 14，推流节点数据选择录入自编的推流公式和公式各要素（参数）意义。这里的自编公式为推流公式与定线阶段录入的定线公式是不一样的。武胜站录入的公式及相关参数为 $Q = C(1 + M \cdot U)^{0.5}$，$M$ 为涨落率，Z 为相应水位。详见图 3.6-61。

b. 推流各要素确定

选择"公式法时间要素数据"依据水位时间录入或导入参数 M（涨落率）。这里的时间系列最好与水位整编数据一致，以免整编计算时进行查值，产生误差。详见图 3.6-62。

选择"公式法系数及水位容积数据"依次录入其他公式相关系数 C、U。这里录入的系数与 M 相比，都是推流公式需要的参数，但 C、U 是根据时间之外的其他变量（这里具体是 Z）进行查算，M 是根据时间进行查算。这里的参数 C、U 应该与定线时的相应参数一致，否则定线与推流就成不同的关系了。详见图 3.6-63、图 3.6-64。

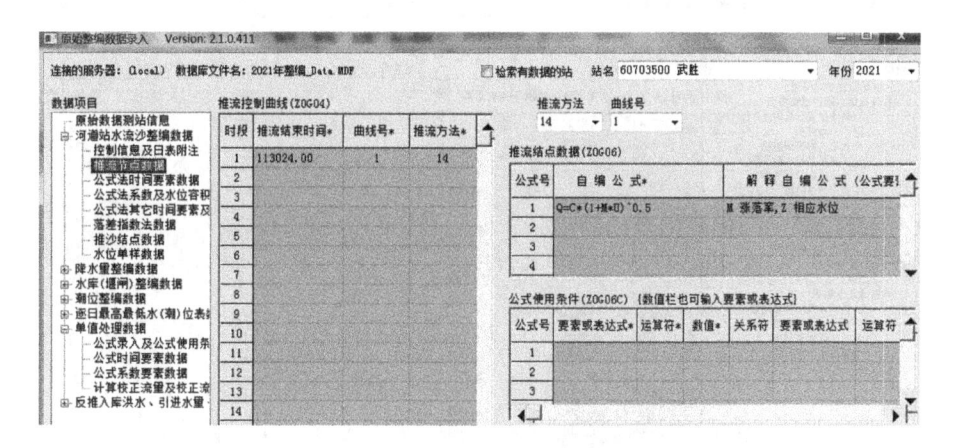

图 3.6-61　校正因数法推流节点加工录入

图 3.6-62　校正因数法推流时间要素数据录入

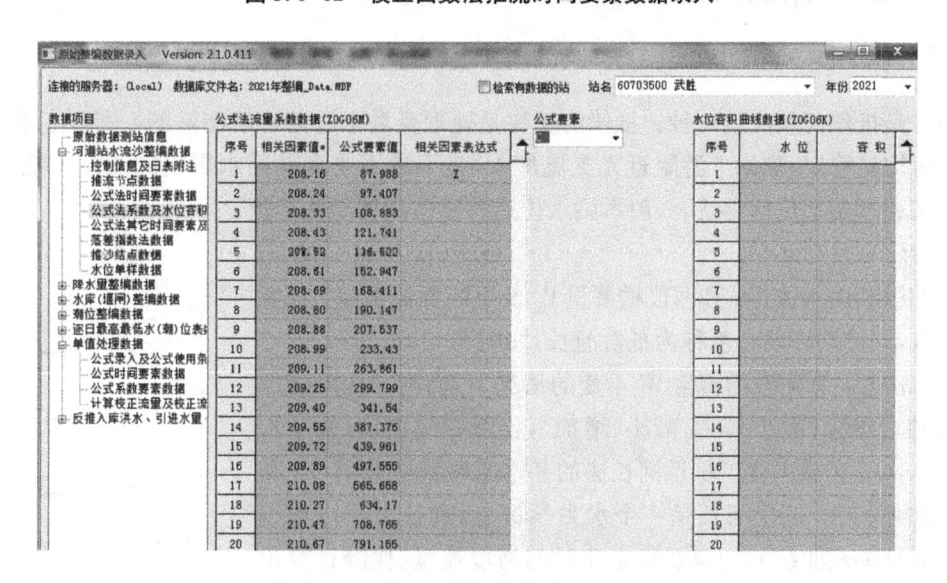

图 3.6-63　校正因数法推流水位流量录入

(5) 精度分析

① 采用分析资料情况

武胜水文站水位流量关系单值化方案分析，采用 2003 年全年 231 次流量资料，包括受电站蓄放水影响

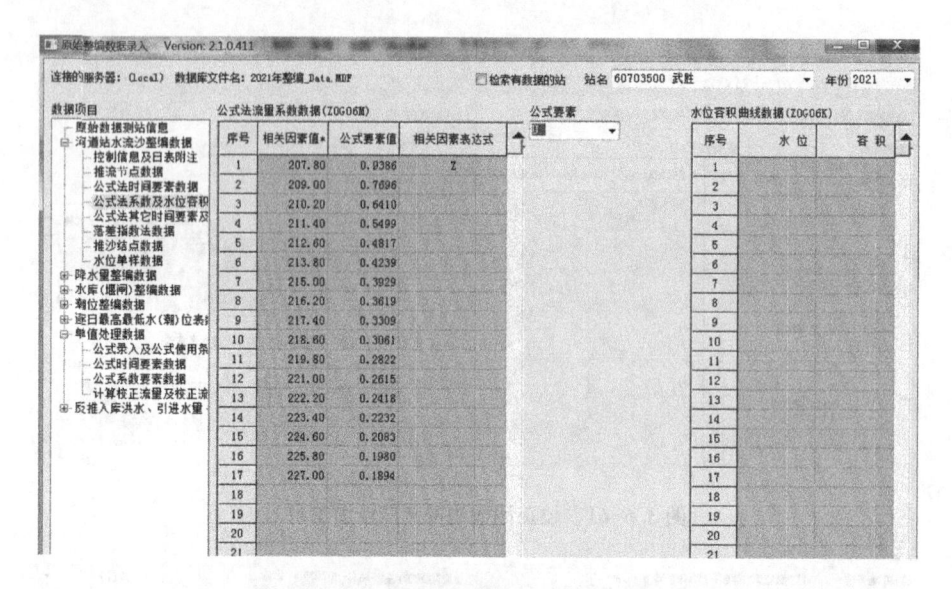

图 3.6-64　校正因数法推流水位校正因数录入

（多次刷新建站以来历史最低水位纪录）、洪水翻坝受天然洪水影响等主要水情特征资料。资料有代表性，其水位变幅超过了多年平均水位变幅，满足分析要求。

② 精度

武胜水文站采用校正因数法进行水位流量关系单值化，其定线系统误差为 0.2%，随机不确定度为 4.4%，满足规范要求。采用校正因数法定线推流，水位流量过程更加合理。

（6）结语

① 武胜水文站水位流量关系进行单值化的定线精度和推流误差基本符合《水文资料整编规范》中的有关技术指标。该站单值化方案可行，为坝下水文站水位流量关系单值化处理提供了依据。

② 武胜水文站水位流量关系全年可按单一线测验与整编，年测次一般在 50～80 次，涨落水面及较大洪峰均应布设测次。这样，每年可减少外业测次 70% 以上，精度得到保证，并大量节省人力、物力、财力，减轻劳动强度，具有显著的经济效益和社会效益，推动了水文的发展。

3.6.3.5　水位后移法

水位后移法是抵偿河长法的一种。抵偿河长法是处理受洪水涨落影响测站的一种单值化推流方法，适用于断面及河床比较稳定，测站上游附近无支流加入，且下游不受变动回水影响的测站。抵偿河长法一般有上游站水位法和本站水位后移法，一般本站水位后移法应用得更为广泛。

1. 理论分析

若一河段的中断面水位 $G_中$ 和河段槽蓄量 W 及下断面流量 $Q_下$ 三者之间成单值函数，则此河段的长度称为抵偿河长，如图 3.6-65 所示。

在中断面水位 $G_中$ 和河段槽蓄量 W 不变的情况下，当附加比降增加（减小），$G_上$ 也随之增加（减小），$G_下$ 减小（增加），比降相应增加（减小），下断面流速增加，$Q_下$ 仍然不变。抵偿河长法的基本原理就是采用 $G_中$ 和 $Q_下$ 建立水位流量关系。抵偿河长是一个水力学概念，理论上可以根据稳定流时水位流量关系曲线的变率及稳定流时的河段流量、比降计算出来，但是在实际工作中确定各稳定流态下的各水力因子是很困难的，因此一般是采用试错法寻找稳定的水位流量关系。

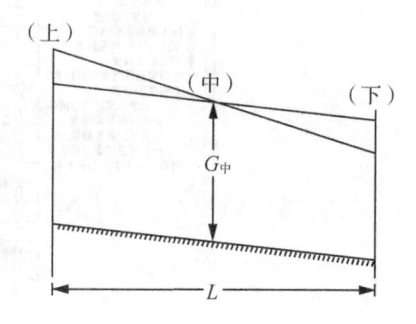

图 3.6-65　抵偿河长原理示意图

上游站水位法需要在上游设置多组水尺，利用同期观测资料，找到一组水尺的水位与流量成为单一关系，操作起来困难较大。水位后移法将本站测流时间平移一个时段的水位，与流量建立关系，获得单一的水位流量关系,由于水位自记的广泛采用,操作起来非常方便,因此,在长江上游山区河流得到了较为广泛的应用。

2. 水位后移试错定线

由抵偿河长的原理可以知道,水位后移的时间应等于洪水波从河段的中断面到下断面的时间。一般采用将本站测流平均时间后移不同时段的水位分别与流量建立关系,寻找最佳水位流量关系。

一般可通过涨落率较小时的测点初定稳定流的水位流量关系曲线,然后挑选涨落率大、偏离稳定流的水位流量关系曲线较大的测点,量出各点距关系线的水位差,除以相应的涨落率,计算后移时间。当发现经过后移时间后的水位流量测点仍然是涨水点系统偏大、落水点系统偏小,仅幅度减小,说明后移时段不够;反之,出现涨水点系统偏小、落水点系统偏大,说明后移时段太长。经过反复试错,最终可以获得满足规范定线要求的单一水位流量关系线。一般本站水位后移法后移时段是较稳定的,多数全年可采用一个后移时段,少数站后移时段随水位有一定变化。

3. 推流

推流过程与定线过程一致,要推求某一时间水位对应的流量,直接后移一个时段,根据后移后的时间对应水位,在水位流量关系曲线上查算对应流量。

4. 应用实例

下面就以高场(五)水文站的实例来讲述水位后移法的应用和整编时的电算加工。

(1) 高场(五)站基本情况

高场(五)站位于四川省宜宾市高场乡七井村,距河口 27 km,是岷江的基本控制站,国家基本水文站,一类精度水文站。该站于 1939 年 4 月设立,基本水尺断面经过 4 次迁移,故为高场(五)站。控制集水面积 135 378 km²,占岷江流域集水面积的 97%。主要任务是为长江上游防洪、流域水资源合理规划及调配等提供基本水文资料。高场(五)站河段上游约 7 km 左岸有越溪河汇入,汇口下游为石鸭子滩,滩下河流进入顺直峡谷,长约 9 km。在基本水尺下游 1 km 处的右岸有石盘伸出,石盘下游河面放宽。左岸陡岩名丹山碧水,枯水有卵石浅滩名樊家滩,起低水控制作用。再下游是猫儿沱,河道束狭转弯,起高水控制作用。测验河段位于峡谷中段,两岸均为陡岩,顺直整齐,河床稳定。中低水位右岸有平坦台地,宽约 30 m,断面成 U 形,左深右浅。河床为整体岩石,中泓偏右略有冲淤,变化在 2 m 以下,断面基本稳定。施测方法是流速仪常测法为 7~10 条垂线两点法,精测法为 14~15 条垂线五点法。

(2) 问题的引入

高场(五)站水位在 277.00 m 以下时多年水位流量关系线较为稳定,根据前期分析成果已实现流量间测,逢双年实测,逢单年停测;277.00 m 以上水位涨落较快时,水位流量关系受洪水涨落影响呈逆时针绳套曲线。高场(五)站水位流量关系主要是受上游洪水涨落影响;个别特殊年,金沙江大洪水时的回水顶托对水位流量关系有一定影响。高场(五)站 1995—2006 年水位流量关系见图 3.6-66。

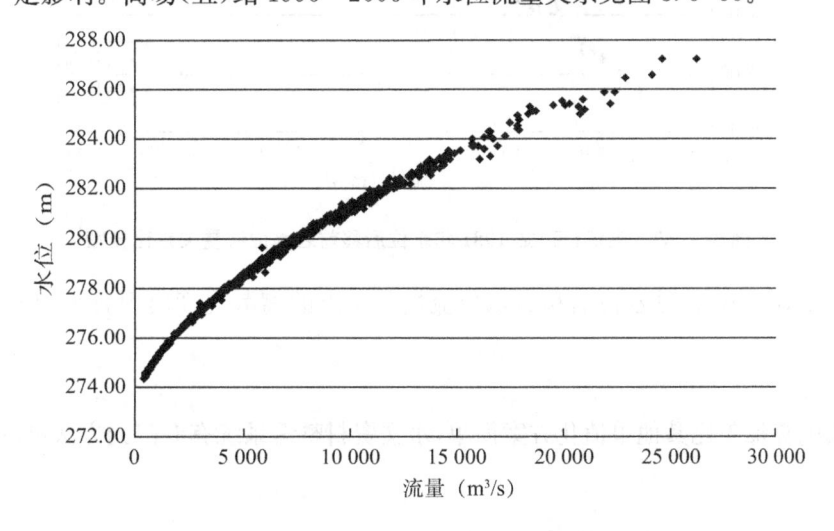

图 3.6-66 高场(五)站 1995—2006 年实测水位流量关系图

高场(五)站断面中高水受多种因素影响,水位流量关系呈绳套线型。多年来,测站按绳套布点施测流量,流量测次都在 100 次以上,作业成本高,不利于提高劳动效率。

高场(五)水文站结合测验河段特性与上下游水位站网布置实际情况,着眼于提高劳动效率,减少作业成本,利用多年实测资料开展水位流量关系单值化分析工作。若水位流量关系单值化方案精度满足现行水文测验与整编规范要求,实施后将会大幅度提高生产效率,减少流量测次,降低作业成本,提高职工的业务素质,同时能减少人力资源数量。由于影响高场(五)站水位流量关系的主要因素是洪水涨落,断面及河床相对稳定,根据该站实际情况选用水位后移法进行单值化分析。

(3) 单值化定线

① 后移时间的确定

最佳后移时间是使用试错法来进行确定的。即先选一个后移时间 ΔT,由每年的各大、中型洪水后移 ΔT 的水位与实测流量所建立的关系线为单一曲线,且误差符合单一线的定线要求(如果误差不符合定线要求,可根据情况,再定另一个 ΔT 来进行后移再定线,直到符合为止),此 ΔT 即可认为是所求的后移时间。

用试错法选取后移时间初始值时,在当年的实际水位流量关系图中选取 N 个具有代表性的、涨落率较大的测点,分别量出各点距稳定水位流量关系曲线的水位差,除以相应的涨落率,得公式(3.6-30)。

$$\Delta T = \Delta Z / \frac{dZ}{dt} \qquad (3.6\text{-}30)$$

式中:ΔT 为后移时间;ΔZ 为距稳定水位流量关系曲线的水位差;$\frac{dZ}{dt}$ 为测点对应的涨落率。

取这 N 个点的平均值,即作为试算的初始值。按上面的方法,对高场(五)站历史大洪水 1981 年实测资料进行分析,最后得出了最佳的后移时间为 60 min,即确定高场(五)站的后移时间是 ΔT 为 60 min。

② 单值化关系线

确定后移时间为 60 min 后,把高场(五)站 1981 年中高水实测流量的平均时间后移 60 min 后对应的水位与实测流量建立关系。高场(五)站 1981 年水位后移前后水位流量关系比较见图 3.6-67。

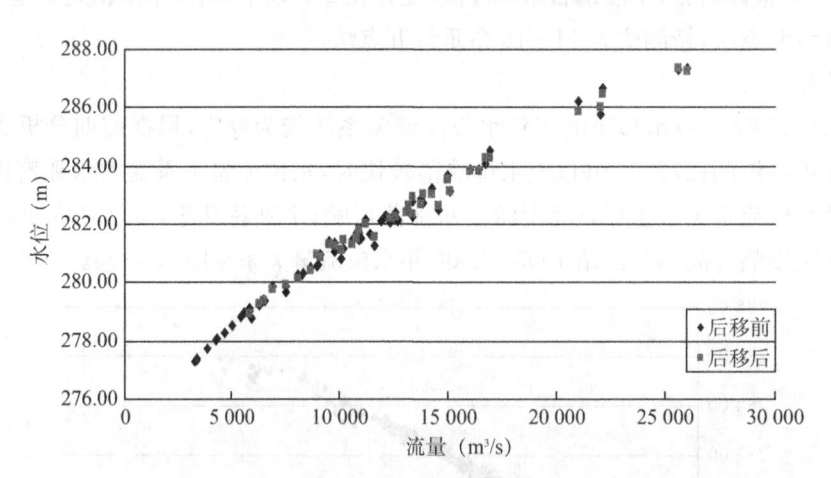

图 3.6-67　高场(五)站 1981 年水位后移前后水位流量关系比较图

从图中可以看出,高场(五)站水位后移后水位流量关系点的离散程度出现较为明显的降低,单值化方案效果明显。

③ 电算加工

水位后移法的电算加工比其他单值化方案简单,水文资料整编系统有专门的方法可以选择。

a. 程序的进入

运行程序,在程序主界面选择"整编",在下拉菜单中选择"原始整编数据录入",进入电算数据加工与录入界面,见图 3.6-68。

图 3.6-68　水位后移法电算数据程序进入

b. 推流的方法选择

选择"推流节点数据",在推流控制曲线中选择需要采用水位后移法的时段,推流方法选择"2"。本例 2020 年高场(五)站"81214—90305"为采用水位后移法时段。在"推流节点数据"中依次录入时间、后移时间,表明不同时段需要后移时间,后移时间以分钟形式表示。详见图 3.6-69。

c. 关系线定线

在主界面选择"图形"进入关系曲线定线界面,选择"其他关系—水位后移法",可以获得校正后水位流量关系曲线,可以采用与常规定线一样的方法,调整曲线再进行相应检验,获得最终满意的曲线。详见图 3.6-70、图 3.6-71。

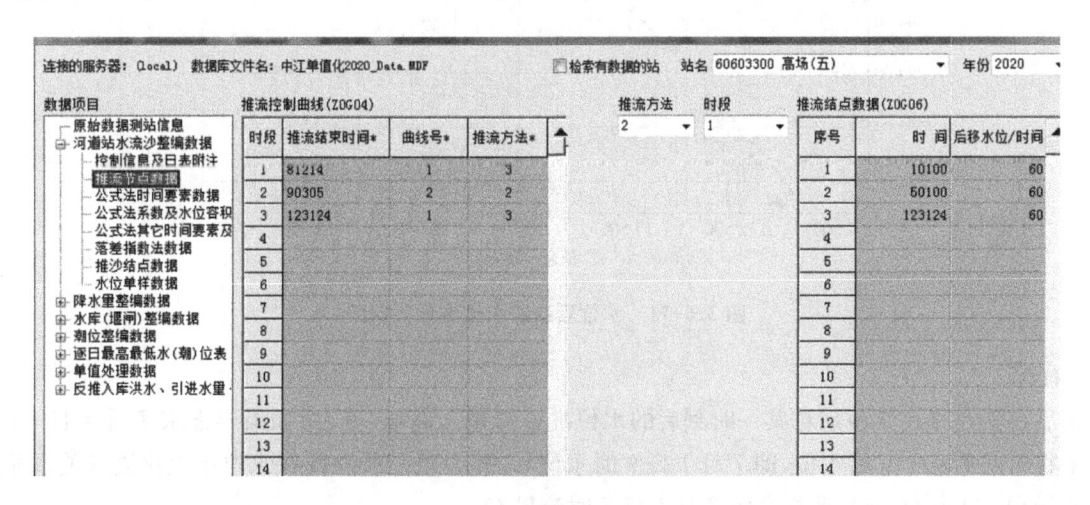

图 3.6-69　水位后移法推流节点加工录入

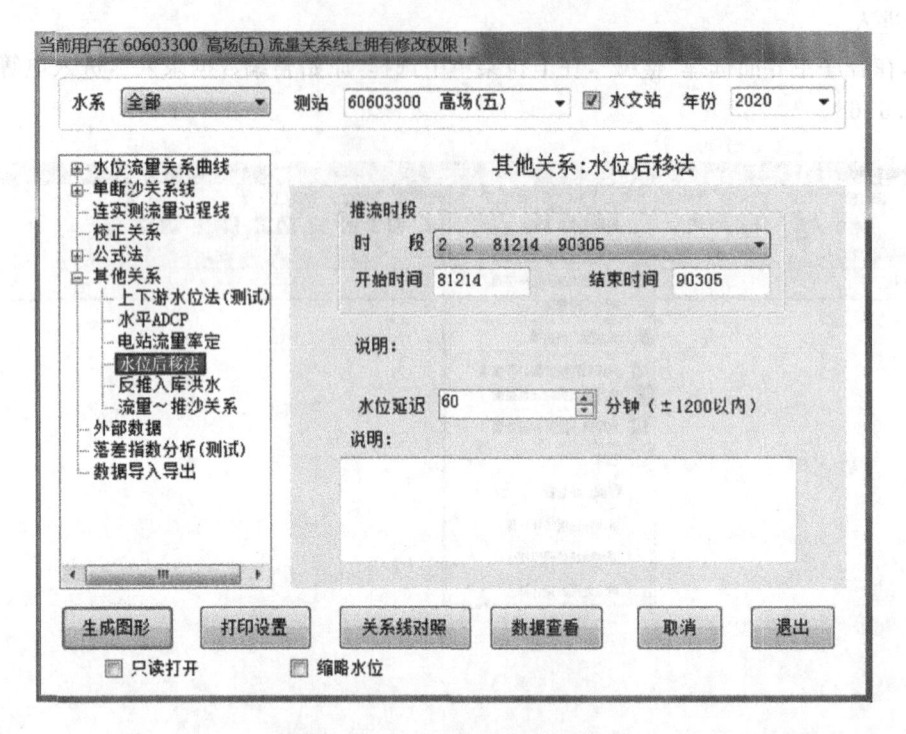

图 3.6-70　水位后移法关系进入

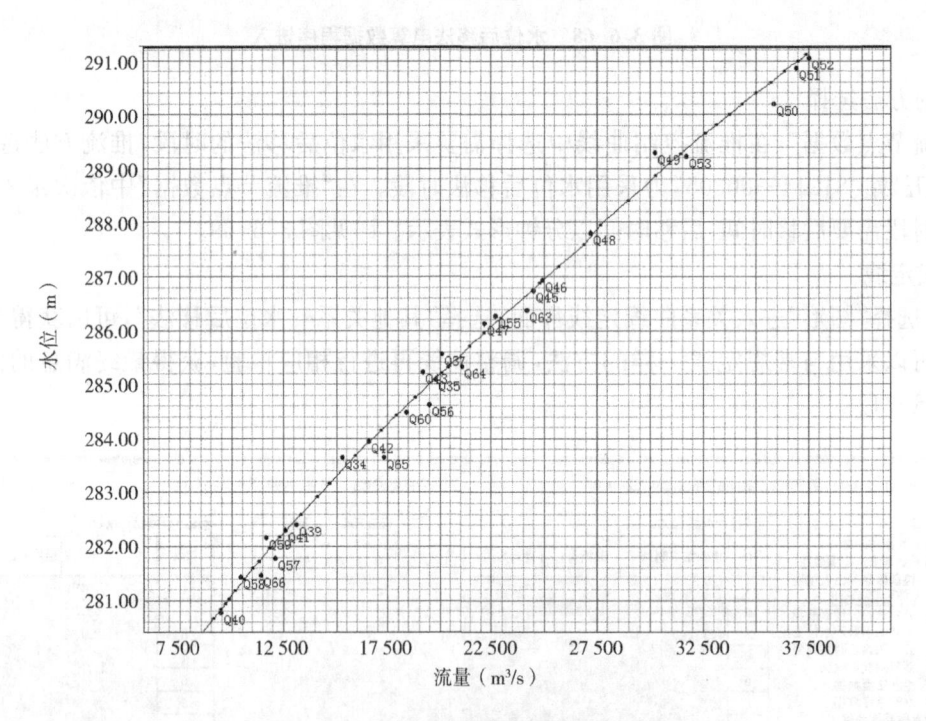

图 3.6-71　水位后移法水位流量关系图

(4) 推流

水位后移法是采用水位后移某一时刻后的水位推算流量。高场(五)站如果要推求 7 月 1 日 8 时流量,首先推求将时间后移 1 h 后水位,即 7 月 1 日 9 时水位 G,其次通过水位 G 在水位单值化流量关系曲线上查算对应流量 Q_c,这个 Q_c 就是要推求的 7 月 1 日 8 时流量 Q_m。

(5) 精度分析

经过水位后移处理后,高场(五)站 1981 年水位流量关系拟合曲线主要误差统计见表 3.6-23。

表 3.6-23 高场(五)站 1981 年水位流量关系定线误差表

样本数	最高水位(m)	最低水位(m)	标准差(%)	随机不确定度(%)	系统误差(%)
70	287.35	277.29	4.41	8.82	0.47

高场(五)站为流量一类精度站,从表 3.6-22 统计分析可以看出,高场(五)站水位流量关系拟合曲线系统误差 0.47%,随机不确定度 8.82%,达到规范要求。总体上,高场(五)站本次采用水位后移法进行单值化处理分析精度,达到规范对一类精度站所要求的标准。

(6) 结论及建议

① 通过高场(五)站本次水位后移法单值化分析,可以看出,选用后移 1 h 后的水位与流量建立关系,可以有效地减少水位流量关系点的离散程度,其精度可以满足规范要求。

② 当岷江、金沙江同时涨水时,高场(五)站至合江门(金沙江与岷江汇合口)落差小于 5 m 时,金沙江对高场(五)站有一定顶托,其顶托影响变化应进一步加强分析。

3.6.4 坝下站流量监测

3.6.4.1 问题的提出

近年来长江上游地区河流受人类活动的影响日益严重,水文测站的测验不可避免地受到了上下游水电工程的影响。受上游水利工程影响,水文测站河段水流过程改变了天然形态,水位流量变化急剧,水位流量关系也可能出现变化,增加大量测次都不能完全控制流量变化过程;受下游水利工程影响,测验河段变动回水严重,径流过程受到较大影响,水位流量关系变化极大或点子散乱,增加大量测次都不能控制水流变化过程;部分测站同时受上下游水电工程影响,水流变化过程难以控制。要应对水电工程对水文流量测验的影响,重点与难点就是监测水流变化过程。要监测水流变化过程,安装流量在线监测设备,采用流量在线监测是能够较好地解决这个问题的手段,也是发展方向。流量在线监测在本书其他章节已经详尽介绍,在此不再赘述。这里介绍一种通过建立测站实测流量与上游出库流量关系,对出库流量过程进行率定修正,获得水文测站断面的流量变化过程的方法。

3.6.4.2 监测原理

受水电工程影响的测站,也可利用闸坝推流或发电站电功率推流。从水文测验的角度看,闸坝都是良好的量水建筑物,根据对闸坝上下游的水位及闸孔开启高度等几个可以适时监控因素的记录,用水力学公式把流量推算出来。水力发电站的工作是将水能转变为电能的过程,发电功率与发电流量、水头等呈正相关,可以通过适时监测的水位与电功率记录来推求流量变化过程。采用闸坝推流的水力学公式里有一些系数,这些系数也还有一定的变动范围;采用电功率推流,也存在效率系数。这些与推流相关的系数,水电站在应用时往往采用的是试验系数或经验系数。不考虑电站下泄到水文站之间的槽蓄量变化,则电站标称的下泄流量(以后简称"电站下泄流量")与实际下泄流量(可采用实测流量)存在一一对应关系。

以实测流量与对应的电站下泄流量建立关系或关系曲线,对电站下泄流量进行率定,而后通过实时的电站下泄流量可以推出水文测站的流量变化过程。

3.6.4.3 应用举例

下面以彭水(四)水文站与罗渡溪(二)水文站的应用实例,来简要介绍坝下站通过与电站下泄流量建立关系进行流量监测的方法。

1. 彭水(四)水文站应用实例

(1) 彭水(四)水文站的基本情况

彭水(四)水文站设立于 1939 年 1 月,位于彭水县汉葭镇太守路 124 号,集水面积 70 000 km²,为控制乌江水情变化的二类流量精度的水文站。河道位于狭谷地带，顺直长约 1 700 m，断面下游约 1 250 m 有老易溪卡口，起中水控制，在下游 3 150 m 有老虎口弯道，起高水控制，弯道上游约 10 m 有郁江从右岸汇入。河床由岩石组成，呈 V 形，左岸为陡壁，右岸为乱石滩，水深流急，高水浪大泡漩多，水流紊乱；断面上游约 11 km 有彭水电站，其下游 45 km 有银盘电站，彭水(四)水文站处于银盘电站回水末端，电站蓄放水对本站水位流量关系影响非常大。

(2) 关系线的建立

彭水(四)站从 2012 年起，采用彭水电站出库流量与彭水(四)站实测流量率定的关系线进行整编推流。以 2021 年为例，2021 年彭水(四)站水位变化为 211.52～224.41 m，整体水位变化与多年相当。实测流量 24 次，实测水位变幅为 212.32～221.56 m，流量变幅为 18.6～4 830 m³/s。受上下游电站蓄放水影响，彭水(四)站水位流量关系较散乱，详见图 3.6-72。

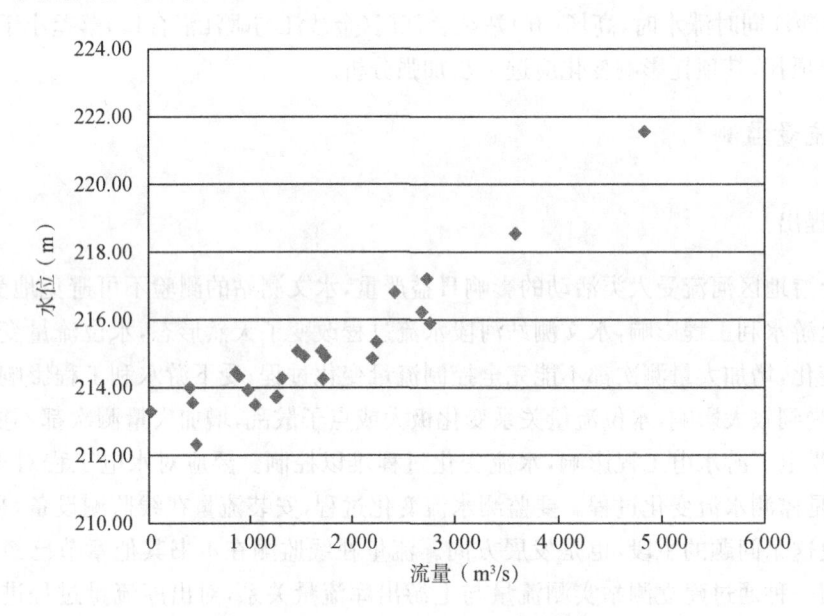

图 3.6-72　彭水(四)站水位流量关系图

考虑到彭水电站与彭水(四)水文站相距 11 km，为了尽量减少区间槽蓄量变化影响，以及提高彭水(四)水文站实测流量的代表性，在测验时应选择电站出流稳定时期开展流量率定工作。2021 年彭水(四)水文站共测流 24 次，其中第 16 次流量由于测流过程中电站出流变化大，舍去。将彭水(四)站 23 次实测流量与同时期电站出流建立关系，其流量率定情况见表 3.6-24、关系线见图 3.6-73。

表 3.6-24　彭水(四)站 2021 年流量率定情况

施测次数	日期	开始时间	结束时间	平均时间	水位(m)	本站实测流量(m³/s)	电站出库流量(m³/s)
1	1月4日	13:01	14:07	13:34	214.28	1 310	1 270
2	1月5日	14:05	14:17	14:11	215.08	1 700	1 670
3	1月12日	10:52	11:02	10:57	214.26	1 720	1 720
4	1月25日	09:23	10:29	09:56	213.74	1 260	1 330
5	2月7日	17:26	17:36	17:31	214.34	892	929
6	2月18日	14:27	15:36	15:02	214.00	399	416
7	3月2日	15:14	16:16	15:45	214.91	1 740	1 780
8	3月24日	13:02	14:08	13:35	215.08	1 460	1 340

续表

施测次数	日期	开始时间	结束时间	平均时间	水位(m)	本站实测流量(m³/s)	电站出库流量(m³/s)
9	4月20日	13:02	13:11	13:06	213.72	1 250	1 270
10	5月12日	13:01	13:12	13:06	216.23	2 690	2 670
11	6月10日	11:01	12:01	11:31	216.80	2 420	2 280
12	6月15日	16:05	16:25	16:15	215.35	2 240	2 160
13	7月06日	11:54	12:37	12:16	217.21	2 740	2 700
14	7月27日	15:38	15:50	15:44	214.86	2 200	2 000
15	8月14日	06:49	07:05	06:57	221.56	4 830	4 790
17	8月27日	16:37	16:49	16:43	218.55	3 580	3 350
18	8月30日	02:36	04:06	03:21	213.29	18.6	0
19	9月25日	15:51	16:20	16:06	215.90	2 770	2 700
20	10月13日	13:57	15:06	14:32	214.92	1 530	1 690
21	10月20日	10:03	10:13	10:08	213.93	980	986
22	11月19日	13:38	15:42	14:40	214.45	859	874
23	12月08日	12:36	12:45	12:40	212.32	466	500
24	12月28日	16:33	17:44	17:08	213.55	428	444

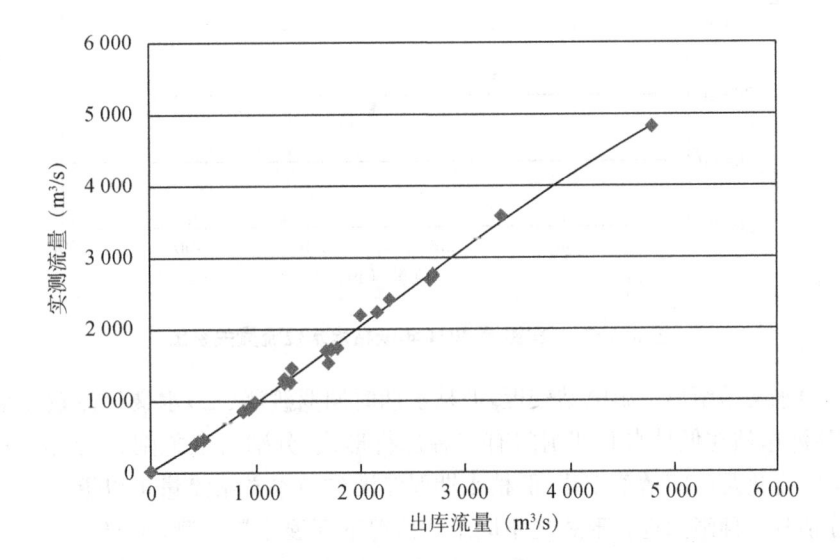

图 3.6-73　2021年彭水(四)站流量与电站出库流量关系图

从图中可以看出2021年彭水(四)站流量与电站出库流量具有良好的关系,经检验关系线系统误差为0.15%,曲线标准差为4.1%。经过上下对照,彭水(四)站流量过程及径流量均合理。

(3) 结论

① 彭水(四)站流量与电站出库流量有良好的关系,通过两者关系可以将电站出库流量过程转化为彭水(四)站流量过程,实现彭水(四)站推流。

② 彭水(四)站测流应尽量选择电站出库流量稳定期进行。

2. 罗渡溪(二)水文站应用实例

(1) 罗渡溪(二)水文站的基本情况

罗渡溪(二)水文站设立于 1953 年,位于四川省岳池县罗渡镇河街,集水面积 38 064 km²,位于渠江下段,距离嘉陵江汇合口 85 km,汇合口下游 32.8 km 处为草街电站。罗渡溪(二)水文站为控制渠江水情变化的一类流量精度的水文站,测验河段顺直长约 2 km,最大水面宽约 350 m。断面上游约 1.5 km 处有富流滩电站,断面下游 10 km 有一急滩二郎滩,筑成丁坝和顺坝 10 条,河床为乱石夹沙,两岸为岩石,断面近似 U 形,较稳定。罗渡溪(二)水文站处于草街电站回水区,受下游草街电站蓄水顶托及上游富流滩电站开关闸影响,低枯水水位流量关系紊乱;中高水涨落较快时,水位流量关系呈绳套曲线。

(2) 流量率定工作

罗渡溪(二)水文站处于富流滩电站与草街电站之间。汛期,草街电站坝前水位下降,对河段顶托作用减弱,上游来水增加,富流滩电站溢洪道泄流,罗渡溪(二)水文站水位流量关系呈受顶托影响的不规则绳套曲线,可以通过增加流量测点,采取连时序法控制水位流量变化过程。罗渡溪(二)水文站流量监测的难点就是低枯水时期流量过程的控制。低枯水时期,河段完全处于草街电站回水区,其水位主要受下游草街电站坝前水位控制,其流量主要受上游 1.5 km 富流滩电站出流控制,水位与流量没有直接关系。罗渡溪低枯水水位流量关系见图 3.6-74。

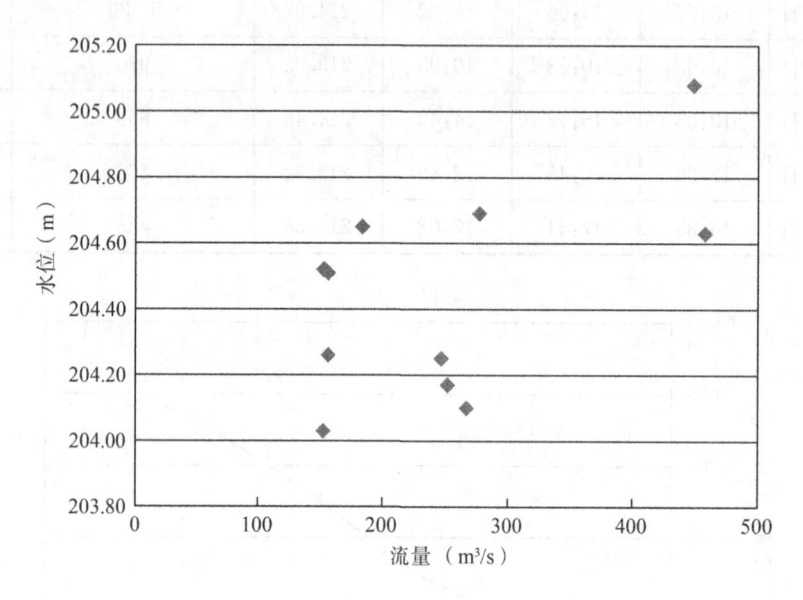

图 3.6-74 罗渡溪 2021 年低枯水水位流量关系图

由于罗渡溪(二)水文站距离上游电站较近,低枯水期时期罗渡溪(二)水文站流量完全受上游电站开关闸控制,而上游富流滩电站在低枯水时期闸门有三种运行形式,分别为全关闸、一孔闸、两孔闸。忽略闸门开关闸过程中流量的变化及区间槽蓄变化,低枯水期罗渡溪(二)水文站流量可以近似地对照上游开关闸情况分成的三种。分别分三种闸门运行形式在不同水位情况下开展流量实测,率定三种情况下对应的下泄流量,详细情况见表 3.6-25。

(3) 结论

低枯水时期,罗渡溪(二)水文站流量可以近似地对照上游开关闸情况分成的三种。分别分三种闸门运行形式在不同水位情况下开展流量实测,率定三种情况下对应的下泄流量。根据电站开关闸的时段记录,可以实现电站下游测站流量推算。

表 3.6-25　罗渡溪站低枯水流量率定成果表

序号	闸门全闭	一孔闸 水位(m)	一孔闸 流量(m³/s)	两孔闸 水位(m)	两孔闸 流量(m³/s)
1		204.03	153	204.69	277
2		204.51	157	204.17	252
3		204.26	157	204.1	267
4		204.52	154	204.25	247
5		204.52	153	204.33	266
6		204.29	169	204.32	293
7		204.09	161	204.77	271
8		204.27	158	204.24	269
9	走航式 ADCP 多次平均	204.20	156	204.34	290
10		204.55	159	203.96	294
11		204.47	151	204.48	297
12		204.59	163		
13		204.34	147		
14		204.50	156		
15		203.18	168		
16		203.90	166		
17		204.30	177		
18		204.04	154		
19		204.55	177		
采用流量(m³/s)	16.6		159		276
标准差(%)			5.2		6.2

第四章 泥沙监测

天然河流中的泥沙,按其是否运动可分为静止和运动两大类,根据其运动状态可进一步分为床沙、悬移质和推移质。天然河流中,从数量、质量和体积来说,推移质相对较少,悬移质则相对较多,在靠近河床附近,各种泥沙在不断地交换,悬移质和推移质之间、推移质和床沙之间、悬移质和床沙之间都在交换,悬移质和推移质很难明显分开。

泥沙测验的一般目的就是通过系统科学的水文测验,获得悬移质泥沙的含沙量、输沙率、颗粒级配,推移质泥沙的数量和颗粒级配,床沙的颗粒级配,以及它们的变化特征等资料。

流域的开发和国民经济建设,需要水文工作者提供大量的径流洪水等水文资料,还需要提供可靠的泥沙测验资料。因此,系统地开展泥沙测验工作,长期进行泥沙资料的收集具有十分重要的意义,本章的研究重点为水文站的泥沙测验工作。

4.1 悬移质泥沙测验

悬移质泥沙测验的目的,在于测得通过河流测验断面的悬移质泥沙输沙率及变化过程,输沙率测验应与流量测验同时进行。由于输沙率是随时间变化的,虽然随着技术的发展、科学的进步,利用在线自动化设备实现悬移质泥沙的在线实时连续监测是今后悬移质泥沙测量的必然发展方向,但目前在线实时监测悬移质泥沙尚处于发展阶段,仪器不十分完善,要完全应用到测站测验悬移质泥沙还有很长的一段路程要走。目前我国绝大多数测站还是采用采样器来进行悬移质泥沙测验,这种方法要想直接获取连续变化过程是比较困难的,通常利用输沙率(或断面平均含沙量)与其他水文要素建立相关关系,由其他水文要素变化过程推求输沙率的变化过程。悬移质泥沙测验的主要内容是测定含沙量、输沙率和附属观测项目。

4.1.1 常规悬移质输沙率测验

4.1.1.1 测验仪器

常规悬移质泥沙测验仪器主要是泥沙采样器。泥沙采样器分为瞬时式、积时式两种。泥沙采样器取样可靠,取得的水样不仅可以计算含沙量,而且可以用于泥沙颗粒分析。但采样器取得的水样必须带回室内进行处理计算后,才能得到含沙量的数值。

1. 瞬时式采样器

瞬时式采样器又分为横式和竖式两种。目前在长江上游山区河流中,用的多是横式采样器。横式采样器又分为拉式、锤击式和遥控横式3种。采样器结构简单、工作可靠、操作也较方便,能在极短时间内采集到泥沙水样,提高了采样速度,但因采集水样时间短,不能克服泥沙脉动的影响,所取水样代表性差。

横式采样器取样时,仪器内壁应保持光洁,且无锈迹;两端口门保持瞬时同步关闭,不漏水;采样器的单仓容积可采用500、1 000、2 000、3 000 mL等,其容积误差不大于标称容积的3%;采样器外形和安装方式应对水流扰动小,若仪器挂在铅鱼上,其筒身纵轴应与铅鱼纵轴平行,且不受铅鱼阻水影响。

横式采样器可安装在测杆、悬索(铅鱼)上取样。在水深和流速较小时,宜采用测杆悬挂仪器,这种方法可靠便捷；当水深或流速较大时，应采用悬索悬挂仪器。采样时，采样器口门应正对水流，在采样点停留片刻后关闭口门，再提升仪器。横式采样器的优点是仪器的进口流速等于天然流速，结构简单，操作方便，适用于各种情况下的逐点法或混合法取样。缺点是不能克服泥沙的脉动影响，取样容易干扰天然水流，加之器壁粘沙，使测取的含沙量系统偏小，据有关试验，其偏小程度为0.41%～11.0%。虽然横式采样器有一定缺点，但由于其使用方便、操作简单、性能稳定、维修方便、价格低廉、适应性广，目前仍在普遍应用。

拉式横式采样器适用于浅水和含沙量较大的河流，容积一般为1L。遥控横式采样器需要在采样器基础上加装电磁驱动筒盖关闭装置。本节主要介绍锤击式横式采样器。

锤击式横式采样器是将仪器固定在铅鱼上，用悬索悬吊铅鱼放在固定位置，然后击锤关闭口门。采样时采样器离河底有一定距离，因此取不到接近河底的水样，可能造成测得河流的底沙代表性不好，所测含沙量偏小。长江委水文局2006年在三峡水库进出库控制水文站进行了临底悬移质泥沙的测验工作，结果证明，在长江上游山区河流，常规悬移质输沙测验方法精度较高，可完全用于年输沙量测验计算中，临底悬移质泥沙测验的研究在4.1.3节中进行详细介绍。

使用锤击式横式采样器前，要在夹板之间的悬挂装置上安装悬索钢丝绳，钢丝绳上穿挂击锤。采样器下悬挂铅鱼，要使采样器承水筒轴线与铅鱼轴线平行，以保证采样器下水后，在铅鱼的导向下，承水桶轴线与水流平行。用绞车将采样器放入水，击锤留在水上，在采样器达到测点后，放下击锤。击锤沿钢丝绳滑下，击开钩形装置，同步关闭两端筒盖，取得水样。如图4.1-1、图4.1-2所示。

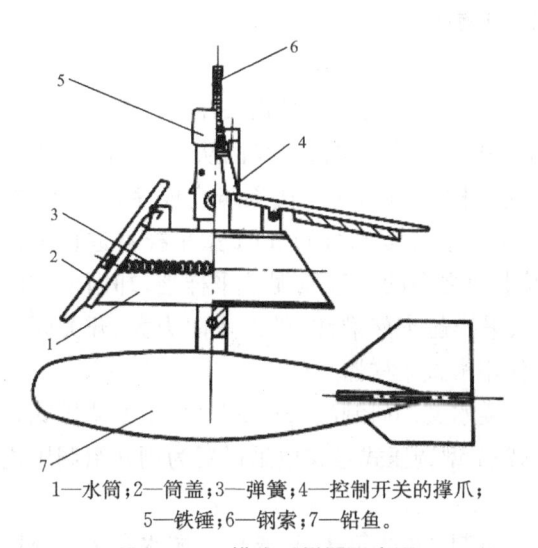

1—水筒；2—筒盖；3—弹簧；4—控制开关的撑爪；
5—铁锤；6—钢索；7—铅鱼。

图4.1-1　横式采样器示意图　　　　图4.1-2　横式采样器照片

2. 积时式采样器

积时式采样器有多种，分类方式也比较多：按工作原理分为瓶式、调压式、皮囊式；按测验方法分为积点式、双层积深式、单层积深式；按结构形式分为单舱式、多舱式、转盘式；按仪器重量分，可从手持式3kg重到能适用于深水、高流速大江大河的近1000kg重；按控制口门开关方式分为机械控制阀门与电控阀门，电控阀门又分为有线控制与缆道无线控制；等等。

根据其设计原理和实践结果分析，只要有关仪器各种水力特性的机构设计合理，积时式采样器就能采集到有代表性的水样。

（1）瓶式采样器

瓶式采样器不适用于选点法取样，能否采集到进口流速与天然流速接近的水样，取决于仪器的提放速度和结构设计。采样器轴线与水流流向的夹角的影响最大，根据试验角度为20°左右时最佳。

瓶式采样器结构简单、使用方便、工作可靠，能取得连续水样，与瞬时式采样器相比，明显地减少了泥沙脉动影响而增加了水样的代表性,可用于涉水取样、测船取样和缆道取样,但取得的水样代表性不如调压式采样器和皮囊式采样器,只能用于积深法采集一个时段的水样,不能用于选点法取样。

早期的瓶式采样器是用一个带塞玻璃瓶固定在测杆上,迎流向设置进水管,背流向设置排气管。目前我国仍有部分水文站采用双程积深瓶式采样器。采样时,仪器从水面到河底,再从河底到水面,在河底附近停留时间较长,使接近河底含沙量较大的水样采集偏多,导致实测含沙量可能偏大。深水取样时,将采样瓶固定在铅鱼上方或安置在铅鱼腹腔内(图4.1-3)。

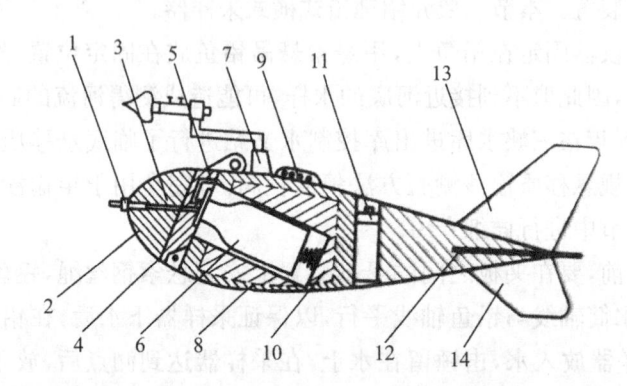

1—管嘴;2—前舱;3—进水管;4—阀座;5—排气管;6—采样瓶;7—悬杆;8—鱼身;
9—挂板;10—配重;11—信号源;12—横尾翼;13—上纵尾翼;14—下纵尾翼。

图4.1-3 瓶式采样器铅鱼安装示意图

(2) 调压式采样器

由于瓶式采样器不能用于选点法采样,所以很多国家都在研究较为理想的积时式采样器。调压式采样器是在瓶式采样器的基础上,增设自动调压设备和阀门控制的一种积时式采样器。我国从20世纪50年代末开始试验研究调压式采样器,70年代末研制成功几种调压式采样器,到80年代逐步完成序列产品,如LSS、FS、JL-Ⅰ、JL-Ⅱ、JL-Ⅲ、JX、全皮囊等采样器产品,并于1986年与美国的USP61型采样器进行了比测。但是,各有关单位研制生产并通过不同级别技术鉴定的近十种之多的悬移质泥沙采样器,却因多方面的原因(如管嘴积沙、调压历时过长、进口流速系数达不到要求、采样舱突然灌注、外形水阻力大、开关阀卡沙、维护难度大等)没有大范围投产使用。因此,很多测站仍在使用横式采样器采样。

在长江上游山区河流中,目前绝大多数水文站均是使用长江委水文局研制的长江AYX2-1型调压式悬移质采样器进行悬移质泥沙的取样工作,因此本节以长江AYX2-1型调压式悬移质采样器为例介绍调压式采样器。

为解决水文缆道采集水样的难题,推进悬移质泥沙采样器的研制,2002年3月,长江上游水文水资源勘测局提出"AYX2-1型调压式悬移质采样器的研制"课题,并于5月取得长江委水文局正式立项。2004年,长江委水文局将"长江AYX2-1型调压式悬移质采样器的研制"项目列为国家重点基础研究发展计划(973计划)课题5"流域水沙及环境变化特征信息监测反馈"(2003CB415205)的专题,展开深入研究。2004年6月,AYX2-1型调压式悬移质采样器在北碚、朱沱水文站开展比测试验,结果表明仪器可靠性、精度及相关水流特性试验均满足设计要求,特别是开关阀的研制取得了突破性的进展。

2005年1月,AYX2-1型调压式悬移质采样器的研制经历了长达3年的艰苦努力,克服了重重困难,顺利通过了长江委水文局的测试和验收,并于5月投放到长江上游、荆江的水文站使用,此后采样器陆续在长江上游、长江中游、汉江等水文站进行悬移质泥沙的测验工作。AYX2-1型调压式悬移质采样器的投产使用改变了长江干流水文测站使用横式采样器取样的历史,提高了测沙精度。2007年1月,湖北省科学技术厅在武汉市主持召开了"长江AYX2-1型调压式悬移质采样器的研发和应用"成果鉴定会,得到结论:成果设计周密、试验充分、创新明显、总体上达到国际先进水平。

AYX2-1型采样器主要由器体、四通开关阀、无线控制系统三大部分组成。器体按其结构分为管嘴及进水管道、器头、控制舱、采样舱、器身、尾翼及附属构件等几部分。AYX2-1型调压式悬移质采样器按功能可分为调压及采样系统、控制系统及外形等部分,见图 4.1-4、图 4.1-5。

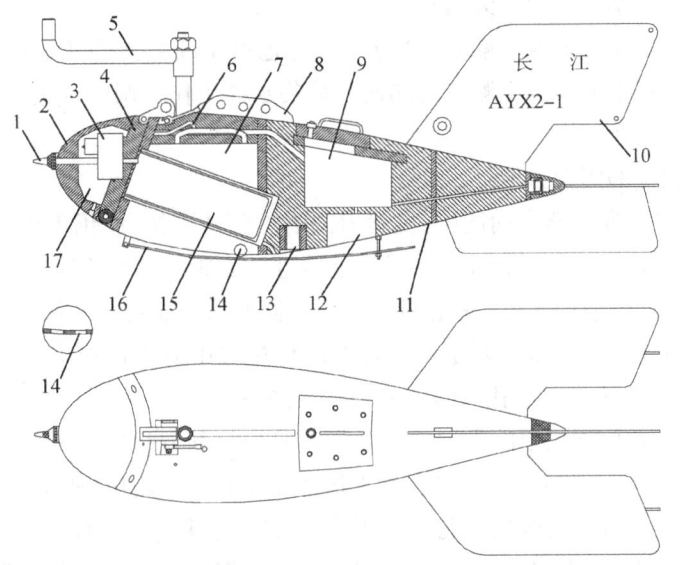

1—管嘴及进水管道;2—器头;3—三相四通开关阀;4—器头底盘;5—流速仪杆;6—调压连通管;7—调压舱;8—悬挂板;9—控制舱;10—尾翼;11—器身;12—测深指示器舱;13—锥式采样器固定螺母;14—调压进水管;15—采样舱;16—测深指示器触板;17—头舱。

图 4.1-4　AYX2-1 型调压式悬移质采样器结构图

图 4.1-5　AYX2-1 型调压式悬移质采样器产品图

AYX2-1 型采样器的设计指标如下:

① 适用范围:水体含沙量≤30 kg/m³;水体流速为 0.5~5 m/s;水深为 1.0~40 m;环境温度为 0~45℃。

② 电气性能:电源的水下部分为 DC12V±10%,室内部分为 DC6V±10%;信号为音频;双向接收灵敏度≥5 MV。

③ 精确度:进口流速系数 K=0.9~1.1 的保证率≥75%;调压历时≤5 s;采样时间≥3 s。

根据波义耳定律,定量气体在绝热状态下,气体体积和压强的乘积等于常数。用数学关系式表述为:$PV=C$。AYX2-1 型调压式悬移质采样器就是基于此定律而设计的。

当采样器被下放到测点位置时,水流自采样器的调压进水管(底孔)进入调压舱,同时压缩舱内部分空气经调压连通管到头舱,再经三相四通开关阀进到采样器,使采样舱内气压与采样器进水管嘴处的静水压力相等(平衡),此时天然水流在动水压的作用下自管嘴及进水管道进入开关阀,再经开关阀从器头上的旁通孔流出。当打开开关阀时,调压舱与采样舱之间的通道被切断,旁通孔也被切断,但排气管打开,管嘴及进水管道与采样舱连通,天然河水从管嘴及进水管道经开关阀进入采样舱,即开始采样。在采样过程中,采样舱内的空气以取样率相等的速度经阀、排气管排出器外,采样舱里的空气压力与管嘴处的水压力相平衡,这样就能保证采集到基本上不受扰动的天然水流状态下的水样。

调压式采样器适用于水文缆道或测船,可选点法取样也可全断面混合法取样。当采用选点法取样时,在缆道或测船一次运行过程中完成预定测点的测速和采集水样工作。调压式采样器的调压结构复杂,这带来了可靠性和使用方便性问题。

造成调压式采样器误差的因素如下。

① 调压效果影响。对连通容器自动调压,虽然力图消除突然灌注,但仍不可避免地存在一个微小的压力差,其值约在±0.1～±0.5 m水柱高范围内,导致仪器进口流速与天然流速有差异。进口流速系数K是指采样器的进口流速与天然流速的比值,它是调压式采样器的重要指标,也是决定采样器能否取得代表性水样的关键参数。进口流速系数误差主要是由水样在取样过程中的能量损失造成的。影响进口流速的因素主要是阻力因子、排气管位置高度和孔口的结构型式、方向等。

② 进水管与排气管高差值不稳定的影响。这个高差是伯努利方程中补充能力损失的一个措施。由于仪器进水管与排气管的水平距离较长,当仪器在水下摇摆晃动时,该值随时都在改变,影响进口流速。

③ 测速与取样不同步。若采用全断面混合法测流,在使用过程中,先测深,然后按流量加权需要,在相对水深测点处测速,利用在测点测速的时间,正好调压舱进水调压。一般情况下,测速历时为60～100 s,然后取样,这样在测速与取样之间有一个时间差,由于水流周期性脉动变化,可能会影响最后的计算结果。

④ 采样舱放水后冲洗误差。采样舱中如有泥沙残留,将直接影响含沙量测验成果,所以每次使用后必须用清水冲洗干净。

与瞬时式采样器相比,调压式采样器明显减少了泥沙脉动影响,从而增加了水样的代表性。下面根据朱沱水文站AYX2-1型调压式悬移质采样器与横式采样器的比测试验资料,来验证调压积时式采样器的代表性。

① 技术要求

在朱沱水文站的铅鱼上同时安装横式采样器和AYX2-1型调压式悬移质采样器,垂线测验方法为选点法,每次比测不少于5条垂线。

② 仪器安装

在同一台铅鱼上安装横式采样器与AYX2-1型调压式悬移质采样器,两个采样器在同一垂线上且直线距离小于50 cm,安装示意图见图4.1-6。

③ 比测资料

比测工作于2010—2011年进行,朱沱水文站施测7次,施测垂线35条,具体情况见表4.1-1。

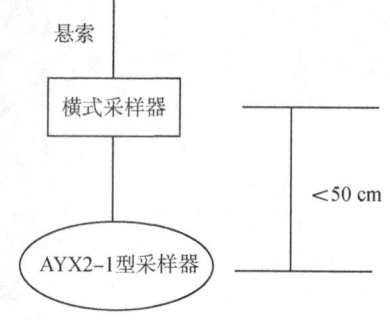

图4.1-6 采样器安装示意图

表4.1-1 朱沱水文站测次、测点统计表

测站	施测时间	垂线数	测点数
朱沱	2010-07-02	8	25
	2010-07-09	5	25
	2010-09-20	5	25
	2010-10-08	5	25
	2011-07-11	5	25
	2011-07-30	5	25
	2011-08-27	5	25
	合计	38	175

④ 结果分析

a. 测点含沙量

朱沱水文站各测次横式采样器和AYX2-1型采样器取样得到的悬移质测点含沙量对比见图4.1-7至图4.1-13。朱沱水文站比测资料显示，横式采样器取样的测点含沙量普遍较AYX2-1型采样器小，且脉动较AYX2-1型采样器略大(本次比测资料测次较少，脉动问题不是很明显)。这也侧面说明了横式采样器的缺点：不能克服泥沙的脉动影响。天然水体中的悬移质泥沙存在脉动现象，在水流稳定的情况下，断面内某一测点的含沙量随时都在变化，它不仅受流速脉动的影响，而且还与泥沙特性等因素相关。根据黄河上游水文站悬移质泥沙收集资料，横式采样器取样的含沙量有明显的脉动现象，变化过程呈锯齿形；而调压积时式采样器取样的含沙量变化不大，比较稳定。

根据AYX2-1型采样器测得的含沙量与两者之差的关系图(图4.1-14)，横式采样器与AYX2-1型采样器测得的含沙量的差值几乎全为负值，说明横式采样器测得的含沙量比AYX2-1型采样器小，这也反映出横式采样器的另一个缺点：器壁粘沙，测取的含沙量系统偏小。

点绘出朱沱水文站横式采样器和AYX2-1型采样器取样的悬移质测点含沙量相关关系图，见图4.1-15。采用二次多项式进行拟合，得到拟合关系公式，相关关系 R^2 为0.9658，两者相关关系比较好。

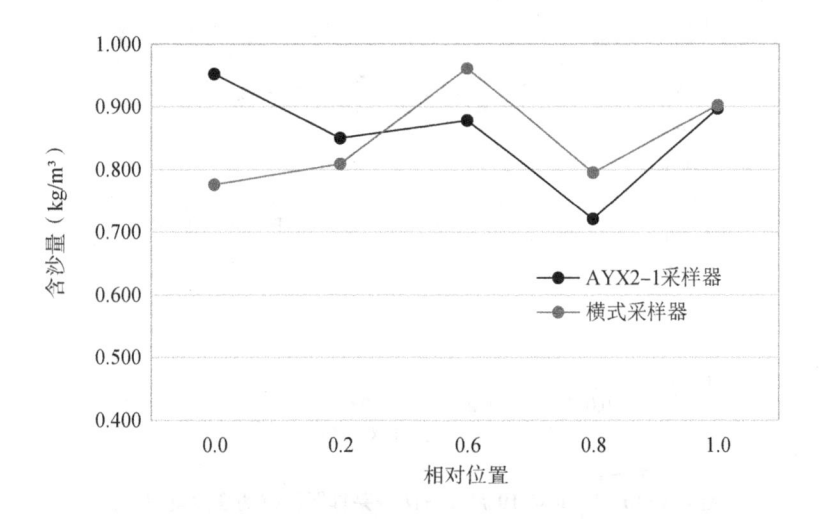

图4.1-7 2010年7月2日两种采样器测得的含沙量对比图

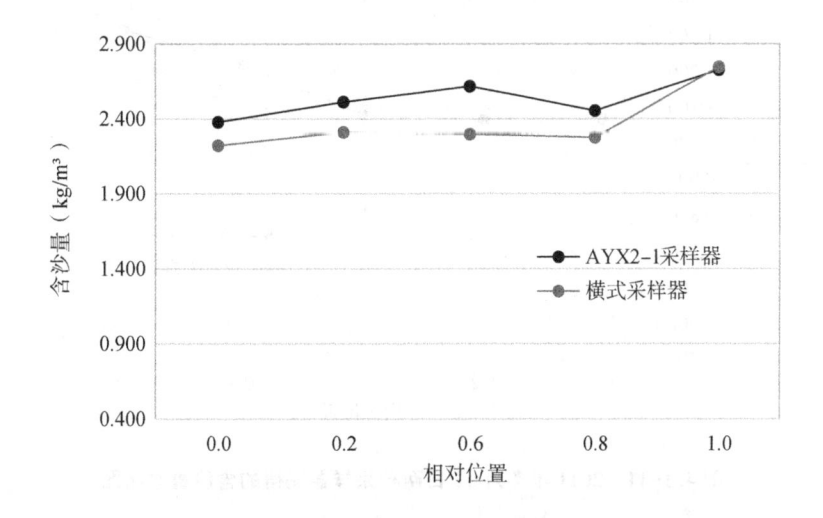

图4.1-8 2010年7月9日两种采样器测得的含沙量对比图

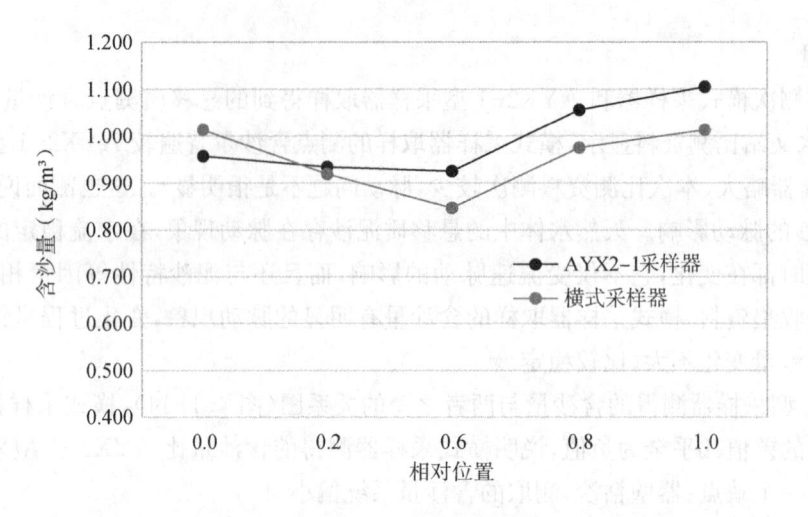

图 4.1-9　2010 年 9 月 20 日两种采样器测得的含沙量对比图

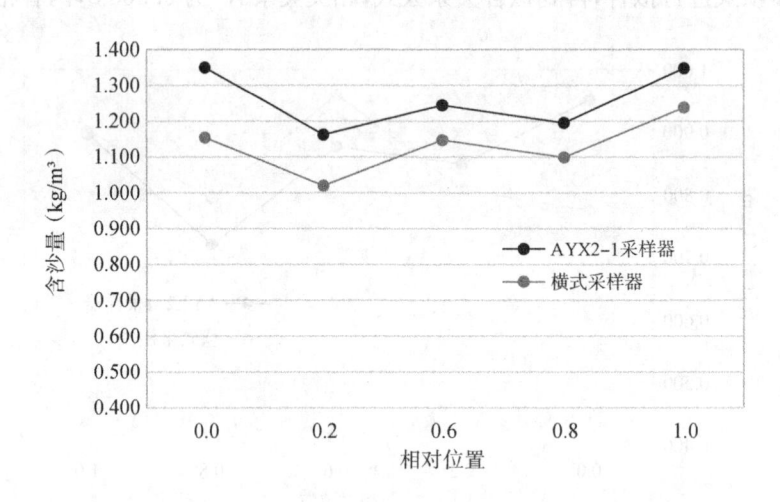

图 4.1-10　2010 年 10 月 8 日两种采样器测得的含沙量对比图

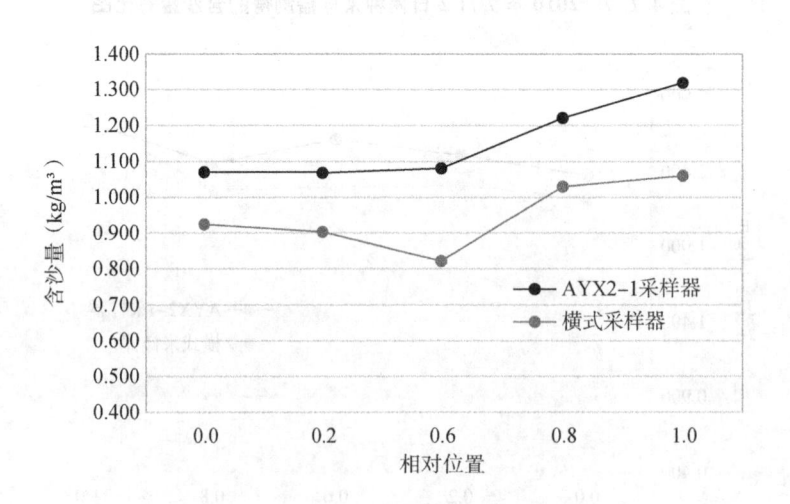

图 4.1-11　2011 年 7 月 11 日两种采样器测得的含沙量对比图

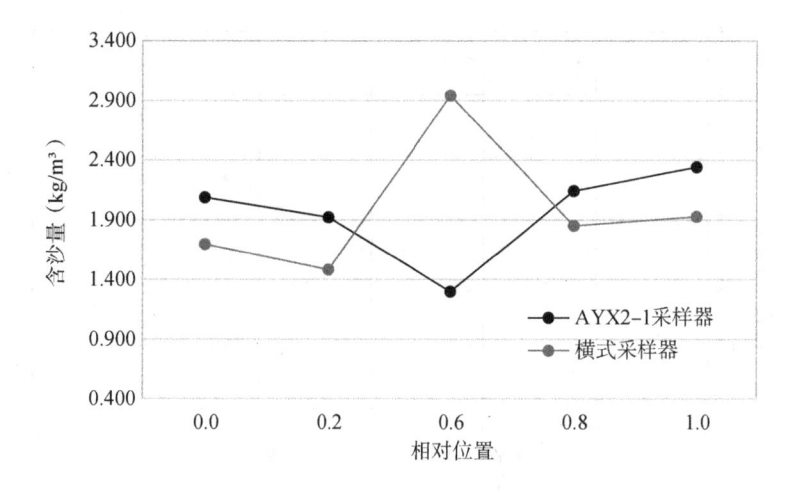

图 4.1-12　2011 年 7 月 30 日两种采样器测得的含沙量对比图

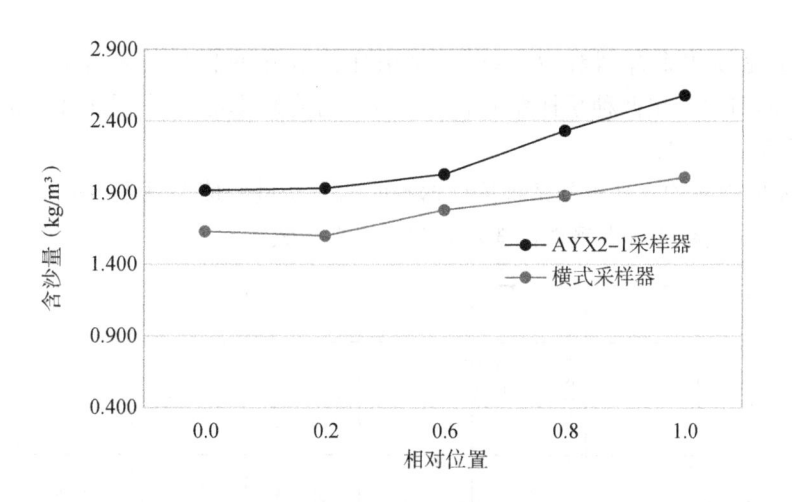

图 4.1-13　2011 年 8 月 27 日两种采样器测得的含沙量对比图

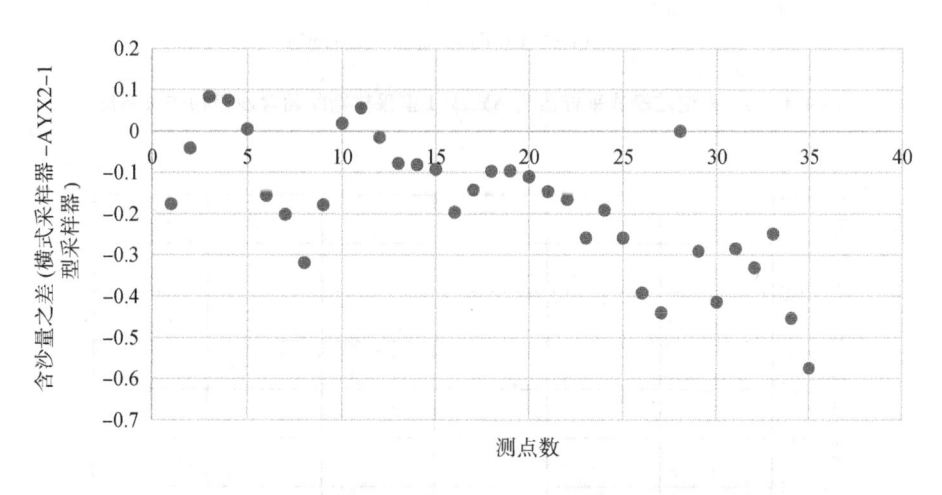

图 4.1-14　朱沱站横式采样器与 AYX2-1 型采样器含沙量相对误差分布图

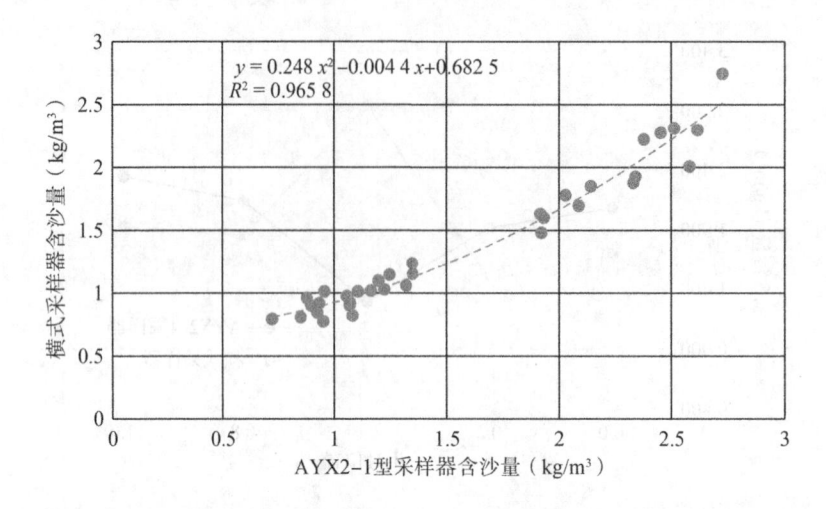

图 4.1-15　朱沱站横式采样器与 AYX2-1 型采样器测点含沙量相关关系图

b. 断面含沙量

点绘出朱沱水文站横式采样器和 AYX2-1 型采样器取样的悬移质断面含沙量相关关系图,见图 4.1-16。根据关系图,可以看出两种采样器测取的含沙量相关关系较好,采用线性关系进行拟合,得到拟合关系公式,相关关系 R^2 为 0.949 5。

根据朱沱水文站断面平均含沙量与两种采样器测取的含沙量差值关系图(图 4.1-17),可以看到,随着断面平均含沙量的增大,两种采样器测取的含沙量误差也在增大。

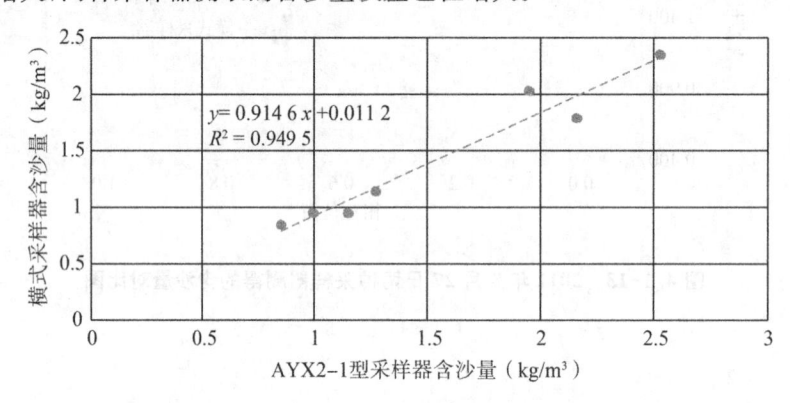

图 4.1-16　朱沱站横式采样器与 AYX2-1 型采样器断面含沙量相关关系图

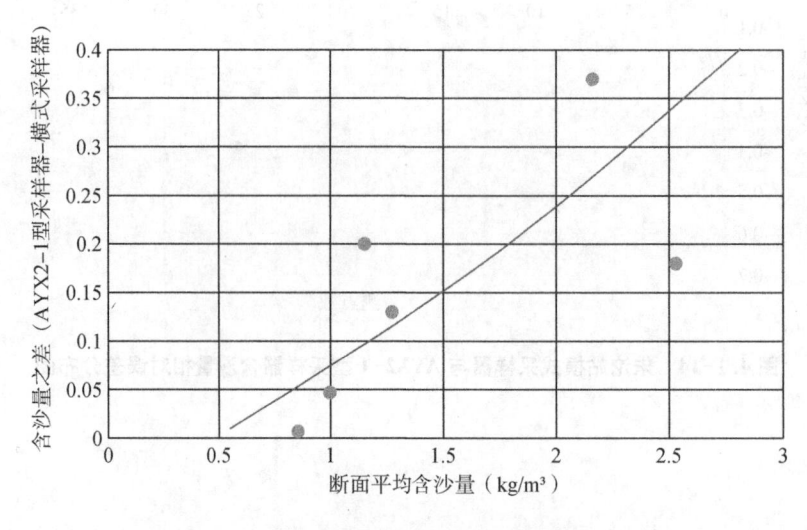

图 4.1-17　朱沱站断面平均含沙量与两者差值的关系图

(3) 皮囊式采样器

皮囊式采样器是一种无须附加调压舱,而是在初始状态将皮囊内的空气基本排除,然后仅以测点处的流速动压力水头进水,采集一定时段内悬移质泥沙水样的积时式采样器,实际上也是一种自动调压的采样器。皮囊式采样器具有皮囊调压结构,原理简单、应用方便,可以在缆道、测船、测桥上使用。由于皮囊式采样器不如横式采样器、瓶式采样器使用方便,可靠性也不如简单的横式采样器和瓶式采样器,所以尽管皮囊式采样器的原理更科学合理,但仍然没有大范围推广。

皮囊式采样器一般采用乳胶皮囊做取样容器,采样器舱与外界连通,入水后可以直接感应水的压力。仪器入水前,利用皮囊具有弹性变形和压力传导作用的特点,能够自动调节根据乳胶皮囊的取样容积,保持皮囊内外压力的平衡,达到调压的作用,能到采集到进口流速接近天然流速的水样。

皮囊采样器测验精度较高。该仪器无须设置排气管,因此不会由于进水管和排气管高差变动引起水样进口流速系数不稳定而导致仪器的测量误差,但悬挂位置是否水平仍然是测量误差来源之一。因悬吊不平如头部向下,进水管尾部就向上倾斜,水样进口流速会明显偏小;如头部向上,进水管尾部就向下倾斜,水样进口流速会明显增大。

4.1.1.2 输沙率测验

1. 测验的工作内容

(1) 布置测速和测沙垂线,施测垂线起点距和水深,在测速垂线上施测流速,在测沙垂线上施测含沙量。

(2) 观测水位、水面比降,当水样需要做颗粒分析时,应施测水温。

(3) 需要建立单断沙关系时,应施测相应单沙。

(4) 采用全断面混合法施测输沙率时,只需施测测沙垂线上的含沙量即可。

2. 测次分布

一年内悬移质输沙率的测次应主要布置在洪水期,并符合以下规定。

(1) 采用断面平均含沙量过程线法进行资料整编时,每年测次应能控制含沙量变化的全过程,每次较大洪峰的测次不应少于5次,平、枯水期,一类站每月应测5~10次,二、三类站应测3~5次。

长江上游山区河流较多水文站均是采用单断沙关系线进行悬移质泥沙的资料整编,但遇滑坡泥石流、电站冲沙等特殊情况时,测站单断沙关系散乱不稳定,可以时段或者全年采用断面平均含沙量过程线法进行资料整编。如横江站2000年采用断面平均含沙量过程线法进行整编,全年共实测输沙率142次。横江站为二类泥沙站,其输沙率测次布置见图4.1-18、图4.1-19,可见横江站2000年测次布置能够满足"每次较大洪峰的测次不应少于5次,二类站应测3~5次"的相关规定。

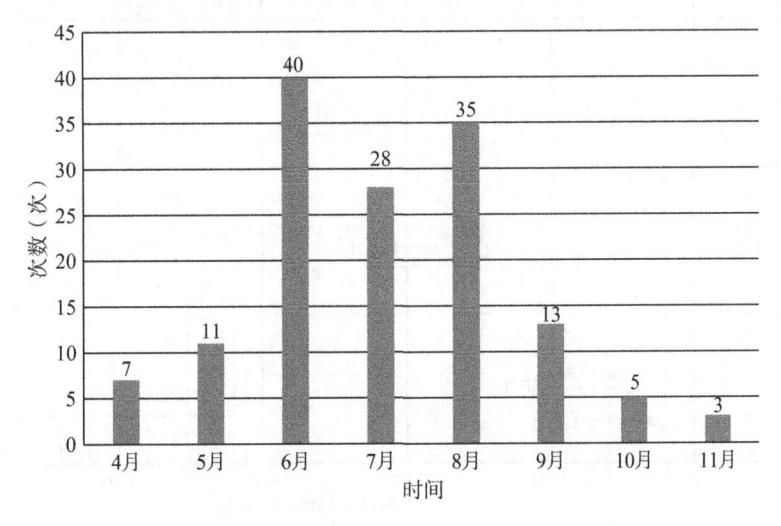

图 4.1-18 横江站悬移质输沙率测验次数分布图

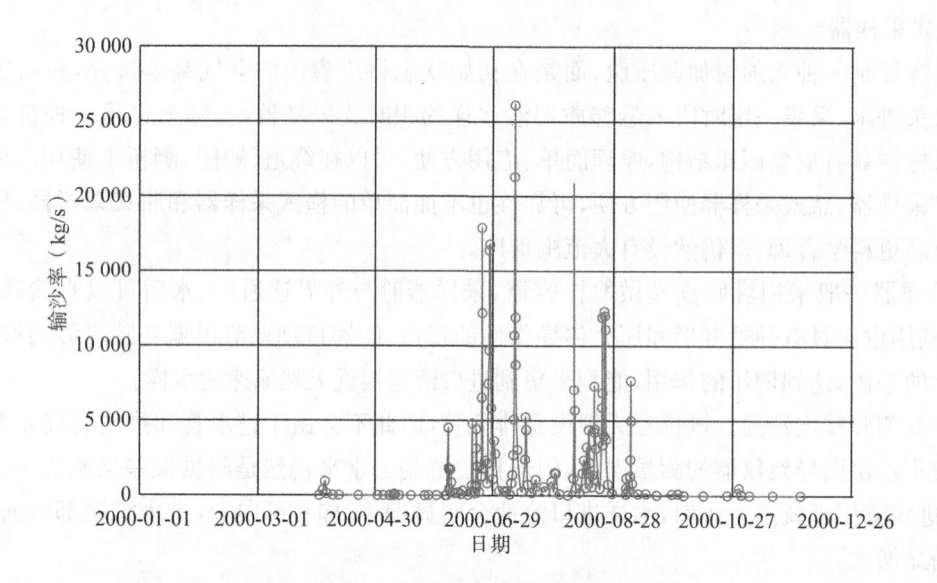

图 4.1-19 横江站悬移质输沙率过程线

(2) 历年单断沙关系与历年单断沙综合关系线比较，一类站变化在±3%以内时，年测次不应少于15次。二类站作同样比较，年变化在±2%以内时，年测次不应少于6次；其变化在±5%以内时，年测次不应少于10次。三类站作同样比较，年变化在±2%以内时，输沙率可实行间测；其变化在±5%以内时，年测次不应少于6次。

如朱沱水文站为一类泥沙站，历年单断沙关系与历年单断沙综合关系线比较（图4.1-20），变化在±3%以内，朱沱站2019年布置输沙率测验25次（图4.1-21），满足一类站年测次不少于15次的要求。

(3) 单断沙关系随水位级或时段不同而分为两条以上关系线时，每年悬移质输沙率测次应满足以下规定：一类站不少于25次，二、三类站不应少于15次。在关系曲线发生转折变化时，应布置测次。

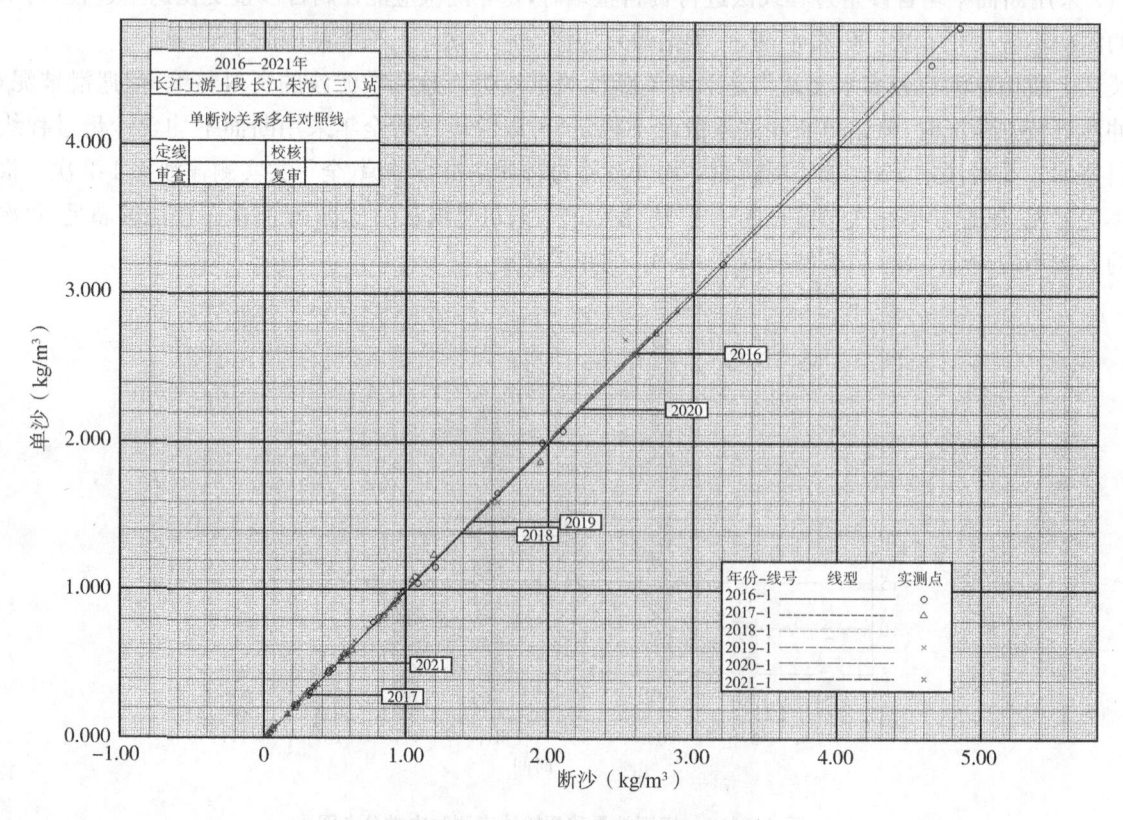

图 4.1-20 朱沱站单断沙关系对照线

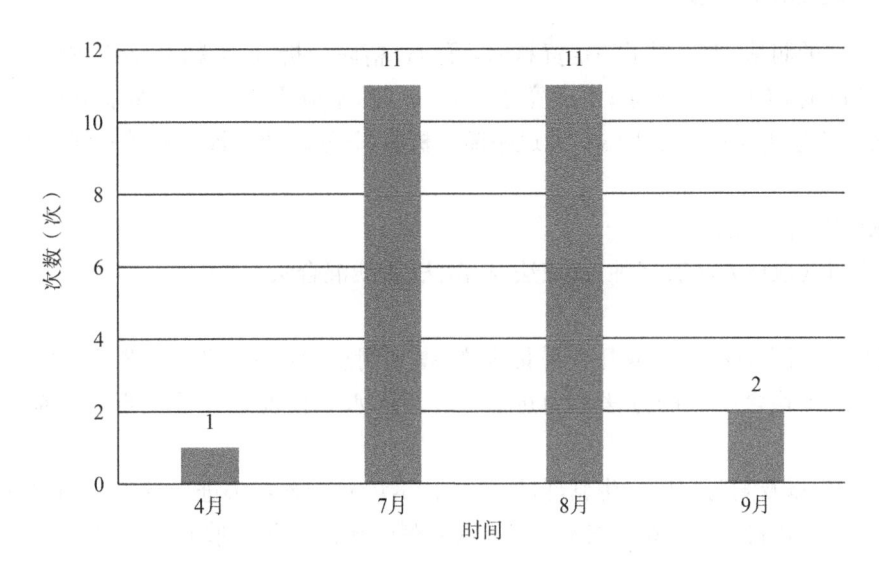

图 4.1-21 朱沱站悬移质输沙率测验次数分布图

(4) 采用单断沙关系系数过程线法整编资料时,测次应均匀分布并控制比例系数的转折点。在流量和含沙量的主要转折变化处,应分布测次。

(5) 采用流量输沙率关系曲线法整编资料时,年测次分布应能控制各主要洪峰变化过程,平、枯水期应分布少量测次。

(6) 流量与输沙率关系较稳定的站,可通过流量推算输沙率,根据流量变化布置输沙率测次,输沙率测次应满足资料整编的要求。

(7) 堰闸、水库站和潮流站应根据水位、含沙量变化情况及资料整编要求,分布适当的悬移质输沙率测次。

3. 输沙率测验方法

悬移质输沙率测验方法根据测站特性、精度要求和设施设备条件等情况,可采用部分输沙率法和全断面混合法。

(1) 部分输沙率法

在某些测点或垂线上,同时实测含沙量或流速,即可通过计算得到断面输沙率。常用的输沙率测验方法可分为直接测量法和间接测量法。直接测量法是使用仪器直接测得瞬时悬移质输沙率,此种方法要求仪器进口流速一直等于天然流速,在实际操作中不易实现,使用极少。我国目前采用的间接测量法,将断面分割成许多块,在一个测点或测线上,分别用两台仪器同时进行时段平均含沙量和平均流速的测量,然后两者相乘得到每块的输沙率,所有分块累加即可得到断面输沙率。计算公式如下:

$$Q_S = \sum_{j}^{m} \sum_{i=1}^{n} \overline{C}_{Sij} \overline{V}_{ij} \Delta h_i \Delta b_j \tag{4.1-1}$$

式中,$\overline{C}_{Sij}$ 为断面上第 (i,j) 块的实测时段平均含沙量;$\overline{V}_{ij}$ 为断面上第 (i,j) 块的实测时段平均流速;Δh_i 为断面上第 (i,j) 块厚度;Δb_j 为断面上第 (i,j) 块宽度;j 为断面上横向(沿河宽方向)的序号;i 为断面上纵向(沿水流方向)的序号;m 为断面上横向划分数;n 为断面上纵向划分数。

① 测沙垂线布设

测沙垂线一般情况下应在断面上大致均匀布置,中泓比两岸边密,以能控制含沙量横向转折变化,准确测定断面输沙率为原则。测沙垂线数目及起点距,应由试验分析确定,在未试验分析前,可以按照单宽输沙率转折点布线、等部分输沙率法布线或等部分流量法布线确定垂线位置。初设站或测验河段发生剧烈冲淤变化后的 2~3 年内,以及含沙量横向分布很不均匀的站,取样垂线数目一般应不少于流速仪精测法测速垂线的一半。在未经试验分析前,输沙率测验布设垂线数目,一类站不应少于 10 条,二类站不应少于 7 条,三类站不应少于 3 条。

断面与水流稳定的测站,当积累了一定资料后,可通过精简分析,适当精简垂线数目。精简后的垂线数目,水面宽大于 50 m 时,不应少于 5 条;水面宽小于 50 m 时,不应少于 3 条。如朱沱水文站水面宽一般在 600 m 左右,常测法流量测验垂线为 10 条,经过精简分析后,其悬移质输沙率测验垂线为 6～7 条,满足数目不少于 5 条的规定。

② 垂线的取样方法和测点布设

悬移质输沙率垂线取样方法有三种:选点法、积深法、垂线混合法。

a. 选点法

测验中,在测沙垂线上选择一点或几点采集水样,得到测点含沙量,同时施测测点的流速,按照流量加权的原理计算出垂线平均含沙量的方法称为选点法。不同水流情况选点法测点位置应符合表 4.1-2 的规定。

新设站 2～3 年内以及测验河段发生剧烈冲淤之后,尽量采用选点法进行悬移质输沙率的测验,以便为简化取样方法分析积累资料。进行精简分析之后,较多测站还需要每年收集几次选点法资料,以便后期进行资料分析。

表 4.1-2 不同水流情况选点法测点位置

水流情况	方法名称	测点的相对水深位置
畅流期	五点法	水面、0.2、0.6、0.8、河底
	三点法	0.2、0.6、0.8
	二点法	0.2、0.8
	一点法	0.6
封冻期	六点法	冰底或冰花底、0.2、0.4、0.6、0.8、河底
	二点法	0.15、0.85
	一点法	0.5

b. 积深法

积深法是指采用积时式采样器在垂线上以均匀速度提放,采集整个垂线上水样的取样方法。采用积深法时,应同时施测垂线平均流速。积深法是不宜采用选点法且水深在 1 m 以上的可选用方法。为避免进口流向偏斜太大,提放速度应不超过垂线平均流速的 1/3,取样时可单程积深和双程积深。

c. 垂线混合法

在垂线上不同测点,按照不同的历时比例或容积比例取样,混合成一个水样,得到垂线平均含沙量的方法,称为垂线混合法。

按取样历时比例取样混合时,不同的取样方法采用位置与历时应符合表 4.1-3 的规定。

表 4.1-3 取样方法的取样位置及历时

取样方法	取样的相对水深位置	各点取样历时
五点法	水面、0.2、0.6、0.8、河底	$0.1t$、$0.3t$、$0.3t$、$0.2t$、$0.1t$
三点法	0.2、0.6、0.8	$t/3$、$t/3$、$t/3$
二点法	0.2、0.8	$0.5t$、$0.5t$

注:t 为垂线总采样历时。

按容积比例取样混合时,取样方法应经试验分析确定。

(2) 全断面混合法

在断面上按一定的规则测取若干个水样,混在一起处理求得含沙量作为断面平均含沙量的方法,称为全断面混合法。断面平均含沙量,再乘以取样时的相应流量,即可得到断面输沙率。对于以确定断面平均含沙量为主要目的的输沙率测验,不需要同时施测流量,可使用等部分流量等取样容积全断面混合法,等水面宽、等速积深全断面混合法,面积、历时加权全断面混合法等来施测断面平均含沙量。全断面混合法计算输沙率公式如下:

$$Q_S = Q\overline{C}_S \qquad (4.1-2)$$

式中:Q 为流量(m^3/s),当取样与测流同时进行时,为实测流量;不同时进行时,则为推算的流量。$\overline{C}_S$ 为断面平均含沙量(kg/m^3 或 g/m^3)。

测验河段为单式河槽且水深较大的站,可采用等部分水面宽全断面混合法进行断面平均含沙量的测验。各垂线采用积深法取样,采用的仪器提放速度和仪器进水管管径均应相同,并应按部分水面宽中心布线。

断面比较稳定的测站,可采用等部分流量全断面混合法进行断面平均含沙量测验。采用等部分流量法作全断面混合法测验时,应满足以下两个条件:

① 断面内每条测沙垂线所代表的部分流量,彼此应大致相等。

② 每条测沙垂线所取水样容积应大致相等,一般相差不得超过±10%。

矩形断面用固定垂线采样的站,可采用等部分面积全断面混合法进行断面平均含沙量测验。每条垂线应采用相同的进水管管径、采样方法和采样历时,每条垂线所代表的部分面积应相等。当部分面积不相等时,应按部分面积的权重系数分配各垂线的采样历时。

(3) 精简垂线及简化取样方法的分析

精简垂线及简化取样方法的精简分析是悬移质输沙率测验中的一个重要环节。它的目的是在保证输沙率测验成果精度的前提下,减少测验工作量,提高测验质量。精简分析是指选择有代表性的地区、时段、测次,以尽可能精确的方法(如多站、多次、多线、多点、多历时等)测量,以其结果为近似真值,按一定规则,在精密资料中抽取若干测量值,形成精简方案。精简误差是指精简后的结果与近似真值之间的相对误差。

我国输沙率测验方案精简分析是与流量精简分析同时进行的,是伴随水文测验规范化发展的。泥沙测验方案精简分析有两种方法:一种是精简垂线与简化取样方法的分析。主要依据测站的多线选点法输沙率资料,搜集 30 次以上包括各级水位、各级含沙量的多线(取样垂线不少于流速仪精测法测速垂线的一半)、选点法输沙率资料,用少线法、混合法重新计算垂线平均含沙量和断面平均含沙量,并统计测次误差是否满足相关要求,在分析过程中,对垂线、测点数目、混合方法均规定了相应的取用范围,这种方法称为精简垂线与简化取样方法的分析。另一种是以单次输沙率测验分项允许误差为最大控制指标,分项进行精度评定,特别是开展关联测验历时、测验方法和测沙垂线及测点数目等的泥沙Ⅰ、Ⅱ、Ⅲ误差分析,根据误差分析,确定悬移质泥沙测验方案,称为误差分析方法。

① 精简垂线与简化取样方法的分析

20 世纪 80 年代中期以前,中国的水文测验工作主要学习和借鉴苏联的方法、程序和规范体系。新建水文站的泥沙测验方案,主要依据本站取得的具有一定的误差试验意义的选点法资料,采取抽样方法分析少线法、混合法。对误差采用"累积频率的误差"进行评定,例如,以选点法资料分析精简垂线与简化取样方法,有以下误差限界的描述:"累积频率达 75%以上的误差不超过±3%~5%。"

② 分析实例

根据《河流悬移质泥沙测验规范(GB/T 50159—2015)》,垂线采样方法和垂线数目的试验与分析是分开进行的,对资料的收集要求是比较高的。根据长江上游山区河流测站的资料收集情况来看,目前大多数测站达不到进行垂线采样方法和垂线数目的试验与分析的要求,为解决新老规范调整带来的测验资料延续性的影响,长江上游山区河流选择了部分测站进行悬移质泥沙测验 C_SⅠ、C_SⅡ、C_SⅢ误差分析,其他测站还是按照精简垂线和简化取样方法的分析进行。

为减少测验工作量,提高测验质量,在设站初期,各水文测站均进行过悬移质泥沙垂线及取样方法的精简分析。下面以嘉陵江武胜水文站为例,介绍悬移质泥沙垂线及取样方法的精简分析。

a. 测站情况

武胜水文站建于1940年5月,为嘉陵江中下游干流控制站,位于四川省武胜县中心镇水文村,集水面积79 714 km²,距河口距离162 km。为控制嘉陵江上游来水的水情变化规律,以及认识河流水文特性而建立的一类精度流量站、二类精度泥沙站,为开发嘉陵江流域水资源、水文分析、水情预报收集各项水文资料的国家基本水文站。现有水位、流量、单样含沙量、悬移质输沙率、悬移质颗粒分析、降水量、水质污染监测等测验项目。

b. 精简分析资料

武胜水文站悬移质泥沙精简垂线和简化取样方法的分析,采用的是1958—1965年共35次悬移质输沙率资料,其中,1958年5次,1964年22次,1965年8次。资料中,悬移质输沙率垂线数目为7～10线,测点为5～7点,取样方法为选点法,采样器为横式采样器。精简前后垂线见表4.1-4、表4.1-5,在每次成果中,按垂线混合法计算垂线平均含沙量。垂线平均含沙量按照两种方案重新计算,一种为三点垂线混合[式(4.1-5)],一种为二点垂线混合[式(4.1-6)](表4.1-6)。然后再以各垂线含沙量的算术平均值计算断面平均含沙量,与七点法、五点法的断面平均含沙量相比较,采用七点法或五点法作为近似真值,七点法、五点法计算公式见式(4.1-3)、式(4.1-4),并统计误差。

表4.1-4 武胜水文站悬移质输沙率精简前的垂线和取样方法

取样方法	垂线采样方法	水位级	取样位置(起点距:m)
选点法	五点法、七点法	213.00 m以下	70.0、90.0、115、135、165、185、215(240)
		213.00 m以上	60.0、70.0、90.0、115、165、215、265、340(390)、445(500)
备注			(240)、(390)、(500)为辅助垂线

表4.1-5 武胜水文站悬移质输沙率精简后的垂线和取样方法

取样方法	垂线采样方法	水位级	试验分析后的取样位置(起点距:m)
垂线混合法	三点法、二点法	213.00 m以下	70.0、90.0、115、135、165
		213.00 m以上	70.0、90.0、115、165、215、265、340

表4.1-6 武胜水文站泥沙垂线及取样方法的精简分析统计表

测次	水位	断面平均含沙量(kg/m³)	精简后含沙量(kg/m³)	
			三点少线法	二点少线法
1	214.42	4.36	4.36	4.41
2	211.07	0.524	0.524	0.523
3	212.36	1.09	1.09	1.10
4	215.71	6.52	6.48	6.48
5	213.17	2.16	2.16	2.16
6	216.19	4.24	4.30	4.27
7	216.08	3.06	3.12	2.97
8	214.59	2.50	2.49	2.53
9	217.71	4.33	4.48	4.44
10	218.10	37.5	37.9	37.1
11	215.22	14.9	14.9	15.1
12	216.56	7.33	7.40	7.32

续表

测次	水位	断面平均含沙量(kg/m³)	精简后含沙量(kg/m³) 三点少线法	精简后含沙量(kg/m³) 二点少线法
13	215.77	6.10	6.18	6.11
14	214.44	4.44	4.5	4.48
15	218.89	6.30	6.42	6.25
16	217.59	3.53	3.62	3.58
17	216.41	3.48	3.55	3.57
18	215.02	2.62	2.64	2.59
19	217.32	5.12	5.28	5.10
20	216.30	2.88	2.95	2.86
21	214.80	4.95	4.93	5.01
22	215.04	1.73	1.73	1.85
23	214.00	5.63	5.60	5.64
24	215.47	5.55	5.40	5.49
25	213.16	2.72	2.80	2.67
26	216.55	3.52	3.26	3.70
27	215.19	2.00	2.13	2.09
28	215.13	5.62	5.70	5.80
29	215.07	10.5	12.2	12.0
30	218.25	11.9	12.5	12.3

七点法计算公式：

$$C_{Smt} = [V_{0.0}C_{S0.0} + 2V_{0.2}C_{S0.2} + 2V_{0.4}C_{S0.4} + 2V_{0.6}C_{S0.6} + 1.5V_{0.8}C_{S0.8} + (1-5\eta_b)V_{0.9}C_{S0.9} + \\ + (0.5+5\eta_b)V_b C_{Sb}]/[V_{0.0} + 2V_{0.2} + 2V_{0.4} + 2V_{0.6} + 1.5V_{0.8} + \\ (1-5\eta_b)V_{0.9} + (0.5+5\eta_b)V_b] \tag{4.1-3}$$

式中：C_{Smt} 为垂线平均含沙量的近似真值(kg/m³ 或 g/m³)；C_{Sb} 为近河底处测点含沙量(kg/m³ 或 g/m³)；V_b 为近河底处测点流速(m/s)；η_b 为从河底起算的近河底测点的相对水深；$V_{0.0}$ 为水面流速(m/s)；$V_{0.2}$ 为相对水深0.2测点流速(m/s)；$V_{0.4}$ 为相对水深0.4测点流速(m/s)；$V_{0.6}$ 为相对水深0.6测点流速(m/s)；$V_{0.8}$ 为相对水深0.8测点流速(m/s)；$V_{0.9}$ 为相对水深0.9测点流速(m/s)；$C_{S0.0}$ 为水面含沙量(kg/m³ 或 g/m³)；$C_{S0.2}$ 为相对水深0.2测点含沙量(kg/m³ 或 g/m³)；$C_{S0.4}$ 为相对水深0.4测点含沙量(kg/m³ 或 g/m³)；$C_{S0.6}$ 为相对水深0.6测点含沙量(kg/m³ 或 g/m³)；$C_{S0.8}$ 为相对水深0.8测点含沙量(kg/m³ 或 g/m³)；$C_{S0.9}$ 为相对水深0.9测点含沙量(kg/m³ 或 g/m³)。

五点法计算公式

$$C_{Sn} = \frac{1}{10V_m}(V_{0.0}C_{S0.0} + 3V_{0.2}C_{S0.2} + 3V_{0.6}C_{S0.6} + 2V_{0.8}C_{S0.8} + V_{1.0}C_{S1.0}) \tag{4.1-4}$$

式中：C_{Sn} 为垂线平均含沙量(kg/m³ 或 g/m³)；V_m 为垂线平均流速(m/s)；$V_{1.0}$ 为河底测点流速(m/s)；$C_{S1.0}$ 为河底测点含沙量(kg/m³ 或 g/m³)。

三点法计算公式：

$$C_{Sn} = \frac{C_{S0.2} + C_{S0.6} + C_{S0.8}}{3} \tag{4.1-5}$$

式中：C_{Sn} 为垂线平均含沙量(kg/m³ 或 g/m³)。

二点法计算公式：

$$C_{Sm} = \frac{C_{S0.2} + C_{S0.8}}{2} \tag{4.1-6}$$

式中：C_{Sm} 为垂线平均含沙量（kg/m³ 或 g/m³）。

经过分析，武胜水文站悬移质泥沙精简垂线与简化取样方法的分析误差结果统计见表 4.1-7、图 4.1-22、图 4.1-23。根据误差分析结果来看，武胜站悬移质泥沙精简垂线和简化取样方法的分析中，少线三点法和少线两点法均满足"累积频率达 75% 以上的误差不超过±（3%～5%）"的要求。根据误差统计结果来看，采用少线两点全断面混合法（相对水深位置 0.2、0.8）作为常测法为佳。

表 4.1-7　武胜站悬移质输沙率垂线采样方法的试验误差统计表

垂线采样方法	|误差|≤2% 次数	|误差|≤2% 频率(%)	|误差|≤3% 次数	|误差|≤3% 频率(%)	|误差|≤5% 次数	|误差|≤5% 频率(%)	最大偶然误差(%)	相对标准差(%)	系统误差(%)
三点法	20	66.7	24	80.0	27	90.0	15.2	3.37	1.66
二点法	21	70.0	24	80.0	28	93.3	12.5	2.98	1.28

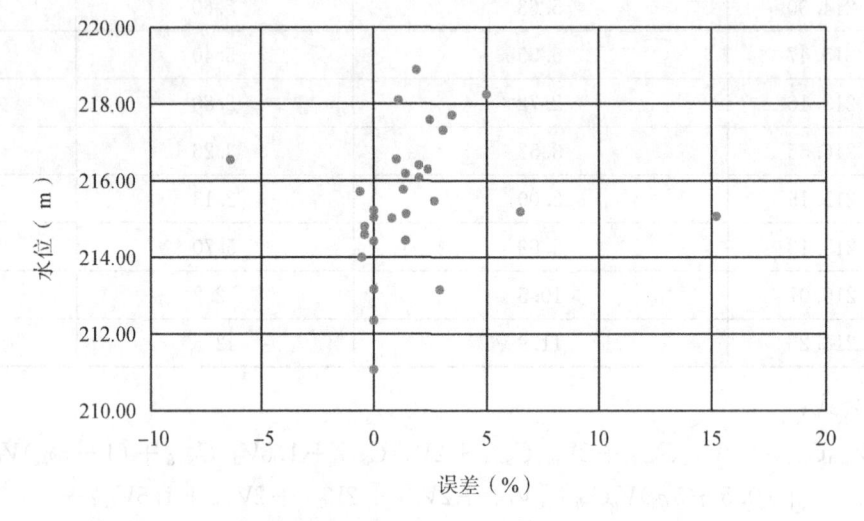

图 4.1-22　武胜站悬移质输沙率垂线采样方法试验误差分布图（三点法）

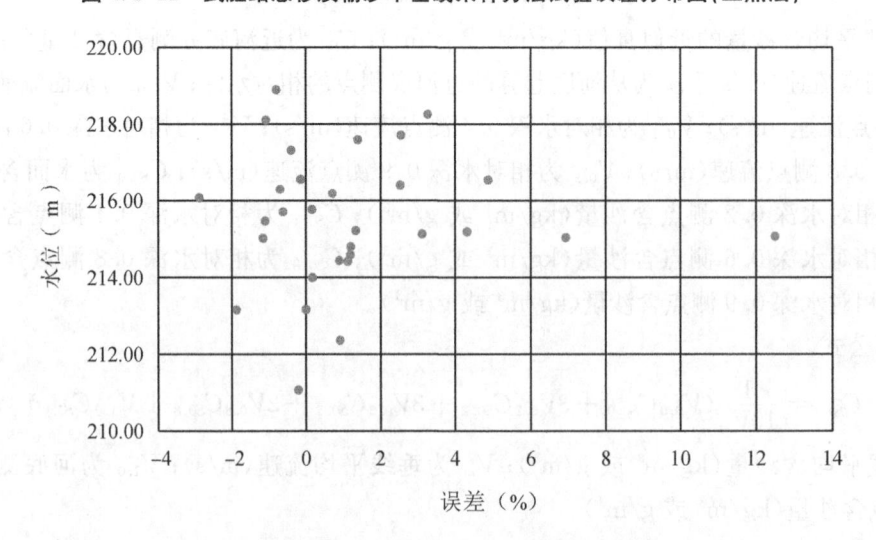

图 4.1-23　武胜站悬移质输沙率垂线采样方法试验误差分布图（二点法）

（4）悬移质泥沙测验误差

无论是采用部分输沙率法，还是采用全断面混合法进行悬移质输沙率的测验，输沙率垂线的布设、垂线取样方法和测点布设均需要进行试验与分析。垂线采样方法和垂线布置的允许误差,不应超过表 4.1-8 的规定。

表 4.1-8　垂线取样方法和垂线布置的允许误差

测站类别	垂线采样方法的相对标准差(%)	垂线布置的相对标准差(%)	垂线采样方法的系统误差(%) 全部悬沙	垂线采样方法的系统误差(%) 粗沙部分	垂线布置的系统误差(%) 全部悬沙	垂线布置的系统误差(%) 粗沙部分
一类站	6.0	2.0	±1.0	±5.0	±1.0	±2.0
二类站	8.0	3.0	±1.5	—	±1.5	—
三类站	10.0	5.0	±3.0	—	±3.0	—

我国自 20 世纪 80 年代开始参加国际标准化组织活动后,引入悬移质泥沙测验误差评价体系,在水文测验中不再采用累积频率的误差概念,而是采用置信水平随机不确定度来控制各类站的悬移质泥沙测验误差。

悬移质泥沙测验的误差除了具有与流量测验相同的误差外,还来源于泥沙取样仪器、水样处理、取样历时、测验方法和测沙垂线及测点数目等多种因素。悬移质泥沙测验误差按系统不确定度与随机不确定度分别综合统计。

测点含沙量的随机误差由仪器误差、水样处理误差、C_S Ⅰ 型误差组成,垂线平均含沙量测验误差由测点含沙量测验误差、测速仪器误差、测点位置误差、C_S Ⅱ 型误差组成,断面平均含沙量测验误差由垂线平均含沙量误差、平面位置定位误差及 C_S Ⅲ 型误差组成。

以多线选点法测验的成果为近似真值,采取抽样方法确定精简方案,分析其近似真值的系统误差,置信水平为 95% 的总随机不确定度,泥沙测验允许误差详见表 4.1-9。

表 4.1-9　各分项随机不确定度及系统不确定度控制指标　　　　　　　　　　　　单位:%

站类	仪器 X'	仪器 X″	水样处理 X'	水样处理 X″	C_S Ⅰ型 X'	C_S Ⅱ型 X'	C_S Ⅱ型 X″	C_S Ⅲ型 X'	C_S Ⅲ型 X″
一类站	10	±2.0	4.2	−4.0	$\dfrac{6.6}{\sqrt{n}}$	12	±2.0	4.0	±2.0
二类站	16	±3.0	4.2	−6.0		16	±3.0	6.0	±3.0
三类站	20	±6.0	4.2	−8.0		20	±6.0	10.0	±6.0

注:X' 为随机不确定度,X'' 为系统不确定度,n 为实验组数。

4.1.1.3　断沙推求方法

1. 单断沙关系曲线

悬移质输沙率是随时间变化的,施测一次悬移质输沙率计算得到的数值实际是一段时间内的平均值,要想直接获得输沙率的变化过程是十分困难的。在实际操作中,我们通常是通过建立输沙率和其他水文要素的关系来获得输沙率的变化过程。根据多年的实践经验,断沙一般与单沙有着较好的关系。断沙施测时间长,工作量大,而单沙施测简单,因此通过建立相应的单断沙关系,即可根据实测单沙过程资料,推求断沙过程资料,得到悬移质输沙率的变化过程。

对于单断沙关系良好或比较稳定的测站,可以采用单断沙关系进行资料整编,并应符合下列要求。

(1) 关系曲线绘制:以实测单沙为纵坐标,实测断沙为横坐标,当断沙大于等于 0.200 kg/m³,读数误差不宜超过 2.5%,当断沙小于 0.200 kg/m³,读数误差不宜超过 5.0%,否则应另绘放大图。采用计算机绘图可不绘制放大图。单断沙关系稳定时,可用一种符号点绘;关系不稳定时,可按不同水位级或不同时段,用不同符号(不同颜色、形状)点绘,点旁或右上角注明测次或日期。

进行悬移质输沙率测验时,需保证单断沙关系点分布均匀,大中型河流相邻两测点间距比变幅不能超过 10%,山溪性河流不能超 15%。单沙小于 0.2 kg/m³ 时,不计算间距变幅。

(2) 定线方法:依据单断沙关系点分布情况,通过坐标(0,0)和测点点群中心,可定为直线、折线或曲线。

根据关系点的分布类型,又可分为单一线法和多线法。单断沙关系点较密集且分布成一带状,无明显系统偏离,即可定为单一线;若单断沙关系点分布比较分散,且随时间、水位或单沙的测取位置和方法有明显系统偏离,形成两个以上的带组时,可分别用时间、水位或单沙的测取位置和方法做参数,按照单一线的要求,定出多条关系曲线。

横江水文站为横江上的控制水文站,建于1940年,集水面积14 781 km²,距金沙江汇合口约13 km,为二类精度泥沙站。现有水位、流量、单沙、悬移质输沙率、降水、悬移质颗粒分析、水质分析等测验项目。站房周边为农家及农作物耕地,距横江镇1 km,距宜宾市38 km。

横江水文站单断沙关系比较稳定,单断沙关系点子密集成一带状,点子不依时序或水位系统偏高,单断沙关系线可以定为单一线。横江水文站2021年单断沙关系见图4.1-24。

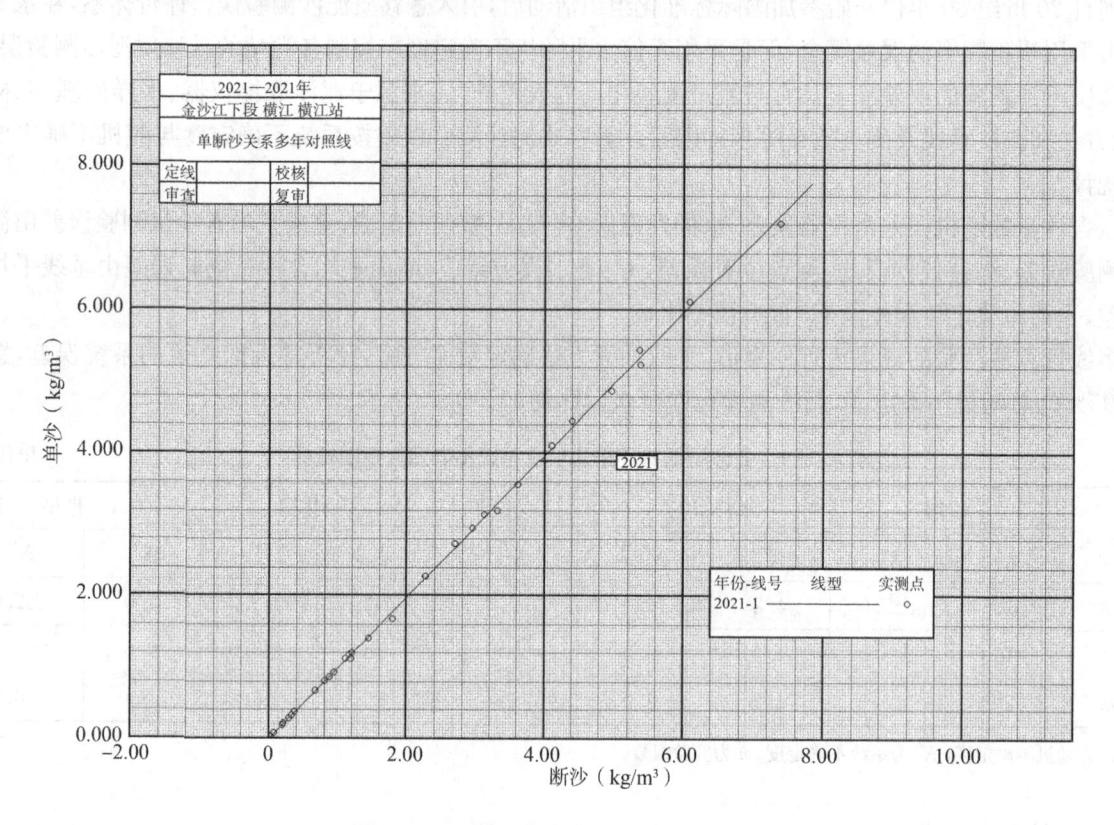

图4.1-24 横江水文站2021年单断沙关系线

(3) 单断沙关系曲线延长:单断沙关系曲线测点总数不少于10个,且实测输沙率最大相应单沙为最大实测单沙的50%以上时,可做高沙延长。单断沙关系为直线时,向上延长幅度不应超过实测最大单沙的50%;若为曲线时,延长幅度不应超过30%。单断沙关系曲线可按趋势延长,并参考历年关系曲线对照分析。当单沙测取位置及方法与历年不一致或断面形状有较大的变化时,不宜作高沙延长。

以横江水文站为例说明单断沙关系曲线的延长,横江水文站2021年单断沙关系为单一线,$C_{S断}=1.006\,4C_{S单}$。实测输沙率最大相应单沙为7.22 kg/m³,最大实测单沙为7.82 kg/m³,实测输沙率最大相应单沙为最大实测单沙的92.3%,大于50%,可以作单断沙关系曲线的延长,延长幅度为7.7%,小于实测最大单沙的50%。因此2021年横江水文站单断沙关系向上延长至单沙7.82 kg/m³处。

(4) 定线精度与关系曲线检验:不同的单断沙关系的精度应符合表4.1-10的规定。若单断沙关系不满足实测点对关系线标准差的计算要求,定线精度应满足关系线75%以上测点偏离曲线的相对误差,中高沙不应超过±10%,低沙不应超过±15%。若单断沙关系线为一条线(折线按一条线处理),且测点大于10个,应进行关系曲线的检验。

横江水文站2021年单断沙关系线的系统误差为-0.2%,随机不确定度为5%,满足二类精度水文站的定线精度指标。横江水文站2021年单断沙关系点为31个,需进行关系曲线的检验,检验成果见表4.1-11。

表 4.1-10　悬移质泥沙等关系曲线法定线精度指标表

站类	定线方法	定线精度指标 系统误差(±%)	定线精度指标 随机不确定度(%)
一类精度水文站	单一线	2	18
	多线	3	20
二类精度水文站	单一线	3	20
	多线	4	24
三类精度水文站	各种曲线	3	28

表 4.1-11　横江水文站 2021 年单断沙关系线检验计算表

测站	检验方法	临界值	计算值	是否合格
横江水文站	符号检验	1.15	0.72	合格
	适线检验	1.64	−0.91	合格
	偏离检验	1.70	0.45	合格

（5）推算断面平均含沙量：当单断沙关系是一条线时，一般可用关系线系数、拟合公式、插值法等，由单沙计算得到断沙；单断沙关系为多条曲线时，根据推沙时段分别按单一线推算断面平均含沙量。

单沙的取样位置和取样方法改变时，即应重新建立单断沙关系曲线，不能再用原关系曲线推算。

（6）单断沙关系的分析

① 单断沙关系点密集成一带状，没有依时间或水位的明显系统偏离，说明单断沙的关系良好。

寸滩水文站 2019—2021 年单断沙关系见图 4.1-25。由图可知，寸滩水文站历年单断沙关系均为单一线，没有依时间或水位的明显系统偏离，单断沙的关系良好。

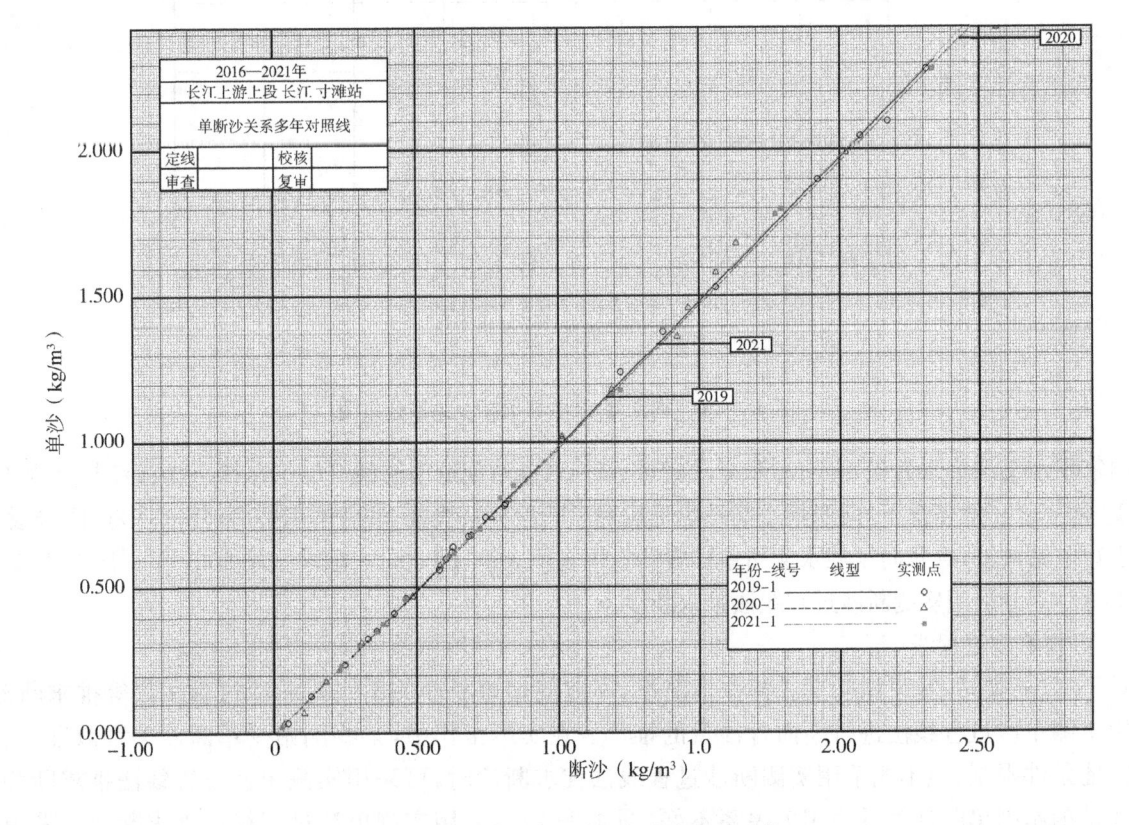

图 4.1-25　寸滩水文站历年单断沙关系线

② 关系点随水位而有系统偏离,可能是由于水位高低影响到含沙量的横向分布状况,从而影响单断沙关系,在滩地较宽的测站常有这种情况。

③ 关系点随时间有系统偏离,可能是由于测验方法的改变,也可能是由于河道情况有重大变化(中泓移动和控制物、水工建筑物的变迁等),单沙取样位置失去代表性。

④ 关系点分布散乱,左右跳动,变动很大,无规律可循,可能是由于冲淤剧烈,主流摆动频繁,或断面上游附近有大量来沙影响等原因,也可能是由于测验精度很低的原因。

2. 实测断沙过程线

实测输沙率测次能控制断沙变化过程的站,可使用实测断沙过程线法进行整编。实测断沙过程线法需要测验足够测次的输沙率,当输沙率测次不能满足按沙量变化采用连过程线法布置的要求时,不能使用断沙过程线法。此方法对断沙测次要求较高,而在实际工作中,断沙施测时间长,工作量大,一般不采用断沙过程线法推求断沙,但在单断沙关系不佳的情况下,实测断沙过程线法为较直接方便的推求断沙的方法。

长江上游山区河流多数测站单断沙关系比较稳定,能够采用单断沙曲线进行断沙资料的推求。但遇滑坡泥石流、电站冲沙等特殊情况时,测站单断沙关系散乱不稳定,可以时段或者全年采用实测断沙过程线法推算断沙。如横江水文站采用单断沙关系曲线推求断沙,且单断沙关系比较稳定。但1999年,因横江水文站断面上游昆明铁路施工弃土,造成泥沙通过断面时混合不均匀,单样含沙量失去代表性,1999年进行资料整编时,发现单断沙关系点子已经出现了偏离,误差太大,见图4.1-26。2000年,横江水文站调整了悬移质输沙率测验任务,按照沙量变化采用连过程线法布置测次,当年实测142次,断沙按照实测断沙过程线法进行了推求,满足整编规范的要求。

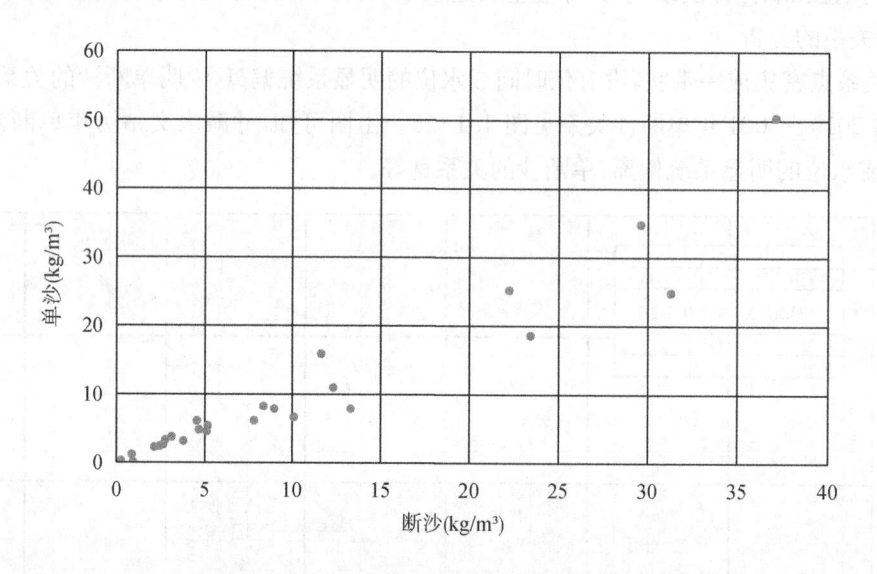

图4.1-26 横江站1999年单断沙关系分布图

向家坝水文站集水面积458 800 km²,位于向家坝水电站坝址下游约2 000 m,距下游横江与金沙江汇入口约1 000 m。一般情况下,向家坝水文站也是按照单断沙关系线推求断沙,但2020年6月30日,向家坝水电站进行电站冲沙,导致向家坝水文站单样含沙量失去代表性,因此向家坝水文站2020年6月30日9点50分至11点45分采用实测断沙过程线法推求断沙。

3. 实测单沙过程线

对于二、三类站,在设站初期或特殊情况下,不能使用单断沙关系线或断沙过程线法等推求断沙时,可采用实测单沙过程线法进行断面含沙量的推算。在实际工作中,某些测站受单断沙关系散乱、人员不足等其他条件限制,也不能使用实测断沙过程线法推求断沙时,可采用实测单沙过程线法推求断沙。如雅砻江某测站因单断沙关系线相关关系不好(图4.1-27),采用实测单沙过程线法推求断沙。采用此种方法推求断沙,虽然可以反映出测站沙量的变化过程,但是在假设单断沙关系为1的情况下进行的,而实际上测站的单断沙关系不一定为1,由此可能带来年输沙量的系统偏差,因此采用实测单沙过程线法推求断沙是在无法使用其他方法时的无奈之举,有条件的情况下应进行原因的分析,并加强单断沙关系的比测分析。

采用实测单沙过程线推求断沙时,如因特殊情况缺测单沙时,可采用直线插补法、连过程线插补法、流量与含沙量关系插补法、上下游站含沙量相关插补法进行单沙含沙量的插补。

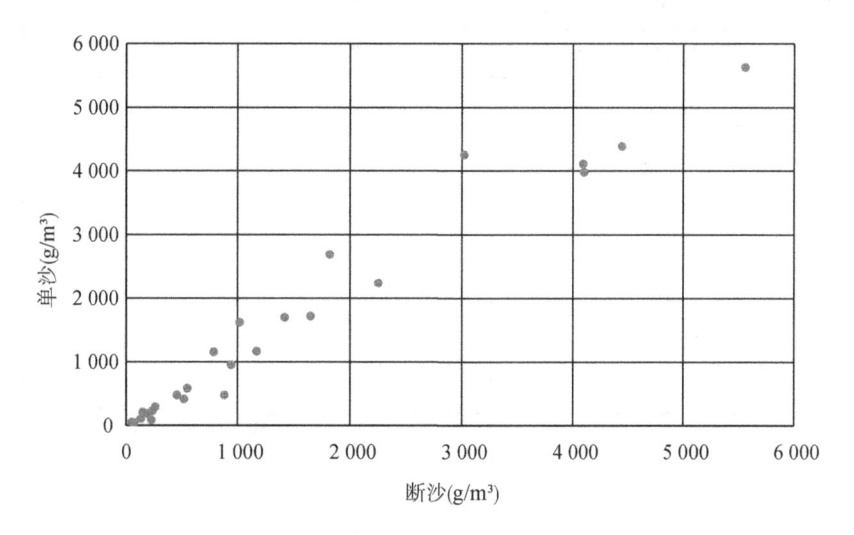

图 4.1-27　雅砻江某站单断沙关系分布图

4.1.1.4　单样含沙量测验

采用单断沙关系推算断沙的测站,应作单样含沙量的测验。单样含沙量测验的目的,是控制含沙量随时间的变化过程,结合流量资料推算不同时期的输沙量及特征值。

采取单沙时,应同时观测水位、测沙垂线起点距及垂线水深。所取水样兼作颗粒分析时,应加测水温。

1. 相应单沙

采用单断沙关系进行资料整编的站,在进行输沙率测验的同时,应测验相应单样含沙量(以下简称"相应单沙")。相应单沙是指在一次实测悬移质输沙率过程中,与该测次断面平均含沙量所对应的单沙。由于一般一次输沙率测验时间较长,相应单沙也不能采用一次单沙与之适应,应视沙情变化,采取多次单沙,通过计算得到相应单沙。相应单沙的测验次数,在水情平稳时测一次;有缓慢变化时,应在输沙率测验的开始、终了各测一次;水沙变化剧烈时,应增加测验次数,并控制转折变化。取样位置、方法、仪器应与经常的单沙测验相同(容积不一定相同)。

长江上游山区河流测站进行相应单沙测验时,一般情况下相应单沙是采用两次单沙的平均值,部分测站经分析可以采用一次单沙作为相应单沙。相应单沙的测验次数应根据试验分析确定。

以武胜水文站的相应单沙测验次数精简分析为例,介绍相应单沙测验次数的试验分析。

(1) 试验分析资料

相应单沙测验次数试验分析资料为武胜水文站35次悬移质输沙率实测资料,采样器为横式采样器,进行悬移质输沙率测验时,分别在测前、测中、测后进行三次单样含沙量的取样。分析时,采用三种方案。方案一:测验三次单沙,以测前、测中、测后三次单沙的平均值作为相应单沙;方案二:测验两次单沙,以测前、测后两次单沙的平均值作为相应单沙;方案三:以测中一次单沙作为相应单沙。详见表4.1-12。

表 4.1-12　武胜水文站不同方案下的断沙与相应单沙统计表

测次	断面平均含沙量(kg/m³)	相应单沙(kg/m³)		
		方案一	方案二	方案三
1	0.445	0.434	0.434	0.434
2	0.083	0.084	0.084	0.144
3	2.76	2.51	2.52	2.47
4	1.80	1.37	1.44	1.22
5	5.37	4.57	4.40	4.92
6	3.52	2.84	2.90	2.71
7	2.60	2.27	2.44	2.35
8	2.15	1.94	1.94	1.94
9	2.27	2.01	2.06	1.90
10	3.68	3.01	2.95	3.12
11	1.45	1.31	1.34	1.27
12	4.65	4.34	4.28	4.45
13	5.35	4.63	4.64	4.59
14	3.59	3.25	3.24	3.25
15	1.35	1.19	1.21	1.15
16	2.58	2.05	2.06	2.02
17	1.12	0.945	0.936	0.962
18	8.53	6.82	6.82	6.80
19	6.04	4.49	4.52	4.40
20	2.56	1.91	1.93	1.88
21	1.84	1.67	1.68	1.66
22	3.98	3.88	3.86	3.93
23	1.35	1.29	1.28	1.31
24	2.64	2.27	2.27	2.27
25	3.21	2.8	2.84	2.73
26	4.15	3.74	3.72	3.78
27	7.48	6.04	6.03	6.06
28	7.38	6.04	5.99	6.15
29	6.54	5.44	5.42	5.49
30	4.27	3.5	3.48	3.43
31	3.14	2.36	2.38	2.34
32	3.14	2.32	2.32	2.32
33	6.24	5.59	5.53	5.7
34	3.23	2.35	2.32	2.42
35	3.08	2.13	2.12	2.15

(2) 单断沙关系曲线

根据不同方案,建立相应的单样含沙量与断面平均含沙量关系图(图4.1-28、图4.1-30、图4.1-32),并绘制单断沙关系误差分布图(图4.1-29、图4.1-31、图4.1-33)。

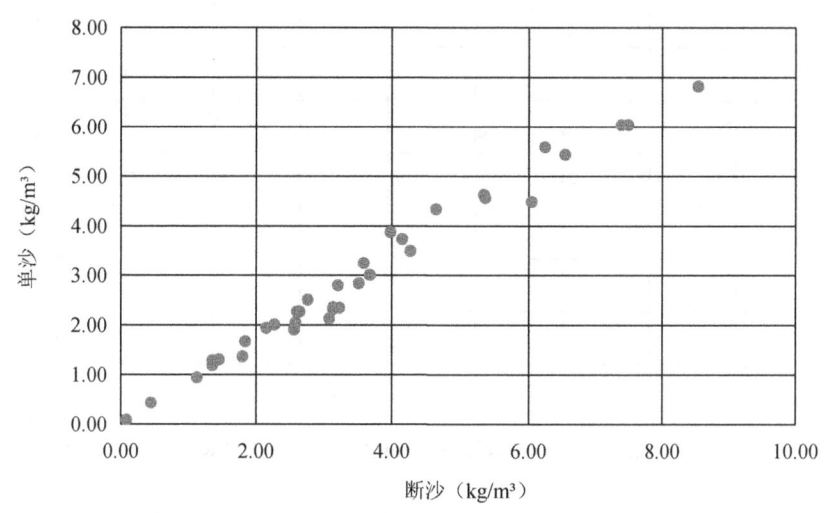

图 4.1-28　方案一单断沙关系线

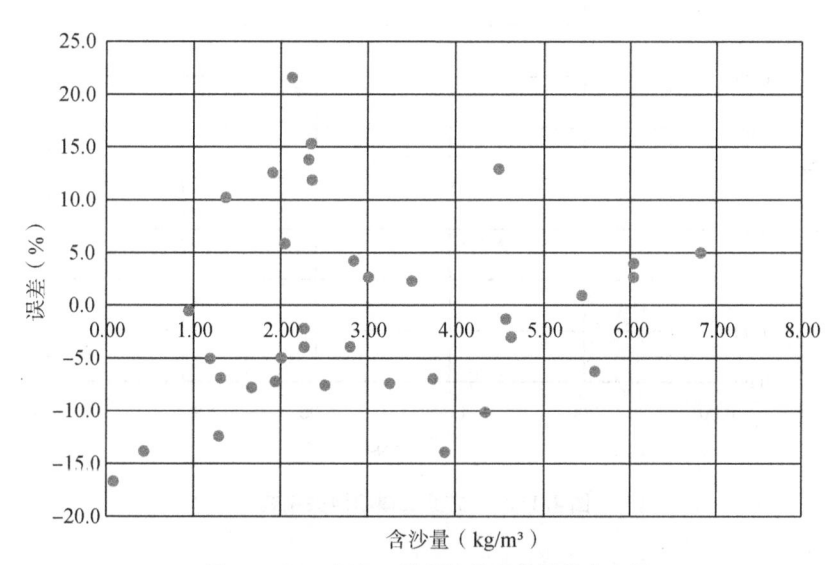

图 4.1-29　方案一单断沙关系线误差分布图

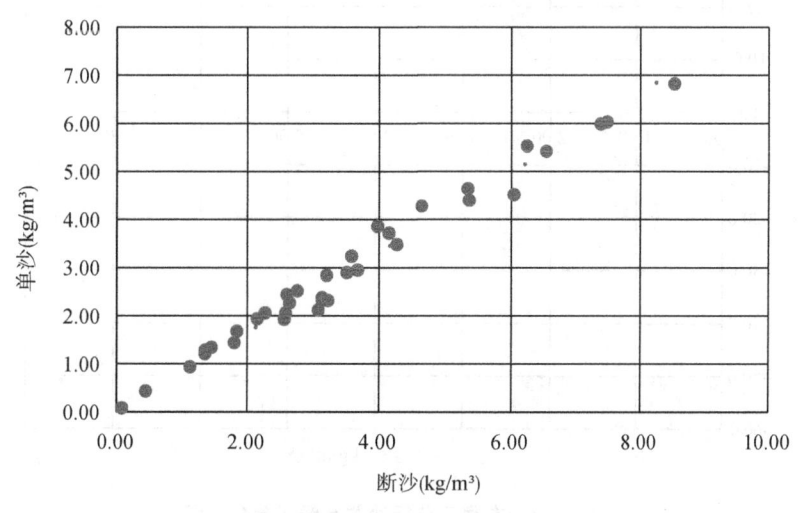

图 4.1-30　方案二单断沙关系线

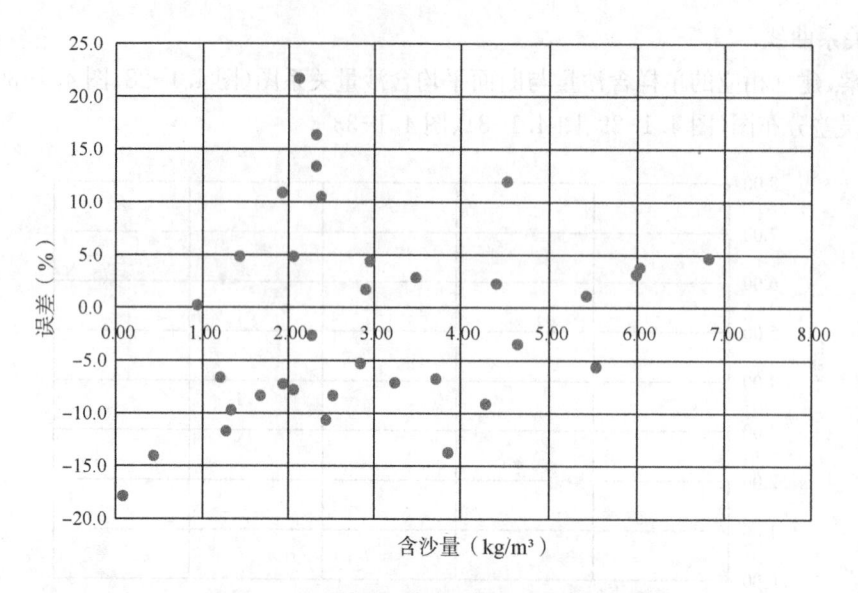

图 4.1-31　方案二单断沙关系线误差分布图

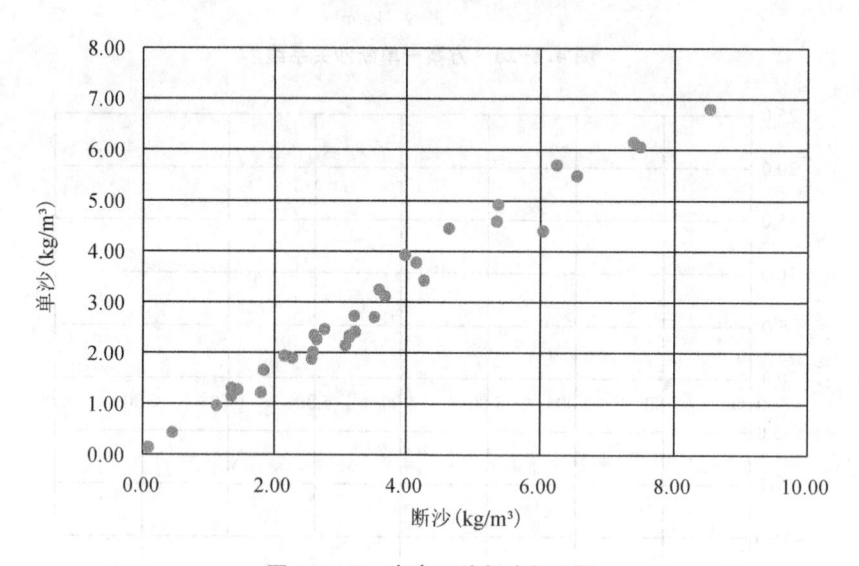

图 4.1-32　方案三单断沙关系线

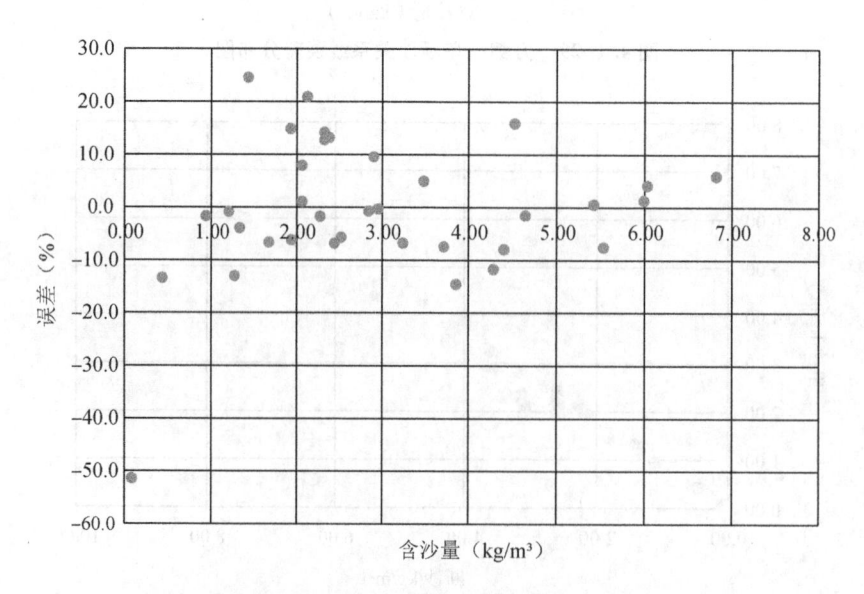

图 4.1-33　方案三单断沙关系线误差分布图

（3）精度分析

武胜水文站为二类泥沙站，方案一、方案二单断沙关系的定线精度符合表 4.1-10 的规定，说明武胜水文站测前、测中、测后三次单沙平均值和测前、测后两次单沙平均值作为相应单沙的代表性较好，单断沙关系线比较稳定。方案三单断沙关系线不稳定，定线精度不符合表 4.1-10 的规定，说明测中一次单沙作为相应单沙的代表性不好。经分析，由于流量和含沙量测验需要一定时间，获得的输沙率是一段时间内的平均值，在一次悬移质输沙率测验过程中，可能会包含一次沙峰的变化过程，也可能没有包含，而输沙率是随时间变化的，其变化过程极其复杂，不能保证输沙率是一直随时间直线变化的。若选择测中一次单沙作为相应单沙时，单沙的取样时间与输沙率的变化过程密切相关，不同的输沙率变化过程导致相应单沙的取样时间不同，而在实际过程中，我们不能准确获得输沙率的变化过程，则选择测中一次单沙作为相应单沙时测验时间就不好把握，测验的误差也比较大。对于武胜水文站，方案一和方案二的系统误差和随机不确定度均满足精度要求，两种方案随机不确定度相差不大，方案二的系统误差略大于方案一，考虑到测验时间及测验难度，武胜水文站选择测前、测后两次单沙的平均值作为相应单沙是比较合理且满足精度要求的。详见表 4.1-13。

表 4.1-13　武胜水文站不同方案下的单断沙关系定线精度

测次	单断沙关系系数	系统误差（%）	随机不确定（%）
方案一	0.839 5	−0.5	18.3
方案二	0.837 3	−1.1	18.5
方案三	0.844 2	−0.5	26.2

2. 单沙取样位置

单样含沙量的测验方法，应能使一类站单断沙关系线的比例系数在 0.95 和 1.05 之间，二、三类站在 0.93 和 1.07 之间。单样含沙量垂线位置在断面上的选择，应使单沙与断沙有着稳定的关系，具体布设应经试验确定。不同测站的特性不相同，含沙量在断面上的分布情况也不尽相同，因此每个站的垂线布设差别比较大。通常情况下，可以采用一线一点、一线两点、两线、三线甚至多线等，一般情况下，单样含沙量的垂线布设应符合以下规定。

（1）断面稳定、主流摆动不大的测站，根据不同水位下的实测输沙率资料，以各垂线的相应平均含沙量（垂线平均含沙量与断面平均含沙量的比值）为纵坐标，以起点距为横坐标，绘制相应平均含沙量的横向分布曲线，选择各分布曲线最为集中地区的垂线，初步定为单样取样垂线。再在全部输沙率资料中，以该位置的垂线平均含沙量与断面平均含沙量点绘相关曲线，若相对标准差不超过 8%，该位置即可作为单样取样位置。若 1 条垂线达不到上述要求，可以采用 2 条、3 条等多条垂线的平均值作为单样，进行分析。

（2）断面不稳定且主流摆动较大的一类、二类站，应根据测站条件，按全断面混合法的规定，布设 3～5 条取样垂线，进行单样含沙量测验。

（3）当河道宽浅、主流分散，按上述方法分析成果不好时，可在断面均匀选取若干垂线，用算术平均值作为单沙；也可按照部分流量中线法及等水面宽、等提放速度积深法布设垂线，进行混合后作为单沙。垂线数的多少由分析确定。

（4）当单沙取样断面与输沙率测验断面不一致时，应先分析测验输沙率时所取的几组单位水样的含沙量与断面平均含沙量的关系，选择最好的取样位置。

以李家湾水文站的相应单沙取样位置为例，介绍单样含沙量的垂线布设。

（1）单沙垂线布设资料

李家湾水文站为沱江控制站，2001 年 5 月停测迁移到富顺水文站。本次单沙垂线布设资料选择李家湾水文站共 58 次实测悬移质输沙率成果（成果统计见表 4.1-14），测验中，采用的是六线三点选点法计算输沙率，六线起点距分别是 31.5、68.5、107.5、139.5、171.5、203.5 m，取样点位为 0.2、0.6、0.8。

表 4.1-14　李家湾水文站输沙率测验资料统计表

测次	断面平均含沙量 (kg/m³)	垂线平均含沙量(kg/m³)					
		31.5 m	68.5 m	107.5 m	139.5 m	171.5 m	203.5 m
1	1.10	1.19	1.14	1.08	1.08	1.03	1.05
2	1.86	1.88	1.93	2.01	1.67	1.79	1.84
3	0.133	0.112	0.116	0.134	0.129	0.150	0.150
4	2.36	2.76	2.57	2.36	2.27	2.22	1.98
5	1.79	1.84	1.84	1.77	1.81	1.84	1.63
6	1.00	0.910	1.13	1.25	0.880	0.920	0.800
7	0.647	0.679	0.686	0.673	0.628	0.621	0.589
8	0.493	0.478	0.439	0.606	0.523	0.518	0.478
9	2.02	2.08	2.12	2.06	1.98	1.90	1.96
10	0.666	0.719	0.693	0.713	0.633	0.613	0.579
11	0.062	0.066	0.061	0.067	0.056	0.063	0.053
12	0.279	0.248	0.268	0.259	0.307	0.301	0.287
13	1.65	1.77	1.77	1.65	1.68	1.58	1.32
14	0.394	0.406	0.422	0.382	0.378	0.406	0.366
15	0.271	0.209	0.257	0.228	0.298	0.304	0.276
16	0.637	0.580	0.612	0.720	0.637	0.605	0.637
17	2.63	2.68	2.89	2.95	2.63	2.52	2.34
18	4.75	4.61	5.23	4.42	4.56	4.99	4.66
19	5.58	5.41	6.03	5.97	5.41	5.52	5.02
20	2.90	3.02	2.99	2.90	3.13	2.78	2.49
21	1.13	1.10	1.15	1.28	1.28	0.938	0.915
22	2.48	2.65	2.48	2.55	2.36	2.48	2.26
23	0.391	0.379	0.414	0.414	0.395	0.375	0.356
24	0.113	0.097	0.11	0.113	0.123	0.112	0.118
25	0.104	0.098	0.107	0.111	0.086	0.12	0.104
26	0.138	0.137	0.144	0.141	0.135	0.132	0.132
27	0.814	0.741	0.741	0.83	0.879	0.822	0.822
28	3.33	3.16	3.40	3.43	3.33	3.30	3.20
29	0.630	0.699	0.706	0.636	0.561	0.58	0.592
30	0.134	0.109	0.138	0.13	0.131	0.121	0.122
31	0.549	0.472	0.615	0.554	0.576	0.549	0.505
32	1.00	1.07	1.09	1.24	0.89	0.94	0.67
33	4.56	4.47	4.74	4.56	4.51	4.47	4.51
34	0.572	0.612	0.629	0.601	0.578	0.526	0.526
35	0.291	0.311	0.303	0.288	0.303	0.294	0.236

续表

测次	断面平均含沙量 (kg/m³)	垂线平均含沙量(kg/m³)					
		31.5 m	68.5 m	107.5 m	139.5 m	171.5 m	203.5 m
36	0.305	0.345	0.317	0.332	0.281	0.281	0.268
37	0.47	0.456	0.47	0.559	0.423	0.447	0.451
38	0.671	0.725	0.725	0.678	0.651	0.611	0.597
39	0.982	0.943	1.01	1.12	0.786	0.933	0.854
40	0.188	0.19	0.201	0.175	0.182	0.199	0.184
41	2.78	2.78	2.86	2.97	2.86	2.70	2.42
42	3.15	3.02	3.06	3.18	3.97	2.93	2.61
43	6.23	5.23	5.61	8.66	5.79	5.79	5.73
44	7.72	6.1	6.79	8.72	9.57	8.34	6.64
45	2.11	2.11	2.13	2.15	2.24	2.05	1.86
46	0.968	0.842	0.871	1.28	1.11	1.04	0.736
47	1.03	0.927	1.01	1.09	1.19	1.05	0.824
48	1.70	1.65	1.84	1.67	1.68	1.92	1.41
49	1.78	1.53	1.78	1.82	1.99	1.83	1.66
50	2.30	2.28	2.25	2.48	2.32	2.44	1.93
51	1.30	1.21	1.30	1.50	1.27	1.27	1.11
52	0.148	0.144	0.161	0.144	0.152	0.161	0.124
53	0.044	0.044	0.049	0.045	0.045	0.041	0.038
54	0.097	0.069	0.126	0.112	0.084	0.1	0.076
55	0.608	0.644	0.602	0.517	0.796	0.578	0.492
56	0.351	0.376	0.379	0.351	0.362	0.309	0.263
57	0.047	0.049	0.046	0.047	0.046	0.044	0.047
58	0.052	0.041	0.044	0.055	0.053	0.055	0.062

(2) 资料分析

以各垂线的相应平均含沙量(垂线平均含沙量与断面平均含沙量的比值)为纵坐标,以起点距为横坐标,绘制相对平均含沙量的横向分布图,分布图见图4.1-34。

由图4.1-34可知,李家湾水文站相对平均含沙量的横向分布图中,起点距分别为68.5 m和171.5 m两条垂线的横向分布最为集中,初步定为单样取样垂线。在全部输沙率资料中,建立起点距分别为68.5 m、171.5 m垂线以及68.5 m、171.5 m两条垂线的平均含沙量与断面平均含沙量的相关曲线图,曲线图见图4.1-35、图4.1-36、图4.1-37。

(3) 精度分析

根据垂线平均含沙量与断面平均含沙量相关曲线图,得到各相关曲线精度值,见表4.1-15。由精度结果来看,垂线171.5 m的相对标准差大于8%,精度较差,不满足要求。垂线68.5 m、垂线68.5 m与171.5 m的平均值作为单样含沙量,满足相关规定的要求。单条垂线68.5 m平均含沙量与断面平均含沙量相关曲线的系统误差为-2.9%,标准差为7.4%,误差虽然满足要求,但整体来看,误差偏大。因此建议本站选择垂线68.5 m、垂线171.5 m两条垂线作为单样取样位置,两者的垂线平均含沙量与断面平均含沙量建立关系比较稳妥。

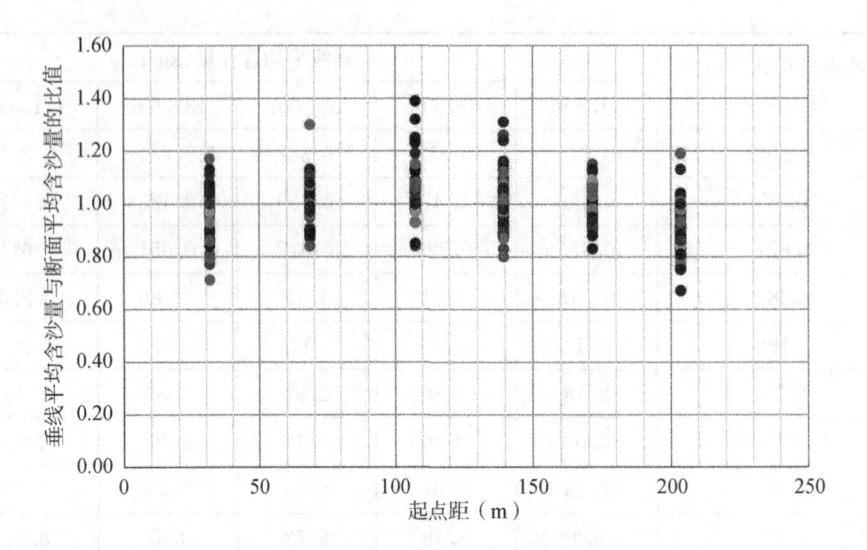

图 4.1-34 李家湾水文站相对平均含沙量的横向分布图

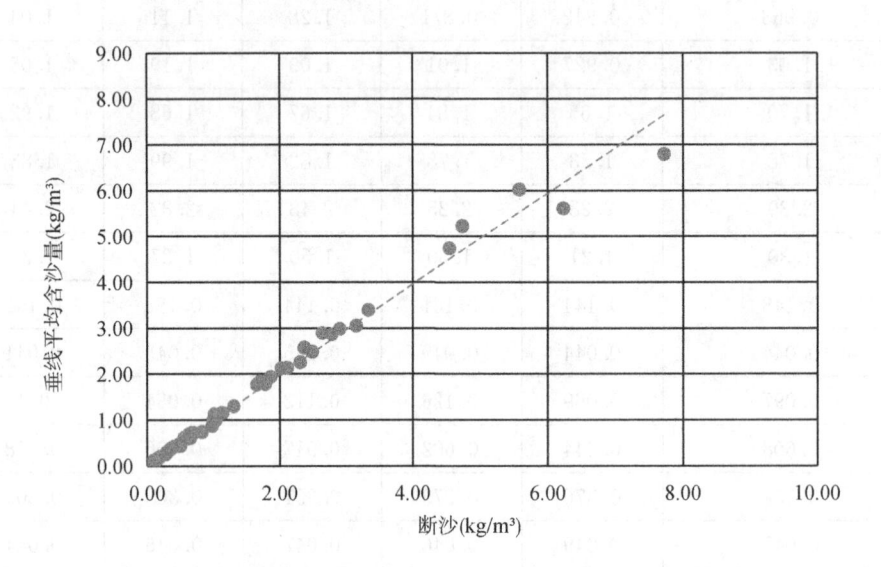

图 4.1-35 垂线平均含沙量与断面平均含沙量相关线图(68.5 m)

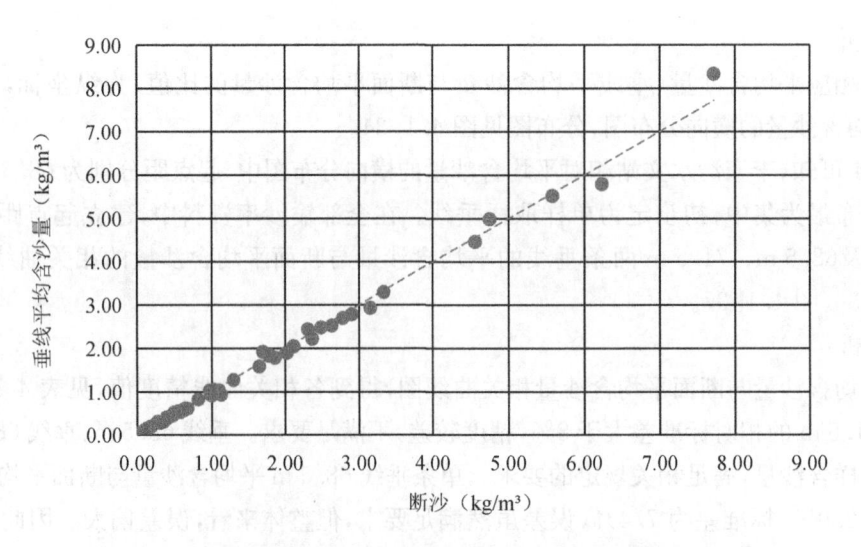

图 4.1-36 垂线平均含沙量与断面平均含沙量相关线图(171.5 m)

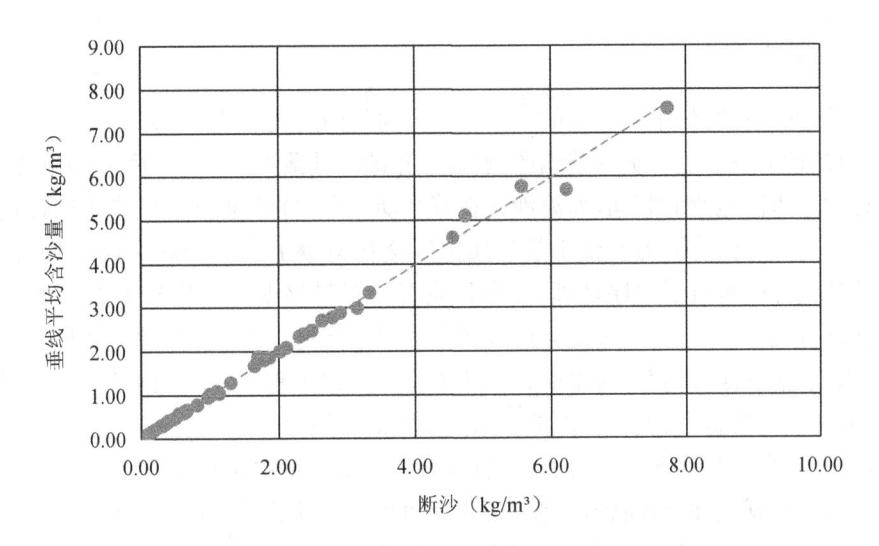

图 4.1-37 垂线平均含沙量与断面平均含沙量相关线图(68.5 m、171.5 m)

表 4.1-15 垂线平均含沙量与断面平均含沙量相关线精度统计表

取样位置	相关线系数	系统误差(%)	相对标准差(%)
68.5 m	0.990 0	−2.9	7.4
171.5 m	1.000 4	−4.1	8.5
68.5 m、171.5 m	0.995 2	−0.96	4.1

3. 单沙在垂线上的取样方法

单沙在垂线上的取样方法,应使单沙与垂线平均含沙量保持稳定的关系。一般应与输沙率测验时的垂线取样方法相同,通常应用积深法或垂线混合法取样。一类站的单样含沙量测验,不得采用一点法。

4. 单沙测次布置

单沙测次的布置,以能控制含沙量的变化过程,满足推算逐日平均含沙量、输沙率及特征值的需要为原则。主要应布置在洪水期,平、枯水适当布置测次。应符合以下规定:

(1) 洪水期,每次较大洪水,一类站不应少于5~8次,二类站不应少于3~5次,三类站不应少于3次。洪峰重叠、水沙峰不一致或含沙量变化剧烈时,应增加测次,在含沙量变化转折处应分布测次。一般洪水可适当减少,但应控制含沙量变化过程。

(2) 汛期平水期,一类站每1~2 d测验一次,二、三类站每2~5 d测验一次。

(3) 非汛期平水期,含沙量变化平缓时,一类站每2~7 d测验一次,二、三类站每5~10 d测验一次。含沙量变化较大时,可适当增加测次。

(4) 含沙量有周期日变化时,应经试验确定在有代表性的时间测验。

(5) 堰闸、水库站应根据闸门变动和含沙量变化情况,适当布设测次,控制含沙量变化过程。

4.1.2 边沙推求单沙的研究

在按过程控制含沙量变化的测验中,当岸缆站遇停电、缆道出现意外,船测站遇电机出现故障,高水漂浮物较多,断面位于港口、码头附近,深夜施测单样含沙量困难等特殊情况下,不能在选定位置施测单沙时,按照国家标准《河流悬移质泥沙测验规范》(GB/T 50159—2015)提出"当遇到特殊困难无法正常测沙又确需采集沙样时,应避开塌岸、回流或其他非正常水流的影响,采集靠近水边的沙样"的方法,由水边含沙量(以下简称"边沙")推求单沙。

边沙取样是在特殊情况下为控制含沙量变化过程而采取的补救措施,测站在正常情况下应尽量少用。

4.1.2.1 水边含沙量测验

由边沙推求断沙,在实际操作中有一定的难度。一方面是因为建立边沙-断沙关系需要在不同的沙量级收集资料,而通过单断沙关系法进行资料整编的测站,一年的断沙测次较少,一般在 20 次左右;另外,一次断沙施测的时间远远超过边沙施测的时间,而泥沙存在着脉动现象,含沙量随时间的变化将直接影响边沙-断沙关系建立的精度。另一方面是因为不便于悬移质泥沙资料整编工作的开展。现在我国各水文资料整编单位对水文资料的整编都已实行了程序计算,在悬移质泥沙资料整编中使用较多的主要是单断沙关系法,数据都是输入单沙进行程序计算,若通过建立边沙-断沙关系,首先必须由边沙推算出断沙,其次根据资料整编时所定单断沙关系反推单沙,最后才能将推算出的单沙和其他正常情况下施测的单沙一起输入推求出断沙,这样给悬移质泥沙资料的整理、整编工作都带来了极大的不便。

一般来说,水文测站为了测到含沙量的变化过程,每年的单沙测次可达 100 次以上甚至几百次,单沙一般含有各级沙量;同时施测单沙的时间较短,在施测单沙的同时采取边沙,可有效地消除含沙量随时间变化的影响,因此边沙-单沙关系较易建立。在对特殊情况下收集的边沙资料进行整理时,可建立边沙-单沙关系推求单沙以及时了解含沙量的变化过程。在进行悬移质泥沙资料整编时,将通过边沙-单沙关系推求出的单沙和其他正常情况下施测的单沙一样予以处理,简化了资料整理、整编的过程。

边沙的测验一般是采用采样桶在近岸边正常水流处采样,水样采取应注意如下几点:

(1) 施测边沙的位置应在断面附近的水流处,应尽量避免在出现回流、假潮、串沟处施测边沙,否则边沙的代表性不好。

(2) 水样采取应采用相对固定容积,每次采样容积差异不能过大,以避免因容积不一致带来的资料误差,保持资料系列的一致性。

(3) 边沙采样时间应注意与断沙(单沙)采样时间一致,间隔时差应控制在 30min 以内,确保单次成果的质量。

(4) 用采样桶采取边沙的动作应迅速,以免有过多的泥沙沉积在采样桶中。

(5) 边沙采样时,应避免环境的影响,在遇到恶劣天气和受漂浮物较多影响时,应注意水样采取的真实性。

(6) 每年应在不同沙量级收集相应资料,对边沙-单沙关系进行验证、修订、完善。

4.1.2.2 应用实例

(1) 测站情况

朱沱水文站是长江上游金沙江与横江、岷江、沱江、赤水河等支流汇合后的重要控制站,位于长江上游上段,距离河口 2 645 km。该站位于长江上游干流赤水河汇入口下游约 35 km。测验项目有水位、水温、流量、悬移质泥沙、推移质泥沙和降水量等,悬移质含沙量测验方法为:分不同水位级和沙量级变化在起点距分别为 300、400、560 m 处,按相对水深 0.2、0.8 两点三线混合处理、计算,控制含沙量的变化过程;分不同沙量级在起点距分别为 220、300、350、400、450、500、560 m 处,按照垂线混合法或全断面混合法测取断面含沙量。整编方法为:利用当年所测单沙、断沙资料建立单断沙关系,利用单断沙关系推求全年断面平均含沙量进行资料整编。多年来,朱沱水文站单断沙关系保持稳定,单沙垂线代表性较好,为边沙-单沙关系的应用提供了较好的前提条件。

(2) 资料收集

朱沱水文站是一类泥沙精度水文站,1999—2001 年期间在不同的水位、不同的沙量级收集了边沙、单沙及断沙的试验资料,共收集边沙-单沙关系试验资料 66 次(表 4.1-16、图 4.1-38)、边沙-断沙关系试验资料 42 次(表 4.1-17、图 4.1-39)。

表 4.1-16　朱沱水文站边沙-单沙关系比测表

测次	边沙(kg/m³)	单沙(kg/m³)	水位(m)	测次	边沙(kg/m³)	单沙(kg/m³)	水位(m)
1	0.326	1.37	200.45	34	2.03	2.68	208.93
2	0.352	0.486	38.00	35	3.22	3.56	203.35
3	0.191	0.189	198.31	36	2.74	3.35	204.17
4	0.110	0.124	199.03	37	3.82	4.82	54.00
5	0.388	0.528	200.90	38	1.52	1.91	90.00
6	0.542	0.809	201.37	39	1.19	1.18	205.48
7	0.585	1.18	85.00	40	0.897	1.15	56.00
8	0.770	1.08	74.00	41	1.65	2.06	98.00
9	0.474	0.787	203.11	42	1.40	1.58	206.00
10	0.906	1.50	78.00	43	0.754	1.27	205.68
11	1.37	1.47	204.06	44	1.45	1.95	206.53
12	1.09	1.74	94.00	45	1.87	2.34	96.00
13	2.01	2.49	206.01	46	1.63	2.04	207.36
14	1.83	2.20	13.00	47	0.718	1.03	201.93
15	1.36	1.99	16.00	48	0.503	0.626	54.00
16	1.60	2.15	42.00	49	1.95	2.78	204.65
17	2.07	2.81	81.00	50	2.31	2.80	206.25
18	1.25	1.71	207.10	51	2.27	2.29	205.76
19	1.85	2.48	208.23	52	2.07	2.12	53.00
20	1.48	2.10	30.00	53	1.07	1.72	207.34
21	1.91	2.66	47.00	54	0.999	1.46	42.00
22	0.929	1.51	30.00	55	0.621	1.03	202.34
23	1.17	1.42	207.73	56	0.599	1.03	33.00
24	1.45	1.68	206.35	57	0.528	0.587	52.00
25	0.686	1.32	205.59	58	0.775	1.10	16.00
26	1.30	1.61	207.37	59	0.768	0.959	204.08
27	1.55	2.92	208.26	60	2.28	3.09	207.08
28	1.01	1.35	207.64	61	2.01	2.63	17.00
29	0.800	1.23	203.90	62	1.55	2.11	204.70
30	1.63	2.03	206.75	63	2.21	3.13	206.42
31	1.57	1.83	82.00	64	2.43	2.48	205.38
32	1.14	1.76	207.04	65	2.24	2.43	207.17
33	2.70	3.00	86.00	66	1.84	2.21	206.82

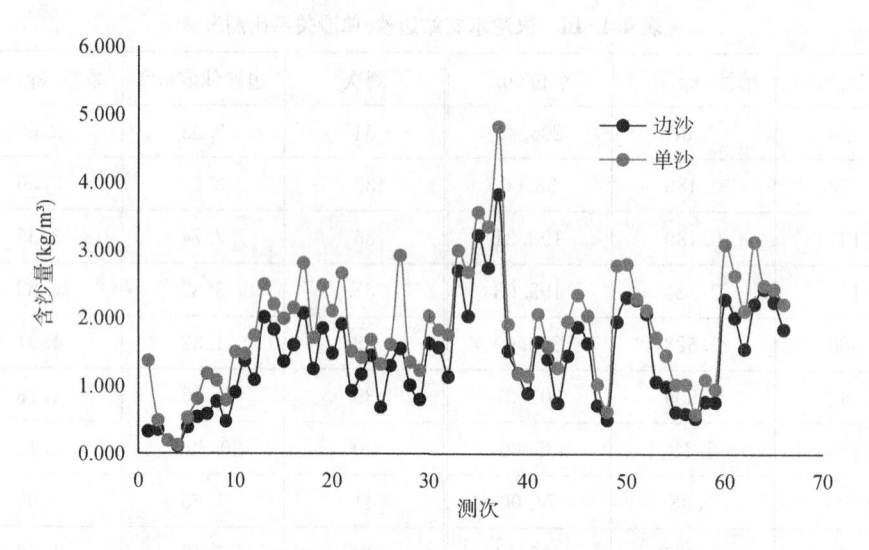

图 4.1-38　朱沱水文站边沙-单沙过程线图

表 4.1-17　朱沱水文站边沙-断沙关系比测表

测次	边沙(kg/m³)	断沙(kg/m³)	水位(m)	测次	边沙(kg/m³)	断沙(kg/m³)	水位(m)
1	0.326	1.42	200.45	22	1.52	1.91	204.90
2	0.542	0.804	201.37	23	1.19	1.18	205.48
3	0.585	1.21	85.00	24	0.897	1.15	56.00
4	1.37	1.48	204.06	25	1.65	2.01	98.00
5	1.09	1.67	94.00	26	1.40	1.58	206.00
6	1.83	2.12	206.13	27	0.754	1.31	205.68
7	1.36	2.06	16.00	28	1.45	1.93	206.53
8	1.60	2.06	42.00	29	1.87	2.33	96.00
9	2.07	2.82	81.00	30	1.63	2.06	207.36
10	1.25	1.62	207.10	31	0.718	1.04	201.93
11	1.85	2.45	208.23	32	0.503	0.644	54.00
12	1.48	2.24	30.00	33	1.95	2.69	204.65
13	1.91	2.74	47.00	34	2.17	2.20	205.65
14	1.17	1.41	207.73	35	1.03	1.60	207.38
15	0.686	1.28	205.59	36	0.621	1.03	202.34
16	1.30	1.62	207.37	37	0.599	1.02	33.00
17	2.70	3.02	86.00	38	2.28	3.10	207.08
18	2.03	2.64	208.93	39	1.55	2.10	204.70
19	3.22	3.57	203.35	40	2.21	2.92	206.42
20	2.74	3.34	204.17	41	2.43	2.51	205.38
21	3.82	4.77	54.00	42	2.04	2.19	207.00

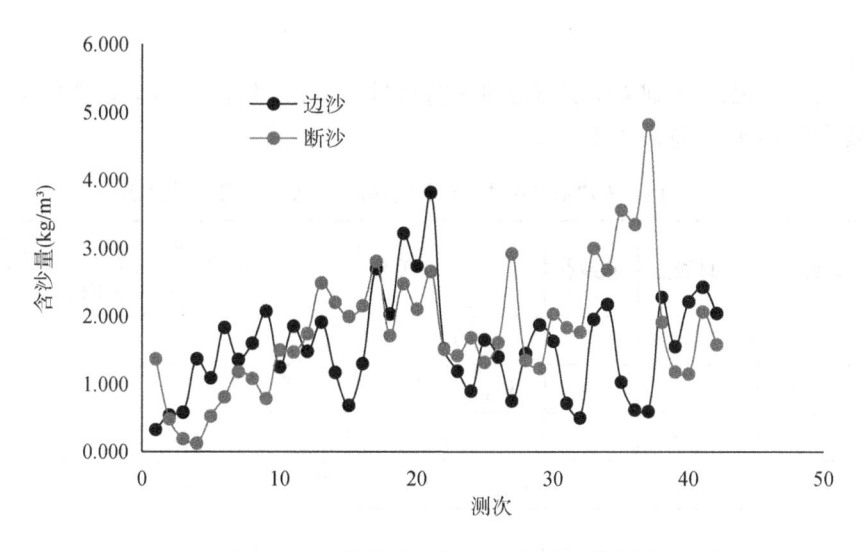

图 4.1-39　朱沱水文站边沙-断沙过程线图

(3) 边沙-单沙、边沙-断沙关系

根据关系点的分布情况，考虑边沙的代表性及施测边沙时可能存在操作不当的问题，对边沙-单沙关系存在较大误差的 1#、3#、4#、7#、25#、27#、39# 测点，对边沙-断沙关系 1#、3#、23# 测点进行批判，定线时不予考虑，结果边沙-单沙、边沙-断沙关系均定为折线，分别见图 4.1-40、图 4.1-41。

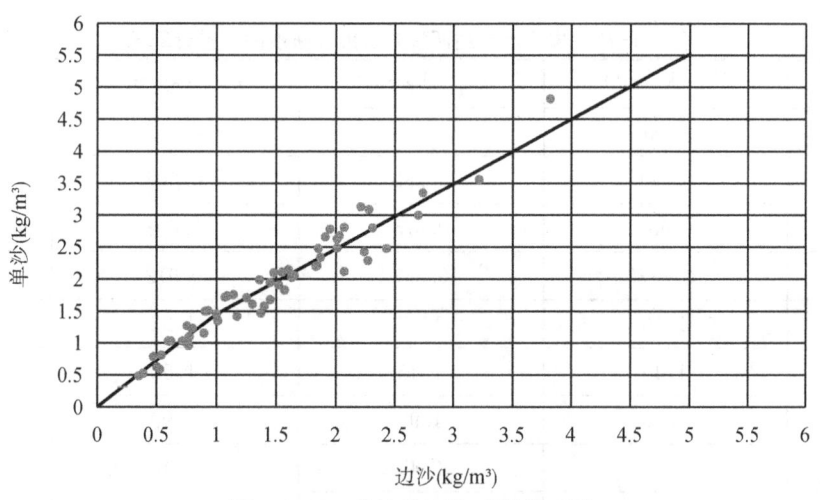

图 4.1-40　朱沱站边沙-单沙关系图

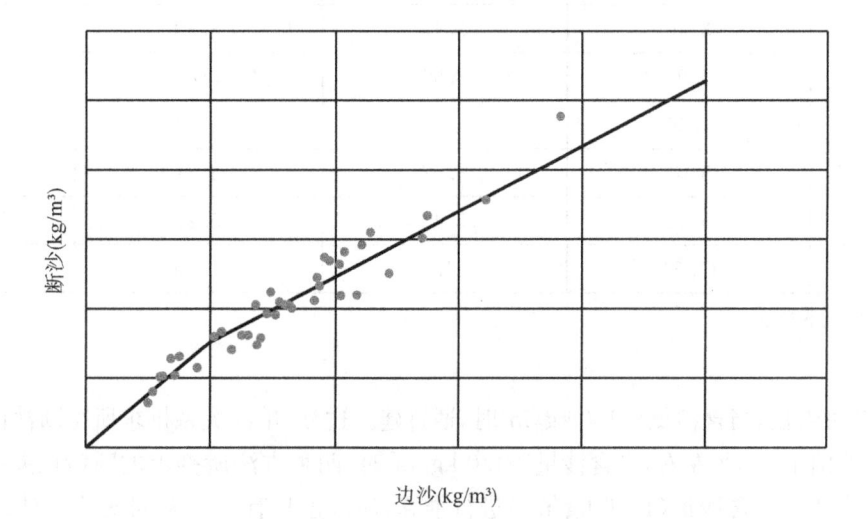

图 4.1-41　朱沱站边沙-断沙关系图

(4) 误差分析

通过对有 10 个有效点据以上建立的关系分别进行符号检验、适线检验、偏离数值检验及标准差计算，三种检验全部符合要求，相关情况见表 4.1-18。

表 4.1-18 朱沱水文站边沙-断沙、边沙-单沙关系分析统计表

项目	条件	总测点	批判点	关系	标准差（%）	定线精度指标 不确定度（%）	系统误差（%）
边沙-断沙关系	$C_{S_边} \leq 1.0 \ \mathrm{kg/m^3}$	10	2	$C_{S_断} = 1.520 C_{S_边}$	—	—	—
	$C_{S_边} > 1.0 \ \mathrm{kg/m^3}$	32	1	$C_{S_断} = 0.940 C_{S_边} + 0.580$	10.6	21.2	−0.35
边沙-单沙关系	$C_{S_边} \leq 1.0 \ \mathrm{kg/m^3}$	23	5	$C_{S_单} = 1.455 C_{S_边}$	13.4	26.8	−0.51
	$C_{S_边} > 1.0 \ \mathrm{kg/m^3}$	43	2	$C_{S_单} = 1.0154 C_{S_边} + 0.4396$	10.1	20.2	−0.19

由表 4.1-18 可看出，含沙量较小时，测点标准差较大，含沙量较大时，边沙-单沙关系测点的标准差稍小于边沙-断沙关系测点的标准差，定线精度基本满足整编规范的相关要求。

为了对特殊情况下采取边沙后的处理方法做进一步分析，现取边沙不同的沙量级，通过所建立的边沙-单沙关系推算出单沙，再根据朱沱水文站 1999—2001 年所定综合单断关系线（$C_{S_断} = 0.993 C_{S_单}$）推算出断沙 $C_{S_{断1}}$，与通过边沙-断沙关系推算出的断沙 $C_{S_{断2}}$ 进行误差计算，其成果见表 4.1-19。表中，11.6 kg/m³ 为该站建站以来实测最大含沙量，边沙 11.0 kg/m³ 由边沙-单沙关系反推而得。

表 4.1-19 朱沱水文站两种方法推算断沙的误差计算表

$C_{S_边}$ (kg/m³)	$C_{S_单}$ (kg/m³)	$C_{S_{断1}}$ (kg/m³)	$C_{S_{断2}}$ (kg/m³)	误差（%）
0.100	0.146	0.145	0.152	−4.61
0.200	0.291	0.289	0.304	−4.93
0.400	0.582	0.578	0.608	−4.93
0.600	0.873	0.867	0.912	−4.93
0.800	1.16	1.15	1.22	−5.70
1.00	1.46	1.45	1.52	−4.61
1.50	1.96	1.95	1.99	−2.01
2.00	2.47	2.45	2.46	−0.40
2.50	2.98	2.96	2.93	1.02
3.00	3.49	3.47	3.40	2.06
3.50	3.99	3.96	3.87	2.33
4.00	4.50	4.47	4.34	3.00
4.50	5.01	4.97	4.81	3.33
5.00	5.52	5.48	5.28	3.79
11.0	11.6*	11.5	10.9	5.50

注：* 为该站实测最大含沙量。

(5) 认识

由表 4.1-19 可看出，当含沙量 ≤ 1.0 kg/m³ 时，通过建立边沙-单沙关系推求所得断沙比通过边沙-断沙关系所推求的断沙偏小 5.0% 左右，当含沙量 > 1.0 kg/m³ 时，两种方法所推求的断沙误差在 5.0% 以内，即使以该站出现的实测最大含沙量（11.6 kg/m³）进行推算，误差也只有 5.5%，可见用边沙-单沙关系是可以代替边沙-断沙关系的，且通过边沙-单沙关系由边沙推求出单沙，可以及时了解含沙量的变化过程。

通过朱沱水文站边沙的实例分析,对特殊情况下采取边沙资料的处理,完全可以通过边沙-单沙关系进行解决,此种方法在资料的收集、整理、整编中更易操作且方法简便。

4.1.3 临底悬沙的研究

天然情况下,长江上游山区河流的测验断面一般水深流急,为了减小测验工作量,提高测验质量,常规悬移质输沙率测验时,多是在相对位置0.8(从水面起算)以上施测,而相对位置0.8以下至河床的泥沙却很少实测。随着近年来各水利工程的陆续修建,长江上游山区河流较多水文测站均位于水库库区内,测验断面处水深一般较大,随着断面平均水深的增大,近河床底层更大深度的悬移质输沙未能实测,造成常规测验的含沙量与真实值直接存在着一定的差别,因此这也一直是悬移质输沙量测验精度研究的重点和难点。

受各种原因的限制,历史上悬移质输沙率临底泥沙试验观测开展得较少。1972—1978年期间,为满足葛洲坝水利枢纽工程修改设计中的泥沙分析计算与模型试验需要,长江委曾在部分测站开展了临底悬移质输沙率观测,取得部分观测成果,四川省水文水资勘测中心在20世纪80年代初期也做过相关工作,但以前的临底悬移质输沙率测验都是在天然水流状况下进行,缺乏在库区较大水深、淤泥河床观测的经验。2006年,长江委水文局率先在三峡水库进出口水文站开展了临底悬移质输沙的试验观测工作,长江上游河段选择三峡水库库区内的清溪场、万县水文站开展试验研究。

4.1.3.1 临底悬沙采样器

1. 早期临底悬沙采样仪器

20世纪70年代,长江的部分测站开展了临底悬移质输沙率测验。当时,采样器的研制工作多由测站自力更生制造、自己使用,因而出现了多种型式的采样器,归纳起来,可分为以下几类。

(1) 单体铅鱼体外安装形式

20世纪70年代,在奉节、寸滩等站施测临底悬移质时采用。临底悬移质采样器中心至铅鱼底的距离为0.1 m,装在铅鱼一侧;另一采样器的中心距铅鱼底0.5 m,装于铅鱼上方。铅鱼重量为240~280 kg,外装两个采样器后,需增大和加长尾翼,才能保持整个取样装置的稳定和平衡。此取样装置系用在卵石河床测站采集临底层水样,取样时,用锤击方法击闭器盖,使上、下两个采样器同步取样。

(2) 双体铅鱼(体)之间双采样器垂直安装形式

双体铅鱼(体)之间双采样器垂直安装采样器有两种形式。第一种是将上、下两个采样器装在两个扁平的铅块之间,用锤击方法取样,用于卵石河床测站采集临底层水样。万县、朱沱站曾采用此种仪器取样。第二种是将垂直连接的两个采样器装在两个铅鱼之间,采用接触河底自动关闭的方法取样。为了采集垂线上其他测点的水样,这种仪器还安设了锤击开关,也可锤击取样。这种形式的优点是:保持了横式采样器的原有结构,取样性能无改变,采用接触河底、器盖自动关闭的取样方式,可以减少铅鱼对河床的搅动,适用于沙质河床测站应用。长江干流中游的新厂水文站应用这种形式施测。

(3) 铅鱼体内安装形式

铅鱼体内安装临底悬移质采样器,由宜昌水文站研制、应用。临底采样器为一内径为5.3 cm、长43 cm的钢管,管顶和两侧附加流线型铅块。仪器通过河底触关方法使垂直安装的两个采样器自动关闭,同步取样。两采样器中心至河底距离分别为0.1 m、0.5 m。另外,还安设了锤击装置,可以锤击取样。

2. 库区临底悬沙采样器

(1) 设计面临的问题

由于临底悬移质输沙率测验的特殊性,要求既要能测到距床面上0.5 m、0.1 m处的含沙量,又要尽量减少采样器对河床、水流的扰动,因此临底悬移质泥沙测验的采样器研制是整个试验分析的关键。

在三峡水库库区内,临底悬移质输沙率测验面临着新的难题:蓄水后,库底淤积物状态与天然河床上的淤积物状态发生了很大的变化,库区流速大为减小,水流夹沙能力变弱,床面上有相当厚的细沙,短时间内不能形成紧密的沉淀物,而是呈泥浆状的半流态物质。为了尽量减少采样器对河床的扰动,床面上0.1 m、

0.5 m两处的悬移质泥沙取样以使用触底开关为宜。

（2）采样器设计

为了减少采样器关闭对水沙扰动给成果带来的影响，上下采样器应同时关闭。在库区淤积条件下，由于床面上层是淤泥浆，触底开关需要在接触床面时，床面对触底开关有一定大的阻力才能实现自动关闭；另外，触底开关不能做得过大，否则对水沙扰动太大，会导致测量值不真实。以往使用过的临底悬沙采样器不能完全达到这一要求，须对临底悬移质采样器的构造型式重新设计。分析以往采样器的构造特点，都是用横式采样器与各种形式的铅鱼来组合制造。横式采样器由工厂定型生产，自重较轻，使用较方便，在不同的水流条件下，配制重量不一样的铅鱼，就可以达到取样目的，万县、清溪场水文站常规输沙测验都是采用横式采样器，因此，新仪器研制仍然采用横式采样器与铅鱼组合的方式。经对以往临底悬移质采样仪器进行比较发现，双体铅鱼（体）之间双采样器垂直安装形式的布置组合较为合理。此次采样器设计仍然整体采用双体铅鱼（体）之间双采样器垂直安装形式，总的空间布置不做大的改变，在局部进行调整补充。

（3）采样器的研制

采用承重铅鱼两边分置，双管采样筒垂直居中（上下按底上0.1 m、0.5 m两管），双管开关联动的布置方案。并把过去的双管整体连接改为分置，使倾倒沙样时互不干扰且倾角能达90°，以减少冲沙的不便。为减少采样器因重力下放陷入淤泥中的可能，在采样器底部加装一护板（活动的，可插卸）。护板的作用主要是增大对软质床面的承压面，使之不易下陷，以防止泥浆涌入采样管区域。护板以下是触发板和连接触发板的调节螺杆，以及开关指示器（用一脉冲电池，无线连接岸上的电铃或者灯泡，根据指示可判断开关是否关闭）。为求采样器的稳定平衡，而不至体态过长、操作不便，把单底改为双底翼，取消水平翼，在垂直底翼中设置了可调节的平衡锤。在测取垂线上其他相对位置的沙样时，可把护板卸了，使用锤击开关操作。临底悬移质采样仪器示意图见图4.1-42、图4.1-43。

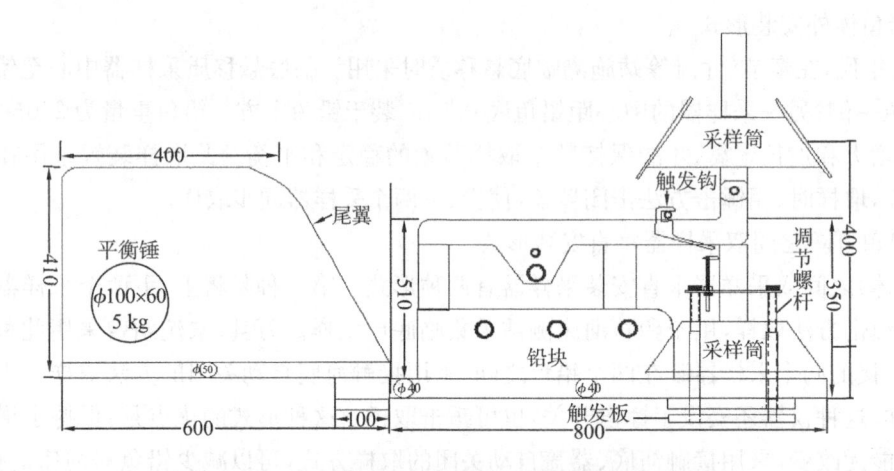

图4.1-42　库区临底悬沙采样器侧面示意图（单位：mm）

（4）采样器的使用

临底悬移质采样仪器的使用，关键是调节触发板伸出长度，使触发开关能稳定地在指定位置关闭采样器。若河床面较硬（天然河床、沙、卵石等）可调节连接螺杆，把触发板调到行程最短的距离即可。若床面稀软，应根据淤积物稀软程度及厚度，调节触发板伸出长度。一般把触发板伸出长度调节到中等位置，进行试测。触发板刚接触床面时，床面对其的阻力不足以触发开关，采样器在重力作用下继续下行，触发板伸入淤泥中不断深入，阻力随之增大，最终将开关触发，采样器关闭。若测出的采样筒内有稀泥存在，说明触发板伸出距离短了，则要将触发板伸出距离慢慢地调长再测，使之刚好取得水样而无淤泥；反之，如果取得清水，则要慢慢缩短触发板伸出长度，反复调节，直到采样器筒正好在淤泥与水的界面上，取得需要的水样。触发板的调节长度为20～150 mm，一般可满足库区各种床面下的取样要求。万县水文站临底悬移质采样仪器见图4.1-44。

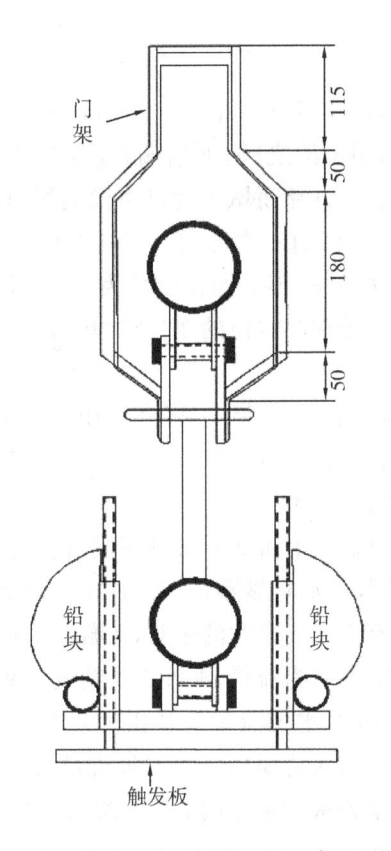

图 1-43　库区临底悬沙采样器正面示意图(单位:mm)

图 4.1-44　万县水文站临底悬沙采样器

库区临底悬沙采样器由于以横式采样器为取样仪器,因此同样无法克服横式采样器本身的固有缺陷,整个采样器体积较大,虽然采取很多措施,但仍不可避免地存在对水流的扰动。特别在进行临底悬沙测验时,对床沙的扰动较大,因此取样时,下放速度应慢,在接近河底时应停顿一段时间,待水沙恢复常态后缓慢下放,触发开关。

4.1.3.2 临底悬沙观测方案

1. 测站情况

(1) 万县水文站

万县站于1951年设立为水文站,1953年2月上迁7 000 m,2003年5月下迁2 300 m,更名为万县(二)站。万县(二)站测验河段位于沱口与明镜滩之间,河槽偏右,两岸多乱石,系单式断面,基本稳定。测流断面上游约600 m处有万利铁路桥墩,右岸铁路桥墩下为已淹没的黑盘石,左岸上游50 m至1 000 m范围内是万州港务局的集装箱码头,下游5 000 m有一大弯道。三峡工程156 m蓄水后主泓及流速分布无明显变化。万县站为流量、泥沙一类精度水文站,多年平均径流量为3 788亿 m³,多年平均输沙量为45 400亿 t。三峡水库蓄水后,万县站水位流量关系受坝前水位的变化影响较为紊乱。

(2) 清溪场水文站

清溪场站1939年3月设立为水位站,1943年9月停测,1945年8月恢复观测。1950年1月改为水文站,1956年5月上迁350 m,更名为清溪场(二)站,1957年改为水位站,1983年5月恢复流量观测,1984年5月基本水尺断面下迁50 m,更名清溪场(三)站。

清溪场水文站测验河段顺直中泓偏左,上游200 m处河段由左向右弯,上游约1 000 m左岸有"金刚背"石咀凸出,下游约1 500 m有"银落堆",低水时显露,下游约2 500 m河段由左向右弯。河床右岸有名为"杀人坝"的大沙滩,水位145.00 m以上有100 m余宽的漫滩,上游约260 m有乱石堆,高水淹没,左岸为岩石和乱石陡壁,岸边形成回流和泡漩。清溪场站为流量、泥沙二类精度水文站,在三峡水库135 m蓄水后,清溪场站处于水库变动回水区,受水库蓄放影响,水位流量关系相对天然状况有所变化,同水位情况下,流量有系统偏小的现象。坝前水位139 m时,回水对清溪场低水水位流量关系影响变得比较明显;156 m蓄水后,清溪场站完全处于水库库区内,水位流量关系受水库调蓄及上游来水共同影响,关系线较为紊乱。

2. 测验方法及测次布置

万县、清溪场站临底悬移质观测一般选在水流比较平稳时进行,流速、悬移质含沙量、悬移质颗粒分析、床沙等同步施测。

(1) 断面

万县站在起点距分别为60.0、80.0、115、130、150、155、175、200、240、260、280、300、320、340、360、380、400、420、440、460、500、540、560、600、640 m处25条垂线施测;清溪场站在起点距分别为10.0、60.0、110、160、190、210、230、250、265、280、290、305、325、345、365、385、405、425、445、470、495 m处21条垂线进行施测。测船垂线定位采用GPS定位系统,以回声仪实测水深。

(2) 流速

流速施测采用流速仪法,施测方法为多线多点法。清溪场站施测垂线在起点距分别为210、250、280、305、325、345、365、385、425、445 m处;万县站施测垂线在起点距分别为115、155、200、260、300、360、420、460、500、560 m处。采用七点法施测,相对水深以河床为零点,相对水深 η 分别为1.0、0.8、0.4、0.2、0.1,距床面 $r=0.5$ m、距床面 $r=0.1$ m。

(3) 悬移质含沙量

采用选点法进行,线点与流速相同。万县站水面、0.2、0.6、0.8、0.9采用常规横式采样器取样,底上0.1 m、0.5 m采用临底悬沙采样器取样;清溪场站各点采用临底悬沙采样器取样。

(4) 悬移质颗分

采用选点法进行,线点与流速相同,临底悬移质采用临底悬沙采样器取样,常测法水样采用常规横式采样器取样。

(5) 床沙

采用挖斗式采样器进行施测,垂线与流速垂线保持一致,对采集到的卵石、砾石先进行容积测量,并用卡尺测量最大卵石的长、宽、高,现场算出最大卵石直径,然后用筛分法进行2 mm以上卵石和砾石分级。用弹簧秤称重。对 2 mm 以下的样品用量杯装好后送交泥沙分析室进行分析，采用粒径计和移液管结合法分析。

4.1.3.3 临底悬沙计算

采用七点法取样，以河床为零点，相对水深 η 分别为 1.0、0.8、0.4、0.2、0.1，距床面 $r=0.5$ m，距床面 $r=0.1$ m。垂线平均流速计算水深权重 K_η，对七点法从上至下分别为 0.1、0.3、0.3、0.15、0.1(1−5/2h)、0.05(1−1/h)、0.3/h。其中，h 为测线水深。计算断面的概化垂线平均时，对距床面 $r=0.5$ m、$r=0.1$ m 的两点，其权重计算式中的水深取断面平均水深值。

1. 概化垂线流速垂直分布

(1) 同一相对水深横向平均流速计算

$$V_\eta = \sum \frac{a_i}{A} V_{\eta\text{-}i} = \sum K_{Ai} V_{\eta\text{-}i} \tag{4.1-7}$$

式中：i 为垂线（或部分面积）的号数；η 为垂线上测点的相对水深值；a_i 为第 i 施测垂线的权重代表面积，其中 $a_1=\alpha_1 A_0+A_1/2$，$a_n=\alpha_2 A_n+A_{n-1}/2$，$a_i=(A_{i-1}+A_i)/2$，$A_i$ 为两条垂线间面积，α_1、α_2 为岸边流速系数；A 为全断面面积，$A=A_0+A_1+\cdots+A_n$；K_{Ai} 为面积权值，即 $\frac{a_i}{A}$；$V_{\eta\text{-}i}$ 为第 i 条垂线相对水深 η 处的测点流速；V_η 为同一相对水深 η 处的横向平均流速。

(2) 概化垂线平均流速计算

$$\overline{V} = \sum K_\eta V_\eta \tag{4.1-8}$$

式中：$\overline{V}$ 为概化垂线平均流速（即断面平均流速）；$K_\eta = \frac{h_{\eta i}}{h_\eta}$，为水深权值。

2. 概化垂线含沙量垂直分布计算

(1) 同一相对水深横向平均含沙量计算

$$C_{S\eta} = \sum \frac{Q_i V_{\eta\text{-}i}}{A V_{m\text{-}i} V_\eta} C_{S\eta\text{-}i} = \sum K_s C_{S\eta\text{-}i} \tag{4.1-9}$$

式中：Q_i 为测验垂线的代表权重流量，其中 $Q_1=q_0+q_1/2$，$Q_n=q_n+q_{n-1}/2$，$Q_i=(q_{i-1}+q_i)/2$，q_i 为两条垂线间部分流量；$V_{\eta\text{-}i}$ 为垂线 i 相对水深 η 处的测点流速；$V_{m\text{-}i}$ 为垂线 i 实测垂线平均流速；$C_{S\eta\text{-}i}$ 为垂线 i 在相对水深 η 处的测点含沙量；$K_s = \frac{Q_i V_{\eta\text{-}i}}{A V_{m\text{-}i} V_\eta}$。

(2) 概化垂线真正平均含沙量计算

$$C_{SZ} = \sum K_\eta C_{S\eta} \tag{4.1-10}$$

此处加上"真正"二字，以示与概化垂线实测平均含沙量（即断面平均含沙量）$\overline{C}_S$ 相区别。

(3) 概化垂线实测平均含沙量计算

$$\overline{C}_S = \sum K_\eta V_\eta C_{S\eta}/\overline{V} = \sum K'_\eta C_{S\eta} \tag{4.1-11}$$

式中：$\overline{C}_S$ 为概化垂线实测平均含沙量（即断面平均含沙量）；$K'_\eta = \frac{K_\eta V_\eta}{\overline{V}}$。

3. 概化垂线颗粒级配垂直分布计算

(1) 同一相对水深横向平均颗粒级配计算

$$P_\eta = \sum \frac{Q_{Si} C_{S\eta\text{-}i} V_{\eta\text{-}i}}{A C_{Sm\text{-}i} V_{m\text{-}i} V_\eta C_{S\eta}} P_{\eta\text{-}i} = \sum K_P P_{\eta\text{-}i} \tag{4.1-12}$$

式中：P_η 为同一相对水深 η 处横向平均小于某粒径沙重百分数；$K_P = \dfrac{Q_{Si}}{AV_{m-i}C_{Sm-i}} \dfrac{V_{\eta-i}}{V_\eta} \dfrac{C_{S\eta-i}}{C_\eta}$；$P_{\eta-i}$ 为第 i 条垂线在相对水深 η 处测点小于某粒径沙重百分数；Q_{Si} 为测验垂线的权重代表输沙率，其中 $Q_{S1} = q_{S0} + q_{S1}/2$，$Q_{Sn} = q_{Sn} + q_{S(n-1)}/2$，$Q_{Si} = (q_{S(i-1)} + q_{Si})/2$，$Q_{Si}$ 为两条垂线间部分输沙率；$C_{S\eta-i}$ 为垂线 i 在相对水深 η 处的测点含沙量；C_{Sm-i} 为垂线 i 实测垂线平均含沙量。

(2) 概化垂线平均颗粒级配计算

$$\overline{P} = \sum K_\eta V_\eta C_{S\eta} P_\eta /(\overline{V}\,\overline{C}_S) = \sum K''_\eta P_\eta \tag{4.1-13}$$

式中：$\overline{P}$ 为概化垂线平均小于某粒径沙重百分数（即断面平均小于某粒径沙重百分数）；$K''_\eta = K_\eta V_\eta C_{S\eta}/\overline{V}\,\overline{C}_S = K'_\eta C_{S\eta}/\overline{C}_S$。

(3) 概化垂线上各测点按粒径分组的含沙量计算

$$C_{S\eta-d_i} = C_{S\eta} \dfrac{\Delta P_{\eta-d_i}}{100} \tag{4.1-14}$$

式中：$C_{S\eta-d_i}$ 为概化垂线相对水深 η 处 d_i 粒径组的含沙量；$\Delta P_{\eta-d_i}$ 为各粒径组级配百分数上下限的差值，如在 0.25～0.5 mm 这一组含沙量中，小于粒径 0.25 mm 沙重百分数为 $P_{\eta-0.25}$，小于粒径 0.5 mm 的沙重百分数为 $P_{\eta-0.5}$，则这一组的 ΔP 值应是 $P_{\eta-0.5} - P_{\eta-0.25}$。

(4) 概化垂线按粒径分组的平均含沙量计算

$$\overline{C}_{S-d_i} = \sum K'_\eta C_{S\eta-d_i} \tag{4.1-15}$$

式中：$\overline{C}_{S-d_i}$ 为概化垂线上按粒径分组的平均含沙量。

4.1.3.4 临底悬沙观测分析

1. 流速分析

万县站流量常测法为 10 线三点法（相对水深 0.2、0.6、0.8），临底悬沙试验垂线与流量常测法垂线一致。清溪场站流量常测法为 7～9 线三点法（相对水深 0.2、0.6、0.8），垂线在起点距分别为 60.0、110、210、280、325、365、405、425、445 m 处。万县、清溪场水文站临底悬沙试验与常规测验采用的方法、设备一致。

以万县站临底多点法概化垂线上每层实测流速除以概化垂线平均流速所得的相对流速为横坐标，以对应的相对水深为纵坐标，点绘相对流速随相对水深分布曲线，见图 4.1-45。万县站流速随水深的分布上大下小，从床面到水面逐渐增大，呈典型的指数曲线分布，符合垂线流速分布的一般规律。水面流速大于垂线平均流速，多数分布在 1.1～1.2，以此分析，万县站水面流速系数应为 0.8～0.9，按规范建议值取 0.85，可获得不错精度。从水面到河底相对水深 0.6 处，相对流速比较集中地分布在 1 附近，可以看出万县站在特殊情况下采用相对水深 0.6 一点法测流，成果精度有保障。

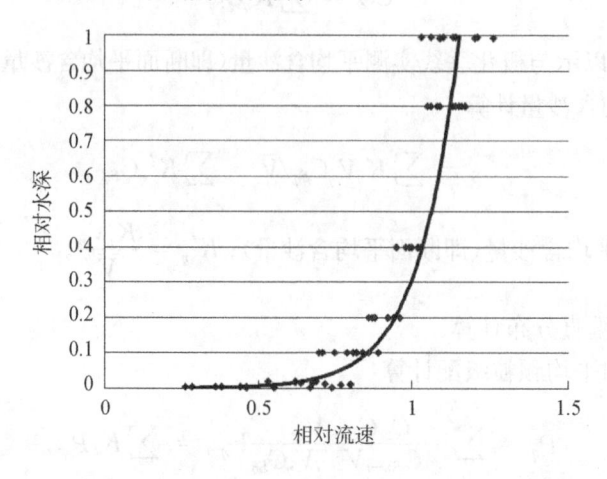

图 4.1-45 万县站临底多点法垂线相对流速与相对水深的分布图

清溪场站相对流速随相对水深分布见图4.1-46。从分布图看,清溪场站整体上流速随水深的分布上大下小,大体呈抛物线曲线分布,最大流速普遍出现在相对水深0.2处(从水面向下计算)。水面流速普遍大于垂线平均流速,多数分布在1~1.1,清溪场站水面流速系数应为0.9~1.0,水面流速系数应大于规范建议值0.85。从水面到河底相对水深0.6处,相对流速分布在1.02~1.07,但有一定变化幅度,整体上清溪场站流速分布符合垂线流速分布的一般规律,但相对万县站,流速分布的规律性要差一些。

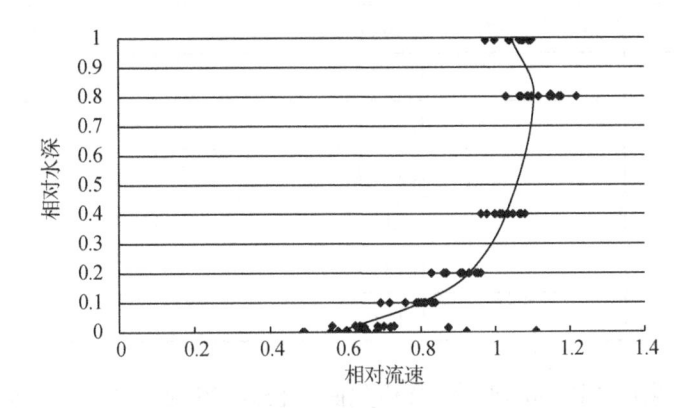

图4.1-46 清溪场站临底多点法垂线相对流速与相对水深的分布图

万县站的流速分布公式基本符合指数分布,流速垂线曲线可表示为公式:

$$V_\eta = K\eta^{\frac{1}{m}} \tag{4.1-16}$$

式中:η为垂线上测点的相对水深值;V_η为同一相对水深η处的横向平均流速;K为系数;$\frac{1}{m}$为指数。

概化垂线平均流速为:

$$V_{cp} = \int_0^1 K\eta^{\frac{1}{m}} \mathrm{d}\eta = K\frac{m}{1+m} \tag{4.1-17}$$

概化曲线公式可转化为:

$$\frac{V_\eta}{V_{cp}} = \left(1 + \frac{1}{m}\right)\eta^{\frac{1}{m}} \tag{4.1-18}$$

取床面上0.1 m的流速为$V_{0.1}$,在双对数坐标上,以$V_\eta/V_{0.1}$为纵坐标、$\eta/\eta_{0.1}$为横坐标点绘关系$V_\eta/V_{0.1} - \eta/\eta_{0.1}$。采用最小二乘法建立每一测次过原点的关系直线,其直线斜率即为流速分布曲线公式的指数$\frac{1}{m}$。万县站流速概化曲线公式参数见表4.1-20。

表4.1-20 万县站单一测次流速概化曲线公式参数表

测次	$\frac{V_\eta}{V_{cp}} = \left(1+\frac{1}{m}\right)\eta^{\frac{1}{m}}$	
	$1+\frac{1}{m}$	$\frac{1}{m}$
1	1.256 2	0.256 2
2	1.197 8	0.197 8
3	1.277 6	0.277 6
4	1.196 7	0.196 7
5	1.166 9	0.166 9
6	1.209 5	0.209 5

续表

测次	$\dfrac{V_\eta}{V_{cp}}=\left(1+\dfrac{1}{m}\right)\eta^{\frac{1}{m}}$	
	$1+\dfrac{1}{m}$	$\dfrac{1}{m}$
7	1.160 7	0.160 7
8	1.151 8	0.151 8
9	1.076 9	0.076 9
10	1.058 6	0.058 6
11	1.113 7	0.113 7
12	1.115 3	0.115 3
13	1.138 2	0.138 2
14	1.113 7	0.113 7

根据万县站全年所有测次的 V_η、η，建立综合概化曲线公式，得到万县站综合概化曲线系数及指数（表4.1-21）。万县站综合概化流速曲线可表示为：$\dfrac{V_\eta}{V_{cp}}=1.156\,8\eta^{0.156\,8}$。

表 4.1-21　万县站综合概化流速曲线公式参数表

公式	$\dfrac{V_\eta}{V_{cp}}=\left(1+\dfrac{1}{m'}\right)\eta^{\frac{1}{m'}}$	
系数及指数	$1+\dfrac{1}{m'}$	$\dfrac{1}{m'}$
	1.156 8	0.156 8

清溪场站流速分布基本符合抛物线分布，流速垂线曲线可表示为公式：

$$V_\eta = V_{\max} - \dfrac{H^2}{2p}(\eta-\eta_{\max})^2 \tag{4.1-19}$$

式中：V_η 为同一相对水深 η 处的横向平均流速；$V_{\max}$ 为垂线上最大测点流速；η 为垂线上测点的相对水深值；$\eta_{\max}$ 为垂线上最大测点流速处的相对水深；H 为垂线水深；p 为参数。概化曲线公式可转化为：

$$\dfrac{V_\eta}{V_{\max}} = 1 - k(\eta-\eta_{\max})^2 \tag{4.1-20}$$

采用最小二乘法建立每一测次过原点的关系直线，其直线斜率即为流速分布曲线公式的系数 k。清溪场站流速概化曲线公式参数见表 4.1-22。

表 4.1-22　清溪场站单一测次流速概化曲线公式参数表

测次	$\dfrac{V_\eta}{V_{\max}}=1-k(\eta-\eta_{\max})^2$
	k
1	0.478 3
2	0.371 6
3	0.335 8
4	0.432 7
5	0.503 5

续表

测次	$\dfrac{V_\eta}{V_{\max}} = 1 - k(\eta - \eta_{\max})^2$
	k
6	0.464 4
7	0.192 4
8	0.454 1
9	0.369 2
10	0.439 3
11	0.262 7
12	0.525 1
13	0.355 2

由清溪场站全年所有测次的 V_η、$V_{\max}$、η、$\eta_{\max}$ 等参数，建立综合概化曲线公式，得到综合概化曲线系数及指数(表4.1-23)。清溪场站综合概化流速曲线可表示为：$\dfrac{V_\eta}{V_{\max}} = 1 - 0.3917(\eta - \eta_{\max})^2$。

表 4.1-23　清溪场站综合概化流速曲线公式参数表

公式	$\dfrac{V_\eta}{V_{\max}} = 1 - k(\eta - \eta_{\max})^2$
系数及指数	k
	0.391 7

2. 床沙粒径的确定

在河道水流中运动的泥沙，可以分为两大类：冲泻质与床沙质。冲泻质理论上主要以浮游的形式存在于水流层，自河底至水面，单位水体中含量相差甚微，在床面层中为数极少，对河床的冲淤影响较小，可不修正。床沙质既可以以推移质或悬移质的形式存在于水流层，也可以静止的形式存在于床面层，两种形式的泥沙可以相互交换、相互补给，也是本次临底悬移质测验观测的重点。在天然河流中，床沙质与冲泻质临界粒径一般为 0.1mm，但由于万县站已经处于三峡库区，水流中的泥沙明显偏细，因此必须重新确定床沙质与冲泻质的临界粒径。

如何确定划分床沙质与冲泻质的临界粒径，是在理论上争论较多、在实践中困难较大的问题。在具体的资料分析工作中运用得较多的有拐点法、最大曲率点法以及床沙粒配曲线上纵坐标 5% 相应的粒径作为临界粒径的方法。

本节采用床沙粒配曲线上纵坐标 5% 相应的粒径作为临界粒径的方法，分析万县、清溪场站的临界粒径。万县站床沙颗粒级配曲线见图 4.1-47。万县站多数测次断面平均床沙粒配曲线上纵坐标 5% 所对应的粒径小于 0.004 mm，因此，选定万县站床沙质与冲泻质的临界粒径为 0.004 mm。

清溪场站临底悬移质资料测验时，同步施测了床沙资料。清溪场站河床右岸为沙质河床，水位 145.00 m 以上有约 100 m 的漫滩，三峡蓄水后，在起点距 210 m 处实测有细小颗粒的淤泥，清溪场站主槽为卵石夹沙河床(断面见图 4.1-48)。清溪场主槽平均床沙颗粒级配曲线见图 4.1-49。

三峡水库蓄水对清溪场站河床床沙组成有较大影响。蓄水后清溪场河段水流速度下降，夹沙能力降低，2007 年后的床沙颗粒级配较以前发生了明显变化，河床床沙颗粒逐渐变细，且随着时间的推移有越变越细的趋势。清溪场站平均床沙粒配曲线上纵坐标 5% 所对应的粒径在 0.1 mm 附近，选定清溪场站床沙质与冲泻质的临界粒径为 0.1 mm。

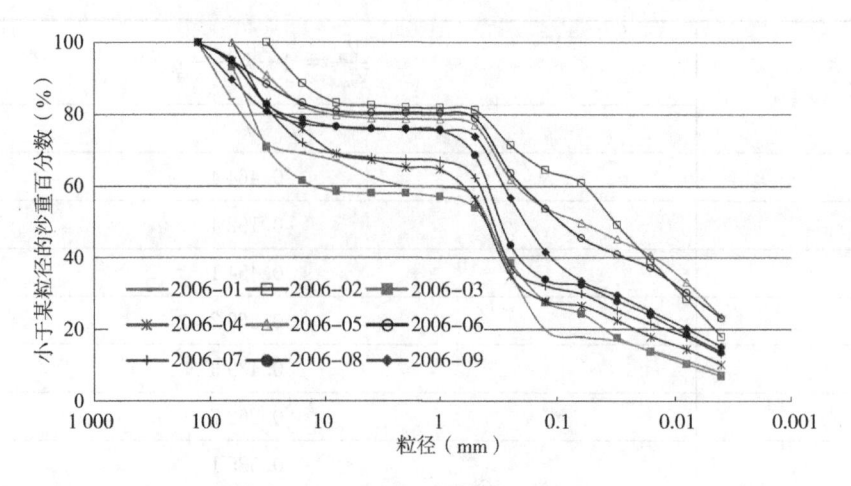

图 4.1-47 万县站床沙颗粒级配曲线图

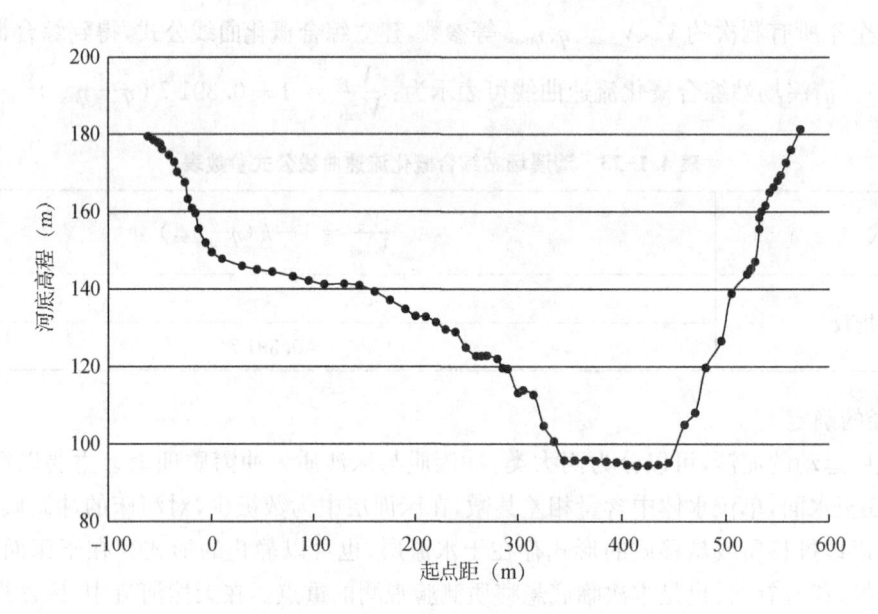

图 4.1-48 清溪场断面分布图

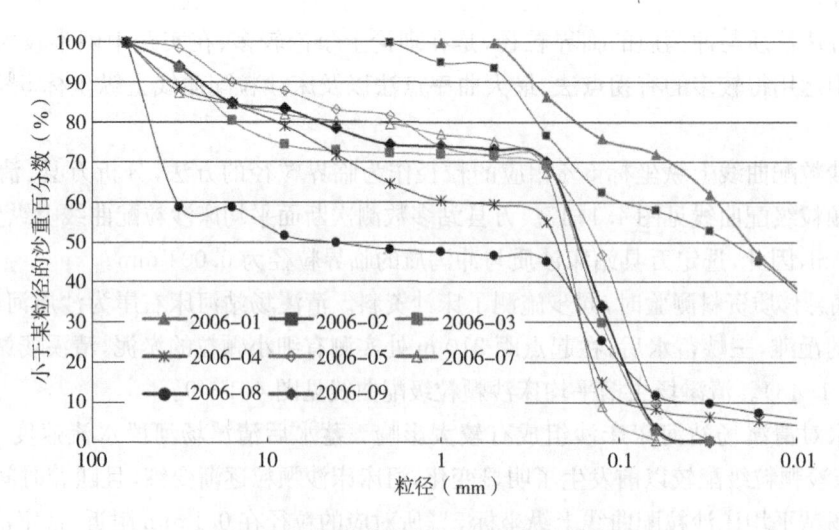

图 4.1-49 清溪场站床沙颗粒级配曲线图

3. 含沙量分析

(1) 临底悬沙采样仪器与横式采样器的比测

万县站输沙率常测法采用10线三点垂线混合法进行,测线、测点与常测法流量测验完全一致;清溪场站输沙率常测法采用6~8线三点垂线混合法进行,起点距分别为110、210、280、325、365、405、425、445 m。万县站临底悬移质泥沙测验时除底上0.1 m、0.5 m外,其余各测点含沙量测验所采用的设备、方法与常规法完全一致,且从临底悬移质泥沙测验成果中采取抽样的方法提出的常规法成果已参与了年输沙量资料整编。清溪场站临底悬移质泥沙测验采用临底悬沙采样器取样,与常规法采用的横式采样器不一样。

临底悬沙采样器研制成功后,2006年12月26日和2007年4月27日,万县站选择了部分垂线与横式采样器进行了垂线、测点含沙量的比测,比测结果见表4.1-24、表4.1-25。由于比测时万县站绝对含沙量较小,造成两种仪器部分含沙量的相对误差较大,但总体上平均误差较小,测点含沙量与垂线含沙量平均误差分别为1.03%、-1.25%。临底悬沙采样器与横式采样器比较,无明显系统偏差,代表性较好。

表 4.1-24　万县站临底悬沙仪器点含沙量比测

日期	起点距(m)	相对水深	常规仪器含沙量(kg/m³)	临底仪器含沙量(kg/m³)	相对误差(%)	平均误差(%)
2006-12-27	300	0.2	0.004	0.007	75.00	
		0.6	0.006	0.004	-33.33	
		0.8	0.005	0.007	40.00	
2007-4-24	200	0.2	0.010	0.011	10.00	
		0.6	0.014	0.012	-14.29	
		0.8	0.013	0.012	-7.69	1.03
	260	0.2	0.012	0.014	16.67	
		0.6	0.011	0.009	-18.18	
		0.8	0.012	0.009	-25.00	
	360	0.2	0.012	0.012	0.00	
		0.6	0.013	0.009	-30.77	
		0.8	0.009	0.009	0.00	

表 4.1-25　万县站临底悬沙仪器垂线含沙量比测

日期	流量 Q(m³/s)	起点距(m)	常规采样器观测垂线平均含沙量(kg/m³)	临底采样器观测垂线平均含沙量(kg/m³)	相对误差(%)	平均误差(%)
2006-12-06	4 740	300	0.005	0.006	20.00	
2007-04-27	5 700	200	0.012	0.012	0.00	-1.25
		260	0.012	0.011	-8.33	
		360	0.012	0.010	-16.67	

(2) 含沙量成果分析

点绘万县站相对含沙量随相对水深分布曲线(图4.1-50),以实测临底多点法概化垂线上每层含沙量除以概化垂线平均含沙量所得的相对含沙量为横坐标,以对应的相对水深为纵坐标。万县站含沙量随水深的分布上小下大,从床面到水面逐渐减小,符合含沙量分布的一般规律。

清溪场站含沙量整体上从床面到水面有逐渐减小的趋势(图4.1-51),但趋势性不如万县站强,含沙量随水深变化梯度较小,特别是从床面起算相对水深0.9处含沙量偏小,反映出清溪场站普遍规律还是测验偶然误差,需要收集资料做进一步分析。

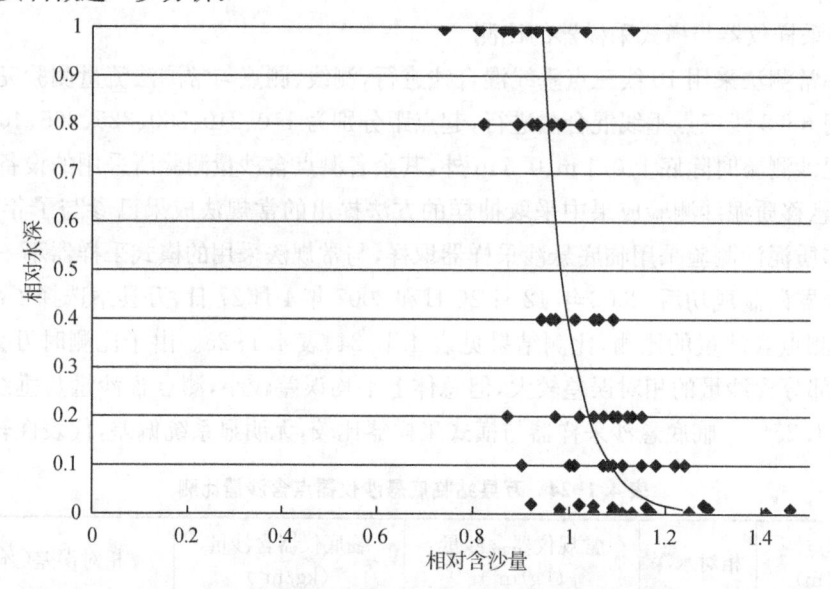

图 4.1-50　万县站相对含沙量随相对水深分布曲线图

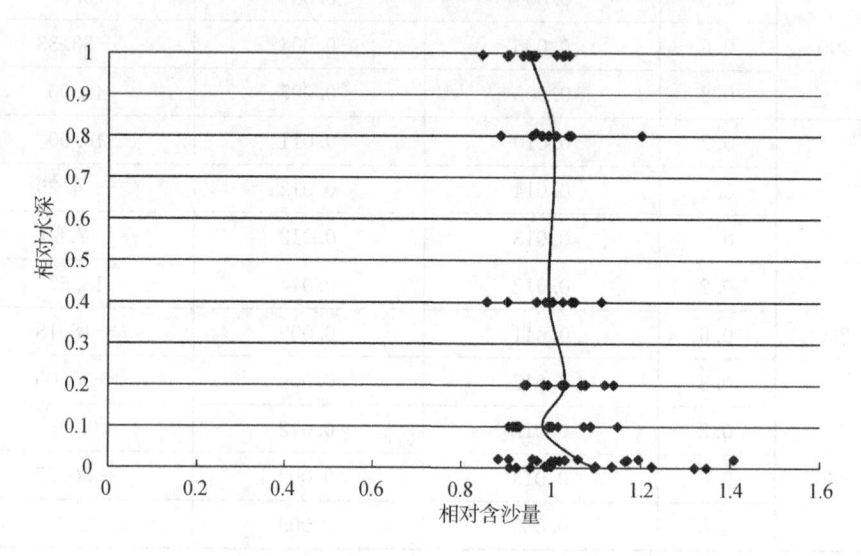

图 4.1-51　清溪场站相对含沙量随相对水深分布曲线图

一般的,含沙量分布可用以下公式表示:

$$C_{S\eta-d_c} = r\left(\frac{1}{\eta}-1\right)^z \tag{4.1-21}$$

式中:r 为系数;z 为指数。

经过转化:

$$\frac{C_{S\eta-d_{c(床)}}}{C_{S0.2-d_{c(床)}}} = \left(\frac{1}{0.2}-1\right)^{-z} \times \left(\frac{1}{\eta}-1\right)^z = a\left(\frac{1}{\eta}-1\right)^z \tag{4.1-22}$$

式中:$C_S0.2-d_{c(床)}$ 为采用公式(4.1-21)计算的相对水深 0.2 处的床沙含沙量。

取床面上 0.1m 的床沙质含沙量为 S_a,在双对数坐标上,以 S/S_a 为纵坐标,$\left(\frac{1}{\eta}-1\right)/\left(\frac{1}{\eta_a}-1\right)$ 为横坐标,点绘 S/S_a-$\left(\frac{1}{\eta}-1\right)/\left(\frac{1}{\eta_a}-1\right)$ 关系。万县、清溪场站单一测次含沙量概化曲线公式参数见表 4.1-26、表 4.1-27。

表 4.1-26　万县站含沙量概化曲线公式参数表

测次	$\dfrac{C_{S\eta-d_{c(床)}}}{C_{S0.2-d_{c(床)}}} = a\left(\dfrac{1}{\eta}-1\right)^{z}$	
	$d_{c(床)}$	
	a	z
1	0.966 1	0.024 9
2	0.986 0	0.010 2
3	0.976 6	0.017 1
4	0.979 8	0.014 7
5	0.962 1	0.027 9
6	0.974 5	0.018 6
7	0.972 0	0.020 5
8	0.960 3	0.029 2
9	0.903 3	0.073 4
10	不合分布规律	不合分布规律
11	0.926 5	0.055 1
12	0.962 7	0.027 4
13	0.963 1	0.027 1
14	0.918 1	0.061 6

表 4.1-27　清溪场站含沙量概化曲线公式参数表

测次	$\dfrac{C_{S\eta-d_{c(床)}}}{C_{S0.2-d_{c(床)}}} = a\left(\dfrac{1}{\eta}-1\right)^{z}$	
	$d_{c(床)}$	
	a	z
1	不合分布规律	不合分布规律
2	0.942 9	0.042 4
3	不合分布规律	不合分布规律
4	不合分布规律	不合分布规律
5	0.981 7	0.013 3
6	不合分布规律	不合分布规律
7	0.958 3	0.030 7
8	0.967 0	0.024 2
9	0.948 7	0.038 0
10	不合分布规律	不合分布规律
11	0.985 3	0.010 7
12	不合分布规律	不合分布规律
13	0.983 4	0.012 1

根据全年所有测次的 $C_{S\eta}$、$C_{S\eta-d_{c(床)}}$ 与 η，采用最小二乘法建立年综合测次的 $C_{S\eta(全)}$ 或 $C_{S\eta-d_{c(床)}}$ 与 $\left(\dfrac{1}{\eta}-1\right)$ 的关系曲线公式。万县、清溪场站综合概化曲线公式中的系数及指数见表 4.1-28。

表 4.1-28　含沙量综合概化曲线公式参数表

站名	$\dfrac{C_{S\eta-d_{c(床)}}}{C_{S0.2-d_{c(床)}}} = a'\left(\dfrac{1}{\eta}-1\right)^{z'}$	
	$d_{c(床)}$	
	a'	z'
万县	0.959 8	0.029 6
清溪场	0.881 2	0.091 2

万县、清溪场两站床沙质含沙量垂直分布用公式可概化表示为：

万县站：$\dfrac{C_{S\eta-d_{c(床)}}}{C_{S0.2-d_{c(床)}}} = 0.959\,8\left(\dfrac{1}{\eta}-1\right)^{0.029\,6}$

清溪场站：$\dfrac{C_{S\eta-d_{c(床)}}}{C_{S0.2-d_{c(床)}}} = 0.881\,2\left(\dfrac{1}{\eta}-1\right)^{0.091\,2}$

4. 输沙量分析

（1）输沙量改正系数分析

临底七点法成果中抽样的常规法（相对位置 0.2、0.6、0.8 三点 1∶1∶1 垂线混合法）垂线平均输沙率为 q_{Smc}，临底七点法计算的垂线平均输沙率为 q_{Sm}，则垂线平均输沙率修正系数为 $T_S = q_{Smc}/q_{Sm}$。将各测次垂线输沙率修正系数计算算术平均值，得到断面平均输沙率修正系数。

万县站悬移质输沙修正系数表现为随断面输沙率增大而增大的趋势，当输沙率小于 1 000 kg/s 时，趋势比较明显，输沙率大于 1 000 kg/s 时修正系数趋近为定值（图 4.1-52）；床沙质部分输沙率修正系数随断面输沙无明显变化，综合输沙率修正系数稳定在 1.05 左右（图 4.1-53）。

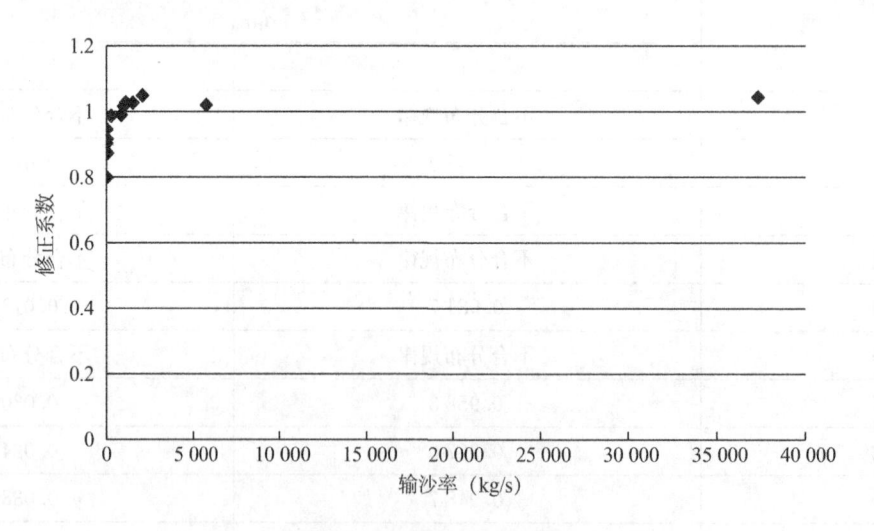

图 4.1-52　万县站悬移质输沙修正系数随输沙率变化趋势

清溪场站悬移质输沙率修正系数随断面输沙率变化分析见图 4.1-54。清溪场站悬移质断面平均输沙率修正系数比较稳定，点据比较集中，均衡分布在修正系数 1.03 的两边；床沙质输沙率修正系数随输沙率没有明显变化，综合修正系数可取为 0.95（图 4.1-55）。整体上看，清溪场站常测法床沙质输沙测验有部分漏测，但整体漏测率不大。

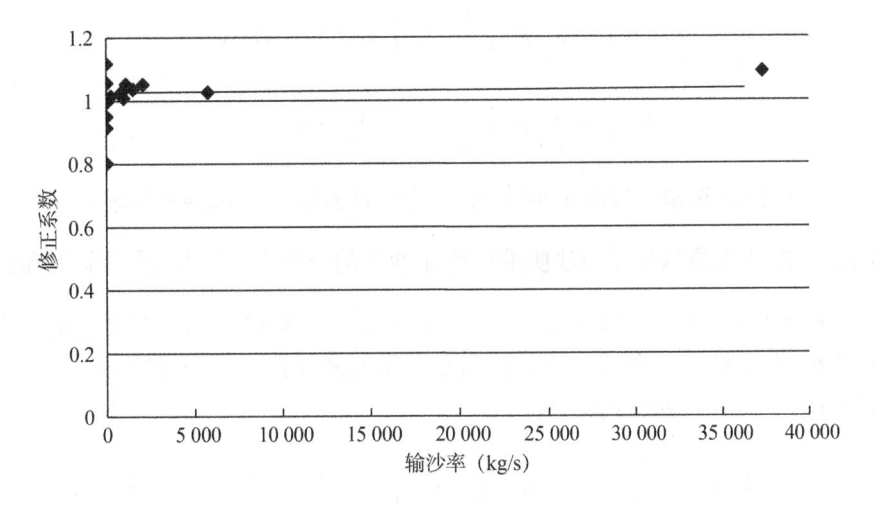

图 4.1-53　万县站床沙质输沙率修正系数随输沙率变化图

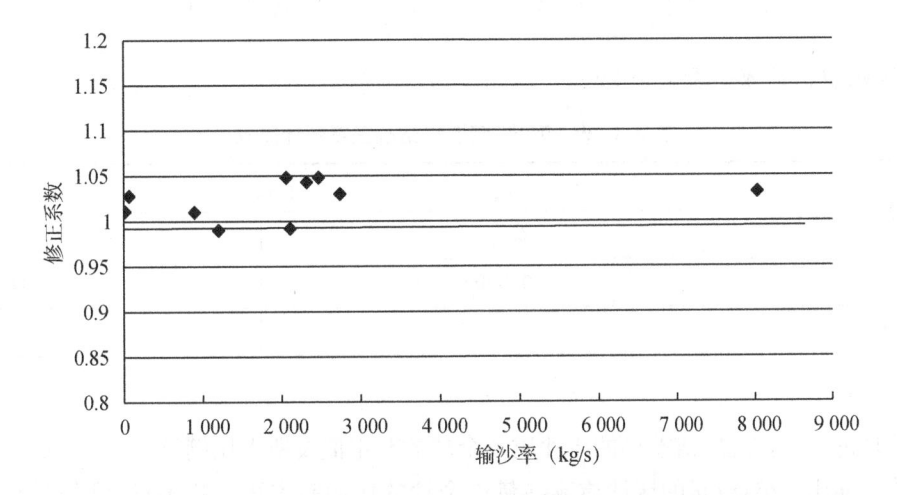

图 4.1-54　清溪场站悬移质输沙修正系数随输沙率变化趋势

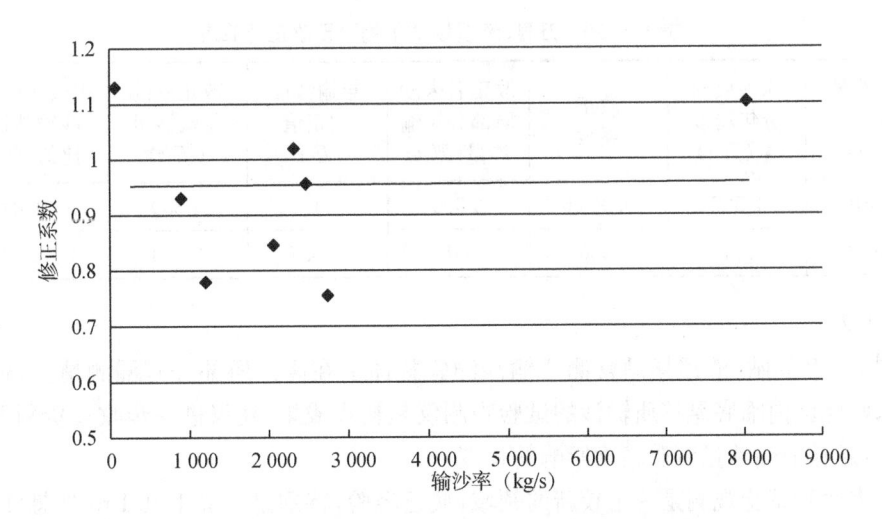

图 4.1-55　清溪场站床沙质输沙修正系数随输沙率变化趋势

(2) 输沙量改正系数

输沙量改正系数为综合概化曲线公式按积分法所计算的输沙量与按规范方法计算的输沙量的比值。万县站计算公式为：

$$\theta_{d(\text{全})} = \int_A^1 \eta^{\frac{1}{m}} \left(\frac{1}{\eta}-1\right)^{z'} \mathrm{d}\eta / X = E/X \tag{4.1-23}$$

$$\theta_{d_{c(\text{床})}} = \int_A^1 \eta^{\frac{1}{m}} \left(\frac{1}{\eta}-1\right)^{z'} \mathrm{d}\eta / X = E/X \tag{4.1-24}$$

式中：$\theta_{d_{c(\text{床})}}$ 为 $d_{c(\text{床})}$ 组床沙质年输沙量改正系数；$\theta_{d(\text{全})}$ 为全部粒径 d 组床沙质年输沙量改正系数。

相对水深 A 值，一般认为是悬移质与沙质推移质泥沙层的分界点，H. A. 爱因斯坦提出 $A=\dfrac{2\overline{D}}{h}$ [对概化垂线来说，h 应为断面平均水深，$\overline{D}$ 为近河底（$y=0.1\,\mathrm{m}$）处悬移质泥沙 d_i 组的平均粒径]。对水深较大的河流，A 值是极其微小的，不妨把 A 作为一个数值微小的常数来计算，一般可取为 0。

清溪场站输沙量改正系数计算公式如下：

$$\theta_{d(\text{全})} = \int_A^1 [1-k(\eta-\eta_{\max})^2]\left(\frac{1}{\eta}-1\right)^{z'} \mathrm{d}\eta / X = E/X \tag{4.1-25}$$

$$\theta_{d_{c(\text{床})}} = \int_A^1 [1-k(\eta-\eta_{\max})^2]\left(\frac{1}{\eta}-1\right)^{z'} \mathrm{d}\eta / X = E/X \tag{4.1-26}$$

万县、清溪场站改正参数见表 4.1-29。

表 4.1-29　万县、清溪场站改正系数计算表

站名	系数	
	$\theta_{d_{c(\text{床})}}$	$1-1/\theta_{d_{c(\text{床})}}$（%）
万县	0.999 6	−0.04
清溪场	0.986 6	−1.32

（3）输沙量改正

根据输沙量改正公式，万县、清溪场的床沙质及全沙的改正值及所占比例见表 4.1-30。万县、清溪场站年输沙量改正系数都比较小，改正的床沙质输沙量占全沙的比例基本可忽略不计，常规悬移质输沙测验方法精度较高，可完全用于年输沙量测验、计算。

表 4.1-30　万县、清溪场站年输沙量改正计算表

站名	年输沙量（全沙）（万 t）	床沙质部分年输沙量（万 t）	改正系数	改正后床沙质部分年输沙量（万 t）	年输沙量改正值（万 t）	改正后的年输沙量（万 t）	占改正前床沙输沙量比值（%）	占改正前全沙输沙量比值（%）
万县	4 830	2 507	0.999 6	2 506	−1.0	4 830	−0.04	0
清溪场	9 620	327	0.986 6	348	−4.7	9 620	−1.32	−0.05

5. 认识及建议

从现有资料看，万县站、清溪场站常测法输沙测验整体上在床沙质部分有漏测情况，但整体漏测率不大。本次三峡水库库区内临底悬移质输沙的试验观测仅是初步成果，建议进一步收集资料开展相关研究工作，以探索底沙对悬移质输沙量测验精度影响的程度。

悬移质输沙率底沙试验观测是一个较新的领域，缺乏经验，特别是床面上 0.1 m 处悬沙和流速测验，困难较大，受干扰因素较多，如操作不当，成果容易失真。2006 年长江上游为罕见少水少沙年，四川、重庆大部分地区持续高温少雨，发生了 100 年一遇的特大干旱，各站年径流量、输沙量均较小，2007 年长江上游也没有较大水沙过程，受此影响，悬移质输沙率底沙试验观测的代表性不足，也对成果分析有影响。万县、清溪场站临底悬移质输沙试验仅有 10 余次成果，且有几次测点成果由于反常或不符合一般规律，在分析时未被采用，要探究系统性成果，还需进一步做资料积累。

三峡水库从2006年9月18日开始由135 m蓄水至156 m,水库的再次蓄水,必将改变库区水沙运动特性,特别是清溪场站水流特性变化很大。还需分析本次底沙试验观测成果为系统性结论或是蓄水变化所引起的。

万县、清溪场水文站作为三峡水库库区站,其临底悬移质输沙试验取得的分析结论仅是初步的,由于受各种因素影响比较片面,需进一步收集资料,探求内在规律。

4.1.4 现场泥沙测验技术探索

目前,水文测量河流含沙量的主要方法是人工取样,采用烘干和称重来计算含沙量,从样品的采集到分析,不仅需要投入大量人力、物力和时间,且测量周期长,操作过程烦琐,劳动强度较大,难以实时监测河流含沙量的变化,泥沙测验成为制约水文全要素在线监测的瓶颈。随着国家最严格的水资源管理制度的强制实行,利用在线自动化设备实现悬移质泥沙的在线实时连续监测是今后悬移质泥沙测量的必然发展方向。近年来,全国各地水文测站开始逐步探索使用测沙仪在线实时监测含沙量的工作。测沙仪一般具有直接测量和自记功能,可以现场得到含沙量,但目前尚处于发展阶段,仪器不十分完善,测得的悬移质含沙量也较容易受其他因素如环境、仪器设备性能等影响,且测沙仪不能得到悬移质泥沙的颗粒级配。

测沙仪一般只能用于测得水中的悬移质含沙量,可以在水中长期工作,输出数据或信号能够自动转换为水中的悬移质含沙量,能够接入专用仪器、计算机、遥测终端机,并利用不同通信方式远距离传输。这样的仪器主要由光电测沙仪、超声波测沙仪、同位素测沙仪和振动测沙仪等。

4.1.4.1 LISST现场测沙仪

近年来,随着生产力的发展和科学的进步,泥沙实时监测技术有了较大的发展,出现了多种泥沙实时在线监测仪器,如LISST现场激光粒度分析仪、光学后向散射浊度仪(简称OBS)等。这些仪器的出现有力地推动了泥沙监测技术的发展。其中,LISST为当前较为先进的泥沙现场监测仪器之一,可以在现场实时完成泥沙颗粒级配与浓度的测定,通过测定的颗粒级配和浓度,得到转换后的含沙量,在生产实践方面有较为广泛的应用前景。近年来,长江上游部分站试验性开展了LISST-100X现场测沙仪的应用比测工作。

1. LISST-100X现场测沙仪简介

LISST-100X现场测沙仪(图4.1-56),美国Sequoia公司生产,采用激光衍射原理测量颗粒的大小,采用无线的监测方式进行悬移质泥沙监测,可用于水文测船、缆道及在线监测。测量参数包括平均粒径、浓度、光透度,是一种现场测量仪器。LISST-100X既能测量含沙量又能测量悬移质颗粒级配,正越来越多地使用于日常测量工作中,大大减少了测沙工作量,并增强了测沙资料的时效性。与传统的测验分析方法相比,LISST-100X测量水流含沙量、颗粒级配具有时效性好、工作量小、技术含量高等特点,能够对含沙量进行实时监测、现场分析,并能够在取样后进行实验室分析。LISST-100X还可以同时测量含沙量、颗粒级配、水深、水温、光透度、光的衰减等。

LISST-100X测量粒径范围为$2.50 \sim 500~\mu m$,可快速、直接采集水流测点含沙量、颗粒级配、水深、水温、激光检测能量和透射率等参数;可直接对仪器存储器进行数据下载,利用先进的软件技术,在现场快速完成原始测量数据的整理计算、各种图表等成果的输出;通过计算机通信网络,实现测量信息的实时远传,真正实现河流泥沙信息的动态监测,将促使河流泥沙资料收集方式的根本变革。

(1) 仪器测量原理

LISST-100X现场测沙仪使用的是激光衍射技术,根据的原理是激光的衍射,这种技术不受粒子的颜色和尺寸影响,大尺寸粒子衍射角度小,小尺寸粒子衍射角度大。光线照射到粒子上以后衍射光线绕过粒子,再通过一个凸透镜聚焦到一个由32个圆环构成的光敏二极管检测器上。接收到激光能量被保存下来,从而转换为粒子的大小分布,同时系统测量到的光透度将用来补偿浓度引起的衍射衰减,32个探测环可以测量32个级别的粒子分布,根据每个检测环上接收到的能量换算出该尺寸粒子的浓度,32级粒子的浓度总和就是悬浮物的总浓度。

图 4.1-56　LISST-100X 示意图

米氏理论指出,照射在颗粒上的校直的激光束将其大部分能量散射到特定的角度上,颗粒越小散射角越大,反之则越小,其工作原理如图 4.1-57 所示。在不同的角度上将散射的结果记录下来,通过特殊方法进行加权计算,可以从散射记录得出总面积浓度和总体积浓度,其两者的比值就是平均粒径。

LISST 是采用激光在泥沙水样中传播时衍射衰减的原理来测定泥沙的浓度,测量结果为瞬时值,然后根据泥沙的密度换算为含沙量,换算称作体积转换常数。

体积转换常数(Volume Conversion Constant,VCC)是影响 LISST-100X 测量精度最关键性的数值。严格地讲,LISST-100X 测量含沙量采用的是一种体积分布转换为重量分布的间接方法,仪器并不能直接施测含沙量。首先,在划分的 32 个粒径区间内,通过复杂的计算得到体积分布,单位为 μL/L。厂家称其为 OUTPUT(输出值),假为 $\sum E_i$(32 个粒径区间合计)。由于"输出值"是体积单位 μL/L,不是我们所期望的如含沙量 kg/m³,如果想 μL/L 与 kg/m³ 单位相同,需要二者之间建立换算关系,找出一个最佳常数来进行转换,使其与所期望的单位量纲相同。这个起着换算作用的常数,就是所谓的体积转换常数 VCC。

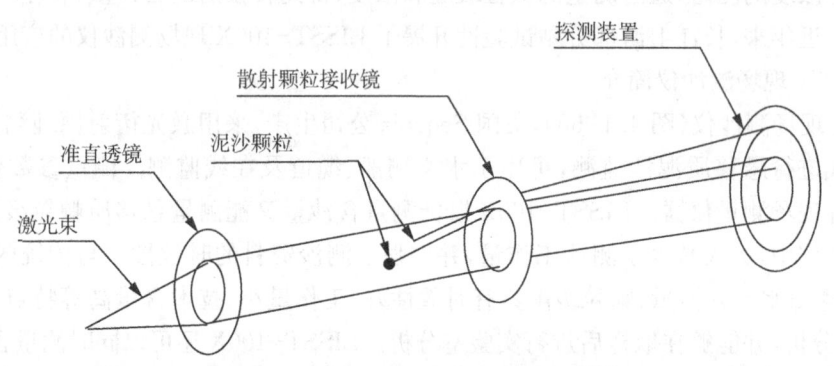

图 4.1-57　LISST-100X 及其工作原理图

(2) LISST-100X 悬浮沉积物粒度分布探头主要特性

LISST-100X 在标准模式下和增加光程缩短器的情况下测量范围不一样,增加光程缩短器是为了扩大含沙量测量范围,不是改变仪器粒度测量范围。仪器粒径测量范围由仪器型号决定,即 1.25～250 μm 为 B 型仪器粒度测量范围;C 型仪器粒度测量范围为 2.5～500 μm。LISST-100X 技术指标见表 4.1-31。

表 4.1-31　LISST-100X 主要技术指标

项目	参数指标
技术	小角度前方位散射(基础:米氏理论)
激光	固态二极管(670 nm)

续表

项目	参数指标
光径	5.0 cm(标准)
	2.5 cm(可选)
	20.0 cm(可选)
参数	粒度分布、光量散射函数(VSF)、光透度、水深(0~300 m)、水温(-5~50℃)
实施方式	水下,实验室,野外,拖曳,锚系,平台,剖面
操作范围	浓度(平均粒度为 30 μm 粒子的近似范围):5.0 cm 光程——10~750 mg/L; 2.5 cm 光程——20~1 500 mg/L(范围随粒度大小线性变化)
粒度范围	1.25~250 μm (B 型)
	2.50~500 μm (C 型)
光透度	0~100%
精确度	浓度:±20%(全程范围)
	光透度:0.1%
分辨率	浓度:0.5 mg/L;大小粒子分布:32 个大小级别,间隔采集
测量速率	可编程,达 4 Hz(每秒测量 4 次)
数据编程采集器	内部记忆和/或外部数据输出,RS-232C
数据容量	16 MB
接口	RS-232C,WINDOWS95/98/NT 软件
能量	内接——常用的碱性电池组
	外接——REG+15&-15V@250Mamax
实际尺寸及质量	尺寸:32 英寸长、5 英寸直径(81 cm 长、13 cm 直径);质量:空气中 25 磅(11.25 kg),水中 8 磅(3.6 kg)
额定工作深度	300 m(特殊要求,深度级别可更高)

(3)仪器测量含沙量范围

LISST-100X 现场测沙仪可以测量的含沙量范围随着含沙量的高低、粒径大小分布组成的变化而变化,是一簇参变量。LISST-100X 有效测量含沙量范围参考表见表 4.1-32。

表 4.1-32 LISST-100X 不同测量模式不同中值粒径条件下测量含沙量范围参考表

体积法中值粒径 (μm)	重量法中值粒径 (μm)	测量含沙量范围(kg/m³)			
		标准	2.5 cm 光程	4.0 cm 光程	4.5 cm 光程
5	4	0.01~0.050	0.02~0.100	0.05~0.250	0.10~0.500
10	8	0.01~0.069	0.02~0.138	0.05~0.345	0.10~0.690
15	12	0.01~0.086	0.02~0.172	0.05~0.430	0.10~0.860
20	16	0.01~0.108	0.02~0.216	0.05~0.540	0.10~1.080
25	20	0.01~0.150	0.02~0.300	0.05~0.750	0.10~1.500
30	24	0.01~0.168	0.02~0.336	0.05~0.840	0.10~1.680
35	28	0.01~0.211	0.02~0.422	0.05~1.055	0.10~2.110
40	32	0.01~0.264	0.02~0.528	0.05~1.320	0.10~2.640

续表

体积法中值粒径 (μm)	重量法中值粒径 (μm)	测量含沙量范围(kg/m³)			
		标准	2.5 cm 光程	4.0 cm 光程	4.5 cm 光程
45	36	0.01~0.350	0.02~0.700	0.05~1.750	0.10~3.500
50	41	0.01~0.413	0.02~0.826	0.05~2.065	0.10~4.130
55	45	0.01~0.518	0.02~1.036	0.05~2.590	0.10~5.180
60	49	0.01~0.648	0.02~1.296	0.05~3.240	0.10~6.480
65	53	0.01~0.750	0.02~1.500	0.05~3.750	0.10~7.500

说明：1. 以标准模式光透度为10%为限。
2. 体积法中值粒径为LISST-100X测量体积分布级配。
3. 重量法中值粒径为传统粒吸结合法分析级配。
4. 本表为根据LISST-100X试验数据分析综合成果，作为仪器在悬沙粗细组成一定条件下，不同测量模式可能测量到的含沙量范围参考值。

2. LISST-100X 现场测沙仪比测成果概述

比测的目的是探索LISST-100X能否在寸滩水文站不同水沙特性下实时测量含沙量，找出适合寸滩水文站特性的LISST-100X现场测沙仪的VCC，确定LISST-100X在寸滩水文站的测验应用方案。其目的和意义主要有：

探索LISST-100X在不同水力条件和水流特性下，特别是在不同含沙量级的测验适用范围内，作为一种悬移质含沙量测验的基本方法的可行性，提高水文监测的技术水平，推进水文现代化的进程。

确定LISST在测验时，相应的体积转换常数VCC的合理和优化。

检验LISST的稳定性。通过LISST施测垂线、定点含沙量的稳定性及重复性比测试验，在满足规范要求时将其作为悬移质含沙量测验设备，替代横式采样器悬移质含沙量测验中的取样、分析、称重等一系列繁重的测验方法，提高所测含沙量的代表性，减轻测验强度。

(1) 寸滩水文站基本情况

寸滩水文站位于重庆市江北区寸滩三家滩，集水面积为866 559 km²，设立于1939年2月，1956年1月下迁550 m。测验河段位于长江与嘉陵江汇合口下游约7.5 km处，河段较顺直，左岸较陡，2005年6月右岸因滨江路工程修建了垂直高约11 m的堡坎，右岸的原卵石滩变为石滩。高水有九条石梁横布断面附近，左岸上游550 m处有砂帽石梁起挑水作用，上游1.1 km处修建了重庆市国际集装箱港口码头。中泓偏向左岸，断面下游1.5 km急弯处有猪脑滩为低水控制，再下游8 km处有铜锣峡起高水控制，河床为倒坡，断面基本稳定。

寸滩水文站流量、泥沙均为一类精度站。测站及断面控制情况较好，水位在166.00 m以下时水位流量关系多年为较稳定的单一线，水位在166.00 m以上时部分时间出现绳套，常规流量测验方案为10~14线三点100 s测流，一般每年测流90次左右；输沙率测验方法为5~9线1∶1∶1混合法或者全断面混合法，一般每年施测50次左右。

本次野外资料收集的主要用途：采用LISST-100X进行悬移质的粒径分布数据的采集和存储，通过LISST通信软件进行仪器模式设置，采用水深1 m下自动采集的模式，每个测次完成后马上下载LISST的数据，并进行相应背景文件的原始数据转换，便于数据处理软件LISST Data Process1.0进行分析，同时横式采样器进行同步沙样采集，进行常规泥沙分析、处理、称重。一是率定LISST-100X仪器VCC；二是与传统法测验结果进行误差对比统计分析。

本站比测资料收集主要采用垂线定点。

(2) 比测内容

LISST-100X分别采用标准和4.5 cm光程缩短两种测量模式逐条测沙垂线逐点进行比测，即在同一垂线不同相对水深处(采用三点法：0.2、0.6、0.8)，仪器以间隔1 s时间，连续采集30个含沙量样本数据，其平均值为仪器测量某相对水深处的时均点含沙量。

当标准模式全部测点施测完毕后,再换 4.5 cm 光程缩短器重复进行。

传统法采用横式采样器或积时式采样器(积时式每测点采样时段与 LISST-100X 同步),在 LISST-100X 同时段、同一相对水深处,按照常规选点法取样,然后进行室内分析处理得出含沙量。其对应结果是 LISST-100X 某相对水深相对应的点含沙量。

当某一条垂线对比取样全部结束后,按照上述方法再进行下条垂线比测。

3. VCC 率定及成果分析

本次比测的目的是率定 VCC,即体积含沙量和重量含沙量之间的转换系数。按照比测大纲要求,误差计算公式如下:

绝对偏差:
$$\delta_i = C_{S仪器} - C_{S传统} \tag{4.1-27}$$

平均系统偏差:
$$\bar{\delta} = \frac{1}{n}\sum_{i=1}^{n}\delta_i \tag{4.1-28}$$

式中:$C_{S仪器}$为 LISST 测量含沙量(kg/m^3);$C_{S传统}$为传统法分析含沙量(kg/m^3);i 为样本序号;n 为样本总数;δ_i 为绝对偏差;$\bar{\delta}$ 为平均系统偏差。

4. 4.5 cm 光程缩短器率定成果分析

对于测量出来的数据,排除无效的数据,使用其余有效的数据率定出来的 VCC=4 308。采用此 VCC 值,将寸滩水文站使用 LISST-100X 现场测沙仪测得的含沙量重新计算,与传统法测得的含沙量进行误差统计。从分析的结果来看,寸滩水文站传统法定点含沙量与 4.5 cm 光程缩短器模式下仪器含沙量的最大绝对偏差为 0.443,平均系统偏差为 0.015,但是根据此结果无法判断误差大小,因此计算了寸滩水文站传统法含沙量与 4.5 cm 光程缩短器模式下仪器含沙量的相对误差,最大相对误差为 71.4%,平均相对误差为 20.3%。含沙量在 1.08 kg/m³ 以上时,仪器收集不到数据,光透度超出范围,数据失效。

5. 标准模式率定结果

标准模式率定 30 点,有效 30 条垂线数据率定出来的 VCC 为 5 654。对于不同含沙量,理论上此 VCC 应该为一定值,流量变化范围为 2 870～56 300 m³/s,含沙量变化范围为 0.027～2.1 kg/m³,而比测计算出来的 VCC 变化区间为 2 000～8 000。如果按照常规方法取一个固定的 VCC,转换结果和实际的含沙量还是有一定的误差。

虽然 LISST 现场激光粒度分析仪具有较高的技术水平,操作简单,能够实现实时监测,可以大大提高行业生产力,在工程实践方面有着较高的应用价值,但从 LISST 与传统泥沙测验方法的比较中不难发现,两者在原理上存在较大的差异,由于未考虑泥沙样品密度的变化,在测量时,需要将 LISST 与传统方法进行严谨的实地比测,得到较为准确的修正参数,从而得到较为合理的结果。在含沙量的测定方面,LISST 测定的是泥沙的浓度,然后根据泥沙密度换算为含沙量。但各地区自然地理环境不同,所产泥沙的密度也存在一定差异,天然河流中掺杂的一些杂质经过镜头处,也会被当作泥沙进行测量,这使 LISST 的通用性受到了一定限制,从而导致 LISST 与传统方法相比存在一定的误差。且在泥沙颗粒级配结果的表示方面,传统方法采用重量法表示,而 LISST 则采用体积法来表示,由于两种结果表现形式存在质的不同,其颗粒级配曲线必然存在一定差异,所以在实际应用中应该注意。

因此,只有采用传统泥沙测验方法对 LISST 进行修正,才能使其测验成果客观反映泥沙在水中的运动规律。可以看出,任何一种仪器都有一定的局限性,包括当前最先进的仪器。在日常生产中,应本着科学、严谨、批判的态度推进先进技术的应用,仔细分析,深入研究,扬长避短,更好地为经济社会发展服务。

4.1.4.2 浊度仪测沙

传统的悬移质含沙量测量方法具有耗时、耗人力及物力的特点,通常是根据从业者经验判断河流悬移质含沙量变化情况确定测量时机,然后在断面的不同垂线的不同测点测取水样,待水样充分沉淀后进行水样处理,接着对泥沙进行烘干称重。自取样到获得含沙量成果,一般需要5～7天,资料的时效性较差,含沙量过程控制具有一定的经验性。资料的时效性不能满足三峡水库科学调度的要求,需寻求新的方法。

目前,长江委水文局已实现了雨量、水位和流量的实时监测与自动传输,泥沙实时监测技术近几年也取得了较大突破,逐步引进、应用了浊度测沙仪、现场测沙仪等,可实现含沙量和悬沙级配的实时监测。通过收集近年最新的对比观测资料,研究提出三峡入库主要水文控制站(朱沱、北碚、寸滩、武隆、清溪场等)悬移质泥沙实时监测与分析技术,以更好地满足三峡水库科学调度需要。

常用的快速测量含沙量的仪器主要有基于激光衍射的现场测沙仪(LISST)及基于浊度法的浊度仪等。这些仪器均不能直接测量含沙量,是利用其施测的物理量(LISST为激光能量、浊度仪为浊度)与含沙量建立相关关系的方法,间接推求含沙量。现场测沙仪(LISST)在泥沙颗粒较细的情况下,由于激光光束难以穿透水体中的泥沙小颗粒,导致测量失效。经过近年来的多次对比观测,最终选用了浊度仪,为三峡水库提供了入库悬移质泥沙实时监测和报汛资料,为三峡水库中小洪水调度、减淤调度提供了重要的依据。

比测试验表明,采用浊度仪推算含沙量精度的高低,主要取决于浊度测验精度和浊度与含沙量相关关系精度等两方面。浊度仪测验精度则主要取决于操作规则和取样的代表性。因此,在三峡入库泥沙实时监测试验中,除按照浊度仪本身的操作规定进行外,还不断摸索、总结经验,找出实际操作中的薄弱环节,为下一阶段的测验积累经验,并根据三峡水库科学调度的需要,合理布置比测测次,使比测样本具有代表性。

使用浊度仪收集悬移质含沙量的方法,提供了一个比传统的测验方法更加高效、更加自动化及低花费的悬移质含沙量的替代测验新技术及新方法。

从全球范围看,北美是最大生产地区,主要生产企业也集中在这一地区,比如 HACH、DKK-TOA Corporation 和 Optek Group 等。北美地区2020年产量共116 898台,占全球的30.82%,其次是欧洲,主要生产商有 HACH、Xylem、EMERSONELECTRICCO 和 Optek 等。中国各地政府和企业面临环境治理成效的考核压力,其环境监测需求相应增加,中国市场增长空间较大。近年来,国家、民众进一步提升对生态环境的关注度,这将促进生态环境的监测、管理、治理、保障体系等的进一步规范。污染源监测、水环境监测、大气环境监测、环境信息化等业务必将得到进一步推进。全球和中国的浊度仪营业额在2020年约为315.05百万美元,预计到2026年将达到526.87百万美元,预计2021—2027年全球浊度仪营业额的复合年增长率为6.95%。日益严重的水质污染情况使得人们对水质在线自动监测系统的需求量愈发增长,如今,该系统已经被广泛应用在水源地监测站、环保监测站、市政水处理过程、市政管网水质监督、农村自来水监控、循环冷却水、泳池水运行管理、工业水源循环利用、工厂化水产养殖等领域中。在未来几年,浊度仪市场有望在亚太地区获得高速增长。

1. 技术方案

(1) 原理及方法

① 仪器构成及浊度测量

以美国 HACH 2100P 便携式浊度仪为例,仪器的光学系统(图4.1-58)由一个钨丝灯、一个用于监测散射光的90°检测器和一个透射光检测器组成。仪器微处理器可以计算来自90°检测器和透射光检测器的信号比率。该比率计算技术可以校正因色度或吸光物质产生的干扰和补偿因灯光强度波动而产生的影响,可以提供长期的校准稳定性。通过比例浊度测量法,即(90°)散光信号与透光信号之比就可测得水样的浊度,其测量精度可以达到2%。浊度测量的是样品的澄清度,而不是颜色。不透明的水浊度高,干净透明的水浊度低。泥沙、黏土、微生物和有机物等都会导致高浊度。根据浊度的测量原理,浊度仪不是直接测量颗粒,而是测量这些颗粒如何折射光。

为保证浊度仪的测量精度,特别要注意避免浊度仪长期暴露在紫外光和太阳光线下,测试期间不要拿着仪器,将仪器放在平坦、稳定的台面上。HACH 2100P 便携式浊度仪在工厂时已用 Formazin 一级标准液进行了校准,所以使用前不要求进行再次校准,HACH公司建议每3个月用 Formazin 进行重新校准或根据经验增加校准次数。

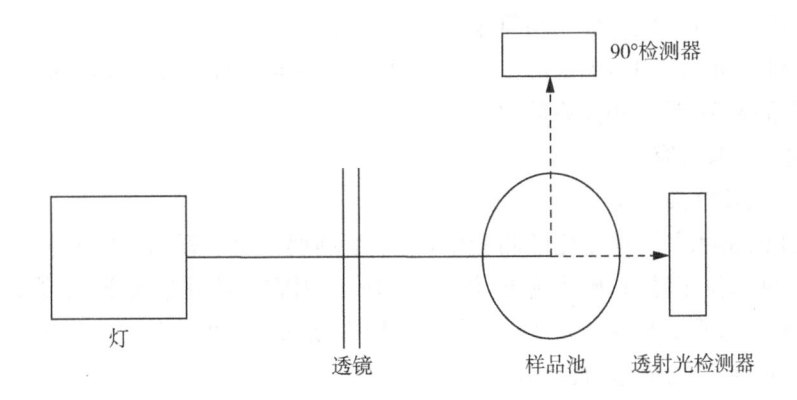

图 4.1-58　HACH 2100P 便携式浊度仪光学系统

② 使用浊度仪测量悬沙含沙量的原理

浊度和含沙量都是表征水样中泥沙的物理特性,其间存在某一稳定的关系,通过测量水样的浊度来测量水样的含沙量,从而简化含沙量的测量,提高含沙量测验的工作效率。寻求浊度和含沙量的关系,可以通过在不同的河流、不同的水流条件及环境下收集试验资料而实现。

③ 使用浊度仪测量悬沙含沙量的方法

首先对水样浊度进行 3 次以上的测量,测量的重复性满足要求时,可以取平均值作为水样的浊度;然后通过传统的方法即沉淀、处理、烘干及称重得到水样的含沙量;最后建立浊度和含沙量的关系,如果其有比较稳定的单一关系,相关系数 R^2 满足一定要求,就可以根据所建立的关系,由测得的浊度推算水样的含沙量。

(2) 标准样测定及改正系数的确定

为真实地反映水样所测得的浊度,必须确保标准样的准确性及稳定性,为此,需要按照以下要求测定标准样及确定改正系数。

① 将标准样摇匀,连续 3 次测定标准样的浊度并记录。对 3 次测定成果中的任意 2 次,其相对误差小于 3% 时,计算标准样的浊度平均值 $NTU_平$。

② 改正系数 $K=NTU_标/NTU_平$,施测水样浊度时,均需进行系数改正。

③ 改正系数每个月校测一次,两次改正系数间的误差小于 1% 时,使用原改正系数,超过 1% 时,使用新改正系数。

④ 每次施测水样浊度前,均需对标准样进行检校性测量,以确定仪器的工作状态是否正常。

⑤ HACH 2100P、HACH 2100Q 浊度仪计需进行标准样的测定工作及改正系数的计算;HACH 2100N 浊度仪在首次使用及使用 90 天后需要按照使用说明书的要求对仪器进行校准,改正系数为 1。

(3) 单沙与浊度的关系研究

① 单沙测验及意义简述

单沙是断面上有代表性的测线或者测点含沙量。

一般的,测定断面含沙量需要在断面上的多条垂线及多个测点取样。相对于单沙测验,断沙测验更耗时、耗力。如果水文站的单沙、断沙间有稳定的关系,通过测验单沙而推求断沙将极大地提高工作效率,更利于含沙量过程的控制测验。

② 单沙与浊度的关系研究

对每条单沙取样垂线(单沙混合样),在所取水样中,取 3 次代表样分别测定 3 次浊度。对每次代表样,当 3 次测量成果间误差小于要求(浊度≤200NTU 时,误差不超过 5%,200NTU≤浊度≤1 000NTU 时,误差不超过 3%,浊度≥1 000NTU 时,误差不超过 2%,下同)时,取平均值作为该单沙代表样的浊度,否则增加浊度测定次数,直到 3 次测量成果间误差满足要求。取代表样时,一定要将水样搅拌均匀,确保所取代表样的代表性。测完浊度后的水样必须还原到原水样中,单沙取样垂线的浊度为 3 次代表样浊度的平均值。

依次测定每条单沙垂线的浊度,取平均值作为单沙的浊度。

在不同的沙量级收集浊度资料,测次应分布在不同的洪水场次中,一般为60~90次。

建立单沙和浊度的关系,计算相关系数 R^2。

(4) 边沙与浊度的关系研究

① 边沙测验的方法及意义简述

水文测站在按过程控制含沙量变化的测验中,当岸缆站遇停电、缆道出现意外,船测站遇电机出现故障,高水漂浮物较多,断面位于港口、码头附近,深夜施测单沙困难等特殊情况下,不能在选定位置施测单沙时,而采取的补救措施是特殊的单沙。施测边沙的位置应在断面附近的水流处,应尽量避免在出现回流、假潮、串沟处施测边沙,否则边沙的代表性不好。

水文测站通常都建有边沙和单沙的函数关系,通过边沙可以推求单沙,进而推求断面平均含沙量。

② 边沙与浊度的关系研究

在进行单沙与单沙水样浊度的关系研究时,同时在测验断面上下游20 m范围内的水流处采取边沙,对边沙进行含沙量及浊度的测定(方法及要求同前)。

建立单沙和边沙水样浊度的关系,计算相关系数 R^2,或者建立边沙与边沙水样浊度的关系,同时建立边沙和单沙的关系,或者对已经建立的边沙和单沙关系进行校正,在此基础上,使用边沙水样的浊度推算断面的输沙量。

(5) 用不同的方法推求断面输沙量

在7、8、9月,在施测单沙时施测边沙,同时测定单沙、边沙水样的浊度,将单沙、边沙水样的浊度转化为单沙含沙量,对泥沙资料进行整编,比较三种方法所计算出的断面输沙量的误差。

2. 成果分析

长江上游近年进行了三峡入库主要水文控制站(朱沱、北碚、寸滩、武隆、清溪场等)浊度仪比测工作,以更好地满足三峡水库泥沙科学调度需要。本节选取嘉陵江控制站北碚站、长江控制站寸滩站、乌江控制站武隆站三个代表站进行成果分析。

(1) 北碚水文站

① 来水来沙特性

某年嘉陵江流域水流变化主要受上游暴雨降水影响,由于降雨的时空分配和地域分配极为不均,北碚站所控制的江段水情在该年度内变化特殊。其中,受嘉陵江支流——渠江上游四川巴中市有史以来的最大暴雨影响,9月20日北碚站发生了1981年以来的最高洪水。

将北碚站来水来沙情况与自1939年建站以来同时期的多年来水来沙进行比较分析,北碚站5—9月月平均流量与多年流量的偏差分别为−7.18%、27.64%、−21.53%、23.4%、59.82%,总体上偏大,属丰水年份,特别是9月份受大洪水的影响,月均流量偏大近60%。点绘北碚该年逐日平均水位、含沙量过程线图见图4.1-59,北碚站分别在6、7、8、9月发生了四次洪水涨落过程,每次洪水位都接近或超过187.00 m的高水期水位,其中8月、9月的洪水为复式峰,受复式涨落影响形成较大的洪量,最高水位是近三十年来的最高水位。

5—9月,北碚站月平均含沙量与多年各月平均含沙量相比分别偏小−96.91%、−66.82%、−65.46%、−71.78%、−56.63%。主要是北碚站上游修建了众多梯级电站,特别是距其上游约20 km的草街电站蓄水后对沙量拦截影响,导致该站的含沙量变化。北碚站的沙量变化与水量变化过程基本一致,当发生洪水变化过程时,沙量会出现一个变化过程,且沙峰出现的时间稍晚于洪峰,一般在退水面出现最大断沙,沙量变化受上游来沙影响较重,最高洪水过程不会出现全年的沙量极值。本年度实测最大断面含沙量出现在7月9日,与近年的最大含沙量相比偏小。

② 单沙与浊度的关系研究

a. 资料收集情况

北碚站受嘉陵江上游、渠江等江河暴雨影响,水位涨落频繁,高洪水位不断出现,水量较大,属丰水年

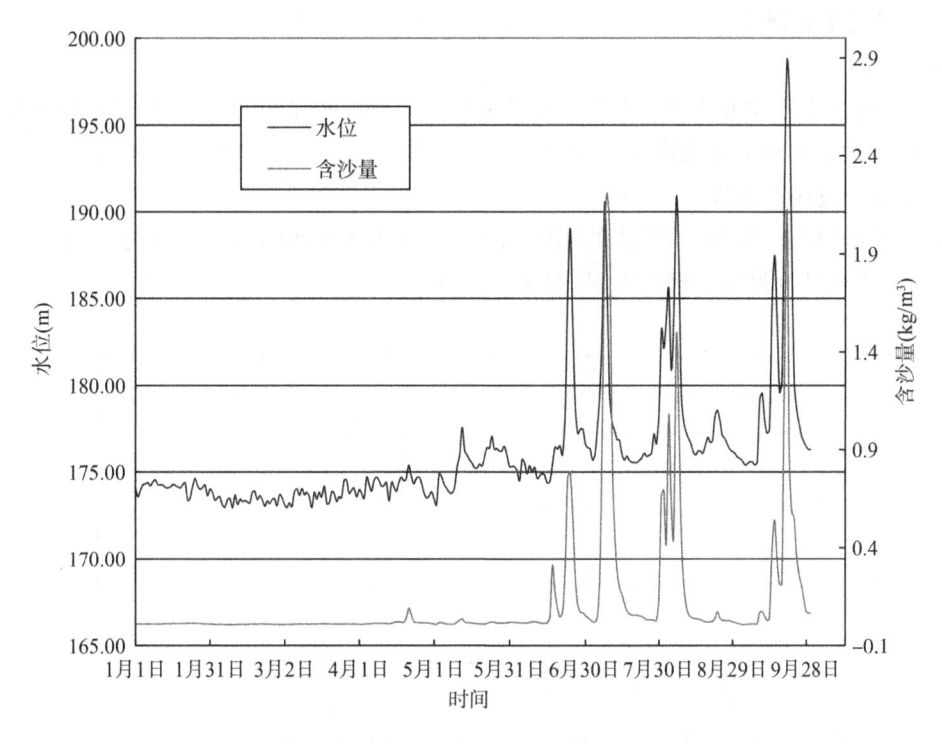

图 4.1-59 北碚站某年逐日平均水位、含沙量过程线图

份。北碚站共收集单沙及浊度比测资料 140 次,实测最大浊度 3 479NTU,出现时间 7 月 9 日 20 时,最小浊度 6.5NTU,出现时间 6 月 16 日 8 时。

b. 相关关系分析及误差分析

针对北碚站单沙与单沙水样浊度对比的实际情况,采用幂函数回归方程进行分析计算,并通过误差分析及其他综合因素得出其为最佳合理的方案(图 4.1-60)。

$$SS = 0.00167 T^{0.93123} \tag{4.1-29}$$

式中:SS 为单沙(kg/m³);T 为单沙水样浊度(NTU)。

该站单沙与单沙水样浊度的相关系数 R^2 达到 0.937 51,表明单沙与单沙水样浊度具有较好的关系。

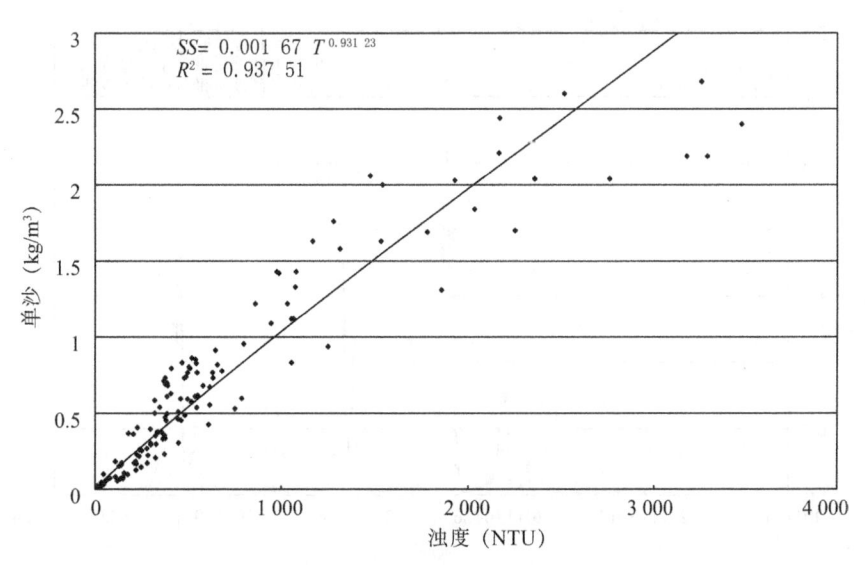

图 4.1-60 北碚站单沙-单沙水样浊度关系图

③ 边沙与浊度的关系研究

a. 资料收集情况

北碚站边沙及边沙水样浊度比测关系的建立是采用在单沙测验的同时同步进行边沙取样及浊度测验。共施测边沙浊度89次。实测最大浊度3 431NTU(7月9日20时),最小浊度7.3NTU(5月21日8时)。

b. 相关关系分析及误差分析

针对北碚站边沙水样浊度与单沙对比的实际情况,采用幂函数回归方程进行分析计算,并通过误差分析及其他综合因素得出其为最佳合理的方案(图4.1-61)。

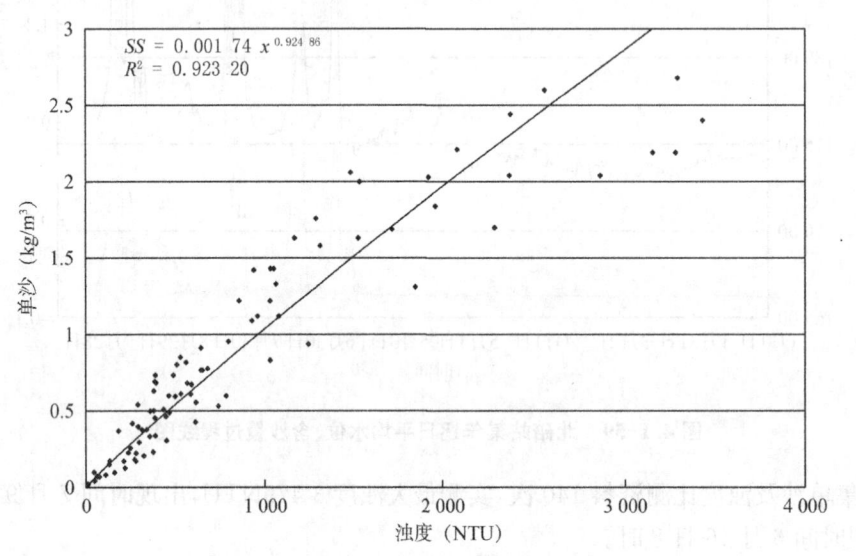

图4.1-61 北碚站单沙-边沙水样浊度关系图

$$SS = 0.001\,74\,T^{0.924\,86} \tag{4.1-30}$$

式中:SS 为单沙(kg/m³);T 为边沙水样浊度(NTU)。

该站单沙与边沙水样浊度的相关系数 R^2 达到0.923 20,表明单沙与边沙水样浊度具有较好的关系。

④ 用不同的方法推求断面输沙量的比较

a. 三种不同方法的单沙过程线比较

北碚站实测单沙、单沙水样浊度推算单沙、边沙水样浊度推算单沙过程线见图4.1-62。

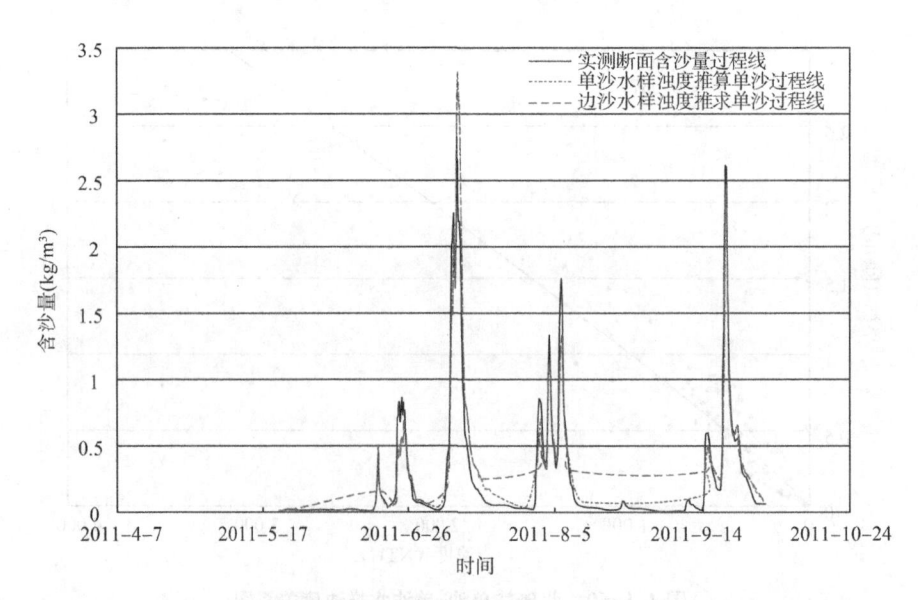

图4.1-62 北碚站实测单沙、单样浊度推算单沙、边沙水样浊度推算单沙过程线图

结合北碚站浊度比测实际,由图4.1-62中可以看出,北碚站单沙水样浊度推算单沙、边沙水样浊度推算单沙与实测单沙相比,整体过程基本相应,沙峰的涨落变化趋势接近。由于在边沙水样浊度比测中,当含沙量较小时,5月21日—6月16日、7月16日—7月31日、8月9日—9月14日未进行比测资料的收集,所以图中使用边沙水样浊度所推求的单沙过程线稍显不合理。

b. 比较三种不同方法推求断面输沙量的结果

分别采用实测单沙、单沙水样浊度推算单沙、边沙水样浊度推算单沙,按照统一的单断关系推算出不同时段断面输沙量、平均断面含沙量等。其运行统计结果见表4.1-33。

表4.1-33　北碚站实测单沙与单沙水样、边沙水样浊度推算输沙量比较

项目	6月输沙量	7月输沙量	8月输沙量	9月输沙量	6—9月输沙量
实测单沙推算输沙量(万t)	295	935	745	1 440	3 420
单沙水样浊度推算输沙量(万t)	231	980	680	1 300	3 190
误差(%)	−21.7	4.81	−8.7	−9.7	−6.7
边沙水样浊度推算输沙量(万t)	245	964	683	1 390	3 280
误差(%)	−16.9	3.1	−8.3	−3.47	−4.09

单沙水样浊度推算的单沙与实测单沙计算出的断面输沙量比较:6月偏小21.7%,分析其原因是6月份含沙量较小,单沙水样浊度测次不足,与实测单沙有一定偏差;其他月份中,7月偏大4.81%、8月偏小8.7%、9月份偏小9.7%,6—9月总体上是偏小了6.7%,呈现时段越长其误差越小的特征。

边沙水样浊度推算的单沙与实测单沙计算出的断面输沙量比较:6月偏小16.9%,分析其原因是6月份含沙量较小,边沙水样浊度测次不足,与实测单沙有一定偏差;其他月份中,7月偏大3.1%、8月偏小8.3%、9月份偏小3.47%,6—9月总体上是偏小了4.09%,呈现时段越长其误差越小的特征。

(2) 寸滩水文站

① 来水来沙特性

某年5—9月,长江上游来水总体偏少,寸滩站5月、7—9月月平均流量较蓄水后多年均值分别偏小11.3%、21.3%、20.2%、23.8%,6月平均流量与蓄水后多年均值相当,偏大0.64%。6月下旬、7月上旬、8月上旬和9月下旬有几次明显的来水过程(图4.1-63)。

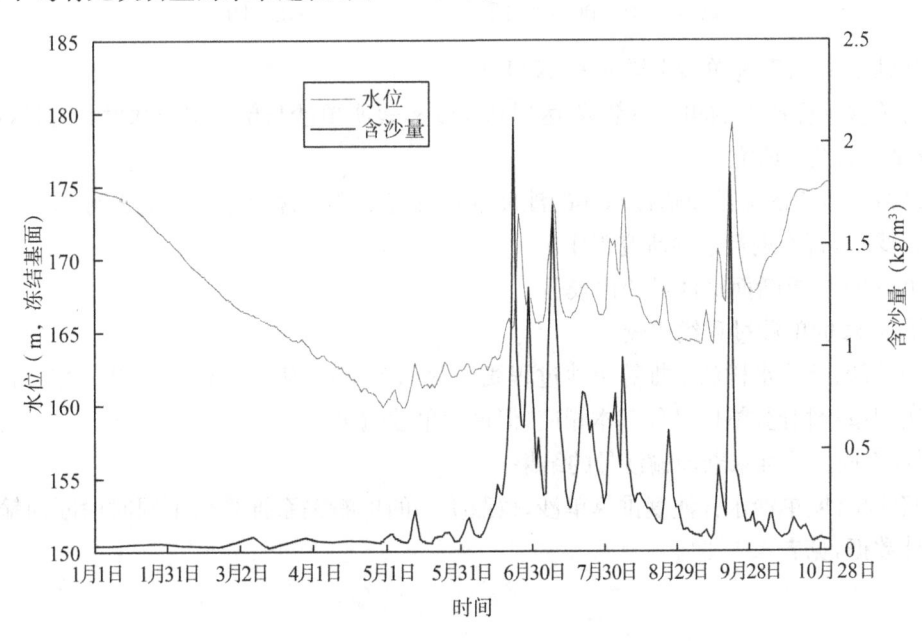

图4.1-63　寸滩站某年逐日平均水位、含沙量过程线图

5—9月，长江上游来沙总体偏少，寸滩站5月、7—9月月平均含沙量较蓄水后多年均值分别偏小58.9%、41.0%、51.6%、41.0%，6月平均含沙量与蓄水后多年均值相比偏多13.7%。6月22日、7月8日和9月20日有3次明显的来沙过程，比历年年最大含沙量偏小，与近年年最大含沙量基本相当。

② 单沙与浊度的关系研究

a. 资料收集情况

5—9月实测最大浊度4 291NTU（6月22日8时），实测最小浊度34.0NTU（5月19日8时）。共收集单沙浊度129次。

b. 相关关系分析及误差分析

建立单沙与单沙水样浊度关系如图4.1-64所示，可见该站单沙与单沙水样浊度的2次多项式具有较好关系。

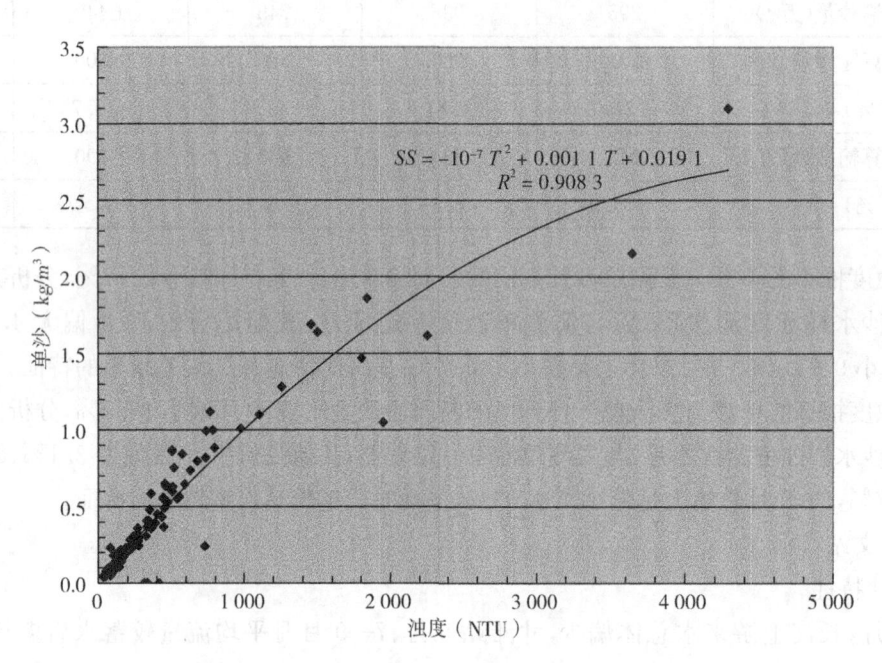

图4.1-64 寸滩站单沙-单沙水样浊度关系图

$$SS = -0.000\,000\,1T^2 + 0.001\,1T + 0.019\,1 \tag{4.1-31}$$

式中：SS 为单沙（kg/m³）；T 为单沙水样浊度（NTU）。

该站单沙与单沙水样浊度的相关系数 R^2 达到0.908 3，表明单沙与单沙水样浊度具有较好的关系。

③ 边沙与浊度的关系研究

由于寸滩站该年收集的边沙及边沙水样的浊度资料仅有32次，含沙量变化范围为0.24～1.62 kg/m³，不满足资料分析要求，暂不进行该项研究工作。

④ 用不同的方法推求断面输沙量的比较

a. 两种不同方法的单沙过程线比较

寸滩站实测单沙、单沙水样浊度推算单沙过程线见图4.1-65。从图中可以看出，寸滩站单沙水样浊度推算的单沙与实测单沙相比，整体过程基本相应，但最大单沙偏大。

b. 比较两种不同方法推求断面输沙量的结果

分别采用实测单沙、单沙水样浊度推算单沙，按照统一的单断关系推算出不同时段断面输沙量、平均断面含沙量等统计数据，见表4.1-34。

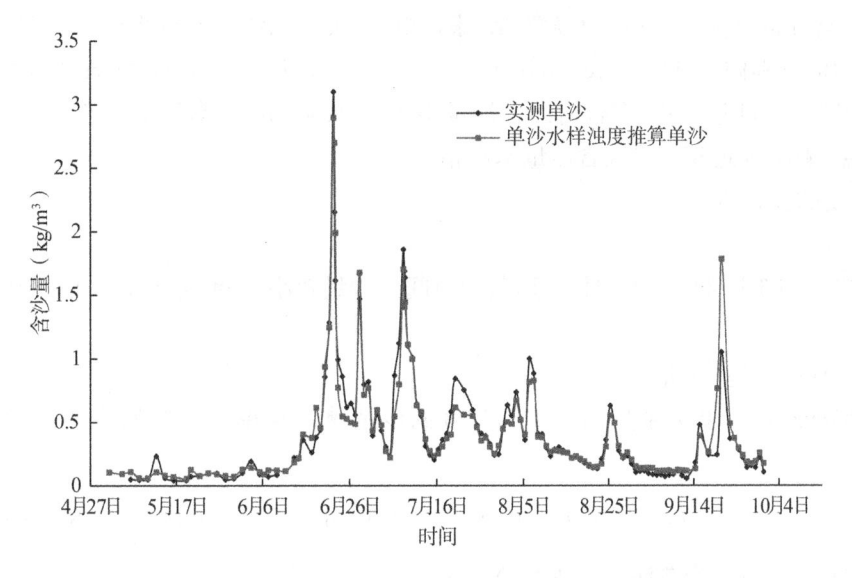

图 4.1-65 寸滩站实测单沙、单沙水样浊度推算单沙过程线图

表 4.1-34 寸滩站实测单沙与单沙水样浊度推算输沙量比较

项目	5月输沙量	6月输沙量	7月输沙量	8月输沙量	9月输沙量	时段输沙量
实测单沙推算输沙量(万t)	129	1 910	3 040	1 870	1 740	8 690
单沙水样浊度推算输沙量(万t)	142	1 890	2 670	1 720	1 870	8 290
误差(%)	10.1	1.0	−12.2	−8.0	7.5	−4.6

用实测单沙、单沙水样浊度推算单沙,按照统一的单断关系推算出不同时段断面输沙量,5、6、7、8、9月两种方法计算断面输沙量的误差分别为10.1%、1.0%、−12.2%、−8.0%、7.5%,比测时段两种方法计算断面输沙量的误差为−4.6%。时段越长,其误差越小。

(3) 武隆水文站

① 来水来沙特性

某年5月5日—9月30日,整个乌江流域遭遇大旱,月平均流量较多年均值分别偏小64.7%、43.7%、58.5%、42.1%、66.2%。6月中下旬和8月上旬有一次明显的来水过程(图4.1-66)。实测年最高水位是实测历年极值最低。

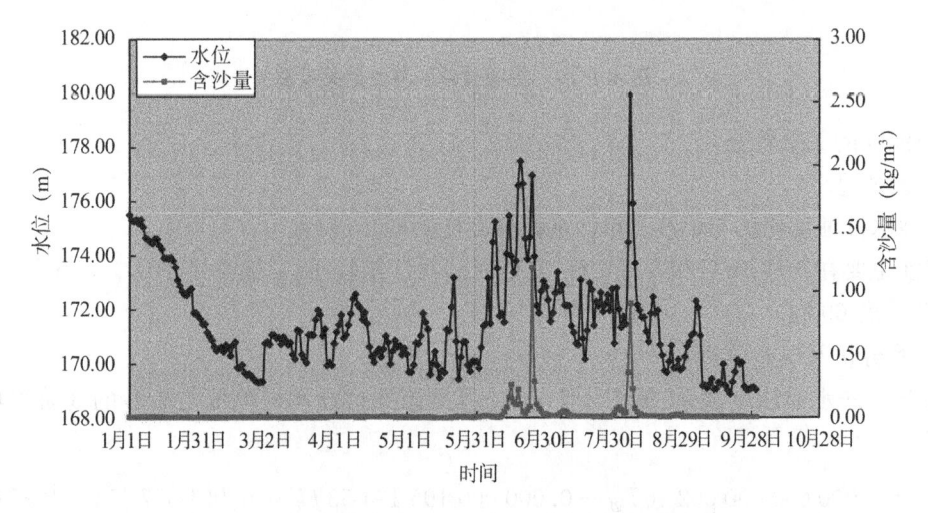

图 4.1-66 武隆站某年逐日平均水位、含沙量过程线图

5—9月,由于乌江流域大旱及乌江上游彭水、银盘电站、芙蓉江江口电站蓄水发电,大量拦蓄泥沙,月平均含沙量较多年均值分别偏小98.8%、81.3%、97.4%、63.6%、97.9%。6月24日和8月6日有两次明显的来沙过程,其他时间含沙量较小,多数时间含沙量小于0.02 kg/m³。本年实测最大含沙量较电站蓄水前历年年最大含沙量偏小,与近年年最大含沙量基本相当。

② 单沙与浊度的关系研究

a. 资料收集情况

该年度来沙主要在6月24日和8月6日,其他时间含沙量较小,一般都小于0.1 kg/m³。由于来沙时间短,共施测单沙浊度74次。

b. 相关关系分析及误差分析

建立单沙与单沙水样浊度关系见图4.1-67,可见该站单沙与单沙水样浊度的3阶多项式具有较好关系。

$$SS = 0.000\,000\,000\,011\,3 T^3 - 0.000\,000\,230\,968\,4 T^2 + 0.001\,381\,723\,678\,2 T \quad (4.1-32)$$

式中:SS 为单沙(kg/m³);T 为单沙水样浊度(NTU)。

相关系数 R^2 是表示两个变量之间相关关系的密切程度的系数。相关系数 R^2 越接近1,表明两个变量的相关关系越紧密。本站单沙与单沙水样浊度的相关系数 R^2 达到0.997,表明单沙含沙量与单沙浊度具有较紧密的关系。

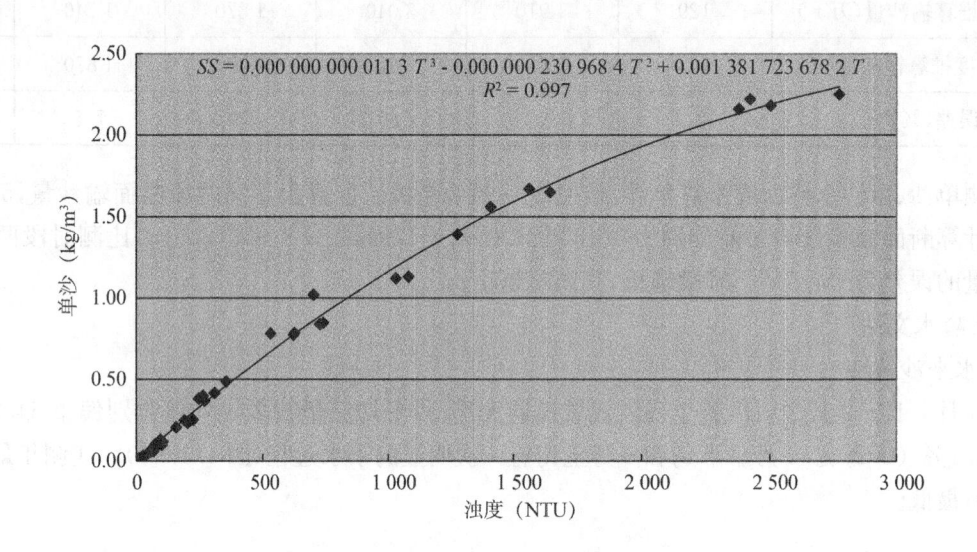

图4.1-67 武隆站单沙与浊度关系图

③ 边沙与浊度的关系研究

a. 资料收集情况

边沙及边沙水样浊度比测与单沙及单沙水样浊度比测同步进行。

该年度来沙主要在6月24日和8月6日,其他时间含沙量较小,一般都小于0.1 kg/m³。由于来沙时间短,共施测边沙浊度69次。

b. 相关关系分析及误差分析

建立单沙与边沙水样浊度关系,见图4.1-68。可见该站边沙水样浊度与单沙的3阶多项式具有较好关系。

$$SS = 0.000\,000\,000\,002\,46 T_{边}^3 - 0.000\,000\,195\,194\,53 T_{边}^2 + 0.001\,327\,111\,952\,95 T_{边} \quad (4.1-33)$$

式中:SS 为单沙(kg/m³);$T_{边}$ 为边沙水样浊度(NTU)。

该站单沙与边沙水样浊度的相关系数 R^2 达到0.997,表明单沙与边沙水样浊度具有较紧密的关系。

$$SS = 0.000\,000\,000\,002\,46\,T_{边}^3 - 0.000\,000\,195\,194\,53\,T_{边}^2 + 0.001\,327\,111\,952\,95\,T_{边}$$
$$R^2 = 0.997$$

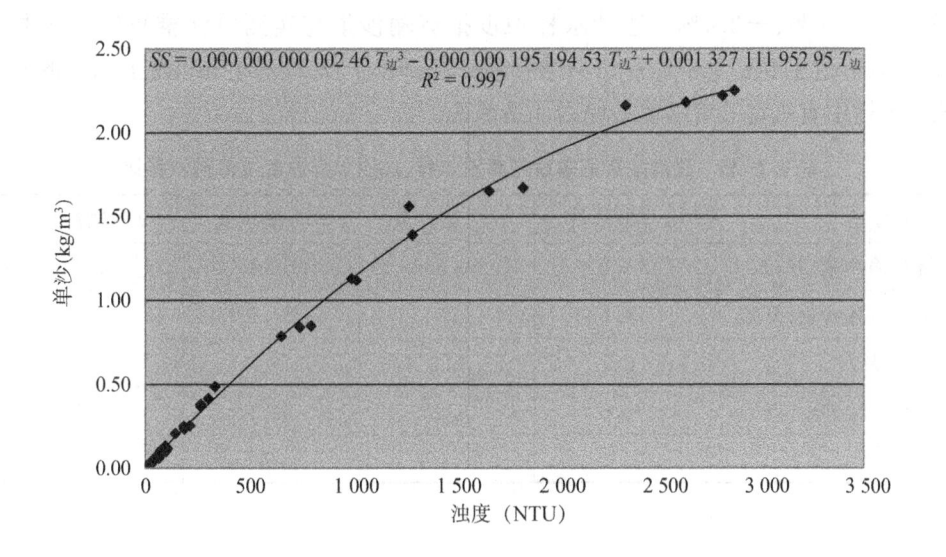

图 4.1-68　武隆站单沙与边沙水样浊度关系图

④ 用不同的方法推求断面输沙量的情况

a. 三种不同方法的单沙过程线

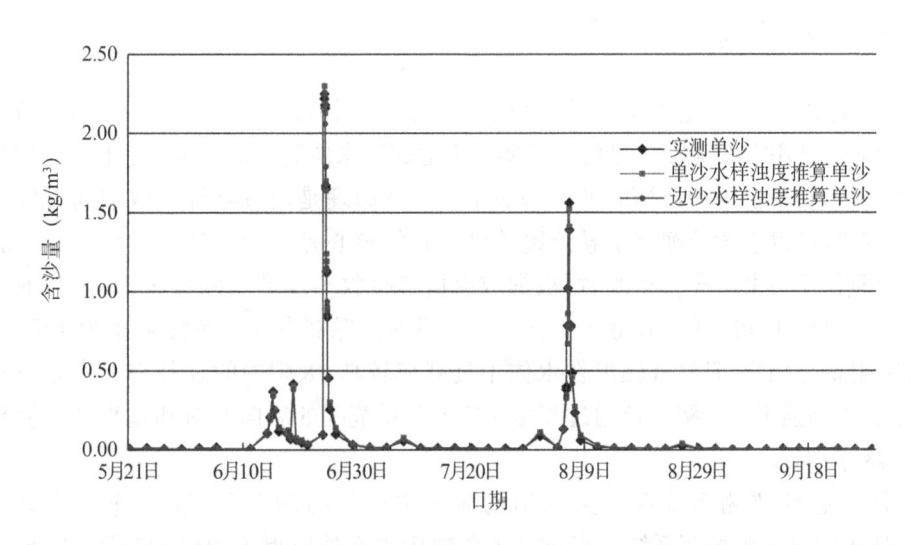

武隆站实测单沙、单沙水样浊度推算单沙、边沙水样浊度推算单沙过程线见图 4.1-69。

从图中可以看出，武隆站单沙水样浊度推算单沙、边沙水样浊度推算单沙与实测单沙相比，整体过程基本相应。但单沙水样浊度推算单沙、边沙水样浊度推算单沙与实测单沙相比，最大沙明显偏大。

图 4.1-69　武隆站实测单沙、单沙水样浊度推算单沙、边沙水样浊度推算单沙过程线图

b. 比较三种不同方法推求断面输沙量的结果

为进一步了解浊度推算断面含沙量的误差，分别用单沙、单沙水样浊度推算断面含沙量、边沙水样浊度推算断面含沙量计算不同时段输沙量，并统计计算输沙量的误差，见表 4.1-35。

6—9 月单沙水样浊度推算含沙量、边沙水样浊度推算含沙量计算输沙量与实测单沙计算输沙量的相对误差分别为 3.8% 和 0.8%，完全满足推求输沙量的要求。

6 月、8 月这两个输沙量较大的月份中，两种方法推算的输沙量与实测单沙推算的输沙量的相对误差都较小。单沙水样浊度推算输沙量与实测单沙推算输沙量相对误差分别为 4.6%、0.4%。边沙水样浊度推算输沙量与单沙推算输沙量相对误差分别为 1.8%、−0.6%。

7 月、9 月这两个输沙量较小的月份中，相对误差较大。单沙水样浊度推算输沙量与实测单沙推算输沙

量相对误差分别为 6.6%、-3.1%。边沙水样浊度推算输沙量与实测单沙推算输沙量相对误差分别为-7.4%、-10.3%。这主要是由于 7 月、9 月含沙量一般都小于 0.010 kg/m³，加上水样的处理误差、含沙量计算保留位数、水样中有机物等溶解值等原因而造成的。

表 4.1-35　武隆站实测单沙与单沙水样、边沙水样浊度推算输沙量比较

项目	6月输沙量	7月输沙量	8月输沙量	9月输沙量	6—9月输沙量
实测单沙推算输沙量(万 t)	71.3	6.86	54.4	0.97	131
单沙水样浊度反算输沙量(万 t)	74.6	7.31	54.6	0.94	136
误差(%)	4.6	6.6	0.4	-3.1	3.8
边沙水样浊度反算输沙量(万 t)	72.6	6.35	54.1	0.87	132
误差(%)	1.8	-7.4	-0.6	-10.3	0.8

3. 结论

（1）使用浊度推算含沙量的方法具有时效性强、精度较高的特点。

（2）通过收集水样的浊度资料，建立浊度与含沙量的关系。实测单沙过程与相应单沙水样浊度根据所建立的关系反推的单沙过程基本相应；实测单沙过程与相应边沙水样浊度根据所建立的关系反推的单沙过程基本相应。

（3）不同的水文站，由于其所处河流的水流特性、泥沙特性不同，所建立的含沙量与水样浊度的关系不同。

（4）浊度仪在三峡泥沙报汛中得到了非常好的应用。

4.1.4.3　TES 泥沙在线监测系统

TES 泥沙在线监测系统主要包括光学测沙仪、系统载体、泥沙数据处理与无线传输系统、在线监测智能管理平台等 4 个部分，利用在线泥沙测量传感器实时实地测量水体的泥沙含量，通过无线传输系统传输到在线监测智能管理平台，在平台进行数据的处理和显示。它的原理是通过红外吸收散射光纤法进行测沙，应用水质浊度测定方法，可以连续精确测定悬浮物浓度。它的核心是一个红外光学传感器，光在水体中传输的过程中，由于介质作用会发生吸收和散射，根据散射信号接收角度的不同可分为透射、前向散射（散射角度小于 90°）、90°散射和后向散射（散射角度大于 90°）。泥沙传感器主要监测散射角为 125°～170°的红外光散射信号，此间散射信号稳定，且红外辐射在水体中衰减率较高，太阳中的红外部分完全被水体所衰减，仪器的发射光束不会受到强干扰。测沙仪通过测量 125°～170°范围的后向散射和垂直 90°的侧面散射的光强度来测量水中的悬浮物质。

目前，TES 泥沙在线监测系统在水文测站的应用主要分为两个型号，一种是 TES-71，另一种是 TES-91，TES-71 缆道式泥沙监测系统在嘉陵江上游略阳水文站取得了较好的应用，TES-91 在西江干流水道马口水文站和长江荆江口枝城水文站也取得了不错的比测试验结果。结合长江上游山区河流嘉陵江北碚水文站已开展的泥沙在线监测研究工作，本节主要介绍 TES-91 泥沙在线监测系统在北碚水文站的应用研究。

1. TES-91 泥沙在线监测系统

TES-91 泥沙在线监测系统由红外光泥沙传感器、数据采集与传输系统（含 RTU）、太阳能供电系统、数据遥测系统、现场显示屏及中心站软件组成，见图 4.1-70。

测沙仪的原理是按照 ISO07027 红外吸收散射光线技术，不受色度影响测定悬浮物浓度值，通过建立悬浮物浓度值与泥沙含沙量的相关关系，即可直接输出泥沙含沙量数据。悬移质的本身密度和颜色的不同，对光的反射率也不同。所以在悬移质的测量过程中若想提高精度则需要取样进行同质性标定，或与人工取样值进行对比后进行线性修正。测沙仪原理见图 4.1-71。

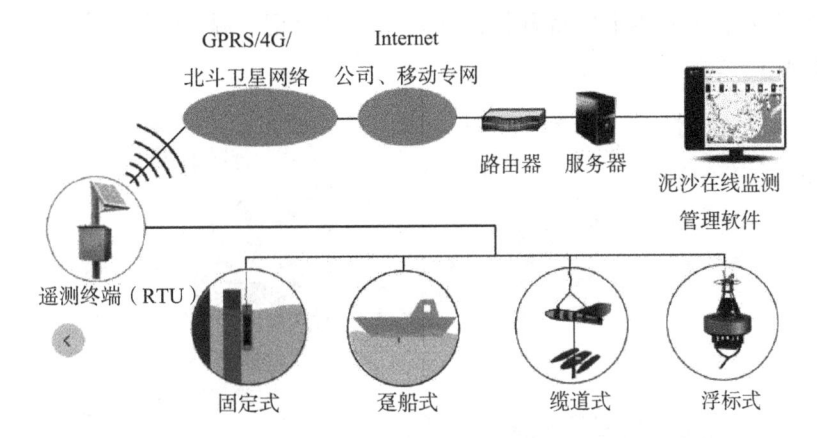

图 4.1-70　TES-91 泥沙在线监测系统示意图

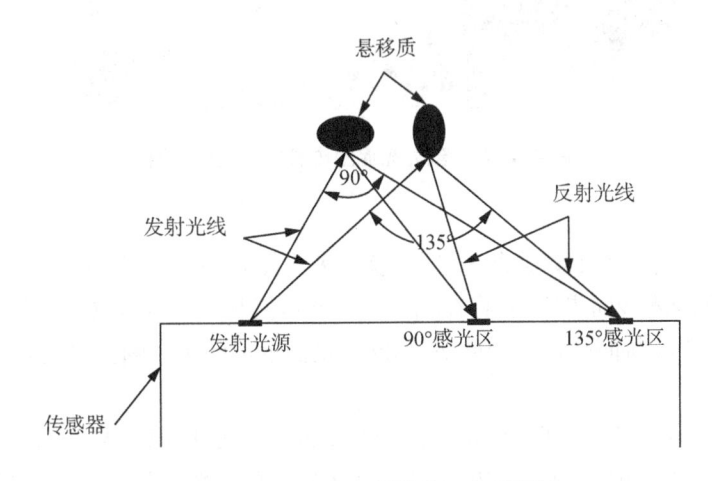

图 4.1-71　TES-91 测沙仪工作原理图

2. 测站情况

北碚水文站建于 1939 年,由长江委设立领导至今,为嘉陵江下游干流控制站,集水面积 156 736 km²。北碚水文站为控制嘉陵江与渠江、涪江各主要支流汇入后的水情变化而建立的一类精度流量站、一类精度泥沙站,属国家基本水文站。北碚水文站现有水位、水温、流量、单样含沙量、悬移质输沙率、悬移质颗粒分析、降水量、水质污染监测分析等测验项目。

北碚水文站测验河段顺直长约 7 km,最大水面宽约 285 m,河槽两岸平缓而稳定,断面上游 1.2 km 处为毛背沱,断面下游 1.5 km 处为江家沱。断面上游右岸 1.5 km 处有一小溪梁滩河汇入,中泓平坦,断面近似 U 形,主泓比较稳定,流速横向分布为弧形,河床为倒坡,由乱石组成,断面基本稳定。北碚水文站悬移质泥沙历年单断沙关系为较为稳定的单一线,单沙、输沙测次以满足单断沙关系整编定线为原则。

3. TES-91 泥沙在线监测系统的比测研究

(1) 仪器安装

TES-91 测沙仪是通过水质浊度测定方法获得河流悬浮物浓度值,从而得到泥沙含沙量的。红外光泥沙传感器是 TES-91 泥沙在线监测系统的关键,TES-91 测沙仪传感器安装的要求如下。

① 安装位置必须具有代表性,能反映测站断面含沙量变化趋势,以便于分析和计算,一般应布设在泥沙测验监测断面附近。

② 安装位置应符合测验断面河道特性,随洪水涨落位置保持不变。

③ TES-91 测沙仪监测电源应保持供电,确保持续监测不断。

④ 安装位置对观测维护工作应是方便安全的。

⑤ 安装位置应布置在断面稳定且长期不变河道内,同时要求监测位置的含沙量具有较好的代表性。

北碚水文站传感器安装于基本水尺断面上游约 50 m 处的自记水温计旁边,利用自记水温计装置悬浮于水面,安装位置见图 4.1-72。

图 4.1-72　红外光泥沙传感器安装位置图

(2) 含沙量率定方法

① 仪器稳定性率定分析。人工测验含沙量(在仪器旁采用积时式采样器单独取样,利用烘干法所测取的含沙量)与 TES-91 在线测沙同步比测,将在线测沙仪器示值和人工测验含沙量样本建立模型。

② 在线测沙仪器示值与断面平均含沙量率定分析,仪器示值同步与断面平均含沙量样本建立模型。

(3) 比测方案

含沙量比测尽量布置在洪水期,通过洪水期泥沙变化过程收集比测资料。TES-91 测沙仪测验频次为 1 小时 1 次。基于长江上游山区河流测站边沙-单沙关系较好的稳定性及代表性,根据 TES-91 测沙仪测验频次,在传感器安装位置附近,同步开展断沙、单沙、边沙测验。

① TES-91 测沙仪测验频次为 1 小时 1 次。

② 边沙测验位置在 TES-91 测沙仪传感器附近流水处,一般情况下应通过边沙-单沙关系换算为单沙,并在比测过程中对所使用的边沙-单沙关系收集资料进行验证。

③ 单沙取样采用 AYX2-1 型调压积时式,在测流断面起点距 115、155 m 两线按相对水深 0.2、0.6、0.8 三点取样;枯季 5～10 天一次,汛期每日 2 次,如含沙量变化较小时 1～5 天一次,较大沙峰或含沙量变化明显时增加测次。根据年度沙量不同,适当加密测次。

④ 断沙取样采用 AYX2-1 型调压积时式,8 线三点(0.2、0.6、0.8)或 8 线一点(0.6)全断面混合取样,水位在 182.00 m 以上时,190、210 m 测 0.6 一点。根据沙情变化合理布置测次。

(4) 比测资料收集及分析

选取 2021 年 9 月人工测验边样含沙量 42 次,单样含沙量 29 次。详见表 4.1-36、表 4.1-37。

边沙比测中,测沙仪测验最大含沙量 1.38 kg/m³,最小含沙量 0.232 kg/m³;人工测验含沙量最大 1.11 kg/m³,最小含沙量 0.088 kg/m³。

单沙比测中,测沙仪测验最大含沙量 0.867 kg/m³,最小含沙量 0.067 kg/m³;人工测验含沙量最大 0.884 kg/m³,最小含沙量 0.056 kg/m³。

表 4.1-36　实测边沙含沙量数据

测次	测验时间		水位(m)	边沙	
	日期	时间		测沙仪含沙量(kg/m³)	人工测验含沙量(kg/m³)
1	2021-9-7	14:00	194.08	1.38	1.11

续表

测次	测验时间		水位(m)	边沙	
	日期	时间		测沙仪含沙量(kg/m³)	人工测验含沙量(kg/m³)
2	2021-9-7	20:00	193.90	1.36	1.08
3	2021-9-8	2:00	192.96	1.30	0.930
4	2021-9-8	8:00	190.51	1.20	0.754
5	2021-9-8	14:00	188.17	1.09	0.700
6	2021-9-8	17:00	186.54	0.993	0.688
7	2021-9-8	18:00	185.54	0.962	0.665
8	2021-9-8	19:00	185.20	0.951	0.630
9	2021-9-8	20:00	184.73	0.944	0.604
10	2021-9-9	2:00	182.38	0.817	0.401
11	2021-9-9	8:00	180.72	0.731	0.458
12	2021-9-9	9:00	180.53	0.719	0.404
13	2021-9-9	10:00	180.45	0.700	0.358
14	2021-9-9	11:00	180.34	0.693	0.365
15	2021-9-9	12:00	180.25	0.670	0.287
16	2021-9-9	13:00	180.05	0.659	0.293
17	2021-9-9	14:00	179.88	0.614	0.291
18	2021-9-9	15:00	179.77	0.636	0.290
19	2021-9-9	16:00	179.70	0.618	0.286
20	2021-9-9	17:00	179.65	0.610	0.302
21	2021-9-9	18:00	179.61	0.576	0.352
22	2021-9-9	19:00	179.59	0.554	0.309
23	2021-9-9	20:00	179.55	0.523	0.299
24	2021-9-9	21:00	179.54	0.501	0.165
25	2021-9-9	22:00	179.51	0.495	0.222
26	2021-9-9	23:00	179.51	0.480	0.204
27	2021-9-10	0:00	179.49	0.474	0.187
28	2021-9-10	7:00	179.45	0.349	0.152
29	2021-9-10	8:00	179.46	0.336	0.147
30	2021-9-10	9:00	179.43	0.328	0.136
31	2021-9-10	10:00	179.23	0.307	0.137
32	2021-9-10	11:00	179.05	0.292	0.144
33	2021-9-10	12:00	178.95	0.277	0.129
34	2021-9-10	13:00	178.86	0.266	0.132
35	2021-9-10	14:00	178.82	0.255	0.122
36	2021-9-10	15:00	178.80	0.245	0.129
37	2021-9-10	16:00	178.76	0.241	0.110

续表

测次	测验时间 日期	测验时间 时间	水位(m)	边沙 测沙仪含沙量(kg/m³)	边沙 人工测验含沙量(kg/m³)
38	2021-9-10	17:00	178.76	0.236	0.110
39	2021-9-10	18:00	178.75	0.235	0.109
40	2021-9-10	19:00	178.73	0.235	0.088
41	2021-9-10	20:00	179.73	0.232	0.098
42	2021-9-10	21:00	178.73	0.233	0.093

表 4.1-37　实测单沙含沙量数据

比测次数	测验时间 日期	测验时间 时间	单沙 测沙仪含沙量(kg/m³)	单沙 人工测验含沙量(kg/m³)
1	2021-9-15	8:00	0.099	0.067
2	2021-9-16	8:00	0.086	0.082
3	2021-9-17	14:00	0.547	0.646
4	2021-9-17	20:00	0.465	0.506
5	2021-9-18	2:00	0.391	0.354
6	2021-9-18	8:00	0.363	0.278
7	2021-9-18	18:00	0.225	0.196
8	2021-9-19	8:00	0.240	0.225
9	2021-9-19	14:00	0.286	0.298
10	2021-9-19	18:00	0.368	0.347
11	2021-9-20	2:00	0.479	0.489
12	2021-9-20	8:00	0.565	0.609
13	2021-9-20	14:00	0.627	0.780
14	2021-9-20	20:00	0.616	0.740
15	2021-9-21	2:00	0.522	0.602
16	2021-9-21	8:00	0.430	0.431
17	2021-9-21	18:00	0.416	0.373
18	2021-9-22	8:00	0.246	0.231
19	2021-9-22	18:00	0.186	0.151
20	2021-9-23	8:00	0.123	0.096
21	2021-9-24	8:00	0.086	0.065
22	2021-9-24	18:00	0.067	0.074
23	2021-9-25	2:00	0.080	0.056
24	2021-9-25	8:00	0.082	0.062
25	2021-9-25	18:00	0.093	0.082
26	2021-9-26	20:00	0.163	0.127
27	2021-9-27	8:00	0.143	0.116

续表

比测次数	测验时间		单沙	
	日期	时间	测沙仪含沙量(kg/m³)	人工测验含沙量(kg/m³)
28	2021-9-29	20:00	0.839	0.842
29	2021-9-30	2:00	0.867	0.884

将 TES-91 泥沙在线监测系统测验含沙量与人工测验含沙量建立相关关系(图 4.1-73、图 4.1-74),边沙回归方程式为 $y=0.4156x^2+0.1776x+0.0408$,单沙回归方程式为 $y=-3.0038x^3+4.0325x^2-0.3189x+0.0769$。分析结果显示:边沙及单沙的 TES-91 泥沙在线监测系统测验含沙量与人工测验含沙量相关性显著,相关系数分别为 0.9805、0.9872。边沙系统误差为 1.2%,随机不确定度为 24.0%;单沙系统误差为 1.3%,随机不确定度为 25.6%;系统误差为 1.6%。

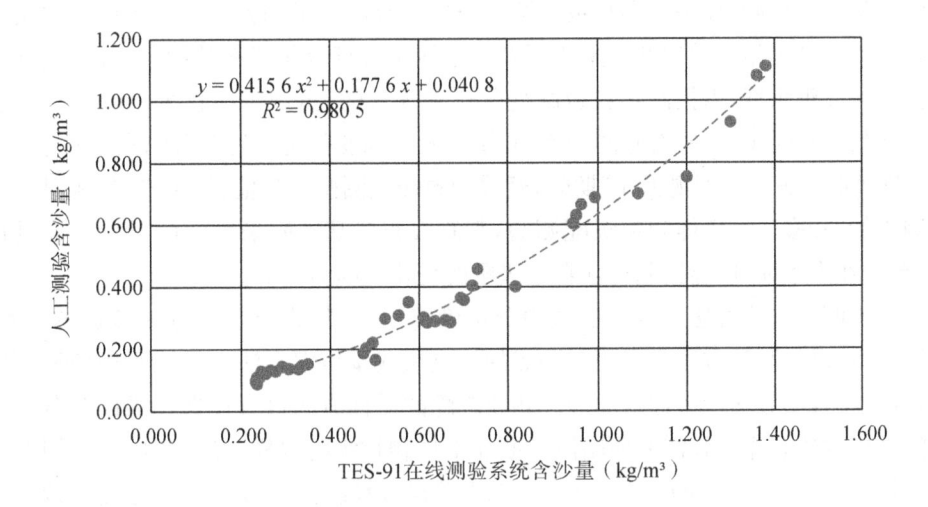

图 4.1-73　测沙仪测验边沙含沙量与人工测验含沙量关系

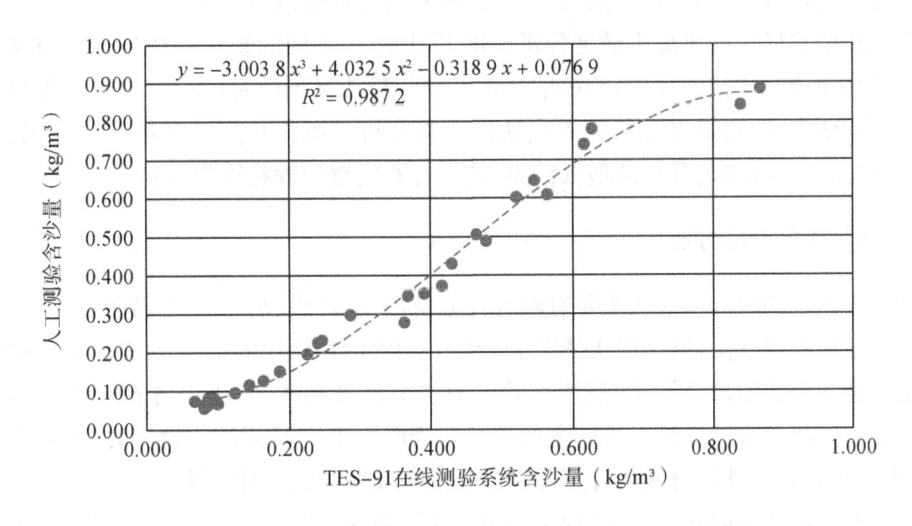

图 4.1-74　测沙仪测验单沙含沙量与人工测验含沙量关系

本次北碚水文站 TES-91 泥沙在线监测系统与人工测验的含沙量比测工作中,边沙、单沙的综合不确定度均较大,鉴于比测时间较短、测次较少,沙量级范围较窄,建议在试验中含沙量比测范围、比测时间有待于进一步扩大,并优化在线系统传感器安装方式及位置,优化比测方案,提高比测精度,争取早日投产使用,为实现泥沙实时在线监测工作奠定基础。

从北碚水文站的泥沙在线监测系统实际应用中,可以认为红外光技术的泥沙在线监测系统是一种有效、安全、方便和可靠的悬移质泥沙在线观测系统,在实地运用中具有很多优点,具有很强的实地运用前景,可以给其他类似的水域系统的使用提供有益的参考。

4.1.5 颗粒级配测验与分析

泥沙颗粒(粒度)分析作为泥沙测验项目之一,其资料对河道河床演变分析和水利工程设计、水库库容计算等至关重要。《河流悬移质泥沙测验规范》(GB/T 50159—2015)规定:泥沙一类站应施测悬移质颗粒级配,泥沙二类站大部分应施测悬移质颗粒级配,泥沙三类站部分应施测悬移质颗粒级配。随着社会对泥沙问题关注度的提高,长江上游越来越多的山区河流水文站开始开展悬移质颗粒级配测验。

4.1.5.1 颗粒级配测验方法

悬移质颗粒级配测验仪器的选择、操作与悬移质输沙率测验要求完全一样。悬移质颗粒级配测验同悬移质输沙率测验类似,可分为断面平均颗粒级配测验与单样颗粒级配测验。长江上游各水文站两种测验方法均有使用。长江委所辖测站多采用断面平均颗粒过程线法进行全年资料整编,只开展断面平均颗粒级配测验。测次主要分布在洪水期,以控制颗粒级配变化过程为目的,汛期每次较大洪峰或较大沙峰过程施测3~5次,水位、含沙量平稳时10天左右施测一次,在洪峰及沙峰变化转折处布置测次。枯季每月取样不少于1次。在单沙按照规定停测或目测视为"0"期间,暂停颗粒级配测验。其他省(市)所辖测站有采用开展断面平均颗粒级配测验的,较多开展单样颗粒级配测验,其测次布置基本同采用断面平均颗粒过程线法整编的要求,测次主要布置在洪水期,以能控制泥沙颗粒级配的变化过程为目的。

断面平均颗粒级配的测验方法一般应由试验分析确定,其试验分析方法与悬移质输沙率测验相近,分析前宜采用多线方案,垂线测验方法宜采用多测点的选点法或垂线混合法。无论采用何种测定断面平均颗粒级配的方法,均应符合部分输沙率加权原理。颗粒级配的采样方法可直接选择经试验分析确定的断面平均含沙量测验的采样方法兼作。长江委所辖测站断面平均颗粒级配取样,经分析后多采用3线9点全断面混合法(垂线相对位置0.2、0.6、0.8)或3线积深;采用单样颗粒级配测验的站均施测1线。悬移质输沙率测验的水样可兼作颗粒分析水样,也可在同一测沙垂线上,另取水样作颗粒分析水样。为减少悬移质输沙率称重、处理对颗粒分析水样的影响,推荐颗粒分析水样不与悬移质输沙率测验水样混用。

悬移质颗粒分析的取样泥沙质量应满足分析沙重下限要求,不同的悬移质颗粒分析方法对分析沙重下限要求不一样。现场测验时预估沙重,当沙重估计达不到分析沙重下限时应加倍取样。加倍取样后的沙重仍不能满足分析下限要求的,可将当月相邻测次沙样合并分析。如合并分析后估计沙重仍达不到要求时,应继续重复加倍取样,以最终满足分析的最低沙重,使本月有完整的颗粒级配资料。

4.1.5.2 传统的颗粒级配分析方法

长江上游悬移质泥沙颗粒分析方法主要有粒径计分析法、吸管法、消光法、激光法。

粒径计分析法也称粒径计法,属于清水体系分析法,适用于粒径为0.06~22.0 mm的粗颗粒。泥沙粒径计是采用固定长度和内径的玻璃管,使泥沙在管内清水中静水沉降,以测定各粒径组干沙质量占总干沙质量百分数的设备。该法是将沙样注入盛满水的粒径计管的水面上,利用不同粒径的泥沙有不同的沉降速度,根据其降落到粒径计管底部的时间来计算泥沙沙样的颗粒级配的一种方法。

吸管法也称吸管分析法、移液管法。吸管法与消光法均属于混匀体系分析法。混匀体系分析法是将分析沙样放入一定容积的量筒内,加分析用水至刻度,充分搅拌均匀后的瞬间,在悬液中的任何位置上,不但含沙量数值相同,而且所含颗粒级配组成亦相同。沙样放入量筒内经过搅拌以后,根据不同颗粒大小在不同温度下的沉降速度,经过计算,得出间隔时间不同深度下不同级配的沉降距离,利用吸管,将其吸出称重,计算出不同级配的百分数。

消光法也称消光分析法,是利用泥沙颗粒对光的吸收、散射等消光作用,连续测定泥沙浑水沉降过程中不同时间的光密度,计算浑液的含沙浓度来推求泥沙颗粒级配的一种方法。消光法测量颗粒级配的原理是基于泥沙粒子对光的吸收、散射等消光作用。

激光法是激光粒度分析仪法的简称。该法是利用激光粒度分析仪(也称激光粒度仪)进行泥沙颗粒分析的一种方法。激光粒度仪是根据颗粒能使激光产生散射这一物理现象测试粒度分布的。由于激光具有很好的单色性和极强的方向性,所以一束平行的激光在没有阻碍的无限空间中将会照射到很远的地方,并且在传播过程中很少有发散的现象。

4.1.5.3 马尔文的应用

2009 年,长江委长江上游相关测站开始引进马尔文激光粒度分布仪对悬沙颗粒开展分析。马尔文 MS2000 激光粒度分布仪由英国马尔文公司生产,该公司二战时为英国国防工业实验室,是激光粒度分布仪的发明人,世界最著名的激光粒度仪专业生产厂家,其产品分布于化工、石油、制药、军工、地质、电池、陶瓷、粉体、涂料、水泥等各个领域,占有世界绝大部分激光粒度仪市场。许多领域指定要用该仪器进行质检。目前在中国国内已超过 700 名用户。

1. 马尔文 MS2000 激光粒度分布仪特点

(1) 动态范围宽,粒度测试范围:0.02~2 000 μm。

(2) 全量程激光衍射方法,全量程单镜头光路系统,单程测量接收信号角度达 135°(无须更换镜头)。

(3) 采样速率高达 1 000 次/s,测量速度可调,最快可达 0.5 s。30 s 内完成从加样到打印的全部操作,一次得到全范围粒度分布结果,保证对任何粒子不漏检。

(4) 专利技术的测量系统和完全的米氏理论相结合,以及对各个系统的优化组合,保证了极高的准确度和重复性。重复性:±0.5%,准确性:±1%。

① 采用高稳定性的 2 毫瓦氦-氖激光器(波长 632 nm),附以 466 nm 蓝光光源,确保小粒子的真实检测。

② 采用完全铸钢光学平台,使得整个光学系统更加稳定、可靠。

③ 检测系统由宽范围的前向、侧向、大角和背向三维多元固体硅光电检测器群组和多元自动快速光路准直系统组成。采用专利技术非均匀交叉三维排列检测器,检测单元面积按对数规律增大,以补偿粒子从大到小所衍射的光信号衰减。巧妙地应用增加检测器面积而不是单纯增加单位面积内检测器数量的方法,来有效地保证仪器的高信噪比和高灵敏度。(由于每个电子元件都会产生噪音,靠单纯增加检测器数目反而会导致仪器信噪比降低。)

(5) 直接测量体积分布,无须标定,无须校准,无须人工调整。湿法测量可直接使用自来水,适用于非球形和混合物料粒子测试。

(6) 主机与分散系统分离,采用插入式样品槽设计,使得样品槽更换、样品池清洁更加方便、快捷。

① 主机可以与各种分散系统配合使用,各种样品槽之间的更换方便、快捷(只需 15 s),并由主机自动识别及使用。

② 湿法分散系统采用离心泵循环,泵速 0~2 500 r/min、搅拌速度 0~1 000 r/min 连续可调,探头式超声,超声强度连续可调,最大超声功率 100 W。由于采用插入式样品槽设计,样品池的拆卸、清洁极为方便,60 s 内即可完成。

(7) 可同时提供中、英文版本的应用软件,Windows 95 或 Windows NT(4.0 和以上)平台支持。提供用户友好图形界面和所有在测量、数据输出和存储方面需要的功能。同时提供全自动和手动功能。

主要性能包括:

① 屏幕报告格式设计软件。

② 开放式设计,能满足用户各种分析统计需求。用户可自行设计报告格式、增减分析项目,并可转换为筛分法、比表面、相对计数分布等输出格式。

③ 具有 SOP(标准操作规程)操作功能,避免了人为操作误差。计算方法采用完全米氏理论和弗朗霍夫理论。

④ 具有一般物质光学指数及测试结果数据库，有检索寻找功能。

⑤ 具有量程扩展功能。对于范围超出仪器量程的样品，可将由其他方法（如筛分等）测得的数据结果输入软件，重新计算，然后给出全范围的粒度分布结果。

(8) 符合 ISO13320 激光衍射粒度分析国际标准，可提供被 FDA、GMP、EC、ISO 等国际认证机构所承认的 Qspec 报告，可提供 21CFR 功能（电子签名及电子记录功能），具备远程诊断功能。

2. 测量原理

激光粒度仪是根据颗粒能使激光产生散射这一物理现象测试粒度分布的。由于激光具有很好的单色性和极强的方向性，所以一束平行的激光在没有阻碍的无限空间中将会照射到无限远的地方，并且在传播过程中很少有发散的现象。

当光束遇到颗粒阻挡时，一部分光将发生散射现象，见图 4.1-75。散射光的传播方向将与主光束的传播方向形成一个夹角 θ。散射理论和实验结果证明，散射角 θ 的大小与颗粒的大小有关：颗粒越大，产生的散射光的 θ 角就越小；颗粒越小，产生的散射光的 θ 角就越大。进一步研究表明，散射光的强度代表该粒径颗粒的数量。为了有效地测量不同角度上的散射光的光强，需要运用光学手段对散射光进行处理。在所示的光束中的适当的位置上放置一个富氏透镜，在该富氏透镜的后焦平面上放置一组多元光电探测器，这样不同角度的散射光通过富氏透镜就会照射到多元光电探测器上。将这些包含粒度分布信息的光信号转换成电信号并传输到电脑中，通过专用软件用 Mie（米氏）散射理论对这些信号进行处理，就会准确地得到所测试样品的粒度分布。

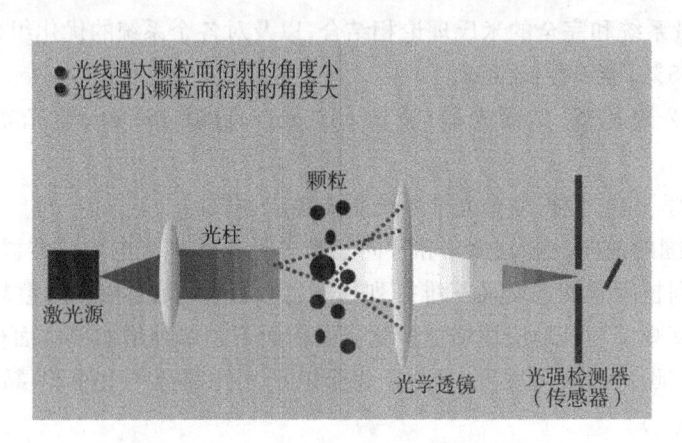

图 4.1-75　激光粒度分布仪测量基本原理

3. 传统法与激光法区别

传统法采用的是粒径计与吸管结合法，这种以静水沉降原理的颗分方法与激光法具有较大不同。主要区别表现在：

一是两种分析方法所使用的测量原理不同。激光粒度仪是以体积为基准、用等效球体来表现测量结果的；传统法是以重量为基准、使用沉降原理来测量泥沙颗粒大小的（需假定颗粒是球体且比重相同）。

二是两种测量方法在测量过程中都并不是直接测定每一个颗粒的大小，而是根据颗粒的大小不同而划分成若干个粒径级，再按照每个粒径级的颗粒占总量的多少而计算出相应的百分数。由于河流中天然泥沙样品是一个混合物，其物质结构组成复杂，颗粒形态又呈多样性，所以对同一个颗粒而言，使用不同的测量基准，有可能将其划分到不同的粒径级。

三是传统方法是以单位液体体积中的烘干物的总质量为基准的，它不考虑这些物质是否有比重差别和某些物质烘干前后的体积差别等因素；而激光粒度仪是以实时测出的颗粒的体积为基准的，经过换算才能与传统方法比较。颗粒的种类（泥沙、气泡、有机质等）、颗粒的形状（球状、线状等）等因素都有可能影响两者测量偏差，完全吻合是不可能的。

4. 比测试验

仪器在应用到悬沙测量时,需要对分散时间、搅拌速度、泵速、超声强度、遮光度、测量快照次数、颗粒吸收率、分散剂折射率等进行试验,找出这些参数的最佳适用范围,整理相应的分析成果,作为不同沙型条件下的最佳技术参数。

超声分散时间的率定:率定开始测量前样品在样品池中超声分散时间,目的是让样品能够充分搅拌均匀、所有样品都已超声、测量的样品具有代表性。选取细型(D_{50}≤0.020 mm)、中型(0.020 mm<D_{50}<0.050 mm)、粗型(D_{50}≥0.050 mm)样品各1个,超声分散时间从0~8 min以1 min步长递增率定超声分散时间的适宜范围,其他参数分别固定在厂商提供的经验之上,具体为搅拌速度800 r/min、泵速1 500 r/min、超声强度10%、遮光度10%~20%、测量快照次数6 000次(即样品测量时间6 s)、颗粒折射率和吸收率分别为1.52和0.10,分散剂为蒸馏水折射率1.33。对不同超声分散时间数据进行分析,确定合适的超声分散时间。

搅拌速度的率定:搅拌的目的是保持分散器里的悬浮颗粒均匀分散,适宜的速度应是保持大颗粒悬浮于分散器中。搅拌速度的范围是0~1 000 r/min,以100 r/min步长递增率定搅拌速度的适宜范围。选取细型、中型、粗型样品各1个,超声分散时间粗沙为3 min、中沙为2 min、细沙为1 min,其他参数分别固定在厂商提供的经验之上,具体为泵速1 500 r/min、超声强度10%、遮光度10%~20%、测量快照次数6 000次(即样品测量时间6 s)、颗粒折射率和吸收率分别为1.52和0.10,分散剂为蒸馏水折射率1.33。使用获取的系列粒度级配数据,在同一坐标系套绘分析系列数据级配曲线,从实验结果来看,粗沙的搅拌速度应为500~900 r/min,中沙的搅拌速度应为400~900 r/min,细沙的搅拌速度应为300~900 r/min,取三种沙型搅拌速度的共同值500~900 r/min作为一般样品的搅拌速度,具体应定在共同值的中间值即700 r/min。

泵速的率定:泵的目的是将分散器内的样品输送到样品池内进行样品检测,适宜的速度是让大颗粒与较小颗粒以近似相同的速度穿过流动样品池。泵速的范围是0~2 500 r/min,以250 r/min步长递增率定泵速的适宜范围。选取细型、中型、粗型样品各1个,超声分散时间粗沙为3 min、中沙为2 min、细沙为1 min,搅拌速度为700 r/min,其他参数分别固定在厂商提供的经验之上,具体为超声强度10%、遮光度10%~20%、测量快照次数6 000次(即样品测量时间6 s)、颗粒折射率和吸收率分别为1.52和0.10、分散剂为蒸馏水折射率1.33。使用获取的系列粒度级配数据,在同一坐标系套绘分析系列数据级配曲线,从实验结果来看,粗沙的泵速应为1 250~2 500 r/min,中沙的泵速应为1 150~2 500 r/min,细沙的泵速应为1 000~2 500 r/min,取三种沙型搅拌速度的共同值1 250~2 500 r/min作为一般样品的搅拌速度,具体应定在共同值的中间值即1 750 r/min。

遮光度的率定:遮光度是反映测量时每次激光束中有多少样品的指标,其大小与颗粒多少成正比,且与颗粒的组成有关。遮光度的范围是0~100%。选取细型、中型、粗型样品各1个,超声分散时间粗沙为3 min、中沙为2 min、细沙为1 min,搅拌速度为700 r/min,泵速为1 750 r/min,其他参数分别固定在厂商提供的经验之上,具体为超声强度10%、测量快照次数6 000次(即样品测量时间6 s)、颗粒折射率和吸收率分别为1.52和0.10,分散剂为蒸馏水折射率1.33。使用获取的系列粒度级配数据,在同一坐标系套绘分析系列数据级配曲线,从实验结果来看,粗沙的遮光度应为8%~14%,中沙的遮光度应为8%~20%,细沙的遮光度应为8%~18%,取三种沙型遮光度的共同值8%~14%作为一般样品的遮光度。

测量快照次数的率定:测量快照次数与测量时间相互关联,每秒为1 000次测量快照。最佳的测量快照次数由样品的颗粒大小、形状、分布范围、组成等决定。测量快照次数的范围是1 000~65 500,即测量时间范围是1~65.5 s。选取细型、中型、粗型样品各1个,超声分散时间粗沙为3 min、中沙为2 min、细沙为1 min,搅拌速度为700 r/min,泵速为1 750 r/min,遮光度为8%~14%,其他参数分别固定在厂商提供的经验之上,具体为超声强度10%、颗粒折射率和吸收率分别为1.52和0.10,分散剂为蒸馏水折射率1.33。使用获取的系列粒度级配数据,在同一坐标系套绘分析系列数据级配曲线,从实验结果来看,粗沙、中沙、细沙的测量快照次数≥4 000次时其测量结果都很稳定,为了防止特殊类型样品的出现,将测量快照次数定为6 000次,即测量时间为6 s。

折射率、吸收率的确定：粉末状或磨碎的物质的折射率是复数，包括实数部分和虚数部分。实数部分是指大量物质的实际折射率（例如，水是1.33）。虚数部分称为吸收率，是对颗粒吸收光线量的测量。颗粒的形状对其吸收率有很大影响。例如，片状玻璃的吸收率很小或没有吸收率，但粉状玻璃的吸收率可达0.10，这是由于它粗糙的内表面会吸收和反射光线。通常，在显微镜下观察到的处于悬浮介质中的、透明的背景物质，其吸收率为0.10。而那些在显微镜下完全不透明的物质的吸收率为1。马尔文激光粒度分布仪使用红光和蓝光测量样品。对于某些物质（特别对于某些墨水和颜料），样品在红光和蓝光下将具有显著不同的折射率。这通常是由于该物质在这两种波长之一的情况下被高度吸收。在这种情况下，有必要输入这两种折射率。对于大多数物质，不需要输入蓝光折射率。如果没有提供蓝光折射率，则马尔文激光粒度分布仪假定它与红光折射率具有相同的值。现确定折射率、吸收率分别为：蒸馏水折射率1.33，悬移质泥沙颗粒红光、蓝光折射率都为1.52，吸收率都为0.10。

综上所述，马尔文MS2000激光粒度分布仪工作参数、基础参数见表4.1-38。

表4.1-38 MS2000激光粒度分布仪工作参数、基础参数统计表

参数名称	超声分散时间(min)	搅拌速度(r/min)	泵速(r/min)	遮光度
参数设置	1～3	500～900	1 250～2 500	8%～14%
参数名称	测量时间(s)	颗粒折射率	颗粒吸收率	水的折射率
参数设置	6	1.52	0.10	1.33

2009年，长江委相关测站对马尔文MS2000激光粒度仪进行比测，流量比测变化范围为76～51 000 m³/s，含沙量比测变化范围为0.105～3.23 kg/m³。2010年，马尔文MS2000激光粒度仪被应用到长江上游水文水资源勘测局各泥沙颗粒分析中。

4.2 推移质泥沙测验

推移质泥沙一般比悬移质数量少，但是推移质是参与河道冲淤变化的泥沙的重要组成部分。在山区河流中，推移量往往比较大。由于颗粒较粗，推移质泥沙常常淤塞水库、灌渠及河道，不容易被冲走，对水利工程的管理应用、防洪、航运影响都比较大。为了研究和掌握推移质运动规律，为保护河道、兴建水利工程、工程管理等提供依据，为验证水工物理模型与推移质理论公式提供分析资料，开展推移质测验具有重要意义。

4.2.1 主要测验方法

目前国际上通用的推移质泥沙测验方法主要分为两种：一种是直接测量法，另一种是间接测量法。直接测量法是根据各种尺寸和结构的采样器和装置来测验推移质的方法。间接测量法是应用物理原理来间接推算推移质输沙量的方法。不同的测验方法有不同的适应条件，各有其优缺点。

4.2.1.1 直接测量法

直接测量法分器测法和坑测法，器测法是利用专门设计的机械装置或采样器，直接放到河床上测取推移质泥沙的方法，坑测法是在河床上沿横断面设置若干个固定式测坑或测槽来测量推移质泥沙的方法。国内外有代表性的采样器见表4.2-1。

表 4.2-1　国内外有代表性的采样器统计表

类别	型号	主要尺寸(cm) 口门 宽	主要尺寸(cm) 口门 高	总长	总重(kg)	平均效率(%) 水力	平均效率(%) 采样	适应范围 水深(m)	适应范围 流速(m/s)	适应范围 粒径(mm)	研制单位
网篮式	Y64	50	35	180	280	89	8.62	<30	<4.0	8～300	长江委
网篮式	Y802	30	30	120	200	93		<30	<4.0	1～250	长江委
网篮式	AWT160	50	40	200	250			<5.0	<4.0	5～450	成都勘测设计研究院
网篮式	MB2	70	50	340	734	90		<6.0	<6.5	5～500	四川省水文水资源勘测中心
网篮式	SwicsFederalAnthaity						45		<2.0	10～50	瑞士
压差式	AYT300	30	27	190	320	102	$48.5G_A^{0.058}$	<40	<4.5	2～200	长江委
压差式	Y78-1	10	10	176	100	105	61.4	<10	<2.5	0.1～10	长江委
压差式	Y901	10	10	180	250	102		<30	<4.0	<2.0	长江委
压差式	HS	7.62	7.62	95	27	154	100			0.25～10	美国
压差式	TR2	30.48	15.24	180	200	140				1～150	美国
压差式	VUV	45	50	130		109	70		<3.0	1～100	
盘盆式	Polyakov						46	<2.0	<2.0		苏联
槽坑	东汉河装置						100	小河		<10	美国
槽坑	坑测器	变动						<10.0	<2.0	<2.0	江西水文监测中心

1. 器测法

目前世界各国使用的推移质采样器种类繁多,归纳起来,主要有以下三种类型:网篮式、压差式和盘盆式。

(1) 网篮式采样器

该仪器通常用于施测粗颗粒推移质,如卵石、砾石等。仪器由一个筐架组成,除前部进口处,两壁、上部和后部一般由金属网或尼龙网所覆盖,底部为硬底或软网,软网一般由铁圈或其他弹性材料编制而成,以便较好地适应河底地形变化。国外有代表性的采样器主要有瑞士 SwicsFederalAnthaity 采样器,国内有代表性的主要有长江委研制的 Y64 型采样器和 Y802 型采样器、成都勘测设计研究院研制的 AWT160 型采样器以及四川省水文水资源勘测中心研制的 MB2 型采样器。

长江上游卵石推移质测验始于 1955 年,长江委以"水验(55)字第 470 号文"布置了寸滩水文站卵石推移质的取样实验。1964 年 4 月,寸滩站综合了国外已有一些采样器型式,设计了一种综合式推移质采样器,并正式投入测验,命名为"Y64 型软底网式卵石推移质采样器",此采样器后期陆续在万县、朱沱、奉节站投用。

Y64 型采样器为软底网式结构,直立口门,口门宽 500 mm、高 350 mm,主要由垂直双尾翼、水平尾翼、框架、底网、加重铅块等组成。器身长 900 mm,仪器全长 1 800 mm,重约 280 kg。底网孔径 10 mm,由钢丝圆环编制而成,能较好地贴近河床。Y64 型采样器示意图见图 4.2-1。

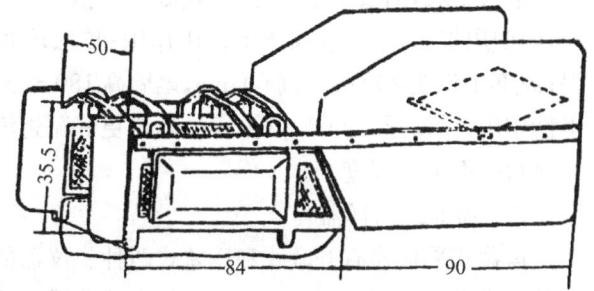

图 4.2-1　Y64 型卵石推移质采样器示意图(单位:cm)

由于测验仪器缺失等原因,长江上游各站均没有收集到1~10 mm的砾石推移质实测资料,而三峡工程设计中急需长江上游砾石推移质测验成果。为此,长江委于20世纪80年代研制出Y802型砾石推移质采样器,主要用于测验1~10 mm的砾石推移质。采样器口门宽300 mm、高300 mm,器身长600 mm,全长1 200 mm,总重200 kg,底网铺孔径为1 mm的尼龙网布,同时在背网处连接1 mm孔径的尼龙网盛沙袋。Y802型采样器示意图见图4.2-2。

(2) 压差式采样器

压差式采样器主要是根据负压原理,将采样器出口面积设计成大于进口面积,从而形成压差,增大进口流速系数。国外有代表性的采样器主要有VUV型采样器、HS型采样器;国内有代表性的主要有长江委研制的Y78-1型采样器、Y901型采样器、AYT300型采样器。

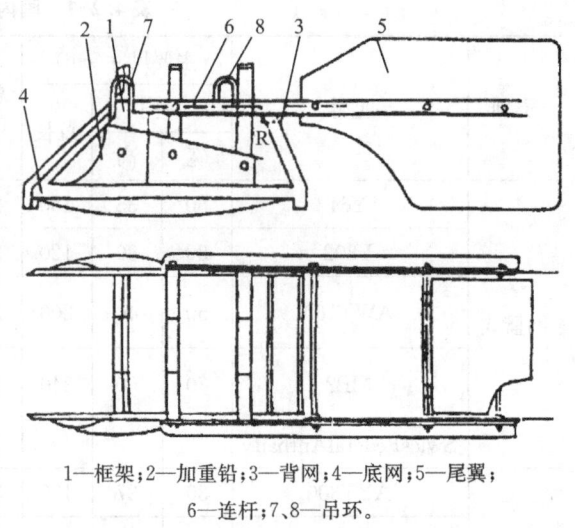

1—框架;2—加重铅;3—背网;4—底网;5—尾翼;
6—连杆;7、8—吊环。

图4.2-2　Y802型采样器示意图

对于长江上游山区河流,为了测取2 mm以上的砾卵石推移质,一般需要用两种采样器分别测取砾石和卵石,如寸滩水文站分别采用Y64型采样器施测卵石推移质、Y802型采样器施测砾石推移质。为解决这类问题,长江委于20世纪90年代研制了AYT300型采样器施测卵石推移质。

器身是AYT300型采样器的核心,分为口门、控制、扩散三段。口门宽300 mm、高270 mm,为减小水的阻力,使用45°斜口形,口门段的长度为270 mm。器身长1 900 mm,重320 kg。其特点是利用进口面积与出口面积的水动压力差,增大器口流速,使器口流速与天然流速接近,达到采集天然样本的目的。口门段软底采用板块网,由6 mm厚的小钢板和钢丝圈连接而成。AYT300型采样器示意见图4.2-3。AYT300型采样器1998年首先在乌江武隆水文站进行了测验,此后已陆续在金沙江三堆子水文站、向家坝水文站、嘉陵江东津沱水文站、乌江武隆水文站以及三峡水库变动回水区江津河段、溪洛渡电站6号导流洞投入使用。

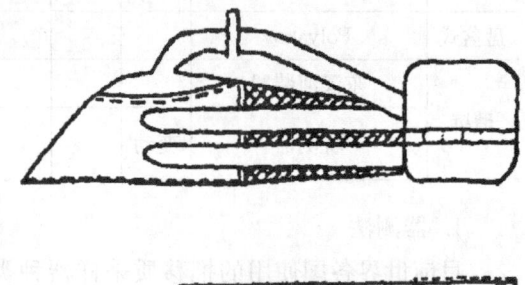

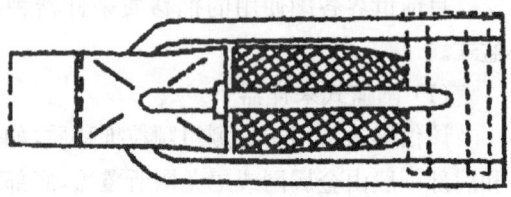

长江沙质推移质泥沙测验也始于20世纪50年代,使用的仪器有荷兰(网式)、波利亚柯夫(盘式)和顿式三种采样器。由于这些采样器存在口门不贴近河床、口门附近产生淘刷、不能取得代表性沙样等缺点,长江委在1990年启动了Y90型沙质推移质采样器的研制工作。Y90型沙质推移质采样器主要由器身、浮筒、护板、加重铅块、平衡注铅钢管、垂直及水平尾翼组成,采样器示意见图4.2-4。仪器总长1 845 mm,重126 kg。器身由2 mm不锈钢板制成,前段进水管为矩形,截面积基本相等,进水口宽×高为100 mm×100 mm,器身后段为扩散段,向四周扩张,起集沙和产生负压作用;扩散段顶部为弧形曲线,与渐变管相似,使水流不在顶部产生漩涡;尾部出口宽200 mm、高90 mm,尾墙高180 mm;头部铅块为流线型,器身两侧为注铅钢管,主要起加重和平衡作用;浮筒浮力约2.5 kg,可使器口更好贴近河床;器口底部为护板,前宽后小近似矩形,可以减小仪器在松软床面下陷程度。

图4.2-3　AYT300型砾卵石推移质采样器示意图

(3) 盘盆式采样器

盘盆式采样器有开敞式和压差式两种。仪器的纵剖面为楔形。推移质从截沙槽上面通过,并被滞留在由若干横向隔板隔开的截沙槽内。代表性的采样器主要有Polyakov采样器和美国的SRIH采样器。

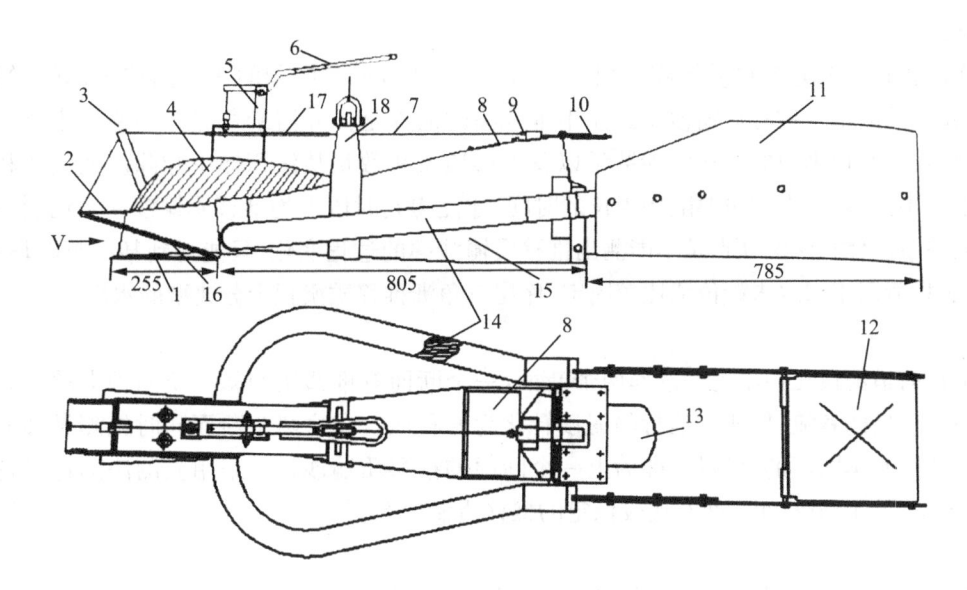

1—护板；2—前盖板；3—支柱；4—加重铅块；5—开关支架；6—锤击杠杆；7—拉绳；8—冲沙门；9—滑块；10—后盖门；11—垂直尾翼；12—水平尾翼；13—浮筒；14—平衡注铅钢管；15—器身；16—前门拉簧；17—连接块；18—悬吊架。

图 4.2-4　Y90 型沙质推移质采样器示意图

2. 坑测法

(1) 固定式测坑法

固定式测坑为一矩形箱，用钢板或其他材料做成，沿横断面布设在河床上。这种方法多用于洪水涨落快的小河或溪沟。一次洪水后在河床上测量出坑内淤积的推移质数量，即为一次洪水期间的总推移量。但淤积物不能将坑填满或溢出坑外，因为出现这种情况就不能确定淤积过程的时间，也无法确定洪水期的总推移量。测坑前面应做成混凝土的护坦，防止泥沙的局部冲刷和堆积。密切尔曾用 8 种不同粒径的泥沙在水槽中试验，观测到上游来沙较多，超过水流挟沙力时，护坦面上形成沙波向测坑前进，沙波到达测坑时，一部分泥沙进入坑内，另一部分泥沙则跳跃过去。虽然天然河道中由于护坦面光滑使水流局部加速，护坦面不容易形成沙波，但护坦面必须有较大长度。

目前国内外直接用于河道测验推移质的仪器数量不多，江西省赣江蒋阜水文站曾开展过坑测法的测验。实践表明，该类仪器只适合水浅、流速低的小河道使用，且不能测出推移质的变化过程，只能求出一次洪水后的总推移量。

(2) 槽坑法

将一些槽形或坑形的机械装置沿横断面装在河床上，使运动的推移质泥沙落入滞留的槽或坑内，在一定时间以后取出沙样，并分析决定其输移量和颗粒级配。槽坑法有代表性的为美国东汉河槽式测验法。这种方法虽然测量的精度比较高，但是设备比较笨重复杂，费用较高，一般也只用于小河道，主要作为科学研究和率定推移质采样器的采样效率使用。

4.2.1.2　间接测量法

(1) 沙波法

当河床形状为沙波形式时，可用沿河流纵断面测深的方法，测出沙波形状和有关参数如沙波平均运动速度、波高、波长，然后用计算的方法求出单宽输沙率。

沙波法测验时，测验河段的选择比较重要。选择河段应比较顺直，水深大体一致，河床几何形态没有大的变化，最好能选择沙波向下游传播轴线与河岸平行的河段，河床坡度要求均匀一致，在横断面方向的坡度最好为零。可以先进行野外查勘工作，在河段内采用粗略的方法测深，方格线平行于河岸和断面，因此可以了解沙波的波长和振幅，以及横断面方向的地形变化。

（2）体积法

一些水库淤积物主要为推移质堆积而成，那么可以定期对河口淤积的三角洲或水库的淤积物测量体积，从而推算长时段的平均推移质输沙率。使用本方法的前提是要弄清淤积泥沙的主要来源，在计算推移质输沙率时，必须将其他来源的沉积泥沙数量以及悬移质淤积数量从淤积体中扣除。使用体积法时，若推移质输沙率本身不大，则两次测量要隔相当长的时间，才能得到时段平均推移质输沙率，测验精度与测深仪器精度有较大关系。体积法的缺点是不能测出推移质输沙率的过程变化，只能得到某一长时段的推移质平均输沙率，一般只适用于回水末端位置比较固定，库尾三角洲推移质淤积十分典型的水库。

（3）差测法

差测法是在河道河段相距不远处选择两个断面，一个断面有推移质和悬移质两种泥沙运动，另一个断面利用人工的或自然的紊流，使所有运行的泥沙转化为悬移质。在这两个断面同时施测悬移质泥沙，紊流断面的悬沙量减去基本断面的悬沙量，即为上一个断面的推移质输沙量。采用差测法测量时，推移质沙粒粒径应在 2 mm 以下，两个断面之间有比较稳定的推移质输沙率。

（4）遥感法

如果从水面可以清楚看到河床，则可以使用照相技术，得出推移质的运动轨迹。在大颗粒泥沙运动时，可以采用声学传感器和记录设备测量推移质运动轨迹，以此来推算推移质输沙率。

（5）示踪法

示踪法是将容易辨别的示踪粒子放置在河床上，并在一定时间内进行监测，以此来推算推移质输沙率。常用的示踪粒子有荧光、放射性同位素和稳定性同位素示踪粒子。我国采用放射性同位素作为示踪物，在长江上游干流寸滩水文站进行过标志卵石运动的观测，取得了一些研究成果。

（6）岩性调查法

推移质泥沙是流域岩石风化、破碎，经水流长途搬运磨蚀而成，其岩性（矿物成分）与流域地质有关。如果通过某些方法得到某一支流的推移量，而此支流的推移质岩性又与干流和其他支流的岩性有显著差别，就可以通过岩性调查，求出干流和其他支流的推移量。

（7）ADCP 测量法

采用 ADCP 技术，在测量流速的同时，利用底部跟踪和反向散射功能测量推移质的运动速度，以此来推算推移质输沙率。D. Gaeuman 和 R. B. Jacobson 在密苏里河（Missouri River）采用 ADCP 测量过推移质运动。ADCP 测量法是近年来发展起来的推移质测验新技术，目前尚处在研究阶段。

4.2.2 测验现状

4.2.2.1 卵石推移质测验

长江上游卵石推移质测验始于 1955 年，长江委以"水验（55）字第 470 号文"布置了寸滩水文站卵石推移质的取样试验。1956—1964 年，经过对采样器的改进，长江委设计了 Y64 型软底网式卵石推移质采样器，简称 Y64 型采样器。1966 年，寸滩水文站过河缆道架设成功，Y64 型采样器正式投入测验（图 4.2-5）。从 1974 年起，又相继在朱沱、万县、奉节、宜昌站开展观测（奉节站 2002 年起停测）。

为进一步收集三峡工程入库卵石推移质资料，通过对乌江武隆站缆道推移质测验试验，研究了水位大变幅、高流速以及缆道高悬点、无拉偏条件下开展推移质测验的可行性和测验方法，从 2002 年起又在嘉陵江东津沱站、乌江武隆站（其中，东津沱站由于 2008 年草街电站修建，停测）开展测验，测

图 4.2-5　Y64 型软底网式卵石推移质采样器照片

验仪器为当时新研制的 AYT300 型采样器。

随着金沙江下游梯级电站的建设，为了解向家坝水电站出库卵石推移质泥沙的输移过程特性和输移量，摸清其运动规律，从 2007 年起在金沙江的三堆子水文站开展了推移质测验。采样器为 AYT300 型推移质采样器（图 4.2-6）。

由于卵石推移质单次输沙率与水力因素的关系很不密切，因此卵石推移质测验均按过程线法布置测次，一般较大沙峰不少于 5 次，一般沙峰不少于 3 次，涨水面日测 1~2 次，退水面 1~2 日施测 1 次，洪峰起涨落平附近应布置测次。当峰形复杂或持续时间较长，适当增加测次，水位变化缓慢时，3~5 日施测 1 次，枯季每月施测 3~4 次，全年长江上游干流各站一般布置测次在 60~100 次，支流一般布置在 60~80 次。

图 4.2-6　AYT300 型砾卵石推移质采样器照片

4.2.2.2　砾石推移质测验

由于无相应的适合长江上游卵石河床的测验仪器，20 世纪 80 年代前，长期以来长江上游各泥沙站均没有开展测验。后来为满足三峡工程论证和设计的需要，研制了专用于砾石推移质取样的 Y802 型采样器，并于 1986 年、1987 年在寸滩站开展了测验，其测次、垂线布设和取样历时与卵石推移质测验相同。由于施测年份只有两年，为推求多年平均砾石推移量，采用建立砾石推移率与卵石推移率关系的方法，由资料系列长的卵石推移量推求砾石推移量。

4.2.2.3　沙质推移质测验

长江沙质推移质泥沙测验也始于 20 世纪 50 年代，使用的仪器有荷兰（网式）、波利亚柯夫（盘）式和顿（压差）式采样器 3 种。由于这些采样器存在口门不贴近河床、口门附近产生淘刷、不能取得有代表性沙样等缺点，20 世纪 60 年代暂停了沙质推移质测验，经过多年努力，研制了 Y78-1 型采样器，先后在宜昌、奉节、新厂等站进行测验。由于长江上游水利水电工程特别是三峡工程规划设计以及运行管理的需要，急需收集沙质推移质资料，而当时没有适合长江上游大水深（20~30 m）、高流速（3.0~4.5 m/s）以及砂卵石河床组成条件下的采样器，在 1990 年启动了 Y90 型沙质采样器的研制工作。从 1991 年起，寸滩水文站采用 Y90 型采样器施测沙质推移质资料。在使用过程中，根据 Y90 型采样器逐渐暴露出的缺陷和不足，对采样器进行了改进和完善，命名为 Y90 改进型采样器（图 4.2-7），并陆续在朱沱水文站、三堆子水文站施测至今。

沙质推移质输沙率与水力因素一般有较好的关系，故沙质推移质输沙率一般按水力因素进行整编，年测次一般为 20~30 次。但随着三峡水库 175 m 蓄水以及金沙江上游梯级电站的相继投入使用，以及各泥沙站上游河段采砂等原因，长江上游现有沙质推移质测站（三堆子、寸滩、朱沱站）的水沙特性发生改变，输沙率与水力因素的关系不密切，长江上游干流寸滩、朱沱水文站沙质推移质分别于 2014 年、2017 年按过程线法布置沙质推移质测次。金沙江干流三堆子水文站于 2019 年按照

图 4.2-7　Y90 改进型采样器照片

过程线法布置沙质推移质测次。

4.2.3 输沙率测验及计算

推移质泥沙测验主要包括推移质输沙率测验、颗粒级配测验、测次布置等,输沙率计算包括单宽输沙率、断面输沙率、颗粒级配、平均粒径、相应水位等计算内容。

4.2.3.1 推移质测验

1. 推移质输沙率测次布设

推移质输沙率的测次主要布设在汛期,应能控制洪峰过程的转折变化。以满足准确推算逐日平均输沙率为原则。

(1) 采用水力因素法进行整编的推移质输沙率布置要求

① 一类站年测次不应少于20次,在各级输沙率范围内均匀布置,当出现特殊水情或沙情时,应增加测次。

② 二类站应在3~5年内,每年测5~7次,在各级输沙率范围内均匀布置测次,并应测到相关水力因素变幅的80%。总测次达到40次可停测。

③ 三类站应测3~5年,总测次不少于6次,分布于各级水位。

④ 较大沙峰测次不少于3次,大沙峰不得少于5次,峰顶附近应布置测次,枯季输沙率较小时,月测1~2次;若峰形变化复杂或持续时间较长,应适当增加测次。

用水力因素法进行测验整编的一类站,当有10年以上的测验资料,并测到相关水力因素变幅的90%,且各年输沙率与水力因素关系线同历年综合线的最大偏差不超过20%时,可按二类站要求施测。当相关水力因素超过分析资料时,或因水利工程等人类活动影响,改变了原来的水沙关系时,应恢复一类站要求施测。

(2) 采用过程线法进行整编的推移质输沙率布置要求

① 采用过程线法进行整编时,测次布置应能控制推移质输沙率的变化过程。每年测次总数为60~100次。75%左右的测次应布置在各个沙峰时段。大洪峰不得少于5次,应测到最大输沙率,一般洪峰不得少于3次,峰顶附近应布置测次。汛期水位平稳时5~10天测一次,枯季每月测1~2次。

② 二类站应在3~5年内,每年测7~10次,在各级输沙率范围内均匀布置,测到相关水力因素变幅的80%。总测次达到60次可停测。

③ 三类站测3~5年,总测次应不少于10次,分布于各级水位。

2. 取样垂线布设

取样垂线应布设在有推移质的范围内,以能控制推移质输沙率横向变化,准确计算推移质输沙率为原则。推移质取样垂线最好与悬移质输沙率取样垂线重合。在实际操作过程中,若推移质输沙率较大,施测一次推移质时间太长,会影响流量和悬移质输沙率的测验,如金沙江三堆子水文站推移质测量断面在流量测量断面下游60 m,三堆子水文站流量及悬移质泥沙采用缆道施测,而推移质测验需要缆道绳牵引,造成其推移质测验断面和流量测验断面不重合。相邻两垂线间距≥25 m,若其中一线的单宽输沙率推移质输沙率≥50 g/s·m,且两线的单宽输沙率之差≥5倍时,应在中间增加垂线。测验的基本垂线数应符合表4.2-2的规定。

表4.2-2 推移质输沙率基本垂线数

推移带宽(m)	<50	50~100	100~300	300~1 000	>1 000
垂线数	<5	5~7	7~10	10~13	>13

3. 强烈推移带确定

推移质在输移过程中存在自己的输移带。由于推移质输沙率与流速高次方成正比,且流速在断面上分布不均匀,推移质输沙率在横向分布上很不均匀,往往只集中在一定的推移带内,其中又特别集中于几根主要垂线,形成断面上的强烈推移带。卵石推移质的横向不均匀性,往往比沙质推移质更甚。

在主流附近分布着强烈的输移带,带宽较窄,但带宽内的输沙量占整个断面推移质带宽的比例较高。推移质实际布线过程中,要特别注意强烈推移带的这个特点,不然将对测验造成较大的影响。强烈推移带需要根据所有推移质垂线的资料进行分析才能确定,长江上游山区河流的推移质测站均进行过分析以确定强烈推移带,以三堆子水文站卵石推移质强烈推移带分析资料为例进行介绍。

(1) 概况

三堆子水文站卵石推移质测验采用AYT300型卵石推移质采样器,适用流速范围:<5 m/s,水深:<40 m,粒径范围:2~250 mm。

卵石推移质测量断面在基本断面下游60 m,测量垂线共10条,起点距分别为80.0、95.0、110、125、140、155、170、180、190、200 m。测验方式为每条垂线施测,两岸边两条垂线80.0 m、200 m取样两次,历时3 min,其余垂线均是取样3次,历时3 min。取样体积超过采样器总容积的1/3时缩短历时,并增加测次。

(2) 垂线输沙量分析

① 垂线单宽输沙率

三堆子水文站垂线单宽输沙率有量的测次分布统计见表4.2-3、图4.2-8。

三堆子水文站739次卵石推移质测验中,起点距分别为80.0、95.0、110、125、140、155、170、180、190、200 m,有量的次数分别为0、20、73、166、273、397、454、341、219、0,占总次数的百分比依次为0%、2.71%、9.88%、22.46%、36.94%、61.43%、46.14%、29.63%、0%。三堆子水文站卵石推移质输沙率主要集中在起点距110 m和190 m之间。

表4.2-3 垂线有量的次数分布统计表

年份	垂线									
	80.0 m	95.0 m	110 m	125 m	140 m	155 m	170 m	180 m	190 m	200 m
2007年	0	6	32	102	118	128	128	112	90	0
2008年	0	10	46	82	96	126	126	112	98	0
2009年	0	12	20	44	58	76	90	66	36	0
2010年	0	2	4	16	48	72	94	50	20	0
2011年	0	0	4	10	28	44	64	26	0	0
2012年	0	6	16	16	68	96	100	88	48	0
2013年	0	0	8	18	28	78	98	62	34	0
2014年	0	4	16	36	82	106	118	114	82	0
2015年	0	0	0	8	20	68	90	52	30	0
平均次数	0	20	73	166	273	397	454	341	219	0
占比(%)	0	2.71	9.88	22.46	36.94	53.72	61.43	46.14	29.63	0

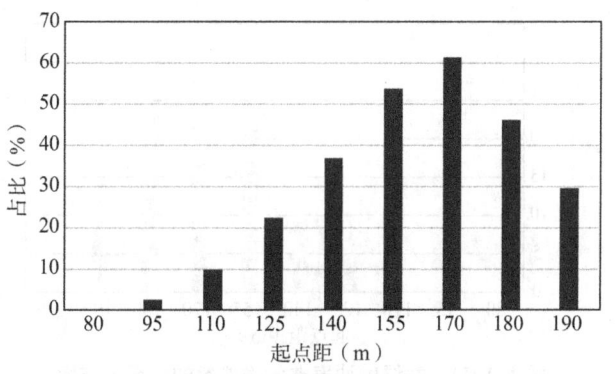

图4.2-8 垂线有量的次数分布图

② 月单宽输沙率

实测资料中,统计起点距为110～190 m的垂线月输沙率之和占断面全月输沙率总和的比例在95%以上的情况下,起点距分别为80.0、95.0、110、125、140、155、170、180、190、200 m处出现频率依次为0%、0%、1.96%、12.75%、27.45%、41.18%、41.18%、32.25%、14.71%、0%,统计见图4.2-9。由此初步拟定三堆子水文站卵石推移质强烈推移带为125 m和190 m之间。

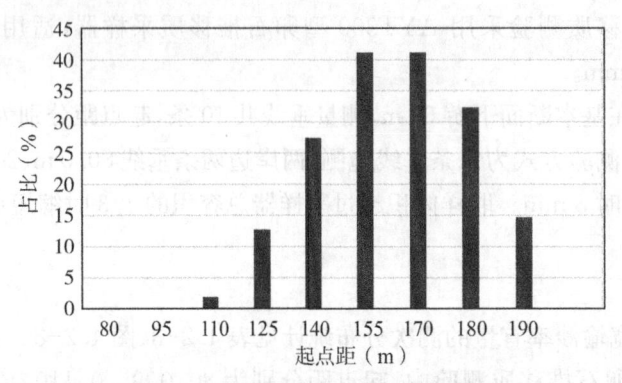

图4.2-9　月输沙率出现频率分布图

③ 年单宽输沙率

实测资料中,统计起点距为110～190 m的垂线年输沙率之和占断面全年输沙率总和的比例在95%以上的情况下,起点距分别为80.0、95.0、110、125、140、155、170、180、190、200 m处出现频率依次为0%、0%、0%、55.56%、88.89%、100%、100%、100%、77.78%、0%,统计见图4.2-10。由此确定出三堆子水文站卵石推移质强烈推移带为125 m和190 m之间。

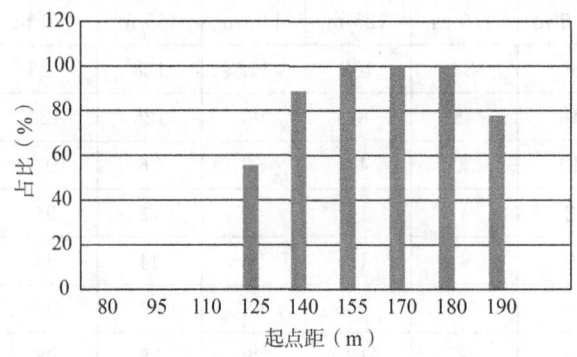

图4.2-10　年输沙率出现频率分布图

④ 垂线输沙率

通过对三堆子水文站系列资料的统计和分析,得出起点距分别为80.0、95.0、110、125、140、155、170、180、190、200 m处的输沙率占年实测输沙率的权重(图4.2-11)。其中,起点距在125～190 m的输沙率总和占全年实测输沙率总和的98.73%。

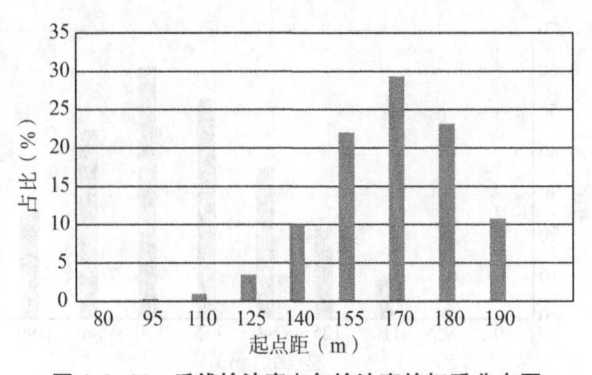

图4.2-11　垂线输沙率占年输沙率的权重分布图

(3) 年最大粒径

资料统计显示,三堆子水文站年最大粒径出现在起点距 95.0、110、140、180 m 各一次,出现在起点距 125 m 2 次,出现在起点距 170 m 3 次,年最大粒径出现年份的随机性比较大,因此在本次强推带拟定时,不考虑年最大粒径的分布情况。详见表 4.2-4。

表 4.2-4 年最大粒径统计表

年份	测次	最大粒径(mm)	出现时间	起点距(m)
2007 年	46	223	09 月 09 日	140
2008 年	45	234	08 月 15 日	170
2009 年	39	250	07 月 28 日	170
2010 年	37	262	07 月 20 日	180
2011 年	32	282	07 月 15 日	125
2012 年	44	307	07 月 23 日	95.0
2013 年	43	208	08 月 02 日	110
2014 年	53	258	08 月 22 日	125
2015 年	63	224	08 月 28 日	170

(4) 强烈推移带的确定

根据资料分析,三堆子水文站卵石推移质的强烈推移带起点距为 125、140、155、170、180、190 m,强烈推移带为 125～190 m。

4. 取样历时和重复次数

韩其为基于概率论和力学相结合,认为推移质单宽输沙率概率随时间的变化符合泊松分布(Poisson 分布),并由此分布建立了均匀沙、非均匀沙输沙率变化的数学期望、方差和变差系数计算方法。汤运南根据这些理论和方法,对测线数目、取样历时、重复取样次数等进行了定量的分析,从理论上论证了按等部分输沙率布设垂线,可使推移质断面输沙率测验误差降到最小。

根据万县、宜昌站不同重复取样与变差系数的关系得知,在一定历时情况下,重复取样 3～4 次后,再增加次数,对变差系数的减小就不那么明显了。

在以上理论及实践分析的成果上,长江上游山区河流推移质取样历时及重复次数按照以下要求操作。

(1) 一般情况下,推移质垂线每次取样历时在 2～5 min,当沙样超过采样容器规定的容积时,可以缩短取样历时,但每次历时不得少于 1 min,采样器进沙量不得超过有效容积的 2/3。卵石推移质取样历时一般大于沙质推移质取样历时。

(2) 一般垂线取样 1～2 次,强烈推移带垂线取样 3～4 次,卵石推移质两次沙样沙重之比(大/小)大于 3～5 倍时,应重新采样。

(3) 一般情况下,一次断面推移质输沙率的历时不能太长。沙峰过程在 3 d 以上时,取样历时不应超过 4 h;沙峰过程在 1～3 d 时,历时不应超过 3 h;沙峰过程小于 1 d 时,历时不应超过 1.5 h。

5. 推移质运动边界的确定

推移质运动边界的确定有两种方法,一种是用摸边界实测法确定边界,一种是根据实测资料确定边界。

摸边界方法:将采样器放在靠岸边的垂线上,若历时 5 min 以上仍未取到沙样,则可以认为该条垂线无推移质泥沙,然后继续向河心试探 1～2 条垂线,直至探到推移质的运动边界;若第一次探测有沙样,则继续向岸边探测。为了避免探测取样时间太长,在距近岸边第一条垂线无样而靠近河心一线有量的情况下,可以直接取两相邻垂线的中间位置作为边界。

资料分析方法：根据实测资料，绘制流速和单宽输沙率关系线，输沙率为零时的相应流速即为起动流速。测量时在岸边附近相应于起动流速的位置即为推移质运动边界。

6. 沙样处理与现场颗粒级配测定

(1) 卵石推移质

卵石推移质的沙样处理及现场颗粒级配测定均在现场进行。

① 每条垂线称沙重，并做颗粒级配分析。颗粒级配分析应按照规定的粒径分组相关方法进行，先称总重，再对分组粒径进行称重。

② 每条垂线挑选最大一颗卵石，用卡尺量其长、宽、高，计算出几何平均粒径，作为该线最大粒径。

对粒径小于 64 mm 的样品，筛分析最大粒径测量方法应符合以下规定。

当样品的最大颗粒分布在 2 mm（含 2 mm）以下时，样品的最大粒径取最大颗粒所在分析筛孔径的上一级孔径值；当样品中的最大颗粒分布在 2～16 mm（含 16 mm）时，只量取筛上最大颗粒的中轴粒径；当样品的最大颗粒分布在 16 mm 以上时，分别量取最大颗粒的长、中、短三轴，并称其重量填写记录，最大颗粒值取几何平均粒径。当遇三轴平均粒径小于中轴粒径，且小于分析上限粒径组的异型颗粒时，应采用中轴粒径作为最大粒径；当有某垂线卵石未参加断配计算而其为断面最大颗粒时，需将 D 值备注于成果表中。

③ 对粒径大于 64 mm 的卵石样品，宜采用尺量法分析，当粒径大于 64 mm 的卵石样品数量较多时，可使用筛分析法分析。

④ 当卵石推移质颗粒级配分析各粒径沙量之和与总量比的相对误差超过±2%，应重新备样进行颗粒级配分析。

(2) 沙质推移质

沙质推移质的沙样处理分为现场和实验室处理两种。

① 若沙样小于 1 000 g，全部带回室内分析处理。

② 沙样大于 1 000 g 时，可在现场用水中称重法测定干沙重，用公式(4.2-1)计算：

$$W_s = KW'_s \tag{4.2-1}$$

式中：W_s 为总干沙重量(kg)；W'_s 为泥沙在水中的重量(kg)；K 为换算系数，各站应通过试验确定。

现场称重后的沙样用插取法分样后带回室内分析。

长江上游沙质推移质粒径比较粗，可以直接采用干湿比法来获取干沙重量。沙样从采样器倒入沙样桶后，很快就沉淀下来。将水倒出后，直接对湿沙进行称重，乘以事先率定的干湿比系数，即可得到干沙重量。干湿比公式为：

$$W_s = KW'_s \tag{4.2-2}$$

式中：W_s 为干沙重量(kg)；W'_s 为湿沙重量(kg)；K 为干湿比，通过试验确定。

在沙质推移质测验时，抽取不同重量的湿沙，现场称湿沙重量，然后带回室内进行烘干称重。进行干湿比测定时，全部测次不得少于 30 次，每月测次约 1～3 次。全年干湿比资料收集完成后，建立干沙-湿沙重量关系后，即可得到干湿比 K（图 4.2-12）。一般每站两年率定一次干湿比。经试验，长江上游干湿比系数约 0.76～0.78。

③ 沙质推移质颗粒级配分析采用分样后带回室内进行，筛分析法的抽样沙重为 3～50 g。

④ 当某条垂线所测沙量较少时（小于 3 g），是否进行级配分析应视所采用的分析方法及适应沙重而定，也可与相邻垂线合并进行分析。对不满足颗粒级配分析要求的垂线，可只称其沙重，参与断面输沙率计算，而计算该测次断面级配时则不考虑该垂线，只统计有实测级配成果的垂线。

⑤ 当沙质推移质筛分析各粒径沙量之和与总量的相对误差超过±1%时，应重新备样进行颗粒级配分析。

7. 推移质的停测

天然河流情况下，推移质的输沙率往往与水流的其他水力因素（如水位、水深、流速、流量）有着较好的

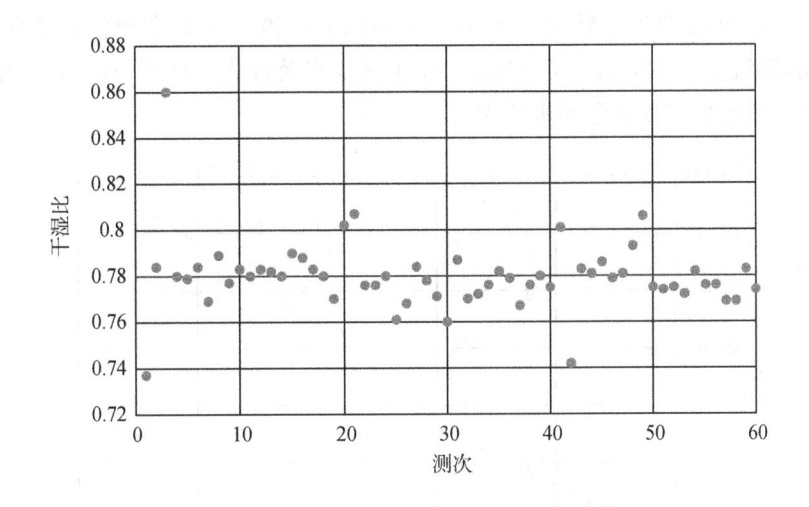

图 4.2-12　三堆子水文站干湿比率定分布图

相关关系。从推移质运动成因考虑，一般流速或流量与推移质输沙率的关系更好一些。而流速与流量比较，由于流速变幅比流量小，故推移质输沙率与流速关系的指数比流量大，采用流量作自变量任意性更小一些。

只有流量大到一定程度后，才有足够的能量使泥沙发生推移，为克服泥沙没有推移时也能计算出推移质输沙率的局限，需推算出这个分界流量，即起动流量。所谓起动流量，是指在河道中推移质开始运动时所对应的流量。在实际测验过程中，根据资料分析出起动流量，即可根据情况进行某些时段或水位流量级的推移质资料停测工作。以下根据嘉陵江东津沱、长江万县站资料进行推移质停测工作的分析。

（1）东津沱站

东津沱水文站位于合川区南办处白塔8社，距离合川区东津沱镇1.5 km，测站上游有一较大弯道，主流偏右岸，右岸下游500 m为张弓滩。枯水时滩道狭窄，水流湍急，中、高水位时江面较宽，水势较乱。

东津沱站断面呈"V"形，断面稳定。右岸陡峭，为乱石组成，中、高水期流速大，水位在195.00 m以上时水流泡漩较大，漂浮物多且集中在右岸，右岸岸边有回流现象，对行船、测验影响较大，左岸断面较平坦，河床为卵石夹沙，流速较小。

东津沱水文站2002年开始施测推移质，2002—2003年共施测推移质149次，其中，83次推移质为零。根据东津沱实测推移质资料，在直角坐标图上作 G_b-Q 关系内包线，延长至输沙率为0，与横坐标的交点即为起动流量 Q_c（图4.2-13），东津沱水文站 Q_c 为 11 500 m³/s。

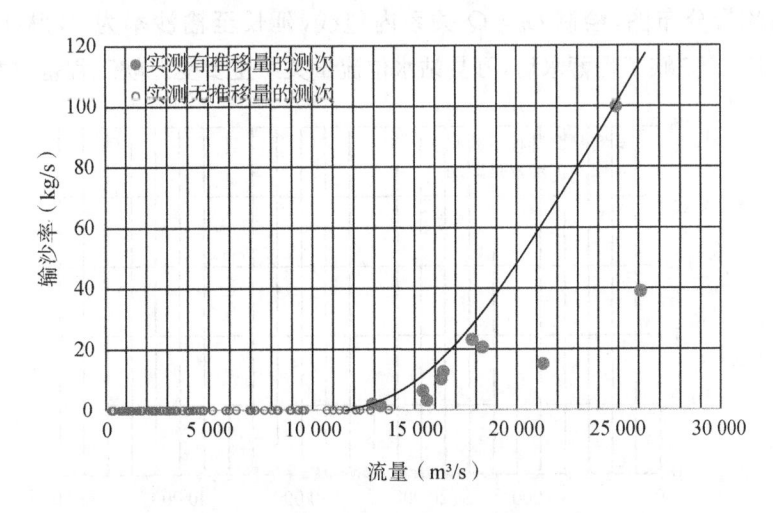

图 4.2-13　东津沱站推移质起动流量推算图

在实际工作中，由于无实时流量资料，采用起动流量作为判断推移质停测的标准较难实现，且东津沱站水位流量关系为单一线,可以把流量转化为水位作为停测的标准。根据东津沱站水位流量关系线图(图4.2-14),得到测站起动流量对应的水位为 196.50 m,但考虑嘉陵江为山区性河流,可能出现水位暴涨暴落、流速流量加大的情况,确定东津沱站停测水位为 193.00 m。

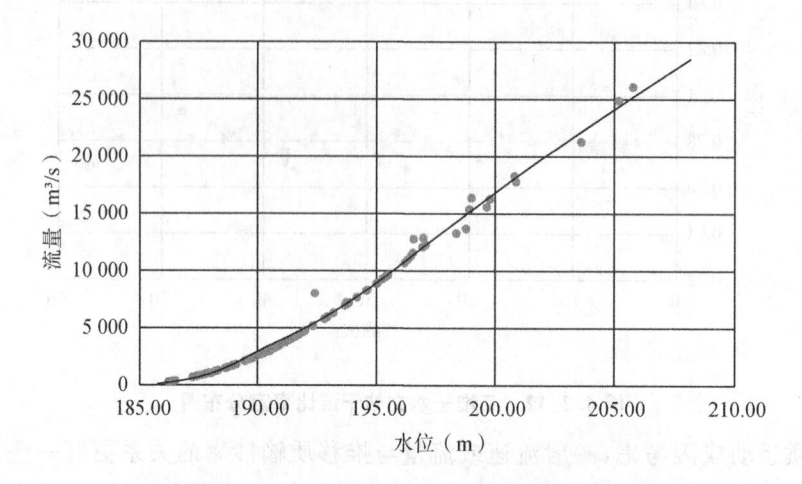

图 4.2-14 东津沱站水位流量关系曲线图

(2) 万县站

万县站设立于 1951 年 3 月,位于重庆市万州区长江三桥下游 100 m,集水面积为 97 488 km²。万县站为长江上游下段及三峡工程库区重要控制站,属于国家基本水文站(流量、泥沙一类精度站),距三峡大坝约 289 km,是库区水文、泥沙、水质监测的重要控制站和代表站,观测项目有水位、流量、悬移质(单沙、输沙、颗分)、卵石推移质、降水量、水环境监测等。

万县站测验河段顺直长约 800 m,河道向右弯曲,深槽偏右,系单式断面,断面基本稳定。两岸多乱石,河床为卵石夹沙组成,上游右岸约 600 m 有黑盘石被淹没,下游 5 000 m 有一大弯道,主泓偏右。测流断面上游约 600 m 处有宜万铁路桥墩,左岸上游约 50 m 至 100 m 范围内为万州港务局集装箱码头。

2003 年三峡水库蓄水后,万县站位于三峡水库常年回水区内。测站水沙特性和天然情况下相比变化较大,流量受水库顶托影响显著,流速偏小较多,而推移质输沙率与流速的高次方成正比,造成蓄水后万县站较多测次推移质输沙率实测为零的现象。在测站特性改变的情况下做好万县站推移质测次布置,完成推移质资料的收集及分析,对万县站推移质进行停测分析具有十分重要的意义。

2003 年万县站施测推移质 63 次,其中 37 测次推移质输沙率为零,流量为 6 000~24 000 m³/s。根据资料做万县站输沙率与流量分布图,绘制 G_b-Q 关系内包线,延长至输沙率为 0,得到万县站起动流量为 22 000 m³/s(图 4.2-15)。三峡工程蓄水后,万县站水位流量关系主要受三峡工程蓄放水和上游洪水涨落共

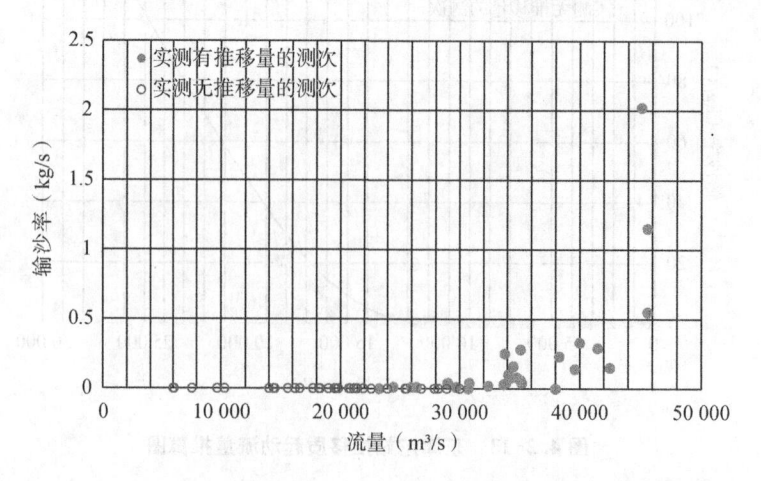

图 4.2-15 万县站推移质起动流量推算图

同影响,为复杂绳套曲线。万县站流量采用 ADCP 施测,施测方便,全年实测流量测次在 170 和 200 次之间。考虑河流特性,万县站以流量 20 000 m³/s 作为推移质是否停测的判断标准。

8. 误差来源及控制

(1) 推移质测验的误差主要来自测验方法、采样器性能及操作、沙样处理等方面,必须严格控制。对于长江上游山区河流,近年来随着河流梯级电站的修建,河流推移质泥沙输移特性逐渐发生改变,对测验方法的选择、采样器的性能均有着较大的挑战,需随时监测测验方法、采样仪器是否适用河流推移质泥沙测验。

(2) 沙样处理过程中,抽样沙重应满足泥沙颗粒分析的要求;避免沙样损失或带入其他物质;天平、秤、分析筛、卡尺等均应按照规定及时进行检校。

(3) 现场合理性检查应按以下规定进行。

① 卵石推移质最大粒径出现垂线是否合理,有无刮痕、青苔等,应经检查分析后,确定是否重测。

② 当输沙率较大,强推移带垂线取样有一次输沙率为零时,应再测一次。

③ 当卵石推移质颗粒级配分析各粒径沙量之和与总量比的相对误差超过±2%,沙质推移质筛分析各粒径沙量之和与总量的相对误差超过±1%时,应重新备样进行称重。

④ 强烈推移带发生变动时,应分析原因,确定发生变动时应立即调整垂线。

4.2.3.2 输沙率计算

1. 推移质输沙率计算的主要内容

推移质资料计算应包括以下内容。

(1) 计算垂线单宽输沙率及断面输沙率,统计断面实测最大单宽输沙率及相应垂线位置。

(2) 计算垂线及断面颗粒级配,绘制垂线及断面颗粒级配曲线。

(3) 计算断面平均粒径,查出断面中值粒径及最大粒径。

(4) 计算断面推移质输沙率的相应水力因素。

2. 实测垂线单宽输沙率计算

实测垂线单宽输沙率按式(4.2-3)计算:

$$q_{bi} = \frac{100W_{bi}}{t_i b_k} \qquad (4.2-3)$$

式中:q_{bi} 为第 i 条垂线的实测推移质单宽输沙率[g/(s·m)];W_{bi} 为第 i 条垂线的取样总重量(g);t_i 为第 i 条垂线的取样总历时(s);b_k 为采样器口门宽(cm)。

3. 实测断面输沙率计算

实测断面推移质输沙率按式(4.2-4)计算:

$$Q_b = \left(\frac{\Delta b_0 + \Delta b_1}{2}\right)q_{b1} + \left(\frac{\Delta b_1 + \Delta b_2}{2}\right)q_{b2} + \cdots + \left(\frac{\Delta b_{n-1} + \Delta b_n}{2}\right)q_{bn} \qquad (4.2-4)$$

式中:Q_b 为实测断面推移质输沙率(kg/s);Δb_0 为起点推移边界与第 1 条垂线的距离(m);Δb_n 为终点推移边界与第 n 条垂线的距离(m);$\Delta b_1,\Delta b_2,\cdots,\Delta b_{n-1}$ 为第 1 条,第 2 条,……,第 $n-1$ 条垂线与其后一条垂线的距离(m);$q_{b1},q_{b2},\cdots,q_{bn}$ 为第 1 条,第 2 条,……,第 n 条垂线的单宽输沙率[kg/(s·m)]。

在有可靠的采样效率系数时,实测输沙率应作修正,在采样效率系数未定时,不作修正。无论修正与否,均应在备注栏内说明。如:寸滩、朱沱水文站卵石推移质采用 Y64 型软底网式卵石推移质采样器,$Q_b = 11.6 Q_{b器}$;三堆子水文站卵石推移质采用的是 AYT300 型推移质采样器,$Q_b = 2.06 Q_{b器}^{0.942}$;寸滩、朱沱、三堆子水文站沙质推移质均采用的是 Y90 改进型-100 采样器,$Q_b = 0.833 Q_{b器}^{0.981}$。

4. 断面颗粒级配计算

推移质断面颗粒级配按式(4.2-5)计算:

$$P_i = \frac{1}{Q_b}\left[\left(\frac{\Delta b_0 + \Delta b_1}{2}\right)q_{b1}P_1 + \left(\frac{\Delta b_1 + \Delta b_2}{2}\right)q_{b2}P_2 + \cdots + \left(\frac{\Delta b_{n-1} + \Delta b_n}{2}\right)q_{ln}P_n\right] \quad (4.2-5)$$

式中：P_i 为断面的小于某粒径的沙重百分数(%)；$P_1, P_2, \cdots, P_n$ 分别为第 1 条，第 2 条，……，第 n 条垂线小于某粒径的沙重百分数(%)。

5. 断面平均粒径计算

推移质断面平均粒径按式(4.2-6)计算：

$$\begin{cases} \overline{D} = \sum \overline{D_i} \Delta P_i / 100 \\ \overline{D_i} = \sqrt{D_{Ui} D_{Li}} \\ \Delta P_i = P_{Ui} - P_{Li} \end{cases} \quad (4.2-6)$$

式中：$\overline{D}$ 为 Φ 分级法计算平均粒径(mm)；$\overline{D_i}$ 为组平均粒径系列(mm)；ΔP_i 为组级配差系列数值(%)；D_{Ui} 为组距上限粒径系列(mm)；D_{Li} 为组距下限粒径系列(mm)；P_{Ui} 为相应于 D_{Ui} 的组级配系列数值(%)；P_{Li} 为相应于 D_{Li} 的组级配系列数值(%)；i 为粒径级系列序号。

下限组即第 1 组的平均粒径 D_1 取级配曲线可查读最小粒径的 1/2，相应第 1 组的级配差 ΔP_1 取该查读最小粒径的级配 P_1（即 $P_1 - 0$）。若样品的粒径最大值能确定，最上组距级的上限点 D_{Ui} 可取该确定值。

6. 断面推移质输沙率相应水力因素的计算与推求

(1) 水位平稳时，推移质输沙率的相应水位取开始和结束观测值的平均值。

(2) 水位变化急剧时，断面推移质输沙率的相应水位，按式(4.2-7)计算：

$$Z_m = \frac{1}{Q_b}\left[\left(\frac{\Delta b_0 + \Delta b_1}{2}\right)q_{b1}Z_1 + \left(\frac{\Delta b_1 + \Delta b_2}{2}\right)q_{b2}Z_2 + \cdots + \left(\frac{\Delta b_{n-1} + \Delta b_n}{2}\right)q_{ln}Z_n\right] \quad (4.2-7)$$

式中：Z_m 为推移质输沙率相应水位(m)；$Z_1, Z_2, \cdots, Z_n$ 分别为施测第 1 条，第 2 条，……，第 n 条垂线推移质输沙率时的实测水位(m)。

采用器测法测定断面推移质输沙率一般都需要在断面上施测多条垂线，一般单次推移质测验历时 2~4 h，时间较长，在此期间，水力因素可能变化较大。因此，按照水力因素法进行年推移质输沙率资料整编的测站，单次测验过程中，相应水位的计算方法可能会对断面输沙率产生较大的影响。对于河宽较大、水位变化急剧、单次测验历时较长（可能跨越峰顶峰谷）的山区河流来说，确定相应水位的计算方法具有十分重要的意义。

采用水力因素关系法进行资料整编时，可选择水位、断面平均水深、断面平均或流量等单一因素，也可选择断面平均水深、断面平均流速、流量、起动流速、起动流量和比降组成的综合因素。用流速、流量作为相关水力因素进行推移质输沙率资料整编，已在众多的书中得到了大量的验证。本次直接采用水位作为相关水力因素进行分析，以下根据寸滩、朱沱水文站实测推移质资料，通过建立水位-输沙率关系进行相应水位计算方法的分析。

根据资料，点绘寸滩、朱沱水文站水位-断面输沙率的关系图，见图 4.2-16、图 4.2-17，图中水位采用算术平均水位 $\overline{H}$。同时，根据单次测验中各条垂线的测验水位以及垂线单宽输沙率，按照公式(4.2-7)计算得到各测次的输沙率加权平均水位 $H_{相应}$，据此水位在图 4.2-16、图 4.2-17 上查读各测次的断面输沙率。

两种方法计算得到的输沙率相对误差计算公式如下：

$$\delta = \frac{\overline{G_s} - G_{s相应}}{G_{s相应}} \times 100\% \quad (4.2-8)$$

式中：$\overline{G_s}$ 为 $\overline{H}$ 在水位断面输沙率线上查读的断面输沙率；$G_{s相应}$ 为 $H_{相应}$ 在水位断面输沙率线上查读的断面输沙率。

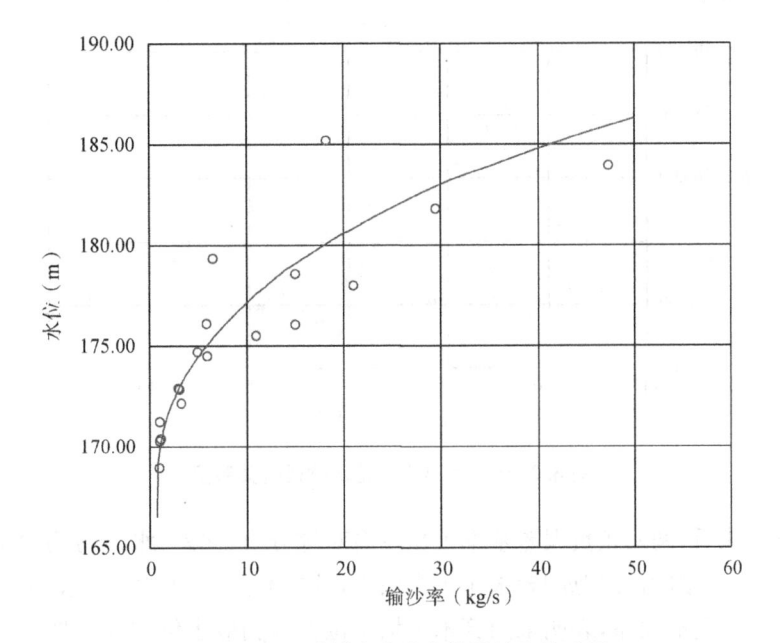

图 4.2-16　寸滩水文站水位输沙率关系图

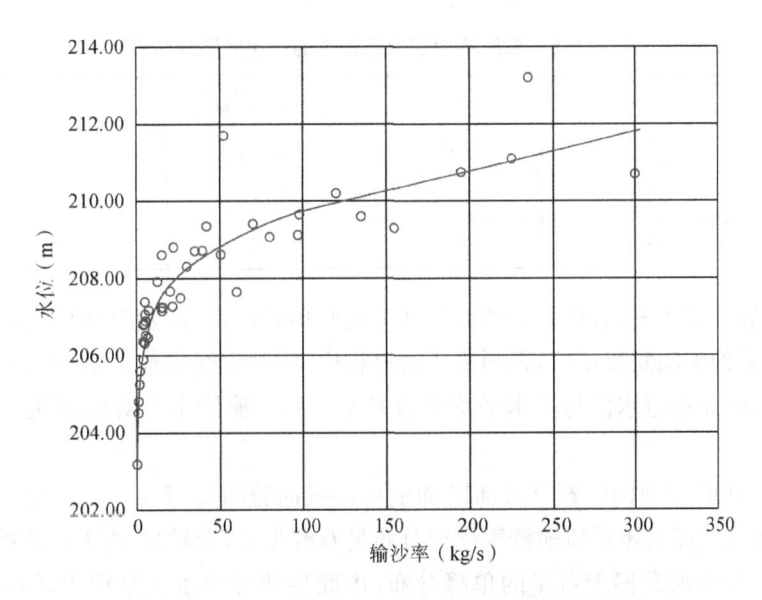

图 4.2-17　朱沱水文站水位输沙率关系图

以测验水位变幅 ΔH 为横坐标，δ 为纵坐标，点绘寸滩、朱沱水文站 ΔH - δ 关系图，见图 4.2-18、图 4.2-19。

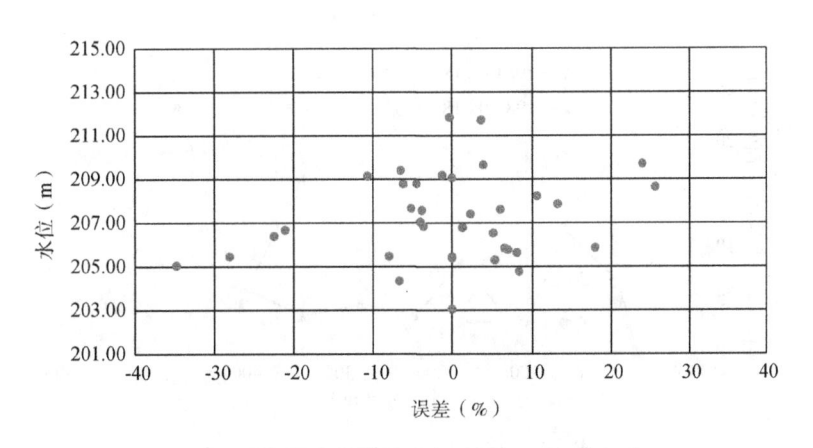

图 4.2-18　朱沱水文站水位误差关系图

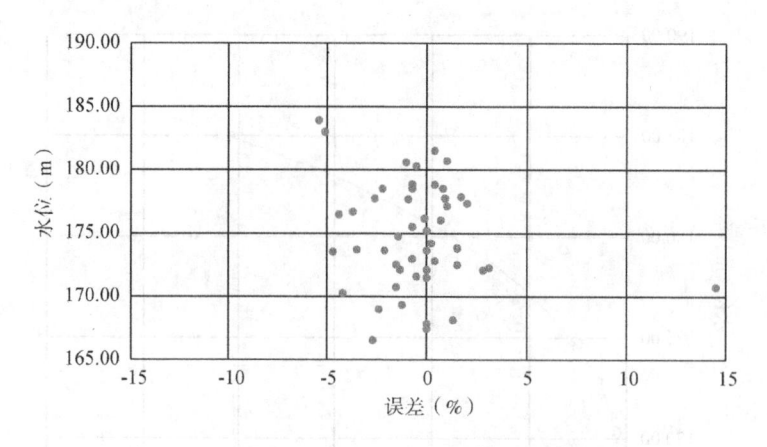

图 4.2-19 寸滩水文站水位误差关系图

从误差关系分布图来看,两站正负误差基本上呈左右对称分布,误差、水位与测验历时内的水位变幅没有较明显的关系,寸滩水文站的误差范围较朱沱水文站小,基本上在±5%内。误差分布情况见表4.2-5。

误差与水位变幅没有明显关系,表明采用算术平均水位作为相应水位的代表性与输沙率的大小以及测验历时的长短关系不明显。

表 4.2-5 测站不同误差范围内的测次概率分布表

站名	误差范围				
	±5%	±10%	20%	±30%	±40%
寸滩	94.0%	98.0%	100%	—	—
朱沱	38.9%	72.2%	83.3%	97.2%	100%

从相应水位的计算公式来看,若推移质断面输沙率测验历时内,水位随时间呈线性变化,平均水位即是推移质断面输沙率测验的中间垂线水位,在测验历时过程中,中间垂线的前后输沙率分布对称,中间垂线的水位约等于相应水位,因而相应水位与算术平均水位基本一致。输沙率不对称性越大,两个水位值相差越大,误差越大。

寸滩、朱沱水文站测验断面的卵石推移质断面输沙率横向分布如图4.2-20、图4.2-21、图4.2-22所示。能够看出,寸滩水文站卵石推移质输沙率横向分布呈双峰型,部分输沙率分布在断面左右两侧,基本对称,朱沱水文站断面输沙率则是偏于右岸的单峰分布,由此导致寸滩水文站误差较小,朱沱水文站误差较大。且在实际操作中,有的测次从左岸测到右岸,有的测次从右岸测到左岸,有时是涨水,有时是退水,这就造成了误差时正时负的现象。

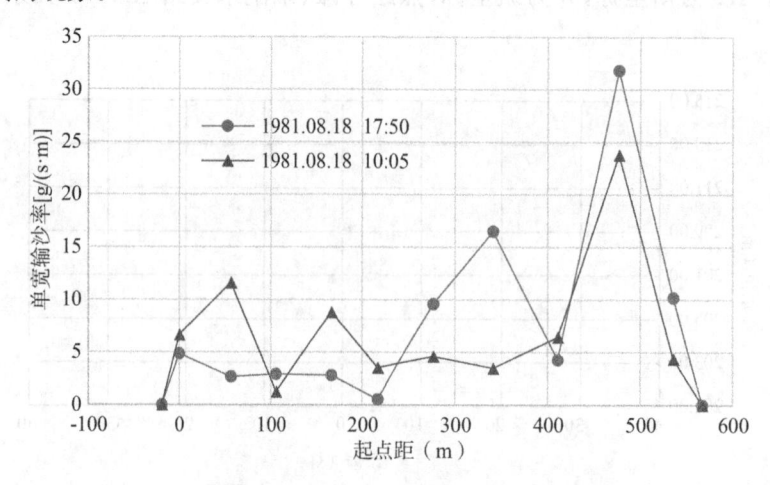

图 4.2-20 寸滩水文站断面输沙率横向分布图

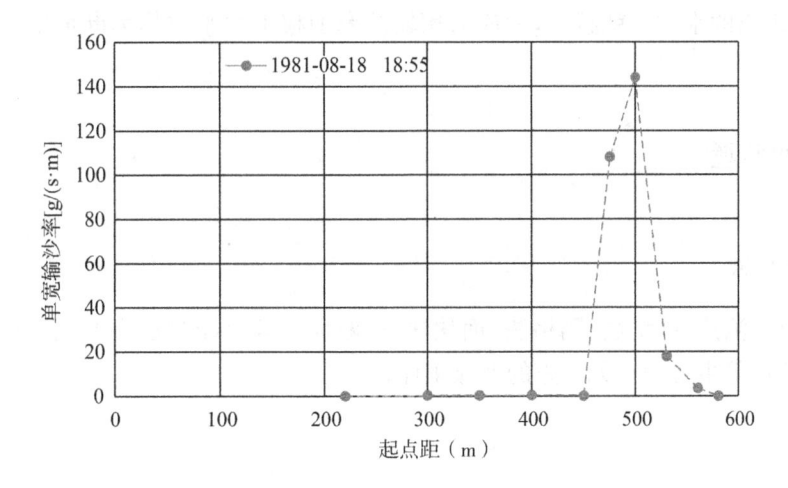

图 4.2-21　朱沱水文站断面输沙率横向分布图

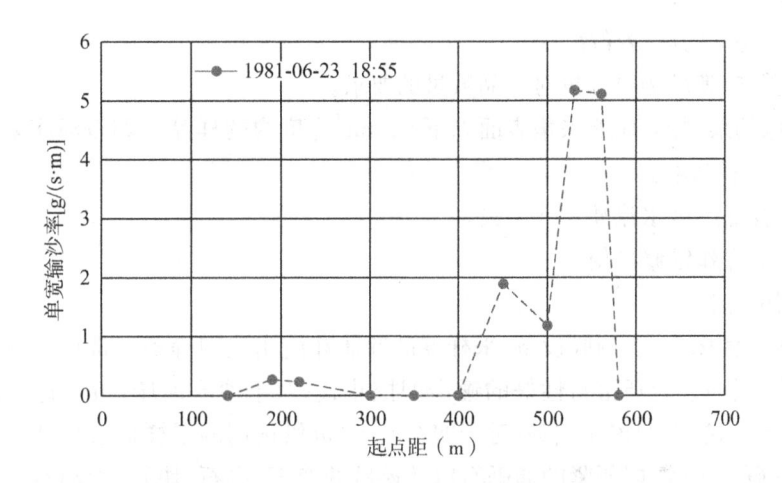

图 4.2-22　朱沱水文站断面输沙率横向分布图

以上分析表明,算术平均水位与相应水位之间的差值是造成断面输沙率误差的主要原因,当由于输沙分布不均匀或者水位变化急剧或测验历时太长等原因引起的两种水位的误差超过允许误差时,使用输沙率加权平均水位作为相应水位才能提高测验精度,减小误差。

寸滩、朱沱水文站推移质断面输沙率误差允许的算术平均水位和输沙率加权平均水位的差值统计见表 4.2-6。

表 4.2-6　两种水位计算方法的允许水位差　　　　　　　　　　　　　　　　　单位:m

站名	水位级	允许误差				
		3%	5%	10%	20%	30%
寸滩	170 m	0.1	0.2	0.3	0.6	0.9
	178 m	0.1	0.2	0.4	0.9	1.3
	185 m	0.2	0.4	0.7	1.3	2.0
朱沱	205 m	0.03	0.04	0.08	0.15	0.22
	208 m	0.03	0.05	0.10	0.20	0.30
	211 m	0.03	0.10	0.20	0.40	0.60

在实际测验过程中,当算术平均水位与输沙率加权平均水位的差值超过允许误差所对应的水位差时,为了保证测验的精度,应采用输沙率加权平均水位进行计算。由以上分析可知,输沙率横向分布不对称性

越大,两种计算方法算出的水位差就越大,就应采用输沙率加权平均水位作为断面输沙率计算的相关水力因素。

4.3 河床质泥沙测验

4.3.1 主要测验方法

床沙测验方法有器测法、试坑法、网格法、面块法、横断面法等。器测法主要用于床沙采样,试坑法、网格法、面块法、横断面法等主要用于无裸露的洲滩采样。

4.3.1.1 床沙采样

1. 床沙采样器的基本要求及选择

(1) 床沙采样器基本要求

① 能取到天然状态下的床沙样品。

② 有效取样容积,应满足颗粒分析对样品数量的要求。

③ 用于沙质河床的采样器,应能采集表面以下 50 mm 深度内的样品。卵石河床采样器,其取样深度应以表层床沙最大颗粒中径为度。

④ 采样过程中,样品不被水流冲走或漏失。

⑤ 结构合理牢固,操作维修简便。

(2) 床沙采样器的选择

床沙采样器应根据河床组成、测验设备、采样器的性能和使用范围等条件选用。对于淤泥质软底河床,可供选用的采样器有转轴式、轻巧密封性好的锤击型挖斗式;对于沙质河床,可供选用的采样器有拖斗式、横管式、锥式、钳式、钻管式、中型挖斗式等;对于卵石河床,可供选用的采样器有挖斗式、犁式、沉筒式等;对于基岩、坚硬黏土、含砾黏土、镶嵌严紧的卵砾石以及松散的峦石、漂石、块石、大卵石等,可使用河床打印探测器。采样器的性能、规格与适用范围见表 4.3-1。

表 4.3-1 床沙采样器性能及适用范围表

序号	类型	采样器名称	样品重量(g)	河床组成	适用范围 水深(m)	适用范围 流速(m/s)	适用范围 粒径(mm)	操作方式
1	淤泥质	转轴式	约200	淤泥	不作限制	<0.8	<0.25	测船上用绞车悬吊或手持
2	淤泥质	挖斗式(锤击小型)	约500	淤泥、细砂	不作限制	<1.5	<1.0	测船上绞车悬吊
3	砂砾质	拖斗式	约1000	软底沙质	不作限制	<1.5	<2.0	测船上用牵引索加重球
4	砂砾质	横管式	约300	软底沙质	<3.0	<2.5	<2.0	测船上手持悬杆
5	砂砾质	锥式	约300	软底沙质	<3.0	<2.0	<2.0	测船上用绞车悬吊
6	砂砾质	钳式	约200	硬底沙质	不作限制	<3.0	<2.0	测船上用绞车悬吊
7	砂砾质	挖斗式(触角中型)	约1000	硬底、砂夹砾	不作限制	<3.0	<40	测船上用绞车悬吊
8	砂砾质、卵石夹砂	挖斗式(锤击中型)	约2500	软、硬底	不作限制	<3.0	<50	测船上用绞车悬吊

续表

序号	类型	采样器名称	样品重量(g)	河床组成	适用范围 水深(m)	适用范围 流速(m/s)	适用范围 粒径(mm)	操作方式
9	卵石夹砂	挖斗式（锤击重型）	3 000～5 000	硬底、卵砾夹砂	不作限制	<3.0	<70	测船上用绞车悬吊
10	卵石	沉筒式	100 000	硬底、中小卵石、基本不夹砂	<1.0	<1.0	<150	小船上或涉水手工操作
11	坚硬岩、黏土、大卵石	打印器	无	基岩、黏土、大卵石、漂石	不作限制	<3.5	<300	测船上用绞车悬吊

2. 床沙采样器的使用要求

(1) 淤泥床沙采样器的使用要求

① 采用转轴式采样器取样时，仪器应垂直下放，当用悬索提放时，悬索偏角不应大于15°。

② 用小型锤击挖斗式取样时，仪器必须密封良好，当下放接近水底时，应慢放轻落，取样后紧关口门再上提。

(2) 沙质床沙采样器的使用要求

① 用拖斗式采样器取样时，牵引索上应吊装重锤，使拖拉时仪器口门贴近河床。

② 用横管式采样器取样时，横管轴线应与水流方向一致，并应顺水流下放和提出。

③ 用钳式、中型挖斗式（水底松散较软时，用锤击式；水底较硬时，用触角式）采样器取样时，应平稳地贴近河床，并缓慢提离床面。若宽级配床沙样品中的卵石卡住口门，导致小粒床沙漏掉时，应重新取样。

(3) 卵砾石床沙采样器的使用要求

① 用挖斗式锤击重型采样器取样时，应注意慢放轻落，避免冲击床面，破坏原型组成。若口门未闭合严密时，所获沙样不能作为正式级配样品。

② 犁式采样器安装时，应预置15°的仰角；下放的悬索长度，应使船体上行取样时悬索与垂直方向保持60°的偏角，犁动距离可在5 m和10 m之间。

③ 使用沉筒式采样器取样时，应使样品箱的口门逆向水流，筒底铁脚插入河床。

④ 使用取样勺在筒内不同位置采取样品，上提沉筒时，样品箱的口部应向上，不使样品流失。

⑤ 由基岩、坚硬黏土、含砾黏土、镶嵌严紧的卵石以及松散的峦石、漂石、块石、大卵石等组成河床，宜使用河床打印器探测。打印时，要求垂直急放重落，以取得好的打印效果。探测级配用的打印器底面积宜大，最小面积应为卵石床沙 D_{max} 面积的3倍。

4.3.1.2 洲滩采样

1. 试坑法

(1) 试坑法技术要求

① 取样地点应选在不受人为破坏和无特殊堆积形态处。

② 粒径分布均匀或洲滩窄小时，可取3个点位的样品；粒径分布不均匀或洲滩宽大时，应取5个点位的样品。若在测站断面取样，取样位置应与高水期的推移质和悬移质泥沙测验垂线重合。

③ 在沿程较大的卵砾砂等组成的边滩、心滩上布设试坑，并视洲滩大小与组成分布变化，分别布设1～5点位。如一个洲滩只需布设1个点位时，则需选择在洲头上半部迎水坡自枯水面至洲顶3/5～4/5的洲脊处。

④ 布坑后仍遗留有局部较典型组成床面时，则需采用散点法取样，如洲头、洲外侧枯水主流冲刷切割形成的洲坎上和洲尾细粒泥沙堆积区等部位。

(2) 试坑法平面尺寸及分层深度

① 坑面尺寸

一般应以坑位表面最大颗粒中径 8 倍左右的长度作为坑面正方形的边长(砂卵石标准坑 1.0 m× 1.0 m,沙质标准坑 0.5 m×0.5 m)。详见表 4.3-2。

表 4.3-2 试坑平面尺寸及分层深度

D_{max}(mm)	平面尺寸(m×m)	分层深度(m)	总深度(m)
<50	0.5×0.5	0.1～0.2	0.5
50～300	1.0×1.0	0.2～0.5	1.0
>300	1.0×1.0 或 1.5×1.5	0.3～0.5	1.0～2.0

② 试坑深度

试坑深度一般要求 1 m,若要求深度内床沙组成较复杂,需增加深度 0.5～1.0 m。洲滩沿深度组成分布较均匀,则其取样深度可控制在 0.5～0.8 m 内。

2. 网格法

网格法的分块大小及各块间的距离应大于床沙最大颗粒的直径。用定网格法取样时,可将每个网格为 100 mm×100 mm、框面积为 1 000 mm×1 000 mm 的金属网格紧贴在床面上,采取每个网格交点下的单个颗粒,合成一个样品。采用直格法取样时,应先在河段内顺水流方向的卵石洲滩上等间距平行布设 3～5 条直线,每条直线的长度宜大于河宽,在每条直线的等距处取样,一条直线所采取的颗粒合成一个样品。

3. 面块法

用面块法取样时,应在河滩上框定一块床面,其面积应大于表层最大颗粒平面积的 8 倍,并将表面层涂满涂料,然后将涂有标记的颗粒取出,合成一个样品。

4. 横断面法

用横断面法取样时,应在取样断面上拉一横线,拾取沿线下面的全部颗粒合成一个样品。

4.3.2 测验现状

长江上游山区河流寸滩水文站河床质测验始于 1958 年,1961 年因项目调整停测。1981 年长江大洪水时采用犁式采样器施测过一年,1991 年在寸滩水文站开展了 74 型河床质采样器和犁式采样器的比测工作。为收集三峡工程的完整泥沙资料,寸滩水文站于 2002 年恢复河床质的测验,2002—2005 年采用试坑法在寸滩右岸洲滩布置 3 个点位进行河床质的取样,随着三峡蓄水位的抬升,2006 年至今改用犁式采样器进行水下床沙取样。同时,长江上游奉节水文站也自 1978 年开始收集河床质资料(2002 年起停测)。

目前,寸滩水文站河床质采用犁式采样器进行取样。犁式采样器较重,且有一定的拖力才能在河床上取到样品,只适用于缆道吊船站和有大马力轮船测验的站。测验时,悬索与垂直方向应保持 60°左右的角度,角度小了可能将采样器拉翻,角度大了又会取不到床沙样品。

犁式采样器由器身、尾翼、平衡脚和加重铅块等组成,加重铅块前重后轻,使器身重心接近口门前沿。仪器全长 1 700 mm,器身长 850 mm。采样时,主要利用器身前低后高与河床平面成大于 10°的夹角,在水流作用下使口门前沿下倾,利齿顺利插入泥沙中,在河床上平稳犁动,即可采样。当仪器下放到应测的断面位置后,则一面继续放松仪器悬索,一面收绞吊船悬索,使测船向上游移动 5～10 m 距离,即停止放出仪器悬索和收绞吊船悬索,然后上提采样器,便能在河床上采样。犁式采样器示意图见图 4.3-1、图 4.3-2。

1—背网；2—吊环；3—铅墙；4—弧形脚；5—加重块；6—底网；7—尾翼；8—活动水平翼。

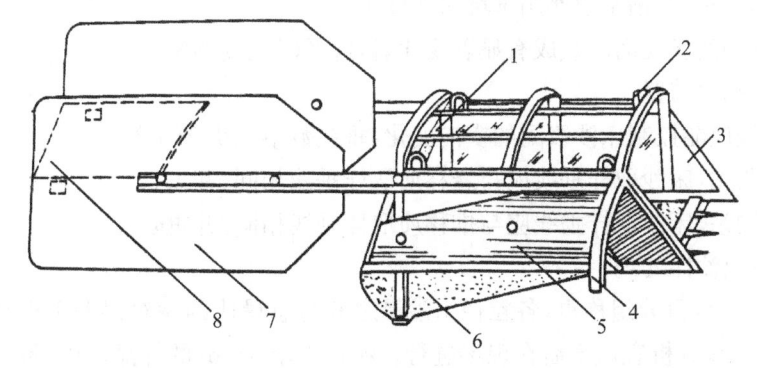

图 4.3-1　犁式床沙采样器示意图

图 4.3-2　犁式床沙采样器照片

4.3.3　床沙测验及计算

4.3.3.1　床沙测验

1. 床沙测验的测次布置

（1）沙质床沙测次布置

① 一类站应能控制床沙颗粒级配的变化过程，汛期一次洪水过程测 2～4 次，枯季每月 1 次。受水利工程或其他因素影响严重的测站，应适当增加测次。

② 二类站每年测 5～7 次，大多数测次应分布在洪水期。

③ 三类站设站时取样 1 次，发现河床组成有明显变化时再取样 1 次。

（2）卵石床沙测次布置

① 一类站每年在洪水期应用器测法测 3～5 次，在汛末卵石停止推移时测 1 次，枯季在边滩用试坑法和网格法同时取样 1 次，在收集到大、中、小洪水年的代表性资料后，可停测。

② 二类站设站第一年在枯水边滩用试坑法取样 1 次，以后每年汛期末用网格法取样 1 次，在收集到大、中、小洪水年的代表性资料后，可停测。

③ 三类站设站第 1 年,在枯水边滩用试坑法取样 1 次。
④ 各类站在停测期间发现河床组成有显著变化时,应及时恢复测验。

2. 床沙水下取样垂线布置

(1) 床沙取样垂线应能控制床沙级配的横向变化,垂线数不应少于 5 条。
(2) 测悬移质的测站,床沙取样垂线应与悬移质取样垂线相同,并重合。
(3) 测推移质的测站,床沙取样垂线应与推移质取样垂线相同,并重合。

3. 颗粒级配分析及沙样处理

床沙样品应先称总重,再分组称重,各粒径组沙量之和与总量比的相对误差不得超过±3%。粒径大于 8 mm 的砾卵石样品,颗粒分析宜风干后在现场进行。粒径小于 8 mm 的样品,其重量大于总重的 10% 时,送室内分析,小于 10% 时,只称重量,参加级配计算。现场分析的沙样均不保存,室内分析的沙样,保存至当年资料整编完成即可。

4.3.3.2 床沙计算

1. 垂线颗粒级配计算

尺量法中应以各自由组的最大粒径为分组上限粒径,按分组重量计算颗粒级配,点绘级配曲线后,再查读统一粒径级的百分数。

对颗粒级配曲线应作下列检查:

曲线走向是否合理;最大粒径有无不合理现象;两种颗粒分析方法接头处的连接是否合理,如不合理应作技术处理,使其接头圆滑。

2. 床沙平均颗粒级配计算

(1) 试坑法的坑平均级配,用分层重量加权计算。
(2) 边滩平均级配分左、右两岸统计,用坑所代表的部分河宽加权计算。
(3) 水下部分的断面平均颗粒级配,用式(4.3-1)计算。

$$\overline{P_j} = \frac{(2b_0 + b_1)P_1 + (b_1 + b_2)P_2 + \cdots + (b_{n-1} + 2b_n)P_n}{(2b_0 + b_1) + (b_1 + b_2) + \cdots + (b_{n-1} + 2b_n)} \tag{4.3-1}$$

式中:$\overline{P_j}$ 为断面平均小于某粒径沙重百分数(%);b_0,b_n 分别为两近岸边垂线到各自岸边的距离(m);b_1,…,b_{n-1} 为第 1 条垂线到第 2 条垂线的距离,……,第 $n-1$ 条垂线到第 n 条垂线的距离(m);P_1,…,P_n 为第 1 条垂线,……,第 n 条垂线小于某粒径沙重的百分数(%)。

床沙组成复杂时,可不计算断面平均颗粒级配,只整编单点成果。断面平均粒径计算同推移质计算公式。

第五章 特殊工况水文监测

5.1 堰塞湖应急监测

5.1.1 堰塞湖应急监测目的和内容

山体滑坡发生后,形成了堰塞体和堰塞湖,了解堰塞湖中水量和水流变化情况对研究和探讨堰塞体后续处置有非常重大的意义。对于塌方体对水流的影响,也需要进一步进行科学、快速的水文应急监测,以获得相关水力学要素,为除险设计、应急指挥决策提供基础资料,同时也为水文预报、水文及水力学计算、科研等提供基础资料。适时的堰塞湖应急监测是为在应急排险过程中可能出现的突发情况进行跟踪监测,以指导抢险施工决策和调度管理。

堰塞湖应急监测在不同的时期监测目的不同。在堰塞湖形成蓄水期,主要是收集堰塞湖的基本几何特征,通过监测上游来水以掌握堰塞湖的蓄水量及蓄水量的变化,推算堰塞坝过水水位及过水时间,为工程排险措施的制定、排险施工调度及下游受威胁区域范围、影响程度及转移时间提供最基本的决策依据。在堰塞湖溃决及泄流期,主要是溃坝洪水的沿程演算、沿江城镇的预警及解除,以保证下游城镇居民的生命财产安全。

堰塞湖水文应急监测内容包括堰塞体上游、堰塞体、堰塞体下游3部分。堰塞体上游主要监测内容有入湖流量测验、堰塞湖水位监测、堰塞湖库容测量;堰塞体监测主要项目有堰塞体方量测量、堰塞坝高程测量、溃决过程、溃口宽度、溃口表面流速、水位等测量;堰塞体下游主要为沿程水位、流量测验。

5.1.2 监测技术方案

5.1.2.1 应急监测控制网的建立

堰塞湖多发生在交通条件不好、基础条件较差的山区。发生堰塞湖的地方,可能没有国家高程及平面系统。如果有,也可能因自然灾害的发生而受到破坏。堰塞湖抢险参与的队伍很多,涉及不同的专业,不同的坐标、高程转换非常关键。因此,根据堰塞湖水文监测的需要,布设、测量堰塞湖测区的控制网显得特别重要。

5.1.2.2 堰塞湖水位监测

(1) 人工观测

在测验条件允许的水位观测断面设立直立式水尺,人工观测水位;应急条件下可在较为坚固的建筑物、电线杆、树木上固定水尺板,用于观测水位。

(2) 自记水位

可视客观条件选择采用压阻式、浮子式和气泡压力式水位自记仪进行观测,气泡压力式水位自记仪在水位涨落较快时,应调大气泡率。也可采用非接触式水位计进行观测,如超声波式、激光式、雷达式或远程视频监视设备读尺测水位。

(3) 免棱镜全站仪人工观测

特殊情况无法采用水尺和自记水位计观测时,采用免棱镜全站仪架设在安全地带观测(图5.1-1)。在水位快速上涨条件下,采用水位预判观读法解决激光信号从发射到接收所花费时间中,水位上涨淹没预先测量的水边,致使全站仪无反射信号的问题。

(4) 固定标志法

在断面线上,按一定的高差均匀设立固定标志点(预先测定各标志的高程),在标志点上安装遇水即亮的节能灯,当水位涨至标志点,记录相应的时间,也可获取水位变化过程。这种方法一般适应于长江上游地区水位涨幅大的涨水面的观测。

5.1.2.3 堰塞河段断面监测

由于测区范围大、时间紧迫,未进行大范围地形测绘,主要对水文测站的大断面进行了测量。

大断面测量包括水下断面测量和岸上断面测量。断面测量的内容是测定河床各点的起点距及其高程。对陆上部分各点高程采用四等水准测量;水下部分则是测量各垂线水深,并观读测深时的水位。

$$河底高程＝测时水位－水深$$

水下断面测量可用回声测深仪、水文缆道铅鱼测深等方法进行测量。

岸上断面测量可采用全站仪极坐标法、GNSS RTK(图5.1-2)、水准仪测量等方法进行。

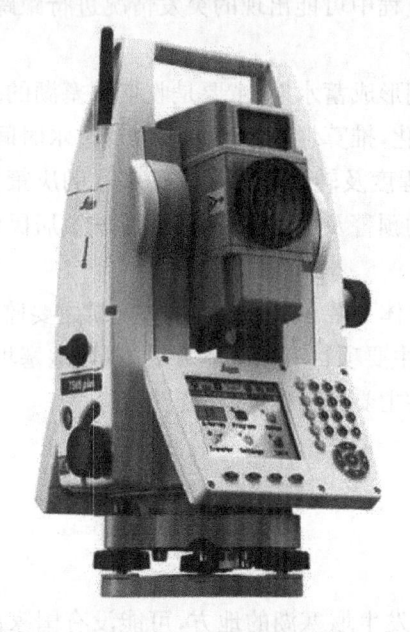

图 5.1-1 免棱镜全站仪　　　　　　图 5.1-2 双频 GNSS

5.1.2.4 堰塞湖流量监测

堰塞湖流量监测一般应简易、安全,多采用非接触式方法开展。

(1) 走航式 ADCP 法

利用冲锋舟或遥控船搭载走航式 ADCP 施测(图5.1-3)。根据现场测验条件选配其他外设仪器。

测速范围:$0 \sim \pm 20$ m/s。

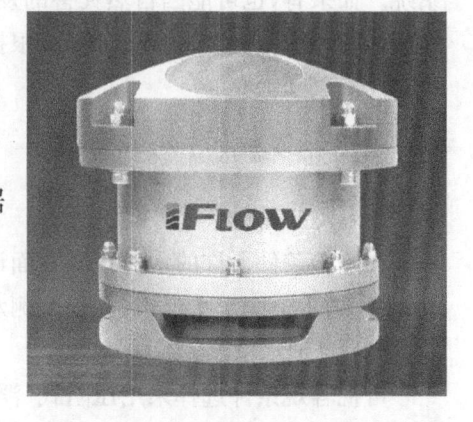

流速精度:$\pm 0.25\%$ 或 ± 2.5 mm/s。

流向精度:$\pm 2°$。

姿态精度:$\pm 1°$。

图 5.1-3 走航式 ADCP

其他要求：具有高、中、低频率，可配置三体船。

(2) 浮标法

在测流断面附近选择地势较高、通视安全的地方或房顶等固定建筑物平台设置高程基点，选用免棱镜全站仪采用极坐标法测水面漂浮物，需符合河流流量测验规范的规定，利用已有断面面积或估算面积推算流量。水面浮标系数的选取按河流流量测验规范确定，也可借用邻近站或相似站已有成果。浮标可用浮标投掷器或无人机进行投放。

(3) 电波流速仪法

有渡河桥梁时，在桥梁上正对水流方向用电波流速仪施测水面流速，多孔桥在每孔中央位置布设垂线，单跨桥根据河宽布置3～5条垂线；无桥梁渡河等特殊情况下，在岸上固定位置，施测断面上左、中、右三点流速；水面流速系数的选取可按河流流量测验规范确定，也可借用邻近站或相似站已有成果；利用已有断面面积或估算面积推流。也可借用无人机携带电波流速仪进行测验(图5.1-4)。

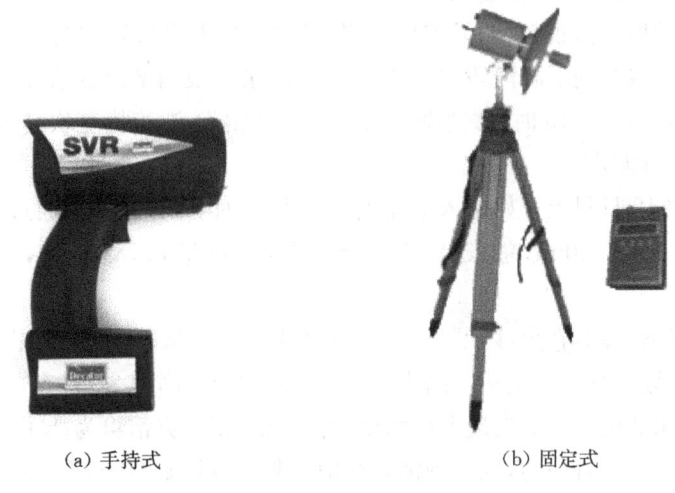

(a) 手持式　　　　(b) 固定式

图 5.1-4　电波流速仪

5.1.3 难点与新技术的采用

(1) 工作环境困难。日常水文测验工作开展具备完整、可靠的基本设施如水文缆道、水尺、水文测船等，同时具备正常、方便及可靠的高程系统，而堰塞湖应急监测的工作环境没有上述的便利条件，即没有基本设施、高程系统需要重新建设和确定等。

(2) 作业环境危险。在日常水文测验工作中，只要作业人员遵守操作规则，安全生产是有保障的，而堰塞湖应急监测工作可能因工作环境恶劣，使作业人员的安全受到严峻威胁，如"5·12汶川特大地震"后，水文应急抢险突击对堰塞湖基本水文信息的收集，就随时面临着余震不断、山体垮塌等风险。

(3) 缺乏相关执行标准。日常水文测验工作都有国家和行业的技术规范及标准，但堰塞湖等应急测验目前在国际、国内尚无标准，受工作条件限制，考虑监测工作的风险及安全性，多参照相关技术规范进行应急监测，对一些水文要求，只能用经验公式或进行适当简化后进行估测、估算。

(4) 新技术的集中、优先采用。由于堰塞湖水文监测面临的特殊环境和困难，为完成堰塞湖水文监测任务，优先采用新方法新技术。随着无人机、无人船技术的发展，在堰塞湖水文监测中广泛应用无人机、无人船搭载各种测量仪器完成各种水文监测，如在湖区水下监测中采用无人船搭载多波束测深系统进行测量，岸上地形采用无人机快速测量，流量采用无人机航拍或无人机携带电波流速仪进行。在堰塞湖水文监测中，面临实际困难，在特殊情况下也创新地采用非常规方法和手段，如白格堰塞湖水位观测中采用基于无协作目标全站仪水位预判监测法，在巴塘创新采用综合浮标法测量溃坝洪水流量，在舟曲采用挖掘机挖斗开展电波流速仪测验，均较好地完成水文监测，获得较可靠成果。

5.1.4 应用实例

5.1.4.1 白格堰塞湖水文应急监测

1. 堰塞湖基本情况

2018年,四川省甘孜州白玉县与西藏自治区昌都市江达县交界处金沙江右岸先后发生两次大的山体滑坡,两次堵塞金沙江干流形成"10·11""11·3"白格堰塞湖。两次堰塞湖最后均形成溃坝洪水,特别是"11·3"堰塞湖溃坝洪水,在白格至奔子栏江段形成超万年一遇洪水,对下游四川、西藏、云南三省(自治区)数百公里金沙江沿岸居民生命财产及基础设施构成严重威胁。2018年11月3日17时,西藏自治区昌都市江达县波罗乡白格村境内金沙江右岸在2018年10月10日后再次发生大规模山体滑坡,滑坡堵塞金沙江并形成堰塞湖。据贵阳勘测设计院测量中心4日11时25分现场测量报告,金沙江"11·3"白格堰塞湖堰顶垭口宽约195 m,长约273 m,堰顶垭口高程为2 966.48 m。

综合分析前方传回的堰塞体视频、图像和现场测量等资料,本次堰塞体若不采取人工干预措施,发生漫溃时蓄水量约7.7亿 m³,堰塞湖下游河段水位将超历史纪录。根据部际联合工作组应急处置安排,8日起开始进行泄流槽挖掘工作,11日16时,堰塞湖泄流槽工程已完工,泄流槽底坎高程2 952.52 m,相比于原堰顶垭口高程下挖降低14 m左右。

"11·3"白格堰塞湖12日早上开始进入泄流槽,12日10时50分开始贯通过流,13日13时45分,堰塞湖坝前水位达到最高值2 956.40 m,总涨幅64.04 m,对应蓄水量5.78亿 m³,18时过流流量达到最大值31 000 m³/s。

金沙江"11·3"白格堰塞湖,在金沙江"10·10"白格堰塞湖的基础上,因右岸白格村境内山体滑坡垮塌堆积堵塞形成,本次堰顶垭口高程较上一次高出约35 m(上次垭口高程2 931 m),入湖流量600~700 m³/s,漫溃时最大蓄量增加约4.8亿 m³(上次最大蓄水量为2.9亿 m³),灾情更为严重,处置更为困难。由于处于枯水期,上游来水明显小于10月中旬,因此漫溃发生时间较上次明显延长(图5.1-5、图5.1-6)。

图5.1-5 白格堰塞坝河谷原貌　　　　图5.1-6 金沙江"11·3"白格堰塞湖整体情况

2. 应急控制网的建立

由于堰塞湖所在地缺乏平面或高程控制系统,遵循快速、安全、精度满足要求的原则,本次主要是堰塞体及上游高程系统的接测。以华电公司提供的高程点(1956黄海高程系)为基准点,采用GNSS接测坝体上游19 km处的金沙江堰塞湖站水位。

3. 监测站网

金沙江"11·3"白格堰塞湖上下游监测共有12个站点,自岗拖到石鼓沿江监测战线长达700多千米,其中,岗拖、波罗(临时)、叶巴滩导进、巴塘(三)、巴塘(四)、日冕、奔子栏、塔城、石鼓、虎跳峡为长江委水文局应急监测断面,白格堰塞湖(坝前)、白格堰塞湖(坝下)2站由甘孜水文局管理。"11·3"白格堰塞湖水文应急监测站网信息见表5.1-1。

表5.1-1 "11·3"白格堰塞湖应急监测站网信息表

位置	站名	干支流	测验项目	所属单位	观测方式	相对位置	备注
白格堰塞湖坝上	岗拖	干流	水位、流量	长江委水文局	遥测	坝上90 km	—
	波罗(临时)	干流	水位、流量	长江委水文局	淹没	坝上15 km	临时断面 11月13日19:10停止报汛
	白格堰塞湖(坝前)	干流	水位	四川省甘孜水文中心	遥测	坝上3 km	11月9日13:00开始报汛
白格堰塞湖坝下	白格堰塞湖(坝下)	干流	水位	四川省甘孜水文中心	遥测	坝下3 km	11月5日14:00开始报汛;13日15:15停止报汛
	叶巴滩导进	干流	水位、流量	长江委水文局	遥测	坝下56 km	临时断面 11月9日13:00开始报汛
	巴塘(三)	干流	水位、流量	长江委水文局	人工	坝下186 km	临时断面 通过转换关系测流数据转置巴塘(四)
	巴塘(四)	干流	水位、流量	长江委水文局	遥测、人工	坝下190 km	—
	日冕	干流	水位	长江委水文局	人工	干流	临时断面
	奔子栏	干流	水位、流量	长江委水文局	遥测	坝下382 km	—
	塔城	干流	水位	长江委水文局	人工	坝下487 km	临时断面
	石鼓	干流	水位、流量	长江委水文局	遥测	坝下574 km	—
	上虎跳峡	干流	水位	长江委水文局	人工	坝下619 km	临时断面

4. 资源配置

(1) 人力资源配置

长江委上游局成立"11·3"金沙江堰塞湖水文应急监测领导组和工作组,主要负责人担任组长,局领导班子成员分别带队赴一线组织应急监测。工作组分成外业测验组、内业成果数据内业分析组、水情预报组、后勤服务组。详见表5.1-2。

表5.1-2 人力资源配置一览表

人员配置		教授	副高	工程师	助工	技师	技工	船工	司机
领导组		5	8	—					
工作组	外业测验组	2	9	15	0	12	8	—	19
	内业分析组	—	4	3					
	水情预报中心	1	3	7					
	后勤服务	1	2	5					

(2) 仪器设备配置

长江委上游局从堰塞湖最不利情况考虑,做好打"持久战"准备,多措并举,想方设法,调集和采购了大批仪器设备和应急物资,以及安全保护物品,并以最快速度送抵上游局机关。

上游局按照统一调度指令迅速进行应急监测物资准备,随后各现场监测队携带装备分头赶往监测点。监测人员抵达后,立即开展查勘、增设临时水尺、埋设自记水位管线、安装水位计、检修缆道、加固设施、维护设备等物资准备工作;同时紧急转移了相关站点可能被洪水淹没的水文资料和设备。

"11·3"堰塞湖应急监测中,现场共出动应急监测人员近百人,投入19辆(含社会租赁车辆)应急监测车辆,投入22套自记水位计、10套GNSS、5套ADCP、5套全站仪、5台便携式发电机、25台流速仪等共计约80台套仪器设备及帐篷、安全保障设备等,为石鼓、奔子栏等站配置了卫星电话。

充足的物质准备和井然有序的调度,为堰塞湖水文应急监测的顺利进行,提供了可靠的物质保障。

5. 实施情况

11月12日10时50分,堰塞体泄流槽开始全线过流。13日13时,堰塞湖达到最高水位,下泄流量迅速增大,坝上站水位开始迅速降低,出现山体垮塌等情况,下游水位快速上涨,流速大、漂浮物多、冲刷力极强,叶巴滩、巴塘、奔子栏等出现超历史特大洪水。

水尺人工观测水位和自记水位计相继失效,水位观测主要采用全站仪免棱镜管观测,流量测验主要采用无人机投掷浮标进行浮标测流、电波流速仪测流、缆道流速仪法等方式。

以巴塘站为例,12日上午,巴塘应急监测小组按照应急监测预案进行了人员及岗位具体分工,并进行了演练。分为水位观测组、无人机组、浮标测量组、设备维护组等。

(1) 水位观测

本次过程,巴塘(四)站水位累计涨幅17.44 m,最大涨率为3.51 m/10 min,该洪峰水位对应的相应流量22 000 m³/s,已远超天然洪水万年一遇洪峰流量设计标准(万年一遇11 000 m³/s)。站房一楼、二楼相继被淹,自记水位计已不能正常工作,采用免棱镜全站仪进行人工水位观测。

每5 min一个水位数据,采用人工记录。水位观测人员向现场数据录入人员报送水尺读数,现场数据录入人员计算水位值报送给流量测验组和上游局内业分析人员。

(2) 流量测验

流量测验采用在巴塘(三)站进行流速施测,在巴塘(四)站观测水位。

由于流速快、水位高,无法采用流速仪法测流,全程为浮标法夜测,测验难度大、频率高。流量测验人员采用无人机滚动投掷自制夜光浮标结合天然漂浮物浮标,计算多组浮标的平均流速作为时段平均流速。平均每5 min生成一次流量数据,以保证控制流量迅速上涨的变化过程。

各应急监测小组团结一致,分工协作,昼夜坚守,有序开展高洪应急测报。从13日23时至14日10时30分最后一次测流,不到12 h内巴塘站共施测19次流量,完整地收集了本次洪水流量变化过程(图5.1-7)。整个洪水水位上涨17.43 m,最快十分钟上涨3.5 m,涨率达21 m/h;实测最大流速10.3 m/s,洪峰流量22 000 m³/s是万年一遇流量的2倍。

图5.1-7 巴塘应急监测小组开展高洪夜测

5.1.4.2　成果合理性分析

（1）单站对照检查

对单站进行合理性对照检查，水位、流量过程、峰值、峰现时间均基本相应，观测成果合理。各站水位流量关系曲线均按规范要求进行了检验，精度符合规范要求（图5.1-8）。

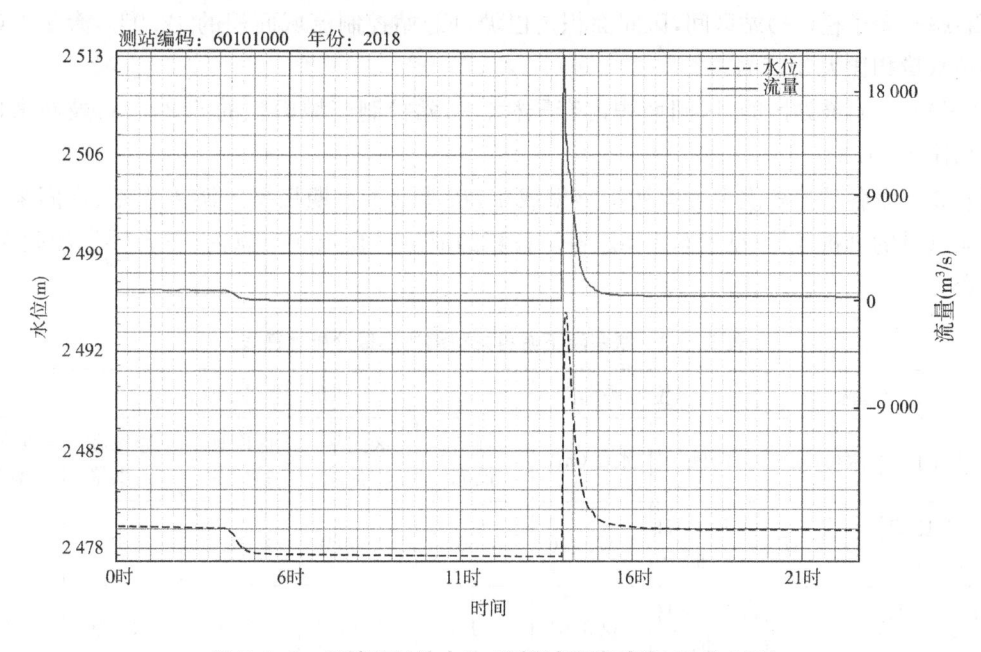

图5.1-8　巴塘（四）站水位、流量过程线对照（11月1日）

（2）上下游过程对照检查

对巴塘、奔子栏、石鼓进行上下游综合合理性对照检查，流量过程依次向下演进传播。巴塘—奔子栏段河道形态相似，洪峰形态亦相似，受河槽一定调蓄影响，奔子栏站洪峰量级比巴塘站偏小。奔子栏—石鼓段，峰型峰量均发生了较大变化，石鼓站峰型呈矮胖型，主要原因为溃坝洪水进入塔城后，塔城—石鼓江段由于高原平原地形的影响，洪峰在此江段形成高位漫滩，加大了河道槽蓄，洪峰形态变得平缓、洪峰量级减小（图5.1-9）。

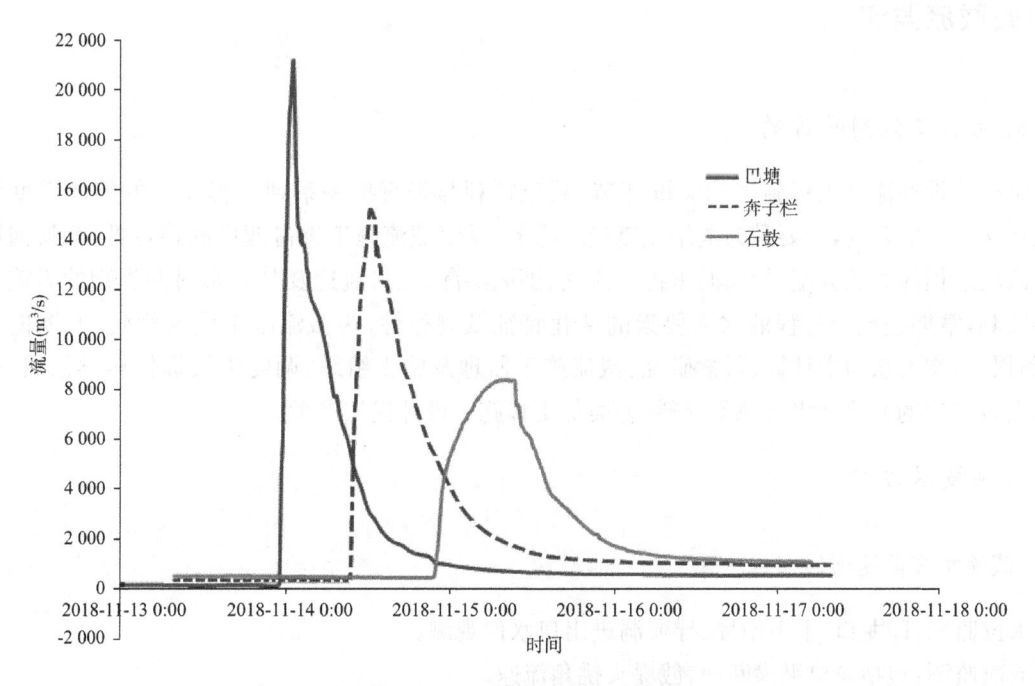

图5.1-9　上下游流量对照检查

整体看来,应急监测较好地控制了溃坝洪水向下游演进的过程,成果较为合理。

(3) 水量平衡检查

白格堰塞湖相关河段 11 月 3—20 日水量对照如下:

岗拖(三)站—巴塘(四)站区间,区间面积占岗拖(三)站控制流域面积的 20.8%,巴塘(四)站水量与岗拖(三)站水量相比大 41.1%。

巴塘(四)站—奔子栏(三)站区间,区间面积占巴塘(四)站控制流域面积的 12.9%,奔子栏(三)站水量与巴塘(四)站水量相比大 31.7%。

奔子栏(三)站—石鼓站区间,区间面积占奔子栏(三)站控制流域面积的 5.3%,石鼓站水量与奔子栏(三)站水量相比大 11.8%。

根据堰塞湖下游各站抢测洪水过程初步整编成果,按泄洪过程期根据上游来水量、区间来水量及河道槽蓄量进行泄洪量的分析计算,见表 5.1-3。各站计算的泄洪量在±10% 以内,符合浮标测验误差要求,在发电机基本合理。

表 5.1-3　堰塞湖下游各站整编泄洪量分析计算表

站名	水位起涨 时间	水位起涨 水位(m)	水位落平 时间	水位落平 水位(m)	洪峰过程期间(亿 m³) 测站径流	洪峰过程期间(亿 m³) 区间平均径流	洪峰过程期间(亿 m³) 区间槽蓄变化	洪峰过程期间(亿 m³) 堰塞湖泄洪量	洪峰过程期间(亿 m³) 堰塞湖总量	闭合差(%)
巴塘	11月13日 23时	2 477.47	11月18日 23时	2 479.46	8.001	0.769 0	0.300 0	5.404	6.333	−7.8
奔子栏	11月14日 9时	1 998.9	11月19日 9时	2 000.61	9.196	1.434	0.350 0	6.119	7.048	2.6
石鼓	11月14日 21时	1 818.18	11月19日 21时	1 819.35	8.941	1.931	0.459 0	5.633	6.562	−4.5
上虎跳峡	11月15日 0时	1 805.94	11月20日 0时	1 808.65	10.20	2.341	0.171 0	6.604	7.533	9.7
均值								5.940	6.869	—

5.2　电站截流监测

5.2.1　截流水文监测的目的

水电工程建设截流是工程施工的关键环节,截流顺利与否直接关系到工程建设的整体进度和施工安全。截流水文监测的目的,主要是为电站截流施工服务,围绕截流施工进占戗堤的稳定性、截流河段总落差及上下游戗堤承担落差的分配、导流洞承担分流比、围堰渗漏、龙口流速及其分布对抛投物的影响等进行全面系统的监测,掌握截流全过程的水文要素的变化特征及规律性;为截流施工设计优化、实体模型跟踪试验、水文预报、水文及水力学计算、科学研究、截流施工监理及施工组织、调度决策提供科学依据;同时也为工程积累大量宝贵的截流期水文观测资料,为类似工程施工设计提供参考。

5.2.2　监测技术方案

5.2.2.1　截流水文监测项目

(1) 水位监测:即龙口、上下戗堤、导流洞进出口水位观测。

(2) 流速监测:包括龙口纵横断面、戗堤头挑角流速。

(3) 龙口水面宽监测：即戗堤堤头宽、龙口水面宽。

(4) 流量监测：即总流量、龙口流量测验、分流比分析计算。

(5) 应急水文监测：主要包括局部地下地形测量和其他水文监测。

5.2.2.2 水位监测

根据截流河段水文监测站网布设情况，为满足截流施工、科研、设计、施工决策等对水文监测的要求，在截流河段内布设水位站，监测导流洞进出口、截流全河段水位及落差，戗堤左、右上下游和轴线水位及落差，以获得监测河段的沿程水面线资料。

水位观测采用人工水尺观测和电磁波三角高程测量方式进行，因观测员不能到达地点，采用无人立尺测量技术。通过对测距和天顶距精度的控制，可取得满足规范要求的水位精度。截流期根据施工进度进行24段次或更高段次测报。

5.2.2.3 龙口流速监测

龙口流速是截流戗堤进占最重要的水力学指标，其监测难度大，随着龙口口门宽的缩小，龙口最大流速位置不断变化。受戗堤进占施工工作面的限制及截流河段水流特性影响，龙口最大流速不能用常规方法（缆道法、动船法）施测。根据截流现场条件，主要采用电波流速仪并辅以浮标法监测。

流速监测以能根据施工要求掌握流速的变化规律，指导截流施工对抛投物选用为原则，在截流戗堤河段布设多个测速点。观测频次视截流进度需要，可采用逐时测量或更高段次观测，以满足施工调度组织的需要。

(1) 电波流速仪法

电波流速仪是一种用于施测水流表面流速的水文测量仪器，该仪器利用电磁波反射原理，远距离无接触测量水面流速，不受水质、漂浮物等影响。根据电波流速仪使用范围，有效测程100～200 m，水平角$\alpha<45°$、垂直角$\beta<45°$，最大流速10～15 m/s，测速越大测量精度越高。电波流速仪主要用于高流速使用流速仪困难和人员或侧船无法到达的河段的表面流速测量。

(2) 浮标法

采用经纬仪或全站仪前方交会，等时距测定浮标运行轨迹，经计算机制成流态图或直接计算沿程水面流速。

5.2.2.4 龙口水面宽测量

龙口门宽指围堰截流戗堤口门水面宽（截流戗堤轴线两水边点间距），戗堤堤头宽是左、右岸堤头间的距离。为掌握截流工程施工进度，有效地服务截流工程施工预报、水文及水力学计算，应及时调整水文监测项目与测报段次，监测上截流戗堤龙口水面宽。监测频次为每3～4小时测量一次，并视施工需要调整测次。

口门宽、堤头宽测量采用两种方案测量。

首选方案：采用激光测距仪在龙口的一边直接进行对向观测，获得截流戗堤两水边点最小间距。

备选方案：受施工影响，测量人员无法靠近龙口边缘的情况下，采用高精度免棱镜全站仪无人立尺进行龙口水面宽测量（截流戗堤轴线两水边点间距）。

计算公式如下：

平距：$D = L[\cos\alpha - (2\theta - \gamma)\sin\alpha]$ (5.2-1)

高差：$Z = L[\sin\alpha + (\theta - \gamma)\cos\alpha]$ (5.2-2)

式中：θ为曲率改正，$\theta = L\cos\alpha/2R$；γ为折光改正，$\gamma = 0.14\theta$；L为斜距，可通过激光测距仪实测；α为垂直角；B为宽度，$B = (D_1^2 + D_2^2 - 2D_1D_2\cos\beta)^{1/2}$；$D_1$、$D_2$分别为仪器至龙口左、右水边的平距；$\beta$为水平夹角。

5.2.2.5 流量测量

截流流量项目包含河道总流量、龙口流量、分流比等监测内容。

龙口流量是计算导流洞分流比、龙口单宽能量的关键要素。一般情况下,合龙过程中的河道流量(截流设计流量)Q_r可分为四部分,即

$$Q_r = Q_l + Q_d + Q_{ac} + Q_s \tag{5.2-3}$$

式中:Q_l为龙口流量;Q_d为导流建筑物分流量;Q_{ac}为河槽中的调蓄流量;Q_s为戗堤渗透流量。

在Q_{ac}和Q_s作为安全储备不予考虑的情况下,实测总流量(Q_r)减去实测龙口过流量(Q_l)即得导流洞分流量(Q_d),从而计算导流洞的分流比β。

$$\beta = Q_d / Q_r \tag{5.2-4}$$

1. 河道总流量

当水流条件适合采用走航式ADCP(船载)观测时(水面最大流速小于3 m/s),使用冲锋舟装载ADCP在导流洞出口下游附近安全区域实施河道总流量观测。

当水流条件不适合采用走航式ADCP观测时(水面最大流速大于3 m/s),则需要在导流洞出口下游断面使用流速仪法施测河道总流量。

2. 龙口流量

龙口流量测验地点:导流明渠出口上游、截流上下围堰间适当位置。由于龙口到该断面之间没有区间水量加入,因此,该断面的流量即为龙口流量。

龙口流量测验技术方案如下:

(1) 采用双频回声测深仪、全站仪测断面,得到测流断面积。

(2) 根据实际情况首选ADCP施测断面流量。

(3) 在ADCP应用条件不具备时,如夜晚或受ADCP应用条件限制(水面、河底、两岸盲区大,测验精度受影响时),采用电波流速仪施测河道表面流速,得龙口流量,即得分流比。

(4) 备用方案:采用浮标法测表面流速。该法在使用前需要确定断面位置、布设基线、实施大断面测量,并且需要对ADCP方式与浮标法进行对比观测,确定浮标系数。注意使用浮标断面时,考虑到断面会受上游来水来沙条件带来的冲淤变化影响,因此,应在水流平稳期或一次较大洪峰过后及时测量断面,以保证断面面积的精度。

5.2.2.6 水下地形测量

采用冲锋舟装载由RTKGPS定位、回声仪测深集成系统施测。当GPS信号受遮挡时,使用全站仪定位法施测。清华山维数字成图系统(EPSW2005)现场成图,测量区域主要包括导流洞进出口围堰爆破后的冲淤情况,上下游围堰间基坑在截流前后由于截流抛投物料的流失而引起的变化,比例尺等测量要求视需要确定。

5.2.3 难点

电站截流流量监测的主要难度表现在:

(1) 水电站截流时间紧、任务重。通常电站计划截流时间紧迫,而大规模水文观测需要较长的技术准备,需要在短时间内完成监测方案的制订、监测河段的查勘,尤其是水文缆道的设计、架设和仪器设备的安装调试工作。

(2) 要求高、风险大。各导流洞在不同开关闸组合条件下的分流能力变化较大,要通过高频次的测验来验证冲渣效果和导流能力。当龙口形成后,许多水文要素变化剧烈,截流进占难度加大,需要根据水文信息的瞬息变化,及时调整施工调度决策。为此,必须做到随时监测和成果实时传输,满足截流施工组织、监理

和指挥的需要。

（3）监测环境恶劣、受制约因素多。截流过程以龙口束窄为主要特征，截流水文监测在特殊环境和特殊流态下开展实时监测。电站坝区河段河床坡降大，水流湍急，河床狭窄，水流落差大、流速大且流态非常紊乱。受工程特定的地形、河段流态条件限制，单纯采用常规的水文观测手段难以满足截流期高时效性的需要。因此，有限的时间内，电站截流水文监测必须进行严密的技术准备和监测技术方案的研究，制订翔实、科学、实用、高效的实施方案，才能确保准确、及时、完整地收集到各项水文监测资料，最大限度地为截流施工决策提供科学依据。

5.2.4 应用实例

5.2.4.1 溪洛渡水电站截流水文监测

1. 工程概况

溪洛渡水电站位于金沙江下游，距下游向家坝水电站157 km，工程枢纽由拦河大坝、泄洪建筑物、引水发电建筑物及导流建筑物组成，是一座以发电为主，兼顾拦沙、防洪等综合效益的巨型水电站。拦河大坝为混凝土双曲拱坝，最大坝高278.00 m，坝顶高程610.00 m，顶拱中心线弧长681.57 m，水库正常蓄水位600.0 m，总库容120.7亿 m³，防洪库容48.0亿 m³；泄洪采取"分散泄洪、分区消能"的原则布置，在坝身布设7个表孔、8个深孔与两岸4条泄洪洞共同泄洪，坝后设有水垫塘消能；发电厂房为地下式，分设在左、右两岸山体内，各装机9台、单机容量为700 MW的水轮发电机组，总装机容量为12 600 MW。坝轴以上流域面积45.44万 km²，多年平均流量4 570 m³/s。

溪洛渡水电站截流期导流工程包括六个导流洞、上游土石围堰及下游土石围堰。截流采用单戗双向立堵的截流方式施工。

2. 溪洛渡水电站截流内容与要求

（1）监测范围

根据截流设计和施工布局，确定溪洛渡水电站的截流施工区为本次截流期水文监测河段，截流监测区域位于溪洛渡电站施工区临2桥至溪洛渡水文站河段（以下简称"截流河段"），全长约7 km，是截流期重点水文监测范围。

（2）工作主要内容

① 水文监测实施方案设计。
② 水文监测站网及控制布设。
③ 水文监测专用仪器、设备、设施、技术、安全措施准备。
④ 水文监测方案的预演和调试。
⑤ 截流临时水尺布设及水位观测。
⑥ 流速断面布设和监测。
⑦ 流量断面布设和监测。
⑧ 龙口形象及水面宽监测。
⑨ 分流比监测。
⑩ 水文测报信息传输和发布。
⑪ 资料整理、整编、汇编、归档。
⑫ 截流水文测报技术总结及分析报告。

（3）依据的主要国家标准及规范

本次截流水文监测依据的标准/规范见表5.2-1。

表 5.2-1　采用技术标准

序号	规范/标准名称
1	水道观测规范
2	河流流量测验规范
3	水位观测标准
4	水文基本术语和符号标准
5	中、短程光电测距规范
6	声学多普勒流量测验规范
7	水文缆道机电设备及测验仪器通用技术条件
8	比降—面积法测流规范
9	水文缆道测验规范
10	水文资料整编规范
11	全球定位系统(GPS)测量规范
12	工程测量规范

3. 资源配置

(1) 人力资源配置

溪洛渡截流水文监测因其高风险、高难度,需要进行强有力的组织和协调,因此,本次监测项目一方面成立了由单位技术领导组成的现场指挥部,另一方面组建了一支精干、高效的监测队伍,人力配备上专业要全、个人能力要强,还要能吃苦、能克难,同时,不在一线的后勤工作应做到随叫随到,以保证顺利完成任务。监测人员配备见表 5.2-2。

表 5.2-2　溪洛渡截流监测人力表

教授级高工	高工	工程师	助工	技师	技工	船工	民工
3	14	19	6	6	6	2	6

(2) 仪器设备配置

截流期水文监测是在特殊环境条件下的水文要素监测,其仪器设备将经受各种不利因素的考验和制约。根据本次截流水文监测的特点,立足于成熟的先进仪器设备、先进的技术手段,进行资料收集、传输、发布水文信息。本次监测工作使用的主要仪器设备见表 5.2-3。

表 5.2-3　溪洛渡截流监测设备一览表

仪器名称	精　度	使用范围	用　途	数量
TrimbleGPS R7(R8)	静态:5 mm+0.5 ppm RTK:10 mm+1 ppm	信号区域	控制测量、水下测量定位	4 台
HY1600 型测深仪	0.5%+5 cm	90 m	测量水深	1 台
缆道测深仪	±1%	50 m	测量水深	2 台
TOPCON3002 全站仪	2"(2 mm+2 ppm)	1.5 km	控制测量、地形测量 (免棱镜测距功能)	4 台
SVR 测速枪	±0.03 m/s	0.5~13 m/s	龙口表面流速	2 台
流速仪	≤±1.5%	0.04~10 m/s	河道测流量	21 台

续表

仪器名称	精度	使用范围	用途	数量
铅鱼	350 kg	河流	测深仪、流速仪的载体	3台
ADCP	±0.5%	±5 m/s	河道测流量	1套
测流缆道			观测龙口流量	1座
橡皮冲锋舟(30马力)为水下测量的测船(应急),时速33 km/h				2艘
汽车				6台
笔记本电脑5台,对讲机20部				

此次监测中使用设备分为三类:专用缆道、水文测验仪器、测绘仪器。

① 专用缆道

由于溪洛渡截流河段的水深大、流急、流态紊乱等水流特殊性,许多水文仪器在此恶劣的情况下均难以正常工作。为实现截流的龙口流量监测,经方案比选,在龙口下游约800 m处的水垫塘位置建设专用水文测验电动缆道一座,缆道系统布设见图5.2-1,缆道主要参数统计见表5.2-4。

表5.2-4 流速仪缆道主要参数统计表

名称	竣工数据	名称	竣工数据	主索安全系数
主索	φ21.5 mm	铅鱼重量	500 kg	$K=3.21$
工作索	φ7.7 mm	行车重量	35 kg	—

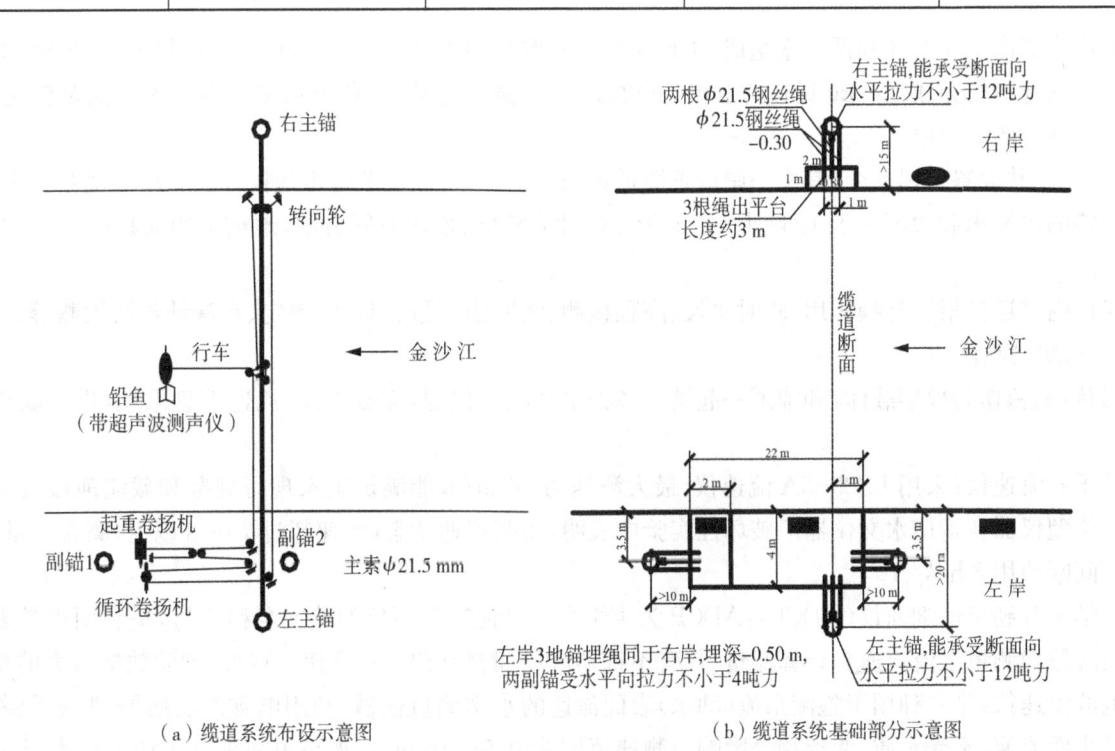

(a) 缆道系统布设示意图　　(b) 缆道系统基础部分示意图

图 5.2-1　溪洛渡截流专用缆道布置示意图

缆道测流变频调速控制系统采用新型交流调速系统实现铅鱼动力拖动,达到运行可靠、操作方便、维护简单的目的。变频调速控制系统包括控制模块、铅鱼定位仪、计数装置、显示界面和各种保护报警装置等,缆道系统构成见图5.2-2。

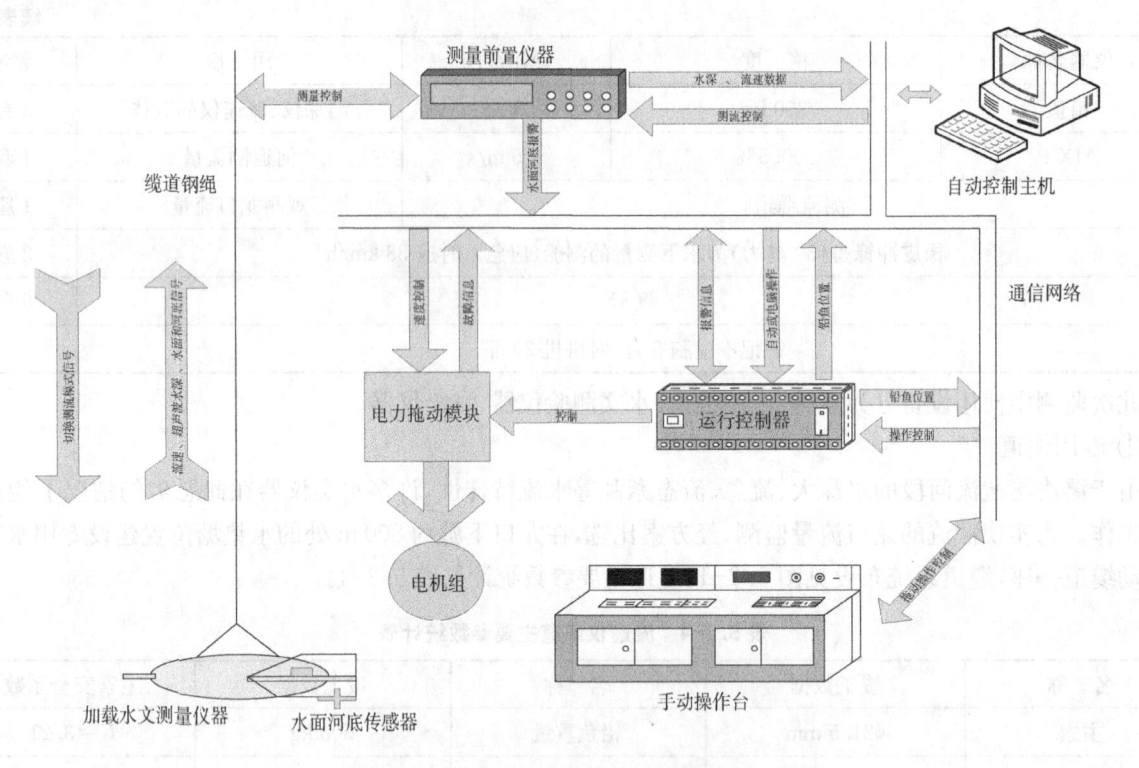

图 5.2-2　溪洛渡截流专用缆道系统构成示意图

测流缆道由工作主缆和循环索组成,工作主缆在测验断面处,跨度约 200 m。设置起重、循环驱动机构,由建筑电动卷扬机完成 350 kg 铅鱼的上提、下放及左、右循环运动,铅鱼上承载超声波测深仪及流速仪等,电源取自坝区的动力电。

左、右岸共设置地锚 6 个,其中一岸设置缆道地锚 2 个,另一岸设置缆道地锚及绞车稳固锚共 4 个,缆道承载地锚的水平承载力不小于 10 吨力[①]。由于工作性质特殊、使用时间有限,地锚采用简易的,但强度有足够保障。

建设内容还包括简易操作房、临时水尺、高程接测、大断面测量、起点距率定、水深计数器比测等。

② 水文测验仪器

铅鱼:铅鱼作为仪器载体,和缆道一起携带各种水文测验仪器,完成水深、流速信息采集,进而获得流量数据。

转子式流速仪:采用 LS25-3A 流速仪,最大测速为 10 m/s,能满足国家现行规范和截流河段流量测验要求。该型仪器在重庆水文仪器厂破坏性实验中表明,在高流速状态(流速超过 7 m/s 以上,高含沙量水流)仅能不间断使用 8 h 左右。

声学多普勒流速剖面仪(ADCP):ADCP 为声学多普勒流速剖面仪的英文名称简写,是利用声学多普勒频移效应原理测量水流流速和计算流量,具有不扰动流场、测验历时短、测速范围大、测验数据量大的特点。

电波流速仪:是一种用于施测水流(动水)表面流速的水文测量仪器,利用电磁波反射原理,远距离无接触测量水面流速,不受水质、漂浮物等影响。测速范围为 0.5~15 m/s,水平角和垂直角均不宜大于 45°,流速越大测量精度越高。主要用于高流速状态下测员或测船无法到达河段采用流速仪法测流困难的表面流速测量。

③ 测绘仪器

全球卫星定位系统 GPS:GPS 具有全天、全气象条件作业和快速、及时地处理测量数据等特点。选用 TrimbleR7、R8 双频 GPS,用于平面控制和水下地形测量。

---

① 1 吨力=9.807 kN。

免棱镜全站仪：在截流河段水流湍急、施工推填频繁，观测人员不能到达指定地点，采用设立水尺和自记水位均难以获得水位时，可采用免棱镜激光全站仪，使用无人立尺技术观测水位，能满足规范要求。还用于测量龙口水面宽。此外，当 GPS 信号不好时，采用全站仪为水下地形定位。

测深仪：采用长江委上游局研制的缆道超声波测深仪，满足在高流速、高含沙量、水流紊乱条件下的断面水深测量。采用 HY1600 型单频回声测深仪，实现水下地形测量的水深测量要求。

4．实施情况

（1）监测站网布设

按照截流施工布置，截流监测区域位于溪洛渡电站施工区临 2 桥至溪洛渡水文站河段，全长约 7 km。为满足截流施工、科研、设计、施工决策对水文监测要求，共布设 14 个水位监测站；流量监测站 2 个，其中 1 个河道总流量监测站，1 个截流龙口流量监测站；龙口流速监测站 1 个，1 个龙口宽度观测站。溪洛渡截流水文监测站网见表 5.2-5。

表 5.2-5　溪洛渡截流水文监测站网一览表

序号	站　名	距坝轴线(m)	功　能	备　注
1	临 2 桥	980	截流河段入口水位	
2	1 导进	760	1 号导流洞进口水位	
3	2 导进	640	2 号导流洞进口水位	
4	3 导进	540	3 号导流洞进口水位	
5	4 导进	490	4 号导流洞进口水位	
6	5 导进	560	5 号导流洞进口水位	
7	截流戗堤轴线	300	监测龙口宽、水位	
8	专用测流断面	−540	实测龙口流量	
9	1 导出	−1 050	1 号导流洞出口水位	
10	2 导出	−930	2 号导流洞出口水位	
11	3 导出	−850	3 号导流洞出口水位	
12	4 导出	−570	4 号导流洞出口水位	
13	5 导出	−1 160	5 号导流洞出口水位	
14	水　厂	−1 790	坝下游水位	
15	沟　口	−2 760	坝下游水位	
16	溪洛渡水文站	−6 050	实测河道总流量	

说明：距离轴线上游为正值，下游为负值。

（2）截流过程

进入 11 月初，金沙江上游来水平稳，流量在 3 500 m³/s 左右，远比设计流量小。根据水文气象预报，在 11 月上旬流量不会有大的变化。为了抓住这一有利时机，决定按计划在 11 月上旬如期实施截流。

从实况看，各导流洞进出口堆渣过高，有的洞口围堰尚未完全爆开，严重影响了分流效果。为了创造良好的分流条件，截流前对各导流洞进行了疏通整治。

2007 年 10 月 26 日首开 4# 导流洞闸门，随后各洞闸门交换开启和关闭，进行冲渣，并继续对各洞进出口堆渣进行爆破清除，以期充分发挥导流能力，降低截流难度。10 月底戗堤口门宽 75 m，随后不断进行预进占，至 11 月初形成 60 m 宽的预留龙口。

溪洛渡水电站截流工程于 2007 年 11 月 7 日 8:00 上戗堤龙口进占开始至 8 日 15:45 合龙结束（图 5.2-3），历时约 32 h，水文监测完成了龙口流速、龙口流量、截流河段分段水位及落差、导流洞水位及落差、导流洞分流能力、龙口宽、河道流量等水力要素的观测工作，取得了一系列监测数据，其主要监测成果见表 5.2-6。

5.2.4.2 成果合理性分析

根据截流期水文监测的资料分析出的各要素之间的相关关系，基本反映了电站截流期各水力要素的变化特征和基本规律，为其他工程的截流设计积累了宝贵的资料。

图 5.2-3 溪洛渡水电站 2007 年 11 月 8 日 15:45 截流成功

表 5.2-6 溪洛渡电站截流期水力要素监测统计

要素名称	戗堤落差 (m)	龙口宽 (m)	龙口流速 (m/s)	龙口流量 (m^3/s)	河道流量 (m^3/s)	导流洞流量 (m^3/s)	分流比（%）	单宽流量（%）
进占前值	1.87	47.5	5.6	1 620	3 500	1 880	53.7	68.25
最大值	4.38	48.7	9.5	1 670	3 570	3 539	99.1	71.89

电站截流期的各项水力学参数的变化都是随龙口束窄而变化为主要特征的，口门宽减小，其他水文、水力学参数也相应发生改变。

龙口单宽流量和龙口单宽功率是龙口的综合性水力特性参数，单宽流量和龙口单宽功率越大，所产生的动能越大，对截流施工工况越不利，反之，有利于截流龙口的推进。

根据截流期监测的龙口水力学要素计算龙口相应的单宽流量和单宽功率并点绘其变化过程曲线（图 5.2-4），从图中可以看出，龙口单宽流量呈持续减小的趋势，在此过程中，受导流洞分流的影响，单宽流量有小的起伏变化；龙口单宽功率的变化稍复杂，前期单宽功率增加，后逐渐减小，在截流强进占阶段（2007 年 11 月 7 日 8:00—21:00），当导流洞开启分流后单宽功率急剧减小，随着龙口的推进，龙口落差增加较快，单宽功率也逐渐增加，然后稳定在一个较高的水平持续一段时间（11:00—18:00），随后由于单宽流量的减小，落差变化较小，单宽功率就逐渐减小。

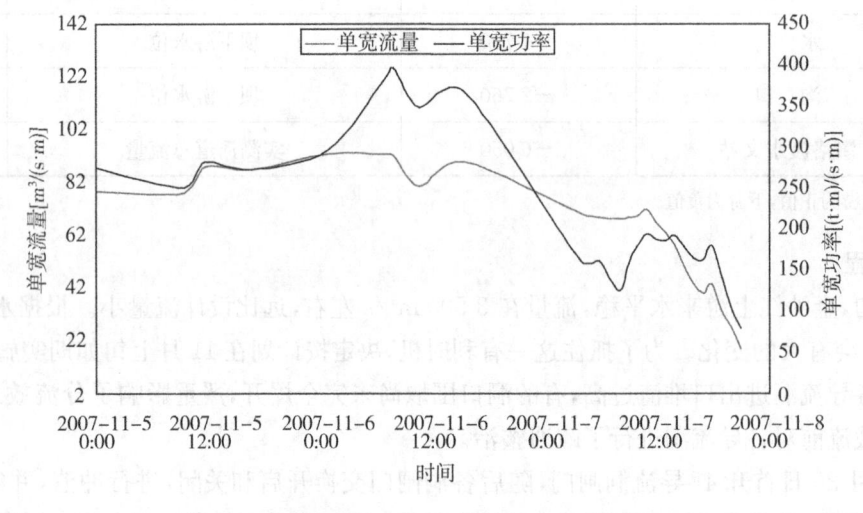

图 5.2-4 截流期龙口单宽流量、单宽功率变化过程

根据龙口左右岸的落差与龙口水面宽资料点绘其相关关系(图5.2-5)可见,由于龙口落差受导流洞分流的影响明显,因此在龙口预进占阶段,其关系点散乱,在截流强进占阶段,当导流洞全部开启分流后,龙口落差急剧减小。随后龙口落差与龙口水面宽相关关系明显,在来水量变化不大的情况下,龙口宽度减小,龙口落差增大。

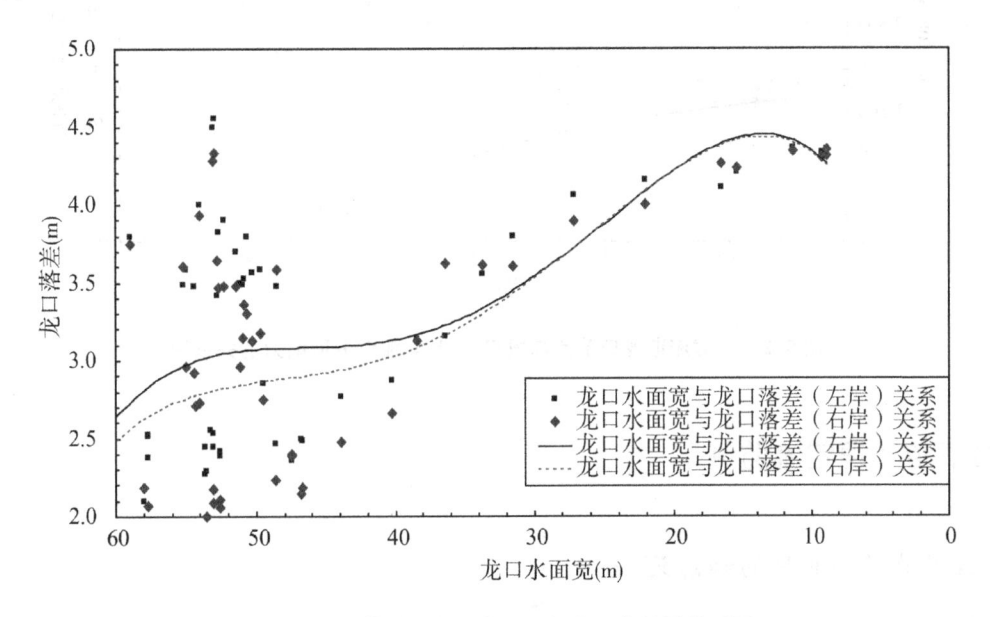

图5.2-5 截流期龙口水面宽与龙口落差的关系图

在实测的截流期的水文、水力学要素中,导流洞的结构、大小、落差直接决定导流洞的过流能力,龙口的水力学要素与龙口的过流能力也密切相关。

图5.2-6是龙口水面宽与导流洞分流能力的相关关系图。从图上可以看出,在截流强进占阶段(2007年11月7日6:00—21:00)龙口束窄,导流洞的流量和分流比持续增加。

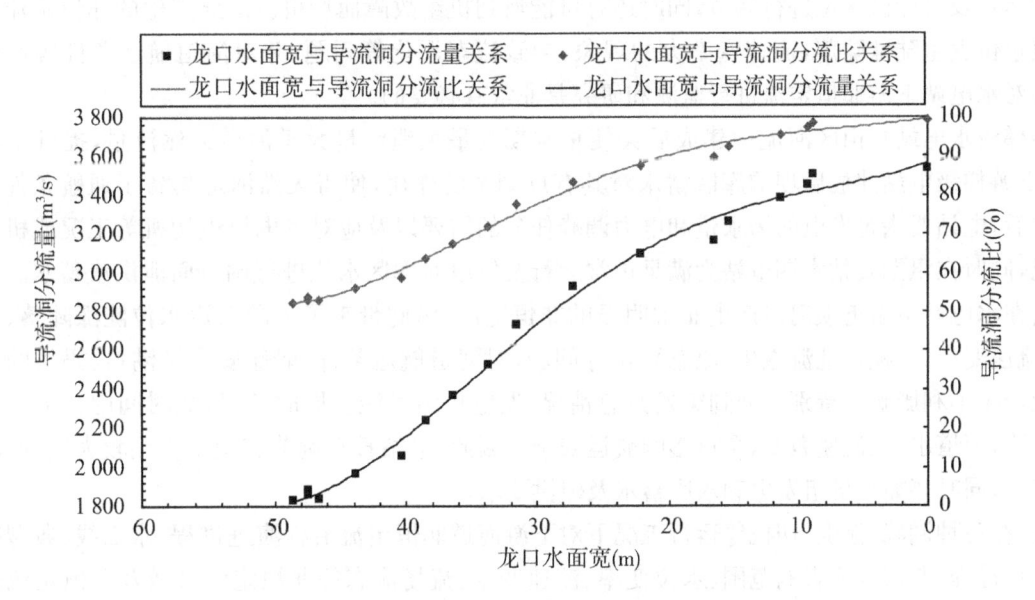

图5.2-6 截流期龙口水面宽与导流洞分流能力的关系图

龙口流量、导流洞流量的变化与龙口的落差变化有明显的相关性。从图5.2-7可以看出,在截流过程中,龙口落差增加,龙口流量持续减小,导流洞流量和分流比持续增加,关系趋势非常明显。

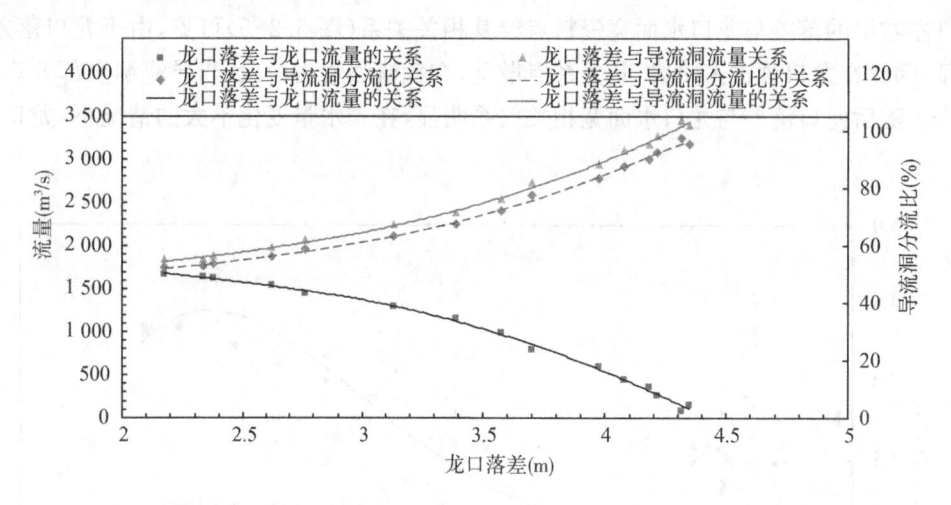

图 5.2-7　截流期龙口落差与龙口流量、导流洞分流能力的关系图

5.3　电站下游非恒定流监测

5.3.1　非恒定流监测的目的和意义

当通过某一断面水流的流量和水位随时间变化时，称这样的流动为非恒定流，若不随时间变化，则为恒定流。严格地讲，天然河流的水流都是非恒定流。而实际上，如果流量随时间变化不大，这样的流动也可称为渐变流。只有当流量随时间变化明显时，才称为非恒定流，如洪水、水利枢纽泄洪等都会造成非恒定流。

随着我国对水电能源的大力开发，对水电站稳定运行的要求越来越高，电站既要满足电网需求量，又要满足正常运行及对库区水位进行调节，同时还有可能遇到机组故障而切机。由此产生的非恒定流可能会使下游河道水位发生陡涨陡落，流速变率大的现象，导致流态恶化等问题，并对河道航运条件等产生不利影响，因此，对水电站下游非恒定流进行监测和研究是非常有必要的。

大型梯级水电站在山区河流中建成后会使枯水期的最大泄流量大于河道天然流量，提升了枯水期水位，同时下游梯级电站建成后坝前库区蓄水对其有反调节的作用，使得天然河道具备了通航条件。但机组投入使用后，电站要满足发电的需求量和电力调峰任务的需要以及应对发电机组切机等工况或机组故障等突发情况，同时在汛期及枯水期电站为满足正常运行及发电对库区水位进行调节而泄洪或蓄水。以上这些工况均会在水电站下游近坝河段产生非常明显的非恒定流，由此带来了下游河道水位陡涨陡落、水面比降变化快、流速变率大、横流乱流滋生、流态恶化等问题，对河道航运条件、船舶安全及港口、码头的正常作业等极可能产生不利影响。特别是遇到突发紧急情况，发电机组可能会同时切机，短时间内会造成非常强烈的非恒定流，河道水位、流速激变，严重影响航运安全。因此，电站日常调节和调度受到较大制约，既要考虑航运的安全，同时要兼顾机组发电和水库蓄水及泄洪要求。

由此，在各种调峰、泄洪、切机等运行工况下对下游河道非恒定流沿程演进过程、水面线、典型断面流量和水位变化过程、非恒定流影响范围、水位变率、流速变率、流场流态等非恒定流参数及非恒定流传播特性的研究意义十分重大。同时分析非恒定流对航运条件的影响，为确定适航条件、禁航条件和禁航区提供理论依据和技术支撑，以解决大型水电站不同运行工况下运行调度威胁游河道航运安全的难题。

随着水电站的投入使用，库区通航条件大大改善，同时通过电站水库蓄水对下游河道有了良好的调节作用，但这也改变了天然河道的水流条件和水沙过程，使原本达到平衡的河床冲淤发生变化。不仅如此，水电站在调峰过程中由于工况的频繁切换，发电流量随负荷的逐时变化，不可避免地在水库的上、下游产生非恒定流现象，对上游库区以及下游河道的航运、码头造成影响。

从 20 世纪 80 年代以来,我国一些专家学者针对大型水利枢纽下游非恒定流对河道的影响开展了一系列的科学研究和原型观测,使人们对水电站下泄非恒定流对通航水流条件和河床演变的规律等有了一定的认识。随着三峡、葛洲坝水利枢纽的建成以及金沙江下游四大梯级电站的规划开发并建成投产,这一问题越来越受到重视,不断有学者通过各种方式研究水电站运行调度产生的非恒定流特性以及通航条件,而对于该问题,国外还鲜有研究。

电站非恒定流是一种波动现象,主要依靠重力和惯性力传播,波传到之处流量和水位都发生变化。在日调节非恒定流的过程中,过水断面上的水位、流速、比降及流量的最大值在不同时刻出现。张绪进等和母德伟等对向家坝水电站及下游 76 km 河道进行了 1∶100 的物理模型建立,并在河道上进行船模试验,研究分析了水面线、流速、日变幅等非恒定流要素和电站非恒定流对下游通航设计水位等因素的影响;通过船模试验直观地反映出通航条件的允许范围并指出威胁航运安全的区域。王志力对向家坝日调节下泄非恒定流的传播过程进行了模拟计算,根据模拟结果对枢纽下游非恒定流的传播规律进行了分析。李焱等指出三峡工程枢纽泄洪产生水面波动和船闸泄水产生非恒定流,对下游引航道通航条件,尤其是对升船机的运行构成影响。泄洪在口门区及连接段产生的斜流对通航的影响很大。

综上所述,电站下游非恒定流的研究具有非常重大的现实意义,越来越受到众多专家学者的重视。目前研究虽然多集中于电站或水利枢纽上游及下游近坝段河道的非恒定流特性和对通航条件的影响,但随着向家坝等水电站的建成投产,也涌现出一些电站下游长河段非恒定流特性及其对航运条件影响的研究。此外,采用船模试验可以更加直观、精确地得出通航条件,并给出扩大通航范围的河道整治建议。随着金沙江下游梯级电站的规划开发,电站下游长河段及梯级电站间的非恒定流监测和研究具有相当重要的理论及现实意义。

为了充分了解溪洛渡水电站下泄非恒定流对下游通航河段的影响,根据非恒定流的时间(出流过程)、空间(坝下游流量演进河段)变化特性,满足数学模型和物理模型计算要求,在溪洛渡坝大桥至桧溪大桥河段开展金沙江溪洛渡水电站坝下游非恒定流原型观测。

现场监测可以获得非恒定流第一手资料,分析原型非恒定流演进特征,同时可为数学模型和实体模型试验提供验证资料。

通过研究,全面理清溪洛渡下游河道非恒定流特性,给出各种调峰、泄洪、切机等运行工况下非恒定流沿程演进过程、水面线、典型断面流量和水位变化过程、洪峰流量及出现时刻、径向和横向流速、非恒定流影响范围、水位变率、流速变率、流场流态等非恒定流参数,分析非恒定流对航运条件影响,为确定适航条件、禁航条件和禁航区提供技术支撑。

为了掌握非恒定流的演进规律,最直接的技术手段是采用现场监测。非恒定流现场监测,需要在较长河段内,布置多个断面,进行长时间、不间断、同时刻的沿程水位、典型断面流量、流场流态监测。不仅需要投入大量专业技术人员、专用仪器设备,还会受到现场环境、交通条件、气象条件、测船安全、白天黑夜等条件限制,监测工作非常困难。此外,需要说明的是,由于受测船安全等限制,对于大洪水和切机造成的强烈非恒定流无法进行现场监测,也就是说现场监测不能覆盖所有非恒定流工况,需要其他技术手段进行补充。

5.3.2 监测技术方案

溪洛渡水电站位于四川省雷波县和云南省永善县境内金沙江干流上,下距宜宾 190 km,以发电为主,兼有防洪、拦沙和改善下游航运条件等综合效益,是金沙江下游河段四个梯级电站的第三级。溪洛渡水电站 2013 年 5 月开始初期蓄水,溪洛渡库区水位逐渐抬高,2014—2019 年,蓄水成功蓄至 600 m 正常蓄水位。

根据图 5.3-1 至图 5.3-3,通常情况下,每日下泄流量成波动增减,流量变幅在 2 000~5 000 m³/s;基本规律为每日 6:00 开始加大发电量,泄流增加,3~5 h 即 11:00 左右达到当日最大值并持续至 20:00;20:00 至 22:00 开始减小发电,下泄流量减小直至第二日凌晨 2:00。溪洛渡水电站共有 18 台机组,左右岸各设置

9台。每台机组发电流量基本相同。每台机组发电流量约400 m³/s,右岸机组启闭频率较左岸频繁。溪洛渡水电站泄洪设施包括泄流深孔、泄流表孔和泄洪洞。泄流深孔每孔泄洪流量约为1 400 m³/s。由图5.3-4和图5.3-5可以看出,7月至8月左岸9台机组几乎全部满载,为了满足用电需求,主要调整右岸机组发电量,因此右岸发电机组启闭更为频繁。电站可通过底孔、表孔及泄洪洞泄洪。一般情况下,依靠底孔泄流即可完成汛期泄洪任务。图5.3-6为电站底孔泄流流量实际过程,可以看出,最大泄洪流量达到9 000 m³/s左右,泄流底孔每孔泄洪流量约为1 400 m³/s。

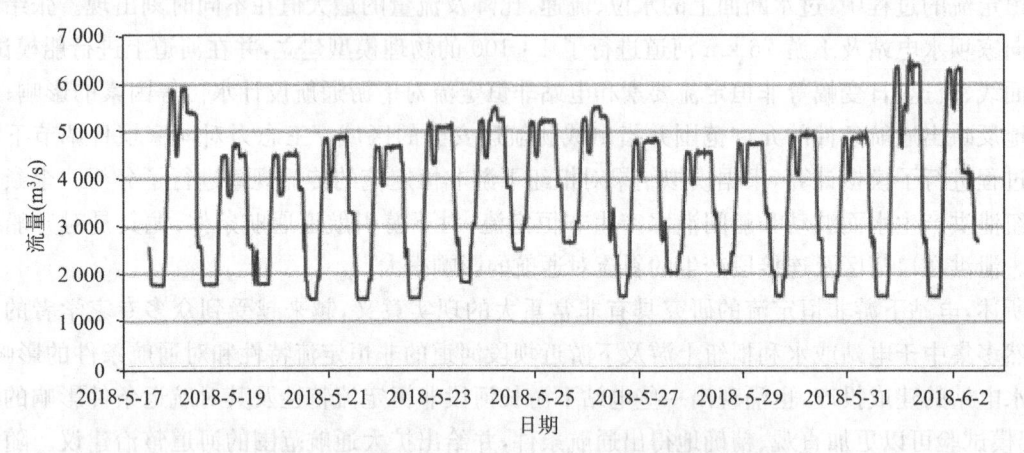

图 5.3-1　溪洛渡水电站 2018 年 5 月出库流量过程

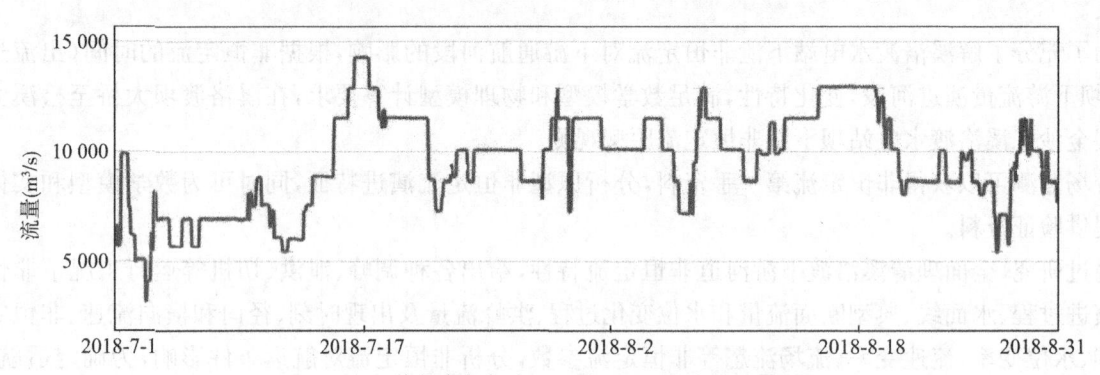

图 5.3-2　溪洛渡水电站 2018 年 7—8 月出库流量过程

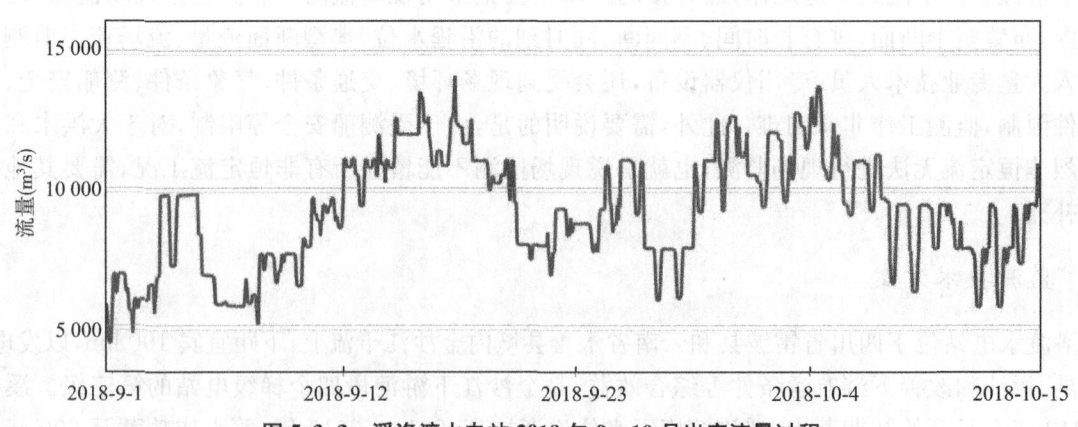

图 5.3-3　溪洛渡水电站 2018 年 9—10 月出库流量过程

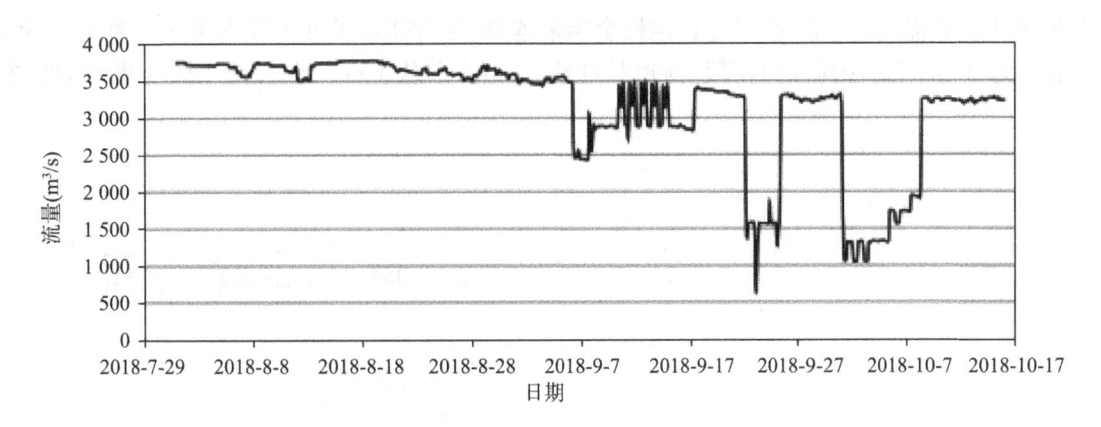

图 5.3-4 溪洛渡水电站左岸发电流量过程

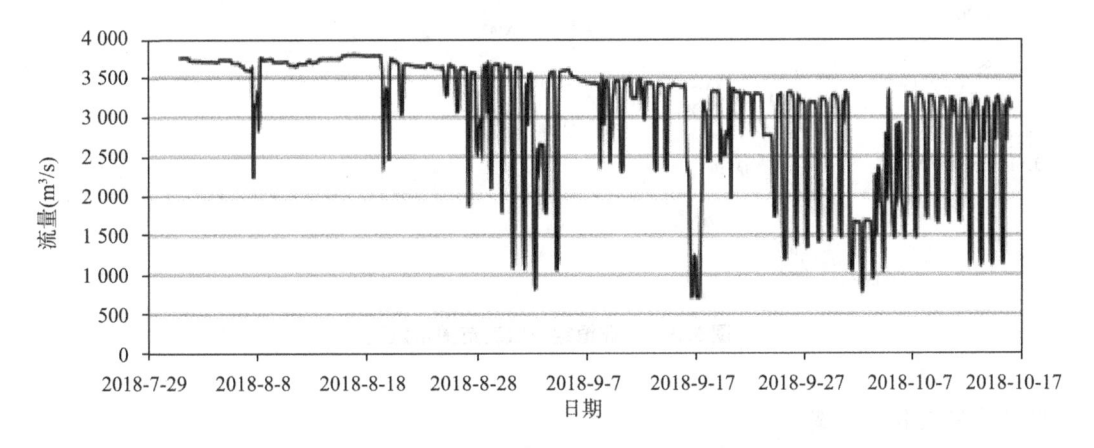

图 5.3-5 溪洛渡水电站右岸发电流量过程

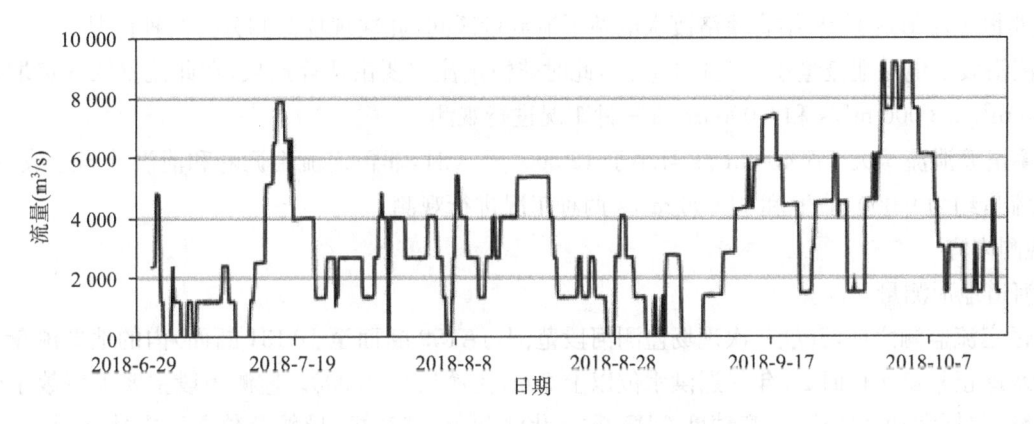

图 5.3-6 溪洛渡水电站底孔泄流总流量

溪洛渡水电站调峰、泄洪、切机等运行工况，可能在溪洛渡水电站坝下游河段引起较为明显的非恒定流，造成下游河道水位陡涨陡落，水面比降增大，流态恶化，给河道水流流态、航道维护、船舶航行安全及港口、码头的正常作业等造成较大影响。特别是遇到突发紧急情况，可能同时切机，短时间内会造成非常强烈的非恒定流，严重影响航运安全。为了掌握溪洛渡下游河道非恒定流特性，开展溪洛渡下游河道非恒定流监测和研究。

5.3.2.1 监测位置及断面布置

监测范围：受向家坝水库回水影响，溪洛渡水电站坝下游河道水深沿程逐渐增加，当到达细沙河河口时（即在固定断面 JA131 附近），最大水深已达 50 m 以上（若向家坝汛期运用水位为 370 m）。因此，溪洛渡下游河道非恒定流在沿程演进过程中,其非恒定性会越来越弱,至JA131断面已经不明显。为此,现场监测范围选定溪洛渡坝下游至细沙河河口河段,河道长度约33 km,即从JA159断面至JA131断面,如图5.3-7所示。

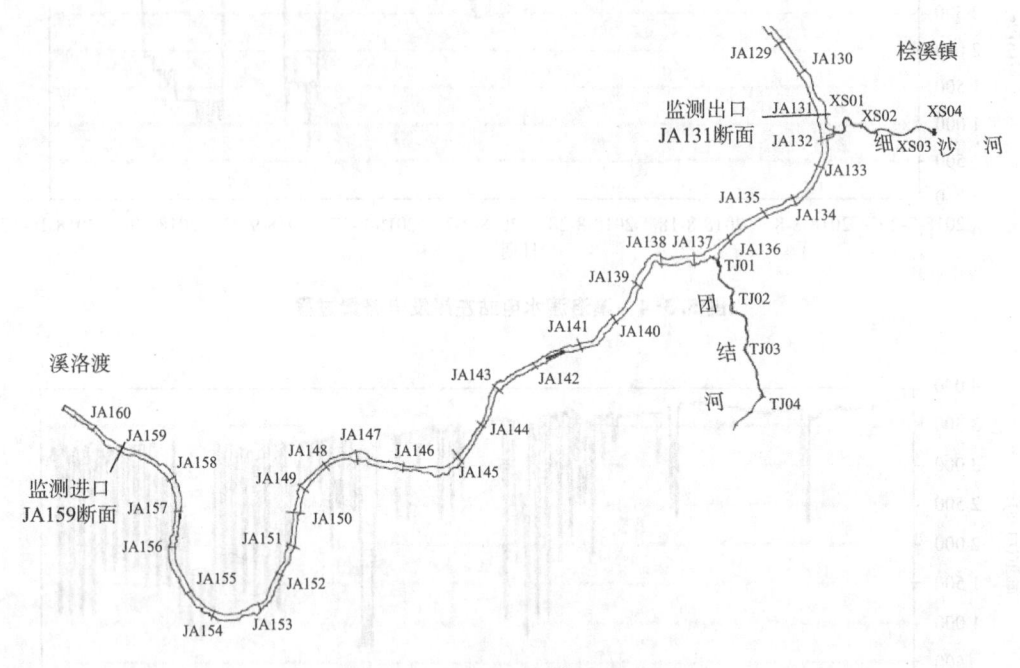

图 5.3-7 非恒定流监测范围示意图

5.3.2.2 监测内容及技术方案

1. 观测时机

根据非恒定流形成原因,结合溪洛渡水电站下泄流量区间,此次现场监测分为两种情况:

(1) 溪洛渡水电站泄流量小于 7 450 m³/s,此时非恒定流主要由调峰造成,在此流量区间选取调峰流量约为 1 800 m³/s、3 000 m³/s 和 6 000 m³/s 三种工况进行观测。

(2) 溪洛渡泄流量大于 7 450 m³/s 且小于 12 000 m³/s 时,非恒定流由调峰和泄洪共同造成,在此流量区间选取流量约为 9 000 m³/s 和 11 000 m³/s 两种工况进行观测。

2. 观测内容

(1) 河道地形测量

在非恒定流监测之前,开展一次现场监测河段范围(JA159断面至JA131断面)内的地形测量。高程测至向家坝水库正常蓄水位时20年一遇洪水位以上2 m,比例尺1:2 000。监测手段主要采用数字化水道地形测量系统,包括大功率冲锋舟、高精度GPS、数字化测深仪、计算机、导航及数据采集软件、数字化成图软件等组成。

(2) 固定断面测量

现场监测河段共有固定断面30个,即JA160～JA131。充分利用向家坝库区每年汛前进行的常规固定断面测量成果,再择机进行1次固定断面监测,可与河道地形观测同时进行,或安排汛后观测。监测手段和范围同河道地形观测,高程测至向家坝水库正常蓄水位时20年一遇洪水位以上2 m,比例尺1:2 000。

(3) 沿程水面线观测

在溪洛渡坝下至桧溪河段(33 km)共布设5组水尺,分别布设在中心场、溪洛渡水文站、JA154、JA146和JA132断面。同时收集桧溪水文站同步水位监测数据资料,中心场、溪洛渡水文站、桧溪均为自记水位站,可以获得最密1个/2 min水位实测数据,满足观测需要。在JA154、JA146、溪洛渡水文站断面设立临时水位站,采用LH25-RBRsolo微型潮位仪进行水位测量,如图5.3-8所示。进行5种工况现场监测,其中中心场、溪洛渡水文站和 JA132 断面可利用现有条件进行水位自动连续测量,其他断面水位按平均 1 次/半小时进行同步观测,洪峰附近加密观测,水流平稳期观测间隔时间可加长。观测时间以覆盖完整的非恒定流过程,或再次出现近似恒定流为参考标准,一般不超过一天(24 h)。

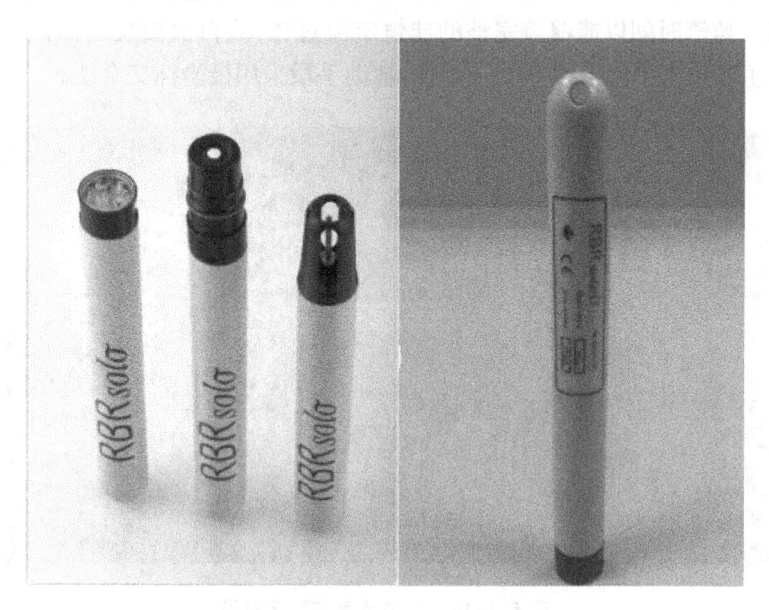

图 5.3-8 LH25-RBRsolo 微型潮位仪

(4) 流量监测、流速分布测验

① 溪洛渡水文站、JA154、JA146 断面非恒定流强烈区断面进行沿程流量同步监测,均采用测船搭载走航式 ADCP 进行流量测验。

② 在下泄流量小于 7 450 m³/s 的三种工况时,由于流量、流速相对较小,水流条件相对较好,采用遥控无人船搭载走航式 ADCP 进行流量测验,区域流速分布示意图见图 5.3-9。在下泄流量大于 7 450 m³/s 的工况下,由于流量、流速较大,大坝泄流孔过流,流速变大,流态紊乱,采用冲锋舟进行测验。

③ 在流量测验时,根据情况,选择 JA146 进行流速分布测验,每断面选择 5~8 线固定垂线进行定点监测,进行数据集合并平均,获取垂线平均流速、测点流速。中小流量采用无人遥控船携带 ADCP;大流量采用冲锋舟携带 ADCP 进行测量。

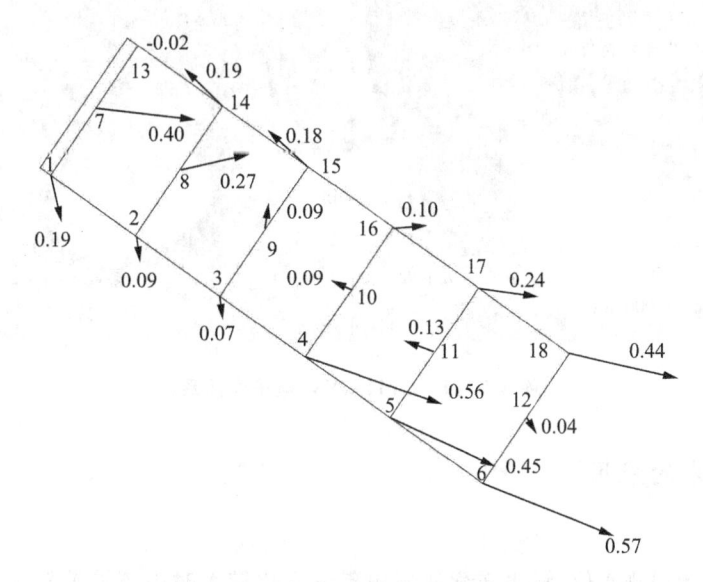

图 5.3-9 区域 ADCP 流速分布示意图(单位:m/s)

（5）强非恒定流区流态监测

在非恒定流强烈区域进行水面流速、流向监测，范围从中心场断面至溪洛渡水文站，河长约 2.8 km，如图 5.3-10 所示。对于选定的 5 个工况，按平均 1 次/4 h 进行连续观测，其中最少 1 次在洪峰附近，按左、中、右三线布设测流流线。监测时间以能覆盖完整的非恒定流过程，或再次出现近似恒定流为参考标准，一般不超过一天（24 h）。主要技术手段采用 GPS+浮标，辅助手段采用极坐标交会法。

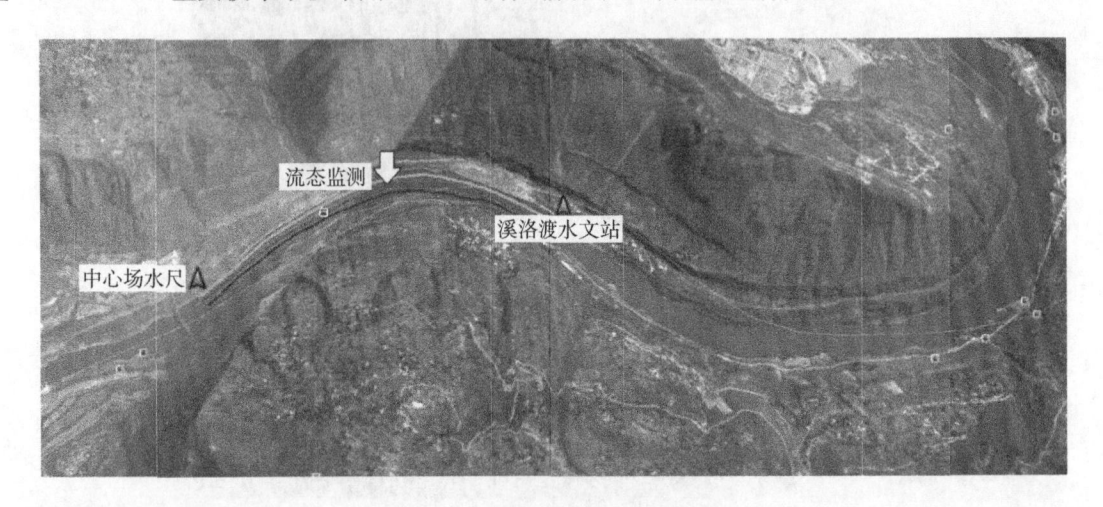

图 5.3-10　流态监测范围示意图

采用 LY11 GNSS 电子浮标系统（图 5.3-11）进行测区流态测量。与传统浮标相比，该系统精度高，跟踪定位直观方便，可同时监测多个浮标轨迹，漂流设备内置的 RTK 模块确保定位精度达到厘米级；客户端中加入底图功能能够直观化定位每一个漂流设备和控制船的相对位置，方便水上寻找；漂流设备在存储自身定位数据的同时，发送数据到远程服务端，使数据的安全性得到保障。

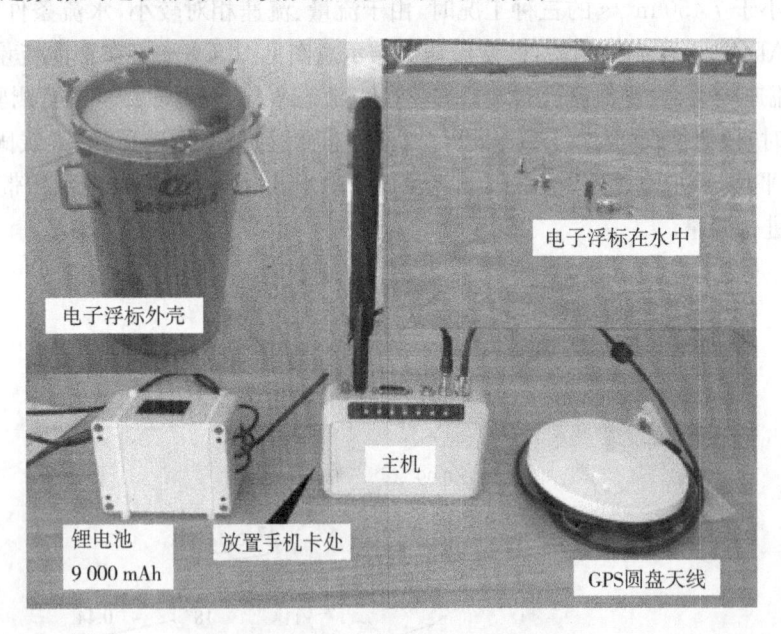

图 5.3-11　LY11 GNSS 电子浮标系统

5.3.3　难点及新技术的采用

1. 难点及解决办法

（1）采用自记水位计观测水位，解决连续观测和流量变化较大时由于波浪较大人工无法准确读数的问题，较好地完成水位观测项目。

(2) 测区地处高山峡谷河段,采用单基站 GNSS 定位在相当长的时段内由于天空较窄无法获得固定解,无法进行浮标以及流速分布项目测验,为此该项目首次使用千寻CORS系统,采用虚拟基站技术,很好地解决了上述问题,保障了本项目在流量变化全过程能连续不间断地收集监测数据。

(3) 由于电站出流过程与计划工况有出入,流量、流速分布以及浮标测量等项目无法按照流量级进行观测,只能通过加大测验的频次方法进行,以满足原型观测需求,其中流量观测工作量为计划量的2.6倍,其余项目均比计划量多出70%~80%。

2. 新技术、新工艺的应用

(1) 千寻CORS技术的首次运用。千寻CORS是基于全国的连续运行参考站系统,目前已覆盖整个金沙江下游地区,此次在溪洛渡坝下非恒定流监测项目(溪洛渡坝下约20 km范围峡谷河段)首次运用,相较于传统单基站作业方式,在精度、有效性等方面均有提升。

(2) 自记水位计的投入使用。在水位变化剧烈的坝下游河段连续观测水位极为困难,精度、观测频次均难满足监测需要,为此,引进solo微型潮位仪进行水位同步监测,极大提高了观测精度,节省了人力成本。

(3) 采用电子浮标系统进行流速流向测验。与传统浮标相比,电子浮标系统具有集成度高,抗大流速、大风浪较好,数据本地、异地同时保存,在线实时监控等优势,能很好地满足坝下游流态极不稳定的河段流速流向观测需要。

5.3.4 实施与成果分析

5.3.4.1 准备阶段

2018年3月上旬,引进solo微型潮位仪,为了验证仪器的可靠性,3月15—16日,组织人员在寸滩水文站采用铅鱼实测水深对比方法进行比测试验。通过0~5 m范围实测情况对比,如图5.3-12所示,潮位仪与实测水深差值在0~3 cm范围内,满足精度要求,可以投入实际测量使用。

水位计	铅鱼测深	大气压校正值	差值
-0.278	0	0.02	-0.02
0.743	1.04	1.04	0.00
1.933	2.24	2.24	0.00
2.839	3.15	3.15	0.00
3.797	4.11	4.11	0.00
4.850	5.16	5.16	0.00
5.289	5.61	5.60	0.01
0.897	1.22	1.20	0.02
1.815	2.13	2.12	0.01
3.004	3.31	3.31	0.00
3.879	4.19	4.19	0.00
4.928	5.23	5.24	-0.01

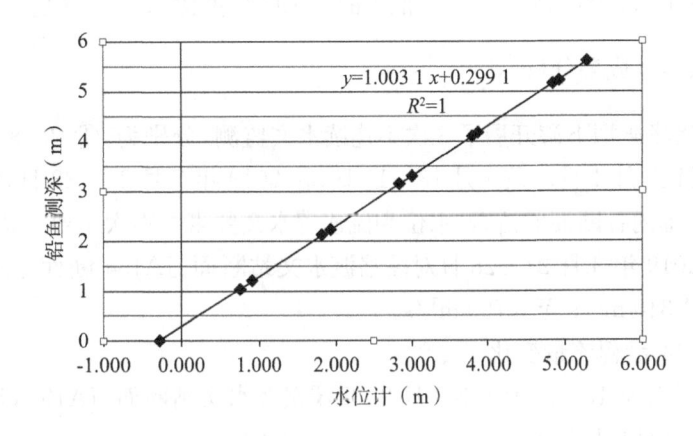

拟合方程:$y=1.0031x+0.2991$,$R^2=1$

图 5.3-12　潮位仪比测试验结果

5.3.4.2 外业观测

(1) 2 000~6 000 m³/s 流量级

2018年5月中旬,溪洛渡水电站出库流量在2 000~6 000 m³/s范围。5月16—19日,从6时至17时,根据流量变化情况,进行流量、流速分布以及水面线、流速流量观测。

经过4天观测,共完成3个断面流量测验,每个断面71次;JA146断面流速分布测验19次;中心场断面至溪洛渡水文站2.8 km河段流速流向测验27次;3组水尺水位连续观测30 h。

(2) 7 000~12 000 m³/s 流量级

2018年7月,溪洛渡水电站出库流量在7 000~12 000 m³/s,7月1—4日,作业组再次奔赴测区,完成大流量级原型观测,共完成3个断面流量测验,每个断面27次;JA146断面流速分布测验12次;中心场断面至溪洛渡水文站2.8 km河段流速流向测验15次；3组水尺水位连续观测14 h。

7月中旬，溪洛渡水电站出流达到10 000 m³/s，7月13—16日，作业组经过4天观测，完成9 000～12 000 m³/s工况测量，共完成3个断面流量测验，每个断面42次；JA146断面流速分布测验14次；中心场断面至溪洛渡水文站2.8 km河段流速流向测验18次；3组水尺水位连续观测36 h。

(3) 1 000～3 000 m³/s流量级

2019年3月底，在溪洛渡水电站出流较小时对1 800 m³/s工况进行了测量，共完成3个断面流量测验，每个断面16次；JA146断面流速分布测验8次；中心场断面至溪洛渡水文站2.8 km河段流速流向测验9次；3组水尺水位连续观测9 h。

5.3.4.3 成果精度评价

(1) GNSSRTK测量检校点精度统计

GNSSRTK在测量之前和测量过程中进行了已知点检校，检校点平面及高程较差分布情况见表5.3-1。

表5.3-1 GNSS校核点较差分布统计表

范围		≤0.02 m	0.02～0.05 m	0.05～0.10 m	≥0.1 m	最大误差(m)	中误差(m)
平面	点数	6	5	4	0	0.083	0.026
	百分比	40%	33%	27%	—		
高程	点数	3	10	2	—	0.065	0.017
	百分比	20%	67%	13%	—		

(2) 流量精度统计

流量测验每测次往返测量，测回较差在0～3%范围的有265次，占比56.7%，在3%～5%范围的有184次，占比39.3%，在5%～8%范围的有19次，占比4.0%，满足流量测验规范要求。

5.3.4.4 成果分析

溪洛渡坝下游开展了3次不连续水文监测，分别为：① 2018年5月16—19日；② 2018年7月：包括7月2日、7月4日以及7月13—15日；③ 2019年3月27—28日，监测范围为溪洛渡坝下游至细沙河口约33 km范围内各断面的流量、水位和流速等水文要素。本次主要介绍2019年3月监测结果。

2019年3月27—28日对溪洛渡水文站断面、JA154断面、JA146断面进行了水位和流量测量，流量范围为1 310 m³/s至3 790 m³/s。

(1) 沿程流量变化

图5.3-13为2019年3月28日溪洛渡水文站断面、JA154断面、JA146断面实测流量过程。统计各断面流量变幅，见表5.3-2。

表5.3-2 2019年3月28日流量变幅统计　　　　　　　　　　　　　单位：m³/s

断面	最大流量	最大变幅	涨水面变幅	退水面变幅
溪洛渡水文站	3 760	2 450	1 940	1 490
JA154	3 790	2 450	1 860	1 660
JA146	3 400	1 880	1 880	1 410

注：涨水面、退水面变幅按相同时间段统计。

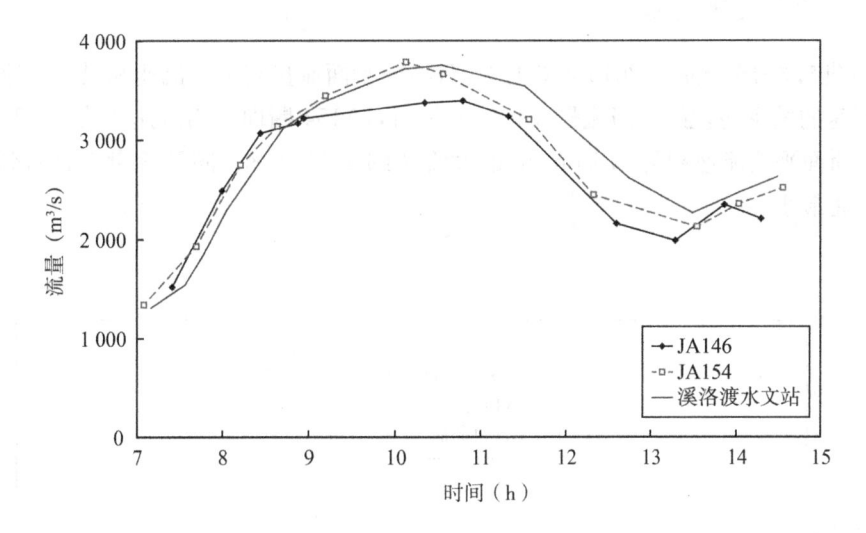

图 5.3-13 2019 年 3 月 28 日流量过程

(2) 沿程水位变化

图 5.3-14 为 2019 年 3 月 28 日水位站及断面实测水位过程。统计各断面水位变幅，见表 5.3-3。水位变幅由上游往下游逐步变小。中心场水位变幅最大，涨水面变幅 1.52 m，退水面变幅 1.02 m；桧溪站水位变幅最小，涨水面变幅 0.41 m，退水面变幅 0.14 m，桧溪站水位直接受下游向家坝水库水位影响大。

表 5.3-3 2019 年 3 月 28 日水位变幅统计

断面	最大变幅(m)	涨水面变幅(m)	退水面变幅(m)
中心场	1.52	1.52	1.02
溪洛渡水文站	0.94	0.94	0.70
JA154	0.87	0.87	0.60
JA146	0.45	0.45	0.31
桧溪站	0.41	0.41	0.14

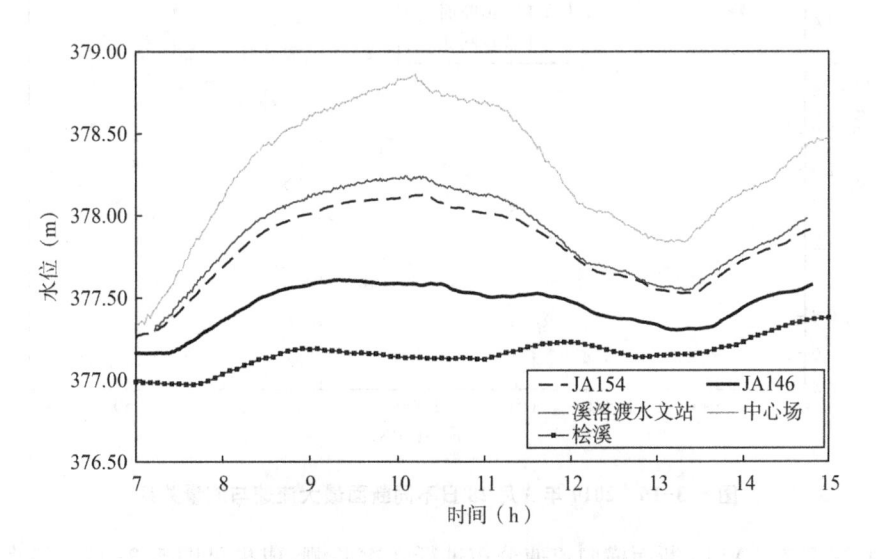

图 5.3-14 2019 年 3 月 28 日水位过程

5.3.5 各断面流量与流速关系

图 5.3-15 和图 5.3-16 分别为 2019 年 3 月 28 日不同断面流量与平均流速和最大流速的关系。由图可见，断面流量与流速的关系均较好。当流量 3 400 m³/s 时，JA154 断面平均流速约为 1.62 m/s，最大流速约 2.31 m/s；JA146 断面平均流速约为 1.15 m/s，最大流速约 1.63 m/s。同等流量下，溪洛渡水文站流速最大，JA146 断面流速最小。

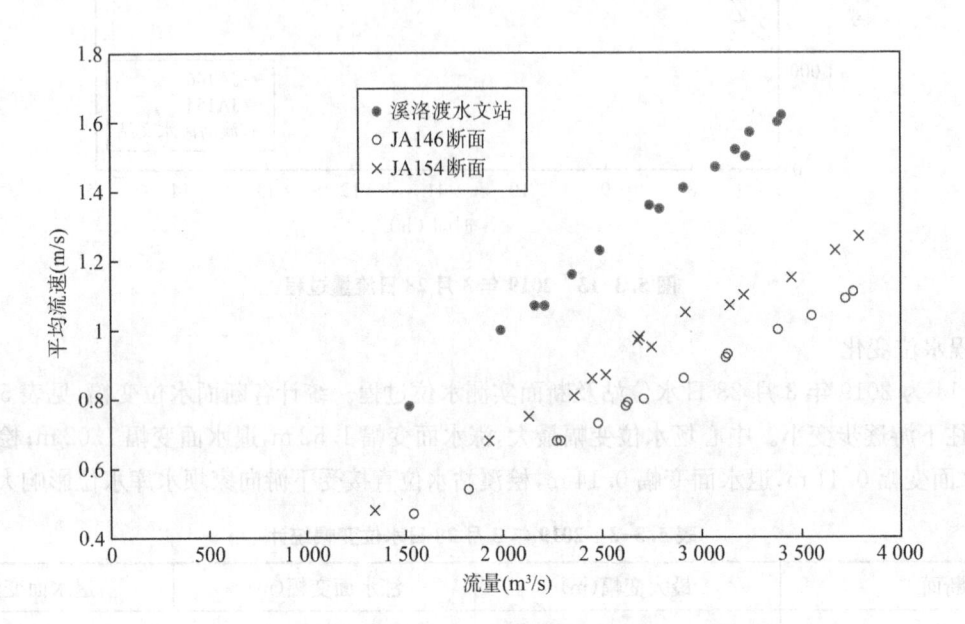

图 5.3-15　2019 年 3 月 28 日不同断面平均流速与流量关系

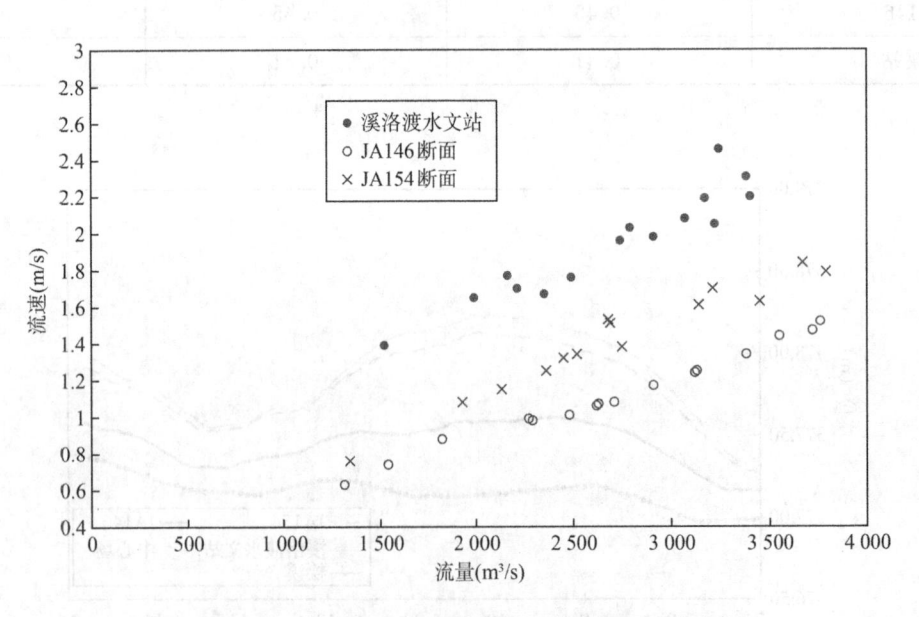

图 5.3-16　2019 年 3 月 28 日不同断面最大流速与流量关系

2019 年 3 月 27 日对 JA146 断面横向流速分布进行 8 次监测，成果见图 5.3-17。最大流速 1.38 m/s，断面平均流速 0.88 m/s。最大流速一般出现在起点距 130～150 m 处。

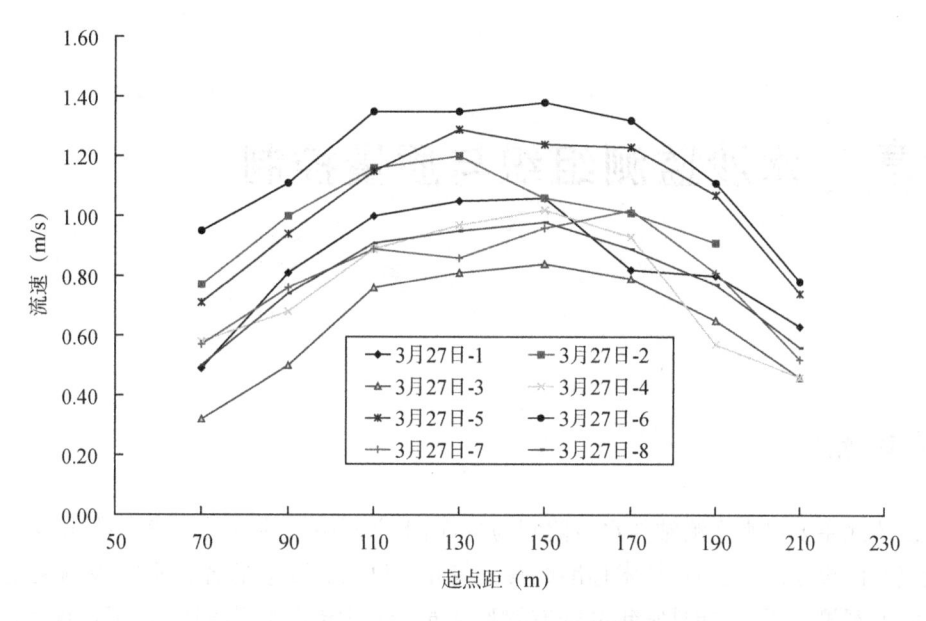

图 5.3-17　2019 年 3 月 27 日 JA146 断面流速分布

通过对沿程水位及水位变幅的比较和分析,得出在不同工况下,各站的水位变幅均呈现沿程递减的趋势,越靠近下游,水位随流量变化产生的波动越平缓。电站调节过程中流量变幅的大小直接影响着水位变幅的高低。同时,由于最小下泄流量决定着最低水位,水位变幅的大小也会受到最小下泄流量的影响,电站下泄初始流量越小,河道中水位变幅越大。

通过对流速变化及断面流速分布的分析,得到流速与电站下泄流量呈正相关,并且由于流量传播的坦化作用沿程流速递减。顺直河道断面流速分布均匀,主流集中在河道中心;弯曲河道主流会向两岸偏移。同时,断面流速的分布形态直接受到河道地形的影响。

本节对电站下游非恒定流监测进行了介绍,今后可在此基础上开展数学模型、物理模型计算和船模试验,为电站下游航运条件提供更加准确可靠的理论及试验依据。

第六章 水沙监测组织与质量控制

6.1 测验方式选择

现阶段水沙监测主要以水文测站的水沙监测为主，用水文测站水沙特性代表河段水沙特性。水文测站是在河流上或流域内设立的，按一定技术标准经常收集和提供水文要素的各种水文观测现场的总称。水文测站是水文要素的观测场所，可能是常年驻守有测验人员，有固定的观测河段，有围栏保护的庭院，也可能是巡测的断面或自动观测仪器安装的一个具体观测点。

通过对历史资料的分析，掌握水文测站的水沙特性，可以有效制定水文测站的水沙测验方式。

6.1.1 测验方式分类

6.1.1.1 水文测站的测验方式

按照运行管理方式，水文测站的测验方式主要有驻测、巡测、驻巡结合、遥测等。

（1）驻测：水文专业人员驻站进行水文测报的作业。是我国主要采用的传统的测验方式。

（2）巡测：水文专业人员以巡回流动的方式定期或不定期地对一个地区或流域内各个观测点水文要素所进行的观测作业。不需要长期驻守，而是根据水沙特性，按需布置测验的作业方式。

（3）驻巡结合：驻测和巡测皆有的作业方式。水文测站采用汛期驻测、枯季巡测的作业方式较为普遍。

（4）遥测：水文专业人员不用到现场，主要采用有线或无线通信方式进行数据收集，将水文要素数据传输至终端的作业方式。

6.1.1.2 水文要素的测验方式

实测、间测、检测、校测、停测、比测等不是水文测站整体的运行管理方式，而是水文要素在某时段的具体观测方式。

（1）实测：按照技术规定要求，对水文要素进行正常观测的作业方式。

（2）间测：是某一水文要素的测验方法，是一种当两个水文要素（如单沙和断沙）间的关系经分析证明多年来关系稳定或变化在允许误差范围内时，可对其中一种水文要素（如断沙）停测一段时间后再进行施测的测停相间的作业方式。间测的目的是节约人力，停测的水文要素可以通过两要素间稳定的关系推算而得。

（3）检测：是某水文要素实行间测期间，为了检验两要素之间稳定关系是否发生变化而设定的检查性的作业方式。当检测时发现原本稳定的关系发生了变化，应立刻恢复实测。

（4）停测：对某一或某多种水文要素暂停一段时间观测的作业方式。

能否进行间测、检测或停测是决定水文测站能否开展巡测或驻巡结合的重要因素之一。驻测的站点也可对某项目开展间测、检测、停测等。

（5）校测：是按一定技术要求，对水文测站基本设施的位置高程控制点或自记仪器工作状况等进行的校验性作业方式。

（6）比测：是对同一项目采用不同的方式进行观测，对观测结果进行对照分析，从而率定或建立关系的作业方式。

6.1.2 测验方式确定

6.1.2.1 测验方式确定的基本原则

（1）满足需求原则。应根据各站设站目的、设站功能和社会需求，合理确定测验精度和类别，选择合适的测验方式，测次分布和测验精度应能满足要求。

（2）巡测优先原则。应广泛应用测报新技术，努力实现测报自动化，尽量减少测站驻测人员，大力减轻测验劳动强度，提高测验工作效率。

（3）统筹兼顾原则。某一项目达不到巡测要求仍需要驻测时，应统筹兼顾降水量、水位、蒸发量、水温等测验项目，按驻测方式进行日常观测和检查，以确保设备运行正常，保证测验质量。

6.1.2.2 测验方式确定的一般规定

（1）流量测验

流量测验方式主要根据控制断面的流域面积、水位流量关系情况、地理位置等因素综合确定。主要为驻测、巡测和驻巡结合几种形式。

不满足巡测或间测条件的各类精度水文站，应实行驻测。驻测时，人员驻守在测站，根据水情变化，随时开展流量测验。

对测区流量资料进行分析，当符合规范相关规定时，可实行巡测。

一般来说，能满足巡测条件的多为水位流量关系稳定，或流量转折变化规律性较强，流量转折变化易控制，不需要实时进行流量测验，不需要施测洪峰流量或洪水过程，即使流量测次布置相对较少，推求的年径流量误差在允许范围内的水文断面。

比如：实行间测的测站，在停测期间进行检测时，可采用巡测；水位流量关系按水位级布置，固定时间进行流量测验便可较好控制转折变化，可采用巡测；枯水期定期测流时，可采用巡测；距离巡测基地较近，通信方便，能随时根据水情变化及时进行流量测验布置的情况，可采用巡测；实现了流量在线监测的站点，只需要定期进行比测校正时，可采用巡测。

当部分时段满足巡测条件，部分时段只满足驻测条件时，可采用驻巡结合的方式。

（2）悬移质沙量测验

悬移质沙量测验方式主要根据单断沙关系、测验精度控制等因素综合确定。主要为驻测、巡测、驻巡结合等几种形式。

同流量测验一样，不满足巡测、间测或停测条件的各类精度水文站，应实行驻测。驻测时，人员驻守在测站，根据沙情变化，随时开展沙量测验。

对测区泥沙资料进行分析，当符合规范相关规定时，可实行巡测。

对于悬移质沙量测验，一般来说，能满足巡测条件的多为不需要实测沙峰和悬移质泥沙过程者，或者断沙转折变化过程易于控制，不需要实时进行断沙测验，即便测次布置较少，也能达到整编精度者。

如：悬移质输沙率已实现停测或间测者，可采用巡测；单断沙关系较好，能通过驻测单沙推算断沙，可开展断沙巡测；已安装了在线测沙设备，能实时获取沙量，只需要定期进行比测校正时，可进行巡测；距离巡测基地较近，能随时根据沙情变化及时布置测次时，可进行巡测。

当部分时段满足巡测条件，部分时段只满足驻测条件时，应采用驻巡结合的方式，如非汛期沙量变化平稳时采用巡测，汛期采用驻测。

6.2 巡测组织与实施

水文巡测的体系构建，主要包括水文巡测发展、巡测方案的制定、实现巡测的关键技术、巡测资料的整理等。

6.2.1 水文巡测意义

大多水文测站地势偏远，生活不便，随着时代的发展，人民生活水平日益提高，传统驻测方式已逐渐表现出与社会发展的不协调。新的水文测验技术的突飞猛进为水文巡测奠定了基础，水文巡测是现代水文发展的必然方向和必经之路。

（1）实行水文巡测，是对水文基层测站的管理体制和测验方式的重大改革，改变水文站人员长期固守水文测验断面的测验模式，改变常年驻守测站面对大河，背靠大山，多见石头少见人，信息闭塞的工作环境，留住了人心、留住了人才。在让水文职工得到实惠的同时，也使水文事业得到了发展，是构建和谐水文、推进水文现代化及水文人脱贫解困、提升能力、拓展服务的需要。管理模式也由原来单一、分散的管理向统一、集中的管理转变。

（2）实现水文巡测，将全面改进生产，整合水文发展的资源，为基层水文站合理调整冗余的人员创造条件，充分整合人力物力资源，提高职工工作效率，实现精兵高效。同时实现水文投入与效益的最大化，在保证水文测验产品成果质量的基础上，同一套先进仪器、设备可以用于多个测站水文资料的收集，提高了先进仪器、设备的使用效率。

（3）实现水文巡测，将逐步实现"水文信息化"目标，提升现代水文服务能力。其将分散的水文站点技术能力进行了整合，便于集中加强学习，全面提高职工的思想水平和业务素养，能有效地利用人员、设备优势为地方经济建设及防汛减灾、水资源管理、水资源论证、河势影响评价论证、水环境安全监测、重要建设项目等领域提供更多的技术服务和技术支撑，适应新时期水利工作对水文工作的要求，为国民经济和社会可持续发展提供全方位服务，是深入基层发展的一项改革、创新。

6.2.2 巡测技术方案

巡测技术方案需要在水文巡测开展前对测区情况、测站水沙特性、巡测时机分析、巡测路线安排、开展巡测资源配置等进行综合分析，从而制订出本测区进行巡测的科学指导方案，而有效可靠的巡测方案在巡测工作的组织和实施中起着核心作用。

6.2.2.1 测区情况

（1）巡测区划分

开展巡测，首先应对巡测区域进行划分。

一个巡测区域可以直接由巡测基地及其管辖的水文测站或监测断面构成，巡测基地可以为勘测分局（队）等，也可根据区域内自然地理条件、交通条件、水文特性、站点位置等进行重组划分。

划分的巡测区要以便于管理、便于巡测、便于服务为原则。

首先满足技术手段的可行性，如根据测站特性，是否能够采取间测、检测等测验方式开展资料收集。

其次满足地域上的可行性，选择交通、生活、通信条件较好的区域，以便在遇突发水情时能快速到达巡测点，同时兼顾生活及办公条件。水文巡测基地尽量选择在防汛和水资源管理重点地区，有利于开展社会服务。

（2）巡测区基本情况

巡测区基本情况除包括巡测区域的地理位置、所管辖的江（河）段、各水文测站或监测断面的测验项目及情况说明外，还包括巡测基地的人力资源配置，如水文职工的性别、年龄、文化程度等，人员组织结构在一定程度上是决定具体巡测方法深度的标准。同时，仪器设备是水文测验的工具，根据不同的测验设施配置制订不同的测验方案。

(3) 站点分布及交通情况

站点分布主要是掌握各水文测站或监测断面的地理位置、集水面积、所属行政区划以及各水文测站与巡测基地的地理位置关系。

巡测基地到各水文测站或监测断面的交通条件好坏是巡测方案可行与否的重要条件，应掌握巡测基地到各水文测站或监测断面的路线组合、路况条件、交通工具情况，如有几种路线、各路线需要花费多长时间，是乘坐公共交通工具还是自驾等，以及从巡测基地到达各水文测站或监测断面所需的最长、最短及平均时间，才可制定订以路线、交通工具、时间和其他消耗成本构成的多种巡测路线组合方案，从而择其最优。

站点分布和交通条件是巡测方案的重要内容之一，是能否顺利到达水文测站开展巡测工作的重要环节。

6.2.2.2 水沙条件分析

通过分析水沙特性，了解测站河段各水力因素的变化规律，从而为巡测方案的测验时机、测验方法奠定基础。

1. 测验河段及控制情况分析

(1) 测验河段特征，包括测验河段顺直情况，河槽形态及中高水主槽宽度，有无岔流、串沟、逆流、回水、死水等情况。对于测验河段地形复杂的测站，应明确滩地及主槽流向的关系、开始漫滩的水位、漫滩宽度及对测验可能产生的影响。

(2) 测河床冲淤变化情况，河底及河岸的土壤构造情况，水生植物和滩地、河岸的植物种类及生长情况。

(3) 测站上下游对水流及测验有影响或控制的支流、弯道、卡口、浅滩、堤防、水工建筑物的情况。

2. 收集的基础资料

(1) 分析资料样本选择

收集近10年的实测资料，包括设站以来最大洪水与最枯水年份资料。如果受条件限制，选择资料的水位变幅应占历年水位变幅的80%以上。

(2) 历年特征值收集和统计

① 收集年最大流量、年最大径流量、年最高水位、年最低水位、年最大一日洪量、年最大三日洪量、年输沙量。

② 收集近期连续5年以上资料系列月、年径流量比，用以分析一年中对年径流量产生重要影响的主要月份分布情况。

③ 选择分析洪水场次，统计洪水过程情况：洪水最早出现时间、最晚结束时间；涨峰面和退峰面最长、最短、平均历时；整场洪峰的最长持续时间、最短持续时间。

④ 统计不同水位级一次测流过程所需的实际历时。

⑤ 收集近期连续5年以上资料系列月、年输沙量比，用以分析一年中对年输沙量产生重要影响的主要月份分布情况。

⑥ 选择分析沙峰场次与持续时间：含沙量沙峰最早出现时间、最晚出现时间；涨峰面和退峰面最长、最短、平均历时；整场沙峰的最长持续时间、最短持续时间。

⑦ 统计不同水位级一次测沙过程所需的实际历时。

(3) 各种关系表

水位流量关系表、水位面积关系表、水位过程表、流量过程表、实测断面成果表、实测流量成果表、实测输沙率成果表、年输沙量和径流量关系表、非汛期输沙量和年输沙量关系表、洪水期沙量变化过程、月径流量占当年年径流量的百分比、月输沙量占当年年输沙量的百分比等。

3. 水位流量关系分析

(1) 点绘各年份水位流量关系曲线，结合测验河段及其控制情况，判断该站水位流量关系是否为稳定的单一曲线关系。若水位流量关系不为单一曲线关系，但经过单值化处理后水位流量关系线呈单一线，或某水力因素与流量或流量系数的关系呈一条或一簇关系曲线时,测站的流量可以采用巡测、间测、检测等,否则必须实行驻测。

(2) 对于单一的水位流量关系,点绘5年以上历年水位流量综合关系曲线,点绘的实测流量水位变幅要能控制历年水位变幅80%以上,分析各年水位流量关系曲线与综合关系曲线在高、中、低不同水位级的偏离情况。每年的水位流量关系曲线(或单值化线)与历年综合关系曲线之间的最大偏离允许相对误差,高水一类精度、二类精度、三类精度水文站分别不超过3%、5%、8%;中水一类精度、二类精度、三类精度水文站分别不超过5%、8%、10%;低水一类精度、二类精度、三类精度水文站分别不超过10%、12%、15%时,可实行间测,间测期间检测时可采用巡测。

(3) 对于单一的水位流量关系,分析各相邻年份曲线之间的最大偏离允许相对误差,高水一类精度、二类精度、三类精度水文站分别不超过4%、6%、8%;中水一类精度、二类精度、三类精度水文站分别不超过5%、8%、10%时,各相邻年份的曲线可以合并为综合曲线,而实测点与综合曲线的随机不确定度仍能满足高水一类精度、二类精度、三类精度水文站分别不超过10%、12%、13%;中水一类精度、二类精度、三类精度水文站分别不超过12%、14%、15%时,可实行检测,检测期间可实行巡测。

(4) 对于全年水位流量关系不完全呈单一曲线,只有部分时段为单一关系的,结合上下游水利工程情况,采用近5年的水位流量关系,分析出单一关系所发生的水位级或流量级,在该水位级或流量级可以按照单一关系的精度要求,制订适当的巡测方案。

(5) 对于全年水位流量关系都不呈单一线的测站,流量的转折变化难以控制,但对其水情变化规律比较了解,且能跟随水情变化及时赶到现场进行流量测验时,可以根据其路线、交通等制订相应的巡测方案。

4. 洪水特性分析

(1) 月、年径流量分析

月、年径流量分析主要是对年际水量分配与年内水量分配进行分析。

年际水量分配主要是分析各年径流量与建站以来多年平均径流量和建站以来最大径流量、最小径流量之间的关系,分析近10年资料系列的代表性,从而把握测站近10年径流变化规律。

年内水量分配是通过计算每年各月径流量占当年年径流量的比例,占比较大的月份是年径流量的主要组成月份。月径流量较大的时段,正是流量测次应该比较集中的时段,流量测次的布设应能较完备地控制流量过程的转折变化,这是巡测方案中如何进行时机确定的重要基础工作。

(2) 洪峰场次与持续时间分析

洪峰场次与持续时间分析主要是为了掌控测站洪峰发生比较集中、峰量较大的主要时段以及洪水过程持续时间等特征规律,是巡测方案中巡测时机确定和巡测路线制订的基础工作。一般选择历史最大洪峰过程、次大洪峰过程、发生某量级洪峰比较频繁的洪峰过程、受上下游干支流影响时的洪峰过程等多种典型的洪水场次进行统计,确定测站在这些典型洪水场次时洪水出现的最早、最晚时间,洪水结束的最早、最晚时间以及洪峰持续的最长、最短时间。根据测站历年水位变幅以及水位流量关系,还需要分析涨水面和退水面能够持续的最短、最长历时以及平均历时等。

5. 悬移质输沙率停测或间测分析

能满足悬移质输沙率停测或间测条件的测站,部分时段不需要进行输沙率测验,为测站能够较好开展巡测工作提供了基础条件。

根据多年的输沙率资料,确定该站多年来沙量较小的连续3个月及以上时段输沙量,一般连续3个月及以上时段多分布在1—3月、1—4月、12—次年3月、12—次年2月等。计算出该时段输沙量与多年平均输沙量的比值小于3.0%时,对应时段可停测输沙率,停测期间的含沙量作零处理。这种情况下在枯水期输沙量较小时,测站可进行巡测。

采用近10年的实测输沙率资料进行分析,要求分析资料水位变幅能够控制历年水位变幅的80%以上。点绘近10年单断沙关系曲线和历年综合单断沙关系曲线,比较各年单断沙关系曲线与历年综合单断沙关系曲线的最大偏离值不超过±5%时,认为测站单断沙关系比较稳定,该站的悬移质输沙率可实行间测,间测期间只需要进行单沙测验。这种情况下,测站可进行巡测,巡测时只需要按照沙情的变化进行单沙测验。

6. 沙量特性分析

(1) 月、年沙量分析

月、年沙量分析主要是对年际沙量分配与年内沙量分配进行分析。

年际沙量分配主要是分析各年含沙量与建站以来多年平均含沙量和建站以来最大沙量、最小沙量之间的关系,分析近10年资料系列的代表性,从而把握测站近10年含沙量变化规律。

年内沙量分配是通过计算每年各月沙量占当年输沙量的比例,占比较大的月份是年沙量的主要组成月份。月沙量较大的时段,正是含沙量测次应该比较集中的时段,这是巡测方案中如何进行时机确定的重要基础工作。

(2) 沙峰场次与持续时间分析

沙峰场次与持续时间分析主要是为了掌控测站沙峰发生比较集中、峰量较大的主要时段以及来沙过程持续时间等特征规律,是巡测方案中巡测时机确定和巡测路线制订的基础工作。一般选择历史最大沙峰过程、次大沙峰过程、发生某量级沙峰比较频繁的沙峰过程、受上下游干支流影响时的沙峰过程等多种典型的沙峰场次进行统计,确定测站在这些典型场次时沙峰出现的最早、最晚时间,沙峰结束的最早、最晚时间以及沙峰持续的最长、最短时间。同时还需要对应流量的涨退水面分析含沙量的涨退,分析含沙量涨峰、退峰面最长、最短持续历时及最大、最小含沙量变幅等。

7. 以嘉陵江武胜水文站作为示例说明

(1) 嘉陵江流域洪水主要特性

嘉陵江流域开发较早,各江段均布设有水利工程。由于嘉陵江流域中下游为小山陵丘地,沿江城镇较多,所修水利工程时间长,建成的水电站大坝多为滚坝式,对下游中低水有一定拦蓄调节能力,高水时无法调节,所以发生洪水漫过大坝时,水流为天然形态。根据嘉陵江流域情况,暴雨降水是嘉陵江流域洪水的主要来源。嘉陵江上游流域在每年6—9月一般会发生3至4场短历时、强度大的局地暴雨,其雨量占全年降雨量的百分比较大,降雨的时空分配和地域分配极为不均,这是嘉陵江上游流域的一大显著特点。根据所经历的分水岭不同,涪江、嘉陵江与渠江横跨不同区域分水岭,洪水均受上游暴雨影响,但从多年历史资料分析,受上游分水岭云层降水影响,渠江与涪江、嘉陵江同时涨落水的情况还未曾发生,在一定程度上对缓解嘉陵江下游同时受三江洪水涨落影响起到重要作用。

武胜水文站位于嘉陵江干流,涪江、渠江汇合口以上约70 km,为国家基本水文站,一类精度流量站、一类精度泥沙站。

(2) 武胜站水沙特性

① 武胜水文站测验河段位于中心大弯道顶部稍偏下游,断面上游约150 m呈弯道浅滩,再上游5 km有桐子壕电站,为中水滚水坝电站,对中、低水水位流量关系有显著控制作用。下游约800 m有黄家滩,约1 200 m有两丁坝,上坝尾距右岸138 m,下坝尾距左岸143 m,两坝相距203 m,约2 000 m为香炉滩,约4 000 m河道向左急弯,河道左岸为岩石堆积层,右岸为沙石。本站河道较为平坦,受涨落水影响及上游约5 km处电站蓄放水影响,水位流量关系较为复杂,但在经过校正因素法单值化处理后,多年的水位校正流量能归为单一线,并且单值化处理后多年来水位流量关系较为稳定。

② 武胜站洪水受嘉陵江上游来水量影响,一般单式峰较多,复式峰较少,复式峰一般多发于丰水年,最长历时为12天。洪水起涨最短历时为9 h,退水最短历时为5 h,洪水起涨段时间较短,退水相对较快。全年最大洪水主要集中在7—8月,发生频率为93%以上。从各年洪水发生次数总结,枯水年发生次数分别为1~2次,平、丰水年洪水发生次数至少3次以上。历年首场洪水达到当年最高洪水位发生次数为1次,历年洪水主要集中在7—9月,洪水涨落持续到10月份较少,仅为4.65%。总体来讲,武胜站汛期来水量主要集中在7—10月份,受嘉陵江上游来水量影响,一般单式峰较多,遇复式峰的概率相对低,洪水起涨段时间较短,退水相对较快。

③ 武胜站1—3月、12月单样含沙量和输沙率较小,满足停测要求。近10年单断沙关系线与历年单断

沙综合关系线相比较，各年关系线偏离综合线的最大值均在±5%以内，悬移质输沙率可实行间测，间测期间可只测单样含沙量。

武胜站年输沙量近年来呈减少的趋势，武胜站汛期(7—9月)输沙量占比较大，除2007年10月输沙量占比为72.2%，2005年7—9月输沙量所占比为在83.1%，其余年份7—9月均在90%以上。就月均输沙量而言，多年平均最大为9月份的输沙量，占全年的39.4%，其次是7月的32.4%，再次是8月的16.4%。总体来讲，武胜站输沙测验主要集中在7—9月，偶有年份会出现在10月。

④ 武胜站沙峰主要受上游来水量、洪水涨落过程影响。最早出现时间在6月初，最晚结束时间为10月初。沙峰最长持续时间约为10天。对沙量涨峰面进行分析，最长历时123 h，最大水位变幅19.63 m，最大含沙量变幅13.81 kg/m³；最短历时9 h，最小水位变幅2.10 m，最小含沙量变幅0.434 kg/m³。对沙量退峰面进行分析，最长历时244 h，最大水位变幅20.05 m，最大含沙量变幅12.48 kg/m³；最短历时5 h，最小水位变幅0.97 m，最小含沙量变幅0.958 kg/m³。从沙峰场次与持续时间分析，沙峰发生主要集中在7—9月。

6.2.2.3 巡测时机分析

通过对测站洪水特性的分析，可以获取测站水量、洪峰场次、洪水持续时间，根据流量测验各测点的测深测速历时及测线测点转移历时，可以获得各水位级一次测流过程所需的历时。通过对测站沙量特性的分析，可以获取测站沙量、沙峰场次以及来沙过程持续时间，根据含沙量测验的各测点历时及测线测点转移历时，可以统计出各水位级一次测沙过程所需要的实际历时。巡测时机的确定需要在此基础上根据测站的设立目的、测站所在流域情况、测站来水来沙特性、测站的精度要求来考虑。随着信息化技术的发展，巡测时机的确定更加依赖于掌握巡测区来水的预测预报信息，根据水雨情变化情况综合分析确定，灵活调整，合理布置流量与沙量测次，以保证巡测效果。

结合前面进行的武胜站水沙特性分析，武胜站可以采用汛期驻巡结合，枯季时段巡测的方式。

枯季巡测时间选择在1—4月、11—12月，枯季巡测时，注意特殊水情测验。枯季水位变化较小，流量可按固定时间巡测一次，主要按水位流量关系单值化布置测次，以满足整编定线要求和相关技术规范规定。含沙量巡测以能控制其变化过程，满足推算逐日平均含沙量、输沙率及特征值的需要为原则，1—3月、12月停测，4、11月可按5~10天巡测取样一次，当含沙量发生明显变化时及时加测。

汛期巡测时机可以考虑定为5—6月、10月，武胜站派1~2人驻守测站，其他人员组成机动队，由站长统一指挥。结合上游水情预报信息，根据水位的涨落变化以及历年水位变幅情况，按单值化线型均匀布置流量测次，以控制流量转折变化过程。含沙量的巡测一般在水位或含沙量变化较大时，每日8时、20时各取样一次，在较大沙峰或含沙量变化较大时应增加测次，以控制沙量变化过程。水位或含沙量变化平稳时每日8时取样一次，含沙量较小时1~5天取样一次。

汛期其他时间主要以驻测为主。武胜站汛期来水量主要集中在7—10月，因此流量测次重点布置在7—10月。此站第一场洪水一般在7月初，在7月初要做好水文测验准备。由于该站受嘉陵江上游来水量影响，一般单式峰较多，遇复式峰的概率较低，涨水段历时较短，退水相对较快，所以在水位起涨时，该站要迅速做好测验准备。由于该站7—8月为汛期大洪水发生频繁时间段，因此对7—8月要特别集中进行测次布置。

武胜站汛期来沙量主要集中在7—9月，偶发生在10月，因此含沙量测次布置主要集中在7—9月，适当布置在10月。并且，根据武胜站沙峰变化过程基本与洪水起止同步，较大沙峰涨落时间晚于洪水涨落时间的特性，在沙量测验中，要注意与洪水涨落过程同步测验，密切关注沙情变化。

6.2.2.4 巡测路线分析

巡测路线可以分为辐射式巡测、次第式巡测和结合式巡测。

辐射式巡测一般指当巡测区域各站同时发生较大洪峰或较大沙峰过程，需要几个巡测小组同时对巡测区域中的各站进行水文测验时，几个巡测小组从某一中心(通常为巡测基地)出发，分别通向各巡测站点进行水文测验的路线方法。

次第式巡测一般是指巡测区内各站点洪峰过程或沙峰过程按时间顺序逐站出现，巡测小组按各站洪峰或沙峰出现时间的先后顺序依次对各巡测站进行水文测验，且能较好地控制各站来水来沙过程转折变化。次第式巡测的路线方法通常是巡测小组从最上游（最先发生洪水）站点出发，沿河而下测至最下游站点的串联式路线方法。

结合式巡测是指巡测区域河流丰富，洪峰、沙峰出现时间只在部分区域一致时，需要辐射式巡测和次第式巡测相结合的路线方法。

巡测路线还应根据各测站的巡测时机、上下游洪水的传播时间以及各测站交通条件、人力资源配置、技术装备条件等，在保证水文测验成果质量的同时，以经济效益优先为原则综合确定。以嘉陵江合川分局巡测基地及其辖区内巡测站点进行巡测路线规划作为示例展示。

1. 巡测区情况

合川分局管辖范围内有4个国家基本水文站，为嘉陵江干流及其支流的控制站点，分别为：嘉陵江武胜站和北碚站，北碚站为嘉陵江出口控制站；嘉陵江左岸一级支流渠江出口控制站罗渡溪站；嘉陵江右岸支流涪江出口控制站小河坝站。其中，渠江和涪江均在重庆市合川区汇入嘉陵江。合川分局巡测基地所在地合川城区为涪江、渠江与嘉陵江交汇处，且由于三江在交汇处呈扇形分布，从地理位置上讲，合川分局巡测基地基本处于四个基本站相连的中心。合川分局巡测基地与4个国家基本水文站构成的巡测区分布如图6.2-1所示。

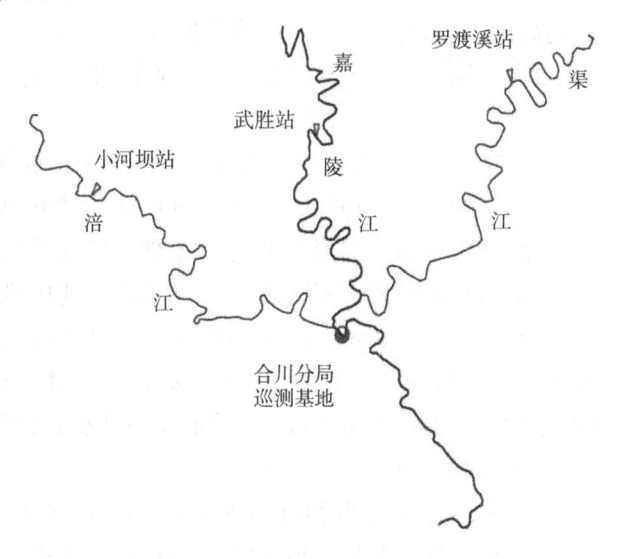

图 6.2-1 合川分局巡测区分布图

2. 洪水传播时间

巡测区域内，武胜、罗渡溪或小河坝中任何一个站发生洪水时，处于最下游的北碚站均会出现洪水。根据各站洪峰场次与持续时间分析，将三江各站所遇典型年最高洪水峰顶水位到北碚站的传播时间，作为各站到北碚站的最快传播时间。罗渡溪站2007年遇超历史洪水时，最快传播时间为6.30 h，其余站传播时间均晚于此时间，其结果如表6.2-1所示。

表 6.2-1　北碚上游三江各控制站到北碚站洪水最快传播时间统计

站名	年份	最高水位时间	洪水特性	到北碚站时间	传播时间(h)
武胜	1981年	7月16日2时	特大洪水	7月16日14时	12
罗渡溪	2007年	7月7日18时	超历史洪水	7月8日0时30分	6.5
小河坝	1981年	7月15日2时	特大洪水	7月16日14时	36
小河坝	2018年	7月12日14时20分	迁站后最大洪水	7月13日15时38分	28

3. 路线规划

根据对武胜、北碚、罗渡溪、小河坝站的水沙特性分析，初步确定各站的巡测时机，根据流域来水来沙及多种水沙情况组合，结合各站地理位置分布以及各站附近的交通条件，合川分局巡测区巡测路线规划如下。

（1）时段巡测选定为枯季全程或汛期涪江、渠江、嘉陵江未涨水时，可配备巡测车，按次第式巡测路线，从合川分局巡测基地出发依次至罗渡溪站、武胜站、小河坝站、北碚站，最后返回合川分局巡测基地。合川分局巡测基地—罗渡溪站由于客运班次较少，不适宜乘坐公共客运车进行巡测，尽可能安排巡测车自驾前往，有3种出行线路，时长范围在70 min～2.5 h；罗渡溪站—武胜站主要依靠巡测车前往，最快捷路线按县道行驶历时约50 min;武胜站—小河坝站主要依靠巡测车前往,最快捷路线按县道行驶历时约90 min;小河坝站—北碚站部分高速部分县道,最快捷路线按县道行驶历时约60 min。

当车辆充足时,可按辐射式巡测路线分别至各站,早上出发,依据到各站的交通条件,走高速路或县道,从巡测基地到各站的路途时间均1 h左右,各巡测组路线全程2天内能返回巡测基地,车辆充足情况下,人员可调配。

(2)汛期涪江、嘉陵江涨水时,利用巡测车将各巡测组人员送往各站。根据交通条件及洪水起涨先后和涪江、嘉陵江涨落水传播时间,考虑三种巡测路线方式。

第一,嘉陵江干流先涨水时,巡测路线按次第式巡测路线,从巡测基地出发依次至武胜站、小河坝站、北碚站。

第二,涪江先涨水时,巡测路线按次第式巡测路线,巡测基地—小河坝站—武胜站—北碚站,此行全程路途时间均等,有充裕时间检查设备,留守驻测。

第三,巡测人员可以通过多部巡测车、租车、赶车等方式,按辐射式巡测路线直接前往各巡测站后实行驻测。

(3)汛期渠江涨水时,巡测主要利用巡测车将各巡测组人员送往各站。根据渠江涨落水传播时间,渠江罗渡溪站洪水传播时间到北碚站按6 h控制,考虑两种巡测路线方式。

第一,按次第式巡测路线,巡测基地—罗渡溪站—北碚站。

第二,按辐射式巡测路线,分2个小组分别从巡测基地至罗渡溪站和北碚站。

(4)当武胜、罗渡溪或小河坝中任何一个站发生洪水时,处于最下游的北碚站均会出现洪水,分布在扇形水系的各测站发生洪水的情况有多种组合,最不利的一种就是各站同时发生洪水。当涪江、渠江、嘉陵江同时涨水时,通过上游局水情分中心预报洪水的起涨时间安排先行路线,并要根据起涨时间间距安排路线,考虑四种路线方式。

① 三江涨水相邻时间相近时,分3个小组按结合式(巡测路线从巡测基地—罗渡溪站、巡测基地—武胜站—北碚站、巡测基地—小河坝站)进行水文测验。

② 若罗渡溪站先起涨,小河坝站其次,武胜站最后起涨,可以利用传播时间采用次第式巡测路线:巡测基地—罗渡溪站—小河坝站—武胜站—北碚站。

③ 若小河坝站先起涨时,武胜站其次,罗渡溪站最后起涨,利用传播时间,采用次第式巡测路线:巡测基地—小河坝站—武胜站—罗渡溪站—北碚站。到北碚站还可直接由巡测基地至北碚站。

④ 若武胜站先起涨,罗渡溪站其次,小河坝站最后起涨,利用传播时间,采用次第式巡测路线:巡测基地—武胜站—罗渡溪站—小河坝站—北碚站。到北碚站还可直接从巡测基地至北碚站,到小河坝站可直接从巡测基地至小河坝站。

6.2.2.5 巡测资源配置

根据巡测区的工作条件及工作内容,配备巡测交通工具、仪器设备和工作人员。

(1)人力资源配置

根据各站的巡测时机和巡测方式,对各巡测小组进行人员配置。人员配置要根据完成的任务内容、各巡测站的基础设施设备条件、巡测的方式方法等,从年龄结构、性别组成、专业技术能力等方面合理搭配,统筹安排。

为了保证巡测质量,各巡测小组人员配备要保证充足,重点考虑所辖各站均出现洪水时的人力资源配置,以保证各站水文资料收集的质量。巡测小组要做到分工明确,设置巡测组组长、主测人员、一般人员、内业人员等多种岗位,岗位职责清楚,责任到人。

(2)技术装备配置

针对巡测区各站的水文测验要素、水沙特性、巡测方式方法,结合工作需求按照现行的国家或行业标准按需配置,从数量上以满足工作需要为原则,同一巡测路线上的装备可考虑多站共用。水沙巡测仪器设备主要包括水位仪器设备、流量仪器设备、泥沙仪器设备、数据采集处理设备、通信设备、导航定位设备、水文调查装备、工装装备、安全应急保障装备等。

随着时代的发展和信息技术的提升,水文巡测工作的开展需要打破传统的水文测验手段,更加依赖于成熟可靠的新技术、新仪器。能够实现在线监测的设备设施,是能够较好开展巡测工作的重要保障。现今自记水位设备已相当成熟,接触式或非接触式的自记水位设备已运用得非常广泛,水位的观测早已实现了全年巡测。各站应根据其水沙特性,选择适合的流量、泥沙在线监测设备,以提高巡测工作效率。

(3) 交通工具配置

根据对测站巡测路线分析,能够较好地开展巡测工作要以测站良好的交通条件作为基础,乘坐公共交通的路线方案大多费时费力,可控性相对较差。随着时代的进步,大多数巡测区交通条件均较好,都修建有高速公路或省级、县级道路,驾驶巡测车进行巡测成为巡测路线中最方便的方案。

巡测车的配置应根据辖区内各测站的交通条件、各测站采用的巡测方式进行配置,如在山区,宜配置较大马力的越野车,能适应崎岖、陡峭、风沙多灰尘、暴雨泥泞等环境下路面的长期行驶,以保证在汛期内出现各种不利情况下均能开展巡测工作。巡测车内应有较大空间,方便装载必需的巡测设备。

部分巡测区还应配备巡测船,巡测船应能满足安全工作和生活条件的需要。

6.2.2.6 实施方案的合理性分析

水文巡测实施方案的合理性分析包括巡测站选取的合理性,各站水文测验方案的合理性。知道测站洪水及沙峰持续时间,结合测站分布及交通条件,可以判别巡测时间及巡测时机选取的合理性、巡测路线的可行性。同时结合人力资源、仪器设备资源和技术方案分析水文巡测实施方案的可操作性。可能的情况下,对水文巡测实施方案的经济效益进行测算,保证所制订的水文巡测实施方案为最优方案。

以上游局合川分局巡测区为例,简要说明巡测方案的合理性分析。

1. 巡测站选取的合理性

合川分局管辖范围内的 4 个国家基本水文站以合川分局巡测基地为中心,分布于巡测基地四周。巡测基地到各站交通便利,一般 1～1.5 h 内就可到达,而且巡测基地到各站有多条交通路线,站与站之间也能相互通达,一般 1～2 h 内就可以到达,交通相对便利,能按水情变化及时施测流量,流量试验可实行巡测。

4 个水文站在仪器自记遥测设备方面,配备有多套自记水位仪器。经过多年运行,自记水位数据能正常用于生产,水位已实现全年巡测。

根据这些情况,这些巡测站实现汛期驻巡结合、枯季巡测是合理的。

2. 巡测时间选取的合理性

根据各测站的水文测验任务书,根据各站的水流特性分析、洪水特性分析、时段的水雨情分析,各巡测站选取的巡测时间是合理的,技术保障、物力设备保障、道路交通保障等各方面都能够满足巡测要求。

3. 巡测方案可操作性强

(1) 交通便利是巡测可操作的基础

基地到站交通便利,时间短,能在各巡测站出现特殊水情时,抢占测验时间,收集水文资料。

(2) 各站洪水特性是巡测可操作的前提

根据各站洪水特性分析,各站所在河流属干支流关系,水沙特征有紧密联系,各站出现洪水期每年集中在汛期 5—10 月,尤其是 6—9 月,由于规律显著,可以充分利用各站洪水特性,实现全年水流沙控制。

(3) 巡测人力资源、仪器设备配置完善

合川分局巡测基地结合实际,通过成立巡测领导机构,制定了详细的巡测管理措施,合理进行人力资源分配,严格按照人员分工,进行巡测配置,严格岗位管理。在常规测验设备配置齐全的同时,北碚站、小河坝站已安装新仪器,基本实现了在线流量测验,做到了巡测体系完整,管理到位,装备充分,有效保障了巡测落实。

(4) 巡测技术保证措施到位

通过巡测规范,严格按照质量管理体系,规范化水文测验、校核。从水文巡测技术上保证水文测验产品成果质量。在业务上,加强巡测职工学习力度,加强新仪器、新设备应用力度,加强培训,全面提高了巡测职工的业务能力与知识水平,充分提高了巡测的技术含量。

6.2.3 巡测组织管理

为了保证辖区内各水文站巡测工作的正常开展,必须有一定的保障措施予以保驾护航。

6.2.3.1 成立巡测技术管理小组

巡测技术管理小组一般由巡测基地领导及各巡测组的组长构成,全面负责巡测基地巡测的实施情况监督和日常管理,执行实施方案及实施细则的相关内容;为巡测站提供相关的技术支持;搞好巡测基地巡测工作的总结及下年度工作的计划,逐步实施巡测方案。

巡测技术管理小组根据本辖区测站的情况,充分整合本单位的技术力量,对各巡测组进行巡测车及仪器设备的配置,分析确定成立巡测组的个数及人员组成、工作职责及工作范围。

在实施水文巡测阶段,巡测技术管理小组应及时掌握辖区各测站气象、水文部门的预测预报信息,主要包括江河洪水预警、渍涝灾害预警、山洪灾害预警等信息,以保证辖区水文测站巡测工作的实施。

6.2.3.2 明确岗位职责

按照分工情况,分别明确巡测组组长、巡测主测、一般巡测人员、巡测内业人员的职责,做到责任到人,任务清楚,职责分明。

巡测组组长职责:实行组长负责制。认真贯彻巡测技术管理小组的指示决议,确保政令畅通;组织领导属站生产,严格执行任务书、规范和技术规定,严格把好成果质量关,搞好劳动组合分工,定期检查总结,不断提高管理水平;按任务书、规范和技术规定,组织抓好本站基本设施和仪器测具检查维护,切实抓好测站测洪方案的落实,确保特大洪水时,能"顶得住、测得到、测得准、报得出"。根据巡测组的生产情况,抓好巡测组安全生产、火灾事故的各种防范工作;抓好巡测组职工政治、业务学习,提高职工的思想水平和业务技能;听取职工意见,改进工作作风,认真搞好职工的考绩档案,及时上报任务完成情况;完成上级临时交办的任务。

巡测外业人员职责:服从分配,互相配合,确保质量,注重安全;熟悉各类机械、电机、仪器的结构和性能,掌握使用方法和一般维修知识,严格遵守操作规程;操纵人员应做好测前、测中、测后的检查养护,保证设备仪器运转正常,使各种仪器设备随时处于完好状态;记录人员及时进行现场分析,发现问题立即提出重测,做到规范合理,字迹工整,严禁"三改";不迟到、不漏班,有事请假,以公事为重,洪水就是命令,在任何情况下都能做到"顶得住、测得到、测得准、报得出";在洪水面前要胆大心细,熟练操作,在保证精度的前提下,尽可能缩短测验历时;遇紧急情况时,要做到不慌不乱,冷静处理,保证国家财产和人身安全;做到分工不分家,团结协作,主动关心本站工作;完成上级临时交办的任务。

巡测内业人员职责:服从分配,互相配合,确保质量,注重安全;认真学习业务知识,熟练掌握技术规定、规范和标准;及时做好资料一制二校三道工序,严格把好审核关;按照要求做好在站资料整编工作,考证清楚、方法正确、图表齐全、准确无误、整洁美观,做好资料的保管保密工作,不得丢失、损坏,放置有序;做到分工不分家,团结协作,主动关心本站工作;完成上级临时交办的任务。

6.2.3.3 准备工作

(1)思想准备:加强宣传,增强巡测基地职工预防洪水灾害和自我保护的意识,做好防大汛抗高洪的思想准备。

(2)组织准备:落实防汛测报责任人,加强防汛抢险先锋队和应急先锋队建设。

(3)站组准备:巡测组根据测洪方案,加强学习,随时准备防大汛测高洪。

(4)设备准备:设备管理员做好巡测基地仪器的备品备件工作,在高洪测验时有充足的仪器保障。

(5) 物资准备:储备充足的抢险救灾物资。

(6) 通信准备:充分利用社会通信公网和防汛专网,确保雨情、水情、工情、灾情等信息及指挥调度指令畅通。

6.2.3.4 应急保障

(1) 通信与信息保障

一般地,巡测各站所属通信运营部门能够保障防汛抗旱信息畅通,特急洪水暴雨灾害信息优先、快捷、准确传递,电信服务提供商可以保证防汛通信网络畅通,巡测技术管理小组应保证防汛信息及时收集和传输,利用通信公网及广播电视等媒体保证防汛信息的及时发布。

(2) 应急支援与装备保障

巡测基地建立由防汛责任人、组长及防汛抢险人员组成的应急抢险组织,一旦出现险情,迅速赶赴现场实施抢险。常规抢险机械、抗旱设备、测洪设备、物资和救生器材,应能满足抢险救灾及高洪测验的急需。

(3) 供电保障

加强与供电公司联络,提前做好各项准备工作,协调安排抗洪抢险方面的供电,以及应急救援现场的临时供电。巡测组在必要的时候,使用自己携带的发电机发电,确保高洪测验正常进行。

(4) 交通运输保障

车船管理组在防汛抗旱期间特别是抗洪紧张阶段,应保证车辆、船舶待命,随时出测。

(5) 医疗保障

依靠地方医院做好疾病防治的业务技术指导、防疫消毒、抢救伤员等工作。

(6) 治安保障

巡测基地及各站、巡测组治保员,积极与地方公安局联系,保障治安管理工作,依法严厉打击破坏防汛救灾设施安全、盗窃防汛物资设备等违法行为,做好防汛抢险等安全保卫工作。

(7) 技术保障

巡测技术管理小组负责防汛测报的技术保障工作,保证辖区内各站巡测任务的高质量完成。

6.2.4 巡测资料整编

6.2.4.1 整编方法

由于实行巡测的站多为流量、输沙率能够实行间测、停测或检测的站点,其水沙巡测资料整编方法根据不同情况的测验方式采用不同的方法,具体的整编计算过程按《水文资料整编规范》(SL/T 247—2020)进行。

(1) 有自记水位的测站,主要采用自记水位资料整编。长江上游山区河道水位变化通常比较急剧,特别是受水利工程严重的站,水位数据多呈锯齿状,必要时应对水位原始数据进行中线拟合后再进行摘录,但摘录后的水位与原始水位计算的日平均值宜在±2 cm 误差内。

(2) 实行间测的站点,停多年测1年的停测年份,可采用历年综合水位流量关系进行推流;停1年测1年的停测年份,可采用前一年的水位流量关系曲线推流。

(3) 实行检测的站或本年度实测测次数量不满足定线要求的站点,可采用3~5年的全部实测点进行滑动定线。

(4) 流量实现在线监测的站,可采用连实测流量过程线法进行整编。

(5) 输沙率间测的站,间测期间只测单沙,可采用历年单断沙综合关系线进行整编。

(6) 泥沙实现在线监测的站,可采用断沙过程线法进行整编。

6.2.4.2 整编精度

巡测站的整编精度按照水文站设站目的、水文站的精度类别、测验方法、整编方法等控制。

(1) 流量整编精度控制

基本站为单一关系时,定线推流精度控制见表 6.2-2。采用声学多普勒剖面流速仪法测流的定线允许随机不确定度可增加 2%,浮标法可增大 2%～4%,比降面积法可增大 3%～5%。专用站单一线法定线系统误差的绝对值在三类精度基本站基础上增加 1%,单值化法定线系统误差绝对值≤4%。

表 6.2-2 基本站单一关系整编精度控制

测站精度类别	随机不确定度(%) 水位级 中水	随机不确定度(%) 水位级 高水	系统误差	定线推流方法
一类精度水文站	12.0	10.0	≤1%	单一线法
二类精度水文站	14.0	12.0	≤2%	单一线法
三类精度水文站	15.0	13.0	≤2%	单一线法
一类精度水文站	14.0	12.0	≤2%	单值化法
二类精度水文站	16.0	14.0	≤3%	单值化法
三类精度水文站	19.0	17.0	≤3%	单值化法

基本站非全年为单一关系,只在一段时期内或受同一影响因素的关系点呈单一关系时,可分成多条单一线进行定线推流,定线误差满足表 6.2-2 中要求或各种时段径流总量满足表 6.2-3 中要求,即认为精度控制较好。

表 6.2-3 基本站非单一关系整编精度控制

测站精度类别	允许相对误差(%) 年径流总量	允许相对误差(%) 汛期总量	允许相对误差(%) 一次洪水总量
一类精度水文站	2.0	2.5	3.0
二类精度水文站	3.0	3.5	6.0
三类精度水文站	5.0	6.0	8.0

(2) 含沙量整编精度控制

采用单断沙关系曲线法、流量输沙率关系法的站,其定线允许误差控制见表 6.2-4。采用其他整编方法的站,系统误差可增大 2%。

表 6.2-4 悬移质泥沙关系曲线整编精度控制

测站精度类别	随机不确定度(%) 沙量级 中、高沙	随机不确定度(%) 沙量级 低沙	系统误差	定线推流方法
一类精度水文站	20.0	24.0	≤2%	单断沙关系曲线法、流量输沙率关系法
二类精度水文站	22.0	27.0	≤3%	单断沙关系曲线法、流量输沙率关系法
三类精度水文站	30.0	32.0	≤3%	单断沙关系曲线法、流量输沙率关系法

6.3 水沙测验产品过程控制

6.3.1 质量管理体系引用

长期以来,水文部门十分重视成果的质量控制,形成了一系列的技术标准和规程规范,也积累了丰富的质量管理经验,其思想基础与最终的目标都与 ISO 现代质量管理理念一致。比如 ISO 质量管理体系中的"过程方法"和"记录控制"等,实际在水文产品生产过程中得到广泛应用(如水文测验中的"四随"工作);ISO 质量标准强调满足各类顾客不同的需求,与水文发展理念所要求的为经济社会发展提供全面、周到、及时、准确的水文信息服务是一致的。ISO 质量管理在理念、方法上是可以引入水文组织的,其工作原则、运行模式等也可以在水文测验中得到有效实施。

水文质量管理体系的运行是将水文工作纳入质量管理体系模式管理,就是结合实际的水文测验工作,执行既定的质量管理体系策划文件,将各种岗位职责、过程控制方案与管理要求落到实处。建立质量管理体系是水文测验一项重大的、影响全局的、长期的决策。根据前述水文质量管理体系方针和目标的要求,考虑水文组织发展进程中内外部环境不断发生的变化和面临的问题(包括顾客的要求不断变化、法规发生变化、上级的要求提高和组织机构调整等),结合水文产品的特点、顾客的需求和期望,同时考虑水文组织的组织机构和规模,运用"PDCA"过程管理方法,确定建立以过程为基础的水文质量管理体系,详见图6.3-1。

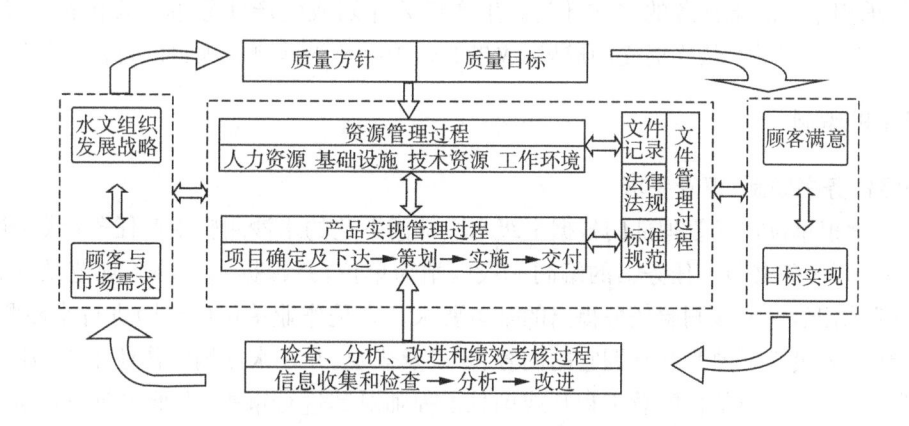

图 6.3-1 水文组织质量管理体系框图

"PDCA"四个阶段即为 P(策划,Planning)、D(实施,Do)、C(检查,Cheek)、A(处置或改进,Action)。

P:策划,是根据顾客要求,对管理职责、方针、目标、资源管理和产品实现等过程进行策划;

D:实施,是指实施策划的过程;

C:检查,是根据产品要求和策划,对各过程和产品进行检查并报告结果;

A:改进,是采取措施持续改进质量管理运行体系。

对于河流水沙测验的过程控制,可以根据水文质量管理体系中的产品生产过程管理来进行,主要包括项目需求确认与任务下达、策划、实施、交付等管理过程。具体见图 6.3-2。

6.3.2 需求确认

水沙测验前,要对水沙测验项目进行需求分析,编制项目申报书。项目申报书可以从项目基本情况、立项依据及项目完成的主要内容、项目实施方案及可行性分析等内容对项目进行详细说明。

项目基本情况主要是介绍水沙测验项目所属类别、项目准备开始执行的年份、项目周期、项目资金的申请渠道等介绍项目的基本情况。

立项依据及项目完成的主要内容主要是介绍水沙测验的必要性及其要完成的主要内容,如国家基本水文测站的水沙测验是为国

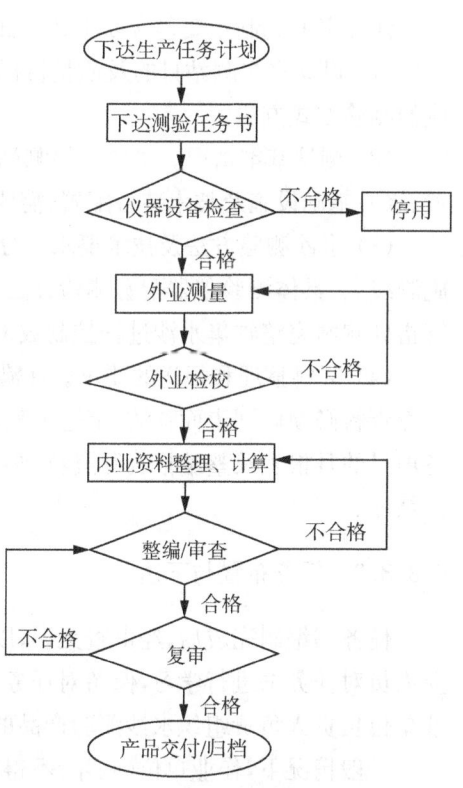

图 6.3-2 水文测站水文测验产品实现过程控制流程图

家收集、积累水文基础资料的需要,是为长江流域经济持续发展提供基础支撑的需要,是为长江防汛抗旱准确、及时采集水文信息的需要,是长江生态保护和修复的需要,是为向社会及时公布水文成果提供保障的需要,等等。需要通过各控制站点进行常规的水沙测验,控制来水来沙过程。

项目实施方案及可行性分析,可以从水沙测验项目建设的必要性和可行性、水沙测验的实施条件、工作内容进度与计划、项目经费预算的可行性等内容进行。

项目申报书编制完成后,报送至上级主管部门评审,评审通过后批准、下达任务。

6.3.3 前期策划

6.3.3.1 计划编制与下达

每年初,由承担水沙测验的上级水文部门负责对生产计划进行编制、审查、批准,并下达生产任务计划或生产任务单给承担水沙测验任务的水文部门。生产任务计划或生产任务单主要包括水沙测验的站点名录及观测内容、工作进度安排、最终提交的成果、成果的归档以及水沙测验项目的责任单位等。

6.3.3.2 任务书的编制

1. 水沙测验任务书编制、审查要求

每年1月前,承担单位技术管理部门根据上级水文部门下达的水沙测验生产任务计划,组织编制水沙测验任务书(以下简称"任务书")。任务书的编制一般以站为单位,是根据水文测验规范及有关技术规定,结合各个测站的实际情况,对水沙测验任务提出的基本要求。它是作业单位(测站)进行水沙测验必须严格遵守的规定,每个作业人员必须熟悉和掌握它的内容、要求及规定,并在水沙测验作业中正确地执行。

任务书编制完成后,承担单位的总工程师或副总工程师对其进行审查,由承担单位负责人、技术分管负责人批准下发。

2. 任务书编制内容

任务书的编制主要包含以下几方面内容:

(1)设立水文测站目的及质量目标。明确测站的设站目的以及质量目标,根据不同的设站目标制定相应的测验方式方法。

(2)测站基本情况。主要介绍测站所在的流域水系河流情况、测站的集水面积、测站精度类别、人员配置、水文基础设施及技术装备配置、需要观测的测验项目等与测站有关的基本信息。

(3)水沙测验方法及技术要求。分项目有针对性地对各测站水位、流量、含沙量的观测时间、频次布置、施测线点、具体测验仪器配套测验方法、相关系数以及泥沙的处理时间、方法等进行具体的确定,以达到能够指导测站完整收集水沙过程控制数据,准确推算日平均值和各种特征值为原则。

(4)资料整理和报送的要求。在满足顾客对水文测验产品资料整理与递送要求的前提下,各项测验与整编资料必须做到表面整洁、字迹工整,无擦改、涂改、套改现象。规定各种原始(含复制)测验记载簿(表)、各项目的月报表及整编报表等资料,必须在规定时间内完成计算、初校、二校及审核各道工序,确保单次成果精度。

6.3.3.3 任务布置与下达

任务书编制完成后,经审查无误,以正式文件形式下达至作业单位。作业单位负责人负责组织各位作业人员对任务书进行学习,保留对任务书的学习记录备查,并将任务书中的任务分解到每一个作业人员,作业单位负责人负责组织水沙测验产品的实现。

一般情况下,作业单位(测站)不得改变水沙测验任务,只有接到水沙测验任务书修订单(以下简称"任务书修订单")后方能调整水沙测验任务。为了确保水沙测验产品精度,水沙测验产品不能低于顾客要求及任务书规定。当水沙要素、工作场所与场地(断面特性)发生明显变化时,应及时分析,并上报上级主管部门。在顾客允许的情况下,作业单位(测站)可采取临时措施进行水沙测验,但必须符合有关规范的要求,确保产品质量。

发生稀遇洪水或异常沙情,不能按任务书的要求进行水文测验时,在顾客允许的情况下,作业单位(测站)可根据实际情况,作适当的调整,千方百计收集资料,保证水文测验的连续。

作业单位(测站)在执行任务书的过程中,如对任务书有疑问或测站测验情况发生了变化时,及时报告上级技术管理部门,由技术管理部门负责解释或修订,并及时补充任务书修订单,并由再上级技术管理部门备案。

6.3.4 测验准备

在明确测验任务后,作业单位负责人组织培训,确保作业人员按照有效版本的法律法规、技术标准等顺利开展工作,确保知晓相关技能。作业单位必须做好水沙测验前的各项准备工作,如:针对各站高洪测验的特殊性,在测验前编制测站高洪应急测验方案,并报上级技术管理部门审查,对方案进行修改,以确保方案可行;对用于水沙测验产品生产的所有基础设施和仪器设备进行检查维护,确保其处于合格准用状态;开展汛前全面检查,以做好测验前准备;等等。

6.3.4.1 高洪应急监测方案

1. 高洪应急监测方案或预案编制目的

高洪应急监测方案或预案是通过科学分析流域历史大洪水特点和规律,总结以往高洪测报工作的经验和不足,针对测区洪水特征和测站特性,编制当遇特殊洪水,采用常规手段无法顺利进行水沙测验时,为了能够顺利收集高洪资料而应采用的非常规水沙测验的方案。测站要高度重视高洪应急监测方案或预案的编制,它有利于对突发洪水或特大洪水作出响应和处置,最大限度地减少突发事件造成的损失,保证特殊水情沙情下基础水沙资料的收集。

2. 高洪应急监测方案编制内容

高洪应急监测方案由作业单位根据测站的基本情况和测区特征特性有针对性编制,应明确高洪测验所需的设备、人力资源、方式方法和技术要求等,主要内容应包含以下几个方面:

(1) 测站基本情况。主要介绍测站水沙特性及受上下游水利工程影响情况、测站所在河段情况、测站人员及仪器设备配置情况等。

(2) 测验方案情况。重点介绍常规水沙测验的具体方案,细化到采用的仪器设备、测验频次、具体的线点,配套介绍测验的组织管理情况、物资准备、安全措施、应急时需要的常用联系人的联系方式等。

(3) 应急测验方案。根据测站多年的水沙特性,归纳分析本站容易出现的紧急情况,设置应急测验的启动条件。针对不同的紧急情况,如超标洪水、洪水涨落异常急剧、漂浮物多、夜间涨水、设备故障以及泥石流、滑坡等,制定相应的水沙测验具体方法和方案。具体的测验方法中要对人员进行细化分工,并落实责任到人。

3. 高洪应急监测方案审查

高洪应急监测方案编制完成后,报上级技术管理部门进行审查。技术管理部门针对测站的不同特性,对高洪应急监测方案中测验方式方法、人员配备、设备辅助的可行性、合理性进行审查并提出修改意见,如:采用浮标法进行流量测验,仪器设备的架设位置是否够高够安全,观测浮标视线是否通视;采用比降面积法,观测人员在高水时是否能安全到达比降上下断面;采用手持式电波流速仪法施测流速时,是否有合适位置进行观测,是否已有相关系数的建立;等等。必要时,技术管理部门审查人员要到现场进行实地查勘,以确保高洪应急监测方案切实可行。

4. 高洪应急监测方案应急演练

作业单位及时组织应急演练的人员队伍,按照高洪应急监测方案进行应急演练。应急演练主要通过模拟发生极端特殊水情,如上游溃坝、泥石流、特大洪水等情况时,常规测验手段已无法开展,需要启动应急监测手段进行水沙要素收集。

演练要精心组织,注重实效,不走过场,全面模拟应急现场。人员配置应按照测站高洪应急监测方案中对应的具体人员安排,有必要时增加1~2名支援人员名额。仪器设备按测站高洪应急监测方案中的配置准备,以检验仪器设备数量和适用性。测验人员要熟悉各应急场景对应的监测方法,才能具备灵活应变的能力。

演练可以根据测站的水情特点多次进行,一方面提高测验人员的配合协调能力,使其适应应急测验的实战氛围,一方面使测验人员熟能生巧,提高应急测验技能水平。通过不断总结经验教训,及时发现问题,修订完善应急测验方案,确保高洪出现时能有效应对,做到测得到、报得出。

6.3.4.2 仪器设备维护

(1) 仪器设备检定维护相关规范

水沙测验基本设备设施应符合"齐全、准确、牢固、清晰、安全"的要求,各项仪器、测具在测验前应做好检查、校正、比测和率定工作,使其处于良好状态,保证测验工作正常进行。水沙测验设施设备的检查、校准、维护要满足设施设备的相关规范技术要求,见表6.3-1。对无相关技术规定的设施设备也应进行检查,检查方法由技术管理部门制定。经批准投产使用的新设备、新仪器等,应按照使用维护说明,由技术管理部门制定检查制度,报上级技术管理部门审批后执行。

表6.3-1 水沙测验仪器设备检定维护部分技术规范

序号	法律法规及标准名称	编号/文号	实施日期
1	转子式流速仪	GB/T 11826—2019	2020-01-01
2	水位测量仪器第1部分:浮子式水位计	GB/T 11828.1—2019	2020-01-01
3	水位测量仪器第2部分:压力式水位计	GB/T 11828.2—2005	2005-08-01
4	流速流量仪器第2部分:声学流速仪	GB/T 11826.2—2012	2013-02-01
5	水深测量仪器第3部分:超声波测深仪	GB/T 27992.3—2016	2017-01-01
6	水位测量仪器第3部分:地下水位计	GB/T 11828.3—2012	2013-02-01
7	水位测量仪器第4部分:超声波水位计	GB/T 11828.4—2011	2012-06-01
8	水位测量仪器第5部分:电子水尺	GB/T 11828.5—2011	2012-06-01
9	水文测验铅鱼	SL 06—2006	2006-07-01
10	悬移质泥沙采样器	SL 07—2006	2006-07-01
11	水文绞车	SL 151—2014	2014-04-20
12	水文基础设施建设及技术装备标准	SL 276—2002	2002-10-01
13	水文测船测验规范	SL 338—2006	2006-07-01
14	流速流量记录仪	SL 340—2006	2006-07-01
15	水位观测平台技术标准	SL 384—2007	2007-10-14
16	水文缆道测验规范	SL 443—2009	2009-06-02
17	水文缆道设计规范	SL 622—2014	2014-12-10
18	水准泡	GB/T 1146—2009	2009-12-01
19	水准仪	GB/T 10156—2009	2009-12-01
20	因瓦条码水准标尺	JJG(测绘)2102—2013	2013-10-01
21	水文仪器安全要求	GB 18523—2001	2002-03-01
22	水文仪器基本环境试验条件及方法	GB/T 9359—2016	2017-01-01
23	水文仪器基本参数及通用技术条件	GB/T 15966—2017	2018-05-01
24	水文仪器术语及符号	GB/T 19677—2005	2005-08-01

续表

序号	法律法规及标准名称	编号/文号	实施日期
25	水文仪器显示与记录	GB/T 19704—2019	2020-01-01
26	水文仪器信号与接口	GB/T 19705—2017	2018-05-01
27	水利水文自动化系统设备检验测试通用技术规范	GB/T 20204—2006	2006-07-01
28	水文仪器及水利水文自动化系统型号命名方法	SL 108—2006	2006-07-01
29	水文数据固态存储装置通用技术条件	SL 149—2013	2013-04-14
30	水文自动测报系统设备 遥测终端机	SL 180—2015	2015-05-02

（2）检查项目与时限

正常情况下，水沙测验仪器设备的检查频次按表6.3-2中的时限进行，出现异常情况时，应适当增加检查次数，并及时处置。检查时应填记检查登记表，并及时归档保存。

表6.3-2 水沙测验仪器设备检查项目与时限

类别	检查项目	检查时限要求
测量设施及测具检查项目	基线检查	新设及逢0、5年份全面检查
	辐射杆定位精度检查	每年一次（新设、汛前）
	六分仪杆定位精度检查	每年一次（新设、汛前）
	普通水准仪检验校正	每年一次（启用前、汛前）
	电子水准仪检查	每年一次（启用前、汛前）
	普通水准尺检查	每年一次（启用前、汛前）
	经纬仪检验校正	每年一次（启用前、汛前）
	六分仪检查校正	每年一次（启用前、汛前）
	全站仪检验校正	每年一次（启用前、汛前）
水位观测设施及仪器检查项目	水位观测平台及浮子式水位仪检查	观测平台：汛前
		水位仪：每年一次（更新设备后、汛前）
	气泡压力式水位自记仪检查	每年一次（更新设备后、汛前）
流量测验设施设备检查项目	秒表检查	汛前一次，每使用20次检查一次
	转子式流速仪检查	每年一次（启用前、汛前）
	测深计数器率定记载表	汛前、更新后
	测距计数器率定记载表	汛前、更新后
	测深计数器比测检查登记表	更新后、汛前、汛中
	测距计数器比测检查登记表	更新后、汛前、汛中
	测速计时计数器比测检查	更新后、汛前、汛中
	回声测深仪检查	每年一次（启用前、汛前）
	声学多普勒流速仪检查	每年一次（启用前、汛前）
	GNSS检查	每年一次（启用前、汛前）
	主索垂度测量	每年一次（更新后、汛前）
	支架检查、测量	每年一次（更新后、汛前）
	水文缆道设备检查	每年一次（更新后、汛前）

续表

类别	检查项目	检查时限要求
泥沙测验设备及仪器检查项目	横式采样器检查	启用前、汛前、汛中
	瓶式采样器检查	启用前、汛前、汛中
	调压式采样器检查	启用前、汛前、汛中
	床沙采样器检查	启用前、汛前、汛中
	沙质推移质采样器检查	启用前、汛前、汛中
	卵石推移质采样器检查	启用前、汛前、汛中
	现场激光测沙仪检查	启用前、汛前、汛中
	机械天平检查	每年一次(启用前、汛前)
	电子天平检查	每年一次(启用前、汛前)
	恒温干燥箱检查	每年一次(启用前、汛前)
	全自动筛分仪检查	每年一次(启用前、汛前)
	分析筛检查	每年一次(启用前、汛前)
	激光粒度分布仪检查	启用前、汛前、每5 000点应作检查
	颗分其他内容检查	汛前

(3) 张贴状态标志

作业单位在测验前做好水沙测验的基础设施及技术装备的检查、校准、维护和保养工作,并为仪器设备张贴状态标志,对已检定完毕准备可用的设备张贴"合格"或"准用"的标志,对检查校准后发现有问题暂不能使用的仪器设备立即停用或暂不使用,并张贴"停用"或"暂停使用"的标志,避免在测验过程中误用。

6.3.4.3 汛前检查

汛前,承担单位应对各作业单位汛前准备情况进行全面检查,上级主管部门进行抽查,确认其测验能力和有关措施得到保障。对检查发现的问题,责任单位按要求采取措施整改。汛前检查的主要内容包括测验管理、测验项目、缆道设施、测验船舶、实际操作等几个方面。

(1) 测验管理

主要检查任务书、高洪应急监测方案(预案)等修编和学习情况;人员、设备配备是否满足高洪测验需要;设施设备是否按照相关规定进行检校登记、状态标志张贴、归置仓库管理、台账建设;等等。

(2) 测验项目

检查水准点及水尺的设置、更新、维护、校测情况;水位自记设施设备的维护、保养和人工比校情况;流速仪、ADCP、泥沙采样器等流量泥沙测验设备的检定、比测、维护、保养情况以及备品备件准备情况;等等。

(3) 缆道设施

检查塔架、拉线、锚碇及主索、循环索、滑轮、行车等的检查、维护、保养和更新情况;操作、控制、启动系统及照明设备工作状况;起点距率定与主索垂度测量情况;用电及防雷安全措施落实情况;等等。

(4) 测验船舶

检查水文船舶船体除锈打漆保养情况;船舶信号(声号、灯光、探照灯)、高频、AIS系统等助航设备工作状况;航行日志、值班日志、轮机日志填写是否规范;船舶证书、船员适任证书是否齐全有效以及船舶安全配员是否符合航行规定;船舶航行、停泊值班制度和应急预案以及应急部署表的制定和执行情况;测船锚机、三绞、钢丝绳、ADCP支架的检查、维护、保养情况;船舶用电和燃气安全情况,消防设施设备配备、保管情况;等等。

(5) 实际操作

检查水沙测验操作规范性;任务书、高洪应急监测方案的演练或执行情况;水沙测验软件的版本是否正确,配置文件是否更新;等等。

6.3.5 测验实施与过程控制

6.3.5.1 外业测验实施

(1) 外业测验力求规范

作业人员在测验过程中应按规程规范、任务书等要求进行测验。外业测验各项操作应按技术管理部门制定的各项操作规程进行,操作过程务必规范有序。测验过程中,作业人员应做到"四随",即随测、随记、随算、随分析,发现问题必须现场复测并做好原始记录。

当发现设施、技术装备不正常或不符合要求时,应立即停止使用或维修;对可能受影响的测验资料进行有效性评价(追溯)和记录,并对该设施、技术装备和受影响的产品采取适当措施。

(2) 原始资料记载整理要求

原始资料的记载必须坚持现场随测随记,不得事后追记,以保证数据的原始性。原始记录要求字迹工整、规范、清晰、真实、准确完整、齐全,并采用硬质铅笔记载。观测数字记载一次应就地复测一次,记载错误应将原记录数字划去,再在原记录值上方记入更正数字,严禁擦改、套改、涂改或字上改字。

原始资料应及时进行整理并妥善保存,作业单位要制定防止原始资料损坏、丢失的责任措施。

6.3.5.2 过程检查

(1) 自检

每次外业测验结束后,作业人员应立即完成原始测验资料整理的三道自检工序,即记录(计算)、一校和二校,并做好合理性检查和分析。一校、二校应为不同人。自检工序特别重视时效性,要求在测验结束后立即完成,若发现异常,就可抓紧时间及时进行重测。

(2) 互检

互检为作业单位内部开展的交互检查。作业单位主要指测站和其所属分局。互检由分局组织,在每个测站选定1~2名技术人员作为分局级检查人员按测站与测站交叉检查的方式进行,一般一个月开展一次。互检要求对测站进行全覆盖,除对原始资料进行检查外,对每月整编成果的时效性、数据录入情况以及成果合理性进行检查,填写水文测验产品检查记录表,并将发现的问题反馈至资料整理整编人员。资料整理整编人员于每月16日前完成问题整改,并将有整改痕迹的错情记录表交由分局的技术管理部门验证,验证完毕签字后于18日前将错情记录表交由上一级(勘测局)技术管理部门备案。

(3) 抽检

勘测局级技术管理部门和其上级水文监测管理部门组织有关技术骨干定期和不定期到作业现场进行检查,抽审现场测验情况、收集的原始资料成果和整编成果。

抽检工作可以安排在汛前、汛中或每月抽检。汛前的检查工作按6.3.4.2节中要求主要对汛前准备工作进行,形成汛前检查整改责任清单。汛中抽检主要由局级技术管理部门的技术骨干到测验现场,对仪器设施设备的运行情况、技术问题的处理方式以及收集的原始资料等进行抽查,并形成汛中检查成果质量通报。

每月抽检由局级技术管理部门技术骨干对测站原始资料和按月整编成果进行抽查,抽审的水文站数量比例不少于25%、水位站数量比例不少于20%。抽审工作应于每月20日前完成,存在问题填写水沙测验产品检查记录表并反馈给分局技术管理部门。分局技术管理部门督促测站整编人员于25日前完成整改,并将有整改痕迹的水沙测验产品检查记录表反馈给局级技术管理部门。局级技术管理部门于31日前完成整改验证。

6.3.6 成果校审及交付

当完成任务书规定的测验任务后,作业单位按规范要求,对水沙测验资料进行整编,并对成果进行合理性检查与分析。对不合格的测点或测次按技术要求予以批判舍弃,并按相关技术规定初步评定测验成果等级。

6.3.6.1 水沙资料整编工作流程

水沙资料从原始观测成果到整编成果应经过初制、校对、审查、复审(表检)4道工序。初制按月、按年度进行;审查、复审分时段进行。

由测站按月、年完成对整编成果的初步编制;初制完成后由分局组织对整编成果进行校对检查,可对应根据初制的时间按月、年进行;校对检查后由勘测局组织对整编成果进行全面审查,每年至少安排2次审查,一般在汛后10—11月一次,12月或次年1月一次;复审(表检)为对整编成果的再次全面交叉审查,由省、自治区、直辖市水行政主管部门和流域管理机构直属水文机构组织完成,一般安排在次年1月。

6.3.6.2 水沙资料整编工作内容

水沙资料整编成果的编制按照《水文资料整编规范》(SL/T 247—2020)要求进行。主要内容为:对原始水沙测验资料的审查;确定定线推流方法;数据整理及图表编制;编制整编成果中要求的表项;进行单站合理性检查,并对单站资料质量进行评定。

审查阶段主要有:对原始水沙资料进行抽审;对整编成果表格、数据、整编方法等进行全面检查;进行单站、上下游站的合理性对照分析;对勘测局管辖站点的水沙成果进行质量评定;编制测站一览表等情况说明。

复审阶段采用全面审查与表面检查结合或全部表面检查的方式对全流域的水沙成果进行审查,主要采用交叉互审的方式进行。主要包括:抽查不少于10%的测站,对其水沙原始测验资料进行全面检查;抽查不少于10%的测站,对其定线方法、数据整理加工以及整编成果表进行全面检查,其他站可进行整编成果的表面检查;进行复审范围内的综合合理性检查;评定整编及审查成果质量。复审中发现不能返工的不合格产品时,按照相关规定要求,将其成果质量评定为不合格,纳入作业单位的绩效考核。

6.3.6.3 成果归档与提交

复审完成后,水沙测验产品达到规范规定的质量标准的,整编单位填写水沙测验成果清单,向复审单位提交纸质格式和电子格式的原始数据和整编成果数据。

同时,整编单位和复审单位都要做好水文测验产品原始数据和整编成果数据的存储和归档。电子格式的整编成果存储按照《水文数据库表结构及标识符》(SL/T 324—2019)中要求入库存储,并做好定期备份。纸质格式的原始测验数据和整编成果按要求装订成册后,提交档案部门归档存储。

6.3.7 持续改进

按照对应的质量目标,技术管理部门对全年水沙测验以及资料的整理整编进行必要的总结分析,分析质量控制的成效、水沙测验产品的质量状况及其变化趋势,总结水沙测验方法等过程控制的优劣以及上级部门的评价意见,形成水沙测验年度总结。

通过对年度工作的总结分析,找出存在的和潜在的问题及原因,以编制成果质量通报的方式对各测站存在的问题进行通报。测站结合自身实际情况,制定相应的整改措施,并督促在规定时间内完成整改。

同时,采取一定的奖惩手段,制定相关制度,如成果质量奖惩管理办法,对做得好的进行奖励,对完成差的进行惩罚,实现持续改进和创新。

6.4 水沙资料审查技术

6.4.1 单站水沙合理性检查

6.4.1.1 单站水位合理性检查

根据水位变化的一般特性以及受洪水顶托、冰塞及冰坝等影响时的特殊性,通常点绘瞬时或逐日水位过程线,检查水位变化是否连续,有无突变现象,峰形变化是否合理,还应检查水位变化趋势是否符合本站各个时期的特性。对于水库及堰闸站,还应检查水位过程的变化与闸门启闭情况是否相应。

上游山区河流水位的变化大多受上游来水影响、下游水体顶托影响或人类活动影响,受冰情影响比较少见。以长江上游干流巫山站为例,介绍单站水位的合理性分析方法。巫山站位于重庆市巫山县巫峡镇滨江路的长江干流,距三峡水库坝址以上126.7km,水位变化受上游来水和三峡水库蓄放水共同影响。

首先分月逐时或逐日检查水位过程线,以巫山站7月瞬时水位过程线为例,如图6.4-1所示,7月瞬时水位变化过程连续,无中断和水位突变的情况。再检查全年水位变化过程趋势,如图6.4-2所示,1—6月份受三峡水库放水影响,水位逐渐消落;6—9月三峡水库坝前水位已降至较低,巫山站水位变化以上游来水为主要影响因素,水位过程呈洪水涨落的峰形,峰形合理;10—12月三峡水库开始蓄水,巫山站水位也逐渐抬升,至12月底水位抬至较高。全年水位变化过程受三峡水库蓄放水影响显著,符合巫山站各时期的变化趋势,巫山站水位过程变化合理。

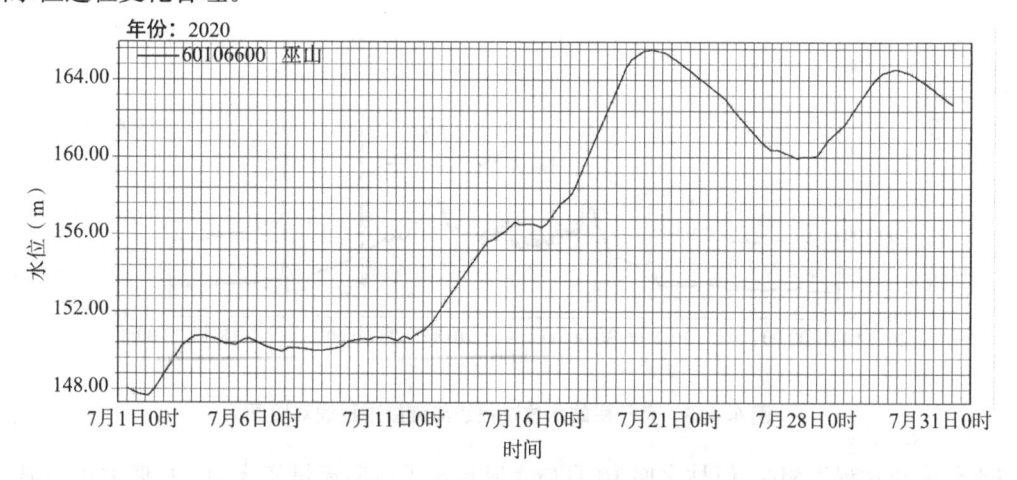

图 6.4-1 巫山站 7 月瞬时水位过程线图

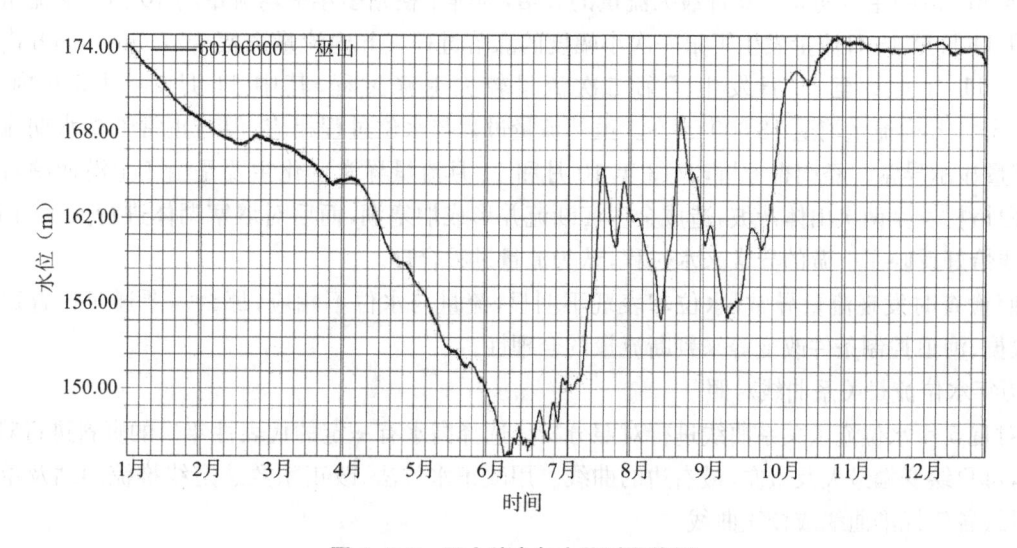

图 6.4-2 巫山站全年水位过程线图

6.4.1.2 流量单站合理性检查

流量单站合理性检查主要是通过对照当年流量与历史流量情况的变化趋势是否一致和对照年内流量与其他水力因素的变化趋势是否一致,判断流量的合理性。主要方法为历年水位流量关系曲线对照、流量与水位过程线对照、降水与径流关系对照。

降水与径流关系对照检查主要适用于中、小河流站,根据站点降水与径流的关系,通过分析径流系数列表、历年各次暴雨径流或年降水径流关系是否发生变化或是否有异常的方式进行检查。上游山区河流采用此方法较少,这里重点介绍流量与水位过程线对照、历年水位流量关系曲线对照法。

奔子栏站位于云南省德钦县奔子栏镇下社村的金沙江干流,断面基本稳定,无明显冲淤变化,也不受变动回水影响,为天然河流站点。以金沙江干流奔子栏站为例,简要说明流量单站合理性的检查。

(1) 流量与水位过程线对照

通过检查流量变化过程是否连续合理,与水位变化过程是否相应,从而判断流量是否合理。若不相应或有异常,找出原因分析流量的合理性。

点绘 2018 年奔子栏站流量过程线与水位过程线进行对照,见图 6.4-3,两种过程线变化连续,趋势一致,峰形相似,峰谷相应。流量过程线上的实测流量点涨落分布均匀,无系统偏离,实测流量点应在水位过程线上,整体较合理。

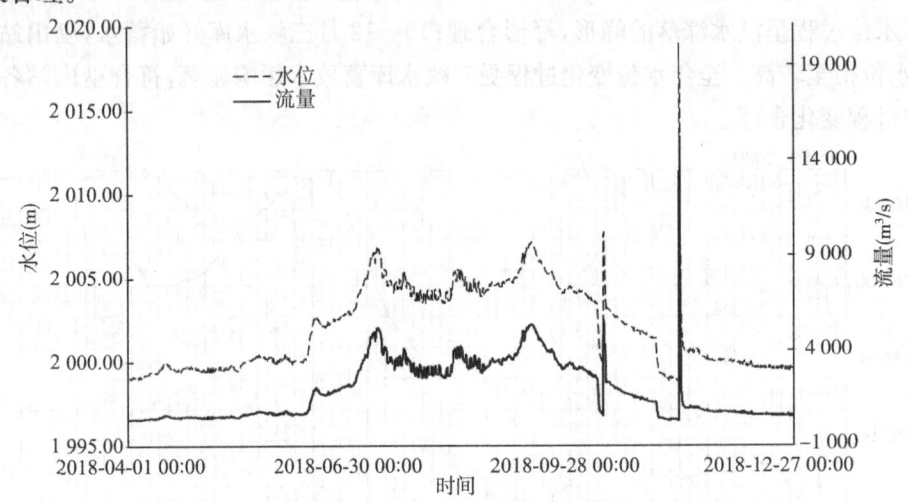

图 6.4-3　奔子栏站水位过程线与流量过程线对照图

流量与水位变化过程虽相应,但枯水期 10 月最大流量比主汛期流量偏大,11 月偏大更明显,11 月最大流量 15 200 m³/s,约主汛期 5—10 月最大流量的 3 倍,为奔子栏站多年平均流量的 10 倍。从流量过程线中看出,10 月 11 日至 15 日流量发生了第一次小幅度的涨落过程,7 h 内流量涨幅 4 770 m³/s,8 h 内流量消退 3 220 m³/s;11 月 4 日至 16 日发生了第二次流量较大退涨过程,其中 11 月 14 日 3 h 内流量涨幅 14 300 m³/s,20 h 内流量消退 13 600 m³/s。虽然流量过程与水位过程相应,但与正常的枯水期流量变化特性不符,流量显示异常。经调查分析,2018 年 10 月和 11 月流量异常变化主要是由于上游西藏自治区江达县波罗乡白格村发生两次山体滑坡,造成金沙江断流并形成堰塞湖,而后对堰塞湖体进行人工引流拆除,而流量过程线恰好反映了上游的异常来水过程,认为流量过程合理。

若对照检查时发现流量异常,水位却表现不明显,流量与水位不相应,那么需要通过检查定线推流方法、水位数据、河道控制条件改变等来判断流量的合理性。

(2) 历年水位流量关系曲线对照

至少对近 5 年水位流量关系曲线进行对照分析。选择高水有一定的代表性年份的资料进行对照。临时曲线的站,可只绘变幅最大及最左、最右边的曲线。用改正水位法、改正系数法定线推流的站及单值化关系曲线,可只绘各年标准曲线或校正曲线。

以上游局奔子栏站为例,分析2020年奔子栏站流量的合理性。点绘奔子栏站2016—2020年水位流量关系曲线,见图6.4-4,除2018年受上游白格堰塞湖溃坝洪水影响,发生极端特殊水情,高水位时控制条件发生变化,水位流量关系为绳套线型外,其余各年均为单一曲线。除2018年发生极端高水位外,其余年份最高水位均在2 007.85 m以下。点绘2016—2020年水位在2 007.85 m以下的水位流量关系,见图6.4-5,奔子栏站2016—2020年2 007.85 m水位以下控制条件较稳定,2020年水位流量关系与其余年份相比年际间摆动较小,变化趋势相似,高水定线及延长走势与其余年份基本一致,较妥当。低水部分变化连续,相邻年份年头年尾衔接误差较小,无明显偏离,流量整体较为合理。

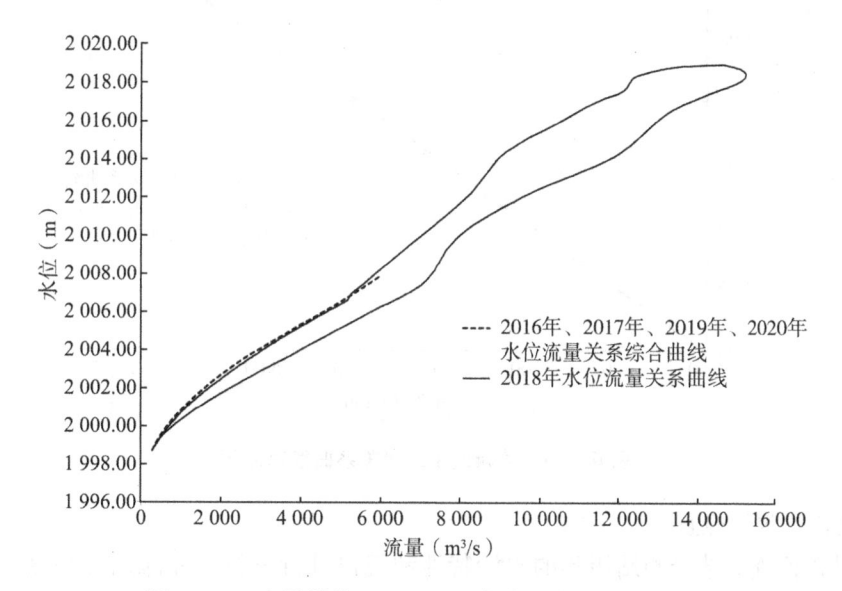

图6.4-4 奔子栏站2016—2020年水位流量关系曲线图

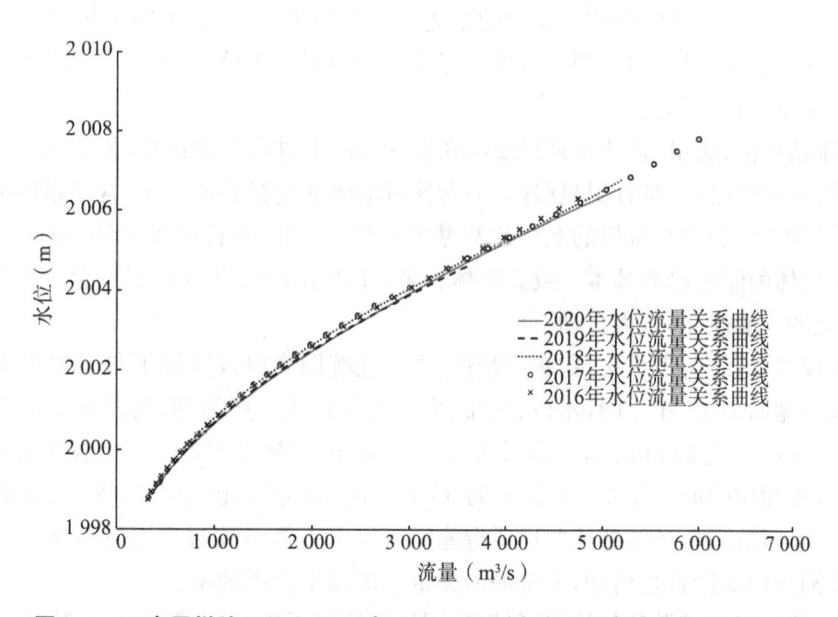

图6.4-5 奔子栏站2016—2020年2 007.85 m水位以下水位流量关系曲线图

6.4.1.3 含沙量单站合理性检查

长江上游山区河流地层结构多以岩石为主,断面冲淤变化较小,单断沙关系多为单一直线,比例系数稳定在1.000 0附近。且测取单沙的位置、方法变动较小,历年来主要采用单断沙关系曲线法推求断沙,方法比较稳定,因此长江上游山区河流含沙量的合理性检查主要采用历年单断沙关系曲线对照和含沙量变化过程对照的方法进行。以上游局寸滩站为例,简要说明以上两种对照检查方法。

(1) 历年单断沙关系曲线的对照

寸滩站位于长江上游干流,测验河段位于长江与嘉陵江汇合口下游约 7.5 km 处,河段较顺直,历年单断沙关系稳定为单一直线。点绘寸滩站单断沙关系曲线对照,见图 6.4-6,各年单断沙关系曲线均为直线关系,且趋势基本一致,年际间变化幅度较小,整体较稳定,单断沙关系合理。

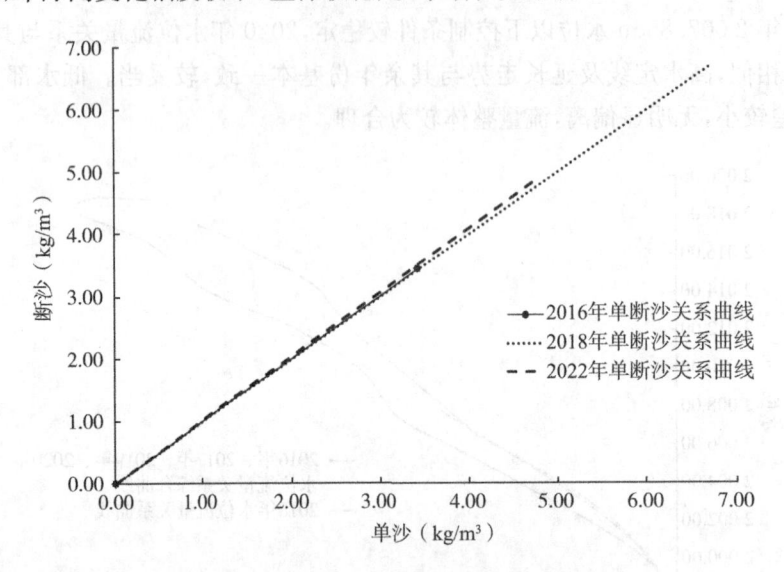

图 6.4-6　寸滩站单断沙关系曲线对照图

(2) 含沙量变化过程的检查

含沙量变化过程检查应结合测站历年的水沙特性和规律进行分析。寸滩站控制嘉陵江和长江的来水来沙情况,需要考虑以嘉陵江来水长江干流来沙、嘉陵江来沙长江干流来水以及下游三峡水库的顶托等多种工况组合。寸滩站历年含沙量的变化与流量的变化有一定的关系,但并不完全相应。主要表现为部分时段含沙量的起涨时间会晚于流量的起涨时间;最大流量不对应最大沙峰,而对应次大沙峰;含沙量的涨落幅度与流量的涨落幅度不一致;等等。

将 2018 年寸滩站水位、流量、含沙量过程线绘在同一张图上进行对照检查,如图 6.4-7 所示。从 9 月中旬至 10 月初过程线中可看出,流量有明显涨落,但含沙量的涨落变幅整体较小,含沙量的涨幅与流量的涨幅虽不一致,但含沙量的变化趋势与流量的变化趋势基本一致。6 月 26 日洪水起涨,对应的含沙量的起涨时间为 6 月 27 日,但整体的涨落趋势基本一致。整体看来,寸滩站 2018 年含沙量变化过程基本符合寸滩站历年流量、含沙量变化的一般规律,认为合理。

对于一些反常现象,应结合洪水来源、暴雨特性、季节性等因素以及流域下垫面发生改变等影响分析其合理性。以上游局巴塘站 2018 年 10 月水位、流量、含沙量过程线对照为例,见图 6.4-8,10 月 11—12 日期间,流量从 1 620 m³/s 减小至 614 m³/s,含沙量从 0.348 kg/m³ 增至 0.712 kg/m³,含沙量过程与流量过程不相应。经调查分析,不相应的原因是 2018 年 10 月 11 日 7 时 10 分许,巴塘水文站上游西藏自治区江达县波罗乡境内发生山体滑坡,造成金沙江断流并形成堰塞湖。发生山体滑坡时河道被阻断,下游流量急速变小,但由于山体滑坡使河道内泥沙含量增加,下游泥沙含量增加属于合理现象。

另外,单断沙关系点据比较散乱的站点,可以采用历年比例系数过程线对照,先从往年系数变化过程与流量变化过程找出一般规律,再据以检查本年比例系数过程线的变化情况。对于无单沙测验资料,但流量与输沙率关系较紧密的站点,可采用历年流量与输沙率关系曲线对照,先从历年的变化幅度、曲线形状等找出一般规律,再据以检查本年的资料。

6.4.2　水沙综合合理性检查

单站合理性检查主要是利用测站项目与项目之间对照检查判断合理性,综合合理性检查是利用本站与其上下游站进行对照检查,分析本站与上下游站关系变化从而判断合理性。

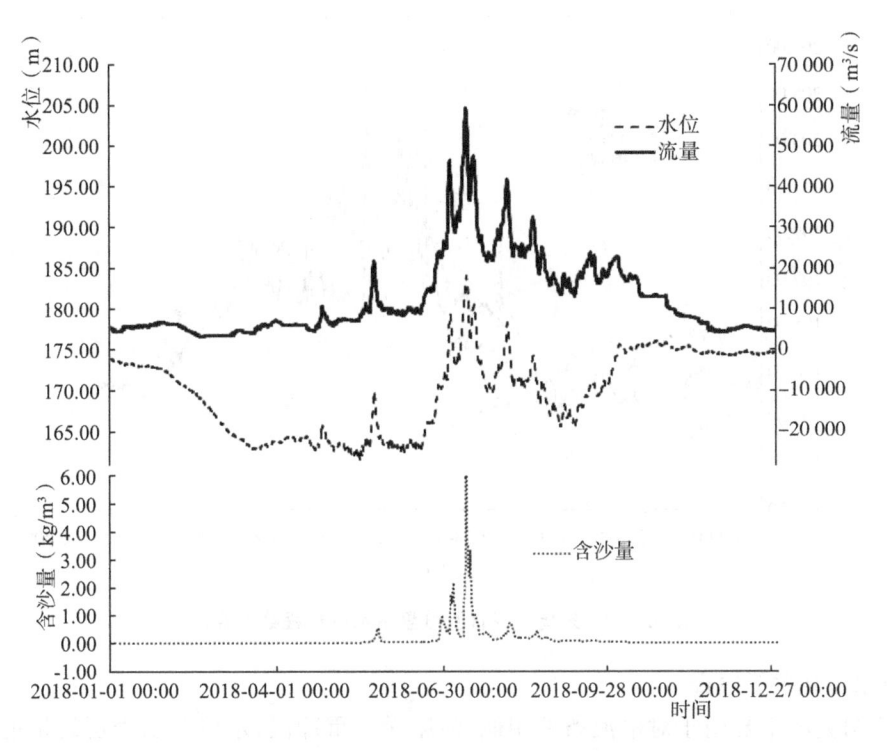

图 6.4-7　寸滩站 2018 年水位、流量、含沙量过程线图

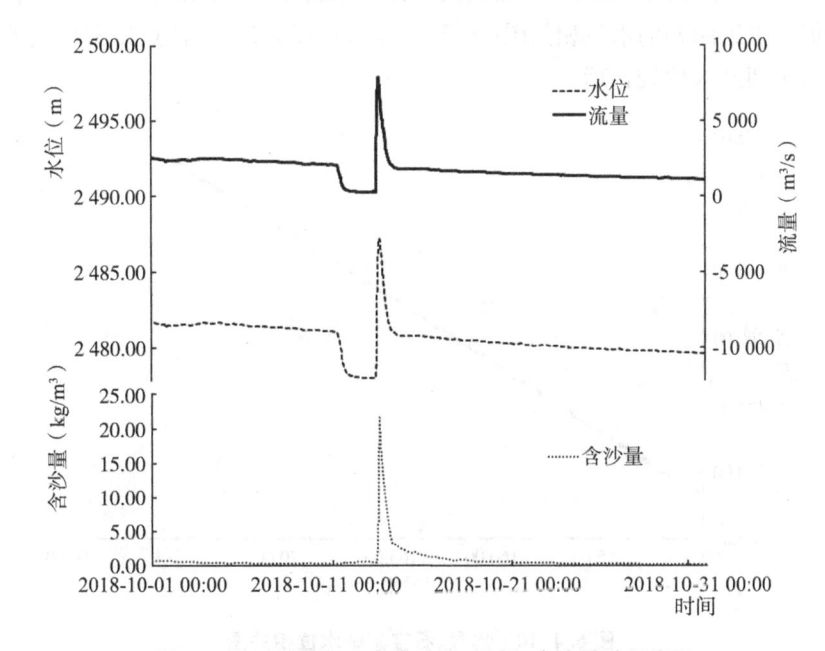

图 6.4-8　巴塘站 2018 年水位、流量、含沙量过程线图

6.4.2.1　水位综合合理性检查

长江上游山区河流水位综合合理性检查主要采用的方法为上下游水位过程线对照、上下游水位相关图检查。

（1）上下游水位过程线对照

上下游水位过程线法适用于上下游站之间无较大支流汇入、水位具有相似性的站。以朱杨溪、石门、滩盘站为例，三站均位于长江上游干流下段，三站中间无较大支流汇入，点绘三站的水位过程线对照，见图6.4-9。三站各时段水位涨落趋势一致，涨落幅度相近，上游站与本站的落差同本站与下游站的落差相近且稳定，无明显突变，水位峰谷对应，水位变化过程相应，认为水位过程合理。

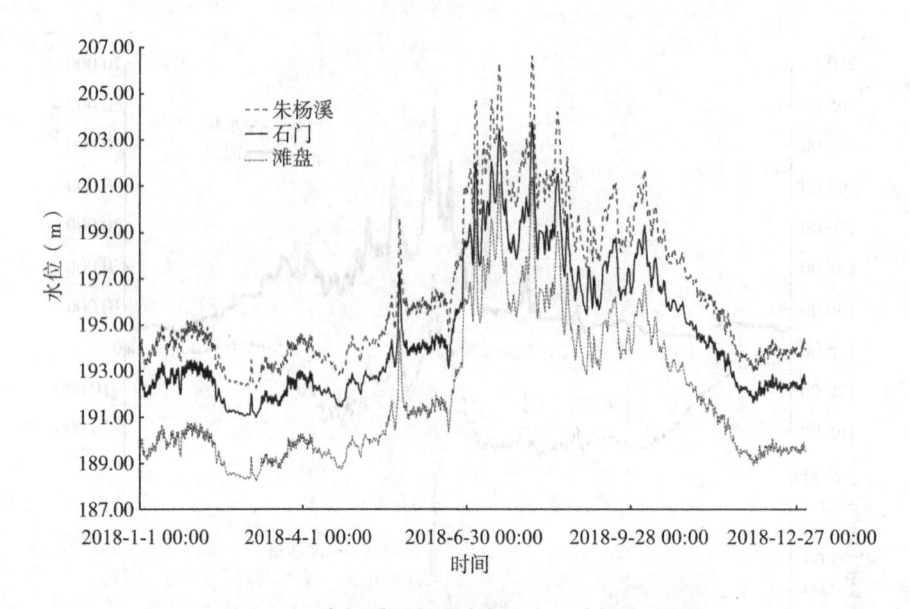

图 6.4-9　朱杨溪、石门、滩盘站水位过程线对照图

(2) 上下游水位相关图检查

上下游水位相关图主要用于对水流条件相似、河床无严重冲淤、水位关系密切的站进行合理性检查。以忠县、石宝寨站为例,两站距离 30 km,区间无较大支流,水位主要受上游来水及三峡水库的蓄放水影响,两站的水流条件相似。点绘两站的水位相关图(图 6.4-10),可以看出,水位点据密集成带状,无明显的突出点,相关关系较好,认为两站水位较合理。

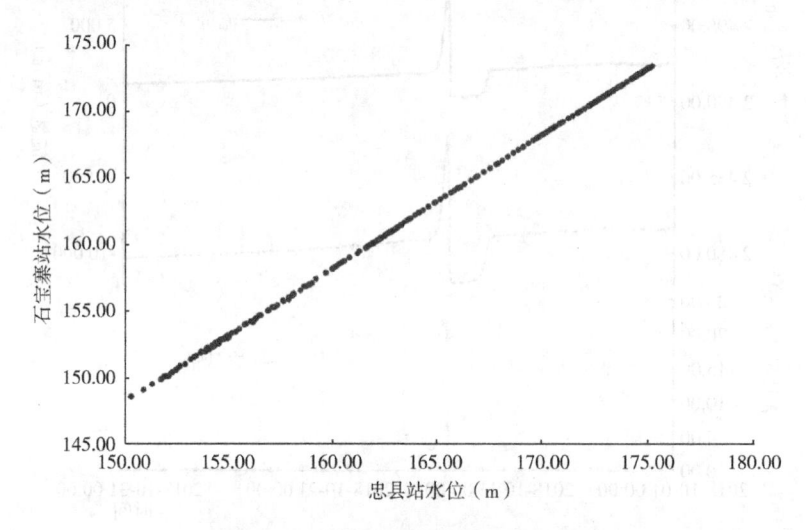

图 6.4-10　忠县、石宝寨站水位相关图

6.4.2.2　流量综合合理性检查

长江上游山区河流流量综合合理性检查,可以从上下游洪峰流量过程线及洪水总量对照、上下游逐日平均流量过程线对照、月年平均流量对照表检查、月年最大(最小)流量对照等方面进行。

1. 上下游洪峰流量过程线及洪水总量对照

以 2018 年 11 月 12 日金沙江白格堰塞湖溃坝洪水为例,点绘溃坝洪水向下游演进时沿程巴塘站、奔子栏站、石鼓站的逐时洪峰流量过程线,见图 6.4-11。点绘流量过程线时,一般对有支流入汇的河段,可将上游站与支流站的流量按其洪峰传播到本站所需时间错开相加,将其合成流量过程线绘入图中。但巴塘—石鼓站区间虽有支流汇入,支流汇入水量与溃坝洪水相比水量较小,点绘洪峰流量过程线时暂未考虑支流流量的叠加。

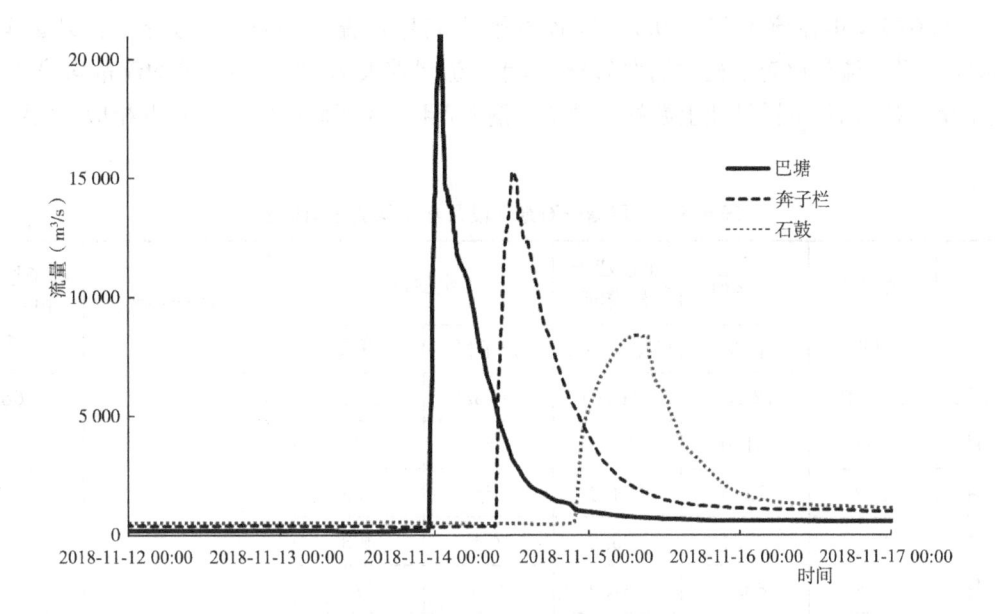

图 6.4-11　巴塘、奔子栏、石鼓站的洪峰流量过程线对照图

(1) 洪峰流量沿程变化及流量过程线相应性分析

巴塘与奔子栏站洪峰形态相似，受河槽一定调蓄影响，奔子栏站洪峰量级比巴塘站偏小。石鼓站峰型、峰量发生了较大变化，石鼓站峰型呈矮胖型，主要原因是受塔城—石鼓江段高原平原地形的影响，洪峰在此江段形成高位漫滩，加大了河道槽蓄，洪峰形态变得平缓、洪峰量级减小。整体看来，洪峰流量沿程变化合理，流量过程线基本相应。

(2) 洪峰流量沿程发生时间合理性分析

巴塘站位于堰塞体下游约 191 km，洪峰传播时间为 7.9 h，最大涨率为 3.51 m/10 min。奔子栏站位于巴塘站下游 192 km 处，洪峰传播时间为 11.1 h，最大涨率为 3.32 m/10 min，传播时间变长是由于河槽有一定调蓄作用以及涨率的变小。石鼓站位于奔子栏下游 170 km 处，洪峰传播时间增长至 19.7 h，主要原因是溃决洪水进入塔城—石鼓江段后，由于高原平原地形的影响，洪峰在此江段形成高位漫滩，加大了河道槽蓄，且石鼓的最大涨率仅 0.74 m/10 min。整体看来，洪峰流量发生时间基本合理。

(3) 洪量平衡检查

对溃坝洪水期间水量进行分析，巴塘站—奔子栏站区间面积占巴塘站控制流域面积的 12.9%，奔子栏站水量比巴塘站大 31.7%。奔子栏站—石鼓站区间面积占奔子栏站控制流域面积的 5.3%，石鼓站水量比奔子栏站大 11.8%。整体水量平衡。

2. 上下游逐日平均流量过程线对照

方法与上相同，通过点绘上下游逐日平均流量过程线检查上下游站逐日平均流量变化是否相应。若不相应，应分析流量异常的原因。

3. 月年平均流量对照表检查

对上下游站各月平均流量、年平均流量、年径流总量进行水量平衡检查，是流量综合合理性检查的必检项目。通过此项检查，可以整体把握流域内的水量分配情况。在无水库调蓄时，上下游站点月年平均流量差值应与上下游区间面积所占比重相应，下游站点月年平均流量一般大于上游站点。有水库调蓄时，入库站水量与水库的调蓄量之差应与出库站相当。有区间支流汇入时，应用汇合口以上的干流站点水量和支流站点水量之和与汇合口下游干流站水量比较。

仍以长江上游山区河流金沙江巴塘—石鼓河段为例，区间金沙江干流有巴塘、奔子栏、石鼓水文站，巴塘站至奔子栏站区间有松麦河汇入，松麦河有控制站古学水文站。将各站各月平均流量、年平均流量及年径流量按上下游逢支插入的顺序列出，见表 6.4-1。将奔子栏站与上游巴塘站+古学站水量进行对比，石鼓站与上游奔子栏站对比，巴塘站+古学站与奔子栏站区间面积占比 5.68%，奔子栏站年平均流量比巴塘站

+古学站偏大 9.07%，年径流量偏大 9.23%，各月平均流量均偏大；石鼓站与奔子栏站区间面积占比 5.07%，石鼓站年平均流量比奔子栏站偏大 7.36%，年径流量偏大 7.36%，各月平均流量均偏大。

从水量平衡分析来看，下游站比上游站水量整体偏大，且与区间面积的占比基本相应，认为上下游站水量平衡。

表 6.4-1　巴塘—石鼓河段月年平均流量对照表

河流		金沙江	松麦河	金沙江+松麦河	金沙江		上下游对照	奔子栏—（巴塘+古学）	石鼓—奔子栏
站名		巴塘	古学	巴塘+古学	奔子栏	石鼓			
集水面积(km²)		179 612	12 152	191 764	203 320	214 184	区间面积占比(%)	5.68	5.07
月平均流量(m³/s)	1月	254	61.0	315	365	425	下游站与上游站月平均流量偏差占比(%)	13.7	14.12
	2月	222	72.9	294.9	355	403		16.93	11.91
	3月	234	62.4	296.4	351	403		15.56	12.9
	4月	418	63.9	481.9	490	574		1.65	14.63
	5月	561	58.7	619.7	622	725		0.37	14.21
	6月	1 210	110	1 320	1 330	1 420		0.75	6.34
	7月	2 790	421	3 211	3 490	3 720		7.99	6.18
	8月	2 370	458	2 828	3 210	3 540		11.9	9.32
	9月	3 220	375	3 595	4 000	4 100		10.13	2.44
	10月	1 770	249	2 019	2 220	2 380		9.05	6.72
	11月	682	134	816	989	1 070		17.49	7.57
	12月	471	96.3	567.3	661	734		14.18	9.95
年平均流量(m³/s)		1 190	183	1 373	1 510	1 630	年平均流量偏差占比(%)	9.07	7.36
年径流量(亿 m³)		375.6	57.35	432.95	477	514.9	年径流量偏差占比(%)	9.23	7.36

需要注意的是，上下游站区间面积较大或区间水量所占比重较大，又无相关站点控制时，可根据区间面积及附近相似地区的径流模数来推算区间的月、年平均流量进行对照。在降水量较多的月份，区间的月年平均流量也可借用相似地区的降水径流关系推算。然后将上游站的流量与区间流量之和列入，与下游站比较。用水量较大地区，可将水量调查成果列入，与上下游站比较。

4. 月年最大、最小流量对照表检查

还可以通过对上下游站月、年最大（最小）流量进行对照，检查流量的合理性。当上下游站水流条件相似，无较大支流汇入时，上下游站最大、最小流量应按洪水传播时间依次发生；当有较大支流汇入时，上下游站最大、最小流量的发生时间应考虑支流汇入流量的影响。

以金沙江干流岗拖—石鼓河段为例，进行月年最大、最小流量对照检查。将月年最大、最小流量及其发生时间按测站自上游至下游逢支插入的顺序进行排列，岗拖—石鼓段从上游至下游分别为岗拖站、巴塘站、奔子栏站和石鼓站，其中，巴塘站—奔子栏站间有松麦河汇入，因此逢支插入古学站，见表 6.4-2、表 6.4-3、表 6.4-4。

表 6.4-2　岗拖—石鼓河段月最大流量对照表

站名	1月		2月		3月		4月		5月		6月	
	最大(m³/s)	日期	最大(m³/s)	日期	最大(m³/s)	日期	最大(m³/s)	日期	最大(m³/s)	日期	最大(m³/s)	日期
岗拖	184	2	153	1	186	31	455	13	657	23	1 470	30

续表

站名	1月 最大(m³/s)	日期	2月 最大(m³/s)	日期	3月 最大(m³/s)	日期	4月 最大(m³/s)	日期	5月 最大(m³/s)	日期	6月 最大(m³/s)	日期
巴塘	301	1	232	1	270	31	593	15	819	24	1 980	30
古学	172	31	177	1	104	24	104	29	151	5	312	17
奔子栏	441	31	446	1	395	29	647	15	843	25	2 180	30
石鼓	509	1	513	2	457	25	750	16	985	31	2 350	30

站名	7月 最大(m³/s)	日期	8月 最大(m³/s)	日期	9月 最大(m³/s)	日期	10月 最大(m³/s)	日期	11月 最大(m³/s)	日期	12月 最大(m³/s)	日期
岗拖	2 780	9	2 120	14	2 800	12	1 840	1	745	1	340	3
巴塘	4 030	13	2 910	14	4 340	14	7 850	13	21 200	14	628	1
古学	807	19	810	15	763	10	408	1	224	14	199	13
奔子栏	5 190	14	4 240	17	5 370	14	5 640	14	15 200	14	802	1
石鼓	5 400	14	4 640	16	5 360	14	5 210	15	8 380	15	858	1

表 6.4-3 岗拖—石鼓河段月最小流量对照表

站名	1月 最小(m³/s)	日期	2月 最小(m³/s)	日期	3月 最小(m³/s)	日期	4月 最小(m³/s)	日期	5月 最小(m³/s)	日期	6月 最小(m³/s)	日期
岗拖	134	16	129	26	139	1	177	1	247	1	362	10
巴塘	226	29	203	26	209	1	267	1	406	2	542	11
古学	40.4	19	43.7	22	39.6	2	38.8	14	39.6	3	39.6	1
奔子栏	334	14	329	24	327	1	357	1	472	1	615	8
石鼓	374	26	366	18	364	2	412	1	561	2	784	9

站名	7月 最小(m³/s)	日期	8月 最小(m³/s)	日期	9月 最小(m³/s)	日期	10月 最小(m³/s)	日期	11月 最小(m³/s)	日期	12月 最小(m³/s)	日期
岗拖	1 020	31	1 010	1	1 810	30	733	31	294	27	167	31
巴塘	1 840	31	1 850	1	2 430	27	281	12	154	13	368	31
古学	113	9	227	9	213	17	77.3	29	60.4	16	45.4	30
奔子栏	2 110	2	2 570	1	3 000	27	588	14	335	10	535	31
石鼓	2 340	3	2 890	11	3 150	28	943	14	445	14	603	31

表 6.4-4 岗拖—石鼓河段年最大、最小流量对照表

河流	站名	最大流量(m³/s)	发生日期	最小流量(m³/s)	发生日期
金沙江	岗拖	2 800	9月12日	129	2月26日
金沙江	巴塘	21 200	11月14日	154	11月13日
松麦河	古学	810	8月15日	38.8	4月14日
金沙江	奔子栏	15 200	11月14日	327	3月1日
金沙江	石鼓	8 380	11月15日	364	3月2日

对最大流量进行对照分析,岗拖站最大流量发生在9月12日,流量2 800 m³/s,下游巴塘—石鼓段干流3站最大流量却发生在11月,与上游岗拖站发生时间不相应,且最大流量均在10 000 m³/s以上。究其原因,巴塘、奔子栏、石鼓站最大洪水均来自11月13日发生在巴塘上游196 km的白格堰塞湖溃坝洪水,溃坝洪水沿河段演进,巴塘、奔子栏、石鼓站分别于14日、15日达到最大洪峰。受河段的调蓄作用影响,巴塘、奔子栏、石鼓站的最大流量沿程减小,洪峰流量分别为21 200 m³/s、15 200 m³/s、8 380 m³/s。由于古学站为区间支流,来水量相对于溃坝洪水来说极小,因此对干流最大流量无明显影响。其余月最大流量受上游干流及区间古学站的来水共同影响,发生时间基本一致,上下游站月年最大流量合理。

对年最小流量进行对照分析,岗拖站最小流量发生在2月26日,流量129 m³/s;巴塘站2月26日发生了年次小流量203 m³/s,最小流量为11月13日的154 m³/s。岗拖站与巴塘站最小流量发生时间不对应主要是因为巴塘站受到了白格堰塞湖山体滑坡造成的断流影响,上游来水较小,且堰塞湖体—巴塘站区间不大,区间来水对最小流量影响较小,若无堰塞湖事件影响,巴塘站的最小流量与岗拖站的最小流量是相应的。巴塘、奔子栏站年最小流量发生时间不一致,主要考虑受区间古学站的来水影响。奔子栏站、石鼓站年最小流量分别发生在3月1日和3月2日,流量分别为327 m³/s、364 m³/s,流量大小合理,发生时间一致。其余月最小流量受上游干流及区间来水共同影响,发生时间基本一致,上下游站月年最小流量合理。

对月年最大(最小)流量检查时,可参照各站过程线,并考虑河段内水流传播规律。必要时,绘制年径流深等值线图进行检查。

6.4.2.3 含沙量综合合理性检查

(1) 上下游含沙量、输沙率过程线对照

当同一条河流上有两个以上测站时,可将上下游站的逐日平均或逐时含沙量或输沙率过程线进行对照检查。在没有支流入汇或支流来沙量较小时,上下游站的含沙量过程线之间常有一定的关系。利用这种特性检查各站含沙量过程线的形状、峰谷、传播时间、沙峰历时等是否合理。在支流入汇影响较大,或区间经常发生冲淤变化的河段,上下游站含沙量的关系可能受到影响,在对照时应考虑这些因素。

以长江朱沱—清溪场河段为例,进行上下游含沙量过程线对照。朱沱—清溪场河段干流从上至下有朱沱站、寸滩站、清溪场站,其中,朱沱—寸滩河段间有支流嘉陵江汇入,寸滩—清溪场河段有乌江汇入,按逢支插入的方法,从上游至下游点绘长江干流朱沱站、嘉陵江北碚站、长江干流寸滩站、乌江武隆站、长江干流清溪场站的含沙量过程线进行对照,如图6.4-12所示。

从过程线对照来看,干流朱沱、寸滩、清溪场站含沙量变化过程有密切关系,下游来沙过程受上游来沙及区间支流来沙共同影响。8月12日至8月17日朱沱站有一场较小的来沙过程,下游寸滩站与上游朱沱站含沙量过程线不完全相应,且寸滩沙峰明显高于朱沱站,分析原因是因为此时段支流北碚站出现一场较大沙峰过程,寸滩站的来沙过程受支流影响更为显著,与北碚站含沙量过程线形状、峰谷更加相应,北碚站沙峰历时76 h,寸滩站沙峰历时82 h,北碚站—寸滩站的传播时间约12 h。在此期间支流武隆站含沙量很小,对干流清溪场站无明显影响,清溪场站含沙量过程线与寸滩站过程线形状、峰谷相应,清溪场站沙量小于寸滩站,沙峰历时96 h,寸滩站—清溪场站的传播时间约12 h。上下游含沙量过程较为合理。

8月17日至8月23日朱沱站出现一次较大的含沙量过程,对应北碚站有一场比8月12日至8月17日相对要小的沙量过程。因此,寸滩站受朱沱站来沙量和支流北碚站的共同影响,含沙量过程线与朱沱站、北碚站含沙量过程线均有一定程度的相似,峰谷基本相应。在此期间支流武隆站含沙量很小,对干流清溪场站无明显影响,清溪场站含沙量过程线与寸滩站过程线形状、峰谷相应,清溪场站沙量小于寸滩站。整体看来上下游含沙量过程较为合理。

(2) 上下游月年平均输沙率对照

同流量一样,制作上下游各站月年平均输沙率对照表,检查沿河长输沙率变化是否合理。受区间支流来沙影响的区段,应将上游站与支流站输沙率之和列入与下游站比较。对照时,还应考虑水库拦沙、冲淤影响等因素。

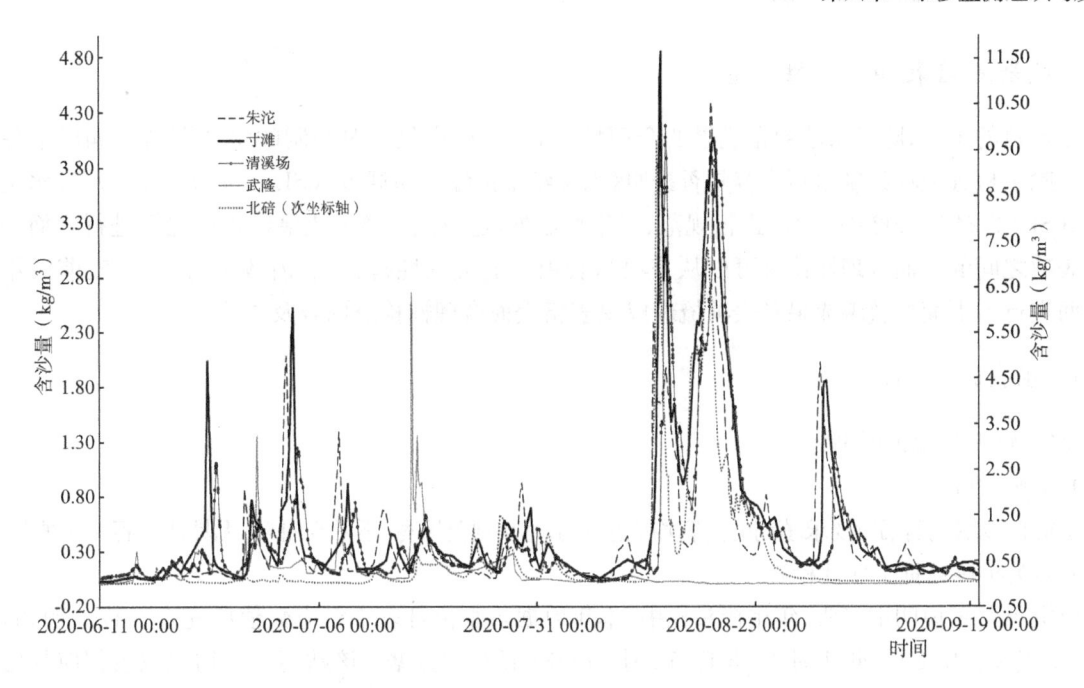

图 6.4-12　朱沱、北碚、寸滩、武隆、清溪场站含沙量过程线对照图

以巴塘—攀枝花河段为例,编制上下游站月年输沙率对照表。巴塘—石鼓河段受区间来沙影响,石鼓站输沙量比巴塘站大 160 万 t,输沙率增大 50 kg/s;石鼓—攀枝花河段,攀枝花站年输沙量比石鼓站小约 2 050 万 t,占石鼓站输沙量的 4.2%,输沙率减小 650.6 kg/s,输沙量陡然减少主要是由于石鼓—攀枝花区间有多个梯级电站,电站对河段的拦沙作用巨大,造成了攀枝花站沙量的大幅减少。总体来看,上下游输沙率对照基本合理。详见表 6.4-5。

表 6.4-5　巴塘—攀枝花河段月年输沙率对照表

河名		金沙江	金沙江	金沙江
站名		巴塘	石鼓	攀枝花
间距(km)		—	379	517
集水面积(km²)		179 612	214 184	259 177
月平均输沙率 (kg/s)	1 月	—	—	—
	2 月	—	—	—
	3 月	—	—	—
	4 月	31.0	30.2	8.36
	5 月	87.5	75.6	11.8
	6 月	1 020	967	51.8
	7 月	1 790	1 630	63.7
	8 月	2 920	3 250	87.2
	9 月	1 110	1 750	105
	10 月	377	275	10.2
	11 月	158	100	1.79
	12 月	—	—	—
年平均输沙率(kg/s)		629	679	28.4
年输沙量(万 t)		1 980	2 140	89.6

6.4.3　成果表格表面合理性检查

水沙资料的审查,除了水沙数据成果的合理性审查外,还应包括对编制的水沙资料整编成果各表项进行检查。除了检查表项编制填写内容是否按照《水文年鉴汇编刊印规范》(SL/T 460—2020)及《水文资料整编规范》(SL/T 247—2020)的要求进行规范、完整填制外,还应该对整编成果各表项之间进行表面合理性检查。各表项之间的表面合理性检查可以从表项与表项间的关联性检查、表内数据对照检查、前后年数据对照等方面进行。下面按整编成果各表项梳理成果表格表面合理性检查内容及方法。

6.4.3.1　水位资料检查

1. 水位资料整编说明书

(1) 完整性检查

水位资料整编说明书所要求填制的内容均应按要求完整规范填写,不可空白,确无具体内容时应填写为"无"。

(2) 年头年尾数据关联性检查

水位资料整编说明书年头、年尾接头栏中,本年数据与水位日表中对应数值应完全一样。例如,石门站年头、年尾接头栏中 2016 年 1 月 1—5 日、12 月 27—31 日水位数据与该站逐日平均水位表相应数据完全一致,见图 6.4-13。

长江 石门 站水位资料整编说明书

年份: 2016　测站编码: 60104820

基本情况	水准点校测及高程变动情况	水准点经校测原高程无变动。
	水尺零点高程校测及变动情况	新设B1、B2、B3,其余水尺零点高程经校测原高程无变动。
	水尺型式	直立式
	水位观测情况(包括与自记仪比测情况)	全年每7-10天选一整点观测人工水位校核自记,自记水位与人工校核水位误差在允许范围内。
	自记水位台(仪)使用情况	使用压力式水位计,情况良好。
资料整理中发现的问题及解决方法	观测中存在的问题及处理方法	自记仪器发生故障时,及时恢复人工水位观测。
	整编中发现的问题及解决方法	无
	合理性检查情况及发现问题的处理	合理

年头年尾接头										
年月	2015	年	12		月	2016	年	1		月
日期	27	28	29	30	31	1	2	3	4	5
水位	192.37	192.31	192.40	192.38	192.46	192.35	192.24	192.00	192.06	192.15
年月	2016	年	12		月	2017	年	1		月
日期	27	28	29	30	31	1	2	3	4	5
水位	192.03	192.07	192.18	192.43	192.35	192.10	192.03	191.81	191.86	192.38

长江 石门 站逐日平均水位表

年份: 2016　测站编码: 60104820　表内水位(冻结基面以上米数)　+0.074　m= 85基准基面以上米数

日期＼月份	一月	二月	三月	四月	五月	六月	七月	八月	九月	十月	十一月	十二月
1	192.35	192.05	192.32	192.92	192.97	193.88	198.78	198.14	194.96	196.93	194.80	193.13
2	24	25	33	81	77	194.25	199.12	07	82	29	16	17
3	00	37	14	66	75	56	197.58	197.51	55	195.85	193.96	09
4	06	58	02	52	85	43	196.38	198.47	36	47	74	10
5	15	69	05	50	193.12	44	04	199.04	31	41	85	03
6	15	45	09	40	192.98	74	22	46	44	61	64	192.96
7	17	05	06	56	193.57	195.12	199.34	198.54	195.52	12	41	96
8	19	191.90	191.90	66	57	196.85	198.67	197.22	83	194.77	52	33
9	20	80	83	87	88	36	197.21	29	90	195.05	77	32
10	47	82	192.20	43	84	195.12	196.42	54	197.09	07	95	49
11	42	63	75	45	85	19	99	43	196.38	47	94	39
12	52	57	80	53	77	06	90	38	195.66	60	78	18
13	44	48	63	65	194.02	02	197.20	196.83	43	60	61	17
14	61	42	45	193.06	72	194.85	198.26	41	38	62	31	10
15	80	50	38	30	20	195.07	199.07	42	34	80	29	11
16	86	70	22	32	193.83	196.27	51	64	194.97	85	42	01
17	21	75	05	89	65	80	198.04	47	82	80	29	16
18	191.90	84	31	83	78	195.63	197.48	09	93	80	18	18
19	82	70	23	60	46	70	198.75	196.76	195.35	72	37	18
20	72	62	18	45	50	197.49	199.57	62	196.88	61	35	19
21	89	52	20	17	74	196.34	198.25	52	198.97	36	20	16
22	192.03	57	34	11	62	195.27	197.34	58	199.45	20	192.91	21
23	04	93	41	13	52	75	196.96	44	198.59	12	95	23
24	38	192.40	67	192.94	194.04	197.09	197.77	29	48	08	84	17
25	58	41	193.14	74	45	198.43	198.31	21	61	194.98	193.23	09
26	42	61	32	91	75	198.54	16	08	09	84	45	01
27	51	67	02	193.03	75	18	32	27	196.84	79	43	03
28	29	56	192.87	192.80	82	30	199.13	25	195.67	81	29	07
29	21	47	88	52	01	197.40	199.66	17	56	80	11	18
30	29		94	75	193.55	198.19	30	194.99	196.48	85	26	43
31	25		90		74		06	88		82		35

图 6.4-13　水位年头年尾数据关联检查

2. 洪水水位摘录表检查

检查洪水水位摘录表的摘录时间是否完整,一般从 1 月 1 日 0 时摘至 12 月 31 日 24 时;检查 1 月 1 日 0 时水位与上年度 12 月 31 日 24 时水位是否一致。

6.4.3.2　流量资料检查

1. 流量资料整编说明书

(1) 完整性检查

流量资料整编说明书所要求填制的内容均应完整规范填写,除次年 1 月数据可以空缺外,其余内容均不能空白,确无具体内容时应填写为"无"。

(2) 极值数据检查

流量资料整编说明书中"测验情况"的"全年实测"栏数据与实测流量成果表、逐日平均水位表相比不能有矛盾。例如,寸滩站最大流量 77 400 m³/s,相应水位 191.56 m;最小流量 4 030 m³/s,相应水位 167.90 m,与该站实测流量成果表中最大流量、最小流量相应,见图 6.4-14。最高、最低水位也应和逐日平均水位表中的最高、最低水位一致。

长江 寸滩 站流量资料整编说明书

测站特性	河道（床）变化情况	断面基本稳定,河床左岸为沙土岩石,中部及右岸为卵石组成,河床较稳定；河段较顺直,断面下游1.5km急弯处有猪脑滩为低水控制,再下游8km有铜锣峡及下游弯道为高水控制,河道变化较小
	主泓变动及流速分布变化情况	主泓偏左,在起点距106m-277m之间摆动,流速分布大致呈抛物线型,三峡蓄水后,抛物线型弧度减小
	基本水尺与测流断面间距	0m
测验情况	全年实测	最大流量 77400 m³/s 相应水位 191.56 m 最高水位 191.62 m 最小流量 4030 m³/s 相应水位 167.90 m 最低水位 159.29 m
	测验方法	全年均用过河索吊船,ADCP走航式测流、流速仪测流,GPS定位
	测次分布情况及全年施测次数	天然河道时期,水位变化平缓时按单一线各级水位均匀分布测次,变化急剧时按基定线要求布置测次,蓄水期和消落期,大致按时间及水位级布置测次,全年施测流量157次
	流速仪、停止表使用损坏情况	流速仪、停止表、流速直读仪均按规定进行了比测检查,均符合要求
	流速系数及来源	按规范确定,左右岸边流速系数均为0.70
	浮标系数及来源	按水位级浮标系数在0.83-0.90之间,分析所得
	测深方法	测深仪测深法、测深杆测深法、ADCP测深
	流向变化情况（>10°）	本年在高、中、低水位施测3次流向,流向偏角均<10°
	断面测量	全年施测断面12次,其中大断面1次

长江 寸滩 站实测流量成果表

年份:2020 测站编码:60105400

施测号数	施测时间 月 日	起 时分	止 时分	断面位置	测验方法	基本水尺水位(m)	流量(m³/s)	断面面积(m²)	流速(m/s)平均	流速(m/s)最大	水面宽(m)	水深(m)平均	水深(m)最大
1	1 1	9:51	10:22	基	ADCP走航式	174.24	4960	12300	0.40	0.68	766	16.1	22.8
2	6	9:05	9:41	"	"	173.22	4350	11600	0.38	0.67	764	15.2	21.5
3		17:10	17:44	"	"	20	5140	11500	0.45	0.78	764	15.1	21.5
4	10	9:19	9:46	"	"	172.60	4830	11100	0.44	0.72	763	14.5	21.0
5	15	13:27	13:58	"	"	171.79	5000	10300	0.49	0.93	762	13.5	20.0
6	20	10:19	10:42	"	"	170.58	4200	9430	0.45	0.77	760	12.4	18.7
7	23	9:46	10:06	"	"	10	4140	9070	0.46	0.78	756	12.0	18.4
8	27	8:56	9:17	"	"	169.64	5030	8660	0.58	0.95	750	11.5	17.9
9	2 3	9:04	9:31	"	"	168.78	4300	8130	0.53	0.88	737	11.0	17.3
10	10	8:50	9:06	"	"	167.90	4030	7440	0.54	0.87	724	10.3	16.1
11	17	8:33	8:58	"	"	42	4080	7050	0.58	0.94	719	9.8	15.8
12	24	8:29	8:40	"	"	168.16	5340	7530	0.71	1.09	728	10.3	16.5
13	3 2	8:29	8:58	"	"	167.80	5520	7240	0.76	1.18	722	10.0	16.2
14	9	9:10	9:44	"	"	60	6170	7180	0.86	1.41	720	10.0	16.0

长江 寸滩 站实测流量成果表

年份:2020 测站编码:60105400

施测号数	施测时间 月 日	起 时分	止 时分	断面位置	测验方法	基本水尺水位(m)	流量(m³/s)	断面面积(m²)	流速(m/s)平均	流速(m/s)最大	水面宽(m)	水深(m)平均	水深(m)最大
91	8 14	6:44	8:40	基	ADCP走航式	181.55	52700	17200	3.06	4.32	788	21.8	29.9
92		19:44	20:09	"	"	183.82	57600	19300	2.98	4.25	796	24.2	31.9
93	15	9:40	10:17	"	"	182.71	52800	18900	2.79	4.25	792	23.9	31.0
94	16	8:27	9:02	"	"	180.52	46700	17200	2.72	4.16	786	21.9	28.9
95	17	14:51	15:33	"	"	181.52	50500	18000	2.81	4.18	788	22.8	29.6
96	18	7:14	7:33	"	"	184.62	58900	19900	2.96	4.15	799	24.9	32.9
97		17:27	18:03	"	"	186.82	64300	21700	2.96	4.23	807	26.9	34.8
98	19	6:40	6:59	"	"	188.74	70700	23200	3.05	4.21	813	28.5	36.7
99		18:13	18:27	"	流速仪770.2	190.57	74400	(25000)	3.02	3.84	821	30.5	38.6
100	20	7:44	8:19	"	" 14/0.6	191.56	77400	(25800)	3.00	3.56	823	31.3	39.5
101		17:25	19:30	"	" 14/42	190.80	70700	(25200)	2.81	3.77	821	30.7	38.8
102	21	8:40	9:01	"	ADCP走航式	187.58	56800	22400	2.54	3.92	809	27.7	35.2
103		18:33	18:55	"	"	183.82	42800	19100	2.24	3.26	796	24.0	31.8

图 6.4-14　流量极值数据检查

(3) 年头年尾数据关联性检查

流量资料整编说明书的年头年尾接头栏中，本年数据与逐日平均流量表中对应数值完全一样。例如，寸滩站年头、年尾接头栏中，2020 年 1 月 1—5 日、12 月 27—31 日水位数据与该站逐日平均流量表相应数据完全一致，见图 6.4-15。

长江 寸滩 站流量资料整编说明表

年份: 2020 测站编码: 60105400

测站特性	河道（床）变化情况	断面基本稳定，河床左岸为沙土岩石，中部及右岸为卵石组成，河床较稳定；河段较顺直，断面下游1.5km急弯处有猪脑滩为低水控制，再下游8km有铜锣峡及下游弯道为高水控制，河道变化较小								
	主泓变动及流速分布变化情况	主泓偏左，在起点距106m-277m之间摆动，流速分布大致呈抛物线型，三峡蓄水后，抛物线型弧度减小								
基本水尺与测流断面间距		0m								
测验情况	全年实测	最大流量 77400 m^3/s 相应水位 191.56 m 最高水位 191.62 m 最小流量 4030 m^3/s 相应水位 167.90 m 最低水位 159.29 m								
	测验方法	全年均用过河索吊船，ADCP走航式测流、流速仪测流、GPS定位								
	测次分布情况及全年施测次数	天然河道时期，水位变化平缓时按单一线各级水位均匀分布测次，变化急剧按绳套定线要求布置测次。蓄水期和消落期，大致按时间及水位级布置测次，全年施测流量157次								
	流速仪、停止表使用损坏情况	流速仪、停止表、流速直读仪均按规定进行了比测检查，均符合要求								
	流速系数及来源	按规范确定，左右岸边流速系数均为0.70								
	浮标系数及来源	按水位级浮标系数在0.83-0.90之间，分析所得								
	测深方法	测深仪测深法、测深杆测深法、ADCP测深								
	流向变化情况（>10°）	本年在高、中、低水位施测3次流向，流向偏角均<10°								
	断面测量	全年施测断面12次，其中大断面1次								
定线推流情况	本年Z-Q关系定线方法及与历年关系比较	本站主要采用连时序法和临时曲线法定线推流。水位流量关系与历年基本一致								
	突出点分析批判	无								
	Z-Q关系线与测站特性分析	河段较顺直，断面基本稳定，水位流量关系主要受三峡水库蓄放水和洪水涨落影响，三峡水库消落期、蓄水期时，流量偏小，关系散乱；当坝前水位较低，水位流量关系主要受洪水涨落影响，呈单一线型和绳套线型								
	关系线延长方法	顺趋势延长，方法正确								
	流量过程线与水位过程线对照检查	合理								
年头年尾接头	年月	2019 年 12 月					2020 年 1 月			
	日期	27	28	29	30	31	1	2	3	4	5
	流量	5800	5800	5810	5810	5720	5110	4900	4820	4710	4580
	年月	2020 年 12 月					2021 年 1 月			
	日期	27	28	29	30	31	1	2	3	4	5
	流量	5810	5540	5410	4670	4500					

长江 寸滩 站逐日平均流量表

年份: 2020 测站编码: 60105400 流量: (m^3/s) 集水面积: 866559 km^2

日期＼月份		一月	二月	三月	四月	五月	六月	七月	八月	九月	十月	十一月	十二月
1		5110	4520	5570	6900	5420	7820	24900	34200	31800	22000	11300	5190
2		4900	4440	5530	6740	5570	8100	31900	33300	35500	20600	11200	5200
3		4820	4320	5820	6910	5150	10500	24400	31400	27500	17500	11400	5420
4		4710	4220	5630	6950	5220	10300	20900	26900	20000	17900	11400	5740
5		4580	4200	5670	6870	5230	10300	20100	23800	17600	19500	11300	5850
6		4700	4150	5690	6790	5340	10700	18900	23700	16300	20000	11400	6330
7		5030	4130	5850	6600	4820	9400	18600	23600	17100	20200	11400	6620
8		4920	4080	5940	6600	5110	8830	20900	25000	20200	21700	11000	6690
9		4870	4060	6030	6130	4640	9800	18500	28000	18500	21200	10500	6860
10		4840	4060	6130	5340	4840	10200	16300	27700	17300	19200	10100	6920
11		4860	4780	6160	4950	4640	10100	18000	22500	20000	17900	9770	6990
12		4890	5060	6160	4950	4880	9650	22300	24400	20200	17600	9460	7070
13		4930	4900	6150	5020	5380	10500	21200	37300	19300	17400	9080	7070
14		4980	4710	6150	5060	5500	10800	21500	54100	20400	17100	8900	7050
15		4980	4420	6150	5100	6120	11300	20600	52200	23300	16900	8830	6950
16		4910	4250	6140	4890	6850	10400	24300	47200	26000	17100	8590	6790
17		4830	4220	6160	4990	6990	10900	36300	50100	30600	17400	8350	6670
18		4650	4500	6170	5050	6960	15300	40200	61500	32800	17500	7420	6590
19		4450	4630	6230	5220	6480	19700	32900	72700	33400	17600	7660	6640
20		4290	5050	6390	5180	7060	17800	25500	74000	28900	17400	7440	6800
21		4200	5010	6580	5790	7410	17000	23000	52300	23300	17300	7040	6730
22		4150	5330	6880	6270	7580	17300	23000	38600	21000	16000	6720	6430
23		4160	5370	6920	6420	7550	19700	28000	35400	20800	13600	5890	6310
24		4270	5430	6900	6930	6820	17500	32500	36300	19500	13300	5370	6160
25		4700	5490	6810	7050	6740	16200	30700	37600	19000	13200	5100	6130
26		4970	5480	6910	7090	7820	15400	34700	38500	19800	13000	4870	6120
27		4970	5490	6880	6800	7840	16300	47900	32200	21900	12600	4930	5810
28		4970	5600	6930	6380	8510	25200	38500	25400	24300	13100	5000	5540
29		4930	5500	6970	6120	9380	22900	28400	24000	24800	13700	5030	5410
30		4840		6920	5850	8720	20900	25600	22200	23300	11300	5200	4670
31		4740		6930		7800		29100	21100		11600		4500
月统计	平均	4750	4730	6290	6030	6390	13700	26400	38600	23100	16900	8360	6240
	最大	5450	5530	7000	7120	9590	25800	49700	77400	37100	23000	11700	7100
	日期	1	29	31	26	29	28	27	20	2	1	3	12
	最小	4140	4030	5500	4810	4400	7600	15700	20700	15800	10100	4730	4260
	日期	22	9	1	16	12	1	10	31	6	30	26	31

图 6.4-15 流量年头年尾数据关联性检查

2. 实测流量成果表

(1) 施测号数检查

实测流量成果表中施测号数一般应连续、前后不能颠倒，如果因数据舍弃，导致施测号数不连续，在附注中应有说明。例如，金安桥站施测号数从 43 直接到 45，缺乏 44 相关资料，在附注栏中应说明第 44 次流量舍弃。所有的施测号数与原始资料的施测号数应一一对应，见图 6.4-16。

金沙江 金安桥 站实测流量成果表

年份: 2016 测站编码: 60101700

施测号数	施测时间 月	日	起 时分	止 时分	断面位置	测验方法	基本水尺水位 (m)	流量 (m^3/s)	断面面积 (m^2)	流速 (m/s) 平均	最大	水面宽 (m)	水深 (m) 平均	最大
35	8	31	10:54	11:54	基	流速仪 8/16	1297.36	2050	1110	1.85	2.66	95.0	11.7	17.3
36	9	7	10:49	12:09	"	" 8/16	1301.54	4660	1520	3.07	4.55	102	14.9	21.4
37		8	16:09	17:12	"	" 8/16	1300.72	4180	1430	2.92	4.42	99.3	14.4	20.6
38		26	12:21	13:17	"	" 8/16	1299.14	2680	1280	2.09	3.01	98.0	13.1	19.1
39	10	12	17:12	18:14	"	" 8/16	1298.74	2250	1240	1.81	2.74	97.8	12.7	18.5
40		30	12:48	13:45	"	" 8/16	1295.87	755	968	0.78	1.13	91.8	10.5	15.6
41		31	15:45	16:37	"	" 8/16	1296.58	1520	1030	1.48	2.11	93.3	11.0	16.3
42	11	22	11:30	12:23	"	" 8/16	1295.73	1660	953	1.74	2.50	90.7	10.5	15.5
43		24	10:21	11:15	"	" 8/16	06	1650	893	1.85	2.66	89.2	10.0	14.8
45	12	15	11:13	12:03	"	" 8/14	1292.54	480	673	0.71	1.00	84.5	8.0	12.4
46		16	10:32	11:19	"	" 8/16	1294.61	1460	850	1.72	2.53	88.9	9.6	14.3
47			14:26	15:17	"	" 8/14	1293.72	814	773	1.05	1.51	87.3	8.9	13.5

说明：1、流速仪测法，全年为水文缆道。2、全年为借用断面。3、Q5、Q9、Q11、Q12、Q44、Q48因测流时机不合理批判。

图 6.4-16 施测号数检查

(2) 施测时间检查

实测流量成果表中每站各次施测时间应大致相当，一般不应出现时间特短或特长的情况。若出现特殊时长，应查明原因。例如，攀枝花站第5次和第7次施测时间分别为66 min、60 min，第6次流量测验时间为111 min，明显超过前后测验时间，见图6.4-17。分析原因，第6次流量为多线多点法测验，线点较多，所以耗时较长。

金沙江 攀枝花(二) 站实测流量成果表

年份：2016　测站编码：60102100

施测号数	施测时间 月日	起时分	止时分	断面位置	测验方法	基本水尺水位(m)	流量(m³/s)	断面面积(m²)	流速(m/s) 平均	流速(m/s) 最大	水面宽(m)	水深(m) 平均	水深(m) 最大
1	1 2	10:30	11:25	基	流速仪9/16	986.32	510	303	1.68	2.46	131	2.31	4.22
2	6	9:00	10:00	"	9/16		07	443	272	1.63	2.43	129	2.11	3.98
3	23	8:43	9:43	"	10/18	987.55	883	470	1.88	2.78	139	3.38	5.5
4	2 25	10:00	11:25	"	9/12	985.94	411	255	1.61	2.40	128	1.99	3.96
5	29	9:30	10:36	"	9/12		82	384	240	1.60	2.33	127	1.89	3.84
6	3 24	15:45	17:36	"	13/61	988.12	1150	544	2.11	2.96	139	3.91	6.0
7	5 12	9:00	10:00	"	9/18	986.80	673	372	1.81	2.56	132	2.82	4.80
8	24	15:13	16:09	"	10/19	990.05	2040	827	2.47	3.49	147	5.6	8.0
9	26	16:30	17:39	"	10/20		85	2480	966	2.57	3.52	150	6.4	8.8
10	27	17:38	18:46	"	10/20	989.68	1890	789	2.40	3.31	146	5.4	7.6
11	28	8:00	9:00	"	10/20	988.50	1310	623	2.10	2.96	142	4.39	6.4
12	13:00	14:03	"	10/20		86	1470	675	2.18	3.03	143	4.72	6.8
13	31	15:20	16:30	"	10/20	991.28	2690	1030	2.61	3.65	152	6.8	9.2
14	6 15	17:11	18:09	"	10/20	989.20	1620	707	2.29	3.17	145	4.88	7.0
15	23	16:49	17:53	"	10/20	992.46	3420	1190	2.87	4.13	156	7.6	10.3

图6.4-17　施测时间检查

(3) 流速、水深合理性检查

检查实测流量成果表中平均流速是否等于流量除以断面面积；平均水深是否等于断面面积除以水面宽。另外，根据测站特性，总结该站最大流速、最大水深与平均流速、平均水深的关系，相互比较检查其合理性。例如，长江上游山区河流，多数站最大流速一般是平均流速的1.2～2倍；最大水深一般是平均水深的1.3～2.5倍；最大流速一般不超过5 m/s；最大水深不超过50 m；库区站最大水深不超过100 m。若某数据超出一般规律阈值，应进一步详细检查。

(4) 水面宽、面积合理性检查

同一测验位置水面宽、面积一般应随水位增加而增大，把同一测验位置的测次按水位值从小到大排列，如前一测次水面宽比后一测次水面宽数值增大超过5%，面积增大超过3%，则认为不合理，需要结合断面形态分析，见图6.4-18。例如，某站第14次流量在基上100 m处施测，水位42.18 m，其面积、水面宽比与水位接近的第31次流量大很多。结合断面形态，断面为规整的U形河槽，无漫滩或束口，水面宽计算错误。

施测号数	月日	起时间	止时间	断面位置	测验方法	水位	流量	面积	平均流速	最大流速	水面宽	平均水深	最大水深
54	1024	902	940	基	流速仪12/0.6	42.6	14	99.4	0.14	0.2	55.8	1.78	2.32
58	1108	1215	1301	基	流速仪13/0.6	42.62	15.8	101	0.16	0.22	56	1.8	2.35
38	806	2022	2110	基	流速仪13/0.6	42.64	19.7	102	0.19	0.25	56	1.82	2.39
55	1024	1340	1520	基	流速仪13/23	42.68	21.6	104	0.21	0.32	56.3	1.85	2.41
18	507	2312	42	基	流速仪13/27	42.77	32.4	110	0.29	0.5	57.4	1.92	2.37
39	806	2216	2254	基	流速仪13/0.6	42.78	34.2	110	0.31	0.47	57.1	1.93	2.52
41	807	1212	1250	基	流速仪13/0.6	42.8	33.9	111	0.31	0.54	57.2	1.94	2.53
40	807	130	220	基	流速仪13/0.6	42.88	44.3	115	0.39	0.54	57.9	1.99	2.6
2	109	1030	1046	基上100m	流速仪5/0.6	42.07	0.219	0.43	0.51	0.61	1.8	0.24	0.24
47	907	1730	1740	基上100m	流速仪5/0.6	42.1	0.261	0.4	0.65	0.8	1.8	0.33	0.35
12	322	1018	1036	基上100m	流速仪5/0.6	42.11	0.35	0.5	0.7	0.81	1.8	0.28	0.28
48	914	955	1007	基上100m	流速仪5/0.6	42.13	0.214	0.59	0.36	0.46	1.8	0.33	0.33
14	417	1336	1412	基上100m	流速仪14/0.6	42.2	3.83	4.83	0.59	0.79	71.8	0.09	0.09
31	714	940	954	基上100m	流速仪5/0.6	42.2	0.28	0.45	0.62	0.79	1.8	0.25	0.25
11	316	900	924	基上100m	流速仪5/0.6	42.22	0.379	0.54	0.7	0.82	1.8	0.3	0.3
7	215	1020	1038	基上100m	流速仪5/0.6	42.24	0.183	0.36	0.51	0.6	1.8	0.2	0.2
33	721	818	828	基上100m	流速仪5/0.6	42.24	0.405	0.72	0.56	0.69	1.8	0.4	0.4
59	1123	1020	1052	基上100m	流速仪5/0.6	42.25	0.165	0.36	0.46	0.66	1.8	0.2	0.2
16	428	1010	1040	基上100m	流速仪15/0.6	42.26	1.93	4.31	0.45	0.64	71.8	0.06	0.06
60	1129	952	1024	基上100m	流速仪5/0.6	42.31	0.2	0.43	0.47	0.67	1.8	0.24	0.24
61	1227	1000	1040	基上100m	流速仪14/0.6	42.62	2.5	4.31	0.58	0.78	71.8	0.06	0.06

图6.4-18　水面宽、面积合理性检查

(5) 流量误差检查

原则:实测流量与洪水水文要素摘录表推算流量相差不能过大。实测流量成果表中流量与洪水水文要素摘录表同一时间(一般按实测流量成果表中的平均时间与摘录表同一时间进行比较,如摘录表中无此时间,则采用前后时间查补)对应的流量比较,二者误差一般不超过 5%。例如,石鼓站实测流量成果表中第 7 次流量平均时间为 7 月 11 日 11:35,流量为 4 040 m^3/s。洪水水文要素摘录表 7 月 11 日 11 时流量 4 060 m^3/s,14 时流量 4 040 m^3/s,查补 11:35 流量为 4 040 m^3/s,二者误差小于 5%,认为合理。见图 6.4-19。

(6) 相应水位合理性检查

实测流量成果表中水位与洪水水文要素摘录表中水位过程应合理。实测流量成果表中某测次水位应在洪水水文要素摘录表前后时间的水位之间或相等。例如,石鼓站第 7 次流量平均时间为 7 月 11 日 11:35,水位为 1 822.61 m;摘录表 7 月 11 日 11 时水位为 1 822.61 m,14 时水位为 1 822.59 m。实测流量成果表中水位落在洪水摘录表前后时间水位之间,水位合理。见图 6.4-19。

金沙江 石鼓 站实测流量成果表

年份: 2016 测站编码: 60101300

施测号数	施测时间				断面位置	测验方法	基本水尺水位 (m)	流量 (m³/s)	断面面积 (m²)	流速 (m/s)		水面宽 (m)	水深 (m)	
	月	日	起 时分	止 时分						平均	最大		平均	最大
1	1	2	16:26	17:24	基	流速仪 10/18	1817.99	393	599	0.66	0.87	245	2.44	3.89
2	3	12	9:21	10:27	"	" 10/18	81	356	554	0.64	0.87	246	2.25	3.66
3	4	20	10:12	11:16	"	" 10/17	1818.46	554	713	0.78	1.09	249	2.86	4.33
4	6	18	13:03	15:43	"	" 18/88	1819.74	1310	1030	1.27	1.92	254	4.06	5.7
5	7	8	8:42	9:57	"	" 10/20	1821.87	3320	1570	2.11	2.93	261	6.0	7.8
6		10	7:04	8:07	"	" 10/20	1822.38	3850	1710	2.25	3.05	262	6.5	8.4
7		11	11:04	12:06	"	" 10/20	61	4040	1770	2.28	3.03	264	6.7	8.6
8		12	18:52	19:54	"	" 10/20	22	3650	1670	2.19	3.12	262	6.4	8.2
9		15	8:13	9:13	"	" 10/20	76	4390	1810	2.43	3.43	264	6.9	8.8
10			19:02	20:13	"	" 10/20	1823.30	4630	1940	2.39	3.30	265	7.3	9.2
11		16	22:30	0:09	"	" 10/20	1822.68	4110	1800	2.28	3.17	264	6.8	8.7
12		17	14:24	16:47	"	" 18/90	20	3530	1670	2.11	3.00	262	6.4	8.2
13		25	18:49	19:58	"	" 10/20	52	4000	1750	2.29	3.18	263	6.7	8.5
14		27	8:55	10:05	"	" 10/20	1823.24	4690	1930	2.43	3.33	265	7.3	9.2
15		28	9:50	11:09	"	" 10/20	58	4700	2030	2.32	3.20	266	7.6	9.6

金沙江 石鼓 站洪水水文要素摘录表

年份: 2016 测站编码: 60101300 共 8 页 第 4 页

日期			水位	流量	日期			水位	流量	日期			水位	流量	日期			水位	流量
月	日	时分	(m)	(m³/s)	月	日	时分	(m)	(m³/s)	月	日	时分	(m)	(m³/s)	月	日	时分	(m)	(m³/s)
6	14	20	1819.35	1060	6	26	20	1820.10	1630	7	8	8	1821.86	3310	7	16	11	1823.19	4480
	15	0	37	1070		27	0	12	1640			12	89	3340			20	1822.80	4160
		8	42	1100			8	21	1720			14	88	3330			23	68	4050
		16	52	1170			19	26	1770			20	87	3320		17	0	67	4040
		22	55	1200			20	27	1780			23	91	3360			8	39	3780
	16	1	53	1180		28	8	43	1920		9	8	1822.05	3500			20	10	3510
		8	56	1200			20	59	2070			14	17	3620			23	1821.99	3410
		13	55	1200		29	7	75	2230			20	30	3750		18	0	97	3390
		23	66	1280			8	75	2230			23	34	3790			8	88	3310
	17	0	67	1280			14	70	2180		10	0	34	3790			10	80	3240
		8	83	1400			20	66	2140			2	37	3820			13	84	3270
		14	86	1430			22	64	2120			8	38	3830			17	77	3210
	18	0	82	1400		30	8	59	2070			17	39	3840			18	83	3260
		8	76	1350			14	57	2050			20	47	3920			20	73	3170
		12	73	1330			20	55	2040			23	51	3960			23	71	3150
		20	77	1360			22	54	2030		11	0	47	3920		19	1	74	3180
	19	8	68	1290	7	1	0	54	2030			8	55	4000			8	67	3120
		23	73	1330			8	49	1980			11	61	4060			20	52	2980
	20	7	70	1300			16	55	2040			14	59	4040		20	0	57	3030
		8	70	1300			20	69	2170			17	61	4060			4	66	3110
		20	75	1340		2	8	1821.14	2610			18	55	4000			8	63	3080

图 6.4-19 流量误差、相应水位合理性检查

（7）实测点间距检查

对单一线型的测站,根据实测流量成果表进行测点间距检查。将实测流量成果表中流量测点按水位级从低到高排列,相邻测点间距应小于全年水位变幅20%,全年水位变幅小于5 m或暴涨暴落河流相邻测点间距应小于30%。例如,将岗拖站实测流量成果按水位级从低到高排列,见图6.4-20。全年水位变幅为5.84 m,3月28日和5月11日流量测点水位间距最大,占全年水位变幅12.3%,小于20%,间距未超限,测点控制较均匀。

（8）高低水延长检查

将实测流量成果表中流量测点按水位级从低到高排列,实测流量成果表中的最高水位与当年实测最高水位的差值应小于当年实测流量所占水位变幅的30%;实测流量成果表中的最低水位与当年实测最低水位的差值应小于当年实测流量所占水位变幅的15%。例如,将岗拖站实测流量成果按水位级从低到高排列,见图6.4-20。第16次流量水位最低为3 570.26 m,第12次流量水位最高为3 575.82 m,实测流量所占水位变幅为5.56 m,年最高水位为3 575.94 m,年最低水位为3 570.10 m。高水外延部分占实测流量所占水位变幅的2.0%,小于30%,低水延长部分占实测流量所占水位变幅的2.8%,小于15%,高低水延长合理。

金沙江 岗拖（三）站实测流量成果表

年份：2021　　测站编码：60100800

从低到高排序	施测号数	施测时间 月	施测时间 日	起 时:分	止 时:分	基本水尺水位 (m)	流量 (m³/s)	断面面积 (m²)	流速(m/s) 平均	流速(m/s) 最大	水面宽 (m)	水深(m) 平均	水深(m) 最大
1	16	12	30	16:28	17:58	3570.26	175	419	0.42	0.74	88.0	4.76	7.6
2	1	1	1	14:42	15:44	3570.34	190	402	0.47	0.75	87.0	4.62	7.8
3	2	3	28	18:08	19:09	3570.46	207	410	0.50	0.82	88.8	4.62	7.7
4	3	5	11	10:16	11:26	3571.18	416	476	0.87	1.57	93.2	5.1	8.2
5	4	5	27	8:26	9:45	3571.74	624	531	1.18	2.11	96.1	5.5	8.9
6	5	5	28	16:38	18:16	3572.25	849	582	1.46	2.55	99.6	5.8	9.3
7	15	10	24	8:31	9:56	3572.40	903	625	1.44	2.69	98.2	6.4	10.0
8	6	6	17	20:53	22:13	3572.64	1020	616	1.66	3.01	100	6.2	9.9
9	10	7	20	18:43	20:15	3573.12	1200	666	1.80	3.30	102	6.5	10.4
10	14	9	24	16:33	17:42	3573.46	1340	723	1.85	3.30	103	7.0	10.8
11	9	7	3	14:23	15:27	3573.62	1400	715	1.96	3.30	103	6.9	10.8
12	7	6	25	17:03	18:09	3574.21	1700	781	2.18	3.88	105	7.4	11.5
13	8	6	28	15:33	16:46	3574.69	1930	825	2.34	3.87	106	7.8	11.9
14	13	8	21	17:07	18:22	3574.86	2020	852	2.37	3.92	106	8.0	12.1
15	11	8	14	17:05	18:20	3575.40	2310	909	2.54	4.17	106	8.6	12.6
16	12	8	17	7:06	9:06	3575.82	2560	956	2.68	4.45	107	8.9	13.1

说明：1. 流速仪测法：全年为水文缆道。2. 全年为借用断面。

图6.4-20　实测点间距、高低水延长检查

3. 实测大断面成果表

（1）固定点检查

实测大断面成果表应考证断面两端的固定点,固定点检查时应检查本年大断面两岸固定点起点距、高程是否与往年一致。

（2）水边点检查

实测大断面成果左右岸均应有水边点,其河底高程与测时水位一致。例如,北碚站测时水位为174.66 m,左岸起点距65.6 m,右岸起点距230 m,河底高程均为174.66 m。见图6.4-21。

嘉陵江 北碚(三) 站实测大断面成果表

年份：2016　测站编码：60703600　单位：起点距、河底高程、测时水位，(m)　共 1 页第 1 页

垂线号	起点距	河底高程	垂线号	起点距	河底高程	垂线号	起点距	河底高程	垂线号	起点距	河底高程	垂线号	起点距	河底高程
施测日期：3月23日					断面名称及位置：流速仪测流断面(基下4m)							测时水位：174.66		
左岸	-2.0	214.03	13	70.0	173.58	26	135	149.66	39	200	161.06	52	264	186.93
1	0.0	04	14	75.0	170.43	27	140	76	40	205	163.76	53	270	192.35
2	0.8	10	15	80.0	168.16	28	145	66	41	210	168.86	54	277	197.91
3	0.9	198.21	16	85.0	163.26	29	150	26	42	215	171.95	55	279	199.30
4	3.9	196.07	17	90.0	162.16	30	155	16	43	220	172.59	56	286	206.23
5	10.6	195.57	18	95.0	160.46	31	160	06	44	225	68	57	296	04
6	18.7	192.19	19	100	158.76	32	165	148.96	45	230	174.66	58	312	224.00
7	22.3	190.66	20	105	157.26	33	170	149.06	46	236	76	59	315	226.00
8	29.4	186.53	21	110	156.16	34	175	26	47	242	176.36	60	315	02
9	38.1	183.27	22	115	154.26	35	180	150.76	48	246	177.96	右岸	321	80
10	50.5	179.49	23	120	152.76	36	185	151.26	49	252	180.65			
11	62.6	175.68	24	125	151.96	37	190	26	50	255	182.82			
12	65.6	174.66	25	130	150.56	38	195	153.06	51	261	184.81			

附注：河床由乱石组成。

图 6.4-21　实测大断面成果水边点检查

(3) 测时水位合理性检查

大断面测验位置在基本水尺断面的(非基本水尺断面的可不比较)，其测时水位应与洪水水文要素摘录表当天水位相对应，不能超出摘录表中当天水位的最高或最低值。例如，巴塘(四)站断面位置在"基本水尺断面"，时间为 3 月 16 日，测时水位为 2 477.33 m。在巴塘(四)站洪水摘录表中，3 月 16 日最高水位为 2 477.36 m，最低为 2 477.33 m，大断面测时水位与洪水水文要素摘录表中当天水位无矛盾。见图 6.4-22。

金沙江 巴塘(四) 站实测大断面成果表

年份：2016　测站编码：60101000　单位：起点距、河底高程、测时水位，(m)　共 1 页第 1 页

垂线号	起点距	河底高程	垂线号	起点距	河底高程	垂线号	起点距	河底高程	垂线号	起点距	河底高程	垂线号	起点距	河底高程
施测日期：3月16日					断面名称及位置：基本水尺断面兼流速仪测流断面							测时水位：2477.33		
左岸	0.0	2485.86	12	52.0	2482.42	24	110	2477.13	36	170	2472.83	48	224	2478.80
1	1.0	2484.62	13	57.0	2481.80	25	115	03	37	175	23	49	228	2479.72
2	6.0	39	14	61.6	2480.01	26	120	2476.93	38	180	2471.73	50	233	2480.20
3	10.8	33	15	66.3	2478.63	27	125	73	39	185	83	51	237	2481.18
4	15.6	34	16	71.2	2477.72	28	130	63	40	190	2472.53	52	240	54
5	20.4	32	17	74.6	48	29	135	33	41	195	2473.13	53	242	2482.59
6	25.4	32	18	77.9	33	30	140	13	42	200	43	54	247	2483.92
7	28.3	2483.86	19	85.0	2476.73	31	145	2475.73	43	205	2474.73	55	251	2485.76
8	33.3	72	20	90.0	53	32	150	43	44	210	2476.23	右岸	256	2487.58
9	38.2	70	21	95.0	43	33	155	2474.63	45	213	2477.33			
10	43.1	62	22	100	73	34	160	2473.93	46	216	96			
11	47.9	2482.79	23	105	2477.03	35	165	43	47	219	2478.38			

附注：河床由卵石夹沙组成。

金沙江 巴塘(四) 站洪水水文要素摘录表

年份：2016　测站编码：60101000　共 9 页第 2 页

日期 月 日 时 分	水位 (m)	流量 (m³/s)	日期 月 日 时 分	水位 (m)	流量 (m³/s)	日期 月 日 时 分	水位 (m)	流量 (m³/s)	日期 月 日 时 分	水位 (m)	流量 (m³/s)
2 13 20	2477.29	231	2 23 16	2477.34	242	3 5 19	2477.28	229	3 15 20	2477.35	245
14 4	31	236	20	32	238	20	31	231	16 0	36	247
8	31	236	24 0	33	240	6 3	32	238	8	36	247
15	30	233	4	36	247	8	30	233	10:30	33	240
19	28	229	8	36	247	12	28	229	11:12	33	240
15 0	28	229	20	34	242	20	29	229	20	34	242
3	31	236	25 0	35	245	7 0	29	231	17 0	35	245
8	31	236	8	31	236	4	31	236	8	36	247
20	29	231	12	30	233	8	29	231	11	38	251
16 0	29	231	20	31	236	18	29	231	18 0	38	251
5	31	236	26 0	33	240	20	30	233	8	37	249
8	31	236	8	33	240	8 6	31	236	12	35	245
20	29	231	16	30	233	8	33	240	20	36	247

图 6.4-22　大断面测时水位合理性检查

4. 逐日平均流量表

(1) 水位与流量极值对照检查

逐日平均流量表中，水位流量关系采用单一线法推流时，水位、流量月年极值出现时间应一致。例如，巴塘(四)站推流节点表明该站推流方法为单一线推流，则该站水位日表、流量日表月年极值出现时间应完全一致。见图 6.4-23。

金沙江 巴塘(四) 站逐日平均水位表

年份：2016 测站编码：60101000 表内水位(冻结基面以上米数) +0.000 m= 假定基面以上米数

日期＼月份	一月	二月	三月	四月	五月	六月	七月	八月	九月	十月	十一月	十二月
1	2477.46	2477.23	2477.28	2477.47	2477.88	2478.33	2480.31	2480.56	2479.99	2480.46	2478.89	2478.04
2	48	23	30	49	90	40	20	27	98	33	82	02
3	46	25	30	52	87	51	16	07	2480.14	18	77	2477.99
4	45	26	30	56	87	56	2479.95	2479.91	30	04	74	96
5	44	26	30	65	92	52	78	81	48	2479.92	71	90
6	41	26	29	74	2478.00	46	99	89	85	83	67	89
7	40	28	30	79	08	41	2480.42	95	92	77	65	89
8	40	29	30	89	23	35	2481.01	80	89	72	64	89
9	41	29	32	91	32	40	28	65	99	69	60	87
10	42	29	32	2478.08	24	54	41	55	92	82	57	88
11	42	30	32	14	20	65	21	45	70	57	58	87
12	40	30	32	08	19	65	05	39	60	60	55	86
13	40	29	32	04	27	59	40	36	74	65	52	88
14	40	30	33	02	37	69	97	33	72	79	50	87
15	40	30	35	18	46	77	96	29	61	78	48	82
16	41	30	35	05	39	88	39	24	50	72	45	84
17	40	30	37	2477.90	32	83	13	23	38	67	40	82
18	38	31	36	82	31	78	2480.95	23	30	63	36	80
19	36	31	36	77	32	74	2481.04	33	44	61	33	80
20	34	30	37	76	37	81	01	58	46	58	30	79
21	34	31	38	79	31	94	2480.64	63	44	52	27	77
22	35	33	42	79	31	2479.20	70	58	32	44	24	73
23	33	34	43	82	39	20	88	50	39	37	21	70
24	28	35	43	82	41	26	2481.10	40	42	30	18	69
25	27	32	39	83	36	34	51	33	52	24	14	69
26	25	32	36	84	33	67	2482.07	29	64	18	12	70
27	26	29	37	85	33	2480.07	16	24	67	13	10	68
28	25	28	39	85	29	10	05	25	73	06	10	66
29	25	28	41	86	28	2479.93	2481.58	32	62	02	08	65
30	25		45	86	30	98	28	38	56	00	08	63
31	24		46		29		2480.89	72		2478.94		61
月统计 平均	2477.36	2477.29	2477.35	2477.84	2478.23	2478.92	2481.05	2479.57	2480.54	2479.59	2478.44	2477.81
最高	2477.49	2477.36	2477.48	2478.23	2478.51	2480.28	2482.22	2480.72	2481.02	2480.51	2478.92	2478.06
日期	3	22	31	15	15	30	27	1	9	1	1	1
最低	2477.21	2477.21	2477.27	2477.45	2477.86	2478.28	2479.71	2479.17	2479.92	2478.92	2478.06	2477.59
日期	29	1	1	1	1	1	5	16	1	31	30	31

金沙江 巴塘(四) 站逐日平均流量表

年份：2016 测站编码：60101000 流量：(m^3/s) 集水面积：180055 km^2

日期＼月份	一月	二月	三月	四月	五月	六月	七月	八月	九月	十月	十一月	十二月
1	269	221	229	272	377	563	1750	1920	1520	1850	854	434
2	273	221	234	276	383	600	1670	1710	1510	1760	821	425
3	269	224	233	283	374	655	1650	1580	1620	1650	792	417
4	266	225	234	294	375	683	1500	1470	1740	1560	775	405
5	264	226	236	315	390	658	1390	1410	1870	1480	757	385
6	258	226	232	337	419	630	1530	1460	2140	1420	739	380
7	255	228	234	352	450	605	1820	1500	2190	1380	725	381
8	256	230	233	381	513	575	2260	1400	2170	1350	724	380
9	257	231	237	387	560	598	2470	1310	2250	1330	702	374
10	261	232	237	450	520	671	2580	1250	2190	1290	688	377
11	260	232	238	475	502	729	2410	1190	2020	1260	689	373
12	256	234	237	451	494	726	2290	1140	1950	1270	675	371
13	255	232	237	436	532	698	2670	1130	2050	1310	662	379
14	256	233	239	426	583	750	3070	1110	2040	1400	650	375
15	256	233	245	492	629	789	3050	1090	1960	1390	640	361
16	258	233	244	439	594	841	2580	1050	1870	1350	623	366
17	256	234	249	384	587	822	2350	1040	1790	1320	601	360
18	251	236	248	359	553	798	2210	1050	1740	1300	578	353
19	247	235	247	346	558	776	2280	1110	1830	1280	564	355
20	242	234	248	342	584	810	2260	1260	1850	1260	548	351
21	243	236	252	351	565	882	1980	1300	1840	1230	532	346
22	244	241	261	350	555	1030	2030	1270	1750	1180	519	336
23	241	241	263	361	595	1030	2160	1220	1800	1130	504	327
24	230	245	264	359	604	1050	2330	1160	1820	1090	493	324
25	228	237	254	362	577	1120	2660	1110	1890	1050	475	324
26	223	236	246	365	565	1320	3160	1080	1980	1020	464	327
27	225	232	249	367	561	1580	3240	1050	2000	989	458	322
28	224	229	263	368	543	1600	3130	1060	2050	953	455	317
29	224	228	259	370	541	1490	2720	1100	1960	928	451	313
30	224		268	371	548	1520	2480	1140	1920	915	450	309
31	222		270		545		2170	1350		884		305
月统计 平均	248	232	245	371	620	887	2310	1260	1910	1280	620	360
最大	276	247	274	514	655	1720	3290	2040	2270	1880	873	442
日期	3	22	31	15	15	30	27	1	9	1	1	1
最小	217	217	227	267	371	538	1350	1010	1480	873	442	300
日期	29	1	1	1	1	1	5	16	1	31	30	31

图 6.4-23 水位与流量极值对照检查

(2) 径流深检查

径流量除以集水面积等于径流深(有效位数保留至 4 位)。例如，巴塘(四)站径流量为 270.7 亿 m^3，集水面积为 180 055 km^2，二者相除换算为 mm 后为 150.3 mm，与径流深一致。

5. 洪水水文要素摘录表

检查洪水水文要素摘录表的摘录时间是否完整，一般从 1 月 1 日 0 时摘至 12 月 31 日 24 时；检查 1 月 1 日 0 时流量与上年度 12 月 31 日 24 时流量是否一致。

6.4.3.3 含沙量资料检查

1. 悬移质输沙率整编说明书

(1) 完整性检查

悬移质输沙率整编说明书，若含沙量枯季停测，则年头年尾数据为空白，其余表格内容不能有空白。含沙量枯季不停测的，除年头年尾数据中次年 1 月数据可以空缺外，其余表格内容不能有空白，确无具体内容时应填写为“无”。

(2) 极值数据检查

测验情况中实测断面含沙量栏数据与实测悬移质输沙率成果表应一致，若该站该年没有实测悬移质输沙率成果表，则实测断面含沙量栏数据为空白。推算断面含沙量栏数据与逐日平均含沙量表应一致。

例如，寸滩站实测最大含沙量 3.35 kg/m³，最小含沙量 0.071 kg/m³，与该站实测悬移质输沙率成果表中断面平均含沙量中最大、最小数据一致。推算断面含沙量中最大、最小分别为 3.43 kg/m³、0.007 kg/m³，与该站逐日平均含沙量表中最大、最小断面平均含沙量数据一致。见图 6.4-24。

长江 寸滩 站悬移质输沙率整编说明书

年份：2016　　测站编码：60105400　　单位：输沙率(t/s)，含沙量(kg/m³)

测验情况	项目		内容
	取样仪器	型式	横式
		容积	1000 cm³
	施测次数		单沙：192　　断沙：20
	测次分布情况	输沙率	主要布置在洪水大沙时期。平枯水时期适当布置，大致均匀分布，以满足定线要求。
		单沙	按任务书要求布置测次。
	测验方法	断沙	全年分别采用全断面混合法、选点法施测。
		单沙	采用三线九点法取样，混合处理合并计算。411m水深太浅时，在106、217m两线取样。
	单沙取样位置		起点距：106m、217m、411m
	水样处理方法及损失情况		烘干法，沙样无损失。
	实测断面含沙量：		最大 3.35　最小 0.071　　推算断面含沙量：最大 3.43　最小 0.007

长江 寸滩 站实测悬移质输沙率成果表

年份：2016　测站编码：60105400

施测号数	流量	施测时间 月 日	起 时分	止 时分	流量 (m³/s)	断面输沙率 (t/s)	含沙量(kg/m³) 断面平均	单样	测验方法 断面平均含沙量		单样含沙量
1		6　9	8:00	9:16	(17300)	5.80	0.335	0.328	横式	9/27 全断面混合	固定三线九点混合
2		10	8:00	9:00	(14800)	9.93	0.671	0.674	"	9/27	"
3			17:00	18:00	(13200)	9.61	0.728	0.712	"	9/27	"
4		11	8:00	8:50	(12200)	4.58	0.375	0.392	"	8/24	"
5		18	18:00	19:04	(13600)	3.16	0.232	0.242	"	9/27	"
6		19	9:36	10:42	(13600)	4.53	0.333	0.319	"	9/27	"
7		20	10:29	11:52	(18200)	26.0	1.43	1.40	"	9/27	"
8			14:05	15:04	(19000)	27.0	1.42	1.42	"	9/27	"
9		21	8:46	9:50	(18500)	26.5	1.43	1.43	"	10/30	"
10			17:08	17:58	(17000)	21.2	1.25	1.26	"	9/27	"
11		22	9:10	10:02	(12700)	8.61	0.678	0.686	"	9/27	"
12		27	8:00	9:10	(16500)	12.7	0.767	0.760	"	9/27	"
13		7　8	6:35	8:00	(23100)	77.4	3.35	3.35	"	10/30	"
14			13:00	14:00	(22300)	50.8	2.28	2.30	"	10/30	"
15			17:00	18:00	(22500)	41.0	1.82	1.80	"	10/30	"
16		9	8:00	9:00	(19700)	14.3	0.727	0.749	"	10/30	"
17		30	17:10	18:13	(22400)	5.02	0.224	0.246	"	10/30	"
18		8　7	8:00	9:00	(23900)	11.4	0.479	0.456	"	10/30	"
19	92	9　21	8:00	12:10	17700	1.85	0.105	0.108	"	13/63 选点	"
20	96	27	8:30	13:13	17100	1.22	0.071	0.070	"	14/68	"

长江 寸滩 站逐日平均含沙量表

年份: 2016　测站编码: 60105400　　　　　　　　　单位: 含沙量, (kg/m³)

月份 日期	一月	二月	三月	四月	五月	六月	七月	八月	九月	十月	十一月	十二月
1	0.009	0.014	0.016	0.023	0.031	0.042	0.264	0.147	0.028	0.047	0.018	0.010
2	0.010	0.014	0.018	0.022	0.036	0.039	0.228	0.079	0.024	0.042	0.018	0.010
3	0.011	0.014	0.021	0.022	0.041	0.040	0.211	0.075	0.029	0.036	0.018	0.010
4	0.011	0.014	0.025	0.022	0.045	0.042	0.146	0.089	0.034	0.031	0.018	0.010
5	0.012	0.013	0.028	0.022	0.045	0.044	0.104	0.144	0.037	0.026	0.020	0.010
6	0.012	0.012	0.031	0.021	0.045	0.048	0.099	0.248	0.040	0.026	0.021	0.010
7	0.013	0.012	0.035	0.021	0.173	0.060	0.202	0.404	0.058	0.027	0.022	0.010
8	0.014	0.011	0.038	0.021	0.537	0.136	2.06	0.258	0.087	0.027	0.023	0.011
9	0.015	0.010	0.042	0.023	0.482	0.343	0.771	0.178	0.152	0.027	0.025	0.011
10	0.016	0.009	0.045	0.025	0.244	0.643	0.264	0.116	0.205	0.026	0.026	0.011
11	0.016	0.008	0.050	0.027	0.162	0.359	0.140	0.073	0.188	0.024	0.027	0.012
12	0.016	0.008	0.055	0.028	0.094	0.152	0.152	0.083	0.098	0.024	0.025	0.012
13	0.016	0.007	0.052	0.030	0.048	0.085	0.201	0.093	0.058	0.026	0.023	0.013
14	0.015	0.007	0.049	0.032	0.071	0.079	0.131	0.081	0.044	0.028	0.021	0.013
15	0.015	0.007	0.046	0.039	0.097	0.119	0.185	0.071	0.033	0.030	0.019	0.014
16	0.015	0.007	0.044	0.063	0.115	0.122	0.325	0.069	0.030	0.032	0.017	0.014
17	0.015	0.007	0.041	0.086	0.096	0.176	0.250	0.065	0.032	0.033	0.015	0.014
18	0.014	0.008	0.038	0.079	0.074	0.209	0.201	0.053	0.049	0.033	0.014	0.013
19	0.014	0.008	0.036	0.066	0.052	0.327	0.156	0.050	0.067	0.031	0.014	0.013
20	0.014	0.008	0.033	0.053	0.035	0.962	0.229	0.047	0.085	0.030	0.013	0.013
21	0.014	0.008	0.030	0.042	0.033	1.26	0.155	0.041	0.127	0.029	0.013	0.012
22	0.014	0.008	0.028	0.039	0.032	0.755	0.092	0.035	0.196	0.028	0.012	0.012
23	0.014	0.009	0.027	0.036	0.032	0.635	0.098	0.031	0.132	0.026	0.012	0.012
24	0.014	0.010	0.027	0.034	0.039	0.335	0.082	0.029	0.109	0.025	0.012	0.012
25	0.014	0.011	0.026	0.031	0.046	0.451	0.095	0.030	0.089	0.024	0.011	0.011
26	0.014	0.012	0.026	0.029	0.058	0.690	0.116	0.031	0.076	0.021	0.011	0.011
27	0.014	0.013	0.025	0.029	0.064	0.665	0.105	0.034	0.068	0.019	0.010	0.011
28	0.014	0.014	0.025	0.029	0.060	0.433	0.129	0.036	0.048	0.017	0.010	0.011
29	0.014	0.015	0.024	0.030	0.056	0.718	0.243	0.038	0.040	0.017	0.010	0.011
30	0.014		0.023	0.030	0.052	0.238	0.317	0.036	0.044	0.017	0.010	0.011
31	0.014		0.023		0.047		0.174	0.034		0.017		0.011

月统计		一月	二月	三月	四月	五月	六月	七月	八月	九月	十月	十一月	十二月
	平均	0.014	0.011	0.033	0.037	0.110	0.386	0.265	0.105	0.086	0.028	0.018	0.011
	最大	0.016	0.016	0.057	0.091	0.566	1.49	3.43	0.466	0.223	0.048	0.027	0.014
	日期	10	29	12	17	8	21	8	7	22	1	11	15
	最小	0.009	0.007	0.016	0.021	0.030	0.038	0.078	0.028	0.023	0.017	0.010	0.010
	日期	1	12	1	6	1	2	24	24	2	28	27	1

年统计	平均流量: 10200 m³/s	平均输沙率: 1.34 t/s	平均含沙量: 0.131
	最大断面平均含沙量: 3.43　7月8日	最小断面平均含沙量: 0.007　2月12日	

图 6.4-24　悬移质输沙率整编说明书极值数据检查

(3) 施测次数检查

检查测验情况中施测次数栏单沙次数、断沙次数是否按实际测验次数填写。断沙数据应与实测悬移质输沙率成果表中输沙率施测号数一致。见图 6.4-25。单沙测验次数应与原始加工的数据一致,借用、平移、内插的单沙不计算测次。

长江 寸滩 站悬移质输沙率整编说明书

年份：2016　　测站编码：60105400　　单位：输沙率(t/s)，含沙量(kg/m³)

测验情况	取样仪器	型式	横式		
		容积	1000	cm³	
	施测次数	单沙：192		断沙：20	
	测次分布情况	输沙率	主要布置在洪水大沙时期。平枯水时期适当布置，大致均匀分布，以满足定线要求。		
		单沙	按任务书要求布置测次。		
	测验方法	断沙	全年分别采用全断面混合法、选点法施测。		
		单沙	采用三线九点法取样，混合处理合并计算。411m水深太浅时，在106、217m两线取样。		
	单沙取样位置	起点距：106m、217m、411m			
	水样处理方法及损失情况	烘干法，沙样无损失。			
	实测断面含沙量：	最大 3.35　最小 0.071	推算断面含沙量：	最大 3.43　最小 0.007	

长江 寸滩 站实测悬移质输沙率成果表

年份：2016　　测站编码：60105400　　共1页 第1页

施测号数		施测时间			流量 (m³/s)	断面输沙率 (t/s)	含沙量 (kg/m³)		测验方法		附注
输沙率	流量	月	日	起时分	止时分			断面平均	单样	断面平均含沙量	单样含沙量
1		6	9	8:00	9:16	(17300)	5.80	0.335	0.328	横式 9/27 全断面混合	固定三线九点混合
2			10	8:00	9:10	(14800)	9.93	0.671	0.674	" 9/27 "	"
3				17:00	18:00	(13200)	9.61	0.728	0.712	" 9/27 "	"
4			11	8:00	8:50	(12200)	4.58	0.375	0.392	" 8/24 "	"
5			18	18:00	19:04	(13600)	3.16	0.232	0.242	" 9/27 "	"
6			19	9:36	10:42	(13600)	4.53	0.333	0.319	" 9/27 "	"
7			20	10:29	11:52	(18200)	26.0	1.43	1.40	" 9/27 "	"
8				14:05	15:04	(19000)	27.0	1.42	1.42	" 9/27 "	"
9			21	8:46	9:50	(18500)	26.5	1.43	1.43	" 10/30 "	"
10				17:08	17:58	(17000)	21.2	1.25	1.26	" 9/27 "	"
11			22	9:10	10:02	(12700)	8.61	0.678	0.686	" 9/27 "	"
12			27	8:00	9:10	(16500)	12.7	0.767	0.760	" 9/27 "	"
13		7	8	6:35	8:00	(23100)	77.4	3.35	3.35	" 10/30 "	"
14				13:00	14:00	(22300)	50.8	2.28	2.30	" 10/30 "	"
15				17:00	18:00	(22500)	41.0	1.82	1.80	" 10/30 "	"
16			9	8:00	9:00	(19700)	14.3	0.727	0.749	" 10/30 "	"
17			30	17:10	18:13	(22400)	5.02	0.224	0.246	" 10/30 "	"
18		8	7	8:00	9:00	(23900)	11.4	0.479	0.456	" 10/30 "	"
19	92	9	21	8:00	12:10	17700	1.85	0.105	0.108	13/63 选点	"
20	96		27	8:30	13:13	17100	1.22	0.071	0.070	14/68 "	"

图 6.4-25　含沙量测验次数检查

（4）年头年尾数据关联性检查

悬移质输沙率资料整编说明书年头年尾接头栏中，含沙量与输沙率数据应与逐日平均含沙量表、逐日平均输沙率表中对应数值完全一样。见图 6.4-26。

2. 实测悬移质输沙率成果表

（1）施测号数检查

同流量一样，输沙率施测号数一般应连续，如有经分析舍弃的，应附注说明舍去的测次原因。另外，采用全断面混合法进行输沙率测验的对应流量测次空白不填写，采用垂线混合法或者选点法进行输沙率测验时应对应填写其流量测次，流量测次应与实测流量成果表中的测次号数一致，见图 6.4-27。

（2）施测时间检查

同流量一样，输沙率各次施测时间应大致相当，一般不出现时间特短或特长的情况。应结合输沙率测验的线点分析其可能所需的测验时间，若出现特殊时长，应查明原因。

（3）相应流量合理性检查

采用全断面混合法进行输沙率测验时，流量为输沙率测验平均时间对应的瞬时流量，流量值应与洪水水文要素摘录中流量进行对照检查。若洪水水文要素摘录中有此时间，则流量值应完全相等；若没有此时间，则流量值应在前后时间对应流量区间内。

长江 寸滩 站悬移质输沙率整编说明书

年份:2016　　测站编码　60105400　　单位:输沙率(t/s),含沙量(kg/m³)

合理性检查	本站水位过程线，流量过程线，含沙量过程线，输沙率过程线，四关系对照		相应									
	年头年尾接头	年月	2015 年 12 月					2016 年 1 月				
		日期	27	28	29	30	31	1	2	3	4	5
		含沙量	0.012	0.011	0.011	0.010	0.010	0.009	0.010	0.011	0.011	0.012
		输沙率	0.061	0.059	0.055	0.051	0.049	0.041	0.041	0.043	0.045	0.049
		年月	2016 年 12 月					2017 年 1 月				
		日期	27	28	29	30	31	1	2	3	4	5
		含沙量	0.011	0.011	0.011	0.011	0.011					
		输沙率	0.057	0.057	0.058	0.058	0.057					

长江 寸滩 站逐日平均悬移质输沙率表

年份: 2016　测站编码: 60105400　单位: 输沙率, (t/s)　集水面积: 866559 km²

日期\月份	一月	二月	三月	四月	五月	六月	七月	八月	九月	十月	十一月	十二月
1	0.041	0.071	0.081	0.141	0.205	0.374	7.07	3.09	0.308	0.724	0.234	0.068
2	0.041	0.072	0.089	0.131	0.234	0.383	6.14	1.70	0.269	0.659	0.219	0.067
3	0.043	0.072	0.102	0.128	0.259	0.435	4.76	1.87	0.305	0.493	0.190	0.066
4	0.045	0.072	0.116	0.129	0.283	0.467	2.48	1.90	0.340	0.397	0.164	0.066
5	0.049	0.066	0.129	0.121	0.284	0.496	1.63	3.30	0.341	0.301	0.162	0.065
6	0.053	0.063	0.144	0.116	0.289	0.514	1.44	5.75	0.388	0.277	0.170	0.065
7	0.059	0.060	0.160	0.114	1.35	0.666	3.94	9.49	0.587	0.283	0.164	0.064
8	0.064	0.049	0.181	0.116	6.07	1.90	46.9	5.14	1.10	0.288	0.179	0.066
9	0.071	0.040	0.225	0.126	5.88	5.73	14.8	3.10	1.91	0.283	0.227	0.066
10	0.079	0.037	0.258	0.134	3.02	9.06	4.44	2.14	3.20	0.273	0.266	0.066
11	0.081	0.033	0.290	0.147	1.72	4.45	2.38	1.32	3.03	0.273	0.272	0.069
12	0.082	0.029	0.323	0.161	0.930	1.87	2.64	1.55	1.31	0.275	0.236	0.066
13	0.082	0.027	0.293	0.193	0.463	1.09	3.50	1.62	0.702	0.304	0.199	0.070
14	0.080	0.027	0.263	0.215	0.739	0.945	2.48	1.27	0.515	0.333	0.162	0.069
15	0.080	0.026	0.245	0.268	1.05	1.41	4.36	1.06	0.386	0.365	0.142	0.073
16	0.080	0.028	0.229	0.463	1.15	1.64	8.38	1.07	0.340	0.395	0.127	0.073
17	0.080	0.035	0.208	0.704	0.909	2.81	5.81	1.03	0.332	0.412	0.112	0.071
18	0.071	0.039	0.189	0.707	0.709	3.03	3.78	0.781	0.503	0.398	0.101	0.066
19	0.067	0.038	0.171	0.567	0.485	4.58	3.25	0.708	0.728	0.381	0.099	0.065
20	0.064	0.037	0.153	0.426	0.319	17.6	6.30	0.631	1.10	0.352	0.094	0.064
21	0.065	0.036	0.138	0.327	0.314	22.6	3.79	0.543	2.32	0.318	0.093	0.060
22	0.068	0.036	0.158	0.293	0.295	9.82	1.84	0.453	4.44	0.293	0.087	0.059
23	0.072	0.044	0.170	0.274	0.282	8.13	1.82	0.395	2.84	0.272	0.076	0.060
24	0.075	0.049	0.170	0.256	0.350	5.30	1.57	0.355	2.10	0.262	0.072	0.059
25	0.077	0.057	0.169	0.232	0.474	9.56	2.05	0.368	1.79	0.253	0.069	0.057
26	0.076	0.063	0.168	0.216	0.632	14.7	2.45	0.403	1.52	0.244	0.072	0.057
27	0.073	0.067	0.151	0.217	0.666	11.1	2.34	0.441	1.17	0.215	0.067	0.057
28	0.071	0.073	0.144	0.219	0.876	7.32	3.19	0.440	0.654	0.198	0.068	0.057
29	0.069	0.079	0.140	0.210	0.819	14.0	5.90	0.447	0.469	0.200	0.068	0.058
30	0.069		0.144	0.203	0.435	4.86	7.14	0.423	0.568	0.208	0.068	0.058
31	0.070		0.140		0.400		3.72	0.376		0.221		0.057

长江 寸滩 站逐日平均含沙量表

年份: 2016　测站编码: 60105400　单位: 含沙量, (kg/m³)

日期\月份	一月	二月	三月	四月	五月	六月	七月	八月	九月	十月	十一月	十二月
1	0.009	0.014	0.016	0.023	0.031	0.042	0.264	0.147	0.028	0.047	0.018	0.010
2	0.010	0.014	0.018	0.022	0.036	0.039	0.228	0.079	0.024	0.042	0.018	0.010
3	0.011	0.014	0.021	0.022	0.041	0.040	0.211	0.075	0.029	0.036	0.018	0.010
4	0.011	0.014	0.025	0.022	0.045	0.042	0.146	0.089	0.034	0.031	0.018	0.010
5	0.012	0.013	0.028	0.022	0.045	0.044	0.104	0.144	0.037	0.026	0.020	0.010
6	0.012	0.012	0.031	0.021	0.045	0.048	0.099	0.248	0.040	0.026	0.021	0.010
7	0.013	0.012	0.035	0.021	0.173	0.060	0.202	0.404	0.058	0.027	0.022	0.010
8	0.014	0.011	0.038	0.021	0.537	0.136	2.06	0.258	0.087	0.027	0.023	0.011
9	0.015	0.010	0.042	0.023	0.482	0.343	0.771	0.178	0.152	0.027	0.025	0.011
10	0.016	0.009	0.045	0.025	0.244	0.643	0.264	0.116	0.205	0.026	0.026	0.011
11	0.016	0.008	0.050	0.027	0.162	0.359	0.140	0.073	0.188	0.024	0.027	0.012
12	0.016	0.008	0.055	0.028	0.094	0.152	0.152	0.083	0.098	0.024	0.025	0.012
13	0.016	0.007	0.052	0.030	0.048	0.085	0.201	0.093	0.058	0.026	0.023	0.013
14	0.015	0.007	0.049	0.032	0.071	0.079	0.131	0.081	0.044	0.028	0.021	0.013
15	0.015	0.007	0.046	0.039	0.097	0.119	0.185	0.071	0.033	0.030	0.019	0.014
16	0.015	0.007	0.044	0.063	0.115	0.122	0.325	0.069	0.030	0.032	0.017	0.014
17	0.015	0.007	0.041	0.086	0.096	0.176	0.250	0.065	0.032	0.033	0.015	0.014
18	0.014	0.008	0.038	0.079	0.074	0.209	0.201	0.053	0.049	0.033	0.014	0.013
19	0.014	0.008	0.036	0.066	0.052	0.327	0.156	0.050	0.067	0.031	0.014	0.013
20	0.014	0.008	0.033	0.053	0.035	0.982	0.229	0.047	0.085	0.030	0.013	0.013
21	0.014	0.008	0.030	0.042	0.033	1.26	0.155	0.041	0.127	0.029	0.013	0.012
22	0.014	0.008	0.028	0.039	0.032	0.755	0.092	0.035	0.196	0.028	0.012	0.012
23	0.014	0.009	0.027	0.036	0.032	0.635	0.098	0.031	0.132	0.026	0.012	0.012
24	0.014	0.010	0.027	0.034	0.039	0.335	0.082	0.029	0.109	0.025	0.012	0.012
25	0.014	0.011	0.026	0.031	0.046	0.451	0.095	0.030	0.089	0.024	0.011	0.011
26	0.014	0.012	0.026	0.029	0.058	0.690	0.116	0.031	0.076	0.021	0.011	0.011
27	0.014	0.013	0.025	0.029	0.064	0.665	0.105	0.034	0.068	0.019	0.010	0.011
28	0.014	0.014	0.025	0.029	0.060	0.433	0.129	0.036	0.048	0.017	0.010	0.011
29	0.014	0.015	0.024	0.030	0.056	0.718	0.243	0.038	0.040	0.017	0.010	0.011
30	0.014		0.023	0.030	0.052	0.238	0.317	0.036	0.044	0.017	0.010	0.011
31	0.014		0.023		0.047		0.174	0.034		0.017		0.011

图 6.4-26　含沙量、输沙率年头年尾数据关联性检查

长江　寸滩　站实测悬移质输沙率成果表

年份 2016　测站编码 60105400　　共 1 页 第 1 页

施测号数		施测时间				流量 (m^3/s)	断面输沙率 (t/s)	含沙量 (kg/m^3)		测验方法		附注
输沙率	流量	月	日	起 时分	止 时分			断面平均	单样	断面平均含沙量	单样含沙量	
1		6	9	8:00	9:16	(17300)	5.80	0.335	0.328	横式 9/27 全断面混合	固定三线九点混合	
2			10	8:00	9:00	(14800)	9.93	0.671	0.674	" 9/27 "	"	
3				17:00	18:00	(13200)	9.61	0.728	0.712	" 9/27 "	"	
4			11	8:00	8:50	(12200)	4.58	0.375	0.392	" 8/24 "	"	
5			18	18:00	19:04	(13600)	3.16	0.232	0.242	" 9/27 "	"	
6			19	9:36	10:42	(13600)	4.53	0.333	0.319	" 9/27 "	"	
7			20	10:29	11:52	(18200)	26.0	1.43	1.40	" 9/27 "	"	
8				14:05	15:04	(19000)	27.0	1.42	1.42	" 9/27 "	"	
9			21	8:46	9:50	(18500)	26.5	1.43	1.43	" 10/30 "	"	
10				17:08	17:58	(17000)	21.2	1.25	1.26	" 9/27 "	"	
11			22	9:10	10:02	(12700)	8.61	0.678	0.686	" 9/27 "	"	
12			27	8:00	9:10	(16500)	12.7	0.767	0.760	" 9/27 "	"	
13		7	8	6:35	8:00	(23100)	77.4	3.35	3.35	" 10/30 "	"	
14				13:00	14:00	(22300)	50.8	2.28	2.30	" 10/30 "	"	
15				17:00	18:00	(22500)	41.0	1.82	1.80	" 10/30 "	"	
16			9	8:00	9:00	(19700)	14.3	0.727	0.749	" 10/30 "	"	
17			30	17:10	18:13	(22400)	5.02	0.224	0.246	" 10/30 "	"	
18		8	7	8:00	9:00	(23900)	11.4	0.479	0.456	" 10/30 "	"	
19	92	9	21	8:00	12:10	17700	1.85	0.105	0.108	" 13/63 选点	"	
20	96		27	8:30	13:13	17100	1.22	0.071	0.070	" 14/68 "	"	

长江 寸滩 站实测流量成果表

年份:2016 测站编码:60105400														共5页第4页
施测号数	施测时间			断面位置	测验方法	基本水尺水位(m)	流量(m³/s)	断面面积(m²)	流速(m/s)		水面宽(m)	水深(m)		水面比降(10⁻⁴)	桩率	附注
	月 日	起 时分	止 时分						平均	最大		平均	最大		
91	9 20	17:29	18:01	基	ADCP走航式	165.68	14100	5840	2.41	3.45	694	8.4	13.8		
92	21	8:00	12:10	"	流速仪 25/121	167.72	17700	(7290)	2.43	3.32	737	9.9	15.8		
93	22	8:50	9:42	"	ADCP走航式	170.18	22900	9140	2.51	3.96	759	12.0	17.9		
94	23	8:32	9:10	"		10	21900	8930	2.45	3.60	759	11.8	18.2		
95	26	8:42	9:16	"		169.56	20100	8560	2.35	3.41	755	11.3	17.6		
96	27	8:30	13:13	"	流速仪 26/128	168.66	17100	(7970)	2.15	3.06	748	10.7	16.7		
97	29	8:50	9:22	"	ADCP走航式	166.19	11700	6200	1.89	2.92	703	8.8	14.2		
98	10 1	8:36	9:04	"		168.04	15300	7510	2.04	3.07	740	10.1	16.2		
99	3	8:47	9:12	"		167.76	13300	7200	1.85	2.71	735	9.8	16.0		
100	5	10:02	10:25	"		47	11400	7120	1.60	2.35	729	9.8	15.7		
101	9	10:25	11:00	"		83	10600	7240	1.46	2.14	737	9.8	16.1		
102	12	10:58	11:26	"		169.11	11700	8330	1.40	2.12	752	11.1	17.3		
103	14	9:17	11:47	"		81	12000	8590	1.40	2.00	757	11.3	18.1		
104	17	9:14	9:44	"		171.10	12300	9680	1.27	1.92	761	12.7	19.2		
105	20	9:45	10:11	"		172.14	11900	10300	1.16	1.75	762	13.5	20.3		
106	24	9:54	10:53	"		83	10400	10700	0.97	1.48	764	14.0	21.1		

图 6.4-27 输沙率施测号数检查

例如，寸滩站 6 月 9 日实测悬移质输沙率平均时间为 8 时 38 分，其流量为 17 300 m³/s，对应洪水水文要素摘录表中 6 月 9 日 8 时 38 分流量为 17 300 m³/s，二者一致，见图 6.4-28。

长江 寸滩 站实测悬移质输沙率成果表

年份:2016 测站编码:60105400										共1页第1页
施测号数	施测时间				流量(m³/s)	断面输沙率(t/s)	含沙量(kg/m³)		测验方法	
输沙率 流量	月 日	起 时分	止 时分				断面平均	单样	断面平均含沙量	单样含沙量	附注
1	6 9	8:00	9:16		(17300)	5.80	0.335	0.328	横式 9/27 全断面混合	固定三垂九点混合
2	10	8:00	9:00		(14800)	9.93	0.671	0.674	" 9/27	
3		17:00	18:00		(13200)	9.61	0.728	0.712	" 9/27	
4	11	8:20	8:50		(12200)	4.58	0.375	0.392	" 8/24	
5	18	18:00	19:04		(13600)	3.16	0.232	0.242	" 9/27	
6	19	9:36	10:42		(13600)	4.53	0.333	0.319	" 9/27	
7	20	10:29	11:52		(18200)	26.0	1.43	1.40	" 9/27	

长江 寸滩 站洪水水文要素摘录表

年份:2016 测站编码:60105400 共11页第5页

日期		水位(m)	流量(m³/s)	日期		水位(m)	流量(m³/s)	日期		水位(m)	流量(m³/s)	日期		水位(m)	流量(m³/s)
月日 时分				月日 时分				月日 时分				月日 时分			
5 17 15		163.23	9340	5 27 2		164.23	11000	6 4 13		164.16	10900	6 12 4		165.20	12700
18 2			9180	8		163.91	10500	14		22	11000	8		03	12400
6		20	9290	11		79	10300	20		34	11200	16		164.67	11800
8		34	9530	14		78	10300	5 6		74	11900	23		165.11	12500
14		57	9910	20		164.18	10900	8		68	11800	13 2		03	12400
15		59	9950	28 2		29	11100	20		10900		4		03	12400
20		45	9710	8		24	11000	6 2		16	10900	8		27	12800
19 2		42	9660	14		25	11100	3		17	10900	14		44	13100
8		36	9560	20		53	11500	8		02	10700	17		48	13200
22:25		162.84	8690	29 2		65	11700	11		163.88	10400	20		41	13000
20 2		89	8780	8		53	11500	14		84	10400	14 2		02	12400
7		163.02	8990	17		163.91	10500	20		164.21	11000	5		164.99	12300
8		01	8980	20		81	10300	7 2		43	11400	8		80	12000
8:54		03	9010	30 2		49	9780	3		47	11400	14		41	11300
14		03	9010	8		162.80	8630	8		39	11300	20		75	11900
18		32	9490	9:20		68	8430	14		30	11100	15 0		76	11900
20		34	9530	14		22	7660	18:04		55	11600	2		65	11700
22		31	9480	18		07	7450	20		72	11900	8		59	11600
21 2		39	9610	20		10	7490	8 2		96	12300	11		46	11400
8		46	9730	31 2		57	8240			165.31		14			11300
11		45	9710	6		68	8430	14		166.04	14100	18		81	12000
20		28	9430			71	8480	9 2		167.59	17000	20		97	12300
22 2		29	9440	11		82	8660	6		83	17400	16 8		165.45	13100
8		25	9380	14		82	8660	8		75	17300	14		54	13300
14		18	9260	20		70	8460	8:38		78	17300	17 8		166.89	15600
23 8		162.70	8460	6 1 0		79	8610	9		82	17400	9:46		96	15800
9		67	8410	6		163.19	9280	9:16		82	17400	10:14		99	15800

图 6.4-28 相应流量合理性检查

(4) 输沙率、流量、含沙量相互检查

实测悬移质输沙率成果表中，输沙率与流量、含沙量关系有两种。当采用全断面混合法进行输沙率测验时，输沙率除以流量等于含沙量；采用垂线混合法或选点法时，输沙率等于流量乘以含沙量。通过计算检查输沙率、流量、含沙量有无错误。

(5) 相应单沙合理性检查

实测输沙率成果表中"单样"是指输沙率测验的相应单沙，一般为输沙率测验起止时间单沙的平均值，计算含沙量原始加工数据中输沙率测验起止时间对应的含沙量，其平均值应等于实测输沙率成果表该次相应单沙值。见图6.4-29。例如，寸滩站第1次输沙率测验时间为6月9日，平均时间8时38分，其单样数据为0.328 kg/m³，与单样原始加工数据6月9日8时单沙0.339 kg/m³和6月9日9时16分单沙0.316 kg/m³的平均值一致。

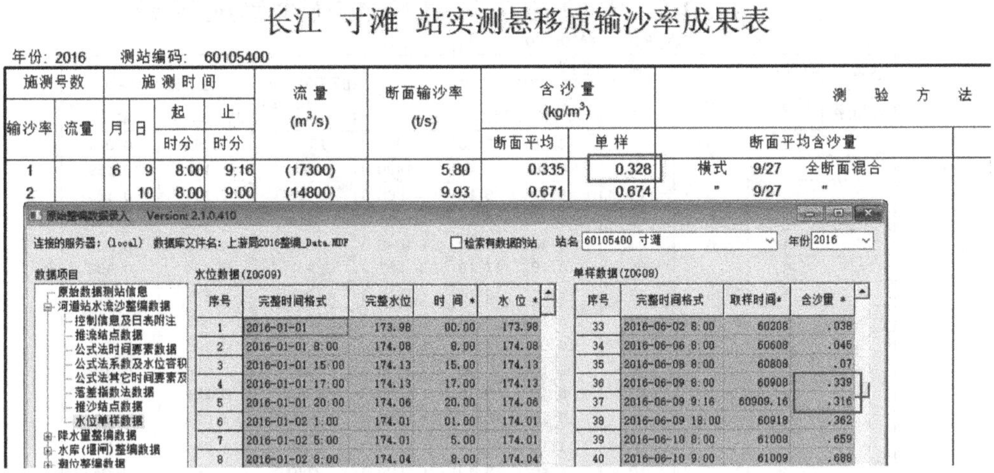

图6.4-29　相应单沙合理性检查(寸滩站)

从断沙测验中抽取垂线计算单沙时，检查单样原始加工数据中对应输沙率测验平均时间单沙值是否与实测输沙率成果表该次相应单沙值一致。见图6.4-30。例如，清溪场站第1次输沙率测验时间为4月12日，平均时间8时22分，其单样数据为0.014 kg/m³，与单样原始加工数据4月12日8时22分数据一致。

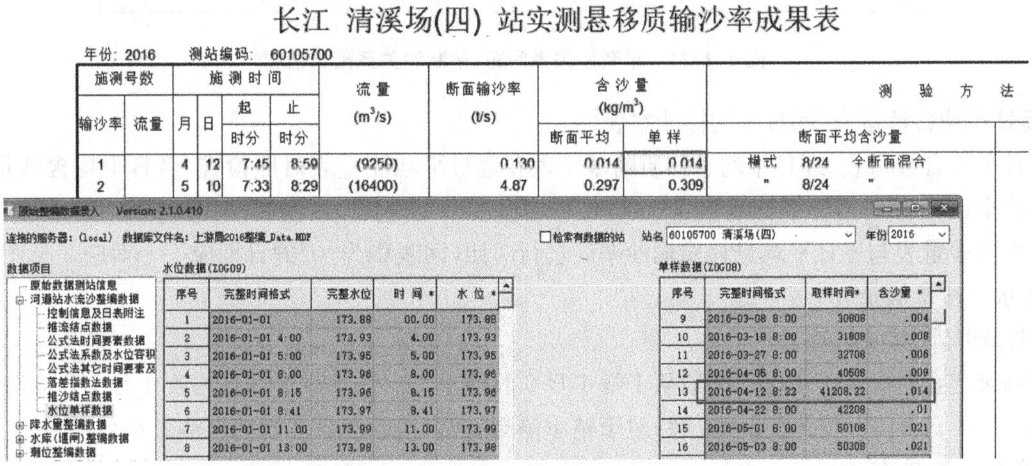

图6.4-30　相应单沙合理性检查(清溪场站)

(6) 单断沙关系间距检查

将实测悬移质输沙率成果表中成果按单样含沙量由小到大排序，两相邻大小测点，单沙变幅不超过全年实测最大单沙的10%。当全年实测最大含沙量小于0.2 kg/m³时，可不做此检查；当全年实测最大含沙量为 0.2~0.5 kg/m³(含 0.2 kg/m³,不含 0.5 kg/m³),间距不超过 20%。

例如,将巴塘站实测输沙率成果按单沙由小到大排序,见图 6.4-31。巴塘站年实测最大单沙 2.89 kg/m³,两相邻大小测点单沙变幅为 7 月 11 日和 7 月 13 日的断沙测次,其单沙变幅占全年实测最大单沙的 7.9%,小于 10%,单断沙间距未超限。

(7) 单断沙关系延长检查

实测输沙率最大相应单沙为最大实测单沙 50%以上时,可做高沙延长。向上延长的幅度应小于实测最大单沙的 50%。若为曲线时,延长幅度不应超过 30%。

例如,将巴塘站实测输沙率成果按单沙由小到大排序,见图 6.4-31。巴塘站实测最大单沙 2.89 kg/m³,最大相应单沙 2.09 kg/m³,大于最大实测单沙的 50%,可做高沙延长。高沙延长的幅度为 0.8 kg/m³,小于实测最大单沙的 50%,认为单断沙关系延长合理。

金沙江 巴塘站实测悬移质输沙率成果表

年份: 2016　　测站编号: 60101000

按单沙由小到大排序	施测号数 输沙率	施测时间 月	施测时间 日	起 时:分	止 时:分	流量(m³/s)	断面输沙率(kg/s)	含沙量(kg/m³) 断面平均	含沙量(kg/m³) 单样
1	1	5	1	16:20	17:20	(378)	18.9	0.050	0.044
2	24	10	5	8:40	9:40	(1480)	240	0.162	0.159
3	6	6	9	8:10	9:10	(665)	126	0.189	0.185
4	6	6	15	8:10	9:10	(774)	194	0.251	0.233
5	4	6	23	6:40	7:40	(1040)	343	0.330	0.304
6	5	6	23	16:10	17:10	(997)	435	0.436	0.402
7	8	6	28	11:10	12:10	(1590)	1070	0.672	0.613
8	6	6	27	8:10	9:10	(1480)	1010	0.681	0.637
9	21	9	1	16:50	17:50	(1540)	1210	0.785	0.735
10	7	6	27	20:10	21:10	(1690)	1560	0.924	0.818
11	20	8	8	8:10	9:10	(1260)	1200	0.951	0.858
12	10	7	8	15:10	16:10	(2390)	2560	1.07	0.91
13	23	9	7	11:10	12:10	(2210)	2300	1.04	1
14	12	7	10	14:40	15:40	(2600)	2760	1.06	1.04
15	11	7	9	6:20	7:20	(2370)	2730	1.15	1.12
16	9	7	1	6:40	7:40	(1780)	2170	1.22	1.13
17	18	7	25	13:40	14:40	(2650)	3050	1.15	1.15
18	13	7	11	6:10	7:10	(2470)	3010	1.22	1.21
19	14	7	13	20:10	21:10	(2720)	4030	1.48	1.44
20	19	7	26	16:10	17:10	(3240)	5350	1.65	1.6
21	22	9	2	8:10	9:10	(1500)	2780	1.85	1.79
22	17	7	16	15:40	16:40	(2470)	4790	1.94	1.96
23	16	7	15	6:10	7:10	(3180)	6610	2.08	2.07
24	15	7	14	8:10	9:10	(2980)	8700	2.92	2.89

图 6.4-31　单断沙关系间距、单断沙关系延长检查

3. 逐日平均含沙量表、逐日平均输沙率表

将逐日平均含沙量表、逐日平均悬移质输沙率表和逐日平均流量表对照检查,当日平均含沙量为 0 时,日平均输沙率也应为 0;当日平均流量为 0 时,日平均输沙率也应为 0。例如,巫溪站全年流量均有量,直接将逐日平均含沙量表与逐日平均悬移质输沙率表进行对照,两表中为"0"的日期应一一对应。见图 6.4-32。

4. 洪水含沙量摘录表

(1) 摘录时间、接头检查

检查摘录起止时间是否正确。一般从 1 月 1 日 0 时摘至 12 月 31 日 24 时;检查 1 月 1 日 0 时含沙量与上年度 12 月 31 日 24 时含沙量是否一致;对于枯季停测的站,按起测日 0 时摘至测量最后一日 24 时。

(2) 单沙间距检查

对于长江上游山区河流,由于各江段含沙量特性不同,受水库影响的断面含沙量较小,天然河流含沙量较大,根据上游来沙特性,单沙间距检查主要采用以下方法。

按时间顺序对单沙测次进行排列,对前后两次含沙量进行变幅计算。首先以全年实测最大单沙的 20% 作为评判标准,当实测最大单沙的 20%小于 0.300 kg/m³ 时,认为整体含沙量较小,起算标准按 0.300 kg/m³ 控

大宁河　巫溪(二) 站逐日平均悬移质输沙率表

年份: 2016　测站编码: 60513820　单位: 输沙率，(kg/s)　集水面积: 2001　km^2

日期＼月份	一月	二月	三月	四月	五月	六月	七月	八月	九月	十月	十一月	十二月
1				0	0	45.4	208	0	0	0.335	0.652	
2				0.039	0	821	10.4	0	0	0.066	0.284	
3				139	0	78.4	2.71	0	0	0	0.235	
4				2.66	0	5.89	1.12	0	0	0	0.135	
5				0.961	0	2.95	0.684	0	0	0	0	
6				4.71	0	1.91	0.402	0	0	0		
7				2.92	0	1.49	0.161	0	0	0		
8			208	1.06	0	1.06	0	0	0	0		
9			41.5	0.581	0	0.884	0	0	0	0		
10			2.68	0.155	0	0.672	0	0	0	0		
11			0.962	0	0	0.413	0	0	0	0		
12			0.567	0	0	0.131	0	0	0	0		
13			0.340	0	0	0	8.64	0	0	0		
14			0.229	0	0	0	203	0	0	0		
15			0.127	0	0	0	524	0	0	0		
16			0.092	0	0	0	22.4	0	0	0		
17			0	0	0	0	4.41	0	0	0		
18			0	0	0	0	2.76	0	0	0		
19			0	0	0	0	2.42	0	0	0		
20			0	0	0	0	2.12	0	0	0		
21			0	0	0	0	1.44	0	0	0		
22			0	0	0	0	1.04	0	0	0		
23			0	0	0	0.022	0.722	0	0	1.68		
24			0	0	0	40.5	0.478	0	0	15.0		
25			0	0	0	11.3	0.261	0	0	35.6		
26			0	0	0	2.94	0.076	0	0	24.2		
27			0	0	1.36	2.37	0	0	7.64	317		
28			0	0	7.54	1.71	0	0	5.91	43.4		
29			0	0	1.87	1.30	0	0	1.26	10.9		
30			0	0	1.22	50.5	0	0	0.703	3.89		
31			0		1.34		0	0		1.61		

大宁河　巫溪(二) 站逐日平均含沙量表

年份: 2016　测站编码: 60513820　单位: 含沙量，(kg/m^3)

日期＼月份	一月	二月	三月	四月	五月	六月	七月	八月	九月	十月	十一月	十二月
1				0	0	0.661	0.455	0	0	0.012	0.007	
2				0.001	0	1.91	0.057	0	0	0.003	0.006	
3				1.21	0	0.295	0.024	0	0	0	0.004	
4				0.045	0	0.045	0.013	0	0	0	0.002	
5				0.024	0	0.034	0.009	0	0	0	0	
6				0.073	0	0.027	0.006	0	0	0		
7				0.032	0	0.023	0.002	0	0	0		
8			1.55	0.019	0	0.020	0	0	0	0		
9			0.312	0.011	0	0.016	0	0	0	0		
10			0.053	0.004	0	0.012	0	0	0	0		
11			0.026	0	0	0.008	0	0	0	0		
12			0.017	0	0	0.003	0	0	0	0		
13			0.012	0	0	0	0.165	0	0	0		
14			0.009	0	0	0	0.822	0	0	0		
15			0.006	0	0	0	0.876	0	0	0		
16			0.003	0	0	0	0.095	0	0	0		
17			0	0	0	0	0.034	0	0	0		
18			0	0	0	0	0.025	0	0	0		
19			0	0	0	0	0.021	0	0	0		
20			0	0	0	0	0.019	0	0	0		
21			0	0	0	0	0.015	0	0	0		
22			0	0	0	0	0.012	0	0	0		
23			0	0	0	0.001	0.009	0	0	0.036		
24			0	0	0	0.379	0.006	0	0	0.156		
25			0	0	0	0.066	0.004	0	0	0.193		
26			0	0	0	0.029	0.001	0	0	0.149		
27			0	0	0.035	0.022	0	0	0.110	0.670		
28			0	0	0.092	0.021	0	0	0.079	0.132		
29			0	0	0.032	0.020	0	0	0.030	0.047		
30			0	0	0.024	0.432	0	0	0.022	0.024		
31			0		0.027		0	0		0.015		

图 6.4-32　逐日平均含沙量表与逐日平均悬移质输沙率表对照

制；当实测最大单沙的 20%大于 1.00 kg/m^3时，认为整体含沙量较大，起算标准按 1.00 kg/m^3控制；当实测最大单沙的 20%在 0.300～1.00 kg/m^3区间时，起算标准按实测最大单沙的 20%控制。当单沙超过起算标准时，依次计算其与前一时间含沙量的变幅。变幅计算时以数字较大者为分母，数字较小者取起算标准或其本身中较大者。计算变幅的绝对值超过 50%的，认为单沙测验间距超限。具体见表 6.4-6。

表 6.4-6　单沙间距计算　　单位：kg/m^3

	时间	含沙量	实测最大单沙	实测最大单沙的 20%
情况一	8 月 6 日 8 时	0.027	1.01	0.202
	8 月 9 日 8 时	0.755	—	—
	变幅计算(%)	(0.755−0.30)/0.755×100		
情况二	8 月 6 日 8 时	0.310	1.01	0.202
	8 月 9 日 8 时	0.755	—	—
	变幅计算(%)	(0.755−0.31)/0.755×100		
情况三	8 月 6 日 8 时	0.500	10.0	2.00
	8 月 9 日 8 时	7.50	—	—
	变幅计算(%)	(7.50−1.00)/7.50×100		
情况四	8 月 6 日 8 时	1.50	10.0	2.00
	8 月 9 日 8 时	7.50	—	—
	变幅计算(%)	(7.50−1.50)/7.50×100		

	时间	含沙量	实测最大单沙	实测最大单沙的20%
情况五	8月6日8时	0.437	4.00	0.800
	8月9日8时	1.50	—	—
	变幅计算(%)	(1.50−0.800)/1.5×100		
情况六	8月6日8时	0.985	4.00	0.800
	8月9日8时	1.50	—	—
	变幅计算(%)	(1.50−0.985)/1.50×100		

情况一,实测最大单沙的20%为0.202 kg/m³,小于0.300 kg/m³,认为沙量整体较小,起算标准按0.300 kg/m³控制,前次含沙量0.027 kg/m³,小于0.300 kg/m³,按0.300 kg/m³计算,变幅计算为(0.755−0.300)/0.755×100。

情况二,实测最大单沙的20%为0.202 kg/m³,小于0.300 kg/m³,认为沙量整体较小,起算标准按0.300 kg/m³控制,前次含沙量为0.310 kg/m³,大于0.300 kg/m³,直接按0.310 kg/m³计算,变幅计算为(0.755−0.310)/0.755×100。

情况三,实测最大单沙的20%为2.00 kg/m³,大于1.00 kg/m³,认为沙量整体较大,起算标准按1.00 kg/m³控制,前次沙量0.500 kg/m³小于1.00 kg/m³,按1.00 kg/m³计算,变幅计算为(7.50−1.00)/7.50×100。

情况四,实测最大单沙的20%为2.00 kg/m³,大于1.00 kg/m³,认为沙量整体较大,起算标准按1.00 kg/m³控制,前次沙量1.50 kg/m³大于1.00 kg/m³,按1.50 kg/m³计算,变幅计算为(7.50−1.50)/7.50×100。

情况五,实测最大单沙的20%为0.800 kg/m³,在0.300~1.00 kg/m³区间,起算值取前次沙量本身或实测最大单沙的20%中较大者。前次沙量为0.437 kg/m³,小于0.800 kg/m³,按0.800 kg/m³计算,变幅计算为(1.50−0.800)/1.50×100。

情况六,实测最大单沙的20%为0.800 kg/m³,在0.300~1.00 kg/m³区间,起算值取前次沙量本身或实测最大单沙的20%中较大者。前次沙量为0.985 kg/m³,大于0.800 kg/m³,按0.985 kg/m³计算,变幅计算为(1.50−0.985)/1.50×100。

6.4.3.4 悬移质颗粒级配检查

(1) 水温检查

实测水温与逐日平均水温基本相当。

(2) 断沙施测时间检查

施测号数中有断沙号数的,其施测时间及断沙号数应与实测悬移质输沙率成果表一致。

(3) 级配合理性检查

最大粒径应大于平均粒径;平均粒径应大于中数粒径;中数粒径数值应处于"小于某粒径的沙量百分数"中最接近50%的两粒径之间;最大粒径应处于"小于某粒径的沙量百分数"中100%与前一粒径之间。例如,寸滩站月年平均悬移质颗粒级配表(表6.4-7)中,中数粒径应在沙中百分数32.7%~55.7%对应的0.008 mm和0.016 mm粒径之间,且更接近0.016 mm,寸滩站1月份中数粒径0.014 mm合理。最大粒径应在沙量百分数98.2%~100%对应的0.125 mm和0.250 mm粒径之间,且更接近0.250 mm,寸滩站1月最大粒径0.235 mm合理。

表 6.4-7　寸滩站月年平均悬移质颗粒级配表

年份：2021　　测站编码：60105400　　　　　　　　　　　　　　　　　　　　　单位：粒径(mm)

月份	平均小于某粒径的沙量百分数 粒径级											中数粒径	平均粒径	最大粒径	附注
	0.002	0.004	0.008	0.016	0.031	0.062	0.125	0.250	0.500	1.00	2.00				
1	6.7	15.5	32.7	55.7	75.8	90.7	98.2	100	—	—	—	0.014	0.024	0.235	

第七章 展望

经济社会发展的新形势和新要求为水文事业发展提供了历史性的机遇,也带来了前所未有的严峻挑战。观念创新、体制创新、科技创新和服务创新将成为一定历史阶段下我国水文发展的新常态,充分应用物联网、云计算、大数据、移动应用和智慧计算等信息新技术,尽快加长水文信息化这块"短板",全面贯彻"水文信息化与水文现代化深度融合"的发展战略,坚持"创新、协调、绿色、开放和共享"的发展理念,崇尚创新、注重协调、倡导绿色、厚植开放、推进共享,启动"互联网+水文"行动,全面推进水文信息化从"数字水文"向"智慧水文"跃进,是驱动水文监测体系与技术发展的主要动力。

当前,我国水文监测组织方式已经从人工驻测为主向驻测与巡测相结合转变。监测技术已经实现了人工观测和机械式短期自记向电子数字感知、实时数据传输和长期自记的演化,并已经建成了基于电子通信的水文监测数据采集与传输网络。我国水文常规监测的组织与技术体系处于世界先进水平。但是,随着信息技术的发展和水文信息应用服务领域的不断扩展,特别是面对生态环境一体化监测管控的经济社会发展需求,现有的水文监测体系与技术,在监测的时空尺度、要素类型和信息集成等方面均存在不同程度的不适应,迫切需要改变发展思路、创新监测技术,适应科学技术与经济社会发展对水文监测提出的新要求。

总体上,在需求的驱动下,水文监测技术未来将呈现出从数字化向智慧化发展的总体趋势。在水位、流量、泥沙、水质、水生物、降水、蒸发等要素的监测方面,自动监测或智能感知设备与技术将被广泛应用。在数据传输方面,传感网(物联网)和移动宽带网将成为主要信息通道。在面要素观测方面,卫星、无人机、雷达等遥感技术将成为常规信息获取手段。在数据的预处理(整编)与存储方面,多时空要素异构数据的集成、处理与存储将成为水文监测体系的重要组成部分。建成"智慧水文监测体系",是未来一定历史时期水文监测技术发展的基本目标。

7.1 流量监测研究展望

7.1.1 提高在线监测的精度

没有一种设备是可以满足所有断面和水流情况的,具体应用时应结合测站任务及河道自然属性,选择合适的测流方法,从而确定所需的设备仪器。流量测验首要保证测流的精度,但现阶段在线测流技术在该方面还存在不足。例如,中泓最大水面流速低于 0.2 m/s 时,暂时还没有一个精准的测流方法;如何进行点流速比测也是一个难点问题;侧扫雷达使用时可能受回水及船只影响,造成流速测量误差较大,还需不断优化流量计算模型;同时,当地水文条件、测站工作人员水平等问题也是影响测验精度的重要因素。无论采用哪种测流方法,如何通过实测的局部流速获得断面平均流速一直是个难点。要提高流量测验精度,关键还是要根据测验河段的水力学特性,充分应用现代化测流手段和数值计算技术,确定特定测站的流量计算方法和模型,率定其所需要的参数。随着声学多普勒测流技术及三维水动力模型的逐渐成熟,可将固定式 ADCP 与水力学模型结合,建立三维流速模型来推求断面上每一处水流影响因子和程度。结合 ADCP 采集到的流速,进行流量在线监测,这将是解决在线监测精度问题的突破方向。对于非接触测流技术,尤其需要注意风速的影响,未来还需建立风场与水面流场的相关关系,以提高设备精度。

7.1.2 改善在线监测的稳定性

在线监测仪器的运行稳定性受流量、流速、风速等外界条件影响。雷达法、二线能坡法等在水量较小时测量误差较大，并且水量较小也会加大风速的影响。侧扫雷达还可能受到周边相同频率的干扰源的影响，大大增加测流误差。声学多普勒测流技术已相当成熟，但 H-ADCP 只能测得仪器安装处水层的局部流速分布，而且是近岸一段，而水位不断变化势必会造成水层流速代表性的变化；若多次移动仪器，不仅增加了测流工作量，还可能影响测流精度。因此，可基于历史水文资料构建水位与 H-ADCP 安装位置及倾角之间的相关关系，采用可自动调整倾角的底座，大大减轻工作量。大江大河的宽度远大于 H-ADCP 的测流范围，除采用组合式监测系统外，还可将采集到的数据与历史水文数据结合，补全断面流速，再计算得到断面流量。

7.1.3 促进在线监测的应用

在线监测技术已经历几十年的发展，但缺乏专业技术人员进行比测率定、定期维护等工作，造成测验设备在应用过程中问题层出。我国非接触测流设备主要依赖于进口，许多国产 ADCP 性价比有待提高，高端仪器产品基本为空白，缺少更加系统全面的技术依据及相关技术指标，这些问题限制了这类设备的广泛应用。侧扫雷达、国产 ADCP 等技术还未成熟，配置技术参数还不够明晰，比测时均存在水位变幅较小的问题。卫星遥感图像法以及低空遥感无人机测流技术虽有相关研究，但测流精度依然较低，仅在试验河段及站点测流结果较好，无法满足实际测流需要，还需一段时间的研究发展，短期内无法为在线监测服务，但这些方法对洪水、堰塞湖、泥石流等条件下的应急监测具有重要意义。在自动采集水文信息后通过现代通信技术进行数据传输，利用计算机自动接收、处理、存储分发水文信息，是水文信息化的发展方向。为了加快水文信息化的发展，要走在线监测、远程控制、巡驻结合的道路，应用多源传感器信息融合技术，加快物联网和 5G 数据传输技术的研究，加快水文仪器国产化进程，真正实现"有人看管，无人值守"，实现"互联网＋水文"深度融合。

7.2 泥沙监测研究展望

7.2.1 解决径流泥沙监测误差大的问题

一次径流泥沙过程的样品总量很大，对采集的径流泥沙样品全部做烘干处理是相当困难的。目前，径流泥沙监测通常采用径流池、径流桶等收集径流，测径流总量，然后人工搅拌取样，烘干测含沙量。现在的研究已经证明粗泥沙沉降速度快，人工搅拌不可能取到均匀的样品，也就是说测不准含沙量。

7.2.2 建立"互联网＋"框架下的径流泥沙自动监测网

建立信息化环境下的径流泥沙实时自动监测、传输、管理和共享，不仅是生态过程科学研究、水土保持科技发展的需要，而且是运用现代先进技术提升径流泥沙数据获取科技水平的需要。为了准确地测量含沙量和径流泥沙的动态变化过程，并建立联网监测，需要研制先进的径流泥沙监测设施和仪器设备，在此基础上形成国家或行业、部门径流泥沙自动监测技术标准和规范，因此融合自动化控制技术、精密传感技术等，研制结构简单、运行方便的径流泥沙自动采集器，实现无人看守情况下对径流泥沙样品的实时、准确、分布式自动采集势在必行。通过研发新的径流泥沙自动监测技术和设备，不但能够获取径流泥沙的过程资料，提高径流泥沙的监测精度，而且可以提升径流泥沙监测的自动化和信息化水平。

参考文献

[1] BUNT J A C, LARCOMBE P, JAGO C F. Quantifying the response of optical backscatter devices and transmissometers to variations in suspended particulate matter [J]. Continental Shelf Research, 1999, 19(9): 1199-1220.

[2] 曹春燕. 水文现代化建设之水文站流量要素现代化监测及实现途径[A]// 2020(第八届)中国水利信息化技术论坛论文集[C]. 2020:654-660.

[3] 陈光兰. 坝下水文站水位流量关系单值化处理[J]. 科技信息(科学教研),2008(21):370,363.

[4] 陈静. 利用水工建筑物开展罗江水文站流量在线监测的研究[J]. 四川水利,2022(1):57-60.

[5] 陈绪坚. 金沙江梯级水库下游水沙过程非恒定变化及其对通航条件的影响[J]. 水利学报,2019,50(2):218-224.

[6] 陈永宽. 悬移质含沙量沿垂线分布[J]. 泥沙研究,1984(1):31-40.

[7] 成金海,张年洲,黄化冰. 黄陵庙水文站流量误差试验研究[J]. 长江工程职业技术学院学报,2000,17(1):10-14.

[8] 程海云,欧应钧. 现代水文质量管理体系构建与实践[M]. 武汉:长江出版社,2015.

[9] 程琳,刘金清,张葆华. 中国水文发展历程概述(I)[J]. 水文,2011,31(1):17-21.

[10] 丁韶辉,张白,冯峰,等. 流量自动监测技术在王家坝水文站应用分析[J]. 治淮,2020(6):13-15.

[11] 杜耀东. 现代测流测沙技术研究与应用[D]. 武汉:武汉大学,2012.

[12] 段光磊,王维国,周儒夫,等. 河床组成勘测调查技术与实践[M]. 北京:中国水利水电出版社,2016:50-81.

[13] 范立金. 电波流速仪雷达测速枪的应用研究[J]. 陕西水利,2012(4):120-122.

[14] 葛维亚. 水文"单值化"史话[J]. 人民长江,2007,38(8):130-131,180.

[15] 何家驹. 积深法测流在大河中的应用[J]. 教学与研究,1993(4):61-67.

[16] 胡友莘,樊铭哲,杨成,等. 长江枝城水文站 TES-91 泥沙在线监测系统比测试验分析[J]. 水利水电快报,2020,41(7):18-21,29.

[17] 黄健,周琮辉,车新全. 浙江省中小河流流量监测方案探讨[J]. 安徽农业科学,2012,40(25):12703-12706.

[18] 嵇海祥,李仲仁,梅宏,等. 多点雷达波流量在线监测在水文站的应用[J]. 水利技术监督,2021(9):15-20.

[19] 李光录,王秀莲. 电波流速仪在青海三江源区水文监测中的应用[J]. 人民长江,2010,41(14):48-50.

[20] 李甲振,郭新蕾,巩同梁,等. 无资料或少资料区河流流量监测与定量反演[J]. 水利学报,2018,49(11):1420-1428.

[21] 李江. 桐子林水文站"一站一策"技术方案探讨[J]. 四川水利,2021(3):132-135.

[22] 李倩,杨志全,李成壮. 浅谈智能监测技术在山区暴雨山洪水沙灾害的应用[J]. 中国水运,2021,21(1):132-133.

[23] 李世勤,骆曼娜,王江燕,等. 一种突发山洪非接触式实时流量监测技术[J]. 江西水利科技,2015,

41(2):132-137.

[24] 李焱,孟祥玮,李金合,等. 三峡工程下游引航道通航水流条件试验[J]. 水道港口,2003,24(3):121-125.

[25] 李勇涛,陈英智,李立新,等. 基于940 nm普通红外光源的反射式泥沙测量传感器研究[J]. 水土保持应用技术,2015(6):10-12.

[26] 林思夏,曾仲毅,朱云通,等. 侧扫雷达测流系统开发与应用[J]. 水利信息化,2019(1):31-36.

[27] 林祚顶,朱春龙,余达征,等. 水文现代化与水文新技术[M]. 北京:中国水利水电出版社,2008:24-170.

[28] 刘德春,周建红. 川江推移质泥沙观测技术研究[M]. 武汉:长江出版社,2012:40-184.

[29] 刘彦琳,李洪志,李莉莉,等. 山溪性河流中SVR手持电波流速仪流速系数率定[J]. 人民长江,2020,51(6):113-117.

[30] 刘运珊,程亮. 回水影响下H-ADCP在线流量监测系统的应用分析[J]. 水资源开发与管理,2021(8):72-76.

[31] 刘运珊,简正美. 固定式雷达波在线流量监测系统在水文中的应用[J]. 水资源开发与管理,2020(12):71-75.

[32] 罗国政,王君善. 水文站高洪测验水面流速系数分析研究[J]. 陕西水利,2012(4):27-28.

[33] 马富明. 水文流量监测新技术设备运用现状与改进方法——以福建省为例[J]. 水文,2020,40(2):66-71.

[34] 梅军亚,陈静,香天元. 侧扫雷达测流系统在水文信息监测中的比测研究及误差分析[J]. 水文,2020,40(5):54-60.

[35] 母德伟,王永强,李学明,等. 向家坝日调节非恒定流对下游航运条件影响研究[J]. 四川大学学报(工程科学版),2014,46(6):71-77.

[36] 齐斌,崔殿河,慕明清. 中低水流量测验精度试验研究[J]. 水文,2006,26(5):55-57.

[37] 卜策. 实测悬移质泥沙年输沙量改正方法[J]. 水文,1982(6):1-8.

[38] 钱宁,万兆惠. 近底高含沙量流层对水流及泥沙运动影响的初步探讨[J]. 水利学报,1965(4):1-9.

[39] 阮川平,韦广龙. 采用浊度监测实现悬移质泥沙监测自动化的探讨[J]. 广西水利水电,2011(4):49-51.

[40] SUTHERLAND T F,LANE P M,AMOS C L,et al. The calibration of optical backscatter sensors for suspended sediment of varying darkness levels [J]. Marine Geology,2000,162(2-4):587-597.

[41] 汪富泉,丁晶,曹叔尤,等. 论悬移质含沙量沿垂线的分布[J]. 水利学报,1998(11):44-49.

[42] 王贵道. 临底悬沙试验初步分析[J]. 水文,1985(1):27-31.

[43] 王锦生,黄伟纶. 中国水文事业简史[J]. 水文,1998(1):1-7.

[44] 王军,王建群,余达征. 现代水文监测技术[M]. 北京:中国水利水电出版社,2016:492-493.

[45] 王俊,刘东生,陈松生,等. 河流流量测验误差的理论与实践[M]. 武汉:长江出版社,2017:1-309.

[46] 王文华. 雷达测流仪比测分析[J]. 人民黄河,2016,38(5):6-9.

[47] 王志力,陆永军. 向家坝水利枢纽下泄非恒定流的数值模拟[J]. 水利水电科技进展,2008,28(3):12-15.

[48] 吴志勇,徐梁,唐运忆,等. 水文站流量在线监测方法研究进展[J]. 水资源保护,2020,36(4):1-7.

[49] 夏志培,晋涛. 流量Ⅲ型误差的分析[J]. 水文,2015,35(6):67-71.

[50] 向治安. 长江全沙输沙率测验及其技术研究[J]. 水文,1988(5):57-60.

[51] 肖中,赵东,曹磊. 长江上游"10.7"洪水及寸滩站水位流量关系分析[J]. 人民长江,2010,41(21):39-41.

[52] 肖中,赵东,官学文. 长江上游水文巡测模式探讨[J]. 水文,2011,31(S1):43-45.

[53] 肖中. 勘测队水文巡测实施方案编制内容的探讨[A]// 经济发展方式转变与自主创新——第十二届中国科学技术协会年会(第二卷)[C]. 2010:110-114.

[54] 肖忠,华家鹏,赵东,等. 特殊情况下采取"边沙"推求"单沙"资料的试验探讨[J]. 水文,2003(4):41-44.

[55] 谢悦波. 水信息技术[M]. 北京:中国水利水电出版社,2009.

[56] 熊莹,邵骏. 长江水文在推进"补短板、强监管"中的探索与实践[A]// 中国水利学会2020学术年会论文集[C]. 2020:423-426.

[57] 许勇,张鹰,张东. 基于Hyperion影像的悬浮泥沙遥感监测研究[J]. 光学技术,2009,35(4):622-625.

[58] 薛元忠,何青,王元叶. OBS浊度仪测量泥沙浓度的方法与实践研究[J]. 泥沙研究,2004(4):56-60.

[59] 杨聘,邵广俊,胡伟飞,等. 基于图像的河流表面测速研究综述[J]. 浙江大学学报(工学版),2021,55(9):1752-1763.

[60] 杨扬. 望宝山水文站"一站一策"方案编制探析[J]. 黑龙江水利科技,2020,48(5):97-100.

[61] 杨阳,曹叔尤,杨奉广. 山区阶梯河道中洪水波运动特性研究[J]. 四川大学学报(工程科学版),2011,43(1):31-36.

[62] 杨志斌,梁树栋. TES-91泥沙监测仪在马口站的应用研究[J]. 陕西水利,2020(10):4-6,9.

[63] 姚永熙,陆燕. 声学时差法流量计在明渠流量测验中的应用[J]. 水利水文自动化,2006(1):1-5.

[64] 詹道江,徐向阳,陈元芳. 工程水文学[M]. 4版. 北京:中国水利水电出版社,2010.

[65] 展小云,曹晓萍,郭明航,等. 径流泥沙监测方法研究现状与展望[J]. 中国水土保持,2017(6):13-17.

[66] 展小云,郭明航,赵军,等. 径流泥沙实时自动监测仪的研制[J]. 农业工程学报,2017,33(15):112-118.

[67] 张经之,胡煜煊. 总输沙量与实测悬移质输沙量比值的计算及其应用[J]. 水利学报,1982(5):38-42.

[68] 张留柱. 水文勘测工[M]. 郑州:黄河水利出版社,2021:20.

[69] 张秋华,朱江林,李淑云,等. 超声波流量计与转子式流速仪的比测[J]. 水科学与工程技术,2010(3):24-26.

[70] 张瑞瑾. 河流泥沙动力学[M]. 北京:中国水利水电出版社,1998:63-169.

[71] 张世明,王俊锋,张士君. 激光粒度分析仪在长江上游的应用试验[J]. 水文,2011,31(S1):113-116.

[72] 张小峰,陈志轩. 关于悬移质含沙量沿垂线分布的几个问题[J]. 水利学报,1990(10):41-48.

[73] 张孝军,香天元. 利用水文站网进行长江流域水沙动态监测方案设计[J]. 中国水土保持,2010(2):13-15.

[74] 张绪进,胡真真,刘亚辉,等. 向家坝水电站日调节非恒定流的传播特征研究[J]. 水道港口,2015(5):414-418.

[75] 张振,高红民,刘海韵,等. 图像法测流系统在山区河流监测中的应用[A]// 中国水利学会2018学术年会论文集第五分册[C]. 2018:296-308.

[76] 赵伯良,张海敏,王雄世. 悬移质泥沙测验方法的试验研究[J]. 人民黄河,1986(1):49-53.

[77] 赵东,彭畅. 受干支流回水影响断面水位流量关系研究[J]. 水资源与水工程学报,2015,26(3):175-177,183.

[78] 赵东,郑强民. 金沙江水沙特征及其变化分析[J]. 水利水电快报,2006,27(14):16-19.

[79] 赵军,夏群超. TES-71缆道泥沙监测系统在略阳水文站的应用[J]. 陕西水利,2021(11):68-71.

[80] 赵琳,冯洋,任泽俭. 小清河水文设施在线流量监测方案比选[J]. 山东水利,2021(9):34-35.

[81] 赵正军. 研究侧扫雷达测流系统功能与应用——以允景洪水文站为例[J]. 水利科学与寒区工程,2021,4(2):139-142.

[82] 赵志贡,岳利军,赵彦增,等. 水文测验学[M]. 郑州:黄河水利出版社,2005:119-151.

[83] 郑庆涛,曾淳灏,常博,等. 基于红外光技术的悬移质泥沙在线监测系统及应用[J]. 人民珠江,2017,38(11):94-98.

[84] 郑旭. 雷达波流量监测系统在密云水库的应用[A]// 中国水利学会2019学术年会论文集第一分册[C]. 2019:353-356.

[85] 周跃年,蒋建平. GPS罗经VTG格式在ADCP流量测验中的测试分析[A]// 江苏省测绘学会2009年学术年会论文集[C]. 2009:14-16.

[86] 朱文祥,余有书,李晓琳,等. 光学法在红河泥沙监测中的应用分析[J]. 水利水电快报,2019,40(3):49-52.

[87] 朱晓原,张留柱,姚永熙. 水文测验实用手册[M]. 北京:中国水利水电出版社,2013:244-247.

[88] 朱颖洁. 侧扫雷达在线流量监测系统在西江流量监测中的应用[J]. 广西水利水电,2020(1):44-48.